湖南省一流建设专业建设项目
湖南省数学应用与实践创新创业中心项目
湖南人文科技学院培育学科

高等代数导学

陈国华　廖小莲　刘成志　编著

西南交通大学出版社
·成　都·

图书在版编目（C I P）数据

高等代数导学/ 陈国华，廖小莲，刘成志编著. —成都：西南交通大学出版社，2023.8

ISBN 978-7-5643-9421-9

Ⅰ. ①高… Ⅱ. ①陈… ②廖…③刘… Ⅲ. ①高等代数－高等学校－教材 Ⅳ. ①O15

中国国家版本馆 CIP 数据核字（2023）第 146675 号

Gaodeng Daishu Daoxue

高等代数导学

陈国华　廖小莲　刘成志　**编著**

责任编辑	孟秀芝
封面设计	墨创文化
出版发行	西南交通大学出版社 （四川省成都市金牛区二环路北一段 111 号 西南交通大学创新大厦 21 楼）
邮政编码	610031
发行部电话	028-87600564　028-87600533
网址	http://www.xnjdcbs.com
印刷	成都中永印务有限责任公司
成品尺寸	185 mm × 260mm
印张	19.25
字数	481 千
版次	2023 年 8 月第 1 版
印次	2023 年 8 月第 1 次
定价	49.00 元
书号	ISBN 978-7-5643-9421-9

课件咨询电话：028-81435775

图书如有印装质量问题　本社负责退换

前言

高等代数是高校数学专业的重要基础课，是高校数学类专业研究生入学考试的必考科目，其中线性代数部分也是考研科目数学的内容之一.

要学好高等代数课程，首先，要掌握高等代数所包含的最基本的数学思想，既要掌握高等代数课程中的概念与性质，又要把一系列的定义和定理科学地融合在一起. 其次，数学思想是通过特定的数学方法来实现的. 最后，高等代数课程又有不少的特殊的数学技巧. 数学思想、数学方法和数学技巧三位一体，共同构成了有血有肉的高等代数课程，因此，学生要学好高等代数，必须领会高等代数课程的主要数学思想，掌握高等代数课程的主要数学方法，熟练掌握其解题技巧.

高等代数这门课程概念多，理论性强，内容抽象，方法繁多，特别是各模块知识之间联系紧密，系统性强，解题方法纷繁多变，解题思路跳跃性大，学生在解题时总会遇到种种困难. 为了加深对高等代数内容的理解，帮助学生掌握处理问题的方法与技巧，进而提高学生综合解题能力，我们编写了这本《高等代数导学》.

本书按陈国华等编写的《高等代数》(西南交通大学出版社 2022 年版）自然章节顺序编写，共分 9 章，每章由知识点综述、习题详解、例题补充三个部分组成，为了开阔学生视野，每章例题补充部分的例题大多选自各高校硕士研究生入学考试频率较高的试题.

本书主要与陈国华等主编的《高等代数》教材配套使用，高等代数加导学可以作为高等代数考研复习资料使用，高等代数导学可作为高等代数选讲课程的教材或参考书，也可作为理工科学生学习高等代数课程的参考书.

本书由陈国华教授主持编写，廖小莲副教授、刘成志副教授、罗志军副教授、史卫娟老师等参与了相关工作.

在本书的编写过程中，湖南人文科技学院数学与金融学院的领导和同事给予了热情的支持与帮助. 本书参考了一些国内外同类教材与参考书，在此向这些教材的作者表示衷心感谢. 有些内容来自互联网上一些老师的教案或教学资料，甚至没有在参考文献中一一列出，在此一并表示感谢. 感谢杨涤尘老师提供了许多宝贵意见与相关素材，对部分章节进行了审读并提出许多修改意见. 本书编写过程中得到重庆工商大学安军教授、湘潭大学张必成教授等从事高等代数课程教学的资深老师的指导，在此表示诚挚的谢意. 最后感谢西南交通大学出版社的支持，特别是孟秀芝老师的出色编辑. 没有他们的热心指导与出色编辑，不可能使本书顺利出版.

党的二十大报告中指出要“加强教材建设”，编写教材，兹事体大.

我们力求严谨，行文再三推敲，不敢半点马虎，但是限于学术水平及眼界，疏漏之处在所难免，切恳请读者批评指正（hnldcgh@163.com）.

陈国华

2023 年 6 月

目 录

第1章 多项式

1.1 知识点综述

1.1.1 多项式的基本概念

1）多项式的定义

形如 $f(x)=a_nx^n+a_{n-1}x^{n-1}+\cdots+a_1x+a_0$ 称为数域 F 上以 x 为文字的一元多项式，其中 $a_n,a_{n-1},\cdots,a_1,a_0\in F$，$n$是非负整数. 当 $a_n\neq 0$ 时，称多项式 $f(x)$ 的次数为 n，记为 $\partial(f(x))=n$，并称 a_nx^n 为 $f(x)$ 的首项，a_n 为 $f(x)$ 的首项系数，a_ix^i 为 $f(x)$ 的 i 次项，a_i 称为 $f(x)$ 的 i 次项系数. 当 $a_n=\cdots=a_1=0,a_0\neq 0$ 时，称多项式 $f(x)$ 为零次多项式. 当 $a_n=\cdots=a_1=a_0=0$ 时，称多项式 $f(x)$ 为零多项式，关于零多项式的次数有两种比较常见的说法，一种是不定义次数，另一种是定义为负无穷大.

所有系数在数域 F 中的一元多项式全体称为数域 F 上的一元多项式环，记为 $F[x]$. $F[x]$ 构成无穷维线性空间，其一组基为 $1,x,\cdots,x^n,\cdots$. 而数域 F 上的所有次数小于 n 的多项式，再添上零多项式所成的集合，记为 $F[x]_n$，$F[x]_n$ 为 n 维线性空间，其一组基为 $1,x,\cdots,x^{n-1}$.

2）多项式相等

数域 F 上以 x 为文字的两个一元多项式 $f(x)$ 和 $g(x)$ 相等是指它们有完全相同的项.

证明两个多项式相等，除可以利用定义外，还可以在它们首项系数相等的情况下，来证明这两个多项式相互整除.

1.1.2 多项式的整除性

1）带余除法

设 $f(x),g(x)\in F[x],g(x)\neq 0$，则存在唯一的 $q(x),r(x)\in F[x]$，使得

$$f(x)=q(x)g(x)+r(x)$$

成立. 其中 $r(x)=0$ 或 $\partial(r(x))<\partial(g(x))$. 上式中的 $q(x)$ 为 $g(x)$ 除 $f(x)$ 的商，$r(x)$ 为 $g(x)$ 除 $f(x)$ 的余式. 特别地，用 $x-a$ 除 $f(x)$ 所得的余式为 $f(a)$，用 $ax+b$ 除 $f(x)$ 所得的余式为 $f\left(-\dfrac{b}{a}\right)$.

2）综合除法

设 $g(x)=x-a$ 除 $f(x)=a_nx^n+a_{n-1}x^{n-1}+\cdots+a_1x+a_0$ 所得的商与余式分别为

$$q(x)=b_{n-1}x^{n-1}+b_{n-2}x^{n-2}+\cdots+b_1x+b_0,r(x)=c_0,$$

则比较 $f(x)=q(x)g(x)+r(x)$ 两端 x 的同次幂的系数得

$$b_{n-1}=a_n, b_{n-2}=a_{n-1}+ab_{n-1}, \cdots, b_0=a_1+ab_1, c_0=a_0+ab_0,$$

这种方法称为综合除法.

当除式为一次式时，用综合除法比用带余除法来得方便，特别是有些问题需要多次以一次多项式作为除式进行运算时，综合除法更显示它的作用.

3）整除的定义

设 $f(x),g(x)\in F[x]$，如果存在 $h(x)\in F[x]$，使 $f(x)=g(x)h(x)$，则称 $g(x)$ 整除 $f(x)$，记为 $g(x)|f(x)$，此时称 $g(x)$ 为 $f(x)$ 的因式，$f(x)$ 为 $g(x)$ 的倍式. 否则，称 $g(x)$ 不能整除 $f(x)$，记为 $g(x)\nmid f(x)$.

4）整除的性质

（1）当 $g(x)\neq 0$ 时，$g(x)|f(x)\Leftrightarrow r(x)=0$.

（2）零多项式只能整除零多项式；任一多项式可以整除它本身；任一多项式可以整除零多项式；零次多项式可以整除任一多项式.

（3）如果 $g(x)|f(x)$，则 $kg(x)|lf(x)$，其中 k 为非零常数，l 为常数.

（4）如果 $g(x)|f(x)$，$f(x)|g(x)$，则 $g(x)=cf(x)$，其中 c 为非零常数.

（5）如果 $g(x)|f(x)$，$f(x)|h(x)$，则 $g(x)|h(x)$.

（6）如果 $g(x)|f_i(x)$，则 $g(x)\left|\sum_{i=1}^{m}u_i(x)f_i(x)\right.$，其中 $u_i(x)\in F[x], i=1,2,\cdots,m$.

（7）两个多项式之间的整除关系不因系数域的扩大而改变.

5）整除的判定方法

（1）利用整除的定义；

（2）设 $g(x)\neq 0$ 时，利用带余除法，即 $g(x)|f(x)\Leftrightarrow r(x)=0$；

（3）验根法，设 c 为 $g(x)$ 的任一根，证明 c 必为 $f(x)$ 的根；

（4）利用因式分解定理；

（3）利用整除的性质.

1.1.3 最大公因式

1）最大公因式的定义

设 $f(x),g(x)\in F[x]$，$F[x]$ 中的多项式 $d(x)$ 称为 $f(x),g(x)$ 的一个最大公因式，如果 $d(x)$ 满足：

（1）$d(x)$ 是 $f(x),g(x)$ 的公因式；

（2）$f(x),g(x)$ 的公因式全是 $d(x)$ 的因式.

若 $d(x)$ 是 $f(x),g(x)$ 的最大公因式，则 $cd(x)$ 也是 $f(x)$ 与 $g(x)$ 的最大公因式，其中 $c\neq 0$. 用 $(f(x),g(x))$ 表示 $f(x)$ 与 $g(x)$ 的首项系数为 1 的最大公因式.

2）最大公因式的性质

（1）设 $d(x)$ 是 $f(x),g(x)$ 的最大公因式，则存在 $u(x),v(x)\in F[x]$，使得

$$d(x)=u(x)f(x)+v(x)g(x).$$

说明：如果对 $f(x),g(x),d(x)\in F[x]$，存在 $u(x),v(x)\in F[x]$，使 $d(x)=u(x)f(x)+v(x)g(x)$，则 $d(x)$ 未必是 $f(x),g(x)$ 的最大公因式，但如果 $d(x)$ 是 $f(x),g(x)$ 的公因式，则 $d(x)$ 必是 $f(x),g(x)$ 的一个最大公因式. 这个结论往往用于证明 $d(x)$ 是 $f(x),g(x)$ 的一个最大公因式.

（2）设 $f(x)=q(x)g(x)+r(x)$，则 $(f(x),g(x))=(g(x),r(x))$，这是用辗转相除法求最大公因式的依据.

（3）$(f(x),g(x))=(f(x)+g(x),f(x)-g(x))$.

（4）$(f(x)h(x),g(x)h(x))=(f(x),g(x))h(x)$，其中 $h(x)$ 为首项系数为 1 的多项式.

（5）最大公因式不因数域 F 的扩大而改变.

3）求最大公因式的方法

（1）辗转相除法；

（2）因式分解.

1.1.4　互素多项式

1）互素多项式的定义

如果 $f(x),g(x)\in F[x]$ 的最大公因式为非零常数，或 $(f(x),g(x))=1$，则称 $f(x)$ 与 $g(x)$ 互素.

2）互素多项式的性质

（1）如果 $f(x),g(x)\in F[x]$，则 $f(x)$ 与 $g(x)$ 互素 $\Leftrightarrow$ 存在 $u(x),v(x)\in F[x]$，使得 $u(x)f(x)+v(x)g(x)=1$.

（2）如果 $(f(x),g(x))=1$，且 $f(x)\mid g(x)h(x)$，则 $f(x)\mid h(x)$.

（3）如果 $(f(x),g(x))=1$，且 $f(x)\mid h(x)$，$g(x)\mid h(x)$，则 $f(x)g(x)\mid h(x)$.

（4）如果 $(f(x),g(x))=1,(f(x),h(x))=1$，则 $(f(x),g(x)h(x))=1$.

（5）如果 $(f(x),g(x))=1$，则 $(f(x)+g(x),f(x)g(x))=1$.

1.1.5　因式分解

1）不可约多项式的定义

如果数域 F 上次数不小于1的多项式 $p(x)$ 不能表示成数域 F 上两个次数比它低的多项式的乘积，则称 $p(x)$ 是数域 F 上的不可约多项式.

说明：零多项式和零次多项式既不能说是可约的，也不能说是不可约的. 多项式的可约性与其所在的数域密切相关，如 x^2-2 在有理数域上不可约，但在实数域上可约. 整除性不因数域的扩大而改变.

2）不可约多项式的性质

设 $p(x)$ 是数域 F 上的不可约多项式，有如下结论：

（1）$cp(x)$ 也是 F 上的不可约多项式，其中 $c\neq 0,c\in F$.

（2）对 F 上的任意两个多项式，必有 $(p(x),f(x))=1$，或者 $p(x)\mid f(x)$.

（3）对任意 $f(x),g(x)\in F[x]$，如果 $p(x)\mid f(x)g(x)$，则必有 $p(x)\mid f(x)$，或者 $p(x)\mid g(x)$.

（4）如果 $p(x)\mid f_1(x)f_2(x)\cdots f_s(x)$，其中 s 不小于 2，则 $p(x)$ 至少可以整除这些多项式中的一个.

3）因式分解

（1）唯一性定理：数域 F 上每个次数不小于 1 的多项式 $f(x)$ 都可以唯一地分解成数域 F 上一些不可约多项式的乘积.

（2）标准分解式：$f(x)=ap_1^{r_1}(x)p_2^{r_2}(x)\cdots p_s^{r_s}(x)$，其中 a 是 $f(x)$ 的首项系数，$p_1(x),p_2(x),\cdots,p_s(x)$ 是数域 F 上首项系数为 1 的互不相同的不可约多项式，$r_1,r_2,\cdots,r_s$ 是正整数.

（3）复数域上每个次数不小于 1 的多项式 $f(x)$ 都可以唯一地分解成一次因式的乘积，实数域上每个次数不小于 1 的多项式 $f(x)$ 都可以唯一地分解成一次因式与二次不可约因式的乘积.

1.1.6　重因式

1）重因式的定义

设 $f(x)\in F[x]$，$p(x)$ 是数域 F 上的不可约多项式，k 为非负整数，如果 $p^k(x)\mid f(x)$，但 $p^{k+1}(x)\nmid f(x)$，则称 $p(x)$ 是 $f(x)$ 的 k 重因式.

当 $k=1$ 时，称 $p(x)$ 是 $f(x)$ 的单因式；当 $k\geqslant 2$ 时，称 $p(x)$ 是 $f(x)$ 的重因式.

2）重因式的性质

（1）$p(x)$ 是 $f(x)$ 的 k（不小于 1）重因式，则它是 $f'(x)$ 的 $k-1$ 重因式. 特别地，$f(x)$ 的单因式不是 $f'(x)$ 的因式.

（2）$p(x)$ 是 $f(x)$ 的 k（不小于 1）重因式，则它是 $f(x),f'(x),\cdots,f^{(k-1)}(x)$ 的因式，但不是 $f^{(k)}(x)$ 的因式.

（3）$p(x)$ 是 $f(x)$ 的重因式的充要条件是 $p(x)$ 是 $f(x)$ 与 $f'(x)$ 的公因式，即 $p(x)\big|(f(x),f'(x))$.

（4）多项式 $f(x)$ 没有重因式的充要条件是 $f(x)$ 与 $f'(x)$ 互素，即 $(f(x),f'(x))=1$.

（5）设 $f(x)$ 的标准分解式为 $f(x)=ap_1^{r_1}(x)p_2^{r_2}(x)\cdots p_s^{r_s}(x)$，则

$$\frac{f(x)}{(f(x),f'(x))}=ap_1(x)p_2(x)\cdots p_s(x).$$

1.1.7　多项式的根

（1）数域 F 上 n 次多项式（n 不小于 0）在数域 F 的根不可能多于 n 个（重根按重数计算）.

（2）次数不超过 n 的多项式 $f(x),g(x)$，如果对 $n+1$ 个不同的数 $a_1,a_2,\cdots,a_{n+1}$，有 $f(a_i)=g(a_i)\ (i=1,2,\cdots,n+1)$，则 $f(x)=g(x)$.

（3）代数基本定理：每个次数不小于 1 的复系数多项式在复数域中有一根.

（4）n 次复系数多项式恰有 n 个复根（重根按重数计算）. 特别地，

$$x^n-1=(x-\varepsilon)(x-\varepsilon^2)\cdots(x-\varepsilon^{n-1})(x-1),$$

其中 $\varepsilon=\cos\frac{2\pi}{n}+\mathrm{i}\sin\frac{2\pi}{n},\ \varepsilon^n=1$.

（5）如果 a 是实系数多项式 $f(x)$ 的复根，则 a 的共轭数 $\bar{a}$ 也是 $f(x)$ 的根.

（6）根与系数的关系：设 $f(x)=a_nx^n+a_{n-1}x^{n-1}+\cdots+a_1x+a_0\in C[x]$，设 $x_1,x_2,\cdots,x_n$ 为 $f(x)$ 的 n 个复根，则 $f(x)=a_n(x-x_1)(x-x_2)\cdots(x-x_n)$.

根与系数的关系如下：

$$x_1+x_2+\cdots+x_n=-\frac{a_{n-1}}{a_n}$$

$$x_1x_2+x_1x_3+\cdots+x_1x_n+x_2x_3+\cdots+x_{n-1}x_n=\frac{a_{n-1}}{a_n}$$

$$x_1x_2x_3+x_1x_2x_4+\cdots+x_1x_2x_n+x_2x_3x_4+\cdots+x_{n-2}x_{n-1}x_n=-\frac{a_{n-3}}{a_n}$$

$$\vdots$$

$$x_1x_2x_3\cdots x_k+\cdots+x_{n-k}\cdots x_{n-2}x_{n-1}x_n=(-1)^k\frac{a_{n-k}}{a_n}$$

$$\vdots$$

$$x_1x_2x_3\cdots x_n=(-1)^n\frac{a_0}{a_n}$$

这组公式称为韦达公式，它刻画了 $f(x)$ 的根与系数的关系.

1.1.8 有理多项式

1）本原多项式的定义

如果一个非零的整系数多项式 $f(x)$ 的系数互素，则称 $f(x)$ 是一个本原多项式.

2）高斯引理

高斯引理：两个本原多项式的乘积仍是本原多项式.

如果一个非零整系数多项式能够分解成两个次数较低的有理多项式的乘积，则它一定能分解成两个次数较低的整系数多项式的乘积.

设 $f(x)$ 是整系数多项式，$g(x)$ 为本原多项式，如果 $f(x)=g(x)h(x)$，其中 $h(x)$ 是有理多项式，则 $h(x)$ 一定是整系数多项式.

3）爱森斯坦判别法

设 $f(x)=a_nx^n+a_{n-1}x^{n-1}+\cdots+a_1x+a_0$ 是一个整系数多项式，如果存在素数 p，使得

（1）$p\nmid a_n$；

（2）$p\mid a_{n-1},a_{n-2},\cdots,a_0$；

（3）$p^2\nmid a_0$.

则 $f(x)$ 在有理数域上是不可约的.

说明：对于整系数多项式 $f(x)$，如果不能直接利用爱森斯坦判别法，可考虑用变量替换 $x=ay+b$（a,b 为整数且 $a\neq 0$），使 $g(y)=f(ay+b)$ 满足爱森斯坦判别条件.

4）有理根的判定

设 $f(x)=a_nx^n+a_{n-1}x^{n-1}+\cdots+a_1x+a_0$ 是一个整系数多项式，而 $\frac{r}{s}$ 是它的一个有理根，其中 r,s 互素，则必有 $s\mid a_n,r\mid a_0$. 特别地，如果 $f(x)$ 的首项系数 $a_n=1$，则 $f(x)$ 的有理根都是整数

根，而且是 a_0 的因子.

1.1.9 多元多项式

1）多元多项式的定义

设 F 为一个数域，$x_1, x_2, \cdots, x_n$ 是 n 个文字，则形式表达式

$$ax_1^{k_1}x_2^{k_2}\cdots x_n^{k_n},\quad a\in F,\quad k_i\in \mathbf{Z}^+,\quad i=1,2,\cdots,n.$$

称为一个单项式；$k_1+k_2+\cdots+k_n$ 称为该单项式的次数.

一些单项式的和

$$f(x_1,x_2,\cdots,x_n)=\sum_{k_1k_2\cdots k_n} a_{k_1k_2\cdots k_n}x_1^{k_1}x_2^{k_2}\cdots x_n^{k_n}$$

称为 **n 元多项式**，其中系数不为 0 的次数最高的单项式的次数称为这个多项式的次数.

若多项式

$$f(x_1,x_2,\cdots,x_n)=\sum_{k_1k_2\cdots k_n} a_{k_1k_2\cdots k_n}x_1^{k_1}x_2^{k_2}\cdots x_n^{k_n}$$

中每个单项式都是 m 次的，则称 $f(x_1,x_2,\cdots,x_n)$ 为 **m 次齐次多项式**.

所有系数在数域 F 上的 n 元多项式的全体称为数域 F 上的 **n 元多项式环**，记为 $F[x_1,x_2,\cdots,x_n]$.

2）多元对称多项式的定义

设 $f(x_1,x_2,\cdots,x_n)\in F[x_1,x_2,\cdots,x_n]$，若对任意 $i,j,1\leqslant i,j\leqslant n$，有

$$f(x_1,\cdots,x_i,\cdots x_j,\cdots,x_n)=f(x_1,\cdots,x_j,\cdots x_i,\cdots,x_n)$$

则称该多项式为**对称多项式**.

3）初等对称多项式（基本对称多项式）

$$\begin{cases}\sigma_1=x_1+x_2+\cdots+x_n=\sum\limits_{i=1}^{n}x_i\\ \sigma_2=x_1x_2+x_1x_3+\cdots+x_{n-1}x_n=\sum\limits_{1\leqslant i<j\leqslant n}x_ix_j\\ \qquad\vdots\\ \sigma_n=x_1x_2\cdots x_n\end{cases}$$

则称该多项式为 n 个未定元 $x_1,x_2,\cdots,x_n$ 的**初等对称多项式**.

4）对称多项式基本定理

对任一对称多项式 $f(x_1,x_2,\cdots,x_n)$，都有一个 n 元多项式

$$g(y_1,y_2,\cdots,y_n)$$

使得

$$f(x_1,x_2,\cdots,x_n)=g(\sigma_1,\sigma_2,\cdots,\sigma_n)$$

其中，$\sigma_1,\sigma_2,\cdots,\sigma_n$ 为初等对称多项式.

5）Newton 公式

令 $s_k = x_1^k + x_2^k + \cdots + x_n^k$，

若 $k < n$，则 $s_k - s_{k-1}\sigma_1 + s_{k-2}\sigma_2 + \cdots + (-1)^{k-1}s_1\sigma_{k-1} + (-1)^k k\sigma_k = 0$；

若 $k \geqslant n$，则 $s_k - s_{k-1}\sigma_1 + s_{k-2}\sigma_2 + \cdots + (-1)^n s_{k-n}\sigma_n = 0$.

6）关于 $\sigma_1, \sigma_2, \cdots, \sigma_n$ 与 $s_1, s_2, \cdots, s_n$ 的关系结论

$$\sigma_k = \frac{1}{k!}\begin{vmatrix} s_1 & 1 & 0 & \cdots & 0 \\ s_2 & s_1 & 2 & \cdots & 0 \\ \vdots & \vdots & \vdots & & \vdots \\ s_{k-1} & s_{k-2} & s_{k-3} & \cdots & k-1 \\ s_k & s_{k-1} & s_{k-2} & \cdots & s_1 \end{vmatrix}, s_k = \begin{vmatrix} \sigma_1 & 1 & 0 & \cdots & 0 \\ 2\sigma_2 & \sigma_1 & 1 & \cdots & 0 \\ \vdots & \vdots & \vdots & & \vdots \\ (k-1)\sigma_{k-1} & \sigma_{k-2} & \sigma_{k-3} & \cdots & 1 \\ k\sigma_k & \sigma_{k-1} & \sigma_{k-2} & \cdots & \sigma_1 \end{vmatrix}$$

（结论的证明可参见参考文献[4]或[2].）

1.2 习题详解

习题 1.1

1. 判断下列数集是否是数域：

（1）全体正实数 $\mathbf{R}^+$.　　　（否，减法不封闭）

（2）全体 $b\sqrt{2}(b \in \mathbf{Q})$.　　　（否，乘法不封闭）

（3）全体 $a + b\sqrt{2}(a, b \in \mathbf{Z})$.　　　（否，除法不封闭）

（4）全体 $a + b\mathrm{i}(\mathrm{i}^2 = -1, a, b \in \mathbf{Q})$.　　　（是）

2. 证明：如果一个数环 $S \neq \{0\}$，那么 S 有无限多个元素.

证明　设 $a \in S, a \neq 0$，则 $a + a = 2a \in S$，从而 $3a, 4a, \cdots, \in S$，且 $i \neq j$ 时，$ia \neq ja$. 故 S 有无限多个元素.

3. 证明：$S = \left\{ \dfrac{m}{2^n} \middle| m, n \in \mathbf{Z} \right\}$ 是一个数环，S 不是一个数域.

证明　依定义可证明 S 是数环，但 S 不是数域，例如 $\dfrac{3}{2^3}, \dfrac{5}{2^3} \in S$，但 $\dfrac{3}{2^3} \div \dfrac{5}{2^3} = \dfrac{3}{5} \notin S$，即对除法不封闭.

4. 证明：两个数环的交还是一个数环；两个数域的交还是一个数域. 思考：两个数环的并是不是数环?

证明　设 $a, b \in R_1 \cap R_2, R_1, R_2$ 是数环，则由 $a, b \in R_1, R_2$，知 $a \pm b, ab \in R_1, R_2$，当 R_1, R_2 是数域时，还有 $\dfrac{a}{b}(b \neq 0) \in R_1, R_2$，从而亦属于 $R_1 \cap R_2$.

两个数环的并不一定是数环，例如所有 2 的整数倍是一个数环，设为 R_2，所有 3 的整数倍是一个数环，设为 R_3，则有 $2 \in R_2, 3 \in R_3$，但 $2 + 3 = 5 \notin R_2 \cup R_3$，即对加法不封闭.

习题 1.2

1. 求 k,l 和 m 的值，使得 $(x^2-kx+1)(2x^2+lx-1)=2x^4+5x^3+mx^2-x-1$.

解 因

$$(x^2-kx+1)(2x^2+lx-1)=2x^4+(l-2k)x^3+x^2+(l+k)x-1$$

又
$$(x^2-kx+1)(2x^2+lx-1)=2x^4+5x^3+mx^2-x-1$$

则有 $\begin{cases} l-2k=5 \\ m=1 \\ l+k=-1 \end{cases}$，解得 $\begin{cases} k=-2 \\ m=1 \\ l=1 \end{cases}$.

2. 设 $f(x)=6x^2+13x+4$ 与 $g(x)=ax(x+1)+b(x+1)(x+2)+cx(x+2)$ 是数域 F 上两个多项式，求 a,b,c 的值，使得（1）$\partial(f(x)-g(x))=0$，（2）$\partial(f(x)-g(x))=-\infty$.

解 $f(x)-g(x)=(6-a-b-c)x^2+(13-a-3b-2c)x+4-2b$.

（1）由 $\partial(f(x)-g(x))=0$，有

$$(6-a-b-c)=0,(13-a-3b-2c)=0,4-2b\neq 0$$

解得 $\begin{cases} a=-1+b \\ c=7-2b \end{cases}, b\neq 2, b\in F$.

（2）由 $\partial(f(x)-g(x))=-\infty$，有

$$(6-a-b-c)=0,(13-a-3b-2c)=0,4-2b=0$$

解得 $a=1,b=2,c=3$.

3. 证明：在实数域上，等式 $f^2(x)=xg^2(x)+xh^2(x)$ 成立当且仅当 $f(x),g(x),h(x)$ 全为零多项式，举例说明，在复数域上，存在三个不全为零的多项式 $f(x),g(x),h(x)$，使得等式 $f^2(x)=xg^2(x)+xh^2(x)$ 成立.

证明 在实数域上，若 $g(x),h(x)$ 至少有一个不为零，则 $f(x)$ 也不为零，则左边的多项式 $f^2(x)$ 的次数为偶数，而右边的多项式 $xg^2(x)+xh^2(x)$ 的次数为奇数，矛盾. 故在实数域上，等式 $f^2(x)=xg^2(x)+xh^2(x)$ 成立当且仅当 $f(x),g(x),h(x)$ 全为零多项式.

在复数域上，令 $f(x)=2\mathrm{i}x, g(x)=\mathrm{i}(x+1), h(x)=x-1$ 满足等式 $f^2(x)=xg^2(x)+xh^2(x)$.

习题 1.3

1. 设 $f(x)=2x^5-5x^3-8x, g(x)=x+3$，求 $g(x)$ 除 $f(x)$ 所得的商式和余式.

解 由带余除法，可得

$$q(x)=2x^4-6x^3+13x^2-39x+109, r(x)=-327$$

2. 多项式 $f(x)$ 被 $x-1$ 除时余式为 5，被 $x+1$ 除时余式为 -1，求 $f(x)$ 被 $(x-1)(x+1)$ 除时的余式.

解 （方法一）据题意，可设 $f(x)=q_1(x)(x-1)+5, f(x)=q_2(x)(x+1)-1$，从而可得 $f(1)=5, f(-1)=-1$，再设 $f(x)=q_3(x)(x-1)(x+1)+ax+b$，可得 $a+b=5,-a+b=-1$，解得 $a=3,b=2$，故 $f(x)$ 被 $(x-1)(x+1)$ 除时的余式为 $r(x)=3x+2$.

（方法二）据题意，可设 $f(x)=q_1(x)(x-1)+5, f(x)=q_2(x)(x+1)-1$，从而可得

$$(x+1)f(x)=q_1(x)(x-1)(x+1)+5(x+1),(x-1)f(x)=q_2(x)(x+1)(x-1)-(x-1)$$

两式相减可得

$$2f(x)=(x-1)(x+1)(q_1(x)-q_2(x))+6x+4$$

即
$$f(x)=(x-1)(x+1)\frac{(q_1(x)-q_2(x))}{2}+3x+2$$

故 $f(x)$ 被 $(x-1)(x+1)$ 除时的余式为 $r(x)=3x+2$.

3. 若 $g(x)\mid f(x), g(x)\nmid h(x)$，则 $g(x)\nmid f(x)+h(x)$.

证明 假设 $g(x)\mid(f(x)+h(x))$，则可设 $(f(x)+h(x))=q(x)g(x)$，则有 $h(x)=q(x)g(x)-f(x)$，则由 $g(x)\mid f(x)$ 可得 $g(x)\mid h(x)$，与题设矛盾，故假设不成立，结论得证.

4. 证明：x^d-1 整除 x^n-1 必要且只要 d 整除 n.

证明 若 $d\mid n$，令 $n=md$，则

$$x^n-1=x^{md}-1=(x^d-1)[(x^d)^{m-1}+(x^d)^{m-2}+\cdots+x^d+1],$$

所以 $x^d-1\mid x^n-1$.

下证必要性：反证法.

若 $d\nmid n$，令 $n=qd+r, 0<r<d$，于是

$$x^n-1=x^{qd+r}-1=x^{qd}\cdot x^r-1=x^{qd}\cdot x^r-x^r+x^r-1=(x^{qd}-1)x^r+(x^r-1),$$

因 $x^d-1\mid x^{qd}-1$，$x^d-1\mid x^n-1$，所以 $x^d-1\mid x^r-1$，又因 $0<r<d$，矛盾，所以假设不成立，因而 $d\mid n$.

5. 求 k,l，使 $x^2+x+l\mid x^3+kx+1$

解 设商 $q(x)=x+p$，则由 $x^2+x+l\mid x^3+kx+1$，可得

$$x^3+kx+1=(x^2+x+l)(x+p)$$

比较两边系数可得 $p+1=0, l+p=k, lp=1$，从而 $p=-1, l=-1, k=-2$.

习题 1.4

1. 设 $f(x)=x^4+x^3-3x^2-4x-1, g(x)=x^3+x^2-x-1$，求 $(f(x),g(x))$，并求 $u(x),v(x)$，使 $(f(x),g(x))=u(x)f(x)+v(x)g(x)$.

解 （利用辗转相除法）$f(x)=xg(x)+(-2x^2-3x-1)$

$$g(x)=\left(-\frac{1}{2}x+\frac{1}{4}\right)(-2x^2-3x-1)+\left(-\frac{3}{4}x-\frac{3}{4}\right)$$

$$(-2x^2-3x-1)=\left(-\frac{3}{4}x-\frac{3}{4}\right)\left(\frac{8}{3}x+\frac{3}{4}\right)$$

由辗转相除法可知，$-\frac{3}{4}x-\frac{3}{4}$ 为 $f(x)$ 与 $g(x)$ 的一个最大公因式，因此 $(f(x),g(x))=x+1$.

而
$$\left(-\frac{3}{4}x-\frac{3}{4}\right)=g(x)-\left(-\frac{1}{2}x+\frac{1}{4}\right)(-2x^2-3x-1)$$
$$=g(x)-\left(-\frac{1}{2}x+\frac{1}{4}\right)(f(x)-xg(x))$$
$$=\left(\frac{1}{2}x-\frac{1}{4}\right)f(x)+\left(-\frac{1}{2}x^2+\frac{1}{4}x+1\right)g(x)$$

则有
$$(f(x),g(x))=x+1=\left(-\frac{2}{3}x+\frac{1}{3}\right)f(x)+\left(\frac{2}{3}x^2-\frac{1}{3}x-\frac{4}{3}\right)g(x)$$

于是，令 $u(x)=-\frac{2}{3}x+\frac{1}{3}$，$v(x)=\frac{2}{3}x^2-\frac{1}{3}x-\frac{4}{3}$，则有
$$(f(x),g(x))=u(x)f(x)+v(x)g(x).$$

2. 设 $f(x)=2x^4-5x^3+6x^2-5x+2, g(x)=3x^3-8x^2+7x-2$，求($f(x),g(x)$)，并求 $u(x),v(x)$，使 $(f(x),g(x))=u(x)f(x)+v(x)g(x)$.

解 （利用辗转相除法）$f(x)=\left(\frac{2}{3}x+\frac{1}{9}\right)g(x)+\left(\frac{20}{9}x^2-\frac{40}{9}x+\frac{20}{9}\right)$
$$g(x)=\left(\frac{27}{20}x-\frac{18}{20}\right)\left(\frac{20}{9}x^2-\frac{40}{9}x+\frac{20}{9}\right)$$

由辗转相除法可知，$\left(\frac{20}{9}x^2-\frac{40}{9}x+\frac{20}{9}\right)$ 为 $f(x)$ 与 $g(x)$ 的一个最大公因式，因此 $(f(x),g(x))=(x-1)^2$.

而
$$\left(\frac{20}{9}x^2-\frac{40}{9}x+\frac{20}{9}\right)=f(x)-\left(\frac{2}{3}x+\frac{1}{9}\right)g(x)$$
$$(x^2-2x+1)=\frac{9}{20}f(x)-\left(\frac{6}{20}x+\frac{1}{20}\right)g(x)$$

则有
$$(f(x),g(x))=\frac{9}{20}f(x)-\left(\frac{6}{20}x+\frac{1}{20}\right)g(x)$$

于是，令 $u(x)=\frac{9}{20}$，$v(x)=-\frac{6}{20}x-\frac{1}{20}$，则有
$$(f(x),g(x))=u(x)f(x)+v(x)g(x).$$

3. 设 $f(x)=x^3+(1+t)x^2+2x+2u, g(x)=x^3+tx^2+u$ 的最大公因式是一个二次多项式，求 t,u 的值.

解 因为
$$f(x)=q_1(x)g(x)+r_1(x)=(x^3+tx^2+u)+(x^2+2x+u)$$

$$g(x)=q_2(x)r_1(x)+r_2(x)=[x+(t-2)](x^2+2x+u)-(u+2t-4)x+u(3-t)$$

且由题设知，最大公因式是二次多项式，所以余式 $r_2(x)$ 为 0，即

$$\begin{cases}-(u+2t-4)=0\\ u(3-t)=0\end{cases}$$

解得
$$\begin{cases}u_1=0\\ t_1=2\end{cases} \quad 或 \quad \begin{cases}u_2=-2\\ t_2=3\end{cases}$$

4. 设 $(f_i(x),g_j(x))=1,(i=1,2,\cdots,m;j=1,2,\cdots,n)$，求证：

$$(f_1(x)f_2(x)\cdots f_m(x),g_1(x)g_2(x)\cdots g_n(x))=1 .$$

证明 首先要证明如果 $(f(x),g(x))=1,(f(x),h(x))=1$，那么 $(f(x),g(x)h(x))=1$.

由假设，存在 $u_1(x),v_1(x)$ 及 $u_2(x),v_2(x)$，使

$$u_1(x)f(x)+v_1(x)g(x)=1 \tag{1}$$

$$u_2(x)f(x)+v_2(x)h(x)=1 \tag{2}$$

将（1）（2）两式相乘，得

$$(u_1(x)u_2(x)f(x)+v_1(x)u_2(x)g(x)+u_1(x)v_2(x)h(x))f(x)+(v_1(x)v_2(x))g(x)h(x)=1$$

所以
$$(f(x),g(x)h(x))=1 \tag{*}$$

由于

$$(f_1(x),g_1(x))=1$$
$$(f_1(x),g_2(x))=1$$
$$\vdots$$
$$(f_1(x),g_n(x))=1$$

反复应用结论（*），可得

$$(f_1(x),g_1(x)g_2(x)...g_n(x))=1$$

同理可证

$$(f_2(x),g_1(x)g_2(x)...g_n(x))=1$$
$$\vdots$$
$$(f_m(x),g_1(x)g_2(x)...g_n(x))=1$$

从而可得

$$(f_1(x)f_2(x)...f_m(x),g_1(x)g_2(x)...g_n(x))=1$$

5. 证明：若 $(f(x),g(x))=1$，则 $(f(x)g(x),f(x)+g(x))=1$.

证明 由题设知 $(f(x),g(x))=1$，所以存在 $u(x),v(x)$ 使 $u(x)f(x)+v(x)g(x)=1$.

从而
$$u(x)f(x)-v(x)f(x)+v(x)f(x)+v(x)g(x)=1$$

即
$$(u(x)-v(x))f(x)+v(x)(f(x)+g(x))=1$$

所以
$$(f(x),f(x)+g(x))=1$$

同理
$$(g(x),f(x)+g(x))=1$$

即证 $(f(x)g(x), f(x)+g(x))=1$.

6. 设 $f(x), g(x)$ 是数域 F 上的多项式.

(1) 证明：$F[x]$ 中任意两个多项式都有最小公倍式，并且除了可能的零次因式的差别外，是唯一的.

(2) 设 $f(x), g(x)$ 都是最高次项系数是 1 的多项式，令 $[f(x), g(x)]$ 表示 $f(x)$ 和 $g(x)$ 的最高次项系数是 1 的最小公倍式. 证明：$f(x)g(x)=(f(x), g(x))[f(x), g(x)]$.

证明 令 $(f(x), g(x))=d(x)$，可设 $f(x)=f_1(x)d(x)$，$g(x)=g_1(x)d(x)$，于是

$$\frac{f(x)g(x)}{(f(x), g(x))}=f(x)g_1(x)=g(x)f_1(x)$$

即

$$f(x)\mid\frac{f(x)g(x)}{(f(x), g(x))}, \quad g(x)\mid\frac{f(x)g(x)}{(f(x), g(x))}$$

设 $M(x)$ 是 $f(x)$ 与 $g(x)$ 的任一公倍式，下面证明 $\frac{f(x)g(x)}{(f(x), g(x))}\mid M(x)$.

由倍式的定义，有

$$M(x)=f(x)s(x)=g(x)t(x)$$

即

$$f_1(x)d(x)s(x)=f(x)s(x)=g(x)t(x)=g_1(x)d(x)t(x)$$

消去 $d(x)$ 得

$$f_1(x)s(x)=g_1(x)t(x)$$

于是 $g_1(x)\mid f_1(x)s(x)$.

由于 $(f_1(x), g_1(x))=1$，因而

$$g_1(x)\mid s(x) \quad 或 \quad s(x)=g_1(x)q(x)$$

所以

$$M(x)=f(x)s(x)=f(x)g_1(x)q(x)=\frac{f(x)g(x)}{(f(x), g(x))}q(x)$$

故 $\frac{f(x)g(x)}{(f(x), g(x))}\mid M(x)$. 由 $M(x)$ 的任意性知 $[f(x), g(x)]=\frac{f(x)g(x)}{(f(x), g(x))}$.

7. 若 $(f(x), g(x))=1$，则 $(g^m(x), f^m(x))=1$，其中 m 为正整数.

证明 因 $(f(x), g(x))=1$，所以存在 $u(x), v(x)$ 使 $u(x)f(x)+v(x)g(x)=1$.

则 $v(x)g(x)=1-u(x)f(x)$，从而

$$v^m(x)g^m(x)=(1-u(x)f(x))^m=1+u_1(x)f(x)$$

所以

$$-u_1(x)f(x)+v^m(x)g^m(x)=1，即 (g^m(x), f(x))=1.$$

固定 $g^m(x)$，同理可证 $(g^m(x), f^m(x))=1$.

习题 1.5

1. 设 $p(x)$ 是数域 F 上不可约多项式，如果 $p(x)\mid(f(x)+g(x)), p(x)\mid f(x)g(x)$，那么 $p(x)\mid f(x), p(x)\mid g(x)$.

证明 因 $p(x)|(f(x)+g(x)), p(x)|f(x)g(x)$，故可设

$$(f(x)+g(x))=p(x)q(x) \tag{1}$$

$$f(x)g(x)=p(x)v(x) \tag{2}$$

由式（1）两边同乘 $f(x)$ 可得

$$f^2(x)+f(x)g(x)=f(x)p(x)q(x) \tag{3}$$

把式（2）代入式（3）可得

$$f^2(x)=f(x)p(x)q(x)-p(x)v(x)=p(x)(f(x)q(x)-v(x)) \tag{4}$$

即 $p(x)|f^2(x)$.

又由 $p(x)$ 是不可约多项式可得 $p(x)|f(x)$，同理可证 $p(x)|g(x)$.

2. 求 $f(x)=x^5-2x^3+2x^2-3x+2$ 在实数域上的标准分解式.

解
$$\begin{aligned} f(x)&=x^5-2x^3+2x^2-3x+2=x^5-x^3-x^3+x^2+x^2-3x+2\\ &=x^3(x+1)(x-1)-x^2(x-1)+(x-1)(x-2)=(x-1)(x^4+x^3-x^2+x-2)\\ &=(x-1)(x^4-x^2+x^3-1+x-1)=(x-1)[x^2(x^2-1)+(x-1)(x^2+x+1)+(x-1)]\\ &=(x-1)^2(x^3+2x^2+x+2)=(x-1)^2(x+2)(x^2+1) \end{aligned}$$

3. 数域 F 上的一个次数大于 0 的多项式 $f(x)$ 是 $F[x]$ 中的不可约多项式的方幂的充要条件是对于任意 $g(x)\in F[x]$，或者 $(f(x),g(x))=1$，或者存在一个正整数 m 使 $f(x)|g^m(x)$.

证明 （必要性）设 $f(x)=p^s(x)$，$p(x)$ 不可约，则对于 $F[x]$ 中的任一多项式 $g(x)$，只有两种可能：$(p(x),g(x))=1$ 或 $p(x)|g(x)$，前一种情形有 $(f(x),g(x))=1$，后一种情形有 $p^s(x)|g^s(x)$，即 $f(x)|g^s(x)$，取 $m=s$ 得证.

（充分性）设 $f(x)=cp_1^{r_1}(x)p_2^{r_2}(x)\cdots p_s^{r_s}(x)$，令 $g(x)=p_1(x)$，若 $s>1$，则 $(f(x),g(x))\neq 1$，且 $f(x)\nmid g^m(x)$，即当条件成立时，必有 $s=1$，那么 $f(x)=cp_1^{r_1}(x)$.

习题 1.6

1. a,b 满足什么条件时，$f(x)=x^3+3ax+b$ 才有重因式？

解 令 $f(x)=x^3+3ax+b$，则 $f'(x)=3x^2+3a$，$f(x)$ 有重因式的充要条件是 $(f(x),f'(x))\neq 1$，可推出 $4a^3+b^2=0$.

2. 判别下列多项式有无重因式：

（1）$f(x)=x^5-5x^4+7x^3-2x^2+4x-8$；

（2）$f(x)=x^4+4x^2-4x-3$.

解 （1）解法一：$f'(x)=5x^4-20x^3+21x^2-4x+4$，

运用辗转相除法，得

$$(f(x),f'(x))=x^2-4x+4=(x-2)^2$$

因此 $x-2$ 为 $f(x)$ 的三重因式.

解法二：对 $f(x)$ 分解因式得

$$f(x)=(x-2)(x^4-3x^3+x^2+4)=(x-2)^2(x^3-x^2-x-2)=(x-2)^3(x^2+x+1)$$

因此 $x-2$ 为 $f(x)$ 的三重因式.

（2） $f'(x)=4x^3+8x-4=4(x^3+2x-1)$，

由 $(f(x),f'(x))=1$，可知 $f(x)$ 无重因式.

3. 分别在复数域、实数域、有理数域上分解多项式 $f(x)=x^4+1$ 为不可约因式的乘积.

解　复数域：$x^4+1=x^4+2x^2+1-2x^2=(x^2+1)^2-2x^2$

$$=(x^2+\sqrt{2}x+1)(x^2-\sqrt{2}x+1)$$

$$=\left(x-\frac{2+\sqrt{2}\mathrm{i}}{2}\right)\left(x-\frac{2-\sqrt{2}\mathrm{i}}{2}\right)\left(x+\frac{2+\sqrt{2}\mathrm{i}}{2}\right)\left(x+\frac{2-\sqrt{2}\mathrm{i}}{2}\right)$$

实数域：$x^4+1=x^4+2x^2+1-2x^2=(x^2+1)^2-2x^2$

$$=(x^2+\sqrt{2}x+1)(x^2-\sqrt{2}x+1)$$

有理数域上不可约.

4. 证明有理系数多项式 $f(x)=1+x+\dfrac{x^2}{2!}+\cdots+\dfrac{x^n}{n!}$ 没有重因式.

证明　因为

$$f'(x)=1+x+\frac{1}{2!}x^2+\cdots+\frac{1}{(n-1)!}x^{n-1}$$

所以

$$f(x)=f'(x)+\frac{1}{n!}x^n$$

于是

$$(f(x),f'(x))=\left(f'(x)+\frac{1}{n!}x^n,f'(x)\right)=\left(\frac{1}{n!}x^n,f'(x)\right)=1$$

从而 $f(x)$ 无重因式.

5. 证明：数域 F 上的一个 n 次多项式 $f(x)$ 能被它的导数整除的充分且必要条件是 $f(x)=a(x-b)^n$，这里的 a,b 是 F 中的数.

证明　（充分性）由 $f(x)=a(x-b)^n$，$f'(x)=na(x-b)^{n-1}$，有 $f'(x)\mid f(x)$.

（必要性）证法一：设 $f(x)$ 的标准分解式为 $f(x)=ap_1^{r_1}(x)p_2^{r_2}(x)\cdots p_s^{r_s}(x)$，其中 $p_i(x)$ $(i=1,2,\cdots,s)$ 是 F 上首一的不可约多项式，a 是 $f(x)$ 的首项系数，设 $\partial(p_i(x))=m_i$ $(i=1,2,\cdots,s)$，$r_i(i=1,2,\cdots,s)$ 是正整数且

$$m_1r_1+m_2r_2+\cdots+m_sr_s=\partial(f(x))=n,$$

则有

$$f'(x)=ap_1^{r_1-1}(x)p_2^{r_2-1}(x)\cdots p_s^{r_s-1}(x)g(x),$$

其中 $g(x)$ 不能被任何 $p_i(x)$ $(i=1,2,\cdots,s)$ 整除.

由 $f'(x)\mid f(x)$ 有 $g(x)\mid p_1(x)p_2(x)\cdots p_s(x)$，可见 $g(x)$ 可能的因式为非零常数及 $p_i(x)$ $(i=1,2,\cdots,s)$，但 $p_i(x)\nmid g(x)$ $(i=1,2,\cdots,s)$，故 $g(x)=c\neq 0$．又 $\partial(f(x))=\partial(f'(x))+1$，则有

$$m_1(r_1-1)+m_2(r_2-1)+\cdots+m_s(r_s-1)=\partial(f'(x))=n-1.$$

联立 $m_1r_1+m_2r_2+\cdots+m_sr_s=\partial(f(x))=n$，可得

$$n-(m_1+m_2+\cdots+m_s)=n-1,$$

从而 $m_1+m_2+\cdots+m_s=1$.

由 m_i 是正整数，只有 $m_1=1$，故 $s=1$，且 $r_1=n$. 于是 $f(x)=ap_1^n(x)$. 设 $p_1(x)=x-b$，则有 $f(x)=a(x-b)^n$.

证法二：由 $f'(x)|f(x)$，可设 $f(x)=t(x-b)f'(x)$.

上式两边连续求导并移项，得

$$(1-t)f'(x)=t(x-b)f''(x)$$

$$(1-2t)f''(x)=t(x-b)f'''(x)$$

$$\vdots$$

$$(1-(n-2)t))f^{(n-2)}(x)=t(x-b)f^{(n-1)}(x)$$

$$(1-(n-1)t)f^{(n-1)}(x)=t(x-b)f^{(n)}(x)$$

由 $\partial(f(x))=n$ 可知 $f^{(n)}(x)$ 是一个常数. 以上各式两边相乘，并消去 $f'(x),f''(x),\cdots,f^{(n-1)}(x)$，得

$$f(x)=a(x-b)^n$$

证法三：设 b 是 $f(x)$ 的 $k(\geqslant 0)$ 重复根，可设

$$f(x)=(x-b)^k g(x),\ g(b)\neq 0$$

则

$$f'(x)=(x-b)^{k-1}h(x),\ h(b)\neq 0$$

其中

$$h(x)=kg(x)+(x-b)g(x)'$$

从前面两式显然有 $h(x)|g(x)$，而由上面最后一式得 $h(x)|g'(x)$. 但 $h(x)$ 与 $g(x)$ 的次数相同，所以 $g'(x)=0$，$g(x)=a$ 是一个常数. 又由 $f(x)$ 是一个 n 次多项式，则有 $k=n$ 故 $f(x)=a(x-b)^n$.

习题 1.7

1. 已知 $f(x)=x^3+6x^2+3px+8$，试确定 p 的值，使 $f(x)$ 有重根，并求其根.

解 $f'(x)=3x^2+12x+3p$，$f(x)=f'(x)\left(\frac{1}{3}x+\frac{2}{3}\right)+(2p-8)x+8-2p$，

若 $2p-8=0$，即 $p=4$，则

$$(f(x),f'(x))=(x+2)^2$$

因此 $x+2$ 为 $f(x)$ 的三重因式，$x=-2$ 为三重根.

若 $2p-8\neq 0$，即 $p\neq 4$，则

$$f'(x)=(2p-8)(x-1)\left(\frac{3x}{2p-8}+\frac{15}{2p-8}\right)+3p+15,$$

若 $3p+15\neq 0$，则 $(f(x),f'(x))=1$，$f(x)$ 无重因式，因而也无重根；若 $3p+15=0$，即 $p=-5$，则 $(f(x),f'(x))=(x-1)$，此时 $x-1$ 为 $f(x)$ 的二重因式，$x=1$ 为二重根，另一个根为 $x=-8$.

2. 如果 a 是 $f'''(x)$ 的一个 k 重根，证明 a 是

$$g(x)=\frac{x-a}{2}(f'(x)+f'(a))-f(x)+f(a)$$

的一个 $k+3$ 重根.

证明
$$g'(x)=\frac{1}{2}(f'(x)+f'(a))+\frac{x-a}{2}f''(x)-f'(x)$$
$$=\frac{x-a}{2}f''(x)-\frac{1}{2}(f'(x)-f'(a)),$$

$$g''(x)=\frac{1}{2}f''(x)+\frac{x-a}{2}f'''(x)-\frac{1}{2}f''(x)=\frac{x-a}{2}f'''(x)$$

显然有 $g(a)=g'(a)=g''(a)=0$. 由 a 是 $f'''(x)$ 的一个 k 重根可得 a 是 $g''(x)$ 的一个 $k+1$ 重根. 设 a 是 $g(x)$ 的 s 重根，则 $s-2=k+1, s=k+3$.

3. 求多项式 x^3+px+q 有重根的条件.

解 令 $f(x)=x^3+px+q$. 显然当 $p=q=0$ 时，0 为 $f(x)$ 的三重根. 当 $p\neq 0$ 时，

$$f'(x)=3x^2+p,$$

$$f(x)=x^3+px+q=\frac{1}{3}xf'(x)+\frac{2p}{3}x+q,$$

$$f'(x)=\left(\frac{2p}{3}x+q\right)\left(\frac{9}{2p}x-\frac{27q}{4p^2}\right)+\left(p+\frac{27q^2}{4p^2}\right).$$

要使 $f(x)$ 有重根，则 $(f(x),f'(x))\neq 1$，即 $p+\frac{27q^2}{4p^2}=0,\ 4p^3+27q^2=0$. 显然 $p=q=0$ 也满足 $4p^3+27q^2=0$. 因此 $f(x)$ 有重根的条件是 $4p^3+27q^2=0$.

4. 已知次数不大于 n 的多项式 $f(x)$ 在 $x=c_i(i=1,2,\cdots,n+1)$ 处的值 $f(c_i)=b_i$ $(i=1,2,\cdots,n+1)$，设 $f(x)=\sum\limits_{i=1}^{n+1}k_i(x-c_1)\cdots(x-c_{i-1})(x-c_{i+1})\cdots(x-c_{n+1})$，依次令 $x=c_i$ 代入 $f(x)$，得

$$k_i=\frac{b_i}{(c_i-c_1)\cdots(c_i-c_{i-1})(c_i-c_{i+1})\cdots(c_i-c_{n+1})},$$

$$f(x)=\sum_{i=1}^{n+1}\frac{b_i(x-c_1)\cdots(x-c_{i-1})(x-c_{i+1})\cdots(x-c_{n+1})}{(c_i-c_1)\cdots(c_i-c_{i-1})(c_i-c_{i+1})\cdots(c_i-c_{n+1})}$$

这个公式叫作**拉格朗日（Lagrange）插值公式**. 求次数小于 3 的多项式 $f(x)$，使 $f(1)=1$，$f(-1)=3$，$f(2)=3$.

解　$f(x)=\frac{(x+1)(x-2)}{(-2)\cdot 1}+\frac{3(x-1)(x-2)}{2\cdot 3}+\frac{3(x-1)(x+1)}{(-1)\cdot(-3)}$

$=-(x-2)+(x-1)(x+1)=x^2-x+1$.

习题 1.8

1. 设 n 次多项式 $f(x)=a_0x^n+a_1x^{n-1}+\cdots+a_{n-1}x+a_n\in\mathbf{C}[x]$，令 $\alpha_1,\alpha_2,\cdots,\alpha_n$ 为 $f(x)$ 的 n 个复根，求：

（1）以 $c\alpha_1,c\alpha_2,\cdots,c\alpha_n$ 为根的多项式，这里 c 是一个数.

（2）以 $\frac{1}{\alpha_1},\frac{1}{\alpha_2},\cdots,\frac{1}{\alpha_n}$（假定 $\alpha_1,\alpha_2,\cdots,\alpha_n$ 都不等于零）为根的多项式.

解　（1）若 $c=0$，有 $c\alpha_1,c\alpha_2,\cdots,c\alpha_n$ 都为 0，则 $g(x)=x^n$，即为所求.

若 $c\neq 0$，令 $g(x)=f\left(\frac{x}{c}\right)=\frac{1}{c^n}(a_0x^n+a_1cx^{n-1}+\cdots+a_{n-1}c^{n-1}x+a_nc^n)$，即为所求.

（2）令 $g(x)=f\left(\frac{1}{x}\right)x^n=a_0+a_1x+\cdots+a_{n-1}x^{n-1}+a_nx^n$，即为所求.

2. 给出实系数四次多项式在实数域上所有不同类型的典型分解式.

解　共九种：

$$a(x+b)^4,a(x+b_1)^3(x+b_2),a(x+b_1)^2(x+b_2)^2,a(x+b_1)(x+b_2)(x+b_3)^2,$$

$$a(x+b_1)(x+b_2)(x+b_3)(x+b_4),a(x^2+px+q)^2,a(x^2+p_1x+q_1)(x^2+p_1x+q_2),$$

$$a(x+b_1)^2(x^2+px+q),a(x+b_1)(x+b_2)(x^2+px+q)$$

其中 x^2+px+q 为实数域不可约多项式.

3. 求有单根 $-1+3\mathrm{i}$ 及根为 1 的次数最低的复系数及实系数多项式.

解　复数域：$f(x)=[x-(-1+3\mathrm{i})](x-1)=x^2-3\mathrm{i}x-1+3\mathrm{i}$，

实数域：$f(x)=[x-(-1+3\mathrm{i})][x-(-1-3\mathrm{i})](x-1)=x^3+x^2+6x-8$.

4. 已知 $1-\mathrm{i}$ 是多项式 $f(x)=x^4-4x^3+5x^2-2x-2$ 的一个根，求其所有的根.

解　因 $1-\mathrm{i}$ 是多项式的根，从而 $1+\mathrm{i}$ 也是多项式的根，故 $(x-(1-\mathrm{i}))(x-(1+\mathrm{i}))=x^2-2x+2$ 为多项式的因式，利用厂字除法可得

$$f(x)=x^4-4x^3+5x^2-2x-2=(x^2-2x+2)(x^2-2x-1),$$

由 $x^2-2x-1=0$ 容易得到多项式另外两根分别为 $x=1+\sqrt{2},x=1-\sqrt{2}$.

5. 设实系数多项式 $f(x)=x^3+2x^2+\cdots$ 有一个虚根 $-1+2\mathrm{i}$，求 $f(x)$ 的另两个根，并写出 $f(x)$ 的完整形式.

解　由实系数多项式虚根成对出现知，必有另一个虚根为 $-1-2\mathrm{i}$，设第三个根为实数 α，则有 $-1+2\mathrm{i}+(-1-2\mathrm{i})+\alpha=-2$，可得 $\alpha=0$，从而

$$f(x)=[x-(-1-2\mathrm{i})][x-(-1+2\mathrm{i})]x=x^3+2x^2+5x$$

习题 1.9

1. 证明：x^n+2（其中 n 是任意正整数）在 $\mathbf{Q}$ 上不可约.

证明 素数 2 满足爱森斯坦条件，故 x^n+2（其中 n 是任意正整数）在 $\mathbf{Q}$ 上不可约.

2. 证明以下多项式在有理数域上不可约:

（1）$x^4-2x^3+8x-10$；（2）$2x^5+18x^4+6x^2+6$；（3）x^4-2x^3+2x-3.

解 （1）素数 2 满足爱森斯坦条件，故 $x^4-2x^3+8x-10$ 在有理数域内不可约.

（2）素数 3 满足爱森斯坦条件，故 $2x^5+18x^4+6x^2+6$ 在有理数域内不可约.

（3）令 $x=y+1$，则 $x^4-2x^3+2x-3=y^4+2y^3-2$，素数 2 满足爱森斯坦条件，故 y^4+2y^3-2 在有理数域内不可约，从而 x^4-2x^3+2x-3 在有理数域内不可约.

3. 利用爱森斯坦判断法，证明：若 $p_1,p_2,\cdots,p_t$ 是 t 个不相同的素数而 n 是一个大于 1 的整数，那么 $\sqrt[n]{p_1p_2\cdots p_t}$ 是一个无理数.

证明 考虑多项式 $x^n-p_1p_2\cdots p_t$，因 $p_1p_2\cdots p_t$ 是互不相同的素数，取 $p=p_1$ 知满足爱森斯坦判别法，从而 $x^n-p_1p_2\cdots p_t$ 在有理数域上不可约. 因 $n>1$ 且多项式 $x^n-p_1p_2\cdots p_t$ 没有有理根，而 $\sqrt[n]{p_1p_2\cdots p_t}$ 是它的一个根，故 $\sqrt[n]{p_1p_2\cdots p_t}$ 是无理数.

4. 设 $f(x)$ 是一个整系数多项式，证明：若 $f(0)$ 和 $f(1)$ 都是奇数，那么 $f(x)$ 不能有整数根.

证明 设 a 是 $f(x)$ 的一个整数根，则 $f(x)=(x-a)f_1(x)$. 由综合法知商式 $f_1(x)$ 也为整系数多项式，于是

$$\begin{cases} f(0)=-af_1(0) \\ f(1)=(1-a)f_1(1) \end{cases}$$

又因为 a 与 $1-a$ 中必有一个为偶数，从而 $f(0)$ 与 $f(1)$ 中至少有一个为偶数，与题设矛盾. 故 $f(x)$ 无整数根.

5. 求以下多项式的有理根:

（1）$x^3-6x^2+15x-14$；（2）$4x^4-7x^2-5x-1$.

解 （1）该多项式可能的有理根为 $\pm1,\pm2,\pm7,\pm14$. 由系数取值可知，x 取负数时，多项式的值均为负的，故该多项式没有负根. 检验得 2 为其根，用长除法得

$$x^3-6x^2+15x-14=(x-2)(x^2-4x+7),$$

显然 x^2-4x+7 没有有理根. 因此 $x^3-6x^2+15x-14$ 仅有一个有理根 2，且为单根.

（2）该多项式可能的有理根为 $\pm1,\pm\frac{1}{2},\pm\frac{1}{4}$. 用长除法可得

$$4x^4-7x^2-5x-1=\left(x+\frac{1}{2}\right)^2(4x^2-4x-4)=(2x+1)^2(x^2-x-1),$$

显然 x^2-x-1 没有有理根. 因此 $-\frac{1}{2}$ 为 $4x^4-7x^2-5x-1$ 的二重根.

1.3 多项式自测题

一、选择题

1. 在 $F[x]$ 里能整除任意多项式的多项式是（ B ）.

A. 零多项式　　B. 零次多项式

C. 本原多项式　　D. 不可约多项式

2. 设 $g(x)=x+1$ 是 $f(x)=x^6-k^2x^4+4kx^2+x-4$ 的一个因式，则 $k=$（ B ）.

A. 1　　B. 2　　C. 3　　D. 4

3. 以下命题不正确的是（ D ）.

A. 若 $f(x)|g(x)$，则 $\overline{f(x)}|\overline{g(x)}$

B. 集合 $F=\{a+b\mathrm{i}\,|\,a,b\in\mathbf{Q}\}$ 是数域

C. 若 $(f(x),f'(x))=1$，则 $f(x)$ 没有重因式

D. 设 $p(x)$ 是 $f'(x)$ 的 $k-1$ 重因式，则 $p(x)$ 是 $f(x)$ 的 k 重因式

4. 整系数多项式 $f(x)$ 在 $\mathbf{Z}$ 不可约是 $f(x)$ 在 $\mathbf{Q}$ 上不可约的（ B ）条件.

A. 充分　　B. 充分必要

C. 必要　　D. 既不充分也不必要

5. 下列对于多项式的结论不正确的是（ A ）.

A. 如果 $f(x)|g(x),g(x)|f(x)$，那么 $f(x)=g(x)$

B. 如果 $f(x)|g(x),f(x)|h(x)$，那么 $f(x)|(g(x)\pm h(x))$

C. 如果 $f(x)|g(x)$，那么 $\forall h(x)\in F[x]$，有 $f(x)|g(x)h(x)$

D. 如果 $f(x)|g(x),g(x)|h(x)$，那么 $f(x)|h(x)$

6. 关于多项式的重因式，以下结论正确的是（ B ）.

A. 若 $p(x)$ 是 $f'(x)$ 的 k 重因式，则 $p(x)$ 是 $f(x)$ 的 $k+1$ 重因式

B. 若 $p(x)$ 是 $f(x)$ 的 k 重因式，则 $p(x)$ 是 $f(x)$ 与 $f'(x)$ 的公因式

C. 若 $p(x)$ 是 $f'(x)$ 的因式，则 $p(x)$ 是 $f(x)$ 的重因式

D. 若 $p(x)$ 是 $f'(x)$ 的重因式，则 $p(x)$ 是 $\dfrac{f(x)}{(f(x),f'(x))}$ 的单因式

7. 关于数域 F 上不可约多项式 $p(x)$，以下结论不正确的是（ C ）.

A. 若 $p(x)|f(x)g(x)$，则 $p(x)|f(x)$ 或 $p(x)|g(x)$

B. 若 $q(x)$ 也是不可约多项式，则 $(p(x)q(x))=1$ 或 $p(x)=cq(x),c\neq 0$

C. $p(x)$ 是任何数域上的不可约多项式

D. $p(x)$ 在数域 F 上不能分解为两个次数更低的多项式的乘积

8. 设 $f(x)=x^3-3x+k$ 有重根，那么 $k=$（ C ）.

A. 1　　B. -1　　C. ±2　　D. 0

9. 设 $f(x)=x^3-3x+tx-1$ 是整系数多项式，当 $t=$（ B ）时，$f(x)$ 在有理数域上可约.

A. 1　　B. 0　　C. -1　　D. 3 或 -5

10. 设 m,n 是大于 1 的整数，则 $x^{3m}+x^{3n}$ 除以 x^2+x+1 后的余式为（　D　）.

A. $x+1$　　B. 0　　C. 1　　D. 2

二、填空题

1. 最小的数环是 $\underline{\{0\}}$，最小的数域是 $\underline{\text{有理数域}}$.

2. 已知实系数多项式 x^3+px+q 有一个虚根 $3+2\mathrm{i}$，则其余的根为 $\underline{3+2\mathrm{i},3-2\mathrm{i},-6}$.

3. 设 $f(x),g(x)\in F[x]$，若 $\partial(f(x))=0,\partial(g(x))=m$，则 $\partial(f(x)g(x))=\underline{m+n}$.

4. 用 $x-2$ 除 $f(x)=x^4+2x^3-x+5$ 的商式为 $x^3+4x^2+8x+15$，余式为 $\underline{35}$.

5. 设 x_1,x_2,x_3 是多项式 x^3-6x^2+5x-1 的 3 个根，则 $(x_1-x_2)^2+(x_2-x_3)^2+(x_3-x_1)^2=\underline{42}$.

6. 设 a,b 是两个不相等的常数，则多项式 $f(x)$ 除以 $(x-a)(x-b)$ 所得的余式为 $\underline{\dfrac{f(b)-f(a)}{b-a}x+\dfrac{bf(a)-af(b)}{b-a}}$.

7. 设 $f(x)\in\mathbf{Q}[x]$ 使得 $\partial(f(x))\leqslant 3$，且 $f(1)=1$，$f(-1)=3$，$f(2)=3$，则 $f(x)=\underline{x^3-x^2-2x+3}$ 或 $\underline{x^2-x+1}$.

8. 多项式 $f(x)=x^4+x^3-3x^2-4x-1$ 与 $g(x)=x^3+x^2-x-1$ 的最大公因式 $(f(x),g(x))=\underline{x+1}$.

9. 设 $f(x)=x^4+x^2+ax+b$，$g(x)=x^2+x-2$，若 $(f(x),g(x))=g(x)$，则 $a=\underline{6}$，$b=\underline{-8}$.

10. 在有理数域上将多项式 $f(x)=x^3+x^2-2x-2$ 分解为不可约因式的乘积：$\underline{(x^2-2)(x+1)}$.

三、判断题

1. 若整系数多项式 $f(x)$ 在有理数域可约，则 $f(x)$ 一定有有理根.　（　×　）

2. 若 $p(x)$，$q(x)$ 均为不可约多项式，且 $(p(x),q(x))\neq 1$，则存在非零常数 c，使得 $p(x)=cq(x)$.　（　√　）

3. 若 $f(x)$ 无有理根，则 $f(x)$ 在 $\mathbf{Q}$ 上不可约.　（　×　）

4. $\mathbf{Z}[x]$ 中两个本原多项式的和仍是本原多项式.　（　×　）

5. 对于整系数多项式 $f(x)$，若不存在满足爱森施坦判别法条件的素数 p，那么 $f(x)$ 不可约.　（　×　）

6. 设 $d(x)$ 为 $f(x)$，$g(x)$ 的一个最大公因式，则 $d(x)$ 与 $(f(x),g(x))$ 的关系是相差一个非零常数倍.　（　√　）

7. 设 $p(x)$ 是多项式 $f(x)$ 的一个 $k(k\geqslant 1)$ 重因式，那么 $p(x)$ 是 $f(x)$ 的导数的一个 $k-1$ 重因式.　（　√　）

8. 如果一个非零整系数多项式能够分解成两个次数较低的有理系数多项式的乘积，那么它一定能分解成两个次数较低的整系数多项式的乘积.　（　√　）

9. 当 a,b 满足条件 $4a^3+b^2=0$ 时，多项式 $f(x)=x^3+3ax+b$ 才能有重因式.　（　√　）

10. 设 $f(x)$ 是有理系数多项式，则除了相差一个正负号之外，$f(x)$ 可唯一表示成一个有理数与一个本原多项式的乘积.　（　√　）

四、计算题

1. 已知 $f(x)=x^4-4x^3-1, g(x)=x^2-3x-1$，求 $f(x)$ 被 $g(x)$ 除所得的商式和余式.

解 $x^4-4x^3-1=(x^2-3x-1)(x^2-x-2)+(-7x-3)$，

商式和余式分别为

$$g(x)=x^2-x-2, r(x)=-7x-3$$

2. 设 $f(x)=x^4-2x^3-4x^2+4x-3, g(x)=2x^3-5x^2-4x+3$，求 $f(x), g(x)$ 的最大公因式 $(f(x), g(x))$.

解 （利用辗转相除法）$f(x)=\left(\frac{1}{2}x+\frac{1}{4}\right)g(x)+\left(-\frac{3}{4}x^2+\frac{7}{2}x-\frac{15}{4}\right)$

$$g(x)=\left(-\frac{8}{3}x-\frac{52}{9}\right)\left(-\frac{3}{4}x^2+\frac{7}{2}x-\frac{15}{4}\right)+\left(\frac{56}{9}x-\frac{56}{3}\right)$$

$$\left(-\frac{3}{4}x^2+\frac{7}{2}x-\frac{15}{4}\right)=\left(-\frac{27}{224}x+\frac{45}{224}\right)\left(\frac{56}{9}x-\frac{56}{3}\right)$$

由辗转相除法可知，$\frac{56}{9}x-\frac{56}{3}$ 为 $f(x),g(x)$ 的一个最大公因式，因此 $(f(x),g(x))=x-3$.

3. 已知 2 是多项式 $f(x)=x^4-2x^3+ax^2+bx-8$ 的一个二重根，求 a,b.

解 因为 2 是多项式 $f(x)=x^4-2x^3+ax^2+bx-8$ 的二重根，故 $(x-2)^2$ 能整除 $f(x)=x^4-2x^3+ax^2+bx-8$，故可设 $x^4-2x^3+ax^2+bx-8=(x-2)^2(px^2+qx+r)$，比较两边系数可得：$a=-2, b=16$.

4. 求多项式 $f(x)=3x^4+5x^3+x^2+5x-2$ 的有理根.

解 该多项式可能的有理根为 $\pm1,\pm2,\pm\frac{1}{3},\pm\frac{2}{3}$，通过试商可得 $-2,\frac{1}{3}$ 为其根，用长除法得

$$3x^4+5x^3+x^2+5x-2=(x+2)(3x-1)(x^2+1),$$

显然 x^2+1 没有有理根. 因此 $f(x)=3x^4+5x^3+x^2+5x-2$ 有有理根 $-2,\frac{1}{3}$，且均为单根.

5. 设 x_1,x_2,x_3 是多项式 $x^3+px^2+qx+r=0$ 的 3 个根，求一个三次方程，使其根为 x_1^2,x_2^2,x_3^2.

解 因 x_1,x_2,x_3 分别为方程 $x^3+px^2+qx+r=0$ 的 3 个根，则

$$x_1^2+x_2^2+x_3^2=(x_1+x_2+x_3)^2-2(x_1x_2+x_1x_3+x_2x_3)=p^2-2q$$

$$x_1^2x_2^2+x_1^2x_3^2+x_2^2x_3^2=(x_1x_2+x_1x_3+x_2x_3)^2-2x_1x_2x_3(x_1+x_2+x_3)=q^2-2pr$$

$$x_1^2x_2^2x_3^2=(x_1x_2x_3)^2=r^2$$

于是由韦达定理，所求三元一次方程为

$$y^3+(p^2-2q)y^2+(q^2-2pr)y+r^2=0$$

五、证明题

1. 若 $(x^3+x^2+x+1)\mid f(x^2)+xg(x^2)$，则 $(x+1)\mid f(x),(x+1)\mid g(x)$.

证明 在复数域 $\mathbf{C}$ 上，$x^3+x^2+x+1=0$ 的根为 $-\mathrm{i},\mathrm{i},-1$.

因为 $(x^3+x^2+x+1)\mid f(x^2)+xg(x^2)$，所以

$$(x-\mathrm{i})\mid f(x^2)+xg(x^2),(x+\mathrm{i})\mid f(x^2)+xg(x^2)$$

由因式定理有

$$\begin{cases} f(\mathrm{i}^2)+\mathrm{i}g(\mathrm{i}^2)=0 \\ f((-\mathrm{i})^2)-\mathrm{i}g((-\mathrm{i})^2)=0 \end{cases}，即 \begin{cases} f(-1)+\mathrm{i}g(-1)=0 \\ f(-1)-\mathrm{i}g(-1)=0 \end{cases}$$

解得 $f(-1)=g(-1)=0$，即 $(x+1)\mid f(x),(x+1)\mid g(x)$.

说明：这个命题的逆命题也是成立的.

若 $(x+1)\mid f(x),(x+1)\mid g(x)$，则 $f(-1)=g(-1)=0$，有

$$f(i^2)=f(-1)=0,g(\mathrm{i}^2)=g(-1)=0$$

进而 $$f(\mathrm{i}^2)+\mathrm{i}g(\mathrm{i}^2)=0,f((-\mathrm{i})^2)-\mathrm{i}g((-\mathrm{i})^2)=0,f(-1)-g(-1)=0$$

由因式定理有

$$x-\mathrm{i}\mid f(x^2)+xg(x^2),x-(-\mathrm{i})\mid f(x^2)+xg(x^2),x+1\mid f(x^2)+xg(x^2)$$

又 $x-\mathrm{i},x-(-\mathrm{i}),x+1$ 互素，所以

$$(x-\mathrm{i})(x+\mathrm{i})(x+1)\mid f(x^2)+xg(x^2)，即 x^3+x^2+x+1\mid f(x^2)+xg(x^2)$$

【变式练习】

1.（北京理工大学、西北大学、上海交通大学考研真题）若

$$(x^4+x^3+x^2+x+1)\mid x^3(f_1(x^5))+x^2(f_2(x^5))+x(f_3(x^5)+f_4(x^5))$$

其中 $f_i(x)\in\mathbf{R}[x],i=1,2,3,4$，求证：$f_i(1)=0,i=1,2,3,4$.

2.（西南大学、兰州大学、上海交通大学考研真题）假设 $f(x),g(x)\in\mathbf{C}[x]$ 为次数不超过 3 的首系数为 1 的互异多项式，如果 $x^4+x^2+1\mid f(x^3)+x^4g(x^3)$，求 $(f(x),g(x))$.

2. 设 $a,b,c,d\in F$，且 $ad-bc\neq 0$，对于任意的 $f(x),g(x)\in F(x)$，则有

$$(f(x),g(x))=(af(x)+bg(x),cf(x)+dg(x)).$$

证明 首先，设 $f_1(x)=af(x)+bg(x),g_1(x)=cf(x)+dg(x)$，$d(x)=(f(x),g(x))$，由已知得 $d(x)\mid f_1(x),d(x)\mid g_1(x)$. 其次，设 $\varphi(x)$ 是 $f_1(x)$ 与 $g_1(x)$ 的任一公因式，只需证明 $\varphi(x)\mid d(x)$ 即可.

因为 $$f_1(x)=af(x)+bg(x),g_1(x)=cf(x)+dg(x)$$

所以
$$\begin{cases} f(x)=\dfrac{d}{ad-bc}f_1(x)-\dfrac{b}{ad-bc}g_1(x) \\ g(x)=\dfrac{c}{ad-bc}f_1(x)+\dfrac{a}{ad-bc}g_1(x) \end{cases}$$

又因为$\varphi \mid f_1,\varphi \mid g_1$，所以$\varphi \mid f,\varphi \mid g$，从而$\varphi(x) \mid d(x)$. 故$d(x)$也是$f_1(x)$与$g_1(x)$的最大公因式.

3. 设奇数次多项式$f(x)=(x-a_1)(x-a_2)\cdots(x-a_n)+1$, $a_i(i=1,2,\cdots,n)$是互不相同的整数，求证$f(x)$是有理数域上的不可约多项式.

证明 设$f(x)=g(x)h(x)$是整系数多项式的分解，则$f(a_i)=g(a_i)h(a_i)=1(i=1,\cdots,n)$，因为$g(x),h(x)$是整系数多项式，必有$g(a_i)=1,h(a_i)=1$,或者$g(a_i)=-1,h(a_i)=-1$,无论怎样，都有$g(a_i)=h(a_i)$，而$f(x)$是$n$次多项式，$g(x),h(x)$的次数小于$n$，故$g(x)=h(x)$，于是$f(x)=g^2(x)$，这与$n$是奇数矛盾.

【变式练习】

（兰州大学考研真题）设$f(x)=(x-a_1)^2(x-a_2)^2\cdots(x-a_n)^2+1$, $a_i(i=1,2,\cdots,n)$是互不相同的整数，求证$f(x)$是有理数域上的不可约多项式.

4. 设$f(x)=x^{2n+1}-1$，$f(x)$的不等于1的根为$\omega_1,\omega_2,\cdots,\omega_{2n}$，求证：$(1-\omega_1)(1-\omega_2)\cdots(1-\omega_{2n})=2n+1$.

证明 分解因式得

$$f(x)=x^{2n+1}-1=(x-1)(x^{2n}+\cdots+x+1)=(x-1)(x-\omega_1)(x-\omega_2)\cdots(x-\omega_{2n})$$

因此

$$(x^{2n}+\cdots+x+1)=(x-\omega_1)(x-\omega_2)\cdots(x-\omega_{2n})$$

令$x=1$，代入可得

$$(1-\omega_1)(1-\omega_2)\cdots(1-\omega_{2n})=2n+1$$

5. 设有实数a,b,c，求证：$a>0,b>0,c>0$的充分必要条件是$a+b+c>0$，$ab+bc+ca>0$，$abc>0$.

证明 必要性显然，只需证充分性.

设$a+b+c=p,ab+ac+bc=q,abc=r$，由$f(x)=x^3-px^2+qx-r$以a,b,c为根，显然该方程没有负根，零也不是它的根，即只能有正根，即$a>0,b>0,c>0$.

1.4 例题补充

例 1.1 设复系数非零多项式$f(x)$没有重因式，证明：$(f(x)+f'(x),f(x))=1$.

证明 由$f(x)$无重因式，有$(f'(x),f(x))=1$，任取$f(x)+f'(x)$与$f(x)$的公因式$\phi(x)$，则$\phi(x)\mid f(x)$且$\phi(x)\mid(f(x)+f'(x))$，于是$\phi(x)\mid(f(x)+f'(x))-f(x)$，即$\phi(x)\mid f'(x)$，从而$\phi(x)$是$f(x)$和$f'(x)$的公因式，则$\phi(x)=1$，故$(f(x)+f'(x),f(x))=1$.

例 1.2 证明：$(x^m+1,x^n+1)=x+1$，其中m,n互素且都是正奇数.

证明 由$x+1\left|x^m+1,x+1\right|x^n+1,(m,n)=1$且均为正奇数，可知存在整数$s,t$,使得$ms+nt=1$，$s,t$一奇一偶.

设α是x^m+1,x^n+1的公共根，则$\alpha^m=\alpha^n=-1$，故$\alpha=\alpha^{ms+nt}=\alpha^{ms}\alpha^{nt}=-1$.

又由于x^m+1,x^n+1的根均为单根，故$(x^m+1,x^n+1)=x+1$.

例 1.3 设 $f(x)$ 为一整系数多项式，若 $f(x)-2022$ 有 5 个不同的整数根. 证明 $f(x)-2025$ 无整数根.

证明 设 $f(x)-2022$ 的 5 个不同的整数根分别为 x_1,x_2,x_3,x_4,x_5，即

$$f(x)-2022=(x-x_1)(x-x_2)\cdots(x-x_5)g(x)$$

其中 $g(x)$ 是整系数多项式.

反设 $f(x)-2025$ 有整数根 a，即 $f(a)-2025=0$，从而

$$-3=f(a)-2022=(a-x_1)(a-x_2)\cdots(a-x_5)g(a)$$

由 $(a-x_i)\ (i=1,2,\cdots,5)$ 为 5 个不同的整数，知 -3 有 5 个或 5 个以上不同的因数，而 -3 只有 $\pm1,\pm3$ 这 4 个不同的因数，矛盾. 故 $f(x)-2025$ 无整数根.

例 1.4 （华东师范大学考研真题）求出所有满足条件 $(x-1)f(x+1)=(x+2)f(x)$ 的非零实系数多项式.

解 令 $x=1$，代入 $(x-1)f(x+1)=(x+2)f(x)$ 可得 $f(1)=0$，再令 $x=0$，代入 $(x-1)f(x+1)=(x+2)f(x)$ 可得 $f(0)=-\dfrac{1}{2}f(1)$，从而 $f(0)=0$，又令 $x=-1$，代入 $(x-1)f(x+1)=(x+2)f(x)$ 可得 $f(-1)=2f(0)$，从而 $f(-1)=0$.

故可设

$$f(x)=x(x-1)(x+1)g(x),g(x)\in\mathbf{R}[x]$$

于是

$$f(x+1)=x(x+1)(x+2)g(x+1)$$

将上面两式代入条件中的等式，有

$$x(x-1)(x+1)(x+2)g(x)=x(x-1)(x+1)(x+2)g(x+1)$$

得

$$g(x)=g(x+1)$$

则

$$g(0)=g(1)=g(2)=\cdots$$

若记 $c=g(0)$，则 $g(x)-c$ 有无穷多个根，从而 $g(x)=c$，故所求多项式为

$$f(x)=cx(x-1)(x+1),c\neq0,c\in\mathbf{R}$$

【变式练习】

设 $f(x)\in F[x],f(x)$ 满足条件 $xf(x-1)=(x-26)f(x)$，证明：$f(x)=0$ 或 $f(x)=ax(x-1)(x-2)\cdots(x-25)$，其中 $c\in F$.

例 1.5 （南京师范大学考研真题）设整系数多项式 $f(x)=x^4+ax^2+bx-3$，$f'(x)$ 为 $f(x)$ 的导数，若 $\dfrac{f(x)}{(f(x),f'(x))}$ 为二次函数，求 a^2+b^2.

解 由 $f(x)=x^4+ax^2+bx-3$ 可得 $f'(x)=4x^3+2ax+b$，从而

$$f(x)=\frac{1}{4}xf'(x)+\left(\frac{a}{2}x^2+\frac{3b}{4}x-3\right)$$

又由 $\dfrac{f(x)}{(f(x),f'(x))}$ 为二次函数，故 $(f(x),f'(x))$ 为二次函数，从而 $a\neq 0$，且

$$\left(\frac{a}{2}x^2+\frac{3b}{4}x-3\right)\mid f'(x)$$

故可设

$$f'(x)=\left(\frac{a}{2}x^2+\frac{3b}{4}x-3\right)\left(\frac{8}{a}x-c\right)$$

于是
$$\frac{6b}{a}-\frac{ac}{2}=0,-\frac{24}{a}-\frac{3bc}{4}=2a,3c=b$$

即
$$(36-a^2)b=0,8a^2+ab^2+96=0$$

考虑到 a,b 为整数，可得 $a^2=36,b^2=64$，故 $a^2+b^2=100$.（也可用带余除法，余式为 0，求 a，b.）

例 1.6　（北京邮电大学、湖南大学、浙江大学考研真题）设 $f(x)$ 是一个有理数域上不可约的 $n(n\geqslant 2)$ 次多项式，已知 a 和 $\dfrac{1}{a}$ 都是 $f(x)$ 的根. 又若 b 也是 $f(x)$ 的根，试证 $\dfrac{1}{b}$ 也是 $f(x)$ 的根.

证明　只需考虑首项系数为 1 的多项式，设 $f(x)=x^n+a_{n-1}x^{n-1}+\cdots+a_1x+a_0$，其中 $a_i\in\mathbf{Q}(i=1,\cdots,n)$，由题设知 $f(a)=0$，要证明 $a_0\neq 0$，为此，令

$$S=\{\psi(x)\in\mathbf{Q}[x]\mid\psi(a)=0\}$$

下证 $f(x)$ 是 S 中次数最低的，从而是唯一的.

设 S 中次数最低且首项系数为 1 的多项式为 $h(x)$，则 $h(a)=0$，根据带余除法，存在 $g(x),r(x)\in\mathbf{Q}[x]$，使

$$f(x)=g(x)h(x)+r(x)$$

其中 $r(x)=0$ 或 $\partial(r(x))<\partial(g(x))$.

由于 $r(a)=0$，以及 $h(x)$ 在 S 中次数最低，所以 $r(x)=0$，$f(x)=g(x)h(x)$. 又因为 $f(x)$ 在有理数域上不可约，所以 $g(x)$ 为非零常数，且 $f(x),h(x)$ 的首项系数为 1，故 $f(x)=h(x)$.

若 $a_0=0$，则 $x^{n-1}+a_{n-1}x^{n-2}+\cdots+a_2x+a_1=0$，从而 $x^{n-1}+a_{n-1}x^{n-2}+\cdots+a_2x+a_1\in S$，矛盾，所以 $a_0\neq 0$. 由 $f(a)=f\left(\dfrac{1}{a}\right)=0$ 可得

$$f(a)=a^n+a_{n-1}a^{n-1}+\cdots+a_1a+a_0=0\qquad(1)$$

$$f\left(\frac{1}{a}\right)=\frac{1}{a^n}+\frac{a_{n-1}}{a^{n-1}}+\cdots+\frac{a_1}{a}+a_0=0\Rightarrow a_0a^n+a_1a^{n-1}+\cdots+a_{n-1}a+1=0$$

进一步有

$$a^n+\frac{a_1}{a_0}a^{n-1}+\cdots+\frac{a_{n-1}}{a_0}a+\frac{1}{a_0}=0 \tag{2}$$

注意到 $f(x)$ 的唯一性，比较（1）式与（2）式，可得

$$\frac{1}{a_0}=a_0,\frac{a_i}{a_0}=a_{n-i}\ (i=1,2,\cdots,n-1)$$

则 $a_0=\pm1,a_i=\pm a_{n-i}$. 因此，由 b 是 $f(x)$ 的根知 $\frac{1}{b}$ 也是 $f(x)$ 的根.

例 1.7 （郑州大学 2021 年考研真题）设 $f_n(x)=x^{n+2}-(x+1)^{2n+1}$. 证明：对任意正整数 n 有 $(x^2+x+1,f_n(x))=1$.

证明 考虑到 $x^3-1=(x-1)(x^2+x+1)$，设 t 为 $x^2+x+1=0$ 的一个根，则 $t\neq0,t^3=1$，$t^2+t+1=0$，得 $t+1=-t^2$，从而

$$f_n(t)=t^{n+2}-(t+1)^{2n+1}=t^{n+2}-(-t^2)^{2n+1}=t^{n+2}+t^{4n+2}$$

当 $n=3k,k\in\mathbf{N}$ 时，$f_n(t)=t^2+t^2=2t^2\neq0$；

当 $n=3k+1,k\in\mathbf{N}$ 时，$f_n(t)=1+1=2\neq0$；

当 $n=3k+2,k\in\mathbf{N}$ 时，$f_n(t)=t+t=2t\neq0$.

即对任意正整数当 n，t 都不是 $f_n(x)$ 的根，所以 $(x^2+x+1,f_n(x))=1$.

例 1.8 设 $f(x)$ 是有理数域 $\mathbf{Q}$ 上的一个多项式. 证明：若无理数 $a+b\sqrt{2},a,b\in\mathbf{Q},b\neq0$ 是 $f(x)$ 的一个根，那么无理数 $a-b\sqrt{2}$ 也是 $f(x)$ 的一个根.

证明 令

$$g(x)=(x-(a+b\sqrt{2}))(x-(a-b\sqrt{2}))=(x-a)^2-2b^2$$

显然，$g(x)\in\mathbf{Q}[x]$，且 $g(x)$ 是以 $a+b\sqrt{2}$ 为根的首系数为 1 的次数最低的多项式.

下证 $g(x)\mid f(x)$.

设 $f(x)=g(x)q(x)+r(x),\partial(r(x))<\partial(g(x))$ 或 $r(x)=0$，则由 $f(a+b\sqrt{2})=\ \ g(a+b\sqrt{2})=0$ 可得 $r(a+b\sqrt{2})=0$，由 $g(x)$ 是以 $a+b\sqrt{2}$ 为根的首系数为 1 的次数最低的多项式可知 $r(x)=0$，即证得 $g(x)\mid f(x)$，于是 $a-b\sqrt{2}$ 也是 $f(x)$ 的一个根.

利用这种方法可解决相关问题，例如，求以 $\sqrt{2}+\sqrt{3}$ 为根的有理系数不可约多项式.（提示：若 $a\sqrt{b}+c\sqrt{d}$ 是 $f(x)$ 的一个根，其中 a,b,c,d 是有理数，$\sqrt{b},\sqrt{d},\sqrt{bd}$ 为无理数，那么 $a\sqrt{b}-c\sqrt{d}$，$-a\sqrt{b}+c\sqrt{d}$，$-a\sqrt{b}-c\sqrt{d}$ 等也是根）

例 1.9 （北京大学考研真题）设 $f(x)$ 是有理数域 $\mathbf{Q}$ 上的一个 m 次多项式 $(m\geqslant0)$，n 是大于 m 的正整数. 证明：$\sqrt[n]{2}$ 不是 $f(x)$ 的实根.

证明 （反证法）若 $\sqrt[n]{2}$ 是 $f(x)$ 的实根，那么 $x-\sqrt[n]{2}$ 可以整除 $f(x)$（在 $\mathbf{R}[x]$ 内）. 但 $(x-\sqrt[n]{2})\mid(x^n-2)$，且由爱森斯坦判别法知 x^n-2 在 $\mathbf{Q}[x]$ 中不可约，所以 x^n-2 是以 $\sqrt[n]{2}$ 为根的最低次的有理系数的不可约多项式，从而 $(x^n-2)\mid f(x)$. 这样 $\partial(f(x))\geqslant n>m$，与 $\partial(f(x))=m$ 矛

盾. 故$\sqrt[n]{2}$不是$f(x)$的实根.

例 1.10 证明：有理系数多项式$f(x)$在有理数域上不可约的充分必要条件是，对任意有理数$a\neq 0$和b，多项式$g(x)=f(ax+b)$在有理数域上不可约.

证明 （必要性）已知$f(x)$在有理数域上不可约，用反证，假设$g(x)$在有理数域上可约，即

$$g(x)=f(ax+b)=g_1(x)g_2(x)$$

其中$g_1(x),g_2(x)$是有理系数多项式，且次数小于$g(x)$的次数. 在上式中用$\frac{1}{a}x-\frac{b}{a}$代替x，所得各多项式为有理系数多项式，次数不变，且有

$$f(x)=g_1\left(\frac{1}{a}x-\frac{b}{a}\right)g_2\left(\frac{1}{a}x-\frac{b}{a}\right)$$

这说明$f(x)$在有理数域上可约，与不可约矛盾. 故$g(x)$在有理数域上不可约.

（充分性）已知多项式$g(x)=f(ax+b)$在有理数域上不可约，用反证法，假设$f(x)$在有理数域上可约，设$f(x)=f_1(x)f_2(x)$，其中$f_1(x),f_2(x)$是有理系数多项式，且次数小于$f(x)$的次数，由此可得

$$g(x)=f(ax+b)=f_1(ax+b)f_2(ax+b)$$

这与多项式$g(x)=f(ax+b)$在有理数域上不可约矛盾. 故$f(x)$在有理数域上不可约.

利用该结论，可以证明同济大学 2022 年考研真题：$f(x)=x^6+x^5+x^4+x^3+x^2+x+1$在有理数域上不可约（提示：考虑$g(x)=f(x+1)$），说明这个多项式也叫**分圆多项式**.

例 1.11 （北京邮电大学等考研真题）证明下面的方程组在复数域内只有零解：

$$\begin{cases} x_1+x_2+\cdots+x_n=0 \\ x_1^2+x_2^2+\cdots+x_n^2=0 \\ \qquad\vdots \\ x_1^n+x_2^n+\cdots+x_n^n=0 \end{cases}$$

证明 设$(x_1,x_2,\cdots,x_n)$是方程组在复数域内的一组解，考虑n次多项式

$$f(x)=(x-x_1)(x-x_2)\cdots(x-x_n)=x^n-\sigma_1x^{n-1}+\cdots+(-1)^n\sigma_n$$

其中$\sigma_1,\sigma_2,\cdots,\sigma_n$是$x_1,x_2,\cdots,x_n$的初等对称多项式. 由已知可得$s_k=0(k=1,\cdots,n)$，这里$s_k=x_1^k+x_2^k+\cdots+x_n^k$，对于$1\leqslant k\leqslant n$，利用 Newton 公式$s_k-s_{k-1}\sigma_1+s_{k-2}\sigma_2+\cdots+(-1)^{k-1}s_1\sigma_{k-1}+(-1)^k k\sigma_k=0$，或利用结论

$$\sigma_k=\frac{1}{k!}\begin{vmatrix} s_1 & 1 & 0 & \cdots & 0 \\ s_2 & s_1 & 2 & \cdots & 0 \\ \vdots & \vdots & \vdots & & \vdots \\ s_{k-1} & s_{k-2} & s_{k-3} & \cdots & k-1 \\ s_k & s_{k-1} & s_{k-2} & \cdots & s_1 \end{vmatrix}$$

可得 $\sigma_1 = \sigma_2 = \cdots = \sigma_n = 0$，因此 $f(x) = x^n$，即 $f(x)$ 的根 $x_1 = x_2 = \cdots = x_n = 0$，故所给方程组只有零解.

【变式练习】

求解下面的方程组：

$$\begin{cases} x_1 + x_2 + x_3 + x_4 = 4 \\ x_1^2 + x_2^2 + x_3^2 + x_4^2 = 4 \\ x_1^3 + x_2^3 + x_3^3 + x_4^3 = 4 \\ x_1^4 + x_2^4 + x_3^4 + x_n^4 = 4 \end{cases}$$

第2章 行列式

2.1 知识点综述

2.1.1 行列式的基本概念与性质

1）行列式的定义

n 阶行列式 D 定义为

$$D=\begin{vmatrix} a_{11} & a_{12} & \cdots & a_{1n} \\ a_{21} & a_{22} & \cdots & a_{2n} \\ \vdots & \vdots & & \vdots \\ a_{n1} & a_{n2} & \cdots & a_{nn} \end{vmatrix}=\sum_{j_1j_2\cdots j_n}(-1)^{\tau(j_1j_2\cdots j_n)}a_{1j_1}a_{2j_2}\cdots a_{nj_n},$$

其中 $j_1j_2\cdots j_n$ 为 n 阶排列，$\tau(j_1j_2\cdots j_n)$ 为它的逆序数.

对于二阶行列式和三阶行列式，可采用对角线法则来记它们代表的数：

$$\begin{vmatrix} a_{11} & a_{12} \\ a_{21} & a_{22} \end{vmatrix}=a_{11}a_{22}-a_{12}a_{21}.$$

$$\begin{vmatrix} a_{11} & a_{12} & a_{13} \\ a_{21} & a_{22} & a_{23} \\ a_{31} & a_{32} & a_{33} \end{vmatrix}=a_{11}a_{22}a_{33}+a_{12}a_{23}a_{31}+a_{13}a_{21}a_{32}-a_{13}a_{22}a_{31}-a_{12}a_{21}a_{33}-a_{11}a_{23}a_{32}.$$

2）行列式的性质

（1）行与列互换，行列式的值不变.

（2）行列式某行（列）的公因子可以提到行列式符号外.

（3）如果行列式某行（列）的所有元素都可以写成两项的和，则该行列式可以写成两个行列式的和. 这两个行列式的这一行（列）的元素分别为对应的两个加数之一，其余各行（列）元素与原行列式相同.

（4）行列式两行（列）对应元素相同，行列式的值为零.

（5）行列式两行（列）对应元素成比例，行列式的值为零.

（6）行列式某行（列）的倍数加到另一行（列），行列式的值不变.

（7）交换行列式两行（列）的位置，行列式的值变号.

2.1.2 行列式按行（列）展开

1）余子式和代数余子式

在 n 阶行列式中，将元素 a_{ij} 所在的第 i 行第 j 列的元素划去后剩余的元素按原位置次序构成的 $n-1$ 阶行列式，称为元素 a_{ij} 的余子式，记为 M_{ij}，而 $A_{ij}=(-1)^{i+j}M_{ij}$ 称为元素 a_{ij} 的代数余子式.

2）行列式按行（列）展开定理

设 $D=|a_{ij}|_n$，A_{ij} 表示元素 a_{ij} 的代数余子式，则下列公式成立：

$$a_{k1}A_{i1}+a_{k2}A_{i2}+\cdots+a_{kn}A_{in}=\begin{cases}D, & k=i,\\ 0, & k\neq i.\end{cases}$$

$$a_{1l}A_{1j}+a_{2l}A_{2j}+\cdots+a_{nl}A_{nj}=\begin{cases}D, & l=j,\\ 0, & l\neq j.\end{cases}$$

3）拉普拉斯定理

在 $n\,(n\geqslant 2)$ 阶行列式 D 中任意取定 $k\,(1\leqslant k\leqslant n-1)$ 个行（列），则由这 k 个行（列）的元素所组成的一切 k 阶子式与它们各自的代数余子式的乘积之和等于该行列式 D.

2.1.3 求行列式的方法

1）化三角行列式方法

利用行列式的性质将原行列式化为上（下）三角形行列式.

2）利用行列式的性质化某行列式为已知行列式

已知某个行列式的值来求另一个行列式，可利用行列式的定义及性质找出这两个行列式之间的关系，从而求出未知行列式.

3）滚动相消法

当行列式每两行的值比较接近时，可用相邻中的某一行减去（或加上）另一行的若干倍.

4）拆分法

把行列式的某一行（列）的各元素均写成两数和的形式，再利用行列式的性质写成两个行列式的和，使问题简化.

5）加边法

将 n 阶行列式增加一行一列变为 $n+1$ 阶行列式，再利用行列式的有关性质化简行列式算出结果.

6）归纳法

先通过计算一些初始行列式 D_1,D_2,D_3 等，找出它们的结果与阶数之间的关系，用不完全归纳法对 D_n 的结果提出猜想，然后用数学归纳法证明其猜想成立.

7）递推降价法

如果一个行列式在元素分布上比较有规律，则可以设法找出 n 阶行列式 D_n 与较低阶的行列式之间的关系，依次类推来计算行列式的值.

8）**利用重要公式与结论**

将已知行列式化为比较熟悉的公式，如范德蒙行列式、三角形行列式以及利用分块矩阵的行列式等.

9）**用幂级数变换计算行列式**

把一类 n 阶行列式转化为差分方程，再利用幂级数变换求解差分方程，即可求出行列式的值.

2.1.4 克拉默（Cramer）法则

如果线性方程组 $\boldsymbol{A}_{n\times n}\boldsymbol{X}=\boldsymbol{b}$ 的系数行列式 $D=|\boldsymbol{A}|\neq 0$，则该线性方程组有唯一解 $x_i=\dfrac{D_i}{D}\ (i=1,2,\cdots,n)$，其中 $D_i\ (i=1,2,\cdots,n)$ 为把 D 的第 i 列的元素换成常数项而得到的行列式.

2.2 习题详解

习题 2.1

1. 求下列排列的逆序数.

（1）$135\cdots(2n-1)(2n)(2n-2)\cdots42$；

（2）$(2n)1(2n-1)2(2n-2)3\cdots(n+1)n$.

解 （1）因为奇数之间不构成逆序，第一个偶数 $2n$ 也不构成逆序，从 $2(n-1)$ 开始才构成逆序，共计 $2+4+\cdots+(2n-2)=n(n-1)$.

（2）逆序数为 $2n-1+0+2n-3+\cdots+1+0=n^2$.

2. 已知排列 $x_1x_2\cdots x_n$ 的逆序数为 k，求排列 $x_nx_{n-1}\cdots x_1$ 的逆序数.

解 因为比 x_i 大的数有 $n-x_i$ 个，所以在 $x_nx_{n-1}\cdots x_2x_1$ 与 $x_1x_2\cdots x_{n-1}x_n$ 这两个排列中，由 x_i 与比它大的各数构成的逆序数的和为 $n-x_i$.因而，由 x_i 构成的逆序总数恰为

$$1+2+\cdots+(n-1)=\frac{n(n-1)}{2}$$

而排列 $x_1x_2\cdots x_{n-1}x_n$ 的逆序数为 k，故排列 $x_nx_{n-1}\cdots x_2x_1$ 的逆序数为 $\dfrac{n(n-1)}{2}-k$.

3. 试判断 $a_{14}a_{23}a_{31}a_{42}a_{56}a_{65}$ 和 $-a_{32}a_{43}a_{14}a_{51}a_{25}a_{66}$ 是否都是六阶行列式中的项.

解 在 6 阶行列式中，项 $a_{14}a_{23}a_{31}a_{42}a_{56}a_{65}$ 前面的符号为

$$(-1)^{\tau(431265)}=(-1)^6=1.$$

同理项 $a_{32}a_{43}a_{14}a_{51}a_{25}a_{66}$ 前面的符号为

$$(-1)^{\tau(341526)+\tau(234156)}=(-1)^{5+3}=1.$$

所以 $a_{14}a_{23}a_{31}a_{42}a_{56}a_{65}$ 是六阶行列式中的项而 $-a_{32}a_{43}a_{14}a_{51}a_{25}a_{66}$ 不是都是六阶行列式中的项.

4. 若 $(-1)^{\tau(i432k)+\tau(52j14)}a_{i5}a_{42}a_{3j}a_{21}a_{k4}$ 是五阶行列式的一项，则 i,j,k 应为何值？此时该项的符号是什么？

解　当 $i=1, j=3, k=5$ 时，$a_{15}a_{42}a_{33}a_{21}a_{54}$ 的符号为负.
当 $i=5, j=3, k=1$ 时，$a_{55}a_{42}a_{33}a_{21}a_{14}$ 的符号为正.

5. 用定义计算下列各行列式.

（1）$\begin{vmatrix} 0 & 2 & 0 & 0 \\ 0 & 0 & 1 & 0 \\ 3 & 0 & 0 & 0 \\ 0 & 0 & 0 & 4 \end{vmatrix}$；（2）$\begin{vmatrix} 1 & 2 & 3 & 0 \\ 0 & 0 & 2 & 0 \\ 3 & 0 & 4 & 5 \\ 0 & 0 & 0 & 1 \end{vmatrix}$；（3）$\begin{vmatrix} a & -1 & 0 & 0 \\ 1 & b & -1 & 0 \\ 0 & 1 & c & -1 \\ 0 & 0 & 1 & d \end{vmatrix}$.

解　（1）$\begin{vmatrix} 0 & 2 & 0 & 0 \\ 0 & 0 & 1 & 0 \\ 3 & 0 & 0 & 0 \\ 0 & 0 & 0 & 4 \end{vmatrix} = (-1)^{\tau(2314)} 2\times1\times3\times4 = 24$；

（2）$\begin{vmatrix} 1 & 2 & 3 & 0 \\ 0 & 0 & 2 & 0 \\ 3 & 0 & 4 & 5 \\ 0 & 0 & 0 & 1 \end{vmatrix} = (-1)^{\tau(2314)} 2\times2\times3\times1 = 24$；

（3）$\begin{vmatrix} a & -1 & 0 & 0 \\ 1 & b & -1 & 0 \\ 0 & 1 & c & -1 \\ 0 & 0 & 1 & d \end{vmatrix} = abcd + ab + ad + cd + 1$.

6. 已知 $f(x) = \begin{vmatrix} x & 1 & 1 & 2 \\ 1 & x & 1 & -1 \\ 3 & 2 & x & 1 \\ 1 & 1 & 2x & 1 \end{vmatrix}$，求 x^3 的系数.

解　含有 x^3 的展开项只能是 $a_{11}a_{22}a_{33}a_{44}$，$a_{11}a_{22}a_{34}a_{43}$，所以 x^3 的系数为-1.

习题 2.2

1. 计算下列 n 阶行列式.

（1）$D_n = \begin{vmatrix} x & 1 & \cdots & 1 \\ 1 & x & \cdots & 1 \\ \vdots & \vdots & & \vdots \\ 1 & 1 & \cdots & x \end{vmatrix}$；（2）$D_n = \begin{vmatrix} 1 & 2 & 2 & \cdots & 2 \\ 2 & 2 & 2 & \cdots & 2 \\ 2 & 2 & 3 & \cdots & 2 \\ \vdots & \vdots & \vdots & & \vdots \\ 2 & 2 & 2 & \cdots & n \end{vmatrix}$；（3）$D_n = \begin{vmatrix} 1+a_1 & a_2 & \cdots & a_n \\ a_1 & 1+a_2 & \cdots & a_n \\ \vdots & \vdots & & \vdots \\ a_1 & a_2 & \cdots & 1+a_n \end{vmatrix}$.

解　（1）原式 $= (x+n-1)\begin{vmatrix} 1 & 1 & \cdots & 1 \\ 1 & x & \cdots & 1 \\ \vdots & \vdots & & \vdots \\ 1 & 1 & \cdots & x \end{vmatrix} = (x+n-1)\begin{vmatrix} 1 & 1 & \cdots & 1 \\ 0 & x-1 & \cdots & 0 \\ \vdots & \vdots & & \vdots \\ 0 & 0 & \cdots & x-1 \end{vmatrix} = (x+n-1)(x-1)^{n-1}$；

（2）原式=$\begin{vmatrix}-1 & 0 & 0 & \cdots & 0\\ 2 & 2 & 2 & \cdots & 2\\ 0 & 0 & 1 & \cdots & 0\\ \vdots & \vdots & \vdots & & \vdots\\ 0 & 0 & 0 & \cdots & n-2\end{vmatrix}=-2\begin{vmatrix}1 & 1 & 1 & \cdots & 1\\ 0 & 1 & 0 & \cdots & 0\\ 0 & 0 & 2 & \cdots & 0\\ \vdots & \vdots & \vdots & & \vdots\\ 0 & 0 & 0 & \cdots & n-2\end{vmatrix}_{n-1}=-2(n-2)!$；

（3）原式=$\left(1+\sum_{i=1}^{n}a_i\right)\begin{vmatrix}1 & a_2 & \cdots & a_n\\ 1 & 1+a_2 & \cdots & a_n\\ \vdots & \vdots & & \vdots\\ 1 & a_2 & \cdots & 1+a_n\end{vmatrix}=\left(1+\sum_{i=1}^{n}a_i\right)\begin{vmatrix}1 & 0 & \cdots & 0\\ 1 & 1 & \cdots & 0\\ \vdots & \vdots & & \vdots\\ 1 & 0 & \cdots & 1\end{vmatrix}=1+\sum_{i=1}^{n}a_i$.

2. 证明下列各式.

（1）$\begin{vmatrix}a^2 & ab & b^2\\ 2a & a+b & 2b\\ 1 & 1 & 1\end{vmatrix}=(a-b)^3$；（2）$\begin{vmatrix}a^2 & (a+1)^2 & (a+2)^2 & (a+3)^2\\ b^2 & (b+1)^2 & (b+2)^2 & (b+3)^2\\ c^2 & (c+1)^2 & (c+2)^2 & (c+3)^2\\ d^2 & (d+1)^2 & (d+2)^2 & (d+3)^2\end{vmatrix}=0$；

（3）$\begin{vmatrix}1+a_1 & 1 & \cdots & 1\\ 1 & 1+a_2 & \cdots & 1\\ \vdots & \vdots & & \vdots\\ 1 & 1 & \cdots & 1+a_n\end{vmatrix}=\left(1+\sum_{i=1}^{n}\frac{1}{a_i}\right)\prod_{i=1}^{n}a_i$.

证明　（1）原式=$\begin{vmatrix}a(a-b) & ab & b(b-a)\\ a-b & a+b & b-a\\ 0 & 1 & 0\end{vmatrix}=(a-b)^2\begin{vmatrix}a & ab & -b\\ 1 & a+b & -1\\ 0 & 1 & 0\end{vmatrix}$

$$=(a-b)^2\begin{vmatrix}a-b & ab & -b\\ 0 & a+b & -1\\ 0 & 1 & 0\end{vmatrix}=-(a-b)^2\begin{vmatrix}a-b & -b & ab\\ 0 & -1 & a+b\\ 0 & 0 & 1\end{vmatrix}=(a-b)^3；$$

（2）原式=$\begin{vmatrix}a^2 & 2a+1 & 2a+3 & 2a+5\\ b^2 & 2b+1 & 2b+3 & 2b+5\\ c^2 & 2c+1 & 2c+3 & 2c+5\\ d^2 & 2d+1 & 2d+3 & 2d+5\end{vmatrix}=\begin{vmatrix}a^2 & 2a+1 & 2 & 2\\ b^2 & 2b+1 & 2 & 2\\ c^2 & 2c+1 & 2 & 2\\ d^2 & 2d+1 & 2 & 2\end{vmatrix}=0$；

（3）原式=$\begin{vmatrix}1 & 1 & 1 & \cdots & 1 & 1\\ 0 & 1+a_1 & 1 & \cdots & 1 & 1\\ 0 & 1 & 1+a_2 & \cdots & 1 & 1\\ \vdots & \vdots & \vdots & & \vdots & \vdots\\ 0 & 1 & 1 & \cdots & 1+a_{n-1} & 1\\ 0 & 1 & 1 & \cdots & 1 & 1+a_n\end{vmatrix}$

$$=\begin{vmatrix} 1 & 1 & 1 & \cdots & 1 & 1 \\ -1 & a_1 & 0 & \cdots & 0 & 0 \\ -1 & 0 & a_2 & \cdots & 0 & 0 \\ \vdots & \vdots & \vdots & & \vdots & \vdots \\ -1 & 0 & 0 & \cdots & a_{n-1} & 0 \\ -1 & 0 & 0 & \cdots & 0 & a_n \end{vmatrix} = \begin{vmatrix} 1+\sum_{i=1}^{n}\frac{1}{a_i} & 1 & 1 & \cdots & 1 \\ 0 & a_1 & 0 & \cdots & 0 \\ 0 & 0 & a_2 & \cdots & 0 \\ \vdots & \vdots & \vdots & & \vdots \\ 0 & 0 & 0 & \cdots & a_n \end{vmatrix} = \left(1+\sum_{i=1}^{n}\frac{1}{a_i}\right)\prod_{i=1}^{n} a_i .$$

习题 2.3

1. 计算下列 n 阶行列式.

（1）$D_n = \begin{vmatrix} x & y & 0 & \cdots & 0 & 0 \\ 0 & x & y & \cdots & 0 & 0 \\ \vdots & \vdots & \vdots & & \vdots & \vdots \\ 0 & 0 & 0 & \cdots & x & y \\ y & 0 & 0 & \cdots & 0 & x \end{vmatrix}$；（2）$D_n = \begin{vmatrix} 2 & 1 & 0 & \cdots & 0 & 0 \\ 1 & 2 & 1 & \cdots & 0 & 0 \\ 0 & 1 & 2 & \cdots & 0 & 0 \\ \vdots & \vdots & \vdots & & \vdots & \vdots \\ 0 & 0 & 0 & \cdots & 2 & 1 \\ 0 & 0 & 0 & \cdots & 1 & 2 \end{vmatrix}$；

（3）$D_n = |a_{ij}|$，其中 $a_{ij} = |i-j|\ (i,j=1,2,\cdots,n)$.

解　（1）按第一列展开得

$$D_n = x^n + (-1)^{n+1} y^n$$

（2）将 D_n 按第 1 列展开得

$$D_n = 2D_{n-1} - D_{n-2}\text{，即 } D_n - D_{n-1} = (D_{n-1} - D_{n-2})$$

此式对一切 n 都成立，递推可得

$$D_n - D_{n-1} = (D_{n-2} - D_{n-3}) = (D_{n-3} - D_{n-4}) = \cdots = (D_2 - D_1) = 1$$

故

$$D_n = D_1 + (n-1) = n+1$$

（3）从第 $n-1$ 行开始每一行乘 (-1) 加到下一行，得到新的行列式后，再从第 $n-1$ 行开始每一行乘 (-1) 加到下一行，就能得出答案.

$$D_n = \begin{vmatrix} 0 & 1 & 2 & \cdots & n-3 & n-2 & n-1 \\ 1 & 0 & 1 & \cdots & n-4 & n-3 & n-2 \\ 2 & 1 & 0 & \cdots & n-5 & n-4 & n-3 \\ \vdots & \vdots & \vdots & & \vdots & \vdots & \vdots \\ n-3 & n-4 & n-5 & \cdots & 0 & 1 & 2 \\ n-2 & n-3 & n-4 & \cdots & 1 & 0 & 1 \\ n-1 & n-2 & n-3 & \cdots & 2 & 1 & 0 \end{vmatrix} = \begin{vmatrix} 0 & 1 & 2 & \cdots & n-3 & n-2 & n-1 \\ 1 & -1 & -1 & \cdots & -1 & -1 & -1 \\ 1 & 1 & -1 & \cdots & -1 & -1 & -1 \\ \vdots & \vdots & \vdots & & \vdots & \vdots & \vdots \\ 1 & 1 & 1 & \cdots & -1 & -1 & -1 \\ 1 & 1 & 1 & \cdots & 1 & -1 & -1 \\ 1 & 1 & 1 & \cdots & 1 & 1 & -1 \end{vmatrix}$$

$$=\begin{vmatrix} 0 & 1 & 2 & \cdots & n-3 & n-2 & n-1 \\ 1 & -1 & -1 & \cdots & -1 & -1 & -1 \\ 0 & 2 & 0 & \cdots & 0 & 0 & 0 \\ 0 & 0 & 2 & \cdots & 0 & 0 & 0 \\ \vdots & \vdots & \vdots & & \vdots & \vdots & \vdots \\ 0 & 0 & 0 & \cdots & 2 & 0 & 0 \\ 0 & 0 & 0 & \cdots & 0 & 2 & 0 \end{vmatrix} = (-1)^{1+2}\begin{vmatrix} 1 & 2 & \cdots & n-3 & n-2 & n-1 \\ 2 & 0 & \cdots & 0 & 0 & 0 \\ 0 & 2 & \cdots & 0 & 0 & 0 \\ \vdots & \vdots & & \vdots & \vdots & \vdots \\ 0 & 0 & \cdots & 2 & 0 & 0 \\ 0 & 0 & \cdots & 0 & 2 & 0 \end{vmatrix}$$

$$=(-1)^{n+1}(n-1)2^{n-2}$$

2. 已知四阶行列式 $D_4=\begin{vmatrix} 1 & 2 & 3 & 4 \\ 3 & 3 & 4 & 4 \\ 1 & 5 & 6 & 7 \\ 1 & 1 & 2 & 2 \end{vmatrix}$，试求 $A_{41}+A_{42}$ 与 $A_{43}+A_{44}$，其中 A_{4j} 为行列式 D_4 的第 4 行第 j 个元素的代数余子式.

解 $$A_{41}+A_{42}=\begin{vmatrix} 1 & 2 & 3 & 4 \\ 3 & 3 & 4 & 4 \\ 1 & 5 & 6 & 7 \\ 1 & 1 & 0 & 0 \end{vmatrix}=\begin{vmatrix} 1 & 1 & 3 & 4 \\ 3 & 0 & 4 & 4 \\ 1 & 4 & 6 & 7 \\ 1 & 0 & 0 & 0 \end{vmatrix}=-\begin{vmatrix} 1 & 3 & 4 \\ 0 & 4 & 4 \\ 4 & 6 & 7 \end{vmatrix}=-\begin{vmatrix} 1 & 3 & 4 \\ 0 & 4 & 4 \\ 0 & -6 & -9 \end{vmatrix}=12$$

$$A_{43}+A_{44}=\begin{vmatrix} 1 & 2 & 3 & 4 \\ 3 & 3 & 4 & 4 \\ 1 & 5 & 6 & 7 \\ 0 & 0 & 1 & 1 \end{vmatrix}=\begin{vmatrix} 1 & 2 & -1 & 4 \\ 3 & 3 & 0 & 4 \\ 1 & 5 & -1 & 7 \\ 0 & 0 & 0 & 1 \end{vmatrix}=\begin{vmatrix} 1 & 2 & -1 \\ 3 & 3 & 0 \\ 1 & 5 & -1 \end{vmatrix}=\begin{vmatrix} 0 & -3 & 0 \\ 3 & 3 & 0 \\ 1 & 5 & -1 \end{vmatrix}=-9$$

3. 设 n 阶行列式 $D_n=\begin{vmatrix} 1 & 2 & 3 & \cdots & n \\ 1 & 2 & 0 & \cdots & 0 \\ 1 & 0 & 3 & \cdots & 0 \\ \vdots & \vdots & \vdots & & \vdots \\ 1 & 0 & 0 & \cdots & n \end{vmatrix}$，求第一行各元素的代数余子式之和 $A_{11}+A_{12}+\cdots+A_{1n}$.

解 $$A_{11}+A_{12}+\cdots+A_{1n}=\begin{vmatrix} 1 & 1 & 1 & \cdots & 1 \\ 1 & 2 & 0 & \cdots & 0 \\ 1 & 0 & 3 & \cdots & 0 \\ \vdots & \vdots & \vdots & & \vdots \\ 1 & 0 & 0 & \cdots & n \end{vmatrix}=\begin{vmatrix} 1-\sum\limits_{k=2}^{n}\frac{1}{k} & 1 & 1 & \cdots & 1 \\ 0 & 2 & 0 & \cdots & 0 \\ 0 & 0 & 3 & \cdots & 0 \\ \vdots & \vdots & \vdots & & \vdots \\ 0 & 0 & 0 & \cdots & n \end{vmatrix}=\left(1-\sum_{k=2}^{n}\frac{1}{k}\right)n!.$$

4. 利用范德蒙行列式证明下列结论：

$$\begin{vmatrix} 1 & a^2 & a^3 \\ 1 & b^2 & b^3 \\ 1 & c^2 & c^3 \end{vmatrix}=(ab+bc+ca)\begin{vmatrix} 1 & a & a^2 \\ 1 & b & b^2 \\ 1 & c & c^2 \end{vmatrix}$$

证明 构造范德蒙行列式

$$D_4=\begin{vmatrix}1 & x & x^2 & x^3\\1 & a & a^2 & a^3\\1 & b & b^2 & b^3\\1 & c & c^2 & c^3\end{vmatrix}$$

按第一行展开可得

$$D_4=\begin{vmatrix}1 & x & x^2 & x^3\\1 & a & a^2 & a^3\\1 & b & b^2 & b^3\\1 & c & c^2 & c^3\end{vmatrix}=\begin{vmatrix}a & a^2 & a^3\\b & b^2 & b^3\\c & c^2 & c^3\end{vmatrix}-x\begin{vmatrix}1 & a^2 & a^3\\1 & b^2 & b^3\\1 & c^2 & c^3\end{vmatrix}+x^2\begin{vmatrix}1 & a & a^3\\1 & b & b^3\\1 & c & c^3\end{vmatrix}-x^3\begin{vmatrix}1 & a & a^2\\1 & b & b^2\\1 & c & c^2\end{vmatrix}$$

又由范德蒙行列式可得

$$D_4=(c-b)(c-a)(c-x)(b-a)(b-x)(a-x)$$

其中 x 的系数为

$$-(ab+bc+ca)(c-a)(c-b)(b-a)=-(ab+bc+ca)\begin{vmatrix}1 & a & a^2\\1 & b & b^2\\1 & c & c^2\end{vmatrix}$$

故
$$\begin{vmatrix}1 & a^2 & a^3\\1 & b^2 & b^3\\1 & c^2 & c^3\end{vmatrix}=(ab+bc+ca)\begin{vmatrix}1 & a & a^2\\1 & b & b^2\\1 & c & c^2\end{vmatrix}$$

5. 令 $f_i(x)=a_{io}x^i+a_{i1}x^{i-1}+\cdots+a_{i,i-1}x+a_{ii}$，计算行列式：

$$\begin{vmatrix}f_0(x_1) & f_0(x_2) & \cdots & f_0(x_n)\\f_1(x_1) & f_1(x_2) & \cdots & f_1(x_n)\\\vdots & \vdots & & \vdots\\f_{n-1}(x_1) & f_{n-1}(x_2) & \cdots & f_{n-1}(x_n)\end{vmatrix}.$$

解 原式=
$$\begin{vmatrix}a_{00} & a_{00} & \cdots & a_{00}\\a_{10}x_1+a_{11} & a_{10}x_2+a_{11} & \cdots & a_{10}x_n+a_{11}\\\vdots & \vdots & & \vdots\\\sum\limits_{j=0}^{n-1}a_{n-1,j}x_1^{n-1-j} & \sum\limits_{j=0}^{n-1}a_{n-1,j}x_2^{n-1-j} & \cdots & \sum\limits_{j=0}^{n-1}a_{n-1,j}x_n^{n-1-j}\end{vmatrix}$$

把第一行提出公因子 a_{00} 后，将第一行乘 $(-a_{11})$ 加到第二行，接着把第二行提出公因子 a_{10}，将第一行乘 $(-a_{22})$、第二行乘 $(-a_{21})$ 一起加到第三行，接着把第二行提出公因子 a_{20}，依次下去，最后，将第一行乘 $(-a_{n-1,n-1})$，第二行乘 $(-a_{n-1,n-2})$，…，第 $n-1$ 行乘 $(-a_{n-1,1})$，一起加到第 n 行，接着把第 n 行提出公因子 $a_{n-1,0}$ 得

$$\text{原式}=\prod_{i=0}^{n-1}a_{i0}\begin{vmatrix}1 & 1 & \cdots & 1\\ x_1 & x_2 & \cdots & x_n\\ \vdots & \vdots & & \vdots\\ x_1^{n-1} & x_2^{n-1} & \cdots & x_n^{n-1}\end{vmatrix}=\prod_{i=0}^{n-1}a_{i0}\prod_{n\geqslant j>i\geqslant 1}(x_j-x_i)$$

习题 2.4

1. 用克拉默法则解方程组

$$\begin{cases} x_1+x_2+x_3=5,\\ 2x_1+x_2-x_3+x_4=1,\\ x_1+2x_2-x_3+x_4=2,\\ x_2+2x_3+3x_4=3. \end{cases}$$

解 $d=18, d_1=18, d_2=36, d_3=36, d_4=-18$.

所以方程组有唯一解:

$$x_1=\frac{d_1}{d}=1, x_2=\frac{d_2}{d}=2, x_3=\frac{d_3}{d}=2, x_4=\frac{d_4}{d}=-1$$

2. λ 和 μ 为何值时，齐次线性方程组

$$\begin{cases} \lambda x_1+x_2+x_3=0,\\ x_1+\mu x_2+x_3=0,\\ x_1+2\mu x_2+x_3=0 \end{cases}$$

有非零解?

解 系数行列式为

$$D=\begin{vmatrix}\lambda & 1 & 1\\ 1 & \mu & 1\\ 1 & 2\mu & 1\end{vmatrix}=-\mu(\lambda-1)$$

故当 $\mu(\lambda-1)=0$，即 $\mu=0$ 或 $\lambda=1$时，齐次线性方程组有非零解.

3. 齐次线性方程组

$$\begin{cases} x_1+x_2+x_3+ax_4=0,\\ x_1+2x_2+x_3+x_4=0,\\ x_1+x_2-3x_3+x_4=0,\\ x_1+x_2+ax_3+bx_4=0 \end{cases}$$

有非零解时，a,b 必须满足什么条件?

解 系数行列式为

$$D=\begin{vmatrix}1 & 1 & 1 & a\\ 1 & 2 & 1 & 1\\ 1 & 1 & -3 & 1\\ 1 & 1 & a & b\end{vmatrix}=-4b+(a+1)^2$$

故当 $-4b+(a+1)^2=0$，即 $4b=(a+1)^2$ 时，齐次线性方程组有非零解.

4. 求三次多项式 $f(x)=a_0+a_1x+a_2x^2+a_3x^3$，使得

$$f(-1)=0, f(1)=4, f(2)=3, f(3)=16.$$

解 据题意有

$$\begin{cases} a_0-a_1+a_2-a_3=0 \\ a_0+a_1+a_2+a_3=4 \\ a_0+2a_1+4a_2+8a_3=3 \\ a_0+3a_1+9a_2+27a_3=16 \end{cases}$$

利用克拉默法则，可求得 $a_0=7, a_1=0, a_2=-5, a_3=2$，故所求多项式为

$$f(x)=7-5x^2+2x^3$$

5. 设 $f(x)=c_0+c_1x+\cdots+c_nx^n$，用线性方程组的理论证明，若 $f(x)$ 有 $n+1$ 个不同的根，那么 $f(x)$ 是零多项式.

证明 设 $x_1,x_2,\cdots,x_{n+1}$ 是 $f(x)$ 的 $n+1$ 个不同的根，则有关于 $c_0,c_1,\cdots,c_n$ 的齐次线性方程组

$$\begin{cases} c_0+c_1x_1+\cdots+c_nx_1^n=0 \\ c_0+c_1x_2+\cdots+c_nx_2^n=0 \\ \qquad\vdots \\ c_0+c_1x_{n+1}+\cdots+c_nx_{n+1}^n=0 \end{cases}$$

其系数行列式为

$$\begin{vmatrix} 1 & x_1 & \cdots & x_1^n \\ 1 & x_2 & \cdots & x_2^n \\ \vdots & \vdots & & \vdots \\ 1 & x_{n+1} & \cdots & x_{n+1}^n \end{vmatrix} = \prod_{n+1\geqslant j>i\geqslant 1}(x_j-x_i)\neq 0 \ \ (x_j\neq x_i, j\neq i)$$

故方程组只有零解，即 $c_0=c_1=\cdots=c_n=0$，所以 $f(x)$ 是零多项式.

2.3 行列式自测题

一、判断题

1. $\begin{vmatrix} a_1+b_1 & a_2+b_2 \\ a_3+b_3 & a_4+b_4 \end{vmatrix} = \begin{vmatrix} a_1 & a_2 \\ a_3 & a_4 \end{vmatrix} + \begin{vmatrix} b_1 & b_2 \\ b_3 & b_4 \end{vmatrix}$. (×)

2. $\begin{vmatrix} a_1 & 0 & 0 & b_1 \\ 0 & a_2 & b_2 & 0 \\ 0 & b_3 & a_3 & 0 \\ b_4 & 0 & 0 & a_4 \end{vmatrix} = \begin{vmatrix} a_1 & b_1 \\ b_4 & a_4 \end{vmatrix} \begin{vmatrix} a_2 & b_2 \\ b_3 & a_3 \end{vmatrix}$. (√)

3. 如果行列式 $D=0$，则 D 中必有一行为零. (×)

4. 若 n 阶行列式 $B=A^{-1}$ 中每行元素之和均为零，则 A 等于零. (√)

5. 行列式 $D=0$，则互换 D 的任意两行或两列，D 的值仍为零. (√)

6. n 阶行列式 D 中有多于 n^2-n 个元素为零，则 $D=0$. (√)

7. $D=\left|a_{ij}\right|_{3\times3}$，$A_{ij}$ 为 a_{ij} 的代数余子式，则 $a_{11}A_{21}+a_{12}A_{22}+a_{13}A_{23}=0$. (√)

8. $\begin{vmatrix} 0 & 0 & \cdots & 0 & \lambda_1 \\ 0 & 0 & \cdots & \lambda_2 & 0 \\ \vdots & \vdots & \vdots & \vdots & \vdots \\ \lambda_6 & 0 & \cdots & 0 & 0 \end{vmatrix}=\lambda_1\lambda_2\cdots\lambda_6$. (√)

9. 若 $|A|=|B|=0$ 阶行列式 $\left|a_{ij}\right|$ 满足 $a_{ij}=A_{ij}\ (i,j=1,2,\cdots,n)$，则 $\left|a_{ij}\right|\geqslant 0$. (√)

10. 若 n 阶行列式 $\left|a_{ij}\right|$ 的展开式中每一项都不为零，则 $\left|a_{ij}\right|\neq 0$. (×)

二、填空题

1. 在 6 阶行列式 $\left|a_{ij}\right|$ 的展开式中，$a_{23}a_{31}a_{42}a_{56}a_{14}a_{65}$ 带的符号是__正__.

2. 行列式 $\begin{vmatrix} k-1 & 2 \\ 2 & k-1 \end{vmatrix}\neq 0$ 的充分必要条件是 $\underline{k\neq 1,k\neq 3}$.

3. 若 $\begin{vmatrix} x & 3 & 1 \\ y & 0 & -2 \\ z & 2 & -1 \end{vmatrix}=1$，则 $\begin{vmatrix} x+2 & y-4 & z-2 \\ 3 & 0 & 2 \\ -1 & 2 & 1 \end{vmatrix}=\underline{-1}$.

4. 排列 217986354 的逆序数是__18__.

5. 若 $D_n=\left|a_{ij}\right|=a$，则 $D=\left|-a_{ij}\right|=\underline{(-1)^n a}$.

6. 多项式 a 的所有根是 $\underline{0,-1,-2}$.

7. 设 $D=\begin{vmatrix} 3 & -1 & 2 \\ -2 & -3 & 1 \\ 0 & 1 & -4 \end{vmatrix}$，则 $2A_{11}+A_{21}-4A_{31}=\underline{\ 0\ }$.

8. $D=\begin{vmatrix} a_{11} & a_{12} & a_{13} \\ a_{21} & a_{22} & a_{23} \\ a_{31} & a_{32} & a_{33} \end{vmatrix}=\dfrac{1}{2}$，则 $D_1=\begin{vmatrix} 2a_{11} & a_{13} & a_{11}-2a_{12} \\ 2a_{21} & a_{23} & a_{21}-2a_{22} \\ 2a_{31} & a_{33} & a_{31}-2a_{32} \end{vmatrix}=\underline{\ 2\ }$.

9. 当 a 为__1 或 2__时，方程组 $\begin{cases} x_1+x_2+x_3=0 \\ x_1+2x_2+ax_3=0 \\ x_1+4x_2+a^2x_3=0 \end{cases}$ 有非零解.

10. 设 x_1,x_2,x_3 是方程 $x^3+px+q=0$ 的三个根，则行列式 $\begin{vmatrix} x_1 & x_2 & x_3 \\ x_2 & x_3 & x_1 \\ x_3 & x_2 & x_1 \end{vmatrix}$ 的值是__0__.

三、选择题

1. 设 $\tau(i_1i_2\cdots i_mi_{m+1}\cdots i_n)=k\ (i_m>i_{m+1})$，$i_1i_2\cdots i_mi_{m+1}\cdots i_n$ 是 $1,2,\cdots,n$ 的一个排列，对排列 $i_ni_{n-1}\cdots i_{m+1}i_m\cdots i_1$ 施行一次对换得到排列 $i_ni_{n-1}\cdots i_mi_{m+1}\cdots i_1$ 的逆序数是（ D ）.

A. $k-1$　　　B. $k+1$　　　C. $\frac{(n-1)n}{2}-k-1$　　　D. $\frac{(n-1)n}{2}-k+1$.

2. 方程$\begin{vmatrix}1 & x & x^2\\ 1 & 2 & 4\\ 1 & 3 & 9\end{vmatrix}=0$根的个数是（　C　）.

A. 0　　　B. 1　　　C. 2　　　D. 3

3. 已知一个$n(n\geqslant 2)$阶行列式D中元素或为1或为-1，则行列式D的值必为（　D　）.

A. 1　　　B. -1　　　C. 奇数　　　D. 偶数

4. 已知$\begin{pmatrix}a_{11} & a_{12} & a_{13}\\ a_{21} & a_{22} & a_{23}\\ a_{31} & a_{32} & a_{33}\end{pmatrix}$，那么$\begin{pmatrix}2a_{11} & a_{13} & a_{11}+a_{12}\\ 2a_{21} & a_{23} & a_{21}+a_{22}\\ 2a_{31} & a_{33} & a_{31}+a_{32}\end{pmatrix}=$（　D　）.

A. a　　　B. $-a$　　　C. $2a$　　　D. $-2a$

5. 设$D=\begin{vmatrix}2 & 0 & 8\\ -3 & 1 & 5\\ 2 & 9 & 7\end{vmatrix}$，则代数余子式$A_{12}=$（　B　）.

A. -31　　　B. 31　　　C. 0　　　D. -11

6. 已知四阶行列式A的值为2，将A的第三行元素乘以-1加到第四行的对应元素上去，则现行列式的值（　A　）.

A. 2　　　B. 0　　　C. -1　　　D. -2

7. 设$D=\begin{vmatrix}2a & b & 0\\ 2c & 2a & 1\\ b & 2c & 0\end{vmatrix}=M$，其中$a,b,c$为实数且$a\neq 0$，则方程$ax^2+bx+c=0$有实根的充分必要条件是（　D　）.

A. $M<0$　　　B. $M>0$　　　C. $M\leqslant 0$　　　D. $M\geqslant 0$.

8. 行列式D中第2行元素的代数余子式之和$A_{21}+A_{22}+A_{23}+A_{24}=$（　A　），其中$D=\begin{vmatrix}1 & 1 & 1 & 1\\ 1 & -1 & 1 & 1\\ 1 & 1 & -1 & 1\\ 1 & 1 & 1 & -1\end{vmatrix}$.

A. 0　　　B. 1　　　C. -1　　　D. 3

9. 已知齐次线性方程组$\begin{cases}\lambda x+y+z=0\\ \lambda x+3y-z=0\\ -y+\lambda z=0\end{cases}$仅有零解，则（　A　）.

A. $\begin{vmatrix}1 & x & y & z\\ x & 1 & 0 & 0\\ y & 0 & 1 & 0\\ z & 0 & 0 & 1\end{vmatrix}=1$且$x,y,z$　　　B. $\lambda=0$或A,B

C. $\left|(AB)^{-1}\right| = |A|^{-1}|B|^{-1}$ 且 $|-A| = |A|$　　D. $\left|A^2 - B^2\right| = |A-B||A+B|$ 或 $|2A| = 2|A|$

10. n 阶行列式 $\begin{vmatrix} 0 & -1 & 0 & \cdots & 0 \\ 0 & 0 & -1 & \cdots & 0 \\ \vdots & \vdots & \vdots & & \vdots \\ 0 & 0 & 0 & \cdots & -1 \\ -1 & 0 & 0 & \cdots & 0 \end{vmatrix}$ 的值为（　B　）.

A. 1　　B. -1　　C. $(-1)^n$　　D. $(-1)^{n-1}$

四、计算题

1. 已知 $D = \begin{vmatrix} 1 & 0 & 1 & 2 \\ -1 & 1 & 0 & 3 \\ 1 & 1 & 1 & 0 \\ -1 & 2 & 5 & 4 \end{vmatrix}$，计算 $A_{41} + A_{42} + A_{43} + A_{44}$.

解　$$\sum_{i=1}^{4} A_{4i} = \begin{vmatrix} 1 & 0 & 1 & 2 \\ -1 & 1 & 0 & 3 \\ 1 & 1 & 1 & 0 \\ 1 & 1 & 1 & 1 \end{vmatrix} = \begin{vmatrix} 1 & 0 & 1 & 2 \\ -1 & 1 & 0 & 3 \\ 1 & 1 & 1 & 0 \\ 0 & 0 & 0 & 1 \end{vmatrix} = \begin{vmatrix} 1 & 0 & 1 & 2 \\ 0 & 1 & 1 & 5 \\ 0 & 1 & 0 & -2 \\ 0 & 0 & 0 & 1 \end{vmatrix} = \begin{vmatrix} 1 & 0 & 1 & 2 \\ 0 & 1 & 1 & 5 \\ 0 & 0 & -1 & -7 \\ 0 & 0 & 0 & 1 \end{vmatrix} = -1$$

2. 计算四阶行列式

$$D_4 = \begin{vmatrix} a^3 & b^3 & c^3 & d^3 \\ a^2 & b^2 & c^2 & d^2 \\ a & b & c & d \\ b+c+d & a+c+d & a+b+d & a+b+c \end{vmatrix}.$$

解　$$D_4 = \begin{vmatrix} a^3 & b^3 & c^3 & d^3 \\ a^2 & b^2 & c^2 & d^2 \\ a & b & c & d \\ a+b+c+d & a+b+c+d & a+b+c+d & a+b+c+d \end{vmatrix}$$

$$= (a+b+c+d)\begin{vmatrix} 1 & 1 & 1 & 1 \\ a & b & c & d \\ a^2 & b^2 & c^2 & d^2 \\ a^3 & b^3 & c^3 & d^3 \end{vmatrix}$$

$$= (a+b+c+d)(d-a)(d-b)(d-c)(c-b)(c-a)(b-a)$$

3. 计算行列式

$$\begin{vmatrix} a_1+b & a_2 & a_3 & \cdots & a_n \\ a_1 & a_2+b & a_3 & \cdots & a_n \\ \vdots & \vdots & \vdots & & \vdots \\ a_1 & a_2 & a_3 & \cdots & a_n+b \end{vmatrix}.$$

解 原式 $=\left(\sum_{i=1}^{n}a_i+b\right)\begin{vmatrix}1 & a_2 & \cdots & a_n\\1 & a_2+b & \cdots & a_n\\\vdots & \vdots & & \vdots\\1 & a_2 & \cdots & a_n+b\end{vmatrix}=\left(\sum_{i=1}^{n}a_i+b\right)\begin{vmatrix}1 & 0 & \cdots & 0\\1 & b & \cdots & 0\\\vdots & \vdots & & \vdots\\1 & 0 & \cdots & b\end{vmatrix}=\left(\sum_{i=1}^{n}a_i+b\right)b^{n-1}$.

4. 已知齐次线性方程组 $\begin{cases}\lambda x_1+x_2+x_3=0\\x_1+\lambda x_2+x_3=0\\x_1+x_2+\lambda x_3=0\end{cases}$ 有非零解，求 λ.

解 系数行列式为

$$D=\begin{vmatrix}\lambda & 1 & 1\\1 & \lambda & 1\\1 & 1 & \lambda\end{vmatrix}=(\lambda+2)(\lambda-1)^2$$

故当 $(\lambda+2)(\lambda-1)^2=0$ 时，即 $\lambda=-2$ 或 $\lambda=1$ 时，齐次线性方程组有非零解.

5. 设 n 阶方阵 $\boldsymbol{A}$ 的行列式 $|\boldsymbol{A}|=a\neq 0$，且 $\boldsymbol{A}$ 的每行元素之和均为 b，求 $|\boldsymbol{A}|$ 的第一列元素的代数余子式之和 $A_{11}+A_{21}+\cdots+A_{n1}$.

解 $|\boldsymbol{A}|=\begin{vmatrix}a_{11} & a_{12} & \cdots & a_{1n}\\a_{21} & a_{22} & \cdots & a_{2n}\\\vdots & \vdots & & \vdots\\a_{n1} & a_{n2} & \cdots & a_{nn}\end{vmatrix}=b\begin{vmatrix}1 & a_{12} & \cdots & a_{1n}\\1 & a_{22} & \cdots & a_{2n}\\\vdots & \vdots & & \vdots\\1 & a_{n2} & \cdots & a_{nn}\end{vmatrix}=b(A_{11}+A_{21}+\cdots+A_{n1})=a$

故 $A_{11}+A_{21}+\cdots+A_{n1}=\dfrac{a}{b}$.

五、证明题

1. 试证当 $a\neq b$ 时，下式成立：

$$D_n=\begin{vmatrix}x & b & b & \cdots & b & b\\a & x & b & \cdots & b & b\\a & a & x & \cdots & b & b\\\vdots & \vdots & \vdots & & \vdots & \vdots\\a & a & a & \cdots & x & b\\a & a & a & \cdots & a & x\end{vmatrix}=\frac{b(x-a)^n-a(x-b)^n}{b-a}.$$

证明 当 $n=1$ 时，$D_1=x$.

当 $n\geqslant 2$ 时，将第二列的 -1 倍加到第一列，然后按第一列展开可得

$$D_n=(x-b)D_{n-1}+b(x-a)^{n-1}$$

将第二行的 -1 倍加到第一行，然后按第一行展开可得

$$D_n=(x-a)D_{n-1}+a(x-b)^{n-1}$$

由 $a\neq b$，可解得

$$D_n=\frac{b(x-a)^n-a(x-b)^n}{b-a}$$

2. 求证：若 $a=b\cos C+c\cos B, b=c\cos A+a\cos C, c=a\cos B+b\cos A$，且 a,b,c 不全为零，则 $\cos^2 A+\cos^2 B+\cos^2 C+2\cos A\cos B\cos C=1$.

证明 由 $a=b\cos C+c\cos B, b=c\cos A+a\cos C, c=a\cos B+b\cos A$，可得

$$\begin{cases} a-b\cos C-c\cos B=0 \\ a\cos C-b+c\cos A=0 \\ a\cos B+b\cos A-c=0 \end{cases}$$

这是一个关于 a,b,c 的齐次线性方程组，由 a,b,c 不全为零，知上述方程组有非零解，从而系数行列式为零，即

$$\begin{vmatrix} 1 & -\cos C & -\cos B \\ \cos C & -1 & \cos A \\ \cos B & \cos A & -1 \end{vmatrix}=1-2\cos A\cos B\cos C-\cos^2 A-\cos^2 B-\cos^2 C=0$$

即证得 $\cos^2 A+\cos^2 B+\cos^2 C+2\cos A\cos B\cos C=1$.

3. 设 $a_1,a_2,\cdots,a_n$ 为数域 F 上互不相同的数，$b_1,b_2,\cdots,b_n$ 是 F 上任一组给定的数，证明：存在唯一的数域 F 上次数小于 n 的多项式 $f(x)$，使 $f(a_i)=b_i(i=1,2,\cdots,n)$.

证明 设 $f(x)=c_0+c_1x+\cdots+c_{n-1}x^{n-1}$. 由 $f(a_i)=b_i$ 得

$$\begin{cases} c_0+c_1a_1+c_2a_1{}^2+\cdots+c_{n-1}a_1{}^{n-1}=b_1 \\ c_0+c_1a_2+c_2a_2{}^2+\cdots+c_{n-1}a_2{}^{n-1}=b_2 \\ \qquad\qquad\vdots \\ c_0+c_1a_n+c_2a_n{}^2+\cdots+c_{n-1}a_n{}^{n-1}=b_n \end{cases}$$

这是一个关于 $c_0,c_1,\cdots,c_{n-1}$ 的线性方程组，且它的系数行列式为一个范德蒙行列式. 由已知该行列式不为 0，故线性方程组只有唯一解，即所求多项式是唯一的.

4. 设 $g_i(x),(i=1,\cdots,n)$ 是数域 F 上的多项式，$f(x)=\begin{vmatrix} g_1(x) & g_1^2(x) & \cdots & g_1^n(x) \\ g_2(x) & g_2^2(x) & \cdots & g_2^n(x) \\ \vdots & \vdots & & \vdots \\ g_n(x) & g_n^2(x) & \cdots & g_n^n(x) \end{vmatrix}$，证明：

$f(x)=0$ 或者 $f(x)$ 在 F 上可约.

证明 $$f(x)=\begin{vmatrix} g_1(x) & g_1^2(x) & \cdots & g_1^n(x) \\ g_2(x) & g_2^2(x) & \cdots & g_2^n(x) \\ \vdots & \vdots & & \vdots \\ g_n(x) & g_n^2(x) & \cdots & g_n^n(x) \end{vmatrix}=\prod_{i=1}^{n}g_i(x)\begin{vmatrix} 1 & g_1(x) & \cdots & g_1^{n-1}(x) \\ 1 & g_2(x) & \cdots & g_2^{n-1}(x) \\ \vdots & \vdots & & \vdots \\ 1 & g_n(x) & \cdots & g_n^{n-1}(x) \end{vmatrix}$$

$$=\prod_{i=1}^{n} g_i(x) \prod_{n\geqslant j>i\geqslant 1} (g_j(x)-g_i(x))$$

若存在 $i \neq j, g_i(x)=g_j(x)$，则 $f(x)=0$，否则 $f(x)$ 可约.

5. 若 $a^2 \neq b^2$，证明方程组 $\begin{cases} ax_1+bx_{2n}=1 \\ ax_2+bx_{2n-1}=1 \\ \quad\vdots \\ ax_n+bx_{n+1}=1 \\ bx_n+ax_{n+1}=1 \\ \quad\vdots \\ bx_2+ax_{2n-1}=1 \\ bx_1+ax_{2n}=1 \end{cases}$ 有唯一解.

解　方程组的系数行列式为

$$D_{2n}=\begin{vmatrix} a & & & & & & & b \\ & a & & & & & b & \\ & & \ddots & & & \iddots & & \\ & & & a & b & & & \\ & & & b & a & & & \\ & & \iddots & & & \ddots & & \\ & b & & & & & a & \\ b & & & & & & & a \end{vmatrix}=(a^2-b^2)^n$$

由 $a^2 \neq b^2$ 知 $D_{2n}=(a^2-b^2)^2 \neq 0$，因而线性方程组有唯一解.

2.4　例题补充

例 2.1　计算 20 阶行列式

$$D_{20}=\begin{vmatrix} 1 & 2 & 3 & \cdots & 18 & 19 & 20 \\ 2 & 1 & 2 & \cdots & 17 & 18 & 19 \\ 3 & 2 & 1 & \cdots & 16 & 17 & 18 \\ \vdots & \vdots & \vdots & & \vdots & \vdots & \vdots \\ 20 & 19 & 18 & \cdots & 3 & 2 & 1 \end{vmatrix}.$$

分析　这个行列式中没有一个零元素，若直接应用按行（列）展开法逐次降阶直至化为许许多多个 2 阶行列式计算，需进行 20！×20-1 次加减法和乘法运算，这根本是无法完成的. 但若利用行列式的性质将其化为有很多零元素，则很快就可算出结果.

注意到此行列式的相邻两列（行）的对应元素仅差 1，因此，可按下述方法计算：

解

$$D_{20}=\begin{vmatrix}1&2&3&\cdots&18&19&20\\2&1&2&\cdots&17&18&19\\3&2&1&\cdots&16&17&18\\\vdots&\vdots&\vdots&&\vdots&\vdots&\vdots\\20&19&18&\cdots&3&2&1\end{vmatrix}$$

$$=\begin{vmatrix}1&1&1&\cdots&1&1&1\\2&-1&1&\cdots&1&1&1\\3&-1&-1&\cdots&1&1&1\\\vdots&\vdots&\vdots&&\vdots&\vdots&\vdots\\19&-1&-1&\cdots&-1&-1&1\\20&-1&-1&\cdots&-1&-1&-1\end{vmatrix}$$

$$=\begin{vmatrix}1&1&1&\cdots&1&1&1\\3&0&2&\cdots&2&2&2\\4&0&0&\cdots&2&2&2\\\vdots&\vdots&\vdots&&\vdots&\vdots&\vdots\\20&0&0&\cdots&0&0&2\\21&0&0&\cdots&0&0&0\end{vmatrix}=21\times(-1)^{20+1}\times 2^{18}=-21\times 2^{18}$$

说明：第一个等号是从第 19 列开始，每一列乘-1 加到后面的列，第二个等号是第 1 行乘 1 加到第 2 行、第 3 行、……、第 20 行，然后按第 20 行展开.

例 2.2 （西北大学、聊城大学考研真题）计算 $n+1$ 阶行列式

$$D=\begin{vmatrix}a_1^n&a_1^{n-1}b_1&a_1^{n-2}b_1^2&\cdots&a_1b_1^{n-1}&b_1^n\\a_2^n&a_2^{n-1}b_2&a_2^{n-2}b_2^2&\cdots&a_2b_2^{n-1}&b_2^n\\\vdots&\vdots&\vdots&&\vdots&\vdots\\a_{n+1}^n&a_{n+1}^{n-1}b_{n+1}&a_{n+1}^{n-2}b_{n+1}^2&\cdots&a_{n+1}b_{n+1}^{n-1}&b_{n+1}^n\end{vmatrix}.$$

其中 $a_1a_2\cdots a_{n+1}\neq 0$.

解 这个行列式的每一行元素的形状都是 $a_i^{n-k}b_i^k$（$k=0,1,2,\cdots,n$），即 a_i 按降幂排列，b_i 按升幂排列，且次数之和都是 n. 又因 $a_i\neq 0$，若在第 i 行（$i=1,2,\cdots,n$）提出公因子 a_i^n，则 D 可化为一个转置的范德蒙行列式，即

$$D=a_1^na_2^n\cdots a_{n+1}^n\begin{vmatrix}1&\dfrac{b_1}{a_1}&\left(\dfrac{b_1}{a_1}\right)^2&\cdots&\left(\dfrac{b_1}{a_1}\right)^n\\1&\dfrac{b_2}{a_2}&\left(\dfrac{b_2}{a_2}\right)^2&\cdots&\left(\dfrac{b_2}{a_2}\right)^n\\\vdots&\vdots&\vdots&&\vdots\\1&\dfrac{b_{n+1}}{a_{n+1}}&\left(\dfrac{b_{n+1}}{a_{n+1}}\right)^2&\cdots&\left(\dfrac{b_{n+1}}{a_{n+1}}\right)^n\end{vmatrix}$$

$$=\prod_{i=1}^{n+1}a_i^n\prod_{1\leqslant j<i\leqslant n+1}\left(\frac{b_i}{a_i}-\frac{b_j}{a_j}\right)=\prod_{1\leqslant j<i\leqslant n+1}(b_ia_j-a_ib_j)$$

例 2.3 计算 $D=\begin{vmatrix}1&2&3&\cdots&n\\x&1&2&\cdots&n-1\\x&x&1&\cdots&n-2\\\vdots&\vdots&\vdots&&\vdots\\x&x&x&\cdots&1\end{vmatrix}$.

解 观察到 D 的每相邻两行的值较接近，从第 $n-1$ 行开始，每一行减去后一行，从而有

$$D=\begin{vmatrix}1-x&1&1&\cdots&1&1\\0&1-x&1&\cdots&1&1\\0&0&1-x&\cdots&1&1\\\vdots&\vdots&\vdots&&\vdots&\vdots\\0&0&0&\cdots&1-x&1\\x&x&x&\cdots&x&1\end{vmatrix},$$

将此行列式的最后一列拆分，得

$$D=\begin{vmatrix}1-x&1&1&\cdots&1&1\\0&1-x&1&\cdots&1&1\\0&0&1-x&\cdots&1&1\\\vdots&\vdots&\vdots&&\vdots&\vdots\\0&0&0&\cdots&1-x&1\\x&x&x&\cdots&x&x\end{vmatrix}+\begin{vmatrix}1-x&1&1&\cdots&1&0\\0&1-x&1&\cdots&1&0\\0&0&1-x&\cdots&1&0\\\vdots&\vdots&\vdots&&\vdots&\vdots\\0&0&0&\cdots&1-x&0\\x&x&x&\cdots&x&1-x\end{vmatrix}.$$

对上式中的第一个行列式，第 2 列乘-1 加到第一列，第 3 列乘-1 加到第 2 列，……，第 n 列乘-1 加到第 $n-1$ 列，得到 $(-1)^{n+1}x^n$，第二个行列式按第 n 列展开得到 $(1-x)^n$，从而可得

$$D=(-1)^{n+1}x^n+(1-x)^n=(-1)^n[(x-1)^n-x^n].$$

例 2.4 计算 $n(n\geqslant 2)$ 阶行列式

$$D_n=\begin{vmatrix}1+x_1y_1&2+x_1y_2&\cdots&n+x_1y_n\\1+x_2y_1&2+x_2y_2&\cdots&n+x_2y_n\\\vdots&\vdots&&\vdots\\1+x_ny_1&2+x_ny_2&\cdots&n+x_ny_n\end{vmatrix}.$$

解 解法一（拆分法）：将 D_n 按第一列拆成两个行列式的和，即

$$D_n=\begin{vmatrix}1&2+x_1y_2&\cdots&n+x_1y_n\\1&2+x_2y_2&\cdots&n+x_2y_n\\\vdots&\vdots&&\vdots\\1&2+x_ny_2&\cdots&n+x_ny_n\end{vmatrix}+\begin{vmatrix}x_1y_1&2+x_1y_2&\cdots&n+x_1y_n\\x_2y_1&2+x_2y_2&\cdots&n+x_2y_n\\\vdots&\vdots&&\vdots\\x_ny_1&2+x_ny_2&\cdots&n+x_ny_n\end{vmatrix}.$$

再将上式等号右端的第一个行列式第 i 列 $(i=2,\cdots,n)$ 减去第一列的 i 倍，第二个行列式提出第一列的公因子 y_1，可得

$$D_n=\begin{vmatrix}1 & x_1y_2 & \cdots & x_1y_n\\ 1 & x_2y_2 & \cdots & x_2y_n\\ \vdots & \vdots & & \vdots\\ 1 & x_ny_2 & \cdots & x_ny_n\end{vmatrix}+y_1\begin{vmatrix}x_1 & 2+x_1y_2 & \cdots & n+x_1y_n\\ x_2 & 2+x_2y_2 & \cdots & n+x_2y_n\\ \vdots & \vdots & & \vdots\\ x_n & 2+x_ny_2 & \cdots & n+x_ny_n\end{vmatrix}$$

$$=y_2\cdots y_n\begin{vmatrix}1 & x_1 & \cdots & x_1\\ 1 & x_2 & \cdots & x_2\\ \vdots & \vdots & & \vdots\\ 1 & x_n & \cdots & x_n\end{vmatrix}+y_1\begin{vmatrix}x_1 & 2 & \cdots & n\\ x_2 & 2 & \cdots & n\\ \vdots & \vdots & & \vdots\\ x_n & 2 & \cdots & n\end{vmatrix}.$$

当 $n\geqslant 3$ 时，$D_n=0$；当 $n=2$ 时，$D_2=(x_2-x_1)(y_2-2y_1)$.

解法二（升阶法）：

$$D_n=D_{n+1}=\begin{vmatrix}1 & y_1 & y_2 & \cdots & y_n\\ 0 & 1+x_1y_1 & 2+x_1y_2 & \cdots & n+x_1y_n\\ 0 & 1+x_2y_1 & 2+x_2y_2 & \cdots & n+x_2y_n\\ \vdots & \vdots & \vdots & & \vdots\\ 0 & 1+x_ny_1 & 2+x_ny_2 & \cdots & n+x_ny_n\end{vmatrix}=\begin{vmatrix}1 & y_1 & y_2 & \cdots & y_n\\ -x_1 & 1 & 2 & \cdots & n\\ -x_2 & 1 & 2 & \cdots & n\\ \vdots & \vdots & \vdots & & \vdots\\ -x_n & 1 & 2 & \cdots & n\end{vmatrix}$$

$$=\begin{vmatrix}1 & y_1 & y_2 & \cdots & y_n\\ -x_1 & 1 & 2 & \cdots & n\\ x_1-x_2 & 0 & 0 & \cdots & 0\\ x_1-x_3 & 0 & 0 & \cdots & 0\\ \vdots & \vdots & \vdots & & \vdots\\ x_1-x_n & 0 & 0 & \cdots & 0\end{vmatrix}=\begin{cases}(x_2-x_1)(y_2-2y_1), n=2\\ 0, \qquad\qquad\qquad n\geqslant 3\end{cases}$$

【变式练习】

（武汉大学考研真题）计算 n 阶行列式

$$D_n=\begin{vmatrix}a_1^2-\mu & a_1a_2 & \cdots & a_1a_n\\ a_2a_1 & a_2^2-\mu & \cdots & a_2a_n\\ \vdots & \vdots & & \vdots\\ a_na_1 & a_na_2 & \cdots & a_n^2-\mu\end{vmatrix}.$$

例 2.5　（江苏大学、西南大学、沈阳工业大学、长沙理工大学考研真题）计算 n 阶行列式

$$D_n=\begin{vmatrix} x & a & a & \cdots & a \\ -a & x & a & \cdots & a \\ -a & -a & x & \cdots & a \\ \vdots & \vdots & \vdots & & \vdots \\ -a & -a & -a & \cdots & x \end{vmatrix}\ (a\neq 0).$$

解　将第一行的元素都表示成两项的和，使 D_n 变成两个行列式的和，即

$$D_n=\begin{vmatrix} (x-a)+a & 0+a & 0+a & \cdots & 0+a \\ -a & x & a & \cdots & a \\ -a & -a & x & \cdots & a \\ \vdots & \vdots & \vdots & & \vdots \\ -a & -a & -a & \cdots & x \end{vmatrix}$$

$$=\begin{vmatrix} x-a & 0 & 0 & \cdots & 0 \\ -a & x & a & \cdots & a \\ -a & -a & x & \cdots & a \\ \vdots & \vdots & \vdots & & \vdots \\ -a & -a & -a & \cdots & x \end{vmatrix}+\begin{vmatrix} a & a & a & \cdots & a \\ -a & x & a & \cdots & a \\ -a & -a & x & \cdots & a \\ \vdots & \vdots & \vdots & & \vdots \\ -a & -a & -a & \cdots & x \end{vmatrix}$$

将等号右端的第一个行列式按第一行展开，得

$$\begin{vmatrix} x-a & 0 & 0 & \cdots & 0 \\ -a & x & a & \cdots & a \\ -a & -a & x & \cdots & a \\ \vdots & \vdots & \vdots & & \vdots \\ -a & -a & -a & \cdots & x \end{vmatrix}=(x-a)D_{n-1}$$

这里 D_{n-1} 是一个与 D_n 有相同结构的 $n-1$ 阶行列式. 将第二个行列式的第一行加到其余各行，得

$$\begin{vmatrix} a & a & a & \cdots & a \\ -a & x & a & \cdots & a \\ -a & -a & x & \cdots & a \\ \vdots & \vdots & \vdots & & \vdots \\ -a & -a & -a & \cdots & x \end{vmatrix}=\begin{vmatrix} a & a & a & \cdots & a \\ 0 & x+a & 2a & \cdots & 2a \\ 0 & 0 & x+a & \cdots & 2a \\ \vdots & \vdots & \vdots & & \vdots \\ 0 & 0 & 0 & \cdots & x+a \end{vmatrix}=a(x+a)^{n-1}$$

于是

$$D_n=(x-a)D_{n-1}+a(x+a)^{n-1} \tag{1}$$

另外，如果将 D_n 的第一行元素用另一方式表示成两项之和：

$$(x+a)-a \quad 0+a \quad 0+a \quad \cdots \quad 0+a$$

仿上可得

$$D_n=(x+a)D_{n-1}-a(x-a)^{n-1} \tag{2}$$

将式（1）两边乘以 $x+a$，式（2）两边乘以 $x-a$，然后相减以消去 D_{n-1}，得

$$D_n=\frac{(x+a)^n+(x-a)^n}{2}.$$

例 2.6 （中国科学院大学、兰州大学等考研真题）计算 n 阶行列式

$$D_n=\begin{vmatrix} a & b & & & \\ c & a & b & & \\ & \ddots & \ddots & \ddots & \\ & & c & a & b \\ & & & c & a \end{vmatrix}, a,b,c\in\mathbf{R}.$$

解 显然，若 $b=0$ 或 $c=0$，则 $D_n=a^n$，故下设 $bc\neq 0$.

将行列式按第一行展开得

$$D_n=aD_{n-1}-bcD_{n-2}$$

令 $p+q=a, pq=bc$，则 p,q 是二次方程 $x^2-ax+bc=0$ 的两根，故有如下递推公式：

$$D_n-pD_{n-1}=q(D_{n-1}-pD_{n-2})$$

以此类推，可得

$$D_n-pD_{n-1}=q(D_{n-1}-pD_{n-2})=\cdots=q^{n-2}(D_2-pD_1)$$

注意到

$$D_2=a^2-bc=p^2+pq+q^2, D_1=a=p+q$$

则有

$$D_n-pD_{n-1}=q^{n-2}(p^2+pq+q^2-p(p+q))=q^n$$

根据对称性，同理有

$$D_n-qD_{n-1}=p^n$$

若 $p=q$，即 $a^2=4bc$，则 $D_n=pD_{n-1}+p^n$，递推下去，可得

$$D_n=(n+1)p^n=(n+1)\left(\frac{a}{2}\right)^n$$

若 $p\neq q$，即 $a^2\neq 4bc$，则由 $D_n-qD_{n-1}=p^n$ 与 $D_n-pD_{n-1}=q^n$，解得

$$D_n=\frac{p^{n+1}-q^{n+1}}{p-q}=\frac{(a+\sqrt{a^2-4bc})^{n+1}-(a-\sqrt{a^2-4bc})^{n+1}}{2^{n+1}\sqrt{a^2-4bc}}$$

说明：上述行列式也称三线行列式，a,b,c 适当赋值可以得出很多的相关题目.

【变式练习】

（东南大学、北京邮电大学考研真题）计算

$$D_n=\begin{vmatrix}2a & a^2 & & & \\ 1 & a & a^2 & & \\ & \ddots & \ddots & \ddots & \\ & & 1 & 2a & a^2 \\ & & & 1 & 2a\end{vmatrix},\quad D_n=\begin{vmatrix}a+b & ab & & & \\ 1 & a+b & ab & & \\ & \ddots & \ddots & \ddots & \\ & & 1 & a+b & ab \\ & & & 1 & a+b\end{vmatrix}.$$

例 2.7 计算 n 阶行列式

$$D_n=\begin{vmatrix}1+x_1 & 1+x_1^2 & \cdots & 1+x_1^n \\ 1+x_2 & 1+x_2^2 & \cdots & 1+x_2^n \\ \vdots & \vdots & & \vdots \\ 1+x_n & 1+x_n^2 & \cdots & 1+x_n^n\end{vmatrix}.$$

解 利用加边法，得

$$D_n=\begin{vmatrix}1 & 0 & 0 & \cdots & 0 \\ 1 & 1+x_1 & 1+x_1^2 & \cdots & 1+x_1^n \\ 1 & 1+x_2 & 1+x_2^2 & \cdots & 1+x_2^n \\ \vdots & \vdots & \vdots & & \vdots \\ 1 & 1+x_n & 1+x_n^2 & \cdots & 1+x_n^n\end{vmatrix},$$

将第一列乘以-1 分别加到其余各列，并将第一行的 1 写成 2+(-1)，将 D_n 分成两个行列式之差，得

$$D_n=\begin{vmatrix}1 & -1 & -1 & \cdots & -1 \\ 1 & x_1 & x_1^2 & \cdots & x_1^n \\ 1 & x_2 & x_2^2 & \cdots & x_2^n \\ \vdots & \vdots & \vdots & & \vdots \\ 1 & x_n & x_n^2 & \cdots & x_n^n\end{vmatrix}=\begin{vmatrix}2 & 0 & 0 & \cdots & 0 \\ 1 & x_1 & x_1^2 & \cdots & x_1^n \\ 1 & x_2 & x_2^2 & \cdots & x_2^n \\ \vdots & \vdots & \vdots & & \vdots \\ 1 & x_n & x_n^2 & \cdots & x_n^n\end{vmatrix}+\begin{vmatrix}-1 & -1 & -1 & \cdots & -1 \\ 1 & x_1 & x_1^2 & \cdots & x_1^n \\ 1 & x_2 & x_2^2 & \cdots & x_2^n \\ \vdots & \vdots & \vdots & & \vdots \\ 1 & x_n & x_n^2 & \cdots & x_n^n\end{vmatrix}$$

$$=2\prod_{i=1}^{n}x_i\prod_{1\leqslant j<i\leqslant n}(x_i-x_j)-\prod_{i=1}^{n}(x_i-1)\prod_{1\leqslant j<i\leqslant n}(x_i-x_j)$$

$$=\left(\prod_{i=1}^{n}x_i-\prod_{i=1}^{n}(x_i-1)\right)\prod_{1\leqslant j<i\leqslant n}(x_i-x_j).$$

例 2.8 设 $f(x)=a_nx^{n-1}+a_{n-1}x^{n-2}+\cdots+a_1$，并且 $f(\varepsilon)=0$，其中 ε 是一个 n 次单位根. 求行列式 $D_n=\begin{vmatrix}a_1 & a_2 & a_3 & \cdots & a_n \\ a_n & a_1 & a_2 & \cdots & a_{n-1} \\ a_{n-1} & a_n & a_1 & \cdots & a_{n-2} \\ \vdots & \vdots & \vdots & & \vdots \\ a_2 & a_3 & a_4 & \cdots & a_1\end{vmatrix}$.

解 作n阶范德蒙行列式

$$M=\begin{vmatrix}1 & 1 & 1 & \cdots & 1\\ 1 & \varepsilon & \varepsilon^2 & \cdots & \varepsilon^{n-1}\\ 1 & \varepsilon^2 & \varepsilon^4 & \cdots & \varepsilon^{2(n-1)}\\ \vdots & \vdots & \vdots & & \vdots\\ 1 & \varepsilon^{n-1} & \varepsilon^{2(n-1)} & \cdots & \varepsilon^{(n-1)^2}\end{vmatrix}$$

则

$$D_nM=\begin{vmatrix}f(1) & f(\varepsilon) & f(\varepsilon^2) & \cdots & f(\varepsilon^{n-1})\\ f(1) & \varepsilon f(\varepsilon) & \varepsilon^2 f(\varepsilon^2) & \cdots & \varepsilon^{n-1}f(\varepsilon^{n-1})\\ f(1) & \varepsilon^2 f(\varepsilon) & \varepsilon^4 f(\varepsilon^2) & \cdots & \varepsilon^{2(n-1)}f(\varepsilon^{n-1})\\ \vdots & \vdots & \vdots & & \vdots\\ f(1) & \varepsilon^{n-1}f(\varepsilon) & \varepsilon^{2(n-1)}f(\varepsilon^2) & \cdots & \varepsilon^{(n-1)}f(\varepsilon^{n-1})\end{vmatrix}$$

$$=f(1)f(\varepsilon)f(\varepsilon^2)\cdots f(\varepsilon^{n-1})M.$$

故 $D=f(1)f(\varepsilon)f(\varepsilon^2)\cdots f(\varepsilon^{n-1})$.

（说明：这里利用了矩阵的乘法，初学时可跳过.）

例 2.9 若把行列式 $D=\begin{vmatrix}a_{11} & \cdots & a_{1,n-1} & a_{1n}\\ \vdots & & \vdots & \vdots\\ a_{n-1,1} & \cdots & a_{n-1,n-1} & a_{n-1,n}\\ 1 & \cdots & 1 & 1\end{vmatrix}$ 的第 j 列换成 $(x_1,x_2,\cdots,x_{n-1},1)^{\mathrm{T}}$ 后得到的新行列式记为 $D_j\,(j=1,2,\cdots,n)$，试证：$D_1+D_2+\cdots+D_n=D$.

解 令 D_{ij} 是元素 a_{ij} 的代数余子式，则

$$\begin{aligned}&D_1+D_2+\cdots+D_n\\ &=(D_{11}+D_{12}+\cdots+D_{1n})x_1+\cdots+(D_{n-1,1}+D_{n-1,2}+\cdots+D_{n-1,n})x_{n-1}+(D_{n,1}+D_{n,2}+\cdots+D_{n,n})\\ &=0\cdot x_1+\cdots+0\cdot x_{n-1}+(D_{n,1}+D_{n,2}+\cdots+D_{n,n})=D\end{aligned}$$

故 $D_1+D_2+\cdots+D_n\equiv D$.

例 2.10 计算n阶行列式

$$D_n=\begin{vmatrix}x_1 & a_2 & a_3 & \cdots & a_{n-1} & a_n\\ a_1 & x_2 & a_3 & \cdots & a_{n-1} & a_n\\ a_1 & a_2 & x_3 & \cdots & a_{n-1} & a_n\\ \vdots & \vdots & \vdots & & \vdots & \vdots\\ a_1 & a_2 & a_3 & \cdots & x_{n-1} & a_n\\ a_1 & a_2 & a_3 & \cdots & a_{n-1} & x_n\end{vmatrix}\quad(x_i\neq a,i=1,2,\cdots,n).$$

解 解法一（裂项法）：

将 D_n 写成两个行列式的和：

$$D_n=\begin{vmatrix} x_1 & a_2 & a_3 & \cdots & a_{n-1} & a_n \\ a_1 & x_2 & a_3 & \cdots & a_{n-1} & a_n \\ a_1 & a_2 & x_3 & \cdots & a_{n-1} & a_n \\ \vdots & \vdots & \vdots & & \vdots & \vdots \\ a_1 & a_2 & a_3 & \cdots & x_{n-1} & a_n \\ a_1 & a_2 & a_3 & \cdots & a_{n-1} & a_n \end{vmatrix}+\begin{vmatrix} x_1 & a_2 & a_3 & \cdots & a_{n-1} & 0 \\ a_1 & x_2 & a_3 & \cdots & a_{n-1} & 0 \\ a_1 & a_2 & x_3 & \cdots & a_{n-1} & 0 \\ \vdots & \vdots & \vdots & & \vdots & \vdots \\ a_1 & a_2 & a_3 & \cdots & x_{n-1} & 0 \\ a_1 & a_2 & a_3 & \cdots & a_{n-1} & x_n-a_n \end{vmatrix}$$

在等式右端第一个行列式中，将第 n 行分别乘以 -1 加到第 $n-1, n-2, \cdots, 1$ 行上，并将第二个行列式按第 n 列展开，得

$$D_n=\begin{vmatrix} x_1-a_1 & 0 & 0 & \cdots & 0 & 0 \\ 0 & x_2-a_2 & 0 & \cdots & 0 & 0 \\ 0 & 0 & x_3-a_3 & \cdots & 0 & 0 \\ \vdots & \vdots & \vdots & & \vdots & \vdots \\ 0 & 0 & 0 & \cdots & x_{n-1}-a_{n-1} & 0 \\ a_1 & a_2 & a_3 & \cdots & a_{n-1} & a_n \end{vmatrix}+(x_n-a_n)D_{n-1}$$

$$=a_n(x_1-a_1)(x_2-a_2)\cdots(x_{n-1}-a_{n-1})+(x_n-a_n)D_{n-1}$$

从而

$$D_{n-1}=a_{n-1}(x_1-a_1)(x_2-a_2)\cdots(x_{n-2}-a_{n-2})+(x_{n-1}-a_{n-1})D_{n-2},$$

$$\vdots$$

$$D_3=a_3(x_1-a_1)(x_2-a_2)+(x_3-a_3)D_2$$

$$=a_3(x_1-a_1)(x_2-a_2)+a_2(x_1-a_1)(x_3-a_3)+x_1(x_2-a_2)(x_3-a_3)$$

依次将 D_3 代入 $D_4, \cdots, D_{n-1}$ 代入 D_n，得

$$D_n=\prod_{i=1}^{n}(x_i-a_i)\left(\sum_{i=1}^{n}\frac{a_i}{x_i-a_i}+1\right)$$

解法二（加边法）：

$$D_n=\begin{vmatrix} 1 & a_1 & a_2 & \cdots & a_n \\ 0 & x_1 & a_2 & \cdots & a_n \\ 0 & a_1 & x_2 & \cdots & a_n \\ \vdots & \vdots & \vdots & & \vdots \\ 0 & a_1 & a_2 & \cdots & x_n \end{vmatrix}=\begin{vmatrix} 1 & a_1 & a_2 & \cdots & a_n \\ -1 & x_1-a_1 & 0 & \cdots & 0 \\ -1 & 0 & x_2-a_2 & \cdots & 0 \\ \vdots & \vdots & \vdots & & \vdots \\ -1 & 0 & 0 & \cdots & x_n-a_n \end{vmatrix}$$

$$=\begin{vmatrix} 1+\sum_{i=1}^{n}\frac{a_i}{x_i-a_i} & a_1 & a_2 & \cdots & a_n \\ 0 & x_1-a_1 & 0 & \cdots & 0 \\ 0 & 0 & x_2-a_2 & \cdots & 0 \\ \vdots & \vdots & \vdots & & \vdots \\ 0 & 0 & 0 & \cdots & x_n-a_n \end{vmatrix}$$

$$=\prod_{i=1}^{n}(x_i-a_i)\left(\sum_{i=1}^{n}\frac{a_i}{x_i-a_i}+1\right)$$

例 2.11 （湖南大学考研真题）已知 5 阶行列式 $D_5=\begin{vmatrix}1&2&3&4&5\\2&2&2&1&1\\3&1&2&4&5\\1&1&1&2&2\\4&3&1&5&0\end{vmatrix}=27$，计算 $A_{41}+A_{42}+A_{43}+A_{44}+A_{45}$.

解 解法一：$A_{41}+A_{42}+A_{43}+A_{44}+A_{45}=\begin{vmatrix}1&2&3&4&5\\2&2&2&1&1\\3&1&2&4&5\\1&1&1&1&1\\4&3&1&5&0\end{vmatrix}=9$.

解法二：按第四行分别展开，第二行元素乘以第四行元素对应代数余子式可得

$$2(A_{41}+A_{42}+A_{43})+A_{44}+A_{45}=0$$

$$A_{41}+A_{42}+A_{43}+2(A_{44}+A_{45})=27$$

解得

$$A_{41}+A_{42}+A_{43}+A_{44}+A_{45}=9$$

说明：当然可按余子式定义直接计算 5 个四阶行列式.

利用解法二的方法或者利用结论 $\sum_{j=1}^{n}a_{ij}A_{kj}=\begin{cases}D,i=k\\0,i\neq k\end{cases}$ 可解下面的问题.

【变式练习】

（华中科技大学、电子科技大学等考研真题）设

$$D_n=\begin{vmatrix}1&1&1&\cdots&1\\0&1&1&\cdots&1\\0&0&1&\cdots&1\\\vdots&\vdots&\vdots&&\vdots\\0&0&0&\cdots&1\end{vmatrix},$$

求 D 的所有元素的代数余子式之和.

说明：很多行列式的计算是结合矩阵理论进行的，相关例题在第 3 章略有举例.

第 3 章

矩 阵

3.1 知识点综述

3.1.1 矩阵的基本运算

1）矩阵的线性运算

（1）矩阵的加法.

设 $\boldsymbol{A},\boldsymbol{B},\boldsymbol{C}$ 是 $m\times n$ 矩阵，则关于矩阵的加法满足如下运算律：

（i）$(\boldsymbol{A}+\boldsymbol{B})+\boldsymbol{C}=\boldsymbol{A}+(\boldsymbol{B}+\boldsymbol{C})$；

（ii）$\boldsymbol{A}+\boldsymbol{B}=\boldsymbol{B}+\boldsymbol{A}$；

（iii）$\boldsymbol{A}+\boldsymbol{O}=\boldsymbol{O}+\boldsymbol{A}=\boldsymbol{A}$，其中 $\boldsymbol{O}$ 表示零矩阵；

（iv）$\boldsymbol{A}+(-\boldsymbol{A})=(-\boldsymbol{A})+\boldsymbol{A}=\boldsymbol{O}$.

但矩阵的和求行列式后无定性结论，一般有 $|\boldsymbol{A}+\boldsymbol{B}|\neq|\boldsymbol{A}|+|\boldsymbol{B}|$.

（2）矩阵的数乘.

设 $\boldsymbol{A},\boldsymbol{B}$ 是 $m\times n$ 矩阵，$k,l\in P$，则

（i）$k(\boldsymbol{A}+\boldsymbol{B})=k\boldsymbol{A}+k\boldsymbol{B}$；

（ii）$(k+l)\boldsymbol{A}=k\boldsymbol{A}+l\boldsymbol{A}$；

（iii）$(kl)\boldsymbol{A}=k(l\boldsymbol{A})$；

（iv）$1\cdot\boldsymbol{A}=\boldsymbol{A}$.

2）矩阵的乘法

（1）矩阵的乘法运算.

设矩阵 $\boldsymbol{A}=(a_{ij})_{m\times s},\boldsymbol{B}=(b_{ij})_{s\times n}$，$\boldsymbol{A}$ 与 $\boldsymbol{B}$ 的积定义为矩阵 $\boldsymbol{C}=(c_{ij})_{m\times n}$：

$$\boldsymbol{AB}=(\text{第}i\text{行})\begin{pmatrix} a_{11} & a_{12} & \cdots & a_{1s}\\ \vdots & \vdots & & \vdots\\ a_{i1} & a_{i2} & \cdots & a_{is}\\ \vdots & \vdots & & \vdots\\ a_{m1} & a_{m2} & \cdots & a_{ms}\end{pmatrix}\underset{(\text{第}j\text{列})}{\begin{pmatrix} b_{11} & b_{1j} & \cdots & b_{1n}\\ b_{21} & b_{2j} & \cdots & b_{2n}\\ \vdots & \vdots & & \vdots\\ b_{s1} & b_{sj} & \cdots & b_{sn}\end{pmatrix}}=\underset{(\text{第}j\text{列})}{\begin{pmatrix} c_{11} & c_{12} & \cdots & c_{1n}\\ \vdots & \vdots & & \vdots\\ c_{i1} & c_{i2} & \cdots & c_{in}\\ \vdots & \vdots & & \vdots\\ c_{m1} & c_{m2} & \cdots & c_{mn}\end{pmatrix}}(\text{第}i\text{行})$$

其中 $c_{ij}=a_{i1}b_{1j}+a_{i2}b_{2j}+\cdots+a_{is}b_{sj}\ (i=1,2,\cdots,m,\ j=1,2,\cdots,n)$.

3）矩阵的转置

（1）矩阵的转置运算.

设 $\boldsymbol{A},\boldsymbol{B}$ 是 $m\times n$ 矩阵，$\boldsymbol{A}=(a_{ij})_{m\times n}$，$\boldsymbol{A}^{\mathrm{T}}=(b_{ij})_{n\times m}$ 为 $\boldsymbol{A}$ 的转置矩阵，这里 $b_{ij}=a_{ji}$ $(i=1,2,\cdots,n,\ j=1,2,\cdots,m)$，则有

（i）$(\boldsymbol{A}+\boldsymbol{B})^{\mathrm{T}}=\boldsymbol{A}^{\mathrm{T}}+\boldsymbol{B}^{\mathrm{T}}$；

（ii）$(\boldsymbol{A}^{\mathrm{T}})^{\mathrm{T}}=\boldsymbol{A}$；

（iii）$R(\boldsymbol{A}^{\mathrm{T}})=R(\boldsymbol{A})$；

（iv）$|\boldsymbol{A}^{\mathrm{T}}|=|\boldsymbol{A}|$，当 $\boldsymbol{A}$ 为 n 阶方阵时.

（2）（反）对称矩阵.

对 n 阶方阵 $\boldsymbol{A}=(a_{ij})$，若 $\boldsymbol{A}^{\mathrm{T}}=\boldsymbol{A}$，则称 $\boldsymbol{A}$ 为对称矩阵，此时 $a_{ij}=a_{ji}\ (i,j=1,2,\cdots,n)$；若 $\boldsymbol{A}^{\mathrm{T}}=-\boldsymbol{A}$，则称 $\boldsymbol{A}$ 为反对称矩阵，此时 $a_{ij}=-a_{ji}\ (i,j=1,2,\cdots,n)$.

4）矩阵的迹

设 F 是一个数域，矩阵 $\boldsymbol{A},\boldsymbol{B}\in M_{n\times n}(F)$，则

（1）$\mathrm{tr}(\boldsymbol{A}\pm\boldsymbol{B})=\mathrm{tr}(\boldsymbol{A})\pm\mathrm{tr}(\boldsymbol{B})$，其中 $a,b\in F$；

（2）$\mathrm{tr}(k\boldsymbol{A})=k\mathrm{tr}(\boldsymbol{A})$；

（3）$\mathrm{tr}(\boldsymbol{A}^{\mathrm{T}})=\mathrm{tr}(\boldsymbol{A})$；

（4）$\mathrm{tr}(\boldsymbol{AB})=\mathrm{tr}(\boldsymbol{AB})$.

3.1.2 初等矩阵与初等变换

1）矩阵的初等变换

分别称以下三类变换为矩阵的第一类、第二类、第三类行（列）初等变换：

（1）倍法变换：以一个非零常数乘矩阵中的某一行（列）.

（2）消法变换：将矩阵中某一行（列）的数量倍加到另一行（列）.

（3）换位变换：对调矩阵中任意两行（列）的位置.

2）初等矩阵

由单位矩阵经过一次初等行或列变换得到的矩阵称为初等矩阵，共有三类：

（1）交换单位矩阵 $\boldsymbol{E}$ 的第 i 行（列）与第 j 行（列）得到的初等矩阵记为 $\boldsymbol{E}(i,j)$.

$$\boldsymbol{E}(i,j)=\begin{pmatrix}1&&&&&&&&&\\&\ddots&&&&&&&&\\&&1&&&&&&&\\&&&0&\cdots&1&&&&\\&&&&1&&&&&\\&&&&&\ddots&&&&\\&&&&&&1&&&\\&&&1&\cdots&0&&&&\\&&&&&&&1&&\\&&&&&&&&\ddots&\\&&&&&&&&&1\end{pmatrix}\begin{matrix}\\\\\\i\text{行}\\\\\\\\j\text{行}\\\\\\\\\end{matrix}$$

其逆矩阵 $\boldsymbol{E}(i,j)^{-1}=\boldsymbol{E}(i,j)$.

（2）把单位矩阵 $\boldsymbol{E}$ 的第 j 行（i 列）的 k 倍加到第 i 行（j 列）得到的初等矩阵记为 $\boldsymbol{E}(i,j(k))$.

$$\boldsymbol{E}(i,j(k))=\begin{pmatrix}1 & & & & & \\ & \ddots & & & & \\ & & 1 & \cdots & k & \\ & & & \ddots & \vdots & \\ & & & & 1 & \\ & & & & & \ddots & \\ & & & & & & 1\end{pmatrix}\begin{matrix} \\ \\ i\text{行} \\ \\ j\text{行} \\ \\ \\ \end{matrix}$$

其逆矩阵 $\boldsymbol{E}(i,j(k))^{-1}=\boldsymbol{E}(i,j(-k))$.

（3）用数域 P 的非零数 k 乘单位矩阵 $\boldsymbol{E}$ 的第 i 行（列）得到的初等矩阵记为 $\boldsymbol{E}(i(k))$.

$$\boldsymbol{E}(i(k))=\begin{pmatrix}1 & & & & \\ & \ddots & & & \\ & & k & & \\ & & & \ddots & \\ & & & & 1\end{pmatrix}\begin{matrix} \\ \\ i, \\ \\ \\ \end{matrix}$$

其逆矩阵 $\boldsymbol{E}(i(k))^{-1}=\boldsymbol{E}\left(i\left(\dfrac{1}{k}\right)\right), k\neq 0$.

3）矩阵的初等变换与初等矩阵的关系

对矩阵 $\boldsymbol{A}_{s\times n}$ 作一次初等行变换，相当于以相应的 $s\times s$ 初等矩阵左乘 $\boldsymbol{A}$；对矩阵 $\boldsymbol{A}_{s\times n}$ 作一次初等列变换，相当于以相应的 $n\times n$ 初等矩阵右乘 $\boldsymbol{A}$.

4）利用初等矩阵求矩阵的逆（略）

5）等价矩阵

（1）等价矩阵的定义.

如果矩阵 $\boldsymbol{A}$ 经过一系列初等变换变成 $\boldsymbol{B}$，称矩阵 $\boldsymbol{A}$ 与 $\boldsymbol{B}$ 等价.

（2）矩阵的标准形.

设 $R(\boldsymbol{A})=r$，则 $\boldsymbol{A}$ 经过一系列初等变换可化为 $\begin{pmatrix}\boldsymbol{E}_r & \boldsymbol{O}\\ \boldsymbol{O} & \boldsymbol{O}\end{pmatrix}$，称之为 $\boldsymbol{A}$ 的标准形，它是由 $\boldsymbol{A}$ 唯一确定的.

（3）矩阵等价的充要条件.

设 $\boldsymbol{A},\boldsymbol{B}$ 都是 $s\times n$ 矩阵，则 $\boldsymbol{A}$ 与 $\boldsymbol{B}$ 等价的主要条件是：

（i）$\boldsymbol{A}$ 与 $\boldsymbol{B}$ 具有相同的标准形；

（ii）存在 s 阶可逆矩阵 $\boldsymbol{P}$ 和 n 阶可逆矩阵 $\boldsymbol{Q}$，使 $\boldsymbol{PAQ}=\boldsymbol{B}$；

（iii）$R(\boldsymbol{A})=R(\boldsymbol{B})$.

3.1.3 矩阵的秩

1）矩阵的秩的定义（略）

2）矩阵的秩的求法

（1）利用矩阵秩的定义计算子式.

矩阵的秩等于矩阵中不等于零的子式的最高阶数.

（2）利用初等变换.

通过初等变换将矩阵化为阶梯形矩阵，在阶梯形矩阵中，根据矩阵秩的性质，这个矩阵中不为零的行或列的数目就是原矩阵的秩.

3.1.4 矩阵的逆

1）矩阵逆的性质

设 $\boldsymbol{A},\boldsymbol{B}$ 均为 n 阶可逆矩阵，则

（1）$(\boldsymbol{AB})^{-1}=\boldsymbol{B}^{-1}\boldsymbol{A}^{-1}$；

（2）$(k\boldsymbol{A})^{-1}=\dfrac{1}{k}\boldsymbol{A}^{-1}$，其中 $k\neq 0$；

（3）$(\boldsymbol{A}^{*})^{-1}=(\boldsymbol{A}^{-1})^{*}$；

（4）$(\boldsymbol{A}^{\mathrm{T}})^{-1}=(\boldsymbol{A}^{-1})^{\mathrm{T}}$；

（5）上（下）三角形矩阵的逆仍是上（下）三角形矩阵；

（6）可逆矩阵的行列式不为零.

2）矩阵逆的求法

（1）利用定义.

设 $\boldsymbol{A}$ 均为 n 阶可逆矩阵，若存在 n 阶方阵 $\boldsymbol{B}$ 满足 $\boldsymbol{AB}=\boldsymbol{E}$，则 $\boldsymbol{B}$ 为 $\boldsymbol{A}$ 的逆矩阵.

（2）利用公式法.

公式 $\boldsymbol{A}^{-1}=\dfrac{1}{|\boldsymbol{A}|}\boldsymbol{A}^{*}$.

（3）利用初等变换.

（4）利用分块矩阵.

3）矩阵不可逆的证明方法

（1）利用定义；

（2）直接计算得出 $\boldsymbol{A}$ 的行列式为零；

（3）用反证法；

（4）证明方程组 $\boldsymbol{AX}=\boldsymbol{0}$ 有非零解.

4）矩阵的伴随

（1）伴随矩阵的定义.

设 n 阶方阵 $\boldsymbol{A}=(a_{ij})$，则称矩阵 $(A_{ij})^{\mathrm{T}}$ 为 $\boldsymbol{A}$ 的伴随矩阵，记为 $\boldsymbol{A}^{*}$，即 $\boldsymbol{A}^{*}=(A_{ij})^{\mathrm{T}}$，其中 A_{ij} 是 $a_{ij}(i,j=1,2,\cdots,n)$ 的代数余子式.

（2）伴随矩阵的性质.

① $A^*A=AA^*=|A|E_n$；

② $(kA)^*=k^{n-1}A^*$；

③ $(A^{\mathrm{T}})^*=(A^*)^{\mathrm{T}}$；

④若 A 可逆，$A^*=|A|A^{-1}$；

⑤ $|A^*|=|A|^{n-1},(A^*)^*=\begin{cases}A, & n=2,\\ |A|^{n-2}A, & n>2;\end{cases}$

⑥ $R(A^*)=\begin{cases}n, & 若R(A)=n,\\ 1, & 若R(A)=n-1,\\ 0, & 若R(A)<n-1;\end{cases}$

⑦设 A,B 是 n 阶矩阵，则有 $(AB)^*=B^*A^*$；

⑧ $\begin{pmatrix}A & \\ & B\end{pmatrix}^*=\begin{pmatrix}|B|A^* & \\ & |A|B^*\end{pmatrix}.$

3.1.5 分块矩阵

1）分块矩阵的乘法规则

矩阵分块乘法要能够进行，分块方法须满足下列两个条件：

（1）左矩阵的列块数等于右矩阵的行块数；

（2）左矩阵的每个列块所含的列数等于右矩阵对应行块所含的行数.

2）常见的分块矩阵的逆矩阵

（1）设

$$A=\begin{pmatrix}A_1 & & & \\ & A_2 & & \\ & & \ddots & \\ & & & A_r\end{pmatrix},B=\begin{pmatrix} & & & B_1\\ & & B_2 & \\ & \iddots & & \\ B_r & & & \end{pmatrix},$$

其中 $A_i,B_i\ (i=1,2,\cdots,r)$ 均可逆，则

$$A^{-1}=\begin{pmatrix}A_1^{-1} & & & \\ & A_2^{-1} & & \\ & & \ddots & \\ & & & A_r^{-1}\end{pmatrix},B^{-1}=\begin{pmatrix} & & & B_r^{-1}\\ & & B_{r-1}^{-1} & \\ & \iddots & & \\ B_1^{-1} & & & \end{pmatrix}.$$

（2）$\begin{pmatrix}A & C\\ O & B\end{pmatrix}^{-1}=\begin{pmatrix}A^{-1} & -A^{-1}CB^{-1}\\ O & B^{-1}\end{pmatrix}$，$\begin{pmatrix}A & O\\ C & B\end{pmatrix}^{-1}=\begin{pmatrix}A^{-1} & O\\ -B^{-1}CA^{-1} & B^{-1}\end{pmatrix}$，

其中 A,B 是可逆矩阵，O 是零矩阵，以下的 O 都是零矩阵.

3.1.6 矩阵秩的有关结论

（1）$R(\boldsymbol{A})\leqslant\min\{s,n\}$，其中 $\boldsymbol{A}$ 是 $s\times n$ 矩阵；

（2）$R(\boldsymbol{A})=R(\boldsymbol{A}^{\mathrm{T}})$；

（3）$|R(\boldsymbol{A})-R(\boldsymbol{B})|\leqslant R(\boldsymbol{A}\pm\boldsymbol{B})\leqslant R(\boldsymbol{A})+R(\boldsymbol{B})$；

（4）$R(k\boldsymbol{A})=R(\boldsymbol{A})$，其中 k 是非零数；

（5）设 $\boldsymbol{A}$ 是 $s\times n$ 矩阵，$\boldsymbol{B}$ 是 $n\times m$ 矩阵，则 $R(\boldsymbol{A})+R(\boldsymbol{B})-n\leqslant R(\boldsymbol{AB})\leqslant\min\{R(\boldsymbol{A}),R(\boldsymbol{B})\}$；

（6）设 $\boldsymbol{A}$ $s\times n$ 矩阵，$\boldsymbol{P},\boldsymbol{Q}$ 分别是 s,n 阶可逆矩阵，则 $R(\boldsymbol{PA})=R(\boldsymbol{AQ})=R(\boldsymbol{A})$；

（7）设 $\boldsymbol{A}$ 是 $s\times n$ 矩阵，$\boldsymbol{B}$ 是 $n\times m$ 矩阵，且 $\boldsymbol{AB}=\boldsymbol{O}$，则 $R(\boldsymbol{A})+R(\boldsymbol{B})\leqslant n$；

（8）$R\begin{pmatrix}\boldsymbol{A}&\boldsymbol{O}\\\boldsymbol{O}&\boldsymbol{B}\end{pmatrix}=R(\boldsymbol{A})+R(\boldsymbol{B})$；

（9）$R\begin{pmatrix}\boldsymbol{A}&\boldsymbol{C}\\\boldsymbol{O}&\boldsymbol{B}\end{pmatrix}\geqslant R(\boldsymbol{A})+R(\boldsymbol{B})$；

（10）$R(\boldsymbol{ABC})\geqslant R(\boldsymbol{AB})+R(\boldsymbol{BC})-R(\boldsymbol{B})$，特别地，$R(\boldsymbol{A}^3)\geqslant 2R(\boldsymbol{A}^2)-R(\boldsymbol{A})$.

3.1.7 分块矩阵的分块（广义）初等变换与分块（广义）初等矩阵

（1）分块矩阵的广义初等变换有三类：

（i）交换分块矩阵的两行（列）；

（ii）用一个可逆矩阵乘分块矩阵的某一行（列）；

（iii）用某一矩阵乘分块矩阵的某一行（列）加到另一行（列）上去.

其对应的广义初等矩阵分别为：

（i）$\begin{pmatrix}\boldsymbol{O}&\boldsymbol{E}_m\\\boldsymbol{E}_n&\boldsymbol{O}\end{pmatrix}$；

（ii）$\begin{pmatrix}\boldsymbol{D}&\boldsymbol{O}\\\boldsymbol{O}&\boldsymbol{E}\end{pmatrix},\begin{pmatrix}\boldsymbol{E}&\boldsymbol{O}\\\boldsymbol{O}&\boldsymbol{G}\end{pmatrix}$，其中 $\boldsymbol{D},\boldsymbol{G}$ 均为可逆矩阵；

（iii）$\begin{pmatrix}\boldsymbol{E}&\boldsymbol{O}\\\boldsymbol{M}&\boldsymbol{E}\end{pmatrix},\begin{pmatrix}\boldsymbol{E}&\boldsymbol{H}\\\boldsymbol{O}&\boldsymbol{E}\end{pmatrix}$.

（2）对分块矩阵 $\begin{pmatrix}\boldsymbol{A}&\boldsymbol{B}\\\boldsymbol{C}&\boldsymbol{D}\end{pmatrix}$ 实施一次初等行变换，相当于用广义初等矩阵左乘 $\begin{pmatrix}\boldsymbol{A}&\boldsymbol{B}\\\boldsymbol{C}&\boldsymbol{D}\end{pmatrix}$.（假设下面分块矩阵的运算有意义）

$$\begin{pmatrix}\boldsymbol{O}&\boldsymbol{E}_n\\\boldsymbol{E}_m&\boldsymbol{O}\end{pmatrix}\begin{pmatrix}\boldsymbol{A}&\boldsymbol{B}\\\boldsymbol{C}&\boldsymbol{D}\end{pmatrix}=\begin{pmatrix}\boldsymbol{C}&\boldsymbol{D}\\\boldsymbol{A}&\boldsymbol{B}\end{pmatrix},$$

$$\begin{pmatrix}\boldsymbol{P}&\boldsymbol{O}\\\boldsymbol{O}&\boldsymbol{E}_n\end{pmatrix}\begin{pmatrix}\boldsymbol{A}&\boldsymbol{B}\\\boldsymbol{C}&\boldsymbol{D}\end{pmatrix}=\begin{pmatrix}\boldsymbol{PA}&\boldsymbol{PB}\\\boldsymbol{C}&\boldsymbol{D}\end{pmatrix},$$

$$\begin{pmatrix} E_m & O \\ O & P \end{pmatrix}\begin{pmatrix} A & B \\ C & D \end{pmatrix}=\begin{pmatrix} A & B \\ PC & PD \end{pmatrix},$$

$$\begin{pmatrix} E_m & O \\ P & E_n \end{pmatrix}\begin{pmatrix} A & B \\ C & D \end{pmatrix}=\begin{pmatrix} A & B \\ PA+C & PB+D \end{pmatrix},$$

$$\begin{pmatrix} E_m & P \\ O & E_n \end{pmatrix}\begin{pmatrix} A & B \\ C & D \end{pmatrix}=\begin{pmatrix} A+PC & B+PD \\ C & D \end{pmatrix}.$$

（3）设 $\boldsymbol{A}$ 是 $m\times n$ 矩阵，$\boldsymbol{B}$ 是 $n\times m$ 矩阵. 则有 $\lambda^n|\lambda \boldsymbol{E}_m-\boldsymbol{AB}|=\lambda^m|\lambda \boldsymbol{E}_n-\boldsymbol{BA}|$.

3.1.8　柯西-比内（Cauchy-Binet）公式

设 $\boldsymbol{A}$ 是 $m\times n$ 矩阵，$\boldsymbol{B}$ 是 $n\times m$ 矩阵，$\boldsymbol{A}\begin{pmatrix} i_1\cdots i_s \\ j_1\cdots j_s \end{pmatrix}$ 表示矩阵 $\boldsymbol{A}$ 的一个 s 阶子式，它是由 $\boldsymbol{A}$ 的第 $i_1,\cdots,i_s$ 行与第 $j_1,\cdots,j_s$ 列交点上的元素按原来次序排列组成的行列式. 同理定义矩阵 $\boldsymbol{B}$ 的 s 阶子式.

若 $m>n$，则有 $|\boldsymbol{AB}|=0$；

若 $m\leqslant n$，则有 $|\boldsymbol{AB}|=\sum\limits_{1\leqslant j_1<j_2<\cdots<j_m\leqslant n}\boldsymbol{A}\begin{pmatrix} 1 & 2 & \cdots & m \\ j_1 & j_2 & \cdots & j_m \end{pmatrix}\boldsymbol{B}\begin{pmatrix} j_1 & j_2 & \cdots & j_m \\ 1 & 1 & \cdots & m \end{pmatrix}$.

（结论的证明见参考文献[17]）

3.1.9　关于摄动法

摄（扰）动法（perturbation method）是矩阵理论中的常用方法，是利用连续函数的性质将一般矩阵问题的讨论转化为对可逆矩阵的讨论. 其原理如下：

设 $\boldsymbol{A}$ 是数域 F 上的 n 阶方阵，一个有关矩阵 $\boldsymbol{A}$ 的命题，先证明当矩阵 $\boldsymbol{A}$ 可逆时，结论成立，然后对 $\boldsymbol{A}$ 不可逆的情形进行摄动，即考虑 $t\boldsymbol{E}+\boldsymbol{A}$ 的情形. 由于 $|t\boldsymbol{E}+\boldsymbol{A}|$ 是一个关于 t 的 n 次多项式，由多项式理论可知 $|t\boldsymbol{E}+\boldsymbol{A}|=0$ 只有 n 个根，由数域 F 中数的个数是无穷的，从而存在很多数 t 使 $|t\boldsymbol{E}+\boldsymbol{A}|\neq 0$，此时 $t\boldsymbol{E}+\boldsymbol{A}$ 可逆，又由于任何数域都包含有理数域，则存在一系列有理数 t 使 $t\boldsymbol{E}+\boldsymbol{A}$ 可逆，特别存在一个极限为零的有理数列 $\{t_n\}(n=1,2,\cdots)$ 使 $t_n\boldsymbol{E}+\boldsymbol{A}$ 可逆，此时原命题中的 $\boldsymbol{A}$ 用 $t_n\boldsymbol{E}+\boldsymbol{A}$ 代替，命题依然成立，考虑到 $|t\boldsymbol{E}+\boldsymbol{A}|$ 是一个多项式，而多项式又是连续的，所以当 $t_n\to 0$ 时，命题也成立，即证明了命题对于一般矩阵也成立.

注：摄动法处理的矩阵问题一定要关于 t_n 连续，这一点十分重要，否则将不能用摄动法来归结处理. 一般来说，运用摄动法分为两步，即先处理可逆矩阵的情形，然后再利用摄动以及取极限得到一般情形的证明.

《高等代数》教材的第 3 章的例题 3.5.6，习题 3.4 的第 8 题都利用了摄（扰）动法. 补充例题中 3.7 和 3.12 也利用了摄动法.

3.2 习题详解

习题 3.1

1. 计算下列矩阵的乘积.

（1）$\begin{pmatrix}1\\-1\\2\\3\end{pmatrix}(3\ \ 2\ \ -1\ \ 0)$；（2）$\begin{pmatrix}5&0&0\\0&3&1\\0&2&1\end{pmatrix}\begin{pmatrix}1\\-2\\3\end{pmatrix}$；（3）$(1,2,3,4)\begin{pmatrix}3\\2\\1\\0\end{pmatrix}$；

（4）$(x_1,x_2,x_3)\begin{pmatrix}a_{11}&a_{12}&a_{13}\\a_{21}&a_{22}&a_{23}\\a_{31}&a_{32}&a_{33}\end{pmatrix}\begin{pmatrix}x_1\\x_2\\x_3\end{pmatrix}$；（5）$\begin{pmatrix}a_{11}&a_{12}&a_{13}\\a_{21}&a_{22}&a_{23}\\a_{31}&a_{32}&a_{33}\end{pmatrix}\begin{pmatrix}1&0&0\\0&1&1\\0&0&1\end{pmatrix}$；

（6）$\begin{pmatrix}1&2&1&0\\0&1&0&1\\0&0&2&1\\0&0&0&3\end{pmatrix}\begin{pmatrix}1&0&3&1\\0&1&2&-1\\0&0&-2&3\\0&0&0&-3\end{pmatrix}$.

解（1）原式=$\begin{pmatrix}3&2&-1&0\\-3&-2&1&0\\6&4&-2&0\\9&6&-3&0\end{pmatrix}$；

（2）原式=$\begin{pmatrix}5\\-3\\-1\end{pmatrix}$；

（3）原式=10；

（4）原式=$(a_{11}x_1+a_{12}x_2+a_{13}x_3,a_{12}x_1+a_{22}x_2+a_{23}x_3,a_{31}x_1+a_{32}x_2+a_{33}x_3)\begin{pmatrix}x_1\\x_2\\x_3\end{pmatrix}$

$=a_{11}x_1^2+(a_{12}+a_{21})x_1x_2+(a_{13}+a_{31})x_1x_3+a_{22}x_2^3+(a_{23}+a_{32})x_2x_3+a_{33}x_3^3$；

（5）原式=$\begin{pmatrix}a_{11}&a_{12}&a_{12}+a_{13}\\a_{21}&a_{22}&a_{22}+a_{23}\\a_{31}&a_{32}&a_{32}+a_{33}\end{pmatrix}$；

（6）原式=$\begin{pmatrix}1&2&5&2\\0&1&2&-4\\0&0&-4&3\\0&0&0&-9\end{pmatrix}$.

2. 设 $A=\begin{pmatrix}1&1&1\\-1&1&1\\1&-1&1\end{pmatrix}$，$B=\begin{pmatrix}1&2&1\\1&3&-1\\3&1&4\end{pmatrix}$，

（1）求 $AB-2A$；（2）求 $AB-BA$；（3）$(A+B)(A-B)=A^2-B^2$ 吗?

解 （1）$AB-2A=\begin{pmatrix}6&2&-2\\6&1&0\\8&-1&2\end{pmatrix}-\begin{pmatrix}2&2&2\\-2&2&2\\2&-2&2\end{pmatrix}=\begin{pmatrix}4&0&-4\\8&-1&-2\\6&1&0\end{pmatrix}$.

（2）$AB-BA=\begin{pmatrix}6&2&-2\\6&1&0\\8&-1&2\end{pmatrix}-\begin{pmatrix}4&0&0\\4&1&0\\4&3&4\end{pmatrix}=\begin{pmatrix}2&2&-2\\2&0&0\\4&-4&-2\end{pmatrix}$.

（3）$(A+B)(A-B)=A^2-AB+BA-B^2$，由（2）知 $AB-BA\neq O$，

故 $(A+B)(A-B)\neq A^2-B^2$.

3. 举例说明下列命题是错误的.

（1）若 $A^2=O$，则 $A=O$；

（2）若 $A^2=A$，则 $A=O$ 或 $A=E$；

（3）若 $AX=AY, A\neq O$，则 $X=Y$.

解 （1）$A=\begin{pmatrix}1&1\\-1&-1\end{pmatrix}\neq O$，但是 $A^2=\begin{pmatrix}1&1\\-1&-1\end{pmatrix}\begin{pmatrix}1&1\\-1&-1\end{pmatrix}=\begin{pmatrix}0&0\\0&0\end{pmatrix}$.

（2）$A=\begin{pmatrix}1&1\\0&0\end{pmatrix}, A\neq O, A\neq E$，但是 $A^2=\begin{pmatrix}1&1\\0&0\end{pmatrix}\begin{pmatrix}1&1\\0&0\end{pmatrix}=\begin{pmatrix}1&1\\0&0\end{pmatrix}=A$.

（3）$A=\begin{pmatrix}1&1\\-1&-1\end{pmatrix}\neq O, X=\begin{pmatrix}3&4\\1&2\end{pmatrix}, Y=\begin{pmatrix}2&3\\2&3\end{pmatrix}, X\neq Y$，但是

$$AX=\begin{pmatrix}1&1\\-1&-1\end{pmatrix}\begin{pmatrix}3&4\\1&2\end{pmatrix}=\begin{pmatrix}4&6\\-4&-6\end{pmatrix}=AY=\begin{pmatrix}1&1\\-1&-1\end{pmatrix}\begin{pmatrix}2&3\\2&3\end{pmatrix}=\begin{pmatrix}4&6\\-4&-6\end{pmatrix}$$

4. 求与 $A=\begin{pmatrix}1&0&0\\0&1&2\\3&1&2\end{pmatrix}$ 可交换的全体三阶矩阵.

解 记 $A=E+\begin{pmatrix}0&0&0\\0&0&2\\3&2&1\end{pmatrix}$，并设 $B=\begin{pmatrix}a&b&c\\a_1&b_1&c_1\\a_2&b_2&c_2\end{pmatrix}$ 与 A 可交换，即

$$\left(E+\begin{pmatrix}0&0&0\\0&0&2\\3&1&1\end{pmatrix}\right)\begin{pmatrix}a&b&c\\a_1&b_1&c_1\\a_2&b_2&c_2\end{pmatrix}=\begin{pmatrix}a&b&c\\a_1&b_1&c_1\\a_2&b_2&c_2\end{pmatrix}\left(E+\begin{pmatrix}0&0&0\\0&0&2\\3&1&1\end{pmatrix}\right)$$

于是
$$\begin{pmatrix}0&0&0\\0&0&2\\3&1&1\end{pmatrix}\begin{pmatrix}a&b&c\\a_1&b_1&c_1\\a_2&b_2&c_2\end{pmatrix}=\begin{pmatrix}a&b&c\\a_1&b_1&c_1\\a_2&b_2&c_2\end{pmatrix}\begin{pmatrix}0&0&0\\0&0&2\\3&1&1\end{pmatrix}$$

所以
$$\begin{pmatrix}0&0&0\\2a_2&2b_2&2c_2\\3a+a_1+a_2&3b+b_1+b_2&3c+c_1+c_2\end{pmatrix}=\begin{pmatrix}3c&c&2b+c\\3c_1&c_1&2b_1+c_1\\3c_2&c_2&2b_2+c_2\end{pmatrix}$$

比较对应的(i,j)元，可得

$$a=b_1-\frac{1}{3}a_1\text{，}\quad b=0\text{，}\quad c=0$$

$$a_2=\frac{2}{3}c_1\text{，}\quad b_2=\frac{1}{2}c_1\text{，}\quad c_2=b_1+\frac{1}{2}c_1$$

于是所有与$\boldsymbol{A}$可交换的矩阵为

$$\boldsymbol{B}=\begin{pmatrix}b_1-\frac{1}{3}a_1&0&0\\a_1&b_1&c_1\\\frac{3}{2}c_1&\frac{1}{2}c_1&b_1+\frac{1}{2}c_1\end{pmatrix}$$

其中a_1,b_1,c_1为任意常数.

5. 用$\boldsymbol{E}_{ij}$表示i行j列的元素（即(i,j)元）为1而其余元素全为零的$n\times n$矩阵，$\boldsymbol{A}=(a_{ij})_{n\times n}$.证明：

（1）如果$\boldsymbol{AE}_{12}=\boldsymbol{E}_{12}\boldsymbol{A}$，那么当$k\neq 1$时$a_{k1}=0$，当$k\neq 2$时$a_{2k}=0$；

（2）如果$\boldsymbol{AE}_{ij}=\boldsymbol{E}_{ij}\boldsymbol{A}$，那么当$k\neq i$时$a_{ki}=0$，当$k\neq j$时$a_{jk}=0$且$a_{ii}=a_{jj}$；

（3）如果$\boldsymbol{A}$与所有的n阶矩阵可交换，那么$\boldsymbol{A}$一定是数量矩阵，即$\boldsymbol{A}=a\boldsymbol{E}$.

证明　（1）因为

$$\boldsymbol{AE}_{12}=\begin{pmatrix}0&a_{11}&\cdots&0\\0&a_{21}&\cdots&0\\\vdots&\vdots&&\vdots\\0&a_{n1}&\cdots&0\end{pmatrix}=\boldsymbol{E}_{12}\boldsymbol{A}=\begin{pmatrix}a_{21}&a_{22}&\cdots&a_{2n}\\0&0&\cdots&0\\\vdots&\vdots&&\vdots\\0&0&\cdots&0\end{pmatrix}$$

所以
$$a_{21}=a_{23}=\cdots=a_{2n}=0\text{，}\quad a_{21}=a_{31}=\cdots=a_{n1}=0$$

即当$k\neq 1$时$a_{k1}=0$，当$k\neq 2$时$a_{2k}=0$.

（2）因为

$$\boldsymbol{AE}_{ij}=\begin{pmatrix}0&0&\cdots&a_{1i}&\cdots&0\\0&0&\cdots&a_{2i}&\cdots&0\\\vdots&\vdots&&\vdots&&\vdots\\0&0&\cdots&a_{ni}&\cdots&0\end{pmatrix}=\boldsymbol{E}_{ij}\boldsymbol{A}=\begin{pmatrix}0&0&\cdots&0\\\vdots&\vdots&&\vdots\\a_{j1}&a_{j2}&\cdots&a_{jn}\\\vdots&\vdots&&\vdots\\0&0&\cdots&0\end{pmatrix}$$

所以当$k\neq i$时$a_{ki}=0$，当$k\neq j$时$a_{jk}=0$且$a_{ii}=a_{jj}$.

（3）$\boldsymbol{A}$与任何矩阵相乘可交换，必与$\boldsymbol{E}_{ij}$相乘可交换，于是由$\boldsymbol{A}\boldsymbol{E}_{ij}=\boldsymbol{E}_{ij}\boldsymbol{A}$得

$$a_{ii}=a_{jj}\ (i,j=1,2,\cdots,n),\ a_{ij}=0(i\neq j)$$

因此$\boldsymbol{A}$是数量矩阵.

6. $\boldsymbol{A}=\begin{pmatrix}\lambda & 1 & 0\\ 0 & \lambda & 1\\ 0 & 0 & \lambda\end{pmatrix}$，求$\boldsymbol{A}^2,\boldsymbol{A}^3$，并证明：

$$\boldsymbol{A}^k=\begin{pmatrix}\lambda^k & k\lambda^{k-1} & \mathrm{C}_k^2\lambda^{k-2}\\ 0 & \lambda^k & k\lambda^{k-1}\\ 0 & 0 & \lambda^k\end{pmatrix}$$

这里$\mathrm{C}_k^2=\dfrac{k(k-1)}{2}$.

证明

$$\boldsymbol{A}^2=\begin{pmatrix}\lambda^2 & 2\lambda & 0\\ 0 & \lambda^2 & 2\lambda\\ 0 & 0 & \lambda^2\end{pmatrix},\boldsymbol{A}^3=\begin{pmatrix}\lambda^3 & 3\lambda^2 & 3\lambda\\ 0 & \lambda^3 & 3\lambda^2\\ 0 & 0 & \lambda^3\end{pmatrix}$$

下面采用数学归纳法证明$\boldsymbol{A}^k=\begin{pmatrix}\lambda^k & k\lambda^{k-1} & \mathrm{C}_k^2\lambda^{k-2}\\ 0 & \lambda^k & k\lambda^{k-1}\\ 0 & 0 & \lambda^k\end{pmatrix}$.

当$k=1$时，结论显然成立，现在归纳假设

$$\boldsymbol{A}^{k-1}=\begin{pmatrix}\lambda & 1 & 0\\ 0 & \lambda & 1\\ 0 & 0 & \lambda\end{pmatrix}^{k-1}=\begin{pmatrix}\lambda^{k-1} & (k-1)\lambda^{k-2} & \dfrac{(k-1)(k-2)}{2}\lambda^{k-3}\\ 0 & \lambda^{k-1} & (k-1)\lambda^{k-2}\\ 0 & 0 & \lambda^{k-1}\end{pmatrix}$$

于是

$$\boldsymbol{A}^{k}=\begin{pmatrix}\lambda & 1 & 0\\ 0 & \lambda & 1\\ 0 & 0 & \lambda\end{pmatrix}^{k}=\begin{pmatrix}\lambda^{k-1} & (k-1)\lambda^{k-2} & \dfrac{(k-1)(k-2)}{2}\lambda^{k-3}\\ 0 & \lambda^{k-1} & (k-1)\lambda^{k-2}\\ 0 & 0 & \lambda^{k-1}\end{pmatrix}\begin{pmatrix}\lambda & 1 & 0\\ 0 & \lambda & 1\\ 0 & 0 & \lambda\end{pmatrix}$$

$$=\begin{pmatrix}\lambda^k & k\lambda^{k-1} & \mathrm{C}_k^2\lambda^{k-2}\\ 0 & \lambda^n & k\lambda^{k-1}\\ 0 & 0 & \lambda^k\end{pmatrix}$$

即证结论成立.

7. 设$\boldsymbol{A},\boldsymbol{B}$为$n$阶方阵，且$\boldsymbol{A}$为对称阵，证明：$\boldsymbol{A}+\boldsymbol{A}^{\mathrm{T}}$, $\boldsymbol{A}\boldsymbol{A}^{\mathrm{T}}$, $\boldsymbol{A}^{\mathrm{T}}\boldsymbol{A}$, $\boldsymbol{B}^{\mathrm{T}}\boldsymbol{A}\boldsymbol{B}$也是对称阵.

证明　因$\boldsymbol{A}$为对称矩阵，有$\boldsymbol{A}^{\mathrm{T}}=\boldsymbol{A}$，则

$(A+A^{\mathrm{T}})^{\mathrm{T}}=A^{\mathrm{T}}+A=A+A^{\mathrm{T}}$，故 $A+A^{\mathrm{T}}$ 为对称矩阵；

$(AA^{\mathrm{T}})^{\mathrm{T}}=(A^{\mathrm{T}})^{\mathrm{T}}A^{\mathrm{T}}=AA^{\mathrm{T}}$，故 AA^{T} 为对称矩阵；

$(A^{\mathrm{T}}A)^{\mathrm{T}}=A^{\mathrm{T}}(A^{\mathrm{T}})^{\mathrm{T}}=A^{\mathrm{T}}A$，故 $A^{\mathrm{T}}A$ 为对称矩阵；

$(B^{\mathrm{T}}AB)^{\mathrm{T}}=B^{\mathrm{T}}A^{\mathrm{T}}(B^{\mathrm{T}})^{\mathrm{T}}=B^{\mathrm{T}}AB$，故 $B^{\mathrm{T}}AB$ 为对称矩阵.

8.（武汉大学、中国科学院大学考研真题）求下面的 $n+1$ 阶行列式：

$$D=\begin{vmatrix} s_0 & s_1 & s_2 & \cdots & s_{n-1} & 1 \\ s_1 & s_2 & s_3 & \cdots & s_n & x \\ s_2 & s_3 & s_4 & \cdots & s_{n+1} & x^2 \\ \vdots & \vdots & \vdots & & \vdots & \vdots \\ s_n & s_{n+1} & s_{n+2} & \cdots & s_{2n-1} & x^n \end{vmatrix}$$

其中 $s_k=x_1^k+x_2^k+\cdots+x_n^k(k=0,1,2,\cdots)$.

解 利用矩阵乘积的行列式等于矩阵行列式的乘积及范德蒙行列式，得

$$D=\begin{vmatrix} 1 & 1 & \cdots & 1 & 1 \\ x_1 & x_2 & \cdots & x_n & x \\ x_1^2 & x_2^2 & \cdots & x_n^2 & x^2 \\ \vdots & \vdots & & \vdots & \vdots \\ x_1^n & x_2^n & \cdots & x_n^n & x^n \end{vmatrix}\begin{vmatrix} 1 & x_1 & \cdots & x_1^{n-1} & 0 \\ 1 & x_2 & \cdots & x_2^{n-1} & 0 \\ \vdots & \vdots & & \vdots & 0 \\ 1 & x_n & \cdots & x_n^{n-1} & \vdots \\ 0 & 0 & \cdots & 0 & 1 \end{vmatrix}$$

$$=\prod_{j=1}^{n}(x-x_j)\prod_{1\leqslant j<i\leqslant n}^{n}(x_i-x_j)\prod_{1\leqslant j<i\leqslant n}^{n}(x_i-x_j)=\prod_{j=1}^{n}(x-x_j)\prod_{1\leqslant j<i\leqslant n}^{n}(x_i-x_j)^2$$

习题 3.2

1. 判断题

（1）A 是一个 $m\times n$ 矩阵，对 A 施行一次初等行变换，相当于在 A 的左边乘以相应的 n 阶初等矩阵. （ × ）

（2）设 A 是一个 $m\times n$ 矩阵，若用 m 阶初等矩阵 $E(4,3(5))$ 右乘 A，则相当对 A 施行了一次"A 的第 3 列乘 5 加到第 4 列"的初等变换. （ × ）

2. 选择题

（1）设 A 为 6×7 矩阵，如果对 A 实施了"第 3 列乘以 5 加到第 4 列"的初等变换，那么相当于用（ B ）.

A. 6 阶初等矩阵 $E(3,4(5))$ 左乘 A

B. 7 阶初等矩阵 $E(3,4(5))$ 右乘 A

C. 7 阶初等矩阵 $E(4,3(5))$ 右乘 A

D. 7 阶初等矩阵 $E(4,3(5))$ 左乘 A

(2)第二种初等矩阵 $\boldsymbol{E}(i(k))=\begin{pmatrix}1&&&&&&\\&\ddots&&&&&\\&&1&&&&\\&&&k&&&\\&&&&1&&\\&&&&&\ddots&\\&&&&&&1\end{pmatrix}$，用它左乘矩阵 $\boldsymbol{A}$，其乘积 $\boldsymbol{E}(i(k))\boldsymbol{A}$ 等于（ B ）.

A. 将 $\boldsymbol{A}$ 的第 i 列乘以 k　　　　B. 将 $\boldsymbol{A}$ 的第 i 行乘以 k

C. 将 $\boldsymbol{A}$ 的第 k 列乘以 i　　　　D. 将 $\boldsymbol{A}$ 的第 k 行乘以 i

3. 用初等行变换化下列矩阵为行最简形.

$$\boldsymbol{A}=\begin{pmatrix}0&1&2&1&0&4\\1&1&4&2&1&0\\2&-1&0&-2&3&1\end{pmatrix}\to\begin{pmatrix}1&1&4&2&1&0\\0&1&2&1&0&4\\2&-1&0&-2&3&1\end{pmatrix}\to\begin{pmatrix}1&1&4&2&1&0\\0&1&2&1&0&4\\0&-3&-8&-6&1&1\end{pmatrix}$$

$$\to\begin{pmatrix}1&0&2&1&1&-4\\0&1&2&1&0&4\\0&0&-2&-3&1&13\end{pmatrix}\to\begin{pmatrix}1&0&2&1&1&-4\\0&1&2&1&0&4\\0&0&1&\frac{3}{2}&\frac{1}{2}&\frac{13}{2}\end{pmatrix}\to\begin{pmatrix}1&0&0&-2&2&9\\0&1&0&-2&1&17\\0&0&1&\frac{3}{2}&\frac{1}{2}&\frac{13}{2}\end{pmatrix}$$

$$\boldsymbol{B}=\begin{pmatrix}1&1&3&1\\2&3&2&5\\1&4&6&7\end{pmatrix}\to\begin{pmatrix}1&1&3&1\\0&1&-4&3\\0&3&3&6\end{pmatrix}\to\begin{pmatrix}1&0&7&-2\\0&1&-4&3\\0&0&15&-3\end{pmatrix}$$

$$\to\begin{pmatrix}1&0&7&-2\\0&1&-4&3\\0&0&1&-\frac{1}{5}\end{pmatrix}\to\begin{pmatrix}1&0&0&-\frac{3}{5}\\0&1&0&\frac{7}{5}\\0&0&1&-\frac{1}{5}\end{pmatrix}$$

4. 用初等变换将下列矩阵化为标准形.

$$\boldsymbol{A}=\begin{pmatrix}1&1&3&1\\1&3&2&5\\2&2&6&7\\2&4&5&6\end{pmatrix}\to\begin{pmatrix}1&1&3&1\\0&2&-1&4\\0&0&0&5\\0&2&-1&4\end{pmatrix}\to\begin{pmatrix}1&0&\frac{7}{2}&-1\\0&2&-1&4\\0&0&0&5\\0&0&0&0\end{pmatrix}\to\begin{pmatrix}1&0&\frac{7}{2}&-1\\0&1&-\frac{1}{2}&2\\0&0&0&1\\0&0&0&0\end{pmatrix}$$

$$\to\begin{pmatrix}1&0&\frac{7}{2}&-1\\0&1&-\frac{1}{2}&2\\0&0&0&1\\0&0&0&0\end{pmatrix}\to\begin{pmatrix}1&0&\frac{7}{2}&0\\0&1&-\frac{1}{2}&0\\0&0&0&1\\0&0&0&0\end{pmatrix}\to\begin{pmatrix}1&0&0&0\\0&1&0&0\\0&0&0&1\\0&0&0&0\end{pmatrix}\to\begin{pmatrix}1&0&0&0\\0&1&0&0\\0&0&1&0\\0&0&0&0\end{pmatrix}$$

5.（南开大学考研真题）试将矩阵$\begin{pmatrix}2&3\\3&5\end{pmatrix}$写成若干个形如$\begin{pmatrix}1&0\\x&1\end{pmatrix}$和$\begin{pmatrix}1&y\\0&1\end{pmatrix}$的矩阵的乘积.

解 $\begin{pmatrix}2&3\\3&5\end{pmatrix}\xrightarrow{r_2-r_1}\begin{pmatrix}2&3\\1&2\end{pmatrix}\xrightarrow{r_1-r_2}\begin{pmatrix}1&1\\1&2\end{pmatrix}\xrightarrow{r_2-r_1}\begin{pmatrix}1&1\\0&1\end{pmatrix}\xrightarrow{r_1-r_2}\begin{pmatrix}1&0\\0&1\end{pmatrix}$,

由初等变换与初等矩阵的关系，可得

$$\begin{pmatrix}1&-1\\0&1\end{pmatrix}\begin{pmatrix}1&0\\-1&1\end{pmatrix}\begin{pmatrix}1&-1\\0&1\end{pmatrix}\begin{pmatrix}1&0\\-1&1\end{pmatrix}\begin{pmatrix}2&3\\3&5\end{pmatrix}=\begin{pmatrix}1&0\\0&1\end{pmatrix}$$

则
$$\begin{pmatrix}2&3\\3&5\end{pmatrix}=\left(\begin{pmatrix}1&-1\\0&1\end{pmatrix}\begin{pmatrix}1&0\\-1&1\end{pmatrix}\begin{pmatrix}1&-1\\0&1\end{pmatrix}\begin{pmatrix}1&0\\-1&1\end{pmatrix}\right)^{-1},$$

$$\begin{pmatrix}2&3\\3&5\end{pmatrix}=\begin{pmatrix}1&0\\1&1\end{pmatrix}\begin{pmatrix}1&1\\0&1\end{pmatrix}\begin{pmatrix}1&0\\1&1\end{pmatrix}\begin{pmatrix}1&1\\0&1\end{pmatrix}$$

习题 3.3

1. 设矩阵$\boldsymbol{A}$的秩$R(\boldsymbol{A})=r$，问$\boldsymbol{A}$中有没有等于零的$r-1$阶子式？有没有等于零的r阶子式？有没有不等于零的$r+1$阶子式？

答：等于零的$r-1$阶子式有可能有，也有可能没有.

等于零的r阶子式有可能有，也有可能没有.

不等于零的$r+1$阶子式一定没有.

2. 如果从矩阵$\boldsymbol{A}$中划去一行（或一列）得到矩阵$\boldsymbol{B}$，问$\boldsymbol{A}$的秩与$\boldsymbol{B}$的秩有什么关系？

答：$\boldsymbol{A}$的秩大于或等于$\boldsymbol{B}$的秩，因为$\boldsymbol{B}$的子式都是$\boldsymbol{A}$的子式.

3. 设$a_i,b_i(i=1,2,3)$都是非零实数，$\boldsymbol{\alpha}=\begin{pmatrix}a_1\\a_2\\a_3\end{pmatrix},\boldsymbol{\beta}=(b_1\quad b_2\quad b_3)$，则 3 阶方阵$\boldsymbol{A}=\boldsymbol{\alpha\beta}$的秩等于（　B　）.

A. 0　　　　B. 1　　　　C. 2　　　　D. 3

4. 求下列矩阵的秩.

$$\boldsymbol{A}=\begin{pmatrix}0&1&1&-1&2\\0&2&-2&-2&0\\0&-1&-1&1&1\\1&1&0&1&-1\end{pmatrix}\to\begin{pmatrix}1&1&0&1&-1\\0&-1&-1&1&1\\0&2&-2&-2&0\\0&1&1&-1&2\end{pmatrix}\to\begin{pmatrix}1&1&0&1&-1\\0&-1&-1&1&1\\0&0&-4&0&2\\0&0&0&0&3\end{pmatrix},$$

阶梯矩阵非零行的行数为 4，故矩阵的秩为 4.

$$\boldsymbol{B}=\begin{pmatrix}1&-1&2&1&0\\2&-2&4&-2&0\\3&0&6&-1&1\\0&3&0&0&1\end{pmatrix}\to\begin{pmatrix}1&-1&2&1&0\\0&0&0&-4&0\\0&3&0&-4&1\\0&3&0&0&1\end{pmatrix}\to\begin{pmatrix}1&-1&2&1&0\\0&0&0&-4&0\\0&3&0&-4&1\\0&0&0&4&0\end{pmatrix}\to\begin{pmatrix}1&-1&2&1&0\\0&3&0&-4&1\\0&0&0&-4&0\\0&0&0&0&0\end{pmatrix},$$

阶梯矩阵非零行的行数为 3，故矩阵的秩为 3.

习题 3.4

1. 求下列矩阵的逆矩阵.

（1）$\boldsymbol{A}=\begin{pmatrix}1&2\\2&5\end{pmatrix}$；（2）$\boldsymbol{B}=\begin{pmatrix}1&2&3\\0&1&2\\0&0&1\end{pmatrix}$；（3）$\boldsymbol{C}=\begin{pmatrix}1&2&-1\\3&4&-2\\5&-4&-1\end{pmatrix}$；

（4）$\boldsymbol{D}=\begin{pmatrix}0&1&2\\1&1&4\\2&-1&0\end{pmatrix}$；（5）$\boldsymbol{M}=\begin{pmatrix}a_1&&&\\&a_2&&\\&&\ddots&\\&&&a_n\end{pmatrix}$ $(a_1,a_2,\cdots,a_n\neq 0)$.

解 （1）$\boldsymbol{A}^{-1}=\begin{pmatrix}1&2\\2&5\end{pmatrix}^{-1}=\begin{pmatrix}5&-2\\-2&1\end{pmatrix}$；

（2）$\boldsymbol{B}^{-1}=\begin{pmatrix}1&2&3\\0&1&2\\0&0&1\end{pmatrix}^{-1}=\begin{pmatrix}1&-2&1\\0&1&-2\\0&0&1\end{pmatrix}$；

（3）$\boldsymbol{C}^{-1}=\begin{pmatrix}1&2&-1\\3&4&-2\\5&-4&-1\end{pmatrix}^{-1}=\begin{pmatrix}-2&1&0\\-\frac{7}{6}&\frac{2}{3}&-\frac{1}{6}\\-\frac{16}{3}&\frac{7}{3}&-\frac{1}{3}\end{pmatrix}$；

（4）$\boldsymbol{D}^{-1}=\begin{pmatrix}0&1&2\\1&1&4\\2&-1&0\end{pmatrix}^{-1}=\begin{pmatrix}2&-1&1\\4&-2&1\\-\frac{3}{2}&1&-\frac{1}{2}\end{pmatrix}$；

（5）$\boldsymbol{M}^{-1}=\begin{pmatrix}a_1&&&\\&a_2&&\\&&\ddots&\\&&&a_n\end{pmatrix}^{-1}=\begin{pmatrix}\frac{1}{a_1}&&&\\&\frac{1}{a_2}&&\\&&\ddots&\\&&&\frac{1}{a_n}\end{pmatrix}$ $(a_1,a_2,\cdots,a_n\neq 0)$.

未写出的元素都是 0（以下均同，不另注）.

2. 证明下列命题：

（1）若 $\boldsymbol{A},\boldsymbol{B}$ 是 n 阶可逆矩阵，则 $(\boldsymbol{AB})^*=\boldsymbol{B}^*\boldsymbol{A}^*$.

（2）若 $\boldsymbol{A}$ 可逆，则 $\boldsymbol{A}^*$ 可逆且 $(\boldsymbol{A}^*)^{-1}=(\boldsymbol{A}^{-1})^*$.

证明 （1）$(\boldsymbol{AB})^*=|\boldsymbol{AB}|(\boldsymbol{AB})^{-1}=|\boldsymbol{A}||\boldsymbol{B}|\boldsymbol{B}^{-1}\boldsymbol{A}^{-1}=|\boldsymbol{B}|\boldsymbol{B}^{-1}|\boldsymbol{A}|\boldsymbol{A}^{-1}=\boldsymbol{B}^*\boldsymbol{A}^*$.

说明：这个命题对不可逆的情况也是成立的，可用摄动法证明.

（2）
$$AA^*=|A|E, A^*=|A|A^{-1}, (A^*)^{-1}=\frac{1}{|A|}A,$$
$$A^{-1}(A^{-1})^*=|A^{-1}|E, (A^{-1})^*=|A^{-1}|A$$

故有 $(A^*)^{-1}=(A^{-1})^*$.

3. 解下列矩阵方程.

（1）$\begin{pmatrix}1&2\\1&3\end{pmatrix}X=\begin{pmatrix}4&-6\\2&1\end{pmatrix}$；（2）$X\begin{pmatrix}2&1&-1\\2&1&0\\1&-1&1\end{pmatrix}=\begin{pmatrix}2&1&-1\\2&1&0\\1&-1&1\end{pmatrix}$；

（3）$\begin{pmatrix}1&4\\-1&2\end{pmatrix}X\begin{pmatrix}2&0\\-1&1\end{pmatrix}=\begin{pmatrix}3&1\\0&-1\end{pmatrix}$.

解　（1）$X=\begin{pmatrix}1&2\\1&3\end{pmatrix}^{-1}\begin{pmatrix}4&-6\\2&1\end{pmatrix}=\begin{pmatrix}3&-2\\-1&1\end{pmatrix}\begin{pmatrix}4&-6\\2&1\end{pmatrix}=\begin{pmatrix}8&-20\\-2&7\end{pmatrix}$.

（2）$\begin{vmatrix}2&1&-1\\2&1&0\\1&-1&1\end{vmatrix}=\begin{vmatrix}2&1&-1\\0&0&1\\1&-1&1\end{vmatrix}=-\begin{vmatrix}2&1\\1&-1\end{vmatrix}=3\neq 0$,

故 $\begin{pmatrix}2&1&-1\\2&1&0\\1&-1&1\end{pmatrix}$ 可逆，从而 $X=E$.

（3）$X=\begin{pmatrix}1&4\\-1&2\end{pmatrix}^{-1}\begin{pmatrix}3&1\\0&-1\end{pmatrix}\begin{pmatrix}2&0\\-1&1\end{pmatrix}^{-1}=\frac{1}{6}\begin{pmatrix}2&-4\\1&1\end{pmatrix}\begin{pmatrix}3&1\\0&-1\end{pmatrix}\frac{1}{2}\begin{pmatrix}1&0\\1&2\end{pmatrix}=\frac{1}{12}\begin{pmatrix}12&12\\3&0\end{pmatrix}$.

4. 设方阵 A 满足 $A^2-A-2E=O$，证明 A 及 $A+2E$ 都可逆，并求 A^{-1} 及 $(A+2E)^{-1}$.

证明　由 $A^2-A-2E=O$ 可得 $A\frac{(A-E)}{2}=E$，从而 A 可逆，且 $A^{-1}=\frac{A-E}{2}$.

同理，由 $A^2-A-2E=O$ 可得 $(A+2E)\frac{(3E-A)}{4}=E$，从而 $A+2E$ 可逆，且 $(A+2E)^{-1}=\frac{3E-A}{4}$.

5. 证明：秩为 r 的矩阵总可表为 r 个秩为 1 的矩阵之和.

证明　设 A 是秩为 r 的 $m\times n$ 矩阵，则存在可逆的 m 阶矩阵 P、可逆的 n 阶矩阵 Q，使
$$PAQ=\begin{pmatrix}1&&&\\&\ddots&&\\&&1&\\&&&0\end{pmatrix}$$

则
$$A=P^{-1}\begin{pmatrix}1&&&\\&\ddots&&\\&&1&\\&&&0\end{pmatrix}Q^{-1}=P^{-1}E_{11}Q^{-1}+P^{-1}E_{22}Q^{-1}+\cdots+P^{-1}E_{rr}Q^{-1}$$

显然 $R(\boldsymbol{P}^{-1}\boldsymbol{E}_{ii}\boldsymbol{Q}^{-1})=1\,(i=1,2,\cdots,r)$.

6. 设 n 阶方阵 $\boldsymbol{A}$ 的伴随矩阵为 $\boldsymbol{A}^*$，证明：$\left|\boldsymbol{A}^*\right|=\boldsymbol{A}^{n-1}$.

证明 当 $|\boldsymbol{A}|=0$ 时，

（i）$R(\boldsymbol{A})=0$，有 $\boldsymbol{A}=\boldsymbol{O},\boldsymbol{A}^*=\boldsymbol{O}$，于是 $\left|\boldsymbol{A}^*\right|=0$，此时 $\left|\boldsymbol{A}^*\right|=|\boldsymbol{A}|^{n-1}$；

（ii）$R(\boldsymbol{A})>0$，由于 $\boldsymbol{A}^*\boldsymbol{A}=|\boldsymbol{A}|\boldsymbol{E}=\boldsymbol{O}$. 于是 $\boldsymbol{A}^*\boldsymbol{A}=\boldsymbol{O}$ 有非零解，由克拉默（Cramer）法则知 $\left|\boldsymbol{A}^*\right|=0$，此时 $\left|\boldsymbol{A}^*\right|=|\boldsymbol{A}|^{n-1}$.

当 $|\boldsymbol{A}|\neq 0$ 时，由 $\boldsymbol{A}\boldsymbol{A}^*=|\boldsymbol{A}|\boldsymbol{E}$ 两边取行列式，有 $\left|\boldsymbol{A}^*\right|=|\boldsymbol{A}|^{n-1}$.

7. 设 $\boldsymbol{A},\boldsymbol{B}$ 为 n 阶可逆矩阵，若 $\boldsymbol{AB}-\boldsymbol{E}$ 可逆，证明：$\boldsymbol{A}-\boldsymbol{B}^{-1}$ 与 $(\boldsymbol{A}-\boldsymbol{B}^{-1})^{-1}-\boldsymbol{A}^{-1}$ 可逆，并求其逆矩阵.

证明 $\boldsymbol{A}-\boldsymbol{B}^{-1}=\boldsymbol{ABB}^{-1}-\boldsymbol{EB}^{-1}=(\boldsymbol{AB}-\boldsymbol{E})\boldsymbol{B}^{-1}$

由 $\boldsymbol{AB}-\boldsymbol{E}$ 与 $\boldsymbol{B}^{-1}$ 可逆，从而 $\boldsymbol{A}-\boldsymbol{B}^{-1}$ 可逆，且

$$(\boldsymbol{A}-\boldsymbol{B}^{-1})^{-1}=[(\boldsymbol{AB}-\boldsymbol{E})\boldsymbol{B}^{-1}]^{-1}=\boldsymbol{B}(\boldsymbol{AB}-\boldsymbol{E})^{-1}$$

$$\begin{aligned}(\boldsymbol{A}-\boldsymbol{B}^{-1})^{-1}-\boldsymbol{A}^{-1}&=\boldsymbol{B}(\boldsymbol{AB}-\boldsymbol{E})^{-1}-\boldsymbol{A}^{-1}\boldsymbol{E}\\&=\boldsymbol{B}(\boldsymbol{AB}-\boldsymbol{E})^{-1}-\boldsymbol{A}^{-1}(\boldsymbol{AB}-\boldsymbol{E})(\boldsymbol{AB}-\boldsymbol{E})^{-1}\\&=\boldsymbol{B}(\boldsymbol{AB}-\boldsymbol{E})^{-1}-(\boldsymbol{B}-\boldsymbol{A}^{-1})(\boldsymbol{AB}-\boldsymbol{E})^{-1}\\&=[\boldsymbol{B}-(\boldsymbol{B}-\boldsymbol{A}^{-1})](\boldsymbol{AB}-\boldsymbol{E})^{-1}=\boldsymbol{A}^{-1}(\boldsymbol{AB}-\boldsymbol{E})^{-1}\end{aligned}$$

由 $\boldsymbol{A}^{-1}$ 与 $(\boldsymbol{AB}-\boldsymbol{E})^{-1}$ 可逆，从而 $(\boldsymbol{A}-\boldsymbol{B}^{-1})-\boldsymbol{A}^{-1}$ 可逆，且

$$[(\boldsymbol{A}-\boldsymbol{B}^{-1})-\boldsymbol{A}^{-1}]^{-1}=[\boldsymbol{A}^{-1}(\boldsymbol{AB}-\boldsymbol{E})^{-1}]^{-1}=(\boldsymbol{AB}-\boldsymbol{E})\boldsymbol{A}=\boldsymbol{ABA}-\boldsymbol{A}$$

8. 设 $\boldsymbol{A}=(a_{ij})_n$ 为 n 阶实矩阵，证明：

（1）如果 $|a_{ii}|>\sum\limits_{j\neq i}|a_{ij}|(i=1,2,\cdots,n)$，那么 $|\boldsymbol{A}|\neq 0$.

（2）如果 $a_{ii}>\sum\limits_{j\neq i}|a_{ij}|(i=1,2,\cdots,n)$，那么 $|\boldsymbol{A}|>0$.

证明 （1）用反证法. 假设 $|A|$=0，则齐次线性方程组

$$\begin{cases}a_{11}x_1+a_{12}x_2+\cdots+a_{1n}x_n=0,\\a_{21}x_1+a_{22}x_2+\cdots+a_{2n}x_n=0,\\\qquad\vdots\\a_{n1}x_1+a_{n2}x_2+\cdots+a_{nn}x_n=0\end{cases}$$

必有非零解 $\boldsymbol{X}=(c_1,c_2,\cdots,c_n)^{\mathrm{T}}$，设

$$|c_k|=\max\{|c_1|,|c_2|,\cdots,|c_n|\}$$

则 $|c_k|\neq 0$，将 $\boldsymbol{X}=(c_1,c_2,\cdots,c_n)^{\mathrm{T}}$ 代入原方程组，其中第 k 个等式为

$$a_{k1}c_1 + a_{k2}c_2 + \cdots + a_{kk}c_k + \cdots + a_{kn}c_n = 0$$

即
$$a_{kk}c_k = -a_{k1}c_1 - a_{k2}c_2 - \cdots - a_{k,k-1}c_{k-1} - a_{k,k+1}c_{k+1} - \cdots - a_{kn}c_n$$

所以
$$|a_{kk}| \leqslant \sum_{j\neq k}|a_{kj}|\left|\frac{c_j}{c_k}\right| \leqslant \sum_{j\neq k}|a_{kj}|$$

与题设矛盾，因此$|\boldsymbol{A}| \neq 0$.

（2）将矩阵$\boldsymbol{A}$的元素（主对角元除外）都乘以t，构造如下行列式：

$$f(t) = \begin{vmatrix} a_{11} & ta_{12} & \cdots & ta_{1,n-1} & ta_{1n} \\ ta_{21} & a_{22} & \cdots & ta_{2,n-1} & ta_{2n} \\ \vdots & \vdots & & \vdots & \vdots \\ ta_{n-1,1} & ta_{n-1,2} & \cdots & a_{n-1,n-1} & ta_{n-1,n} \\ ta_{n1} & ta_{n2} & \cdots & ta_{n,n-1} & a_{nn} \end{vmatrix}$$

对任意$t \in [0,1]$，显然有

$$a_{ii} > \sum_{j\neq i}|a_{ij}| \geqslant \sum_{j\neq i}|ta_{ij}|,\ i = 1,2,\cdots,n$$

由（1）可知$f(t) \neq 0$，又$f(t)$是一个关于t的连续函数，且$f(0) \neq a_{11}a_{22}\cdots a_{nn} > 0$及$f(1) = |\boldsymbol{A}|$，若$|\boldsymbol{A}| < 0$，则由连续函数的介值定理知，必存在$t_0 \in (0,1)$使得$f(t_0) = 0$. 与上面的结论矛盾，故$|\boldsymbol{A}| > 0$.

习题 3.5

1. 用矩阵分块的方法，证明下列矩阵可逆，并求其逆矩阵.

$$\boldsymbol{A} = \begin{pmatrix} 1 & 2 & 0 & 0 & 0 \\ 2 & 5 & 0 & 0 & 0 \\ 0 & 0 & 3 & 0 & 0 \\ 0 & 0 & 0 & 1 & 0 \\ 0 & 0 & 0 & 0 & 1 \end{pmatrix};\ \boldsymbol{B} = \begin{pmatrix} 0 & 0 & 3 & -1 \\ 0 & 0 & 2 & 1 \\ 2 & 1 & 0 & 0 \\ -2 & 3 & 0 & 0 \end{pmatrix};\ \boldsymbol{C} = \begin{pmatrix} 2 & 0 & 1 & 0 & 2 \\ 0 & 2 & 0 & 1 & 3 \\ 0 & 0 & 1 & 0 & 0 \\ 0 & 0 & 0 & 1 & 0 \\ 0 & 0 & 0 & 0 & 1 \end{pmatrix}.$$

解
$$\boldsymbol{A} = \begin{pmatrix} \boldsymbol{A}_1 & \boldsymbol{O} \\ \boldsymbol{O} & \boldsymbol{A}_2 \end{pmatrix}$$

其中，$\boldsymbol{A}_1 = \begin{pmatrix} 1 & 2 \\ 2 & 5 \end{pmatrix}, \boldsymbol{A}_2 = \begin{pmatrix} 3 & 0 & 0 \\ 0 & 1 & 0 \\ 0 & 0 & 1 \end{pmatrix}$.

而
$$\boldsymbol{A}^{-1} = \begin{pmatrix} \boldsymbol{A}_1^{-1} & \boldsymbol{O} \\ \boldsymbol{O} & \boldsymbol{A}_2^{-1} \end{pmatrix}$$

又

$$A_1^{-1}=\begin{pmatrix}5 & -2\\ -2 & 1\end{pmatrix}, A_2^{-1}=\begin{pmatrix}\frac{1}{3} & 0 & 0\\ 0 & 1 & 0\\ 0 & 0 & 1\end{pmatrix}$$

所以

$$A^{-1}=\begin{pmatrix}5 & -2 & 0 & 0 & 0\\ -2 & 1 & 0 & 0 & 0\\ 0 & 0 & \frac{1}{3} & 0 & 0\\ 0 & 0 & 0 & 1 & 0\\ 0 & 0 & 0 & 0 & 1\end{pmatrix}$$

2. 已知矩阵 $A=\begin{pmatrix}0 & 1 & 0 & \cdots & 0 & 0\\ 0 & 0 & 1 & \cdots & 0 & 0\\ \vdots & \vdots & \vdots & & \vdots & \vdots\\ 0 & 0 & 0 & \cdots & 0 & 1\\ 1 & 0 & 0 & \cdots & 0 & 0\end{pmatrix}$，（1）求 A 的逆矩阵；（2）证明：$A^n=E$.

解 记 $A=\begin{pmatrix}0 & E_{n-1}\\ 1 & \mathbf{0}\end{pmatrix}$，则 $A^{-1}=\begin{pmatrix}0 & 1\\ E_{n-1}^{-1} & \mathbf{0}\end{pmatrix}$，故

$$A^{-1}=\begin{pmatrix}0 & 0 & \cdots & 0 & 1\\ 1 & 0 & \cdots & 0 & 0\\ \vdots & \vdots & & \vdots & \vdots\\ 0 & 0 & \cdots & 0 & 0\\ 0 & 0 & \cdots & 1 & 0\end{pmatrix}$$

（2）$A^2=\begin{pmatrix} & & 1 & & \cdots & \\ & & & 1 & & \\ & & & & \ddots & \\ & & & & & 1\\ 1 & & & & & \\ & 1 & & & & \end{pmatrix}=\begin{pmatrix}O & E_{n-2}\\ E_2 & O\end{pmatrix}$,

$$A^3=\begin{pmatrix} & & 1 & & \cdots & \\ & & & 1 & & \\ & & & & \ddots & \\ & & & & & 1\\ 1 & & & & & \\ & 1 & & & & \end{pmatrix}=\begin{pmatrix}O & E_{n-3}\\ E_3 & O\end{pmatrix},$$

$\vdots$

$A^n=E$.

3. 设 A,B 都是 n 阶矩阵，证明：$|AB|=|A||B|$.

证明 注意到

$$\begin{pmatrix} \boldsymbol{E}_n & \boldsymbol{A} \\ \boldsymbol{O} & \boldsymbol{E}_n \end{pmatrix}\begin{pmatrix} \boldsymbol{A} & \boldsymbol{O} \\ -\boldsymbol{E}_n & \boldsymbol{B} \end{pmatrix}=\begin{pmatrix} \boldsymbol{O} & \boldsymbol{AB} \\ -\boldsymbol{E}_n & \boldsymbol{B} \end{pmatrix}$$

由行列式的性质知

$$\left|\begin{pmatrix} \boldsymbol{E}_n & \boldsymbol{A} \\ \boldsymbol{O} & \boldsymbol{E}_n \end{pmatrix}\begin{pmatrix} \boldsymbol{A} & \boldsymbol{O} \\ -\boldsymbol{E}_n & \boldsymbol{B} \end{pmatrix}\right|=\begin{vmatrix} \boldsymbol{A} & \boldsymbol{O} \\ -\boldsymbol{E}_n & \boldsymbol{B} \end{vmatrix}=|\boldsymbol{A}||\boldsymbol{B}|,$$

$$\begin{vmatrix} \boldsymbol{O} & \boldsymbol{AB} \\ -\boldsymbol{E}_n & \boldsymbol{B} \end{vmatrix}=(-1)^n\begin{vmatrix} -\boldsymbol{E}_n & \boldsymbol{B} \\ \boldsymbol{O} & \boldsymbol{AB} \end{vmatrix}=(-1)^n(-1)^n|\boldsymbol{AB}|=|\boldsymbol{AB}|$$

所以$|\boldsymbol{AB}|=|\boldsymbol{A}||\boldsymbol{B}|$.

4.（中国科学院大学、上海大学考研真题）计算行列式：

$$D=\begin{vmatrix} 1+a_1+x_1 & a_1+x_2 & \cdots & a_1+x_n \\ a_2+x_1 & 1+a_2+x_2 & \cdots & a_2+x_n \\ \vdots & \vdots & & \vdots \\ a_n+x_1 & a_n+x_2 & \cdots & 1+a_n+x_n \end{vmatrix}$$

解 $D=\begin{vmatrix} 1+a_1+x_1 & a_1+x_2 & \cdots & a_1+x_n \\ a_2+x_1 & 1+a_2+x_2 & \cdots & a_2+x_n \\ \vdots & \vdots & & \vdots \\ a_n+x_1 & a_n+x_2 & \cdots & 1+a_n+x_n \end{vmatrix}=\left|\boldsymbol{E}_n+\begin{pmatrix} a_1 & 1 \\ a_2 & 1 \\ \vdots & \vdots \\ a_n & 1 \end{pmatrix}\begin{pmatrix} 1 & 1 & \cdots & 1 \\ x_1 & x_2 & \cdots & x_n \end{pmatrix}\right|$

$$=\left|\boldsymbol{E}_2+\begin{pmatrix} 1 & 1 & \cdots & 1 \\ x_1 & x_2 & \cdots & x_n \end{pmatrix}\begin{pmatrix} a_1 & 1 \\ a_2 & 1 \\ \vdots & \vdots \\ a_n & 1 \end{pmatrix}\right|=\begin{vmatrix} 1+\sum\limits_{i=1}^{n}a_i & n \\ \sum\limits_{i=1}^{n}x_ia_i & 1+\sum\limits_{i=1}^{n}x_i \end{vmatrix}$$

$$=\left(1+\sum_{i=1}^{n}a_i\right)\left(1+\sum_{i=1}^{n}x_i\right)-n\sum_{i=1}^{n}x_ia_i$$

5. 设$\boldsymbol{A}\in M_n(\mathbf{R})$，且$\boldsymbol{A}^2=\boldsymbol{A}$（$\boldsymbol{A}$为**幂等矩阵**），证明$R(\boldsymbol{A})+R(\boldsymbol{E}-\boldsymbol{A})=n$.

证明 （证法一）由$\boldsymbol{A}^2=\boldsymbol{A}$可得$\boldsymbol{A}(\boldsymbol{E}-\boldsymbol{A})=\boldsymbol{O}$，则有$R(\boldsymbol{A})+R(\boldsymbol{E}-\boldsymbol{A})\leqslant n$，又

$$R(\boldsymbol{A})+R(\boldsymbol{E}-\boldsymbol{A})\geqslant R(\boldsymbol{A}+\boldsymbol{E}-\boldsymbol{A})=R(\boldsymbol{E})=n,$$

故$R(\boldsymbol{A})+R(\boldsymbol{E}-\boldsymbol{A})=n$.

（证法二）由

$$\begin{pmatrix} \boldsymbol{A} & \boldsymbol{O} \\ \boldsymbol{O} & \boldsymbol{E}-\boldsymbol{A} \end{pmatrix}\to\begin{pmatrix} \boldsymbol{A} & \boldsymbol{O} \\ \boldsymbol{A} & \boldsymbol{E}-\boldsymbol{A} \end{pmatrix}\to\begin{pmatrix} \boldsymbol{A} & \boldsymbol{A} \\ \boldsymbol{A} & \boldsymbol{E} \end{pmatrix}\to\begin{pmatrix} \boldsymbol{A}-\boldsymbol{A}^2 & \boldsymbol{O} \\ \boldsymbol{A} & \boldsymbol{E} \end{pmatrix}\to\begin{pmatrix} \boldsymbol{A}-\boldsymbol{A}^2 & \boldsymbol{O} \\ \boldsymbol{O} & \boldsymbol{E} \end{pmatrix}=\begin{pmatrix} \boldsymbol{O} & \boldsymbol{O} \\ \boldsymbol{O} & \boldsymbol{E} \end{pmatrix}$$

则有

$$R\begin{pmatrix} \boldsymbol{A} & \boldsymbol{O} \\ \boldsymbol{O} & \boldsymbol{E}-\boldsymbol{A} \end{pmatrix}=R\begin{pmatrix} \boldsymbol{O} & \boldsymbol{O} \\ \boldsymbol{O} & \boldsymbol{E} \end{pmatrix}，\text{即 } R(\boldsymbol{A})+R(\boldsymbol{E}-\boldsymbol{A})=n$$

6. 设 $A\in M_n(\mathbf{R})$，且 $n\geqslant 2, n\in \mathbf{Z}^+$，证明：

（1）$R(A^*)=\begin{cases} n, R(A)=n, \\ 1, R(A)=n-1, \\ 0, R(A)<n-1; \end{cases}$

（2）$(A^*)^*=|A|^{n-2}A$.

证明　（1）若 $R(A)=n$，因为 $|A|\neq 0$，而 $AA^*=A^*A=|A|E$，$|A^*|=|A|^{n-1}\neq 0$，故 $R(A^*)=n$. 若 $R(A)=n-1$，则 $|A|=0$，所以 $AA^*=|A|E=O$，则有 $R(A)+R(A^*)\leqslant n$，所以 $R(A^*)\leqslant 1$；又 $R(A)=n-1$，所以至少有一个代数余子式 $A_{ij}\neq 0$，从而 $R(A^*)\geqslant 1$，故 $R(A^*)=1$.

若 $R(A)<n-1$，则 $|A|$ 的任一个代数余子式 $A_{ij}=0$，故 $A^*=O$，所以 $R(A^*)=0$.

（2）若 $R(A)=n$，因为 $|A|\neq 0$，而 $AA^*=A^*A=|A|E$，$|A^*|=|A|^{n-1}\neq 0$，A^* 可逆.

由 $A^*(A^*)^*=|A^*|E$，得 $(A^*)^*=|A^*|(A^*)^{-1}=|A|^{n-1}\dfrac{A}{|A|}=|A|^{n-2}A$.

若 $R(A)=n-1$，则 $|A|=0$，$R(A^*)=1$，此时 $(A^*)^*=O$，从而 $(A^*)^*=|A|^{n-2}A$ 成立.

若 $R(A)<n-1$，则 $|A|$ 的任一个代数余子式 $A_{ij}=0$，故 $A^*=O$，此时 $(A^*)^*=O$，从而 $(A^*)^*=|A|^{n-2}A$ 成立.

综上所述，$(A^*)^*=|A|^{n-2}A$.

3.3　矩阵自测题

一、填空题

1. 设 A,B 是两个可逆矩阵，则 $\begin{pmatrix} 0 & A \\ B & 0 \end{pmatrix}^{-1}=$ $\underline{\begin{pmatrix} 0 & B^{-1} \\ A^{-1} & 0 \end{pmatrix}}$.

2. 设 A 可逆，则数乘矩阵 kA 可逆的充要条件是 $\underline{k\neq 0}$.

3. 设 A 是 n 阶方阵，A^* 为 A 的伴随矩阵，$R(A)=n-2$，则 $R(A^*)=\underline{\quad 0\quad}$.

4. 设 A 为三阶方阵，A^* 为 A 的伴随矩阵，有 $|A|=2$，则 $\left|\left(\frac{1}{3}A\right)^{-1}-2A^*\right|=\underline{-\frac{1}{2}}$.

5. 设 $A=\begin{pmatrix} 1 & 2 & 3 \\ 0 & 2 & 3 \\ 0 & 0 & 3 \end{pmatrix}$，则 $(A^*)^{-1}=\underline{\frac{1}{6}A}$.

6. 设 $A=\begin{pmatrix} -1 & 0 & 0 \\ 1 & -1 & 0 \\ 1 & 1 & -1 \end{pmatrix}$，则 $(A+2E)^{-1}(A^2-4E)=\underline{\begin{pmatrix} -3 & 0 & 0 \\ 1 & -3 & 0 \\ 1 & 1 & -3 \end{pmatrix}}$.

7. 设 3 级方阵 A,B 满足 $2A^{-1}B=B-4E$，则 $(A-2E)^{-1}=\underline{\frac{1}{4}BA^{-1}}$.

8. 设 $\boldsymbol{AB}=\begin{pmatrix}3&3\\-4&1\end{pmatrix}$，$|\boldsymbol{A}|=3$. 则 $|\boldsymbol{B}|=$ <u>5</u>.

9. 已知 $\begin{pmatrix}2&5\\1&3\end{pmatrix}\boldsymbol{X}=\begin{pmatrix}4&-6\\2&1\end{pmatrix}$，则 $\boldsymbol{X}=\underline{\begin{pmatrix}2&-23\\0&8\end{pmatrix}}$.

10. 设矩阵 $\boldsymbol{A}=\begin{pmatrix}2&2&1\\2&-7&-1\\1&1&3\end{pmatrix}$，$\boldsymbol{B}=\begin{pmatrix}1&1&3\\2&-7&-1\\2&2&1\end{pmatrix}$，且 $\boldsymbol{PA}=\boldsymbol{B}$，$\boldsymbol{P}$ 为初等矩阵，则 $\boldsymbol{P}=\underline{\begin{pmatrix}0&0&1\\0&1&0\\1&0&0\end{pmatrix}}$.

二、判断题

1. 若 $\boldsymbol{A},\boldsymbol{B}$ 都可逆，则 $\boldsymbol{A}+\boldsymbol{B}$ 也可逆.（ × ）
2. 若 $\boldsymbol{AB}$ 不可逆，则 $\boldsymbol{A},\boldsymbol{B}$ 都不可逆.（ × ）
3. 若 $\boldsymbol{A}$ 满足 $\boldsymbol{A}^2+3\boldsymbol{A}+\boldsymbol{E}=\boldsymbol{O}$，则 $\boldsymbol{A}$ 可逆.（ √ ）
4. n 阶矩阵 $\boldsymbol{A}$ 可逆，则 $\boldsymbol{A}^*$ 也可逆.（ √ ）
5. 设 $\boldsymbol{A}$ 是 n 阶方阵，若任意的 n 维向量 $\boldsymbol{X}$ 均满足 $\boldsymbol{AX}=\boldsymbol{O}$，则 $\boldsymbol{A}=\boldsymbol{O}$.（ √ ）
6. $R(\boldsymbol{AB})=R(\boldsymbol{A})+R(\boldsymbol{B})$.（ × ）
7. 如果 $R(\boldsymbol{A})=3$，那么矩阵 $\boldsymbol{A}$ 中必定有一个 3 阶子式不等于零.（ √ ）
8. 初等矩阵都是可逆矩阵.（ √ ）
9. 设 $\boldsymbol{A},\boldsymbol{B},\boldsymbol{C}$ 都是同阶矩阵，且 $\boldsymbol{C}=\boldsymbol{AB}$，那么 $R(\boldsymbol{C})\leqslant R(\boldsymbol{A})$ 且 $R(\boldsymbol{C})\leqslant R(\boldsymbol{B})$.（ √ ）
10. $\boldsymbol{A}$ 是一个 $m\times n$ 矩阵，对 $\boldsymbol{A}$ 施行一次初等行变换，相当于在 $\boldsymbol{A}$ 的左边乘以相应的 n 阶初等矩阵.（ × ）

三、选择题

1. 对任一 $s\times n$ 矩阵 $\boldsymbol{A}$，则 $\boldsymbol{AA}^{\mathrm{T}}$ 一定是（ C ）.

   A. 可逆矩阵　　B. 不可逆矩阵　　C. 对称矩阵　　D. 反对称矩阵

2. 若 $\boldsymbol{A}$ 可逆，则 $(\boldsymbol{A}^*)^{-1}=$（ A ）.

   A. $\dfrac{1}{|\boldsymbol{A}|}\boldsymbol{A}$　　B. $\dfrac{1}{|\boldsymbol{A}|}\boldsymbol{A}^{-1}$　　C. $|\boldsymbol{A}|\boldsymbol{A}$　　D. $|\boldsymbol{A}|\boldsymbol{A}^{-1}$

3. $\boldsymbol{A},\boldsymbol{B},\boldsymbol{C}$ 均是 n 阶矩阵，下列命题正确的是（ A ）.

   A. 若 $\boldsymbol{A}$ 是可逆矩阵，则从 $\boldsymbol{AB}=\boldsymbol{AC}$ 可推出 $\boldsymbol{BA}=\boldsymbol{CA}$

   B. 若 $\boldsymbol{A}$ 是可逆矩阵，则必有 $\boldsymbol{AB}=\boldsymbol{BA}$

   C. 若 $\boldsymbol{A}\neq 0$，则从 $\boldsymbol{AB}=\boldsymbol{AC}$ 可推出 $\boldsymbol{B}=\boldsymbol{C}$

   D. 若 $\boldsymbol{B}\neq\boldsymbol{C}$，则必有 $\boldsymbol{AB}\neq\boldsymbol{AC}$

4. 设是 5 阶方阵，且 $|\boldsymbol{A}|\neq 0$，则 $|\boldsymbol{A}^*|=$（ D ）.

   A. $|\boldsymbol{A}|$　　B. $|\boldsymbol{A}|^2$　　C. $|\boldsymbol{A}|^3$　　D. $|\boldsymbol{A}|^4$

5. 设$\boldsymbol{A}=\begin{pmatrix} a_1 & b_1 & c_1 \\ a_2 & b_2 & c_2 \\ a_3 & b_3 & c_3 \end{pmatrix}$，若$\boldsymbol{AP}=\begin{pmatrix} a_1 & c_1 & b_1 \\ a_2 & c_2 & b_2 \\ a_3 & c_3 & b_3 \end{pmatrix}$，则$\boldsymbol{P}=$（ A ）.

A. $\begin{pmatrix} 1 & 0 & 0 \\ 0 & 0 & 1 \\ 0 & 1 & 0 \end{pmatrix}$　B. $\begin{pmatrix} 0 & 0 & 1 \\ 1 & 0 & 0 \\ 0 & 0 & 1 \end{pmatrix}$　C. $\begin{pmatrix} 0 & 0 & 1 \\ 0 & 1 & 0 \\ 1 & 0 & 0 \end{pmatrix}$　D. $\begin{pmatrix} 0 & 0 & 0 \\ 0 & 0 & 1 \\ 0 & 1 & 0 \end{pmatrix}$

6. 设$\boldsymbol{A}$为3阶方阵，$\boldsymbol{A}_1,\boldsymbol{A}_2,\boldsymbol{A}_3$为按列划分的三个子块，则下列行列式中与$|\boldsymbol{A}|$等值的是（ B ）.

A. $|\boldsymbol{A}_1-\boldsymbol{A}_2 \quad \boldsymbol{A}_2-\boldsymbol{A}_3 \quad \boldsymbol{A}_3-\boldsymbol{A}_1|$　B. $|\boldsymbol{A}_1 \quad \boldsymbol{A}_1+\boldsymbol{A}_2 \quad \boldsymbol{A}_1+\boldsymbol{A}_2+\boldsymbol{A}_3|$

C. $|\boldsymbol{A}_1+\boldsymbol{A}_2 \quad \boldsymbol{A}_1-\boldsymbol{A}_2 \quad \boldsymbol{A}_3|$　D. $|2\boldsymbol{A}_3-\boldsymbol{A}_1 \quad \boldsymbol{A}_1 \quad \boldsymbol{A}_1+\boldsymbol{A}_3|$

7. 设$\boldsymbol{A},\boldsymbol{B}$为$n$级矩阵，以下命题错误的是（ C ）.

A. $|\boldsymbol{AB}|=|\boldsymbol{A}||\boldsymbol{B}|$　B. 秩$(\boldsymbol{AB})\leqslant$秩$(\boldsymbol{A})$

C. $\boldsymbol{AB}=\boldsymbol{BA}$　D. $\boldsymbol{AB}$不可逆的充分必要条件是$\boldsymbol{A},\boldsymbol{B}$中至少有一个不可逆

8. 设$\boldsymbol{A},\boldsymbol{B}$均为$n$阶满秩矩阵，则（ D ）.

A. $(k\boldsymbol{A})^{-1}=k\boldsymbol{A}^{-1}$当$k$为非零的常数　B. $(\boldsymbol{AB})^{-1}=\boldsymbol{A}^{-1}\boldsymbol{B}^{-1}$

C. $(\boldsymbol{A}+\boldsymbol{B})=\boldsymbol{A}^{-1}+\boldsymbol{B}^{-1}$　D. $(\boldsymbol{AB})^{-1}=\boldsymbol{B}^{-1}\boldsymbol{A}^{-1}$

9.（武汉大学考研真题）设$\boldsymbol{A},\boldsymbol{B}$为$n(n\geqslant 2)$阶矩阵，$\boldsymbol{A}^*,\boldsymbol{B}^*$分别是$\boldsymbol{A},\boldsymbol{B}$的伴随矩阵，又设分块矩阵$\boldsymbol{M}=\begin{pmatrix} \boldsymbol{A} & \boldsymbol{O} \\ \boldsymbol{O} & \boldsymbol{B} \end{pmatrix}$，则下列命题中正确的是（ D ）.

A. $\boldsymbol{M}^*=\begin{pmatrix} |\boldsymbol{A}|\boldsymbol{A}^* & \boldsymbol{O} \\ \boldsymbol{O} & |\boldsymbol{B}|\boldsymbol{B}^* \end{pmatrix}$　B. $\boldsymbol{M}^*=\begin{pmatrix} |\boldsymbol{A}|\boldsymbol{B}^* & \boldsymbol{O} \\ \boldsymbol{O} & |\boldsymbol{B}|\boldsymbol{A}^* \end{pmatrix}$

C. $\boldsymbol{M}^*=\begin{pmatrix} |\boldsymbol{B}|\boldsymbol{B}^* & \boldsymbol{O} \\ \boldsymbol{O} & |\boldsymbol{A}|\boldsymbol{A}^* \end{pmatrix}$　D. $\boldsymbol{M}^*=\begin{pmatrix} |\boldsymbol{B}|\boldsymbol{A}^* & \boldsymbol{O} \\ \boldsymbol{O} & |\boldsymbol{A}|\boldsymbol{B}^* \end{pmatrix}$

10.（武汉大学考研真题）设$\boldsymbol{A},\boldsymbol{B}$为$n(n\geqslant 2)$阶矩阵，$\boldsymbol{A}^*,\boldsymbol{B}^*$分别是$\boldsymbol{A},\boldsymbol{B}$的伴随矩阵，已知$\boldsymbol{B}$是交换$\boldsymbol{A}$的第一行与第二行得到的矩阵，则下列命题中正确的是（ C ）.

A. 交换$\boldsymbol{A}^*$的第一列与第二列得到$\boldsymbol{B}^*$　B. 交换$\boldsymbol{A}^*$的第一行与第二行得到$\boldsymbol{B}^*$

C. 交换$\boldsymbol{A}^*$的第一列与第二列得到$-\boldsymbol{B}^*$　D. 交换$\boldsymbol{A}^*$的第一行与第二行得到$-\boldsymbol{B}^*$

四、计算题

1. 已知矩阵$\boldsymbol{A},\boldsymbol{B}$满足关系式$\boldsymbol{AB}=2\boldsymbol{A}+\boldsymbol{B}$，其中$\boldsymbol{B}=\begin{pmatrix} 4 & 2 & 3 \\ 1 & 1 & 0 \\ -1 & 2 & 3 \end{pmatrix}$. 求$\boldsymbol{A}$.

解　由$\boldsymbol{AB}=2\boldsymbol{A}+\boldsymbol{B}$可得$\boldsymbol{A}(\boldsymbol{B}-2\boldsymbol{E})=\boldsymbol{B}$，而$\boldsymbol{B}-2\boldsymbol{E}=\begin{pmatrix} 2 & 2 & 3 \\ 1 & -1 & 0 \\ -1 & 2 & 1 \end{pmatrix}$，由$|\boldsymbol{B}-2\boldsymbol{E}|=-1$知$\boldsymbol{B}-2\boldsymbol{E}$可逆，从而

$$A=B(B-2E)^{-1}=\begin{pmatrix}4&2&3\\1&1&0\\-1&2&3\end{pmatrix}\begin{pmatrix}1&-4&-3\\1&-5&-3\\-1&6&4\end{pmatrix}=\begin{pmatrix}9&-8&-6\\2&-1&-6\\-2&12&9\end{pmatrix}$$

2. 设 $P^{-1}AP=\Lambda$，其中 $P=\begin{pmatrix}-1&-4\\1&1\end{pmatrix},\Lambda=\begin{pmatrix}-1&0\\0&2\end{pmatrix}$，求 A^{11}.

解 由 $P^{-1}AP=\Lambda$ 得 $A=P\Lambda P^{-1}$，从而

$$A=P\Lambda^{11}P^{-1}=\frac{1}{3}\begin{pmatrix}-1&-4\\1&1\end{pmatrix}\begin{pmatrix}-1&0\\0&2^{11}\end{pmatrix}\begin{pmatrix}1&4\\-1&-1\end{pmatrix}=\frac{1}{3}\begin{pmatrix}1+2^{13}&4+2^{13}\\-1-2^{11}&-4-2^{11}\end{pmatrix}$$

3. 已知 3 阶矩阵 A 的伴随矩阵 $A^*=\begin{pmatrix}1&0&0\\2&1&0\\3&2&4\end{pmatrix}$，试求矩阵 A.

解 由 $\left|A^*\right|=4$ 可知矩阵 A^* 可逆，从而矩阵 A 可逆，由 $AA^*=|A|E$ 可得 $A=|A|(A^*)^{-1}$，

又 $(A^*)^{-1}=\begin{pmatrix}1&0&0\\-2&1&0\\\frac{1}{4}&-\frac{1}{2}&\frac{1}{4}\end{pmatrix}$ 及 $\left|A^*\right|=\left|A\right|^2$，可得 $\left|A\right|=\pm2$，从而

$$A=|A|(A^*)^{-1}=\pm2\begin{pmatrix}1&0&0\\-2&1&0\\\frac{1}{4}&-\frac{1}{2}&\frac{1}{4}\end{pmatrix}=\pm\begin{pmatrix}2&0&0\\-4&2&0\\\frac{1}{2}&-1&\frac{1}{2}\end{pmatrix}$$

4. （武汉大学考研真题）已知矩阵 $A=\begin{pmatrix}1&2&0&0\\1&3&0&0\\0&0&0&2\\0&0&-1&0\end{pmatrix}$，且 $\left(\left(\frac{1}{2}A\right)^*\right)^{-1}BA^{-1}=2AB+12E$，

其中 A^* 是矩阵 A 的伴随矩阵. 求矩阵 B.

解 易知 $\left|A\right|=2$，由 $(kA)^*=k^{n-1}A^*$ 及 $(A^*)^{-1}=\frac{1}{|A|}A$，有

$$\left(\left(\frac{1}{2}A\right)^*\right)^{-1}=\left(\frac{1}{8}A^*\right)^{-1}=8(A^*)^{-1}=8\frac{1}{|A|}A=4A$$

原方程简化为

$$4ABA^{-1}=2AB+12E\text{，即 }AB(2A^{-1}-E)=6E$$

两边左乘 A^{-1} 右乘 A 得

$$B(2E-A)=6E$$

于是

$$B=6(2E-A)^{-1}=6\begin{pmatrix}1&-2&0&0\\-1&-1&0&0\\0&0&2&-2\\0&0&1&2\end{pmatrix}^{-1}=\begin{pmatrix}2&-4&0&0\\-2&-2&0&0\\0&0&2&2\\0&0&-1&2\end{pmatrix}$$

5. （复旦大学考研真题）设矩阵 $A=\begin{pmatrix}1&0&0&2\\0&0&0&1\\-3&0&0&0\end{pmatrix}$，求三阶矩阵 P 和四阶矩阵 Q，使得

$$A=P\begin{pmatrix}1&0&0&0\\0&1&0&0\\0&0&0&0\end{pmatrix}Q.$$

解 $A=\begin{pmatrix}1&0&0&2\\0&0&0&1\\-3&0&0&0\end{pmatrix}\to\begin{pmatrix}1&0&0&2\\0&0&0&1\\0&0&0&6\end{pmatrix}\to\begin{pmatrix}1&0&0&0\\0&0&0&1\\0&0&0&0\end{pmatrix}\to\begin{pmatrix}1&0&0&0\\0&1&0&0\\0&0&0&0\end{pmatrix}$

由初等矩阵与初等变换的关系，可得

$$\begin{pmatrix}1&-6&0\\0&1&0\\0&0&1\end{pmatrix}\begin{pmatrix}1&-2&0\\0&1&0\\0&0&1\end{pmatrix}\begin{pmatrix}1&0&0\\0&1&0\\3&0&1\end{pmatrix}A\begin{pmatrix}1&0&0&0\\0&0&0&1\\0&0&1&0\\0&1&0&0\end{pmatrix}=\begin{pmatrix}1&0&0&0\\0&1&0&0\\0&0&0&0\end{pmatrix},$$

从而

$$A=\begin{pmatrix}1&0&0\\0&1&0\\3&0&1\end{pmatrix}^{-1}\begin{pmatrix}1&-2&0\\0&1&0\\0&0&1\end{pmatrix}^{-1}\begin{pmatrix}1&-6&0\\0&1&0\\0&0&1\end{pmatrix}^{-1}\begin{pmatrix}1&0&0&0\\0&1&0&0\\0&0&0&0\end{pmatrix}\begin{pmatrix}1&0&0&0\\0&0&0&1\\0&0&1&0\\0&1&0&0\end{pmatrix}^{-1}$$

即
$$A=\begin{pmatrix}1&6&0\\0&1&0\\-3&-24&1\end{pmatrix}\begin{pmatrix}1&0&0&0\\0&1&0&0\\0&0&0&0\end{pmatrix}\begin{pmatrix}1&0&0&0\\0&0&0&1\\0&0&1&0\\0&1&0&0\end{pmatrix}$$

故
$$P=\begin{pmatrix}1&6&0\\0&1&0\\-3&-24&1\end{pmatrix},Q=\begin{pmatrix}1&0&0&0\\0&0&0&1\\0&0&1&0\\0&1&0&0\end{pmatrix}$$

五、证明题

1. 设 A 为 n 阶矩阵，证明：存在非零的 $n\times s$ 矩阵 B，使 $AB=O$ 的充要条件是 $R(A)<n$.

证明 据题意可知，齐次线性方程组 $AX=O$ 有非零解，从而 $R(A)<n$.

2. 设$\boldsymbol{A}$是n阶矩阵，$f(x)$是一个多项式使得$f(\boldsymbol{A})=\boldsymbol{O}$. 若$f(b)\neq 0$，证明$\boldsymbol{A}-b\boldsymbol{E}$可逆，并求其逆.

证明 据题意，设$f(x)=(x-b)q(x)+r, r\neq 0$. 由$f(\boldsymbol{A})=(\boldsymbol{A}-b\boldsymbol{E})q(\boldsymbol{A})+r\boldsymbol{E}=\boldsymbol{O}$，可得$(\boldsymbol{A}-b\boldsymbol{E})q(\boldsymbol{A})=-r\boldsymbol{E}$，即$(\boldsymbol{A}-b\boldsymbol{E})\dfrac{q(\boldsymbol{A})}{-r}=\boldsymbol{E}$，故$(\boldsymbol{A}-b\boldsymbol{E})$可逆，且$(\boldsymbol{A}-b\boldsymbol{E})^{-1}=\dfrac{q(\boldsymbol{A})}{-r}$.

3. 设$\boldsymbol{A}$是n阶矩阵，证明：存在一个n阶可逆矩阵$\boldsymbol{B}$与一个n阶幂等矩阵$\boldsymbol{C}$，使$\boldsymbol{A}=\boldsymbol{BC}$.（方阵$\boldsymbol{C}$称为是幂等的，若$\boldsymbol{C}^2=\boldsymbol{C}$.）

证明 设$R(\boldsymbol{A})=r$，则存在n阶可逆矩阵$\boldsymbol{P},\boldsymbol{Q}$使得$\boldsymbol{PAQ}=\begin{pmatrix}\boldsymbol{E}_r & \boldsymbol{O}\\ \boldsymbol{O} & \boldsymbol{O}\end{pmatrix}$，从而

$$\boldsymbol{A}=\boldsymbol{P}^{-1}\begin{pmatrix}\boldsymbol{E}_r & \boldsymbol{O}\\ \boldsymbol{O} & \boldsymbol{O}\end{pmatrix}\boldsymbol{Q}^{-1}=\boldsymbol{P}^{-1}\boldsymbol{Q}^{-1}\boldsymbol{Q}\begin{pmatrix}\boldsymbol{E}_r & \boldsymbol{O}\\ \boldsymbol{O} & \boldsymbol{O}\end{pmatrix}\boldsymbol{Q}^{-1}$$

令
$$\boldsymbol{B}=\boldsymbol{P}^{-1}\boldsymbol{Q}^{-1}, \boldsymbol{C}=\boldsymbol{Q}\begin{pmatrix}\boldsymbol{E}_r & \boldsymbol{O}\\ \boldsymbol{O} & \boldsymbol{O}\end{pmatrix}\boldsymbol{Q}^{-1}$$

显然矩阵$\boldsymbol{B}$可逆，$\boldsymbol{C}^2=\boldsymbol{C}$，$\boldsymbol{A}=\boldsymbol{BC}$.

4. 设$\boldsymbol{A}$是n阶矩阵且$\boldsymbol{A}^2=\boldsymbol{E}$，证明：（1）$R(\boldsymbol{E}+\boldsymbol{A})+R(\boldsymbol{E}-\boldsymbol{A})=n$；（2）若$n=3$且$\boldsymbol{A}\neq\pm\boldsymbol{E}$，则$\boldsymbol{A}+\boldsymbol{E}$与$\boldsymbol{A}-\boldsymbol{E}$中必有一个秩为1.

证明 （1）（证法一）由$\boldsymbol{A}^2=\boldsymbol{E}$可得$(\boldsymbol{E}+\boldsymbol{A})(\boldsymbol{E}-\boldsymbol{A})=\boldsymbol{O}$，则有

$$R(\boldsymbol{E}+\boldsymbol{A})+R(\boldsymbol{E}-\boldsymbol{A})\leqslant n$$

又
$$R(\boldsymbol{E}+\boldsymbol{A})+R(\boldsymbol{E}-\boldsymbol{A})\geqslant R(\boldsymbol{E}+\boldsymbol{A}+\boldsymbol{E}-\boldsymbol{A})=R(2\boldsymbol{E})=n$$

故
$$R(\boldsymbol{E}+\boldsymbol{A})+R(\boldsymbol{E}-\boldsymbol{A})=n$$

（证法二）由

$$\begin{pmatrix}\boldsymbol{E}+\boldsymbol{A} & \boldsymbol{O}\\ \boldsymbol{O} & \boldsymbol{E}-\boldsymbol{A}\end{pmatrix}\to\begin{pmatrix}\boldsymbol{E}+\boldsymbol{A} & \boldsymbol{O}\\ \boldsymbol{E}+\boldsymbol{A} & \boldsymbol{E}-\boldsymbol{A}\end{pmatrix}\to\begin{pmatrix}\boldsymbol{E}+\boldsymbol{A} & \boldsymbol{E}+\boldsymbol{A}\\ \boldsymbol{E}+\boldsymbol{A} & 2\boldsymbol{E}\end{pmatrix}$$

$$\to\begin{pmatrix}\boldsymbol{E}+\boldsymbol{A}-\dfrac{(\boldsymbol{E}+\boldsymbol{A})^2}{2} & \boldsymbol{O}\\ \boldsymbol{E}+\boldsymbol{A} & 2\boldsymbol{E}\end{pmatrix}\to\begin{pmatrix}\boldsymbol{E}+\boldsymbol{A}-\dfrac{(\boldsymbol{E}+\boldsymbol{A})^2}{2} & \boldsymbol{O}\\ \boldsymbol{O} & \boldsymbol{E}\end{pmatrix}$$

$$=\begin{pmatrix}\boldsymbol{O} & \boldsymbol{O}\\ \boldsymbol{O} & \boldsymbol{E}\end{pmatrix}$$

则有
$$R\begin{pmatrix}\boldsymbol{E}+\boldsymbol{A} & \boldsymbol{O}\\ \boldsymbol{O} & \boldsymbol{E}-\boldsymbol{A}\end{pmatrix}=R\begin{pmatrix}\boldsymbol{O} & \boldsymbol{O}\\ \boldsymbol{O} & \boldsymbol{E}\end{pmatrix}$$

故
$$R(\boldsymbol{E}+\boldsymbol{A})+R(\boldsymbol{E}-\boldsymbol{A})=n$$

（2）据题意有$R(\boldsymbol{E}+\boldsymbol{A})\geqslant 1, R(\boldsymbol{E}-\boldsymbol{A})\geqslant 1$，由（1）知$R(\boldsymbol{E}+\boldsymbol{A})+R(\boldsymbol{E}-\boldsymbol{A})=3$，从而必有$R(\boldsymbol{E}+\boldsymbol{A})=1$，或$R(\boldsymbol{E}-\boldsymbol{A})=1$.

5. 设 $\boldsymbol{A}=(a_{ij})$ 是一个 n 阶可逆矩阵，$\boldsymbol{\beta}=(b_1\ b_2\ \cdots\ b_n)^{\mathrm{T}}$ 是一个 $n\times 1$ 矩阵，且 $\boldsymbol{\beta}^{\mathrm{T}}\boldsymbol{A}^{-1}\boldsymbol{\beta}\neq 1$，证明 $\begin{pmatrix}\boldsymbol{A} & \boldsymbol{\beta}\\ \boldsymbol{\beta}^{\mathrm{T}} & 1\end{pmatrix}$ 可逆，并求其逆.

证明

$$\begin{pmatrix}\boldsymbol{E}_n & \boldsymbol{O}\\ -\boldsymbol{\beta}^{\mathrm{T}}\boldsymbol{A}^{-1} & 1\end{pmatrix}\begin{pmatrix}\boldsymbol{A} & \boldsymbol{\beta}\\ \boldsymbol{\beta}^{\mathrm{T}} & 1\end{pmatrix}=\begin{pmatrix}\boldsymbol{A} & \boldsymbol{\beta}\\ \boldsymbol{O} & 1-\boldsymbol{\beta}^{\mathrm{T}}\boldsymbol{A}^{-1}\boldsymbol{\beta}\end{pmatrix}$$

两边取行列式得

$$\begin{vmatrix}\boldsymbol{A} & \boldsymbol{\beta}\\ \boldsymbol{\beta}^{\mathrm{T}} & 1\end{vmatrix}=\begin{vmatrix}\boldsymbol{A} & \boldsymbol{\beta}\\ \boldsymbol{O} & 1-\boldsymbol{\beta}^{\mathrm{T}}\boldsymbol{A}^{-1}\boldsymbol{\beta}\end{vmatrix}=(1-\boldsymbol{\beta}^{\mathrm{T}}\boldsymbol{A}^{-1}\boldsymbol{\beta})|\boldsymbol{A}|\neq 0$$

从而 $\begin{pmatrix}\boldsymbol{A} & \boldsymbol{\beta}\\ \boldsymbol{\beta}^{\mathrm{T}} & 1\end{pmatrix}$ 可逆，且

$$\begin{pmatrix}\boldsymbol{A} & \boldsymbol{\beta}\\ \boldsymbol{\beta}^{\mathrm{T}} & 1\end{pmatrix}^{-1}=\begin{pmatrix}\boldsymbol{A} & \boldsymbol{\beta}\\ \boldsymbol{O} & 1-\boldsymbol{\beta}^{\mathrm{T}}\boldsymbol{A}^{-1}\boldsymbol{\beta}\end{pmatrix}^{-1}\begin{pmatrix}\boldsymbol{E}_n & \boldsymbol{O}\\ -\boldsymbol{\beta}^{\mathrm{T}}\boldsymbol{A}^{-1} & 1\end{pmatrix}$$

3.4 例题补充

例 3.1 已知矩阵 $\boldsymbol{A}=(a_{ij})_{3\times 3}$ 的第一行元素为 $a_{11}=1, a_{12}=2, a_{13}=-1$，$(\boldsymbol{A}^*)^{\mathrm{T}}=\begin{pmatrix}-7 & 5 & 4\\ -4 & 3 & 2\\ 9 & -7 & -5\end{pmatrix}$，其中 $\boldsymbol{A}^*$ 是 $\boldsymbol{A}$ 的伴随矩阵，求矩阵 $\boldsymbol{A}$.

解 因为 $\boldsymbol{A}^*=(A_{ij})^{\mathrm{T}}{}_{3\times 3}$，所以 $(\boldsymbol{A}^*)^{\mathrm{T}}=(A_{ij})_{3\times 3}$，其中 A_{ij} 是 $a_{ij}\ (i,j=1,2,3)$ 的代数余子式. 从而 $A_{11}=-7, A_{12}=5, A_{13}=4,$ 于是

$$|\boldsymbol{A}|=a_{11}A_{11}+a_{12}A_{12}+a_{13}A_{13}=1\cdot(-7)+2\cdot 5+(-1)\cdot 4=-1$$

由 $\boldsymbol{A}^{-1}=\dfrac{1}{|\boldsymbol{A}|}\boldsymbol{A}^*$，得

$$\boldsymbol{A}=|\boldsymbol{A}|(\boldsymbol{A}^*)^{-1}=-(\boldsymbol{A}^*)^{-1}=-\begin{pmatrix}-7 & -4 & 9\\ 5 & 3 & -7\\ 4 & 2 & -5\end{pmatrix}^{-1}=\begin{pmatrix}1 & 2 & -1\\ 3 & 1 & 4\\ 2 & 2 & 1\end{pmatrix}$$

例 3.2 （大学生数学竞赛题）设矩阵 $\boldsymbol{A},\boldsymbol{B}$ 分别为 3×2 和 2×3 实矩阵，若 $\boldsymbol{AB}=\begin{pmatrix}8 & 0 & -4\\ -\dfrac{3}{2} & 9 & -6\\ -2 & 0 & 1\end{pmatrix}$，求 $\boldsymbol{BA}$.

解 显然 $R(\boldsymbol{AB})=2$，由 $R(\boldsymbol{AB})\leqslant\min\{R(\boldsymbol{A}),R(\boldsymbol{B})\}$ 可知 $R(\boldsymbol{A})\geqslant 2, R(\boldsymbol{B})\geqslant 2$. 又由 $\boldsymbol{A},\boldsymbol{B}$ 分别为 3×2 和 2×3 矩阵可知 $R(\boldsymbol{A})\leqslant 2, R(\boldsymbol{B})\leqslant 2$，则 $R(\boldsymbol{A})=2, R(\boldsymbol{B})=2$，从而存在 3 阶可逆矩阵

$\boldsymbol{P},\boldsymbol{Q}$ 使

$$\boldsymbol{A}=\boldsymbol{P}\begin{pmatrix}\boldsymbol{E}_2\\ \boldsymbol{O}\end{pmatrix},\boldsymbol{B}=(\boldsymbol{E}_2\ \ \boldsymbol{O})\boldsymbol{Q}$$

于是

$$\boldsymbol{BA}=(\boldsymbol{E}_2\ \ \boldsymbol{O})\boldsymbol{QP}\begin{pmatrix}\boldsymbol{E}_2\\ \boldsymbol{O}\end{pmatrix}$$

又由已知得 $(\boldsymbol{AB})^2=9\boldsymbol{AB}$，有

$$\boldsymbol{P}\begin{pmatrix}\boldsymbol{E}_2\\ \boldsymbol{O}\end{pmatrix}(\boldsymbol{E}_2\ \ \boldsymbol{O})\boldsymbol{QP}\begin{pmatrix}\boldsymbol{E}_2\\ \boldsymbol{O}\end{pmatrix}(\boldsymbol{E}_2\ \ \boldsymbol{O})\boldsymbol{Q}=9\boldsymbol{P}\begin{pmatrix}\boldsymbol{E}_2\\ \boldsymbol{O}\end{pmatrix}(\boldsymbol{E}_2\ \ \boldsymbol{O})\boldsymbol{Q}$$

即

$$\boldsymbol{P}\begin{pmatrix}\boldsymbol{E}_2\\ \boldsymbol{O}\end{pmatrix}\boldsymbol{BA}(\boldsymbol{E}_2\ \ \boldsymbol{O})\boldsymbol{Q}=9P\begin{pmatrix}\boldsymbol{E}_2\\ \boldsymbol{O}\end{pmatrix}(\boldsymbol{E}_2\ \ \boldsymbol{O})\boldsymbol{Q}$$

由 $\boldsymbol{P},\boldsymbol{Q}$ 为可逆矩阵，可得

$$\begin{pmatrix}\boldsymbol{E}_2\\ \boldsymbol{O}\end{pmatrix}\boldsymbol{BA}(\boldsymbol{E}_2\ \ \boldsymbol{O})=9\begin{pmatrix}\boldsymbol{E}_2\\ \boldsymbol{O}\end{pmatrix}(\boldsymbol{E}_2\ \ \boldsymbol{O})$$

即

$$\begin{pmatrix}\boldsymbol{BA} & \boldsymbol{O}\\ \boldsymbol{O} & \boldsymbol{O}\end{pmatrix}=\begin{pmatrix}9\boldsymbol{E}_2 & \boldsymbol{O}\\ \boldsymbol{O} & \boldsymbol{O}\end{pmatrix}$$

故 $\boldsymbol{BA}=9\boldsymbol{E}_2$.

【变式练习】

1. （上海大学、南开大学考研真题）设矩阵 $\boldsymbol{A},\boldsymbol{B}$ 分别为 3×2 和 2×3 实矩阵，若 $\boldsymbol{AB}=\begin{pmatrix}3&0&3\\0&6&0\\3&0&3\end{pmatrix}$，求证:（1）$R(\boldsymbol{A})=2,R(\boldsymbol{B})=2$；（2）$\boldsymbol{BA}=6\boldsymbol{E}_2$.

2. （华东师范大学考研真题）设矩阵 $\boldsymbol{A},\boldsymbol{B}$ 分别为 4×2 和 2×4 实矩阵，若 $\boldsymbol{AB}=\begin{pmatrix}1&0&-1&0\\0&1&0&-1\\-1&0&1&0\\0&-1&0&1\end{pmatrix}$，求 $\boldsymbol{BA}$.

例 3.3 （浙江大学、厦门大学等校考研真题）设 $\boldsymbol{A},\boldsymbol{B}\in M_n(F)$，且 $R(\boldsymbol{A})+R(\boldsymbol{B})\leqslant n$.证明：存在 n 阶可逆矩阵 $\boldsymbol{M}$ 使得 $\boldsymbol{AMB}=\boldsymbol{O}$.

证明 设 $R(\boldsymbol{A})=r,R(\boldsymbol{B})=s$，则存在 n 阶可逆矩阵 $\boldsymbol{P},\boldsymbol{Q}$，使

$$\boldsymbol{PAQ}=\begin{pmatrix}\boldsymbol{E}_r & \boldsymbol{O}\\ \boldsymbol{O} & \boldsymbol{O}\end{pmatrix}$$

且存在 n 阶可逆矩阵 $\boldsymbol{C},\boldsymbol{D}$，使

$$CBD=\begin{pmatrix} O & O \\ O & E_s \end{pmatrix}$$

由题设 $R(A)+R(B)\leqslant n$ 知 $r+s\leqslant n$，因此 $PAQCBD=O$，由 P,D 可逆可得 $AQCB=O$，令 $M=QC$，则 M 可逆，且 $AMB=O$.

【变式练习】

（汕头大学考研真题）设 $A\in M_n(F)$，且 $R(O)=r<n$. 证明：存在秩为 $n-r$ 的 n 阶非零矩阵 B,C 使得 $AB=O,CA=O$.

例 3.4 设 $A=\begin{pmatrix} 1+\frac{1}{n} & \frac{1}{n} & \cdots & \frac{1}{n} \\ \frac{1}{n} & 1+\frac{1}{n} & \cdots & \frac{1}{n} \\ \vdots & \vdots & & \vdots \\ \frac{1}{n} & \frac{1}{n} & \cdots & 1+\frac{1}{n} \end{pmatrix}$，证明 A 可逆，并求 A^{-1}.

解 由矩阵 A 的形式知

$$A=E+\frac{1}{n}B \tag{4.1}$$

其中 B 为元素全为 1 的 n 阶方阵.

则有

$$B^2=nB，\quad A^2=\left(E+\frac{1}{n}B\right)^2=E+\frac{2}{n}B+\frac{1}{n^2}B^2=E+\frac{3}{n}B \tag{4.2}$$

联立式（4.1）与式（4.2)，消去 B 有

$$3A-A^2=2E，即\ A\cdot\frac{3E-A}{2}=E$$

故 A 可逆，且

$$A^{-1}=\frac{3E-A}{2}=\begin{pmatrix} 1-\frac{1}{2n} & -\frac{1}{2n} & \cdots & -\frac{1}{2n} \\ -\frac{1}{2n} & 1-\frac{1}{2n} & \cdots & -\frac{1}{2n} \\ \vdots & \vdots & & \vdots \\ -\frac{1}{2n} & -\frac{1}{2n} & \cdots & 1-\frac{1}{2n} \end{pmatrix}$$

例 3.5 （厦门大学、浙江师范大学考研真题）设 $A,B\in\mathbf{R}^{n\times n}$，且矩阵 A 可逆，证明：$R(A-B)\geqslant R(A)-R(B)$ 等号成立当且仅当 $BA^{-1}B=B$.

证明 由

$$\begin{pmatrix} B & O \\ O & A-B \end{pmatrix} \to \begin{pmatrix} B & O \\ B & A-B \end{pmatrix} \to \begin{pmatrix} B & B \\ B & A \end{pmatrix} \to \begin{pmatrix} B-BA^{-1}B & O \\ B & A \end{pmatrix} \to \begin{pmatrix} B-BA^{-1}B & O \\ O & A \end{pmatrix}$$

及初等变换不改变矩阵的秩，可知

$$R\begin{pmatrix} B & O \\ O & A-B \end{pmatrix} = R\begin{pmatrix} B-BA^{-1}B & O \\ O & B \end{pmatrix},$$

则
$$R(B)+R(A-B)=R(B-BA^{-1}B)+R(A)$$

即
$$R(A-B)=R(B-BA^{-1}B)+R(A)-R(B)$$

由 $R(B-BA^{-1}B)\geqslant 0$ 可得 $R(A-B)\geqslant R(A)-R(B)$，等号成立当且仅当 $R(B-BA^{-1}B)=0$，即 $B=BA^{-1}B$.

说明：

这里利用了以下结论：$R\begin{pmatrix} B & O \\ O & A \end{pmatrix}=R(B)+R(A)$.

例 3.6 （华南理工大学考研真题）设 $A\in M_n(F)$，$f(x),g(x)\in F[x]$，且 $(f(x),g(x))=1$. 证明：$f(A)g(A)=O$ 当且仅当 $R(f(A))+R(g(A))=n$.

证明 由 $(f(x),g(x))=1$，则存在 $u(x),v(x)\in F[x]$ 使得

$$u(x)f(x)+v(x)g(x)=1$$

从而
$$u(A)f(A)+v(A)g(A)=E$$

由
$$\begin{pmatrix} E & O \\ u(A) & E \end{pmatrix}\begin{pmatrix} f(A) & O \\ O & g(A) \end{pmatrix}\begin{pmatrix} E & O \\ v(A) & E \end{pmatrix}=\begin{pmatrix} f(A) & O \\ E & g(A) \end{pmatrix}$$

故
$$R\begin{pmatrix} f(A) & O \\ O & g(A) \end{pmatrix}=R\begin{pmatrix} f(A) & O \\ E & g(A) \end{pmatrix}$$

又
$$\begin{pmatrix} E & -f(A) \\ O & E \end{pmatrix}\begin{pmatrix} f(A) & O \\ E & g(A) \end{pmatrix}\begin{pmatrix} E & -g(A) \\ O & E \end{pmatrix}=\begin{pmatrix} O & -f(A)g(A) \\ E & O \end{pmatrix}$$

故
$$R\begin{pmatrix} f(A) & O \\ E & g(A) \end{pmatrix}=R\begin{pmatrix} O & -f(A)g(A) \\ E & O \end{pmatrix}$$

从而有

$$R\begin{pmatrix} f(A) & O \\ O & g(A) \end{pmatrix}=R\begin{pmatrix} O & -f(A)g(A) \\ E & O \end{pmatrix}$$

即
$$R(f(A))+R(g(A))=R(E)+R(f(A)g(A))=n+R(f(A)g(A))$$

于是 $f(A)g(A)=O$ 当且仅当 $R(f(A)g(A))=0$，而 $R(f(A)g(A))=0$ 当且仅当 $R(f(A))+R(g(A))=n$. 故结论成立.

例 3.7 （1）(中山大学考研真题)设 $A\in M_n(F)$，$\boldsymbol{u},\boldsymbol{v}$ 为 $n\times 1$ 矩阵，则 $\left|\boldsymbol{A}+\boldsymbol{u}\boldsymbol{v}^{\mathrm{T}}\right|=|\boldsymbol{A}|+\boldsymbol{v}^{\mathrm{T}}\boldsymbol{A}^*\boldsymbol{u}$，这里 $\boldsymbol{A}^*$ 为 $\boldsymbol{A}$ 的伴随矩阵.

（2）(华南理工大学考研真题）计算 n 阶行列式

$$D_n=\begin{vmatrix}1+a_1 & 1 & 1 & \cdots & 1 & 1\\ 1 & 1+a_2 & 1 & \cdots & 1 & 1\\ 1 & 1 & 1+a_3 & \cdots & 1 & 1\\ \vdots & \vdots & \vdots & & \vdots & \vdots\\ 1 & 1 & 1 & \cdots & 1 & 1+a_n\end{vmatrix}$$

证明 （1）若 $\boldsymbol{A}$ 可逆，由

$$\begin{pmatrix}\boldsymbol{E}_{n-1} & \boldsymbol{O}\\ \boldsymbol{v}^{\mathrm{T}}\boldsymbol{A}^{-1} & 1\end{pmatrix}\begin{pmatrix}\boldsymbol{A} & \boldsymbol{u}\\ -\boldsymbol{v}^{\mathrm{T}} & 1\end{pmatrix}=\begin{pmatrix}\boldsymbol{A} & \boldsymbol{u}\\ \boldsymbol{O} & 1+\boldsymbol{v}^{\mathrm{T}}\boldsymbol{A}^{-1}\boldsymbol{u}\end{pmatrix}$$

可得

$$\begin{vmatrix}\boldsymbol{A} & \boldsymbol{u}\\ -\boldsymbol{v}^{\mathrm{T}} & 1\end{vmatrix}=\begin{vmatrix}\boldsymbol{A} & \boldsymbol{u}\\ \boldsymbol{O} & 1+\boldsymbol{v}^{\mathrm{T}}\boldsymbol{A}^{-1}\boldsymbol{u}\end{vmatrix}=|\boldsymbol{A}|(1+\boldsymbol{v}^{\mathrm{T}}\boldsymbol{A}^{-1}\boldsymbol{u})=|\boldsymbol{A}|+|\boldsymbol{A}|\boldsymbol{v}^{\mathrm{T}}\boldsymbol{A}^{-1}\boldsymbol{u}=|\boldsymbol{A}|+\boldsymbol{v}^{\mathrm{T}}\boldsymbol{A}^*\boldsymbol{u}$$

若 $\boldsymbol{A}$ 不可逆，考虑 $\boldsymbol{A}(t)=\boldsymbol{A}+t\boldsymbol{E}$，则存在有理数列 $\{t_n\},t_n\to 0$，使 $\boldsymbol{A}(t_n)=\boldsymbol{A}+t_n\boldsymbol{E}$ 可逆，由前面的证明可得 $\left|\boldsymbol{A}(t_n)+\boldsymbol{u}\boldsymbol{v}^{\mathrm{T}}\right|=|\boldsymbol{A}(t_n)|+\boldsymbol{v}^{\mathrm{T}}\boldsymbol{A}(t_n)^*\boldsymbol{u}$. 由于 $|\boldsymbol{A}(t_n)|$ 是 t_n 的多项式，$\boldsymbol{A}(t_n)^*$ 的元素也是 t_n 的多项式，关于 t_n 连续，两边对 t_n 取极限可得 $\left|\boldsymbol{A}+\boldsymbol{u}\boldsymbol{v}^{\mathrm{T}}\right|=|\boldsymbol{A}|+\boldsymbol{v}^{\mathrm{T}}\boldsymbol{A}^*\boldsymbol{u}$.

（2）令

$$\boldsymbol{A}=\begin{pmatrix}a_1 & & & \\ & a_2 & & \\ & & \ddots & \\ & & & a_n\end{pmatrix},\boldsymbol{\alpha}=\begin{pmatrix}1\\1\\ \vdots\\1\end{pmatrix}$$

则 $D_n=|\boldsymbol{A}+\boldsymbol{\alpha}\boldsymbol{\alpha}^{\mathrm{T}}|=|\boldsymbol{A}|+\boldsymbol{\alpha}^{\mathrm{T}}\boldsymbol{A}^*\boldsymbol{\alpha}$，显然 $|\boldsymbol{A}|=\prod\limits_{i=1}^{n}a_i$，且

$$\boldsymbol{A}^*=\begin{pmatrix}a_2a_3\cdots a_n & & & \\ & a_1a_3\cdots a_n & & \\ & & \ddots & \\ & & & a_1a_2\cdots a_{n-1}\end{pmatrix}.$$

$$\begin{aligned}\boldsymbol{\alpha}^{\mathrm{T}}\boldsymbol{A}^*\boldsymbol{\alpha}&=(1\ 1\ \cdots\ 1)\begin{pmatrix}a_2a_3\cdots a_n & & & \\ & a_1a_3\cdots a_n & & \\ & & \ddots & \\ & & & a_1a_2\cdots a_{n-1}\end{pmatrix}\begin{pmatrix}1\\1\\ \vdots\\1\end{pmatrix}\\&=a_2a_3\cdots a_n+a_1a_3\cdots a_n+\cdots+a_1a_2\cdots a_{n-1}\end{aligned}$$

故 $$D_n = |\boldsymbol{A}+\boldsymbol{\alpha}\boldsymbol{\alpha}^{\mathrm{T}}| = |\boldsymbol{A}| + \boldsymbol{\alpha}^{\mathrm{T}}\boldsymbol{A}^*\boldsymbol{\alpha}.$$

$$= a_1a_2\cdots a_n + a_2a_3\cdots a_n + a_1a_3\cdots a_n + \cdots + a_1a_2\cdots a_{n-1}$$

当然利用行列式的加边方法也是能计算出来的，作为练习可自行完成.

例 3.8 （南京师范大学考研真题）设 $D=\begin{vmatrix} a_{11} & a_{12} & \cdots & a_{1n} \\ a_{21} & a_{22} & \cdots & a_{2n} \\ \vdots & \vdots & & \vdots \\ a_{n1} & a_{n2} & \cdots & a_{nn} \end{vmatrix}$，$A_{ij}$ 是 a_{ij} 的代数余子式.

求证：

$$\begin{vmatrix} A_{11} & A_{12} & \cdots & A_{1,n-1} \\ A_{21} & A_{22} & \cdots & A_{2,n-1} \\ \vdots & \vdots & & \vdots \\ A_{n-1,1} & A_{n-1,2} & \cdots & A_{n-1,n-1} \end{vmatrix} = a_{nn}D^{n-2}$$

证明 令

$$\boldsymbol{A} = \begin{pmatrix} a_{11} & a_{12} & \cdots & a_{1n} \\ a_{21} & a_{22} & \cdots & a_{2n} \\ \vdots & \vdots & & \vdots \\ a_{n1} & a_{n2} & \cdots & a_{nn} \end{pmatrix}$$

则 $$\boldsymbol{A}^* = \begin{pmatrix} A_{11} & A_{21} & \cdots & A_{n1} \\ A_{12} & A_{22} & \cdots & A_{n2} \\ \vdots & \vdots & & \vdots \\ A_{1n} & A_{2n} & \cdots & A_{nn} \end{pmatrix}$$

注意到所求行列式的转置是 $\boldsymbol{A}^*$ 的元素 A_{nn} 的代数余子式，也就是 $(\boldsymbol{A}^*)^*$ 的 (n,n) 位置的元素，由 $(\boldsymbol{A}^*)^* = |\boldsymbol{A}|^{n-2}\boldsymbol{A}$ 可得结论成立.

【变式练习】

（湘潭大学考研真题）设矩阵 $\boldsymbol{A}=(a_{ij})_{n\times n}, n\geqslant 2$，$\boldsymbol{A}^*$ 为矩阵 $\boldsymbol{A}$ 的伴随矩阵，令 M 表示划掉 $\boldsymbol{A}^*$ 的第 i 行和第 i 列得到的 $n-1$ 阶子式，证明 $M = a_{ii}|\boldsymbol{A}|^{n-2}$.

例 3.9 （中国计量学院考研真题）设 $\boldsymbol{A},\boldsymbol{B}$ 是 n 阶方阵，且 $\boldsymbol{A}+\boldsymbol{B}$ 可逆，证明：

（1）$\boldsymbol{A}(\boldsymbol{A}+\boldsymbol{B})^{-1}\boldsymbol{B} = \boldsymbol{B}(\boldsymbol{A}+\boldsymbol{B})^{-1}\boldsymbol{A}$；

（2）若还有 $\boldsymbol{A}$ 和 $\boldsymbol{B}$ 都可逆，则 $\boldsymbol{A}^{-1}+\boldsymbol{B}^{-1}$ 也可逆，且 $(\boldsymbol{A}^{-1}+\boldsymbol{B}^{-1})^{-1} = \boldsymbol{A}(\boldsymbol{A}+\boldsymbol{B})^{-1}\boldsymbol{B}$.

证明 （1）$\boldsymbol{B} = (\boldsymbol{A}+\boldsymbol{B})(\boldsymbol{A}+\boldsymbol{B})^{-1}\boldsymbol{B} = \boldsymbol{A}(\boldsymbol{A}+\boldsymbol{B})^{-1}\boldsymbol{B} + \boldsymbol{B}(\boldsymbol{A}+\boldsymbol{B})^{-1}\boldsymbol{B}$，

又 $$\boldsymbol{B} = \boldsymbol{B}(\boldsymbol{A}+\boldsymbol{B})^{-1}(\boldsymbol{A}+\boldsymbol{B}) = \boldsymbol{B}(\boldsymbol{A}+\boldsymbol{B})^{-1}\boldsymbol{A} + \boldsymbol{B}(\boldsymbol{A}+\boldsymbol{B})^{-1}\boldsymbol{B},$$

故 $$\boldsymbol{A}(\boldsymbol{A}+\boldsymbol{B})^{-1}\boldsymbol{B} = \boldsymbol{B}(\boldsymbol{A}+\boldsymbol{B})^{-1}\boldsymbol{A}.$$

（2）由

$$(\boldsymbol{A}^{-1}+\boldsymbol{B}^{-1})\boldsymbol{A}(\boldsymbol{A}+\boldsymbol{B})^{-1}\boldsymbol{B}=(\boldsymbol{E}+\boldsymbol{B}^{-1}\boldsymbol{A})(\boldsymbol{A}+\boldsymbol{B})^{-1}\boldsymbol{B}=(\boldsymbol{E}+\boldsymbol{B}^{-1}\boldsymbol{A})[\boldsymbol{B}^{-1}(\boldsymbol{A}+\boldsymbol{B})]^{-1}$$

$$=(\boldsymbol{E}+\boldsymbol{B}^{-1}\boldsymbol{A})(\boldsymbol{B}^{-1}\boldsymbol{A}+\boldsymbol{E})^{-1}=\boldsymbol{E}$$

知 $\boldsymbol{A}^{-1}+\boldsymbol{B}^{-1}$ 也可逆，且 $(\boldsymbol{A}^{-1}+\boldsymbol{B}^{-1})^{-1}=\boldsymbol{A}(\boldsymbol{A}+\boldsymbol{B})^{-1}\boldsymbol{B}$.

例 3.10 设 n 阶实对称矩阵 $\boldsymbol{A}$ 的每一行元素之和都等于零，在 $\boldsymbol{A}$ 中有一个 $n-1$ 阶子式不等于零. 证明：$\boldsymbol{A}$ 的伴随矩阵 $\boldsymbol{A}^*$ 中每一个元素均相等.

证明 $\boldsymbol{A}$ 的每一行元素之和都等于零，则 $\boldsymbol{\alpha}=(1,1,\cdots,1)^{\mathrm{T}}$ 是齐次方程组 $\boldsymbol{AX}=\boldsymbol{0}$ 的非零解，知 $|\boldsymbol{A}|=0$，从而 $R(\boldsymbol{A})<n$.

又因为 $\boldsymbol{AA}^*=|\boldsymbol{A}|\boldsymbol{E}=0$，知 $R(\boldsymbol{A})+R(\boldsymbol{A}^*)\leqslant n$，而 $\boldsymbol{A}$ 中有一个 $n-1$ 阶子式不等于零，有 $R(\boldsymbol{A})=n-1$，且 $R(\boldsymbol{A}^*)\geqslant 1$，知 $R(\boldsymbol{A}^*)=1$.

设 $\boldsymbol{A}^*=(\boldsymbol{\alpha}_1,\boldsymbol{\alpha}_2,\cdots,\boldsymbol{\alpha}_n)$，则 $\boldsymbol{\alpha}_i=k_i\boldsymbol{\alpha}(i=1,2,\cdots,n)$. 由 $\boldsymbol{A}$ 的对称性有 $k_i=k_1\neq 0(i=2,3,\cdots,n)$.

故 $\boldsymbol{A}^*=k_1\begin{pmatrix}1&1&\cdots&1\\1&1&\cdots&1\\\vdots&\vdots&&\vdots\\1&1&\cdots&1\end{pmatrix}$，即 $\boldsymbol{A}^*$ 中每一个元素均相等.

说明：

这里利用了以下结论：$\boldsymbol{A},\boldsymbol{B}\in M_n(F),\boldsymbol{AB}=\boldsymbol{O}\Rightarrow R(\boldsymbol{A})+R(\boldsymbol{B})\leqslant n$.

例 3.11 证明：任一 n 阶方阵可以表成一个数量矩（具有 $k\boldsymbol{E}$ 形式的矩阵）与一个迹为 0 的矩阵之和.

证明 设 $\boldsymbol{A}$ 是任一个 n 阶方阵，$\boldsymbol{A}=(a_{ij})_{n\times n}$. 假设 $\boldsymbol{A}$ 可以写成 $\boldsymbol{A}=k\boldsymbol{E}+\boldsymbol{B}$ 的形式，其中 k 为数域 F 中的一个数，$\boldsymbol{B}=(b_{ij})_{n\times n}$ 是一个迹为 0 的矩阵，那么

$$\begin{aligned}&b_{11}+b_{22}+\cdots+b_{nn}=0\\&a_{ii}=k+b_{ii},\ \ i=1,2,\cdots,n\\&a_{ij}=b_{ij},\ \ i\neq j,i,j=1,2,\cdots,n\end{aligned}$$

于是

$$\sum_{i=1}^{n}a_{ii}=\sum_{i=1}^{n}(k+b_{ii})=nk+\sum_{i=1}^{n}b_{ii}=nk\text{，即 }k=\frac{1}{n}\sum_{i=1}^{n}a_{ii}$$

由 $a_{ii}=k+b_{ii}$，得

$$b_{ii}=a_{ii}-k=a_{ii}-\frac{1}{n}\sum_{j=1}^{n}a_{jj}$$

取 $k=\frac{1}{n}\sum_{i=1}^{n}a_{ii}$，则

$$b_{ij}=\begin{cases}a_{ii}-\dfrac{1}{n}\displaystyle\sum_{j=1}^{n}a_{jj},\ i=j,\\a_{ij},\qquad\qquad\quad i\neq j\end{cases}$$

那么 $\boldsymbol{B}=(b_{ij})_{n\times n}$ 是一个迹为 0 的矩阵，且 $\boldsymbol{A}=k\boldsymbol{E}+\boldsymbol{B}$.

例 3.12 （浙江大学考研真题）设 $\boldsymbol{A},\boldsymbol{B}\in M_n(F)$ ，证明 $(\boldsymbol{AB})^*=\boldsymbol{B}^*\boldsymbol{A}^*$.

证明 若 $\boldsymbol{A},\boldsymbol{B}$ 都可逆，则 $\boldsymbol{AB}$ 可逆，且有

$$(\boldsymbol{AB})^*=\left|\boldsymbol{AB}\right|(\boldsymbol{AB})^{-1}=|\boldsymbol{A}||\boldsymbol{B}|\boldsymbol{B}^{-1}\boldsymbol{A}^{-1}=(\boldsymbol{B}|\boldsymbol{B}^{-1})(|\boldsymbol{A}|\boldsymbol{A}^{-1})=\boldsymbol{B}^*\boldsymbol{A}^*.$$

当 $\left|\boldsymbol{AB}\right|=0$ 时，利用摄动法，考虑矩阵 $\boldsymbol{A}(t)=t\boldsymbol{E}+\boldsymbol{A},\boldsymbol{B}(t)=t\boldsymbol{E}+\boldsymbol{B}$.

则在数域 F 中存在数列 $\{t_n\},t_n\to 0$ ，使得 $\boldsymbol{A}(t_n)=t_n\boldsymbol{E}+\boldsymbol{A},\boldsymbol{B}(t_n)=t_n\boldsymbol{E}+\boldsymbol{B}$ 均为可逆矩阵，由前面的证明有

$$(\boldsymbol{A}(t_n)\boldsymbol{B}(t_n))^*=(\boldsymbol{B}(t_n))^*(\boldsymbol{A}(t_n))^*$$

即
$$((t_n\boldsymbol{E}+\boldsymbol{A})(t_n\boldsymbol{E}+\boldsymbol{B}))^*=(t_n\boldsymbol{E}+\boldsymbol{B})^*(t_n\boldsymbol{E}+\boldsymbol{A})^*$$

注意到上式两边矩阵的元素是 t_n 的多项式，从而关于 t_n 连续，令 $t_n\to 0$ ，两边同时取极限，则有 $(\boldsymbol{AB})^*=\boldsymbol{B}^*\boldsymbol{A}^*$.

第4章

向量组与线性方程组

4.1　知识点综述

4.1.1　线性相关性

1）向量组的线性相关性和线性无关性的定义

如果存在数域 F 上的不全为零的数 $k_1,k_2,\cdots,k_n\ (n\geqslant 1)$，使

$$k_1\boldsymbol{\alpha}_1+k_2\boldsymbol{\alpha}_2+\cdots+k_n\boldsymbol{\alpha}_n=0,$$

则称向量组 $\boldsymbol{\alpha}_1,\boldsymbol{\alpha}_2,\cdots,\boldsymbol{\alpha}_n$ 在数域 F 上是线性相关的，否则称其在数域 F 上是线性无关的.

2）线性相关的证明

在判定向量组 $\boldsymbol{\alpha}_1,\boldsymbol{\alpha}_2,\cdots,\boldsymbol{\alpha}_n$ 是否线性相关时，往往采用如下模式：

（1）对 $\boldsymbol{\alpha}_1,\boldsymbol{\alpha}_2,\cdots,\boldsymbol{\alpha}_n$，假设存在一组数 $k_1,k_2,\cdots,k_n$ 使得 $k_1\boldsymbol{\alpha}_1+k_2\boldsymbol{\alpha}_2+\cdots+k_n\boldsymbol{\alpha}_n=\boldsymbol{0}$；

（2）利用已知条件，代入（1）中的向量方程，将问题转化为已知向量组的关系式来确定 $k_1,k_2,\cdots,k_n$ 的取值关系，进一步判定 $\boldsymbol{\alpha}_1,\boldsymbol{\alpha}_2,\cdots,\boldsymbol{\alpha}_n$ 的线性关系.

3）线性无关的证明

判定向量组 $\boldsymbol{\alpha}_1,\boldsymbol{\alpha}_2,\cdots,\boldsymbol{\alpha}_n$ 是否线性无关，一般常用的方法与判定一组向量是否线性相关的方法类似，即对 $k_1\boldsymbol{\alpha}_1+k_2\boldsymbol{\alpha}_2+\cdots+k_n\boldsymbol{\alpha}_n=\boldsymbol{0}$，利用已知条件证明 $k_1=k_2=\cdots=k_n=0$.

4）线性相关（无关）的结论和性质

（1）$\boldsymbol{\alpha}_1,\boldsymbol{\alpha}_2,\cdots,\boldsymbol{\alpha}_n$ 线性相关 $\Leftrightarrow$ $\boldsymbol{\alpha}_1,\boldsymbol{\alpha}_2,\cdots,\boldsymbol{\alpha}_n$ 中一向量是其余向量的线性组合.

（2）设 $\boldsymbol{\alpha}_1,\boldsymbol{\alpha}_2,\cdots,\boldsymbol{\alpha}_r$ 线性相关，其中 $\boldsymbol{\alpha}_i=(a_{i1},\cdots,a_{ik},\cdots,a_{im})^{\mathrm{T}}$，则 $\boldsymbol{\beta}_1,\boldsymbol{\beta}_2,\cdots,\boldsymbol{\beta}_r$ 也线性相关，其中 $\boldsymbol{\beta}_i=(a_{i1},\cdots,a_{ik})^{\mathrm{T}}\ (i=1,2,\cdots,r,k\leqslant m)$；设 $\boldsymbol{\beta}_1,\boldsymbol{\beta}_2,\cdots,\boldsymbol{\beta}_r$ 线性无关，则 $\boldsymbol{\alpha}_1,\boldsymbol{\alpha}_2,\cdots,\boldsymbol{\alpha}_r$ 也线性无关. 即高维相关，则低维相关；低维无关，则高维无关.

（3）若向量组的部分向量组是线性相关的，则此向量组必线性相关；若向量组线性无关，则其部分向量组也线性无关.

（4）一个 n 阶行列式等于零 $\Leftrightarrow$ 它的 n 个行（列）构成的向量组线性相关.

（5）如果向量组 $\boldsymbol{\alpha}_1,\boldsymbol{\alpha}_2,\cdots,\boldsymbol{\alpha}_m$ 可由 $\boldsymbol{\beta}_1,\boldsymbol{\beta}_2,\cdots,\boldsymbol{\beta}_s$ 线性表出，且 $m>s$，则向量组 $\boldsymbol{\alpha}_1,\boldsymbol{\alpha}_2,\cdots,\boldsymbol{\alpha}_m$ 线性相关；如果向量组 $\boldsymbol{\alpha}_1,\boldsymbol{\alpha}_2,\cdots,\boldsymbol{\alpha}_m$ 可由 $\boldsymbol{\beta}_1,\boldsymbol{\beta}_2,\cdots,\boldsymbol{\beta}_s$ 线性表出，且 $\boldsymbol{\alpha}_1,\boldsymbol{\alpha}_2,\cdots,\boldsymbol{\alpha}_m$ 线性无关，则 $m\leqslant s$.

4.1.2 线性表出

1）定义

设 $\alpha_1,\alpha_2,\cdots,\alpha_s,\beta$ 是数域 F 上的 n 维向量，如果存在数域 F 中的数 $k_1,k_2,\cdots,k_s$，使得

$$\beta = k_1\alpha_1 + k_2\alpha_2 + \cdots + k_s\alpha_s ,$$

则称 β 是向量组 $\alpha_1,\alpha_2,\cdots,\alpha_s$ 的线性组合，或称向量 β 可由向量组 $\alpha_1,\alpha_2,\cdots,\alpha_s$ 线性表出.

2）向量等价

设 $\alpha_1,\alpha_2,\cdots,\alpha_s,\beta$ 是数域 F 上的 n 维列向量，则下列条件等价：

（1）向量 β 可由向量组 $\alpha_1,\alpha_2,\cdots,\alpha_s$ 线性表出；

（2）线性方程组 $\alpha_1x_1+\alpha_2x_2+\cdots+\alpha_sx_s=\beta$ 有解；

（3）$R(\alpha_1,\alpha_2,\cdots,\alpha_s)=R(\alpha_1,\alpha_2,\cdots,\alpha_s,\beta)$；

（4）$\alpha_1,\alpha_2,\cdots,\alpha_s$ 线性无关，$\alpha_1,\alpha_2,\cdots,\alpha_s,\beta$ 线性相关.

3）向量组等价

（1）如果向量组（Ⅰ）$\alpha_1,\alpha_2,\cdots,\alpha_s$ 中的每一个向量 α_i 都可由向量组（Ⅱ）$\beta_1,\beta_2,\cdots,\beta_t$ 线性表出，则称向量组（Ⅰ）可由向量组（Ⅱ）线性表出. 如果两个向量组可以互相线性表出，则称这两个向量组等价.

（2）两个向量组等价的判定.

向量组 $\alpha_1,\alpha_2,\cdots,\alpha_s$ 与向量组 $\beta_1,\beta_2,\cdots,\beta_t$ 等价 $\Leftrightarrow R(\alpha_1,\alpha_2,\cdots,\alpha_s)=R(\beta_1,\beta_2,\cdots,\beta_t)=R(\alpha_1,\alpha_2,\cdots,\alpha_s,\beta_1,\beta_2,\cdots,\beta_t)$.

4.1.3 极大线性无关组与秩

1）定义

在向量组 $\alpha_1,\alpha_2,\cdots,\alpha_s$ 中，如果有部分组 $\alpha_{i_1},\alpha_{i_2},\cdots,\alpha_{i_r}$ 满足：

（1）$\alpha_{i_1},\alpha_{i_2},\cdots,\alpha_{i_r}$ 线性无关.

（2）从向量组 $\alpha_1,\alpha_2,\cdots,\alpha_s$ 中任意添一个向量（如果还有的话）$\alpha_i\ (1\leqslant i\leqslant s)$，向量组 $\alpha_{i_1},\alpha_{i_2},\cdots,\alpha_{i_r},\alpha_i$ 线性相关，则称 $\alpha_{i_1},\alpha_{i_2},\cdots,\alpha_{i_r}$ 为向量组 $\alpha_1,\alpha_2,\cdots,\alpha_s$ 的一个极大线性无关组. 向量组的极大线性无关组中所含的向量的个数称为向量组的秩，记为 $R(\alpha_1,\alpha_2,\cdots,\alpha_s)$ 或 $R(\alpha_1,\alpha_2,\cdots,\alpha_s)$. 规定：只含零向量的向量组的秩为零.

2）有关结论

（1）向量组与其任意一极大线性无关组等价；

（2）等价的向量组的秩相等；

（3）向量组的任意两个极大线性无关组等价，从而向量组的任意两个极大线性无关组所含向量的个数相同.

3）极大线性无关组的判定方法

除利用定义判定一个向量组的极大线性无关组外，当确定了一个向量组的秩后，还有以下两种判定方法：

（1）设 $\boldsymbol{\alpha}_1,\boldsymbol{\alpha}_2,\cdots,\boldsymbol{\alpha}_s$ 的秩为 r，则 $\boldsymbol{\alpha}_1,\boldsymbol{\alpha}_2,\cdots,\boldsymbol{\alpha}_s$ 中任意 r 个线性无关的向量都构成它的一个极大线性无关组.

（2）设 $\boldsymbol{\alpha}_1,\boldsymbol{\alpha}_2,\cdots,\boldsymbol{\alpha}_s$ 的秩为 r，$\boldsymbol{\alpha}_{i_1},\boldsymbol{\alpha}_{i_2},\cdots,\boldsymbol{\alpha}_{i_r}$ 是 $\boldsymbol{\alpha}_1,\boldsymbol{\alpha}_2,\cdots,\boldsymbol{\alpha}_s$ 的 r 个向量，若 $\boldsymbol{\alpha}_1,\boldsymbol{\alpha}_2,\cdots,\boldsymbol{\alpha}_s$ 中每个向量均可被它们线性表出，则 $\boldsymbol{\alpha}_{i_1},\boldsymbol{\alpha}_{i_2},\cdots,\boldsymbol{\alpha}_{i_r}$ 是 $\boldsymbol{\alpha}_1,\boldsymbol{\alpha}_2,\cdots,\boldsymbol{\alpha}_s$ 的一个极大线性无关组.

4.1.4 向量组的秩与矩阵的秩

1）矩阵的秩

矩阵的秩等于矩阵行向量组的秩与矩阵的列向量组的秩.

2）向量组的秩的求法

（1）构造矩阵利用矩阵秩的定义.

$$R(\boldsymbol{A})=\boldsymbol{A}\text{ 的行秩}=\boldsymbol{A}\text{ 的列秩},$$

而向量组的秩就是向量组的极大线性无关组所含向量的个数，求 A 的行向量组或列向量组的秩可转化为求矩阵 $\boldsymbol{A}$ 的秩.

（2）构造矩阵计算子式.

矩阵的秩等于矩阵中不等于零的子式的最高阶数.

（3）构造矩阵利用初等变换.

通过初等变换将矩阵化为阶梯形矩阵，在阶梯形矩阵中，根据矩阵秩的性质，这个矩阵中不为零的行或列的数目就是原矩阵的秩.

3）一个矩阵秩与方程组同解的结论

设 $\boldsymbol{A},\boldsymbol{B}\in \boldsymbol{M}_{m\times n}(F)$，如果 $\boldsymbol{AX}=\boldsymbol{0}$ 与 $\boldsymbol{BX}=\boldsymbol{0}$ 同解，则 $R(\boldsymbol{A})=R(\boldsymbol{B})$.

4.1.5 线性方程组的几种表示

1）一般形式

$$\begin{cases} a_{11}x_1+a_{12}x_2+\cdots+a_{1n}x_n=b_1, \\ a_{21}x_1+a_{22}x_2+\cdots+a_{2n}x_n=b_2, \\ \qquad\qquad\vdots \\ a_{m1}x_1+a_{m2}x_2+\cdots+a_{mn}x_n=b_m, \end{cases} \tag{4.1}$$

即
$$\sum_{j=1}^{n}a_{ij}x_j=b_i,\ i=1,2,\cdots,m .$$

2）向量形式

由式（4.1）有

$$\begin{pmatrix} b_1 \\ b_2 \\ \vdots \\ b_m \end{pmatrix}=\begin{pmatrix} a_{11} \\ a_{21} \\ \vdots \\ a_{m1} \end{pmatrix}x_1+\begin{pmatrix} a_{12} \\ a_{22} \\ \vdots \\ a_{m2} \end{pmatrix}x_2+\cdots+\begin{pmatrix} a_{1n} \\ a_{2n} \\ \vdots \\ a_{mn} \end{pmatrix}x_n=\boldsymbol{\alpha}_1x_1+\boldsymbol{\alpha}_2x_2+\cdots+\boldsymbol{\alpha}_nx_n,$$

即 $$\boldsymbol{\alpha}_1 x_1+\boldsymbol{\alpha}_2 x_2+\cdots+\boldsymbol{\alpha}_n x_n=\boldsymbol{\beta}, \tag{4.2}$$

其中 $\boldsymbol{\alpha}_i=(a_{1i},a_{2i},\cdots,a_{mi})^{\mathrm{T}}$, $\boldsymbol{\beta}=(b_1,b_2,\cdots,b_m)^{\mathrm{T}}(i=1,2,\cdots,n)$. 式（4.2）称为方程组（4.1）的向量表示形式.

3）**矩阵形式**

由式（4.1）有

$$\boldsymbol{\beta}=\begin{pmatrix} b_1\\ b_2\\ \vdots\\ b_m \end{pmatrix}=\begin{pmatrix} \sum_{i=1}^{n} a_{1i}x_i\\ \sum_{i=1}^{n} a_{2i}x_i\\ \vdots\\ \sum_{i=1}^{n} a_{mi}x_i \end{pmatrix}=\begin{pmatrix} a_{11} & a_{12} & \cdots & a_{1n}\\ a_{21} & a_{22} & \cdots & a_{2n}\\ \vdots & \vdots & & \vdots\\ a_{m1} & a_{m2} & \cdots & a_{mn} \end{pmatrix}\begin{pmatrix} x_1\\ x_2\\ \vdots\\ x_n \end{pmatrix}=\boldsymbol{AX},$$

即 $$\boldsymbol{AX}=\boldsymbol{\beta}, \tag{4.3}$$

其中 $\boldsymbol{A}=(a_{ij})_{m\times n}$. 式（4.3）称为方程组（4.1）的矩阵表示式.

4.1.6 线性方程组有解的判定及解的个数

1）**高斯消元法**

对线性方程组（4.1）的增广矩阵 $\overline{\boldsymbol{A}}$，利用三种初等变换以及调换两列位置的列初等变换，即这四种初等变换总可以将 $\overline{\boldsymbol{A}}$ 化为如下形式：

$$\overline{\boldsymbol{A}}=(\boldsymbol{A},\boldsymbol{\beta})\rightarrow\begin{pmatrix} c_{11} & c_{12} & \cdots & c_{1r} & \cdots & c_{1n} & d_1\\ 0 & c_{22} & \cdots & c_{2r} & \cdots & c_{2n} & d_2\\ \vdots & \vdots & & \vdots & & \vdots & \vdots\\ 0 & 0 & \cdots & c_{rr} & \cdots & c_{rn} & d_r\\ 0 & 0 & \cdots & 0 & \cdots & 0 & d_{r+1}\\ 0 & 0 & \cdots & 0 & \cdots & 0 & 0\\ \vdots & \vdots & & \vdots & & \vdots & \vdots\\ 0 & 0 & \cdots & 0 & 0 & \cdots & 0 \end{pmatrix} \tag{4.4}$$

对式（4.4）作如下讨论：

（1）当 $d_{r+1}\neq 0$ 时，原方程组（4.1）无解.

（2）当 $d_{r+1}=0$，或根本不出现 $d_{r+1}=0$ 时，分两种情况：

（i）当 $r=n$ 时，原方程组（4.1）有唯一解；

（ii）当 $r<n$ 时，原方程组（4.1）有无穷解.

2）**利用增广矩阵的秩**

对线性方程组（4.1），当 $R(\boldsymbol{A})\neq R(\overline{\boldsymbol{A}})$ 时，方程组无解；当 $R(\boldsymbol{A})=R(\overline{\boldsymbol{A}})=r$ 时，分两种情况：

（1）当 $r=n$ 时，原方程组（4.1）有唯一解；

（2）当 $r<n$ 时，原方程组（4.1）有无穷解.

4.1.7 线性方程组解的结构

1）齐次线性方程组 $\boldsymbol{AX}=\boldsymbol{0}$ 解的结构

设矩阵 $\boldsymbol{A}$ 的秩 $R(\boldsymbol{A})=r$，则当 $r=n$ 时，$\boldsymbol{AX}=\boldsymbol{0}$ 只有零解；当 $r<n$ 时，$\boldsymbol{AX}=\boldsymbol{0}$ 有非零解. 设 $x_1,x_2,\cdots,x_{n-r}$ 是 $\boldsymbol{AX}=\boldsymbol{0}$ 的基础解系，则 $\boldsymbol{AX}=\boldsymbol{0}$ 的通解为 $k_1x_1+k_2x_2+\cdots+k_{n-r}x_{n-r}$，其中 $k_1,k_2,\cdots,k_{n-r}$ 为数域 F 上的任意数.

2）一般线性方程组 $\boldsymbol{AX}=\boldsymbol{\beta}$ 解的结构

当 $R(\boldsymbol{A})=R(\overline{\boldsymbol{A}})=r<n$ 时，$\boldsymbol{AX}=\boldsymbol{\beta}$ 的通解为 $k_1x_1+k_2x_2+\cdots+k_{n-r}x_{n-r}+x_0$，其中 x_0 是 $\boldsymbol{AX}=\boldsymbol{\beta}$ 的一个特解，$x_1,x_2,\cdots,x_{n-r}$ 是它的相应齐次方程组 $\boldsymbol{AX}=\boldsymbol{0}$ 的一个基础解系，$k_1,k_2,\cdots,k_{n-r}$ 为数域 F 上的任意数.

4.2 习题详解

习题 4.1

1. 填空题

（1）已知 $\boldsymbol{\alpha}_1=\begin{pmatrix}1\\1\\2\\1\end{pmatrix},\boldsymbol{\alpha}_2=\begin{pmatrix}1\\0\\0\\2\end{pmatrix},\boldsymbol{\alpha}_3=\begin{pmatrix}-1\\-4\\-8\\k\end{pmatrix}$ 线性相关，则 $k=\underline{\ \ 2\ \ }$.

（2）设向量组 $\boldsymbol{\alpha}_1=\begin{pmatrix}a\\0\\c\end{pmatrix},\boldsymbol{\alpha}_2=\begin{pmatrix}b\\c\\0\end{pmatrix},\boldsymbol{\alpha}_3=\begin{pmatrix}0\\a\\b\end{pmatrix}$ 线性无关，则 a,b,c 满足关系式 $\underline{abc\neq 0}$.

2. 判断下列命题是否正确.

（1）若向量组 $\boldsymbol{\alpha}_1,\boldsymbol{\alpha}_2,\cdots,\boldsymbol{\alpha}_s$ 线性相关，那么其中每个向量可由其他向量线性表示.

（ × ）

（2）如果向量 $\boldsymbol{\beta}_1,\boldsymbol{\beta}_2,\cdots,\boldsymbol{\beta}_t$ 可经向量组 $\boldsymbol{\alpha}_1,\boldsymbol{\alpha}_2,\cdots,\boldsymbol{\alpha}_s$ 线性表示，且 $\boldsymbol{\alpha}_1,\boldsymbol{\alpha}_2,\cdots,\boldsymbol{\alpha}_s$ 线性相关，那么 $\boldsymbol{\beta}_1,\boldsymbol{\beta}_2,\cdots,\boldsymbol{\beta}_t$ 也线性相关.（ × ）

（3）如果向量 $\boldsymbol{\beta}$ 可经向量组 $\boldsymbol{\alpha}_1,\boldsymbol{\alpha}_2,\cdots,\boldsymbol{\alpha}_s$ 线性表示且表示式是唯一的，那么 $\boldsymbol{\alpha}_1,\boldsymbol{\alpha}_2,\cdots,\boldsymbol{\alpha}_s$ 线性无关.（ √ ）

3. 设向量组 $\boldsymbol{\alpha}_1,\boldsymbol{\alpha}_2,\cdots,\boldsymbol{\alpha}_r$ 线性无关，证明向量组 $\boldsymbol{\beta}_1,\boldsymbol{\beta}_2,\cdots,\boldsymbol{\beta}_r$ 也线性无关，这里 $\boldsymbol{\beta}_i=\boldsymbol{\alpha}_1+\cdots+\boldsymbol{\alpha}_i\ (i=1,2,\cdots,r)$.

解 设 $k_1\boldsymbol{\beta}_1+k_2\boldsymbol{\beta}_2+\cdots+k_r\boldsymbol{\beta}_r=\boldsymbol{0}$，即

$$k_1(\boldsymbol{\alpha}_1+\boldsymbol{\alpha}_2+\cdots+\boldsymbol{\alpha}_r)+k_2(\boldsymbol{\alpha}_2+\boldsymbol{\alpha}_3+\cdots+\boldsymbol{\alpha}_r)+\cdots+k_r\boldsymbol{\alpha}_r=\boldsymbol{0}$$

则

$$k_1\boldsymbol{\alpha}_1+(k_1+k_2)\boldsymbol{\alpha}_2+\cdots+(k_1+\cdots+k_r)\boldsymbol{\alpha}_r=\boldsymbol{0}$$

由题设知 $\boldsymbol{\alpha}_1,\boldsymbol{\alpha}_2,\cdots,\boldsymbol{\alpha}_r$ 线性无关，所以

$$\begin{cases}k_1=0\\k_1+k_2=0\\\quad\vdots\\k_1+\cdots+k_r=0\end{cases}\qquad(*)$$

这是一个关于 $k_1,k_2,\cdots,k_r$ 的齐次线性方程组，容易求得 $k_1=k_2=\cdots=k_r=0$，故向量组 $\boldsymbol{\beta}_1,\boldsymbol{\beta}_2,\cdots,\boldsymbol{\beta}_r$ 也线性无关.

4. 设 $t_1,t_2,\cdots,t_r$ 是互不相同的数，证明：向量组 $\boldsymbol{\alpha}_i=(1,t_i,t_i^2,\cdots,t_i^{r-1})^{\mathrm{T}}\ (i=1,2,\cdots,r)$ 是线性无关的.

证明 设有线性关系

$$k_1\boldsymbol{\alpha}_1+k_2\boldsymbol{\alpha}_2+\cdots+k_r\boldsymbol{\alpha}_r=\mathbf{0}$$

则

$$\begin{cases}k_1+k_2+\cdots+k_r=0\\t_1k_1+t_2k_2+\cdots+t_rk_r=0\\\quad\vdots\\t_1^{n-1}k_1+t_2^{n-1}k_2+\cdots+t_r^{n-1}k_r=0\end{cases}$$

该系数行列式为一个范德蒙行列式，即

$$\begin{vmatrix}1&1&\cdots&1\\t_1&t_2&\cdots&t_r\\t_1^2&t_2^2&\cdots&t_r^2\\\vdots&\vdots&&\vdots\\t_1^{r-1}&t_2^{r-1}&\cdots&t_r^{r-1}\end{vmatrix}=\prod_{1\leqslant i<j\leqslant r}(t_j-t_i)\neq0$$

所以方程组有唯一的零解，这就是说 $\boldsymbol{\alpha}_1,\boldsymbol{\alpha}_2,\cdots,\boldsymbol{\alpha}_r$ 线性无关.

5. 设向量组 $\boldsymbol{\alpha}_1,\boldsymbol{\alpha}_2,\boldsymbol{\alpha}_3$ 线性相关，向量组 $\boldsymbol{\alpha}_2,\boldsymbol{\alpha}_3,\boldsymbol{\alpha}_4$ 线性无关，证明：

（1）$\boldsymbol{\alpha}_1$ 能由 $\boldsymbol{\alpha}_2,\boldsymbol{\alpha}_3$ 线性表示；（2）$\boldsymbol{\alpha}_4$ 不能由 $\boldsymbol{\alpha}_1,\boldsymbol{\alpha}_2,\boldsymbol{\alpha}_3$ 线性表示.

证明 （1）由向量组 $\boldsymbol{\alpha}_2,\boldsymbol{\alpha}_3,\boldsymbol{\alpha}_4$ 线性无关知 $\boldsymbol{\alpha}_2,\boldsymbol{\alpha}_3$ 线性无关，又 $\boldsymbol{\alpha}_1,\boldsymbol{\alpha}_2,\boldsymbol{\alpha}_3$ 线性相关，故 $\boldsymbol{\alpha}_1$ 能由 $\boldsymbol{\alpha}_2,\boldsymbol{\alpha}_3$ 线性表示.

（2）若 $\boldsymbol{\alpha}_4$ 能由 $\boldsymbol{\alpha}_1,\boldsymbol{\alpha}_2,\boldsymbol{\alpha}_3$ 线性表示，则由（1）可知 $\boldsymbol{\alpha}_4$ 能由 $\boldsymbol{\alpha}_2,\boldsymbol{\alpha}_3$ 线性表示. 这与向量组 $\boldsymbol{\alpha}_2,\boldsymbol{\alpha}_3,\boldsymbol{\alpha}_4$ 线性无关矛盾.

6. （华东师范大学考研真题）设向量组 $\boldsymbol{\alpha}_1,\boldsymbol{\alpha}_2,\cdots,\boldsymbol{\alpha}_n$ 线性无关，讨论向量组 $\boldsymbol{\beta}_1=\boldsymbol{\alpha}_1+\boldsymbol{\alpha}_2$，$\boldsymbol{\beta}_2=\boldsymbol{\alpha}_2+\boldsymbol{\alpha}_3,\cdots,\boldsymbol{\beta}_{n-1}=\boldsymbol{\alpha}_{n-1}+\boldsymbol{\alpha}_n,\boldsymbol{\beta}_n=\boldsymbol{\alpha}_n+\boldsymbol{\alpha}_1$ 的线性无关性.

解 设 $k_1\boldsymbol{\beta}_1+k_2\boldsymbol{\beta}_2+\cdots+k_n\boldsymbol{\beta}_n=\mathbf{0}$，即

$$k_1(\boldsymbol{\alpha}_1+\boldsymbol{\alpha}_2)+k_2(\boldsymbol{\alpha}_2+\boldsymbol{\alpha}_3)+\cdots+k_n(\boldsymbol{\alpha}_n+\boldsymbol{\alpha}_1)=\mathbf{0}$$

则

$$(k_1+k_n)\boldsymbol{\alpha}_1+(k_1+k_2)\boldsymbol{\alpha}_2+\cdots+(k_{n-1}+k_n)\boldsymbol{\alpha}_n=\mathbf{0}$$

由题设知 $\boldsymbol{\alpha}_1,\boldsymbol{\alpha}_2,\cdots,\boldsymbol{\alpha}_n$ 线性无关，所以

$$\begin{cases}k_1+k_n=0\\k_1+k_2=0\\\quad\vdots\\k_{n-1}+k_n=0\end{cases}\qquad(*)$$

这是一个关于$k_1,k_2,\cdots,k_n$的齐次线性方程组，其系数矩阵行列式为

$$D=\begin{vmatrix}1 & & & & 1\\ 1 & 1 & & & \\ & 1 & 1 & & \\ & & \ddots & \ddots & \\ & & & \ddots & 1 \\ & & & 1 & 1\end{vmatrix}=1+(-1)^{n+1}$$

当n为奇数时$D\neq 0$，方程组（*）只有零解，从而$\beta_1,\beta_2,\cdots,\beta_n$线性无关.

当n为偶数时$D=0$，方程组（*）有非零解，从而$\beta_1,\beta_2,\cdots,\beta_n$线性相关.

习题 4.2

1. 向量组$\alpha_1=\begin{pmatrix}a\\3\\1\end{pmatrix},\alpha_2=\begin{pmatrix}2\\b\\3\end{pmatrix},\alpha_3=\begin{pmatrix}1\\2\\1\end{pmatrix},\alpha_4=\begin{pmatrix}2\\3\\1\end{pmatrix}$的秩为 2，求$a,b$的值.

解 构造矩阵，然后对其进行初等变换：

$$\begin{pmatrix}a&2&1&2\\3&b&2&3\\1&3&1&1\end{pmatrix}\to\begin{pmatrix}1&3&1&1\\3&b&2&3\\a&2&1&2\end{pmatrix}\to\begin{pmatrix}1&3&1&1\\0&b-9&-1&0\\0&2-3a&1-a&2-a\end{pmatrix}$$

$$\to\begin{pmatrix}1&1&3&1\\0&-1&b-9&0\\0&1-a&2-3a&2-a\end{pmatrix}\to\begin{pmatrix}1&1&3&1\\0&-1&b-9&0\\0&0&b-7+6a-ba&2-a\end{pmatrix}$$

由已知秩为 2 可知$b-7+6a-ba=0,2-a=0$，解得$a=2,b=5$.

2. 设矩阵$A=\begin{pmatrix}2&-1&-1&1&2\\1&1&-2&1&4\\4&-6&2&-2&4\\3&6&-9&7&9\end{pmatrix}$，求$A$的列向量组的一个极大线性无关组，并把其余列向量用极大线性无关组线性表示.

解 $$A=\begin{pmatrix}2&-1&-1&1&2\\1&1&-2&1&4\\4&-6&2&-2&4\\3&6&-9&7&9\end{pmatrix}\to\begin{pmatrix}1&1&-2&1&4\\2&-1&-1&1&2\\4&-6&2&-2&4\\3&6&-9&7&9\end{pmatrix}\to\begin{pmatrix}1&1&-2&1&4\\0&-3&3&-1&-6\\0&-10&10&-6&-12\\0&3&-3&4&-3\end{pmatrix}$$

$$\to\begin{pmatrix}1&1&-2&1&4\\0&-3&3&-1&-6\\0&-1&1&-3&6\\0&0&0&3&-9\end{pmatrix}\to\begin{pmatrix}1&1&-2&1&4\\0&-1&1&-3&6\\0&-3&3&-1&-6\\0&0&0&3&-9\end{pmatrix}\to\begin{pmatrix}1&0&-1&-2&10\\0&1&-1&3&-6\\0&0&0&8&-24\\0&0&0&3&-9\end{pmatrix}$$

$$\rightarrow\begin{pmatrix}1&0&-1&0&4\\0&1&-1&0&3\\0&0&0&1&-3\\0&0&0&0&0\end{pmatrix}=\boldsymbol{B}$$

设 $\boldsymbol{A}=(\alpha_1,\alpha_2,\alpha_3,\alpha_4,\alpha_5)$，从而 $\alpha_1,\alpha_2,\alpha_4$ 为列向量组的一个极大无关组，且 $\alpha_3=-\alpha_1-\alpha_2,\alpha_5=4\alpha_1+\alpha_2-\alpha_4$.

3. 设 $\alpha_1,\alpha_2,\cdots,\alpha_n$ 为一组 n 维向量. 证明：$\alpha_1,\alpha_2,\cdots,\alpha_n$ 线性无关的充要条件是任一 n 维向量都可由它们线性表出.

证明　（必要性）若 $\alpha_1,\alpha_2,\cdots,\alpha_n$ 线性无关，对任意 n 维向量 β，则有 $\alpha_1,\alpha_2,\cdots,\alpha_n,\beta$ 线性相关，从而 β 可由 $\alpha_1,\alpha_2,\cdots,\alpha_n$ 线性表出.

（充分性）若任意向量都可由 $\alpha_1,\alpha_2,\cdots,\alpha_n$ 线性表出，则 $\mathbf{R}^n$ 的自然基 $\varepsilon_1,\varepsilon_2,\cdots,\varepsilon_n$ 可由 $\alpha_1,\alpha_2,\cdots,\alpha_n$ 线性表出，则 $n=R(\varepsilon_1,\varepsilon_2,\cdots,\varepsilon_n)\leqslant R(\alpha_1,\alpha_2,\cdots,\alpha_n)\leqslant n$，故 $R(\alpha_1,\alpha_2,\cdots,\alpha_n)=n$，从而 $\alpha_1,\alpha_2,\cdots,\alpha_n$ 线性无关.

4. 若向量组 $(1,0,0)^{\mathrm{T}},(1,1,0)^{\mathrm{T}},(1,1,1)^{\mathrm{T}}$ 可由向量组 $\alpha_1,\alpha_2,\alpha_3$ 线性表出，也可由向量组 $\beta_1,\beta_2,\beta_3,\beta_4$ 线性表出，则向量组 $\alpha_1,\alpha_2,\alpha_3$ 与向量组 $\beta_1,\beta_2,\beta_3,\beta_4$ 等价.

解　由 $\begin{vmatrix}1&1&1\\0&1&1\\0&0&1\end{vmatrix}=1$ 可知，$\gamma_1=(1,0,0)^{\mathrm{T}},\gamma_2=(1,1,0)^{\mathrm{T}},\gamma_3=(1,1,1)^{\mathrm{T}}$ 线性无关，由向量组 $\gamma_1,\gamma_2,\gamma_3$ 可由向量组 $\alpha_1,\alpha_2,\alpha_3$ 线性表出知 $R(\alpha_1,\alpha_2,\alpha_3)=3$，从而 $\alpha_1,\alpha_2,\alpha_3$ 线性无关. 即 $\gamma_1,\gamma_2,\gamma_3$ 与 $\alpha_1,\alpha_2,\alpha_3$ 都是 $\mathbf{R}^3$ 的基，从而 $\gamma_1,\gamma_2,\gamma_3$ 与 $\alpha_1,\alpha_2,\alpha_3$ 等价. $\gamma_1,\gamma_2,\gamma_3$ 可由向量组 $\beta_1,\beta_2,\beta_3,\beta_4$ 线性表出，由 $\gamma_1,\gamma_2,\gamma_3$ 是 $\mathbf{R}^3$ 的基可知 $\beta_1,\beta_2,\beta_3,\beta_4$ 可由向量组 $\gamma_1,\gamma_2,\gamma_3$ 线性表出，从而 $\gamma_1,\gamma_2,\gamma_3$ 与向量组 $\beta_1,\beta_2,\beta_3,\beta_4$ 等价. 由等价的传递性可知向量组 $\alpha_1,\alpha_2,\alpha_3$ 与向量组 $\beta_1,\beta_2,\beta_3,\beta_4$ 等价.

5. 求下列向量组的秩与一个极大线性无关组.

（1）$\alpha_1=\begin{pmatrix}1\\2\\1\\3\end{pmatrix},\alpha_2=\begin{pmatrix}4\\-1\\-5\\-6\end{pmatrix},\alpha_3=\begin{pmatrix}1\\-3\\-4\\-7\end{pmatrix}$；

（2）$\alpha_1=\begin{pmatrix}6\\4\\1\\-1\\2\end{pmatrix},\alpha_2=\begin{pmatrix}1\\0\\2\\3\\-4\end{pmatrix},\alpha_3=\begin{pmatrix}1\\4\\-9\\-6\\22\end{pmatrix},\alpha_4=\begin{pmatrix}7\\1\\0\\1\\3\end{pmatrix}$.

解　（1）$\boldsymbol{A}=(\alpha_1,\alpha_2,\alpha_3)=\begin{pmatrix}1&4&1\\2&-1&-3\\1&-5&-4\\3&-6&-7\end{pmatrix}\rightarrow\begin{pmatrix}1&4&1\\0&-9&-5\\0&-9&-5\\0&-18&-10\end{pmatrix}\rightarrow\begin{pmatrix}1&4&1\\0&-9&-5\\0&0&0\\0&0&0\end{pmatrix}$

可知向量组 $\alpha_1,\alpha_2,\alpha_3$ 的秩为 2，其中 α_1,α_2 为一个极大无关组.

（2）$\boldsymbol{A}=(\alpha_1,\alpha_2,\alpha_3,\alpha_4)=\begin{pmatrix}6&1&1&7\\4&0&4&1\\1&2&-9&0\\-1&3&-6&1\\2&-4&22&3\end{pmatrix}\to\begin{pmatrix}1&2&-9&0\\4&0&4&1\\6&1&1&7\\-1&3&-6&1\\2&-4&22&3\end{pmatrix}$

$$\to\begin{pmatrix}1&2&-9&0\\0&-8&40&1\\0&-11&55&7\\0&5&-15&1\\0&-8&40&3\end{pmatrix}\to\begin{pmatrix}1&2&-9&0\\0&-8&40&1\\0&0&0&\frac{45}{8}\\0&0&10&\frac{13}{8}\\0&0&0&2\end{pmatrix}\to\begin{pmatrix}1&2&-9&0\\0&-8&40&1\\0&0&10&\frac{13}{8}\\0&0&0&\frac{45}{8}\\0&0&0&2\end{pmatrix}$$

可知向量组 $\alpha_1,\alpha_2,\alpha_3,\alpha_4$ 的秩为 4，$\alpha_1,\alpha_2,\alpha_3,\alpha_4$ 为一个极大无关组.

6. 设向量组 $\alpha_1,\alpha_2,\cdots,\alpha_n$ 与 $\beta_1,\beta_2,\cdots,\beta_s$ 秩相同且 $\alpha_1,\alpha_2,\cdots,\alpha_n$ 能经 $\beta_1,\beta_2,\cdots,\beta_s$ 线性表出，证明 $\alpha_1,\alpha_2,\cdots,\alpha_n$ 与 $\beta_1,\beta_2,\cdots,\beta_s$ 等价.

证明　$\alpha_1,\alpha_2,\cdots,\alpha_n$ 能经 $\beta_1,\beta_2,\cdots,\beta_s$ 线性表出，且秩相同，设为 r，则它们的极大无关组分别为 $\alpha_{i_1},\alpha_{i_2},\cdots,\alpha_{i_r}$ 与 $\beta_{j_1},\beta_{j_2},\cdots,\beta_{j_r}$，故 $\alpha_{i_1},\alpha_{i_2},\cdots,\alpha_{i_r}$ 能由 $\beta_{j_1},\beta_{j_2},\cdots,\beta_{j_r}$ 线性表出. 于是合成向量组 $\alpha_{i_1},\alpha_{i_2},\cdots,\alpha_{i_r},\beta_{j_1},\beta_{j_2},\cdots,\beta_{j_r}$ 有极大无关组 $\beta_{j_1},\beta_{j_2},\cdots,\beta_{j_r}$，故其秩也为 r，从而 $\alpha_{i_1},\alpha_{i_2},\cdots,\alpha_{i_r}$ 也是向量组 $\alpha_{i_1},\alpha_{i_2},\cdots,\alpha_{i_r},\beta_{j_1},\beta_{j_2},\cdots,\beta_{j_r}$ 的一个极大无关组，则 $\beta_{j_1},\beta_{j_2},\cdots,\beta_{j_r}$ 能由 $\alpha_{i_1},\alpha_{i_2},\cdots,\alpha_{i_r}$ 线性表出，故 $\alpha_{i_1},\alpha_{i_2},\cdots,\alpha_{i_r}$ 与 $\beta_{j_1},\beta_{j_2},\cdots,\beta_{j_r}$ 等价，进而 $\alpha_1,\alpha_2,\cdots,\alpha_n$ 与 $\beta_1,\beta_2,\cdots,\beta_s$ 等价.

7. 设 $\begin{cases}\beta_1=\alpha_2+\alpha_3+\cdots+\alpha_n,\\\beta_2=\alpha_1+\alpha_3+\cdots+\alpha_n,\\\qquad\vdots\\\beta_n=\alpha_1+\alpha_2+\cdots+\alpha_{n-1},\end{cases}$ 证明：向量组 $\alpha_1,\alpha_2,\cdots,\alpha_n$ 与向量组 $\beta_1,\beta_2,\cdots,\beta_n$ 等价.

证明　由题设知，$\beta_1,\beta_2,\cdots,\beta_n$ 可由 $\alpha_1,\alpha_2,\cdots,\alpha_n$ 线性表出.

现在把这些等式统统加起来，可得

$$\frac{1}{n-1}(\beta_1+\beta_2+\cdots+\beta_n)=\alpha_1+\alpha_2+\cdots+\alpha_n$$

于是

$$\alpha_i=\frac{1}{n-1}\beta_1+\frac{1}{n-1}\beta_2+\cdots+\left(\frac{1}{n-1}-1\right)\beta_i+\cdots+\frac{1}{n-1}\beta_n,\ i=1,2,\cdots,n$$

即 $\alpha_1,\alpha_2,\cdots,\alpha_n$ 也可由 $\beta_1,\beta_2,\cdots,\beta_n$ 线性表出，从而向量组 $\beta_1,\beta_2,\cdots,\beta_n$ 与 $\alpha_1,\alpha_2,\cdots,\alpha_n$ 等价.

8. 设 $\boldsymbol{A}$ 为 $s\times n$ 矩阵且 $\boldsymbol{A}$ 的行向量组线性无关，$\boldsymbol{K}$ 为 $r\times s$ 矩阵. 证明：$\boldsymbol{B}=\boldsymbol{KA}$ 的行向量组线性无关的充分必要条件是 $R(\boldsymbol{K})=r$.

证明 设

$$\boldsymbol{B}=\begin{pmatrix}\boldsymbol{B}_1\\ \boldsymbol{B}_2\\ \vdots\\ \boldsymbol{B}_r\end{pmatrix},\boldsymbol{A}=\begin{pmatrix}\boldsymbol{A}_1\\ \boldsymbol{A}_2\\ \vdots\\ \boldsymbol{A}_s\end{pmatrix},\boldsymbol{K}=\begin{pmatrix}\boldsymbol{K}_1\\ \boldsymbol{K}_2\\ \vdots\\ \boldsymbol{K}_r\end{pmatrix}=\begin{pmatrix}k_{11} & k_{12} & \cdots & k_{1s}\\ k_{21} & k_{21} & \cdots & k_{2s}\\ \vdots & \vdots & & \vdots\\ k_{r1} & k_{r2} & \cdots & k_{rs}\end{pmatrix}$$

由 $\boldsymbol{B}=\boldsymbol{KA}$ 可得

$$\begin{pmatrix}\boldsymbol{B}_1\\ \boldsymbol{B}_2\\ \vdots\\ \boldsymbol{B}_r\end{pmatrix}=\begin{pmatrix}k_{11} & k_{12} & \cdots & k_{1s}\\ k_{21} & k_{21} & \cdots & k_{2s}\\ \vdots & \vdots & & \vdots\\ k_{r1} & k_{r2} & \cdots & k_{rs}\end{pmatrix}\begin{pmatrix}\boldsymbol{A}_1\\ \boldsymbol{A}_2\\ \vdots\\ \boldsymbol{A}_s\end{pmatrix}$$

即
$$\boldsymbol{B}_i=\sum_{j=1}^{s}k_{ij}\boldsymbol{A}_j, i=1,2,\cdots,r$$

设
$$x_1\boldsymbol{B}_1+x_2\boldsymbol{B}_2+\cdots+x_r\boldsymbol{B}_r=\boldsymbol{0}$$

则有
$$\sum_{i=1}^{r}k_{i1}x_i\boldsymbol{A}_1+\sum_{i=1}^{r}k_{i2}x_i\boldsymbol{A}_2+\cdots+\sum_{i=1}^{r}k_{is}x_i\boldsymbol{A}_s=\boldsymbol{0}$$

由 $\boldsymbol{A}$ 的行向量组线性无关可得

$$\begin{cases}k_{11}x_1+k_{21}x_2+\cdots+k_{r1}x_r=0\\ k_{12}x_1+k_{22}x_2+\cdots+k_{r2}x_r=0\\ \qquad\qquad\vdots\\ k_{1s}x_1+k_{2s}x_2+\cdots+k_{rs}x_r=0\end{cases}$$

即
$$x_1\boldsymbol{K}_1^{\mathrm{T}}+x_2\boldsymbol{K}_2^{\mathrm{T}}+\cdots+x_r\boldsymbol{K}_r^{\mathrm{T}}=\boldsymbol{0}$$

（必要性）若 $\boldsymbol{B}_1,\boldsymbol{B}_2,\cdots,\boldsymbol{B}_r$ 线性无关，则 $x_1\boldsymbol{K}_1^{\mathrm{T}}+x_2\boldsymbol{K}_2^{\mathrm{T}}+\cdots+x_r\boldsymbol{K}_r^{\mathrm{T}}=\boldsymbol{0}$ 当且仅当 $x_1=x_2=\cdots=x_r=0$，从而 $\boldsymbol{K}_1^{\mathrm{T}},\boldsymbol{K}_2^{\mathrm{T}},\cdots,\boldsymbol{K}_r^{\mathrm{T}}$ 线性无关，故 $R(\boldsymbol{K})=r$.

（充分性）若 $R(\boldsymbol{K})=r$，则 $\boldsymbol{K}_1,\boldsymbol{K}_2,\cdots,\boldsymbol{K}_r$ 线性无关，由 $x_1\boldsymbol{K}_1^{\mathrm{T}}+x_2\boldsymbol{K}_2^{\mathrm{T}}+\cdots+x_r\boldsymbol{K}_r^{\mathrm{T}}=\boldsymbol{0}$ 可得 $x_1=x_2=\cdots=x_r=0$，即 $\boldsymbol{B}_1,\boldsymbol{B}_2,\cdots,\boldsymbol{B}_r$ 线性无关.

习题 4.3

1. 用消元法求解下列线性方程组：

（1）$\begin{cases}x_1-x_2-x_3=2,\\ 2x_1-x_2-3x_3=0,\\ x_1+2x_2-5x_3=0;\end{cases}$　　（2）$\begin{cases}x_1+x_2+x_3=0,\\ x_1+2x_2-x_3=1,\\ 2x_1-3x_2+x_3=2;\end{cases}$

（3）$\begin{cases}4x_1+2x_2-x_3=2,\\ 3x_1-x_2+2x_3=10,\\ 11x_1+3x_2=8;\end{cases}$　　（4）$\begin{cases}2x_1+x_2-x_3+x_4=1,\\ 4x_1+2x_2-2x_3+x_4=2,\\ 2x_1+x_2-x_3-x_4=1.\end{cases}$

解 （1）对增广矩阵作行初等变换：

$$\begin{pmatrix}1&-1&-1&2\\2&-1&-3&0\\1&2&-5&0\end{pmatrix}\to\begin{pmatrix}1&-1&-1&2\\0&1&-1&-4\\0&3&-4&-2\end{pmatrix}\to\begin{pmatrix}1&0&-2&-2\\0&1&-1&-4\\0&0&-1&10\end{pmatrix}\to\begin{pmatrix}1&0&0&-22\\0&1&0&-14\\0&0&1&-10\end{pmatrix}$$

方程组有唯一解：$x_1=-22,x_2=-14,x_3=-10$.

（2）对增广矩阵作行初等变换：

$$\begin{pmatrix}1&1&1&0\\1&2&-1&1\\2&-3&1&2\end{pmatrix}\to\begin{pmatrix}1&1&1&0\\0&1&-2&1\\0&-5&-1&2\end{pmatrix}\to\begin{pmatrix}1&0&3&-1\\0&1&-2&1\\0&0&-11&7\end{pmatrix}\to\begin{pmatrix}1&0&0&\frac{10}{11}\\0&1&0&-\frac{3}{11}\\0&0&1&-\frac{7}{11}\end{pmatrix}$$

方程组有唯一解：$x_1=\frac{10}{11},x_2=-\frac{3}{11},x_3=-\frac{7}{11}$.

（3）对增广矩阵作行初等变换：

$$\begin{pmatrix}4&2&-1&2\\3&-1&2&10\\11&3&0&8\end{pmatrix}\to\begin{pmatrix}1&3&-3&-8\\3&-1&2&10\\11&3&0&8\end{pmatrix}\to\begin{pmatrix}1&3&-3&-8\\0&-10&11&34\\0&-30&33&96\end{pmatrix}\to\begin{pmatrix}1&3&-3&-8\\0&-10&11&34\\0&0&0&-6\end{pmatrix}$$

因最后一个方程为 $0=-6$，方程组无解.

（4）对增广矩阵作行初等变换：

$$\begin{pmatrix}2&1&-1&1&1\\4&2&-2&1&2\\2&1&-1&-1&1\end{pmatrix}\to\begin{pmatrix}2&1&-1&1&1\\0&0&0&-1&0\\0&0&0&-2&0\end{pmatrix}\to\begin{pmatrix}1&\frac{1}{2}&-\frac{1}{2}&0&\frac{1}{2}\\0&0&0&1&0\\0&0&0&0&0\end{pmatrix}$$

方程组有无穷多解：$\begin{cases}x_1=\frac{1}{2}-\frac{1}{2}x_2+\frac{1}{2}x_3,\\x_4=0,\end{cases}\quad x_2,x_3\in\mathbf{R}$.

习题 4.4

1. 当 λ 为何值时，下列线性方程组无解、有唯一一组解、有无穷多组解？在有无穷组解时，求其解.

（1）$\begin{cases}\lambda x_1-x_2-x_3=1,\\-x_1+\lambda x_2-x_3=-\lambda,\\-x_1-x_2+\lambda x_3=\lambda^2;\end{cases}$

（2）$\begin{cases}2x_1-x_2+x_3+x_4=1,\\x_1+2x_2-x_3+4x_4=2,\\x_1+7x_2-4x_3+11x_4=\lambda;\end{cases}$

（3）$\begin{cases}(2-\lambda)x_1+2x_2-2x_3=1,\\2x_1+(5-\lambda)x_2-4x_3=2,\\-2x_1-4x_2+(5-\lambda)x_3=-\lambda-1;\end{cases}$

（4）（西南大学考研真题）$\begin{cases}\lambda x_1+x_2+x_3+x_4=1,\\ x_1+\lambda x_2+x_3+x_4=\lambda,\\ x_1+x_2+\lambda x_3+x_4=\lambda^2,\\ x_1+x_2+x_3+\lambda x_4=\lambda^3.\end{cases}$

解　（1）因为方程组的系数行列式

$$D=\begin{vmatrix}\lambda & -1 & -1\\ -1 & \lambda & -1\\ -1 & -1 & \lambda\end{vmatrix}=(\lambda+1)^2(\lambda-2)$$

所以，当 $\lambda=-1$ 时，$R(\boldsymbol{A})=R(\overline{\boldsymbol{A}})=1<3$，故原方程组有无穷多解，且其解为

$$\begin{cases}x_1=-1-k_1-k_2\\ x_2=k_1\\ x_3=k_2\end{cases}$$

其中 k_1,k_2 为任意常数.

当 $\lambda=2$ 时，$R(\boldsymbol{A})=2<R(\overline{\boldsymbol{A}})=3$，原方程组无解.

当 $\lambda\neq-1$ 且 $\lambda\neq2$ 时，原方程组有唯一解.

（2）因为方程组的系数行列式

$$\overline{\boldsymbol{A}}=\begin{pmatrix}2 & -1 & 1 & 1 & 1\\ 1 & 2 & -1 & 4 & 2\\ 1 & 7 & -4 & 11 & \lambda\end{pmatrix}\to\begin{pmatrix}1 & 2 & -1 & 4 & 2\\ 0 & -5 & 3 & -7 & -3\\ 0 & 0 & 0 & 0 & \lambda-5\end{pmatrix}$$

所以，当 $\lambda\neq5$ 时，$R(\boldsymbol{A})=2<R(\overline{\boldsymbol{A}})=3$，故原方程组无解.

当 $\lambda=5$ 时，$R(\boldsymbol{A})=R(\overline{\boldsymbol{A}})=2$，故方程组有无穷多解，即

$$\overline{\boldsymbol{A}}=\begin{pmatrix}2 & -1 & 1 & 1 & 1\\ 1 & 2 & -1 & 4 & 2\\ 1 & 7 & -4 & 11 & 5\end{pmatrix}\to\begin{pmatrix}1 & 2 & -1 & 4 & 2\\ 0 & -5 & 3 & -7 & -3\\ 0 & 0 & 0 & 0 & 0\end{pmatrix}\to\begin{pmatrix}1 & 0 & \frac{1}{5} & \frac{6}{5} & \frac{4}{5}\\ 0 & 1 & \frac{-3}{5} & \frac{7}{5} & \frac{3}{5}\\ 0 & 0 & 0 & 0 & 0\end{pmatrix}$$

且其解为

$$\begin{cases}x_1=\dfrac{4}{5}-\dfrac{1}{5}k_1-\dfrac{6}{5}k_2\\ x_2=\dfrac{3}{5}+\dfrac{3}{5}k_1-\dfrac{7}{5}k_2\end{cases}$$

其中 k_1,k_2 为任意常数.

（3）因为方程组的系数行列式

$$D=\begin{vmatrix}2-\lambda & 2 & -2\\ 2 & 5-\lambda & -4\\ -2 & -4 & 5-\lambda\end{vmatrix}=(\lambda-1)^2(\lambda-10)$$

所以，当 $\lambda=1$ 时，$R(\boldsymbol{A})=R(\overline{\boldsymbol{A}})=1<3$，故原方程组有无穷多解，且其解为

$$\begin{cases} x_1 = 1-2k_1+2k_2 \\ x_2 = k_1 \\ x_3 = k_2 \end{cases}$$

其中 k_1, k_2 为任意常数.

当 $\lambda = 10$ 时，$R(\boldsymbol{A}) = 2 < R(\overline{\boldsymbol{A}}) = 3$，原方程组无解.

当 $\lambda \neq -1$ 且 $\lambda \neq 10$ 时，原方程组有唯一解.

（4）因为方程组的系数行列式

$$D = \begin{vmatrix} \lambda & 1 & 1 & 1 \\ 1 & \lambda & 1 & 1 \\ 1 & 1 & \lambda & 1 \\ 1 & 1 & 1 & \lambda \end{vmatrix} = (\lambda-1)^3(\lambda+3)$$

所以，当 $\lambda = 1$ 时，

$$\overline{\boldsymbol{A}} = \begin{pmatrix} 1 & 1 & 1 & 1 & 1 \\ 1 & 1 & 1 & 1 & 1 \\ 1 & 1 & 1 & 1 & 1 \\ 1 & 1 & 1 & 1 & 1 \end{pmatrix} \to \begin{pmatrix} 1 & 1 & 1 & 1 & 1 \\ 0 & 0 & 0 & 0 & 0 \\ 0 & 0 & 0 & 0 & 0 \\ 0 & 0 & 0 & 0 & 0 \end{pmatrix}$$

$R(\boldsymbol{A}) = R(\overline{\boldsymbol{A}}) = 1 < 4$，故原方程组有无穷多解，且其解为

$$\begin{cases} x_1 = -1-k_1-k_2-k_3 \\ x_2 = k_1 \\ x_3 = k_2 \\ x_4 = k_3 \end{cases}$$

其中 k_1, k_2, k_3 为任意常数.

当 $\lambda = -3$ 时，

$$\overline{\boldsymbol{A}} = \begin{pmatrix} -3 & 1 & 1 & 1 & 1 \\ 1 & -3 & 1 & 1 & -3 \\ 1 & 1 & -3 & 1 & 9 \\ 1 & 1 & 1 & -3 & -27 \end{pmatrix} \to \begin{pmatrix} 1 & 1 & 1 & -3 & -27 \\ 0 & 1 & 0 & -1 & -6 \\ 0 & 0 & 1 & -1 & -9 \\ 0 & 0 & 0 & 0 & -20 \end{pmatrix}$$

$R(\boldsymbol{A}) = 3 < R(\overline{\boldsymbol{A}}) = 4$，原方程组无解.

当 $\lambda \neq 1$ 且 $\lambda \neq -3$ 时，原方程组有唯一解.

习题 4.5

1. 求解下列齐次线性方程组的通解：

（1）$\begin{cases} x_1+2x_2-5x_3+4x_4=0, \\ x_1+3x_2+3x_3-3x_4=0, \\ 2x_1+5x_2-2x_3+x_4=0; \end{cases}$　　（2）$\begin{cases} 2x_1-4x_2+5x_3+3x_4=0, \\ 3x_1-6x_2+4x_3+2x_4=0, \\ 5x_1-10x_2+9x_3+5x_4=0. \end{cases}$

解 （1）对方程组的系数矩阵作行初等变换：

$$\begin{pmatrix}1&2&-5&4\\1&3&3&-3\\2&5&-2&1\end{pmatrix}\to\begin{pmatrix}1&0&-21&18\\0&1&8&-7\\0&0&0&0\end{pmatrix}$$

$R(\boldsymbol{A})=R(\overline{\boldsymbol{A}})=2<4$，故方程组的基础解系含有 2 个线性无关的解向量，且原方程组的同解方程组为

$$\begin{cases}x_1=21x_3-18x_4\\x_2=-8x_3+7x_4\end{cases}$$

由 $x_3=1,x_4=0$，得 $\boldsymbol{\eta}_1=(21,-8,1,0)^{\mathrm{T}}$；

由 $x_3=0,x_4=1$，得 $\boldsymbol{\eta}_2=(-18,7,0,1)^{\mathrm{T}}$.

则 $\boldsymbol{\eta}_1,\boldsymbol{\eta}_2$ 为原方程组的一个基础解系，且该齐次线性方程组的全部解为

$$\boldsymbol{\eta}=k_1\boldsymbol{\eta}_1+k_2\boldsymbol{\eta}_2$$

其中 k_1,k_2 为任意常数.

（2）对方程组的系数矩阵作行初等变换：

$$\begin{pmatrix}2&-4&5&3\\3&-6&4&2\\5&-10&9&5\end{pmatrix}\to\begin{pmatrix}1&-2&0&-2/7\\0&0&1&5/7\\0&0&0&0\end{pmatrix}$$

$R(\boldsymbol{A})=R(\overline{\boldsymbol{A}})=2<4$，故方程组的基础解系含有 2 个线性无关的解向量，且原方程组的同解方程组为

$$\begin{cases}x_1=2x_2+\dfrac{2}{7}x_4\\x_3=\qquad\dfrac{5}{7}x_4\end{cases}$$

由 $x_2=1,x_4=0$，得 $\boldsymbol{\eta}_1=(2,1,0,0)^{\mathrm{T}}$；

由 $x_2=0,x_4=1$，得 $\boldsymbol{\eta}_2=\left(\dfrac{2}{7},0,-\dfrac{5}{7},1\right)^{\mathrm{T}}$.

则 $\boldsymbol{\eta}_1,\boldsymbol{\eta}_2$ 为原方程组的一个基础解系，且该齐次线性方程组的全部解为

$$\boldsymbol{\eta}=k_1\boldsymbol{\eta}_1+k_2\boldsymbol{\eta}_2$$

其中 k_1,k_2 为任意常数.

2. 求解下列非齐次线性方程组的通解：

（1）$\begin{cases}2x_1+3x_2+x_3=4,\\x_1-2x_2+4x_3=-5,\\3x_1+8x_2-2x_3=13,\\4x_1-x_2+9x_3=-6;\end{cases}$　　（2）$\begin{cases}2x_1+x_2-x_3+x_4=1,\\3x_1-2x_2+x_3-3x_4=4,\\x_1+4x_2-3x_3+5x_4=-2.\end{cases}$

解 （1）对原方程组的增广矩阵作初等行变换：

$$\overline{\boldsymbol{A}}=\begin{pmatrix}2&3&1&4\\1&-2&4&-5\\3&8&-2&13\\4&-1&9&-6\end{pmatrix}\to\begin{pmatrix}1&0&2&-4\\0&1&-1&2\\0&0&0&0\\0&0&0&0\end{pmatrix}$$

$R(\boldsymbol{A})=R(\overline{\boldsymbol{A}})=2<3$，所以方程组有无穷多解，其导出组的基础解系中含有 1 个线性无关的解向量，且原方程组的同解方程组为

$$\begin{cases}x_1=-2x_3-1\\x_2=x_3+2\end{cases}$$

令 $x_3=1$，代入原方程组的导出组，可解得 $x_1=-2,x_2=1,x_3=1$，于是导出组的基础解系为

$$\boldsymbol{\eta}=(-1,1,0)^{\mathrm{T}}$$

且原方程组的一个特解为

$$\boldsymbol{\eta}_0=(-1,2,0)^{\mathrm{T}}$$

故原方程组的通解为

$$\boldsymbol{X}=\boldsymbol{\eta}_0+k\boldsymbol{\eta}$$

其中 k 为任意常数.

（2）对原方程组的增广矩阵作初等行变换：

$$\overline{\boldsymbol{A}}=\begin{pmatrix}2&1&-1&1&1\\3&-2&1&-3&4\\1&4&-3&5&-2\end{pmatrix}\to\begin{pmatrix}1&0&-\frac{1}{7}&-\frac{1}{7}&\frac{6}{7}\\0&1&-\frac{5}{7}&\frac{9}{7}&-\frac{5}{7}\\0&0&0&0&0\end{pmatrix}$$

$R(\boldsymbol{A})=R(\overline{\boldsymbol{A}})=2<3$，所以方程组有无穷多解，其导出组的基础解系中含有 2 个线性无关的解向量，且原方程组的同解方程组为

$$\begin{cases}x_1=\frac{1}{7}x_3+\frac{1}{7}x_4+\frac{6}{7}\\x_2=\frac{5}{7}x_3-\frac{9}{7}x_4-\frac{5}{7}\end{cases}$$

令 $x_3=7,x_4=0$ 与 $x_3=0,x_4=7$，并代入原方程组的导出组，可解得导出组的基础解系为

$$\boldsymbol{\eta}_1=(1,5,7,0)^{\mathrm{T}},\boldsymbol{\eta}_2=(1,-9,0,7)^{\mathrm{T}}$$

且原方程组的一个特解为

$$\boldsymbol{\eta}_0=\left(\frac{6}{7},-\frac{5}{7},0,0\right)^{\mathrm{T}}$$

故原方程组的通解为

$$X=\eta_0+k_1\eta_1+k_2\eta_2$$

其中k_1,k_2为任意常数.

3. 设$A=\begin{pmatrix}1&1&2\\2&2&4\\3&3&6\end{pmatrix}$，求一秩为 2 的 3 阶方阵$\boldsymbol{B}$使$\boldsymbol{AB}=\boldsymbol{O}$.

解 求解齐次线性方程组$\boldsymbol{AX}=\boldsymbol{0}$，由

$$\begin{pmatrix}1&1&2\\2&2&4\\3&3&6\end{pmatrix}\to\begin{pmatrix}1&1&2\\0&0&0\\0&0&0\end{pmatrix}$$

同解方程组为$x_1=-x_2-2x_3$，得基础解系

$$\xi_1=\begin{pmatrix}-1\\1\\0\end{pmatrix},\xi_2=\begin{pmatrix}-2\\0\\1\end{pmatrix}.$$

令$\boldsymbol{B}=\begin{pmatrix}-1&-2&0\\1&0&0\\0&1&0\end{pmatrix}$，则$\boldsymbol{AB}=\boldsymbol{O}$且$R(\boldsymbol{B})=2$，$\boldsymbol{B}$即为所求.

4. 设n元非齐次线性方程组$\boldsymbol{AX}=\boldsymbol{b}$有解，且$R(\boldsymbol{A})=n-1$，又已知$\boldsymbol{\alpha},\boldsymbol{\beta},\boldsymbol{\gamma}$为线性方程组$\boldsymbol{AX}=\boldsymbol{b}$的解，且$\boldsymbol{\alpha}=\begin{pmatrix}1\\2\\3\\4\end{pmatrix},\boldsymbol{\beta}+\boldsymbol{\gamma}=\begin{pmatrix}2\\5\\6\\4\end{pmatrix}$，求方程组$\boldsymbol{AX}=\boldsymbol{b}$的导出组$\boldsymbol{AX}=\boldsymbol{0}$的通解.

解 由$R(\boldsymbol{A})=n-1$知，齐次线性方程组$\boldsymbol{AX}=\boldsymbol{0}$的基础解系只含 1 个向量，则$\xi=2\boldsymbol{\alpha}-(\boldsymbol{\beta}+\boldsymbol{\gamma})=\begin{pmatrix}0\\-1\\0\\4\end{pmatrix}$即$\boldsymbol{AX}=\boldsymbol{0}$的基础解系，从而$\boldsymbol{AX}=\boldsymbol{0}$的通解为

$$\boldsymbol{X}=k\xi$$

其中k为任意常数.

5. 已知$\boldsymbol{\eta}_1,\boldsymbol{\eta}_2,\boldsymbol{\eta}_3$是三元非齐次线性方程组$\boldsymbol{AX}=\boldsymbol{b}$的解，且$R(\boldsymbol{A})=1$及

$$\boldsymbol{\eta}_1+\boldsymbol{\eta}_2=\begin{pmatrix}1\\0\\0\end{pmatrix},\boldsymbol{\eta}_2+\boldsymbol{\eta}_3=\begin{pmatrix}1\\1\\0\end{pmatrix},\boldsymbol{\eta}_1+\boldsymbol{\eta}_3=\begin{pmatrix}1\\1\\1\end{pmatrix}$$

求方程组$\boldsymbol{AX}=\boldsymbol{b}$的通解.

解 由$R(\boldsymbol{A})=1$知，$\boldsymbol{AX}=\boldsymbol{0}$的基础解系含两个向量，则

$$\xi_1=(\eta_1+\eta_2)-(\eta_2+\eta_3)=\begin{pmatrix}0\\-1\\0\end{pmatrix},\xi_2=(\eta_1+\eta_2)-(\eta_1+\eta_3)=\begin{pmatrix}0\\-1\\-1\end{pmatrix}$$

即 $\boldsymbol{AX}=\mathbf{0}$ 的基础解系. 显然 $\eta=\dfrac{\eta_1+\eta_2}{2}=\left(\dfrac{1}{2},0,0\right)^{\mathrm{T}}$ 为 $\boldsymbol{AX}=\boldsymbol{b}$ 的一个特解，从而方程组 $\boldsymbol{AX}=\boldsymbol{b}$ 的通解为

$$X=\eta+k_1\xi_1+k_2\xi_2$$

其中 k_1,k_2 为常数.

6. 求出一个齐次线性方程组，使它的基础解系由下列向量组成：

$$\xi_1=\begin{pmatrix}1\\-2\\0\\3\\-1\end{pmatrix},\quad \xi_2=\begin{pmatrix}2\\-3\\2\\5\\-3\end{pmatrix},\quad \xi_3=\begin{pmatrix}1\\-2\\1\\2\\-2\end{pmatrix}.$$

解 设所求齐次线性方程组为 $\boldsymbol{AX}=\mathbf{0}$，令 $\boldsymbol{B}=(\xi_1,\xi_2,\xi_3)$，则有 $\boldsymbol{AB}=\mathbf{0}$，从而有 $\boldsymbol{B}^{\mathrm{T}}\boldsymbol{A}^{\mathrm{T}}=\mathbf{0}$，求解齐次线性方程组 $\boldsymbol{B}^{\mathrm{T}}\boldsymbol{X}=\mathbf{0}$ 的基础解系. 由

$$\boldsymbol{B}^{\mathrm{T}}=\begin{pmatrix}1&-2&0&3&-1\\2&-3&2&5&-3\\1&-2&1&2&-2\end{pmatrix}\to\begin{pmatrix}1&-2&0&3&-1\\0&1&2&-1&-1\\0&0&1&-1&-1\end{pmatrix}\to\begin{pmatrix}1&0&4&1&-3\\0&1&2&-1&-1\\0&0&1&-1&-1\end{pmatrix}$$

$$\to\begin{pmatrix}1&0&0&5&1\\0&1&0&1&1\\0&0&1&-1&-1\end{pmatrix},$$

得同解方程组

$$\begin{cases}x_1=-5x_4-x_5\\x_2=-x_4-x_5\\x_3=x_4+x_5\end{cases},$$

得基础解系

$$\xi_1=\begin{pmatrix}-5\\-1\\1\\1\\0\end{pmatrix},\xi_1=\begin{pmatrix}-1\\-1\\1\\0\\1\end{pmatrix},$$

令
$$\boldsymbol{A}^{\mathrm{T}}=\begin{pmatrix}-5&-1\\-1&-1\\1&1\\1&0\\0&1\end{pmatrix},$$

则 $A=\begin{pmatrix}-5 & -1 & 1 & 1 & 0\\ -1 & -1 & 1 & 0 & 1\end{pmatrix}$ 即为所求齐次线性方程组的系数矩阵.

7. 设 $\boldsymbol{A},\boldsymbol{B}$ 分别为 $m\times n$ 与 $n\times m$ 矩阵，$\boldsymbol{C}$ 为 n 阶可逆矩阵，且 $R(\boldsymbol{A})=r<n,\boldsymbol{A}(\boldsymbol{C}+\boldsymbol{BA})=\boldsymbol{O}$，证明:（1）$R(\boldsymbol{C}+\boldsymbol{BA})=n-r$；（2）线性方程组 $\boldsymbol{AX}=\boldsymbol{0}$ 的通解为 $\boldsymbol{X}=(\boldsymbol{C}+\boldsymbol{BA})\boldsymbol{z}$，其中 $\boldsymbol{z}$ 为任意 n 维列向量.

证明　（1）由 $\boldsymbol{A}(\boldsymbol{C}+\boldsymbol{BA})=\boldsymbol{O}$ 有 $R(\boldsymbol{A})+R(\boldsymbol{C}+\boldsymbol{BA})\leqslant n$，即 $R(\boldsymbol{C}+\boldsymbol{BA})\leqslant n-r$.

由 $R(\boldsymbol{C}+\boldsymbol{BA})\geqslant R(\boldsymbol{C})-R(\boldsymbol{BA})>R(\boldsymbol{C})-R(\boldsymbol{A})=n-r$，有 $R(\boldsymbol{C}+\boldsymbol{BA})=n-r$.

（2）由于 $R(\boldsymbol{A})=r<n$，从而 $\boldsymbol{AX}=\boldsymbol{0}$ 的基础解系有 $n-r$ 个解向量，由 $\boldsymbol{A}(\boldsymbol{C}+\boldsymbol{BA})=\boldsymbol{O}$ 可知 $\boldsymbol{C}+\boldsymbol{BA}$ 的列向量为 $\boldsymbol{AX}=\boldsymbol{0}$ 的解向量，而 $R(\boldsymbol{C}+\boldsymbol{BA})=n-r$，故 $\boldsymbol{C}+\boldsymbol{BA}$ 的列向量的一个极大无关组为 $\boldsymbol{AX}=\boldsymbol{0}$ 的基础解系，设 $\boldsymbol{C}+\boldsymbol{BA}$ 的列向量组为 $\boldsymbol{\alpha}_1,\boldsymbol{\alpha}_2,\cdots,\boldsymbol{\alpha}_n$，不妨设 $\boldsymbol{\alpha}_1,\boldsymbol{\alpha}_2,\cdots,\boldsymbol{\alpha}_{n-r}$ 为一个极大无关组，故线性方程组 $\boldsymbol{AX}=\boldsymbol{0}$ 的通解为 $\boldsymbol{X}=k_1\boldsymbol{\alpha}_1+\cdots+k_{n-r}\boldsymbol{\alpha}_{n-r}$，$k_1,\cdots,k_{n-r}$ 为任意常数，进一步有

$$\boldsymbol{X}=k_1\boldsymbol{\alpha}_1+\cdots+k_{n-r}\boldsymbol{\alpha}_{n-r}=k_1\boldsymbol{\alpha}_1+\cdots+k_{n-r}\boldsymbol{\alpha}_{n-r}+0\boldsymbol{\alpha}_{n-r+1}+\cdots+0\boldsymbol{\alpha}_n$$

$$=(\boldsymbol{\alpha}_1,\cdots,\boldsymbol{\alpha}_{n-r},\boldsymbol{\alpha}_{n-r+1},\cdots,\boldsymbol{\alpha}_n)\begin{pmatrix}k_1\\ \vdots\\ k_{n-r}\\ 0\\ \vdots\\ 0\end{pmatrix}=(\boldsymbol{C}+\boldsymbol{BA})\boldsymbol{z}$$

即线性方程组 $\boldsymbol{AX}=\boldsymbol{0}$ 的通解能写成 $\boldsymbol{X}=(\boldsymbol{C}+\boldsymbol{BA})\boldsymbol{z}$ 的形式.

又由一个向量组组中其余向量都能由极大无关组表示，可知 $\boldsymbol{X}=(\boldsymbol{C}+\boldsymbol{BA})\boldsymbol{z}$ 都是 $\boldsymbol{AX}=\boldsymbol{0}$ 的解，故结论成立.

8. 设 $\boldsymbol{A}$ 为阶方阵，$\boldsymbol{A}^*$ 为 $\boldsymbol{A}$ 的伴随矩阵且 $A_{11}\neq 0$，又设 $\boldsymbol{b}\neq\boldsymbol{0}$ 为 n 维列向量. 证明 $\boldsymbol{AX}=\boldsymbol{b}$ 有无穷多个解当且仅当 $\boldsymbol{b}$ 是 $\boldsymbol{A}^*\boldsymbol{X}=\boldsymbol{0}$ 的解.

证明　（必要性）设 $\boldsymbol{AX}=\boldsymbol{b}$ 有无穷多个解，则 $R(\boldsymbol{A})=R(\boldsymbol{A},\boldsymbol{b})<n$，所以 $|\boldsymbol{A}|=0$. 因此，$\boldsymbol{A}^*\boldsymbol{b}=\boldsymbol{A}^*\boldsymbol{AX}=|\boldsymbol{A}|\boldsymbol{X}=\boldsymbol{0}$，即 $\boldsymbol{b}$ 是 $\boldsymbol{A}^*\boldsymbol{X}=\boldsymbol{0}$ 的解.

（充分性）设 $\boldsymbol{b}\neq\boldsymbol{0}$ 是 $\boldsymbol{A}^*\boldsymbol{X}=\boldsymbol{0}$ 的解，则 $R(\boldsymbol{A}^*)<n$，由 $A_{11}\neq 0$ 可得 $\boldsymbol{A}^*\neq\boldsymbol{0}$，有 $R(\boldsymbol{A}^*)=1$，从而有 $R(\boldsymbol{A})=n-1$，且 $\boldsymbol{A}^*\boldsymbol{A}=|\boldsymbol{A}|\boldsymbol{E}=\boldsymbol{0}$，即 $\boldsymbol{A}$ 的列向量组是 $\boldsymbol{A}^*\boldsymbol{X}=\boldsymbol{0}$ 的解. 又 $\boldsymbol{A}^*\boldsymbol{X}=\boldsymbol{0}$ 的基础解系含 $n-1$ 个解，所以 $\boldsymbol{b}$ 可由 $\boldsymbol{A}$ 的列向量组线性表示，这说明 $R(\boldsymbol{A})=R(\boldsymbol{A},\boldsymbol{b})<n$，于是 $\boldsymbol{AX}=\boldsymbol{b}$ 有无穷多个解.

4.3　向量组与线性方程组自测题

一、判断题

1. 若 $\boldsymbol{\alpha}_1+\boldsymbol{\alpha}_2+\cdots+\boldsymbol{\alpha}_s=\boldsymbol{0}$，则向量组 $\boldsymbol{\alpha}_1,\boldsymbol{\alpha}_2,\cdots,\boldsymbol{\alpha}_s$ 必线性相关.　　（ √ ）

2. 设 $\boldsymbol{\alpha}_1,\boldsymbol{\alpha}_2$ 线性相关，$\boldsymbol{\beta}_1,\boldsymbol{\beta}_2$ 也线性相关，则 $\boldsymbol{\alpha}_1+\boldsymbol{\beta}_1,\boldsymbol{\alpha}_2+\boldsymbol{\beta}_2$ 线性相关.　　（ × ）

3. 若线性方程组 $\boldsymbol{AX}=\boldsymbol{b}$ 的方程的个数大于未知量的个数，则 $\boldsymbol{AX}=\boldsymbol{b}$ 一定无解.（ × ）

4. 若向量组 $\boldsymbol{\alpha}_1,\boldsymbol{\alpha}_2,\cdots,\boldsymbol{\alpha}_n$ 线性相关，则它的任意一部分向量也线性相关. （ × ）

5. 若线性方程组 $\boldsymbol{AX}=\boldsymbol{b}$ 的导出组 $\boldsymbol{AX}=\boldsymbol{0}$ 只有零解，则 $\boldsymbol{AX}=\boldsymbol{b}$ 有唯一解. （ × ）

6. 若行列式的某两列的数据组成的向量线性无关，则此行列式不等于零. （ × ）

7. 若矩阵 $\boldsymbol{A}$ 的列向量组线性无关，则方程组 $\boldsymbol{AX}=\boldsymbol{0}$ 只有零解. （ √ ）

8. 一个非齐次线性方程组的两个解（向量）之差一定是它的导出组的解. （ √ ）

9. 设方程个数与未知量的个数相等的非齐次线性方程组的系数行列式等于 0，则该线性方程组无解. （ × ）

10. 若 n 元齐次线性方程组 $\boldsymbol{AX}=\boldsymbol{0}$ 满足 $R(\boldsymbol{A})<n$ 则它有无穷多个基础解系. （ √ ）

二、选择题

1. 若齐次线性方程组 $\begin{cases}\lambda x_1+x_2+x_3=0\\ x_1+\lambda x_2-x_3=0\\ 2x_1-x_2+x_3=0\end{cases}$ 仅有零解，则（ C ）.

A. $\lambda=4$ 或 $\lambda=-1$　　B. $\lambda=-4$ 或 $\lambda=1$

C. $\lambda\neq 4$ 且 $\lambda\neq -1$　　D. $\lambda\neq -4$ 且 $\lambda\neq 1$

2. 如果向量组 $\boldsymbol{\alpha}_1=\begin{pmatrix}1\\0\\0\end{pmatrix},\boldsymbol{\alpha}_2=\begin{pmatrix}1\\1\\0\end{pmatrix},\boldsymbol{\alpha}_3=\begin{pmatrix}a\\b\\c\end{pmatrix}$ 线性无关，那么（ D ）.

A. $a=b=c$　　B. $b=c=0$　　C. $c=0$　　D. $c\neq 0$

3. 已知向量组 $\boldsymbol{\alpha}_1,\boldsymbol{\alpha}_2,\cdots,\boldsymbol{\alpha}_n$ 线性相关，则下列命题中成立的是（ D ）.

A. $\boldsymbol{\alpha}_1,\boldsymbol{\alpha}_2,\cdots,\boldsymbol{\alpha}_n$ 中至少含有一个零向量

B. 对任意一组不全为零的常数 $k_1,k_2,\cdots,k_n$，有 $k_1\boldsymbol{\alpha}_1+k_2\boldsymbol{\alpha}_2+\cdots+k_n\boldsymbol{\alpha}_n=\boldsymbol{0}$

C. $\boldsymbol{\alpha}_1,\boldsymbol{\alpha}_2,\cdots,\boldsymbol{\alpha}_n$ 中任意一个向量均可由其余 $n-1$ 个向量线性表示

D. $R(\boldsymbol{\alpha}_1,\boldsymbol{\alpha}_2,\cdots,\boldsymbol{\alpha}_n)<n$

4. n 元线性方程组 $\boldsymbol{AX}=\boldsymbol{b}$ 有唯一解的充要条件是（ D ）.

A. $R(\boldsymbol{A})=n$

B. $\boldsymbol{A}$ 为方阵且 $|\boldsymbol{A}|\neq 0$

C. $R(\boldsymbol{A})=R(\boldsymbol{A},\boldsymbol{b})\leqslant n$

D. $R(\boldsymbol{A})=n$ 且 $\boldsymbol{b}$ 可由 $\boldsymbol{A}$ 的列向量线性表示

5. 设 $\boldsymbol{A}$ 为 n 阶矩阵，若 $R(\boldsymbol{A})=n$，则方程组 $\boldsymbol{AX}=\boldsymbol{0}$ 的基础解系（ D ）.

A. 唯一　　B. 有限　　C. 无限　　D. 不存在

6. ξ_1,ξ_2 是非齐次线性方程组 $\boldsymbol{AX}=\boldsymbol{b}$ 的两个不同解，$\boldsymbol{\eta}$ 是齐次线性方程组 $\boldsymbol{AX}=\boldsymbol{0}$ 的一个非零解，则（ A ）.

A. 向量组 $\xi_1-\xi_2,\xi_1$ 线性无关

B. 向量组 $\xi_1-\xi_2,\boldsymbol{\eta}$ 线性相关

C. $\boldsymbol{AX}=\boldsymbol{b}$ 的通解为 $\xi_1+k\boldsymbol{\eta}$，其中 k 为任意数

D. $\boldsymbol{AX}=\boldsymbol{b}$ 的通解为 $\xi_1+s(\xi_1-\xi_2)+t\boldsymbol{\eta}$，其中 s,t 为任意数

7. 设 $\boldsymbol{\alpha}_1,\boldsymbol{\alpha}_2,\cdots,\boldsymbol{\alpha}_m$ 均为 n 维向量，则下列结论正确的是（ B ）.

A. 若 $k_1\boldsymbol{\alpha}_1+k_2\boldsymbol{\alpha}_2+\cdots+k_m\boldsymbol{\alpha}_m=\mathbf{0}$，则 $\boldsymbol{\alpha}_1,\boldsymbol{\alpha}_2,\cdots,\boldsymbol{\alpha}_m$ 线性相关

B. 若对任意一组不全为零的数 $k_1,k_2,\cdots,k_m$，都有 $k_1\boldsymbol{\alpha}_1+k_2\boldsymbol{\alpha}_2+\cdots+k_m\boldsymbol{\alpha}_m\neq\mathbf{0}$，则 $\boldsymbol{\alpha}_1,\boldsymbol{\alpha}_2,\cdots,\boldsymbol{\alpha}_m$ 线性无关

C. 若 $\boldsymbol{\alpha}_1,\boldsymbol{\alpha}_2,\cdots,\boldsymbol{\alpha}_m$ 线性相关，则对任意一组不全为零的数 $k_1,k_2,\cdots,k_m$，都有 $k_1\boldsymbol{\alpha}_1+k_2\boldsymbol{\alpha}_2+\cdots+k_m\boldsymbol{\alpha}_m=\mathbf{0}$

D. 若 $0\boldsymbol{\alpha}_1+0\boldsymbol{\alpha}_2+\cdots+0\boldsymbol{\alpha}_m=\mathbf{0}$，则 $\boldsymbol{\alpha}_1,\boldsymbol{\alpha}_2,\cdots,\boldsymbol{\alpha}_m$ 线性无关

8. 齐次线性方程组 $\boldsymbol{AX}=\mathbf{0}$ 仅有零解的充分条件是（ A ）.

A. $\boldsymbol{A}$ 的列向量组线性无关　　B. $\boldsymbol{A}$ 的列向量组线性相关

C. $\boldsymbol{A}$ 的行向量组线性无关　　D. $\boldsymbol{A}$ 的行向量组线性相关

9. 要使 $\boldsymbol{\xi}_1=\begin{pmatrix}1\\0\\2\end{pmatrix},\boldsymbol{\xi}_2=\begin{pmatrix}0\\1\\-1\end{pmatrix}$ 都是线性方程组 $\boldsymbol{AX}=\mathbf{0}$ 的解，只要系数矩阵 $\boldsymbol{A}$ 为（ A ）.

A. $(-2,1,1)$　　B. $\begin{pmatrix}2&0&-1\\0&1&1\end{pmatrix}$　　C. $\begin{pmatrix}-1&0&2\\0&1&-1\end{pmatrix}$　　D. $\begin{pmatrix}0&1&-1\\4&-2&-2\\0&1&1\end{pmatrix}$

10. n 维向量组 $\boldsymbol{\alpha}_1,\boldsymbol{\alpha}_2,\cdots,\boldsymbol{\alpha}_s$ 线性无关，$\boldsymbol{\beta}$ 为一 n 维向量，则（ D ）.

A. $\boldsymbol{\alpha}_1,\boldsymbol{\alpha}_2,\cdots,\boldsymbol{\alpha}_s,\boldsymbol{\beta}$ 线性相关

B. $\boldsymbol{\beta}$ 一定能被 $\boldsymbol{\alpha}_1,\boldsymbol{\alpha}_2,\cdots,\boldsymbol{\alpha}_s$ 线性表出

C. $\boldsymbol{\beta}$ 一定不能被 $\boldsymbol{\alpha}_1,\boldsymbol{\alpha}_2,\cdots,\boldsymbol{\alpha}_s$ 线性表出

D. 当 $s=n$ 时，$\boldsymbol{\beta}$ 一定能被 $\boldsymbol{\alpha}_1,\boldsymbol{\alpha}_2,\cdots,\boldsymbol{\alpha}_s$ 线性表出

三、填空题

1. 向量组 $\boldsymbol{\alpha}_1=\begin{pmatrix}1\\2\\3\\-2\end{pmatrix},\boldsymbol{\alpha}_2=\begin{pmatrix}2\\4\\0\\5\end{pmatrix},\boldsymbol{\alpha}_3=\begin{pmatrix}0\\1\\0\\6\end{pmatrix}$ 的秩是__3__.

2. 设 $\boldsymbol{\alpha}_1,\boldsymbol{\alpha}_2,\boldsymbol{\alpha}_3$ 是齐次线性方程组 $\boldsymbol{AX}=\mathbf{0}$ 的一个基础解系，若 $\boldsymbol{\alpha}_1+a\boldsymbol{\alpha}_2,\boldsymbol{\alpha}_2+\boldsymbol{\alpha}_3,\boldsymbol{\alpha}_3+\boldsymbol{\alpha}_1$ 也是该方程组的基础解系，则参数 $a\neq 1$.

3. 设 $R(\boldsymbol{A})$ 表示线性方程组 $\boldsymbol{AX}=\boldsymbol{b}$ 系数矩阵的秩，$R(\boldsymbol{A},\boldsymbol{b})$ 表示其增广矩阵的秩，当 $R(\boldsymbol{A})=R(\boldsymbol{A},\boldsymbol{b})\leqslant n$ 时，方程组有解（n 为未知量的个数）.

4. 当方程的个数和未知量的个数相同时，非齐次线性方程组 $\boldsymbol{AX}=\boldsymbol{b}$ 有唯一解的充要条件是 $R(\boldsymbol{A})=R(\boldsymbol{A},\boldsymbol{b})=n$.

5. 方程的个数和未知量的个数相同时，齐次线性方程组 $\boldsymbol{AX}=\mathbf{0}$ 有非零解的充要条件是系数行列式为零.

6. 方程组 $\begin{cases}x_1+2x_2=2\\2x_1-5x_3=4\end{cases}$ 的解为 $\begin{pmatrix}2\\0\\0\end{pmatrix}+k\begin{pmatrix}-10\\5\\4\end{pmatrix},k\in\mathbf{R}$.

7. 若齐次线性方程组$\begin{cases}x_1+kx_2+x_3=0\\2x_1+x_2+x_3=0\\kx_2+3x_3=0\end{cases}$仅有零解，则$k$应满足的条件是$k\neq\dfrac{3}{5}$.

8. 齐次线性方程组$\boldsymbol{AX}=\boldsymbol{0}$的基础解系组成的向量组一定线性__无关__.

9. 设$\boldsymbol{A}$是秩为3的5×4矩阵，$\boldsymbol{\alpha}_1,\boldsymbol{\alpha}_2,\boldsymbol{\alpha}_3$是非齐次线性方程组$\boldsymbol{AX}=\boldsymbol{b}$的3个不同的解. 若

$\boldsymbol{\alpha}_1+\boldsymbol{\alpha}_2+2\boldsymbol{\alpha}_3=\begin{pmatrix}2\\0\\0\\0\end{pmatrix}$，$3\boldsymbol{\alpha}_1+\boldsymbol{\alpha}_2=\begin{pmatrix}2\\4\\6\\8\end{pmatrix}$，则方程组$\boldsymbol{AX}=\boldsymbol{b}$的通解为$\boldsymbol{X}=\begin{pmatrix}\frac{1}{2}\\0\\0\\0\end{pmatrix}+k\begin{pmatrix}0\\4\\6\\8\end{pmatrix},k\in\mathbf{R}$.

10. 如果$R(\boldsymbol{A})=n-1$，且代数余子式$A_{11}\neq0$，则齐次线性方程组$\boldsymbol{AX}=\boldsymbol{0}$的通解为

$\boldsymbol{X}=k\begin{pmatrix}A_{11}\\A_{12}\\\vdots\\A_{1n}\end{pmatrix},k\in\mathbf{R}$.

四、计算题

1. 判断下列各向量组的线性相关性，若是相关的，则求其最大线性无关组.

（1）$\boldsymbol{\alpha}_1=\begin{pmatrix}1\\-2\\3\\-1\\2\end{pmatrix},\boldsymbol{\alpha}_2=\begin{pmatrix}3\\-1\\5\\-4\\2\end{pmatrix},\boldsymbol{\alpha}_3=\begin{pmatrix}5\\0\\8\\-5\\-4\end{pmatrix},\boldsymbol{\alpha}_4=\begin{pmatrix}2\\1\\2\\-2\\-3\end{pmatrix}$；

（2）$\boldsymbol{\alpha}_1=\begin{pmatrix}1\\1\\1\\1\end{pmatrix},\boldsymbol{\alpha}_2=\begin{pmatrix}1\\0\\1\\1\end{pmatrix},\boldsymbol{\alpha}_3=\begin{pmatrix}2\\3\\3\\3\end{pmatrix},\boldsymbol{\alpha}_3=\begin{pmatrix}4\\6\\5\\7\end{pmatrix}$.

解　（1）$$A=(\boldsymbol{\alpha}_1,\boldsymbol{\alpha}_2,\boldsymbol{\alpha}_3,\boldsymbol{\alpha}_4)=\begin{pmatrix}1&3&5&2\\-2&-1&0&1\\3&5&8&2\\-1&-4&-5&-2\\2&2&-4&-3\end{pmatrix}\to\begin{pmatrix}1&3&5&2\\0&5&10&5\\0&-4&-7&-4\\0&-1&0&0\\0&-4&-14&-7\end{pmatrix}$$

$$\to\begin{pmatrix}1&3&5&2\\0&-1&0&0\\0&0&-7&-4\\0&0&10&15\\0&0&-14&-7\end{pmatrix}\to\begin{pmatrix}1&3&5&2\\0&-1&0&0\\0&0&-7&-4\\0&0&0&1\\0&0&0&0\end{pmatrix},$$

秩为4，故$\boldsymbol{\alpha}_1,\boldsymbol{\alpha}_2,\boldsymbol{\alpha}_3,\boldsymbol{\alpha}_4$线性无关.

（2）$A=(\alpha_1,\alpha_2,\alpha_3,\alpha_4)=\begin{pmatrix}1&1&2&4\\1&0&3&6\\1&1&3&5\\1&1&3&7\end{pmatrix}\to\begin{pmatrix}1&1&2&4\\0&-1&1&2\\0&0&1&1\\0&0&1&3\end{pmatrix}\to\begin{pmatrix}1&1&2&4\\0&-1&1&2\\0&0&1&1\\0&0&0&2\end{pmatrix}$，

秩为 4，故 $\alpha_1,\alpha_2,\alpha_3,\alpha_4$ 线性无关.

2. λ 取何值时，齐次线性方程组 $\begin{cases}(\lambda-2)x_1-3x_2-2x_3=0\\-x_1+(\lambda-8)x_2-2x_3=0\\2x_1+14x_2+(\lambda+3)x_3=0\end{cases}$ 有非零解？并求出一般解.

解 齐次线性方程组的系数行列式为

$$D=\begin{vmatrix}\lambda-2&-3&-2\\-1&\lambda-8&-2\\2&14&\lambda+3\end{vmatrix}=(\lambda-1)(\lambda-3)^2 .$$

当 $\lambda=1$ 或 $\lambda=3$ 时，方程组有非零解.

当 $\lambda=1$ 时，对系数矩阵作初等变换：

$$A=\begin{pmatrix}-1&-3&-2\\-1&-7&-2\\2&14&4\end{pmatrix}\to\begin{pmatrix}1&3&2\\0&-4&0\\0&8&0\end{pmatrix}\to\begin{pmatrix}1&0&2\\0&1&0\\0&0&0\end{pmatrix},$$

一般解为 $\begin{cases}x_1=-2x_3\\x_2=0\end{cases}$，$x_3$ 为自由未知量.

当 $\lambda=3$ 时，对系数矩阵作初等变换：

$$A=\begin{pmatrix}1&-3&-2\\-1&-5&-2\\2&14&6\end{pmatrix}\to\begin{pmatrix}1&3&2\\0&-8&-4\\0&20&10\end{pmatrix}\to\begin{pmatrix}1&0&\frac{1}{2}\\0&1&\frac{1}{2}\\0&0&0\end{pmatrix},$$

一般解为 $\begin{cases}x_1=-\dfrac{1}{2}x_3\\x_2=-\dfrac{1}{2}x_3\end{cases}$，$x_3$ 为自由未知量.

3. 求解下列非齐次方程组的通解：

（1）$\begin{cases}x_1+x_2=0,\\2x_1+x_2+x_3+2x_4=0,\\5x_1+3x_2+2x_3+2x_4=0;\end{cases}$ （2）$\begin{cases}x_1-5x_2+2x_3-3x_4=11,\\5x_1+3x_2+6x_3-x_4=-1,\\2x_1+4x_2+2x_3+x_4=-6.\end{cases}$

解 （1）对方程组的系数矩阵作行初等变换：

$$\begin{pmatrix}1&1&0&0\\2&1&1&2\\5&3&2&2\end{pmatrix}\to\begin{pmatrix}1&0&1&0\\0&1&-1&0\\0&0&0&1\end{pmatrix}$$

$R(\boldsymbol{A})=3<4$，方程组的基础解系含有 1 个线性无关的解向量，且原方程组的同解方程组为

$$\begin{cases} x_1=-x_3 \\ x_2=x_3 \\ x_4=0 \end{cases}$$

令 $x_3=1$，得 $\boldsymbol{\eta}_1=(-1,1,1,0)^{\mathrm{T}}$.

则 $\boldsymbol{\eta}_1$ 为原方程组的一个基础解系，且该齐次线性方程组的全部解为

$$\boldsymbol{X}=k_1\boldsymbol{\eta}_1$$

其中 k_1 为任意常数.

（2）对原方程组的增广矩阵作初等行变换：

$$\overline{\boldsymbol{A}}=\left(\begin{array}{c|cccc} 1 & -5 & 2 & -3 & 11 \\ 5 & 3 & 6 & -1 & -1 \\ 2 & 4 & 2 & 1 & -6 \end{array}\right)\to\begin{pmatrix} 1 & 0 & \dfrac{9}{7} & -\dfrac{1}{2} & 1 \\ 0 & 1 & \dfrac{1}{7} & \dfrac{1}{2} & -2 \\ 0 & 0 & 0 & 0 & 0 \end{pmatrix}$$

$R(\boldsymbol{A})=R(\overline{\boldsymbol{A}})=2<3$，所以方程组有无穷多解，其导出组的基础解系中含有 2 个线性无关的解向量，且原方程组的同解方程组为

$$\begin{cases} x_1=-\dfrac{9}{7}x_3+\dfrac{1}{2}x_4+1 \\ x_2=\dfrac{1}{7}x_3-\dfrac{1}{2}x_4-2 \end{cases}$$

令 $x_3=7,x_4=0$ 与 $x_3=0,x_4=2$，并代入原方程组的导出组，可解得导出组的基础解系为

$$\boldsymbol{\eta}_1=(-9,1,7,0)^{\mathrm{T}},\boldsymbol{\eta}_2=(1,-1,0,2)^{\mathrm{T}}$$

且原方程组的一个特解为

$$\boldsymbol{\eta}_0=(-1,2,0,0)^{\mathrm{T}}$$

故原方程组的全部解为

$$\boldsymbol{X}=\boldsymbol{\eta}_0+k_1\boldsymbol{\eta}_1+k_2\boldsymbol{\eta}_2$$

其中 k_1,k_2 为任意常数.

4. 已知非齐次线性方程组 $\begin{cases} x_1+x_2+x_3+x_4=-1, \\ 4x_1+3x_2+5x_3-x_4=-1, \\ ax_1+x_2+3x_3+bx_4=1 \end{cases}$ 有 3 个线性无关的解.

（1）证明方程组系数矩阵 $\boldsymbol{A}$ 的秩 $R(\boldsymbol{A})=2$；

（2）求 a,b 的值及方程组的通解.

解　（1）记原方程组为 $\boldsymbol{AX}=\boldsymbol{b}$，由已知可设 ξ_1,ξ_2,ξ_3 为 $\boldsymbol{AX}=\boldsymbol{b}$ 的 3 个线性无关的解，从而 $\xi_1-\xi_2,\xi_1-\xi_3$ 为导出组 $\boldsymbol{AX}=\boldsymbol{0}$ 的解，且 $\xi_1-\xi_2,\xi_1-\xi_3$ 线性无关，事实上，设 $k_1(\xi_1-\xi_2)+k_2(\xi_1-\xi_3)=\boldsymbol{0}$，则有 $(k_1+k_2)\xi_1-k_1\xi_2-k_2\xi_3=\boldsymbol{0}$，由 ξ_1,ξ_2,ξ_3 线性无关，可得 $k_1=k_2=0$，则有 $\xi_1-\xi_2,\xi_1-\xi_3$ 线性无关，从而可得 $R(\boldsymbol{A})\leqslant 4-2=2$．又系数矩阵 $\boldsymbol{A}$ 显然有子式

$\begin{vmatrix}1 & 1\\ 4 & 3\end{vmatrix}=-1\neq 0$，知 $R(\boldsymbol{A})\geqslant 2$，即有 $R(\boldsymbol{A})=2$.

（2）对方程组的增广矩阵作初等行变换：

$$\begin{pmatrix}1 & 1 & 1 & 1 & -1\\ 4 & 3 & 5 & -1 & -1\\ a & 1 & 3 & b & 1\end{pmatrix}\rightarrow\begin{pmatrix}1 & 0 & 2 & -4 & 2\\ 0 & 1 & -1 & 5 & -3\\ a & 0 & 4-2a & b+4a-5 & 4-2a\end{pmatrix}$$

由 $R(\boldsymbol{A})=2$ 可得 $4-2a=0, b+4a-5=0$，解得 $a=2, b=-3$.

此时

$$\overline{\boldsymbol{A}}\rightarrow\begin{pmatrix}1 & 0 & 2 & -4 & 2\\ 0 & 1 & -1 & 5 & -3\\ a & 0 & 0 & 0 & 0\end{pmatrix}$$

即原方程组的同解方程组为

$$\begin{cases}x_1=-2x_3+4x_4+2\\ x_2=x_3-5x_4-3\end{cases}$$

令 $x_3=1, x_4=0$ 与 $x_3=0, x_4=1$，并代入原方程组的导出组，可解得导出组的基础解系为

$$\boldsymbol{\eta}_1=(-2,1,1,0)^{\mathrm{T}}, \boldsymbol{\eta}_2=(4,-5,0,1)^{\mathrm{T}}$$

且原方程组的一个特解为

$$\boldsymbol{\eta}_0=(2,-3,0,0)^{\mathrm{T}}$$

故原方程组的通解为

$$\boldsymbol{X}=\boldsymbol{\eta}_0+k_1\boldsymbol{\eta}_1+k_2\boldsymbol{\eta}_2$$

其中 k_1, k_2 为任意常数.

5. 设四元非齐次线性方程组的系数矩阵的秩为 3，已知 $\boldsymbol{\eta}_1, \boldsymbol{\eta}_2, \boldsymbol{\eta}_3$ 是它的 3 个解向量，且 $\boldsymbol{\eta}_1=(2,3,4,5)^{\mathrm{T}}, \boldsymbol{\eta}_2+\boldsymbol{\eta}_3=(1,2,3,4)^{\mathrm{T}}$.求该方程组的通解.

解　设四元非齐次线性方程组为 $\boldsymbol{AX}=\boldsymbol{b}$，由 $R(\boldsymbol{A})=3$ 知其导出组 $\boldsymbol{AX}=\boldsymbol{0}$ 的基础解系只含一个解向量，又由已知可得 $\boldsymbol{\xi}=2\boldsymbol{\eta}_1-(\boldsymbol{\eta}_2+\boldsymbol{\eta}_3)=(3,4,5,6)^{\mathrm{T}}$ 为导出组 $\boldsymbol{AX}=\boldsymbol{0}$ 的一个基础解系. 故 $\boldsymbol{AX}=\boldsymbol{b}$ 的通解为 $X=\boldsymbol{\eta}_1+k\boldsymbol{\xi}$，其中 k 为任意常数.

五、证明题

1. 已知向量组 $\boldsymbol{\alpha}_1, \boldsymbol{\alpha}_2, \cdots, \boldsymbol{\alpha}_m$ 线性无关，令

$$\boldsymbol{\beta}_1=\boldsymbol{\alpha}_1+\boldsymbol{\alpha}_2, \boldsymbol{\beta}_2=\boldsymbol{\alpha}_2+\boldsymbol{\alpha}_3, \cdots, \boldsymbol{\beta}_{m-1}=\boldsymbol{\alpha}_{m-1}+\boldsymbol{\alpha}_m, \boldsymbol{\beta}_m=\boldsymbol{\alpha}_m+\boldsymbol{\alpha}_1,$$

讨论向量组 $\boldsymbol{\beta}_1, \boldsymbol{\beta}_2, \cdots, \boldsymbol{\beta}_m$ 的线性相关性.

解　设 $k_1\boldsymbol{\beta}_1+k_2\boldsymbol{\beta}_2+\cdots+k_m\boldsymbol{\beta}_m=\boldsymbol{0}$，即

$$k_1(\boldsymbol{\alpha}_1+\boldsymbol{\alpha}_2)+k_2(\boldsymbol{\alpha}_2+\boldsymbol{\alpha}_3)+\cdots+k_m(\boldsymbol{\alpha}_m+\boldsymbol{\alpha}_1)=\boldsymbol{0}$$

则 $$(k_1+k_m)\boldsymbol{\alpha}_1+(k_1+k_2)\boldsymbol{\alpha}_2+\cdots+(k_{m-1}+k_m)\boldsymbol{\alpha}_n=\mathbf{0}$$

由题设知 $\boldsymbol{\alpha}_1,\boldsymbol{\alpha}_2,\cdots,\boldsymbol{\alpha}_m$ 线性无关，所以

$$\begin{cases}k_1+k_m=0\\k_1+k_2=0\\\quad\vdots\\k_{m-1}+k_m=0\end{cases}\qquad (*)$$

这是一个关于 $k_1,k_2,\cdots,k_m$ 的齐次线性方程组，其系数矩阵行列式为

$$D=\begin{vmatrix}1&&&&&1\\1&1&&&&\\&1&1&&&\\&&&\ddots&&\\&&&\ddots&1&\\&&&&1&1\end{vmatrix}=1+(-1)^{m+1}$$

当 m 为奇数时 $D\neq 0$，方程组（*）只有零解，从而 $\boldsymbol{\beta}_1,\boldsymbol{\beta}_2,\cdots,\boldsymbol{\beta}_m$ 线性无关；

当 m 为偶数时 $D=0$，方程组（*）有非零解，从而 $\boldsymbol{\beta}_1,\boldsymbol{\beta}_2,\cdots,\boldsymbol{\beta}_m$ 线性相关.

2. 设向量组 $\boldsymbol{\alpha}_1,\boldsymbol{\alpha}_2,\cdots,\boldsymbol{\alpha}_n$ 线性无关，且 $\boldsymbol{\beta}=\boldsymbol{\alpha}_1+\boldsymbol{\alpha}_2+\cdots+\boldsymbol{\alpha}_n(n>1)$，证明：$\boldsymbol{\beta}-\boldsymbol{\alpha}_1,\boldsymbol{\beta}-\boldsymbol{\alpha}_2,\cdots,\boldsymbol{\beta}-\boldsymbol{\alpha}_n$ 也线性无关.

证明 设 $k_1(\boldsymbol{\beta}-\boldsymbol{\alpha}_1)+k_2(\boldsymbol{\beta}-\boldsymbol{\alpha}_2)+\cdots+k_n(\boldsymbol{\beta}-\boldsymbol{\alpha}_n)=\mathbf{0}$，即

$$(k_2+k_3+\cdots+k_n)\boldsymbol{\alpha}_1+(k_1+k_3+\cdots+k_n)\boldsymbol{\alpha}_2+\cdots+(k_1+k_2+\cdots+k_{n-1})\boldsymbol{\alpha}_n=\mathbf{0}$$

由题设知 $\boldsymbol{\alpha}_1,\boldsymbol{\alpha}_2,\cdots,\boldsymbol{\alpha}_n$ 线性无关，所以

$$\begin{cases}k_2+k_3+\cdots+k_n=0\\k_1+k_3+\cdots+k_n=0\\\qquad\vdots\\k_1+k_2+\cdots+k_{n-1}=0\end{cases}\qquad (*)$$

这是一个关于 $k_1,k_2,\cdots,k_n$ 的齐次线性方程组，其系数矩阵行列式为

$$D=\begin{vmatrix}0&1&1&1&\cdots&1\\1&0&1&1&\cdots&1\\1&1&0&1&\cdots&1\\\vdots&\vdots&\vdots&\vdots&&\vdots\\1&1&1&1&0&1\\1&1&1&1&1&0\end{vmatrix}=(n-1)(-1)^{n-1}\neq 0$$

方程组（*）只有零解，从而 $\boldsymbol{\beta}-\boldsymbol{\alpha}_1,\boldsymbol{\beta}-\boldsymbol{\alpha}_2,\cdots,\boldsymbol{\beta}-\boldsymbol{\alpha}_n$ 线性无关.

3. 设 n 阶行列式 $\begin{vmatrix}a_{11}&a_{12}&\cdots&a_{1,n-1}&a_{1n}\\a_{21}&a_{22}&\cdots&a_{2,n-1}&a_{2n}\\\vdots&\vdots&&\vdots&\vdots\\a_{n1}&a_{n2}&\cdots&a_{n,n-1}&a_{nn}\end{vmatrix}\neq 0$，证明：线性方程组

$$\begin{cases} a_{11}x_1+a_{12}x_2+\cdots+a_{1,n-1}x_{n-1}=a_{1n} \\ a_{21}x_1+a_{22}x_2+\cdots+a_{2,n-1}x_{n-1}=a_{2n} \\ \quad\vdots \\ a_{n1}x_1+a_{n2}x_2+\cdots+a_{n,n-1}x_{n-1}=a_{nn} \end{cases}$$ 无解.

证明 方程组的系数矩阵 $\boldsymbol{A}$ 为 $n\times(n-1)$ 的矩阵，从而 $R(\boldsymbol{A})\leqslant n-1$，由

$$\begin{vmatrix} a_{11} & a_{12} & \cdots & a_{1,n-1} & a_{1n} \\ a_{21} & a_{22} & \cdots & a_{2,n-1} & a_{2n} \\ \vdots & \vdots & & \vdots & \vdots \\ a_{n1} & a_{n2} & \cdots & a_{n,n-1} & a_{nn} \end{vmatrix}\neq 0$$ 可知方程组增广矩阵的秩为 n，从而系数矩阵的秩小于增广矩阵的秩，故非齐次线性方程组无解.

4.（东南大学、华南理工大学、湘潭大学考研真题）设齐次线性方程组

$$\begin{cases} (a_1+b)x_1+a_2x_2+\cdots+a_nx_n=0 \\ a_1x_1+(a_2+b)x_2+\cdots+a_nx_n=0 \\ \quad\vdots \\ a_1x_1+a_2x_2+\cdots+(a_n+b)x_n=0 \end{cases}$$ ，其中 $\sum_{i=1}^{n}a_i\neq 0$，试讨论 $a_1,a_2,\cdots,a_n$ 和 b 满足什么条件时，

（1）方程组仅有零解；（2）方程组有非零解，此时，用基础解析表出所有解.

解 齐次方程组的系数矩阵行列式为

$$\begin{vmatrix} a_1+b & a_2 & \cdots & a_n \\ a_1 & a_2+b & \cdots & a_n \\ \vdots & \vdots & & \vdots \\ a_n & a_n & \cdots & a_n+b \end{vmatrix}=\left(\sum_{i=1}^{n}a_i+b\right)b^{n-1}.$$

（1）当 $\left(\sum_{i=1}^{n}a_i+b\right)b^{n-1}\neq 0$ 时，方程组仅有零解.

（2）当 $\left(\sum_{i=1}^{n}a_i+b\right)b^{n-1}=0$ 时，方程组有非零解. 这时，由 $\left(\sum_{i=1}^{n}a_i+b\right)b^{n-1}=0$ 可得 $\sum_{i=1}^{n}a_i+b=0$ 或 $b=0$. 当 $b=0$ 时，系数矩阵为

$$\begin{pmatrix} a_1 & a_2 & \cdots & a_n \\ a_1 & a_2 & \cdots & a_n \\ \vdots & \vdots & & \vdots \\ a_1 & a_2 & \cdots & a_n \end{pmatrix}\to\begin{pmatrix} a_1 & a_2 & \cdots & a_n \\ 0 & 0 & \cdots & 0 \\ \vdots & \vdots & & \vdots \\ 0 & 0 & \cdots & 0 \end{pmatrix},$$

由 $\sum_{i=1}^{n}a_i\neq 0$ 知，存在某个 $a_i\neq 0$，不妨设 $a_1\neq 0$，则同解方程组为 $x_1=-\dfrac{a_2}{a_1}x_2-\cdots-\dfrac{a_n}{a_1}x_n$，可得基础解系为

$$\xi_1=\begin{pmatrix} -\dfrac{a_2}{a_1} \\ 1 \\ \vdots \\ 0 \end{pmatrix},\cdots,\xi_{n-1}=\begin{pmatrix} -\dfrac{a_n}{a_1} \\ 0 \\ \vdots \\ 1 \end{pmatrix}$$

故方程组的通解为

$$X = k_1\xi_1 + \cdots + k_{n-1}\xi_{n-1}$$

其中 $k_1, \cdots, k_{n-1}$ 为常数.

当 $b \neq 0, \sum_{i=1}^{n} a_i + b = 0$ 时，对系数矩阵进行行初等变换：

$$\begin{pmatrix} a_1+b & a_2 & \cdots & a_n \\ a_1 & a_2+b & \cdots & a_n \\ \vdots & \vdots & & \vdots \\ a_1 & a_2 & \cdots & a_n+b \end{pmatrix} \to \begin{pmatrix} a_1+b & a_2 & \cdots & a_n \\ -b & b & \cdots & 0 \\ \vdots & \vdots & & \vdots \\ -b & 0 & \cdots & b \end{pmatrix} \to \begin{pmatrix} a_1+b & a_2 & \cdots & a_n \\ -1 & 1 & \cdots & 0 \\ \vdots & \vdots & & \vdots \\ -1 & 0 & \cdots & 1 \end{pmatrix}$$

$$\to \begin{pmatrix} 0 & 0 & \cdots & 0 \\ -1 & 1 & \cdots & 0 \\ \vdots & \vdots & & \vdots \\ -1 & 0 & \cdots & 1 \end{pmatrix}$$

则同解方程组为 $\begin{cases} x_2 = x_1 \\ x_3 = x_1 \\ \quad\vdots \\ x_n = x_1 \end{cases}$，可得基础解系为

$$\xi_1 = \begin{pmatrix} 1 \\ 1 \\ \vdots \\ 1 \end{pmatrix}$$

故方程组的通解为

$$X = k_1\xi_1$$

其中 k_1 为常数.

5.（南京航空航天大学考研真题）设有向量组

（1）$\boldsymbol{\alpha}_1 = \begin{pmatrix} 1 \\ 1 \\ a \end{pmatrix}, \boldsymbol{\alpha}_2 = \begin{pmatrix} -2 \\ a \\ 4 \end{pmatrix}, \boldsymbol{\alpha}_3 = \begin{pmatrix} -2 \\ a \\ a \end{pmatrix}$；（2）$\boldsymbol{\beta}_1 = \begin{pmatrix} 1 \\ 1 \\ a \end{pmatrix}, \boldsymbol{\beta}_2 = \begin{pmatrix} 1 \\ a \\ 1 \end{pmatrix}, \boldsymbol{\beta}_3 = \begin{pmatrix} a \\ 1 \\ 1 \end{pmatrix}$.

1）求 a 的值，使得向量组（1）线性相关；

2）求 a 的值，使得向量组（1）不能由向量组（2）线性表示；

3）在（1）和（2）同时成立的情况下，将向量 $\gamma = (1, -2, -5)^{\mathrm{T}}$ 用 $\boldsymbol{\beta}_1, \boldsymbol{\beta}_2, \boldsymbol{\alpha}_3$ 线性表示.

解 1）以向量组（1）构造矩阵 $\boldsymbol{A}$，然后对其进行初等变换化为行阶梯形矩阵：

$$\boldsymbol{A} = \begin{pmatrix} 1 & -2 & -2 \\ 1 & a & a \\ a & 4 & a \end{pmatrix} \to \begin{pmatrix} 1 & -2 & -2 \\ 0 & a+2 & a+2 \\ 0 & 4+2a & 3a \end{pmatrix} \to \begin{pmatrix} 1 & -2 & -2 \\ 0 & a+2 & a+2 \\ 0 & 0 & a-4 \end{pmatrix}$$

已知当 $a=4$ 或 $a=-2$ 时向量组（1）线性相关.

2）以向量组（2）与（1）构造矩阵 $\boldsymbol{B}$，然后对其进行初等变换化为行阶梯形矩阵：

$$B=\begin{pmatrix}1&1&a&1&-2&-2\\1&a&1&1&a&a\\a&1&1&a&4&a\end{pmatrix}\to\begin{pmatrix}1&1&a&1&-2&-2\\0&a-1&1-a&0&a+2&a+2\\0&0&(a-1)(a+2)&a-1&3(a+2)&3a\end{pmatrix}$$

当 $a=1$ 时，

$$B\to\begin{pmatrix}1&1&1&1&-2&-2\\0&0&0&0&3&3\\0&0&0&0&9&3\end{pmatrix}=C=(\gamma_1,\gamma_2,\gamma_3,\gamma_4,\gamma_5,\gamma_6)$$

由 $\gamma_4,\gamma_5,\gamma_6$ 不能由 $\gamma_1,\gamma_2,\gamma_3$ 表示，可知向量组（1）不能由向量组（2）线性表示.

当 $a=-2$ 时，

$$B\to\begin{pmatrix}1&1&-2&1&-2&-2\\0&-3&3&0&0&0\\0&0&0&-3&0&-6\end{pmatrix}=C=(\gamma_1,\gamma_2,\gamma_3,\gamma_4,\gamma_5,\gamma_6)$$

由 $\gamma_4,\gamma_5,\gamma_6$ 不能由 $\gamma_1,\gamma_2,\gamma_3$ 表示，可知向量组（1）不能由向量组（2）线性表示.

当 $a\neq 1$ 且 $a\neq -2$ 时，

$$B\to\begin{pmatrix}1&1&a&1&-2&-2\\0&1&-1&0&\dfrac{a+2}{a-1}&\dfrac{a+2}{a-1}\\0&0&1&\dfrac{1}{a+2}&\dfrac{3}{a-1}&\dfrac{3a}{(a-1)(a+2)}\end{pmatrix}=C=(\gamma_1,\gamma_2,\gamma_3,\gamma_4,\gamma_5,\gamma_6)$$

由 $\gamma_4,\gamma_5,\gamma_6$ 能由 $\gamma_1,\gamma_2,\gamma_3$ 表示，可知向量组（1）能由向量组（2）线性表示.

综合可得，当 $a=1$ 或 $a=-2$ 时，向量组（1）不能由向量组（2）线性表示.

3）同时满足（1）与（2）可知 $a=-2$. 此时构造矩阵 $M=(\beta_1,\beta_2,\alpha_3,\gamma)$，然后对矩阵 M 进行初等变换化行为最简形矩阵：

$$M=(\beta_1,\beta_2,\alpha_3,\gamma)=\begin{pmatrix}1&1&-2&1\\1&-2&-2&-2\\-2&1&-2&-5\end{pmatrix}\to\begin{pmatrix}1&1&-2&1\\0&-3&0&-3\\0&3&-6&-3\end{pmatrix}\to\begin{pmatrix}1&1&-2&1\\0&-3&0&-3\\0&0&-6&-6\end{pmatrix}$$

$$\to\begin{pmatrix}1&1&-2&1\\0&1&0&1\\0&0&1&1\end{pmatrix}\to\begin{pmatrix}1&0&-2&0\\0&1&0&1\\0&0&1&1\end{pmatrix}\to\begin{pmatrix}1&0&0&2\\0&1&0&1\\0&0&1&1\end{pmatrix}=N=(\xi_1,\xi_2,\xi_3,\xi_4)$$

且 $\xi_4=2\xi_1+\xi_2+\xi_3$，从而可得 $\gamma=2\beta_1+\beta_2+\alpha_3$.

4.4 例题补充

例 4.1 设向量组（Ⅰ）$\alpha_1=(2,4,-2)^{\mathrm T},\alpha_2=(-1,a-3,1)^{\mathrm T},\alpha_3=(2,8,b-1)^{\mathrm T}$ 和向量组（Ⅱ）$\beta_1=(2,b+5,-2)^{\mathrm T},\beta_2=(3,7,a-4)^{\mathrm T},\alpha_3=(1,2b+4,-1)^{\mathrm T}$. 问：

（1）a,b 取何值时，$R(\mathrm{I})=R(\mathrm{II})$ 且向量组（Ⅰ）与向量组（Ⅱ）等价?

（2）a,b 取何值时，$R(\mathrm{I})=R(\mathrm{II})$，但向量组（Ⅰ）与向量组（Ⅱ）不等价?

解 令 $\boldsymbol{A}=(\boldsymbol{\alpha}_1,\boldsymbol{\alpha}_2,\boldsymbol{\alpha}_3,\boldsymbol{\beta}_1,\boldsymbol{\beta}_2,\boldsymbol{\beta}_3)$，并对 $\boldsymbol{A}$ 作初等行变换：

$$\boldsymbol{A}\to\begin{pmatrix}2 & -1 & 2 & 2 & 3 & 1\\ 0 & a-1 & 4 & b+1 & 1 & 2b+2\\ 0 & 0 & b+1 & 0 & a-1 & 0\end{pmatrix} \qquad (**)$$

（1）由（**）可知，当 $a\neq 1,b\neq -1$ 时，$|\boldsymbol{\alpha}_1,\boldsymbol{\alpha}_2,\boldsymbol{\alpha}_3|\neq 0,|\boldsymbol{\beta}_1,\boldsymbol{\beta}_2,\boldsymbol{\beta}_3|\neq 0$，所以 $R(\mathrm{I})=R(\mathrm{II})=3$，由克拉默法则知，线性方程组

$$(\boldsymbol{\alpha}_1,\boldsymbol{\alpha}_2,\boldsymbol{\alpha}_3)\begin{pmatrix}x_1\\x_2\\x_3\end{pmatrix}=\boldsymbol{\beta}_i\ (i=1,2,3)$$

与线性方程组

$$(\boldsymbol{\beta}_1,\boldsymbol{\beta}_2,\boldsymbol{\beta}_3)\begin{pmatrix}x_1\\x_2\\x_3\end{pmatrix}=\boldsymbol{\alpha}_i\ (i=1,2,3)$$

均有解，即 $\boldsymbol{\beta}_i$ 可由 $\boldsymbol{\alpha}_1,\boldsymbol{\alpha}_2,\boldsymbol{\alpha}_3$ 线性表示，同时 $\boldsymbol{\alpha}_i$ 可由 $\boldsymbol{\beta}_1,\boldsymbol{\beta}_2,\boldsymbol{\beta}_3$ 线性表示 $(i=1,2,3)$．故此时 $R(\mathrm{I})=R(\mathrm{II})$ 且向量组（Ⅰ）与向量组（Ⅱ）等价.

当 $a=1,b=-1$ 时，$R(\mathrm{I})=R(\mathrm{II})=2$，线性方程组

$$(\boldsymbol{\alpha}_1,\boldsymbol{\alpha}_2,\boldsymbol{\alpha}_3)\begin{pmatrix}x_1\\x_2\\x_3\end{pmatrix}=\boldsymbol{\beta}_i\ (i=1,2,3)$$

与线性方程组

$$(\boldsymbol{\beta}_1,\boldsymbol{\beta}_2,\boldsymbol{\beta}_3)\begin{pmatrix}x_1\\x_2\\x_3\end{pmatrix}=\boldsymbol{\alpha}_i\ (i=1,2,3)$$

均有解，即 $\boldsymbol{\beta}_i$ 可由 $\boldsymbol{\alpha}_1,\boldsymbol{\alpha}_2,\boldsymbol{\alpha}_3$ 线性表示，同时 $\boldsymbol{\alpha}_i$ 可由 $\boldsymbol{\beta}_1,\boldsymbol{\beta}_2,\boldsymbol{\beta}_3$ 线性表示 $(i=1,2,3)$．故此时 $R(\mathrm{I})=R(\mathrm{II})$ 且向量组（Ⅰ）与向量组（Ⅱ）等价.

（2）由（**）可知，当 $a=1,b\neq -1$ 时，$R(\mathrm{I})=R(\mathrm{II})$，但线性方程组

$$(\boldsymbol{\beta}_1,\boldsymbol{\beta}_2,\boldsymbol{\beta}_3)\begin{pmatrix}x_1\\x_2\\x_3\end{pmatrix}=\boldsymbol{\alpha}_3$$

的系数矩阵 $(\boldsymbol{\beta}_1,\boldsymbol{\beta}_2,\boldsymbol{\beta}_3)$ 的秩为 2，其增广矩阵 $(\boldsymbol{\beta}_1,\boldsymbol{\beta}_2,\boldsymbol{\beta}_3,\boldsymbol{\alpha}_3)$ 的秩为 3，故其无解，从而 $\boldsymbol{\alpha}_3$ 不能由 $\boldsymbol{\beta}_1,\boldsymbol{\beta}_2,\boldsymbol{\beta}_3$ 线性表示，故此时 $R(\mathrm{I})=R(\mathrm{II})$，但向量组（Ⅰ）与向量组（Ⅱ）不等价.

当 $a\neq 1,b=-1$ 时，$R(\mathrm{I})=R(\mathrm{II})$，但线性方程组

$$(\boldsymbol{\alpha}_1,\boldsymbol{\alpha}_2,\boldsymbol{\alpha}_3)\begin{pmatrix}x_1\\x_2\\x_3\end{pmatrix}=\boldsymbol{\beta}_2$$

的系数矩阵 $(\boldsymbol{\alpha}_1,\boldsymbol{\alpha}_2,\boldsymbol{\alpha}_3)$ 的秩为 2，其增广矩阵 $(\boldsymbol{\alpha}_1,\boldsymbol{\alpha}_2,\boldsymbol{\alpha}_3,\boldsymbol{\beta}_2)$ 的秩为 3，故其无解，从而 $\boldsymbol{\beta}_2$ 不能由 $\boldsymbol{\alpha}_1,\boldsymbol{\alpha}_2,\boldsymbol{\alpha}_3$ 线性表示，故此时 $R(\mathrm{I})=R(\mathrm{II})$，但向量组（Ⅰ）与向量组（Ⅱ）不等价.

例 4.2 设线性方程组（Ⅰ）为 $\sum_{j=1}^{n} a_{ij}x_j = b_i \ (i=1,2,\cdots,n)$，证明：

（1）方程组（Ⅰ）对于任何一组数 $b_1, b_2, \cdots, b_n$ 都有解，则系数行列式 $|a_{ij}| \neq 0$；

（2）整系数方程组（Ⅰ）对于任何一组整数 $b_1, b_2, \cdots, b_n$ 都有整数解，则 $|a_{ij}| = \pm 1$.

证明 （1）线性方程组（Ⅰ）有解，则 $R(\boldsymbol{A}) = R(\boldsymbol{A}, \boldsymbol{b})$，由 $\boldsymbol{b}$ 的任意性知 $R(\boldsymbol{A}) = R(\boldsymbol{A}, \boldsymbol{b}) = n$，故 $|a_{ij}| \neq 0$.

（2）设 $\boldsymbol{A} = (a_{ij})_{n\times n}, \boldsymbol{b} = (\boldsymbol{b}_1, \boldsymbol{b}_2, \cdots, \boldsymbol{b}_n)^{\mathrm{T}}, \boldsymbol{X} = (x_1, x_2, \cdots, x_n)^{\mathrm{T}}$，则原方程组可写为 $\boldsymbol{AX} = \boldsymbol{b}$. 令 $\boldsymbol{b}_1 = (1, 0, \cdots, 0)^{\mathrm{T}}, \boldsymbol{b}_2 = (0, 1, \cdots, 0)^{\mathrm{T}}, \cdots, \boldsymbol{b}_n = (0, 0, \cdots, 1)^{\mathrm{T}}$.

由已知，存在整系数列向量 $\boldsymbol{C}_1, \boldsymbol{C}_2, \cdots, \boldsymbol{C}_n$，使 $\boldsymbol{AC}_i = \boldsymbol{b}_i \ (i=1,2,\cdots,n)$，令 $\boldsymbol{C} = (\boldsymbol{C}_1, \boldsymbol{C}_2, \cdots, \boldsymbol{C}_n)$，则 $\boldsymbol{AC} = \boldsymbol{E}$，所以 $|\boldsymbol{A}||\boldsymbol{C}| = 1$. 因为 $\boldsymbol{A}, \boldsymbol{C}$ 都是整系数矩阵，所以 $|\boldsymbol{A}|, |\boldsymbol{C}|$ 都是整数，故由 $|\boldsymbol{A}||\boldsymbol{C}| = 1$ 可知，$|\boldsymbol{A}| = |\boldsymbol{C}| = 1$ 或 $|\boldsymbol{A}| = |\boldsymbol{C}| = -1$，即该线性方程组的系数行列式的绝对值为 1.

例 4.3 （华南理工大学考研真题）设 $\boldsymbol{A}$ 是 $m\times n$ 矩阵，$\boldsymbol{\beta}$ 是 m 维列向量. 证明：

（1）$R(\boldsymbol{AA}^{\mathrm{T}}) = R(\boldsymbol{A}^{\mathrm{T}}\boldsymbol{A}) = R(\boldsymbol{A})$；

（2）线性方程组 $\boldsymbol{A}^{\mathrm{T}}\boldsymbol{AX} = \boldsymbol{A}^{\mathrm{T}}\boldsymbol{\beta}$ 总有解.

证明 （1）先证 $R(\boldsymbol{A}^{\mathrm{T}}\boldsymbol{A}) = R(\boldsymbol{A})$.

要证 $R(\boldsymbol{A}^{\mathrm{T}}\boldsymbol{A}) = R(\boldsymbol{A})$，只须证 $\boldsymbol{A}^{\mathrm{T}}\boldsymbol{AX} = \boldsymbol{0}$ 与 $\boldsymbol{AX} = \boldsymbol{0}$ 同解.

设 $\boldsymbol{X}_0$ 是 $\boldsymbol{AX} = \boldsymbol{0}$ 的解，则 $\boldsymbol{AX}_0 = \boldsymbol{0}$，$\boldsymbol{A}^{\mathrm{T}}\boldsymbol{AX}_0 = \boldsymbol{0}$，即 $\boldsymbol{X}_0$ 是 $\boldsymbol{A}^{\mathrm{T}}\boldsymbol{AX} = \boldsymbol{0}$ 的解.

设 $\boldsymbol{X}_0$ 是 $\boldsymbol{A}^{\mathrm{T}}\boldsymbol{AX} = \boldsymbol{0}$ 的解，则 $\boldsymbol{A}^{\mathrm{T}}\boldsymbol{AX}_0 = \boldsymbol{0}$，所以 $\boldsymbol{X}_0^{\mathrm{T}}\boldsymbol{A}^{\mathrm{T}}\boldsymbol{AX}_0 = \boldsymbol{0}$，即 $(\boldsymbol{AX}_0)^{\mathrm{T}}\boldsymbol{AX}_0 = \boldsymbol{0}$，从而 $\boldsymbol{AX}_0 = \boldsymbol{0}$，即 $\boldsymbol{X}_0$ 是 $\boldsymbol{AX} = \boldsymbol{0}$ 的解.

综上所述，$\boldsymbol{A}^{\mathrm{T}}\boldsymbol{AX} = \boldsymbol{0}$ 与 $\boldsymbol{AX} = \boldsymbol{0}$ 同解，从而它们基础解系中所含向量的个数相等，即 $n - R(\boldsymbol{A}^{\mathrm{T}}\boldsymbol{A}) = n - R(\boldsymbol{A})$，所以 $R(\boldsymbol{A}^{\mathrm{T}}\boldsymbol{A}) = R(\boldsymbol{A})$.

再证 $R(\boldsymbol{AA}^{\mathrm{T}}) = R(\boldsymbol{A})$.

因为 $R(\boldsymbol{A}) = R(\boldsymbol{A}^{\mathrm{T}})$，由 $R(\boldsymbol{AA}^{\mathrm{T}}) = R(\boldsymbol{A})$ 知，$R(\boldsymbol{A}^{\mathrm{T}}) = R((\boldsymbol{A}^{\mathrm{T}})^{\mathrm{T}}\boldsymbol{A}^{\mathrm{T}}) = R(\boldsymbol{AA}^{\mathrm{T}})$，所以 $R(\boldsymbol{A}) = R(\boldsymbol{AA}^{\mathrm{T}})$，故 $R(\boldsymbol{AA}^{\mathrm{T}}) = R(\boldsymbol{A}^{\mathrm{T}}\boldsymbol{A}) = R(\boldsymbol{A})$.

（2）因为 $R(\boldsymbol{A}^{\mathrm{T}}\boldsymbol{A}, \boldsymbol{A}^{\mathrm{T}}\boldsymbol{\beta}) = R(\boldsymbol{A}^{\mathrm{T}}(\boldsymbol{A}, \boldsymbol{\beta})) \leqslant R(\boldsymbol{A}^{\mathrm{T}}) = R(\boldsymbol{A}) = R(\boldsymbol{A}^{\mathrm{T}}\boldsymbol{A})$，显然 $R(\boldsymbol{A}^{\mathrm{T}}\boldsymbol{A}, \boldsymbol{A}^{\mathrm{T}}\boldsymbol{\beta}) \geqslant R(\boldsymbol{A}^{\mathrm{T}}\boldsymbol{A})$，所以 $R(\boldsymbol{A}^{\mathrm{T}}\boldsymbol{A}, \boldsymbol{A}^{\mathrm{T}}\boldsymbol{\beta}) = R(\boldsymbol{A}^{\mathrm{T}}\boldsymbol{A})$，故 $\boldsymbol{A}^{\mathrm{T}}\boldsymbol{AX} = \boldsymbol{A}^{\mathrm{T}}\boldsymbol{\beta}$ 总有解.

例 4.4 设有齐次线性方程组

$$\begin{cases} (1+a)x_1 + x_2 + \cdots + x_n = 0, \\ 2x_1 + (2+a)x_2 + \cdots + 2x_n = 0, \\ \qquad\vdots \\ nx_1 + nx_2 + \cdots + (n+a)x_n = 0. \end{cases}$$

试问 a 为何值时，该方程组有非零解，并求其所有解（要求用基础解系表示）.

解 设齐次线性方程组的系数矩阵为 $\boldsymbol{A}$，则 $\boldsymbol{A} = a\boldsymbol{E} + \boldsymbol{B}$，其中

$$\boldsymbol{B} = \begin{pmatrix} 1 & 1 & \cdots & 1 \\ 2 & 2 & \cdots & 2 \\ \vdots & \vdots & & \vdots \\ n & n & \cdots & n \end{pmatrix}$$

因为 $R(\boldsymbol{B})=1$，所以 $|\lambda\boldsymbol{E}-\boldsymbol{B}|=\lambda^n-\dfrac{n(n+1)}{2}\lambda^{n-1}$，于是 $\boldsymbol{B}$ 的特征值是 $\underbrace{0,0,\cdots,0}_{n-1个},\dfrac{1}{2}n(n+1)$，则 $\boldsymbol{A}$ 的特征值是 $\underbrace{a,a,\cdots,a}_{n-1个},a+\dfrac{1}{2}n(n+1)$，从而

$$|\boldsymbol{A}|=a^{n-1}\left[a+\frac{1}{2}n(n+1)\right]$$

则 $\boldsymbol{AX}=\boldsymbol{0}$ 有非零解 $\Leftrightarrow|\boldsymbol{A}|=0\Leftrightarrow a=0$ 或 $a=-\dfrac{1}{2}n(n+1)$.

当 $a=0$ 时，对系数矩阵 $\boldsymbol{A}$ 作初等行变换：

$$\boldsymbol{A}=\begin{pmatrix}1&1&\cdots&1\\2&2&\cdots&2\\\vdots&\vdots&&\vdots\\n&n&\cdots&n\end{pmatrix}\to\begin{pmatrix}1&1&\cdots&1\\0&0&\cdots&0\\\vdots&\vdots&&\vdots\\0&0&\cdots&0\end{pmatrix},$$

则方程组的同解方程组为 $x_1+x_2+\cdots+x_n=0$，由此得基础解系为

$$\boldsymbol{\eta}_1=(-1,1,0,\cdots,0)',\boldsymbol{\eta}_2=(-1,0,1,\cdots,0)',\cdots,\boldsymbol{\eta}_{n-1}=(-1,0,0,\cdots,1)'$$

故方程组的通解为

$$\boldsymbol{X}=k_1\boldsymbol{\eta}_1+k_2\boldsymbol{\eta}_2+\cdots+k_{n-1}\boldsymbol{\eta}_{n-1}$$

其中 $k_1,k_2,\cdots,k_{n-1}$ 是任意常数.

当 $a=-\dfrac{1}{2}n(n+1)$ 时，对系数矩阵作初等行变换：

$$\boldsymbol{A}=\begin{pmatrix}1+a&1&\cdots&1\\2&2+a&\cdots&2\\\vdots&\vdots&&\vdots\\n&n&\cdots&n+a\end{pmatrix}\to\begin{pmatrix}1+a&1&\cdots&1\\-2a&a&\cdots&0\\\vdots&\vdots&&\vdots\\-na&0&\cdots&a\end{pmatrix}$$

$$\to\begin{pmatrix}1+a&1&\cdots&1\\-2&1&\cdots&0\\\vdots&\vdots&&\vdots\\-n&0&\cdots&1\end{pmatrix}\to\begin{pmatrix}0&0&\cdots&0\\-2&1&\cdots&0\\\vdots&\vdots&&\vdots\\-n&0&\cdots&1\end{pmatrix}.$$

则方程组的同解方程组为

$$\begin{cases}-2x_1+x_2=0,\\-3x_1+x_3=0,\\\quad\vdots\\-nx_1+x_n=0\end{cases}$$

由此得基础解系为

$$\boldsymbol{\eta} = (1, 2, \cdots, n)^{\mathrm{T}}$$

故方程组的通解为

$$\boldsymbol{X} = k\boldsymbol{\eta}$$

其中 k 是任意常数.

例 4.5 设 $\boldsymbol{A}$ 为 $m \times n$ 矩阵，$\boldsymbol{b}$ 为 m 维列向量，试证：

（1）（北京理工大学、华中科技大学等考研真题）方程组 $\boldsymbol{AX} = \boldsymbol{b}$ 有解的充要条件是方程组 $\boldsymbol{A}^{\mathrm{T}}\boldsymbol{X} = \boldsymbol{0}$ 的任一解 $\boldsymbol{Z}$，必满足 $\boldsymbol{b}^{\mathrm{T}}\boldsymbol{Z} = \boldsymbol{0}$；

（2）（南京大学、中国矿业大学等考研真题）方程组 $\boldsymbol{AX} = \boldsymbol{b}$ 有解的充分必要条件是

$$\begin{pmatrix} \boldsymbol{A}^{\mathrm{T}} \\ \boldsymbol{b}^{\mathrm{T}} \end{pmatrix} \boldsymbol{X} = \begin{pmatrix} 0 \\ 1 \end{pmatrix} \text{无解.}$$

证明 （1）（必要性）设 $\boldsymbol{X}_0$ 是 $\boldsymbol{AX} = \boldsymbol{b}$ 的解，则 $\boldsymbol{b} = \boldsymbol{AX}_0$，于是由 $\boldsymbol{A}^{\mathrm{T}}\boldsymbol{Z} = \boldsymbol{0}$ 可得

$$\boldsymbol{b}^{\mathrm{T}}\boldsymbol{Z} = \boldsymbol{X}_0^{\mathrm{T}}\boldsymbol{A}^{\mathrm{T}}\boldsymbol{Z} = \boldsymbol{0}$$

故结论成立.

（充分性）由条件知 $\boldsymbol{A}^{\mathrm{T}}\boldsymbol{Z} = \boldsymbol{0}$ 与

$$\begin{cases} \boldsymbol{A}^{\mathrm{T}}\boldsymbol{Z} = \boldsymbol{0} \\ \boldsymbol{b}^{\mathrm{T}}\boldsymbol{Z} = \boldsymbol{0} \end{cases}$$

同解，则

$$R(\boldsymbol{A}^{\mathrm{T}}) = R\begin{pmatrix} \boldsymbol{A}^{\mathrm{T}} \\ \boldsymbol{b}^{\mathrm{T}} \end{pmatrix}\text{，即 } R(\boldsymbol{A}) = R(\boldsymbol{A}, \boldsymbol{b})$$

故方程组 $\boldsymbol{AX} = \boldsymbol{b}$ 有解.

（2）（必要性）由 $\boldsymbol{AX} = \boldsymbol{b}$ 有解，则 $R(\boldsymbol{A}) = R(\boldsymbol{A}, \boldsymbol{b})$，从而 $R(\boldsymbol{A}^{\mathrm{T}}) = R\begin{pmatrix} \boldsymbol{A}^{\mathrm{T}} \\ \boldsymbol{b}^{\mathrm{T}} \end{pmatrix}$，于是

$$R\begin{pmatrix} \boldsymbol{A}^{\mathrm{T}} & 0 \\ \boldsymbol{b}^{\mathrm{T}} & 1 \end{pmatrix} \geqslant R(\boldsymbol{A}^{\mathrm{T}}) + 1 = R\begin{pmatrix} \boldsymbol{A}^{\mathrm{T}} \\ \boldsymbol{b}^{\mathrm{T}} \end{pmatrix} + 1 > R\begin{pmatrix} \boldsymbol{A}^{\mathrm{T}} \\ \boldsymbol{b}^{\mathrm{T}} \end{pmatrix}$$

故 $\begin{pmatrix} \boldsymbol{A}^{\mathrm{T}} \\ \boldsymbol{b}^{\mathrm{T}} \end{pmatrix} \boldsymbol{X} = \begin{pmatrix} 0 \\ 1 \end{pmatrix}$ 无解.

（充分性）由于

$$\begin{pmatrix} \boldsymbol{A}^{\mathrm{T}} & 0 \\ \boldsymbol{b}^{\mathrm{T}} & 1 \end{pmatrix} \to \begin{pmatrix} \boldsymbol{A}^{\mathrm{T}} & 0 \\ 0 & 1 \end{pmatrix}$$

则有

$$R\begin{pmatrix} \boldsymbol{A}^{\mathrm{T}} & 0 \\ \boldsymbol{b}^{\mathrm{T}} & 1 \end{pmatrix} = R\begin{pmatrix} \boldsymbol{A}^{\mathrm{T}} & 0 \\ 0 & 1 \end{pmatrix} = R(\boldsymbol{A}^{\mathrm{T}}) + 1$$

由 $\begin{pmatrix} \boldsymbol{A}^{\mathrm{T}} \\ \boldsymbol{b}^{\mathrm{T}} \end{pmatrix} \boldsymbol{X} = \begin{pmatrix} 0 \\ 1 \end{pmatrix}$ 无解，得

$$R\begin{pmatrix} \boldsymbol{A}^{\mathrm{T}} & 0 \\ \boldsymbol{b}^{\mathrm{T}} & 1 \end{pmatrix} = R\begin{pmatrix} \boldsymbol{A}^{\mathrm{T}} \\ \boldsymbol{b}^{\mathrm{T}} \end{pmatrix} + 1$$

综上可得

$$R(\boldsymbol{A}^{\mathrm{T}})=R\begin{pmatrix}\boldsymbol{A}^{\mathrm{T}}\\ \boldsymbol{b}^{\mathrm{T}}\end{pmatrix}，即 R(\boldsymbol{A})=R(\boldsymbol{A},\boldsymbol{b})$$

故方程组 $\boldsymbol{AX}=\boldsymbol{b}$ 有解.

例 4.6 在齐次线性方程组

$$\begin{cases}a_{11}x_1+a_{12}x_2+\cdots+a_{1n}x_n=0,\\ a_{21}x_1+a_{22}x_2+\cdots+a_{2n}x_n=0,\\ \qquad\vdots\\ a_{n-1,1}x_1+a_{n-1,2}x_2+\cdots+a_{n-1,n}x_n=0\end{cases}$$

中，证

$$x_1=\begin{vmatrix}a_{12}&a_{13}&\cdots&a_{1n}\\ a_{22}&a_{23}&\cdots&a_{2n}\\ \vdots&\vdots&&\vdots\\ a_{n-1,2}&a_{n-1,3}&\cdots&a_{n-1,n}\end{vmatrix},\quad x_2=\begin{vmatrix}a_{11}&a_{13}&\cdots&a_{1n}\\ a_{21}&a_{23}&\cdots&a_{2n}\\ \vdots&\vdots&&\vdots\\ a_{n-1,1}&a_{n-1,3}&\cdots&a_{n-1,n}\end{vmatrix},\cdots,$$

$$x_n=\begin{vmatrix}a_{11}&a_{12}&\cdots&a_{1,n-1}\\ a_{21}&a_{22}&\cdots&a_{2,n-1}\\ \vdots&\vdots&&\vdots\\ a_{n-1,1}&a_{n-1,2}&\cdots&a_{n-1,n-1}\end{vmatrix}$$

是方程组的解且若这个解不为零，则方程组的任意解可由它乘以某数得到.

证明 做方程 $\boldsymbol{AX}=\boldsymbol{0}$，其中

$$\boldsymbol{A}=\begin{pmatrix}a_{11}&a_{12}&\cdots&a_{1n}\\ a_{11}&a_{12}&\cdots&a_{1n}\\ a_{21}&a_{22}&\cdots&a_{2n}\\ \vdots&\vdots&&\vdots\\ a_{n-1,1}&a_{n-1,2}&\cdots&a_{n-1,n}\end{pmatrix}.$$

显然，$x_1=A_{11},x_2=A_{12},\cdots,x_n=A_{1n}$ 是 $\boldsymbol{A}$ 中第一行元素的代数余子式. 因为 $|\boldsymbol{A}|=0$，故有 $a_{11}A_{11}+a_{12}A_{12}+\cdots+a_{1n}A_{1n}=0$. 另外 $a_{i1}A_{11}+a_{i2}A_{12}+\cdots+a_{in}A_{1n}=0$ ($i=2,3,\cdots,n-1$)，故 $\xi=(x_1,x_2,\cdots,x_n)^{\mathrm{T}}$ 是原方程组的解. 若这个解不为零，则至少有一个 $x_i\neq0$，即原方程组的系数矩阵的秩是 $n-1$. 故它的基础解系含一个解，从而非零解 $\xi=(x_1,x_2,\cdots,x_n)^{\mathrm{T}}$ 是它的一个基础解系. 于是该方程组的任意解是 $\boldsymbol{X}=k\xi$，其中 k 是任意数.

【变式练习】

1.（北京交通大学、河南大学、山东大学等考研真题）齐次线性方程组

$$\begin{cases}a_{11}x_1+a_{12}x_2+\cdots+a_{1n}x_n=0,\\ a_{21}x_1+a_{22}x_2+\cdots+a_{2n}x_n=0,\\ \qquad\vdots\\ a_{n-1,1}x_1+a_{n-1,2}x_2+\cdots+a_{n-1,n}x_n=0\end{cases}$$

的系数矩阵为

$$A=\begin{pmatrix} a_{11} & a_{12} & \cdots & a_{1n} \\ a_{21} & a_{22} & \cdots & a_{2n} \\ a_{31} & a_{32} & \cdots & a_{3n} \\ \vdots & \vdots & & \vdots \\ a_{n-1,1} & a_{n-1,2} & \cdots & a_{n-1,n} \end{pmatrix},$$

设 $M_j(j=1,2,\cdots,n)$ 表示 $\boldsymbol{A}$ 中划掉第 j 列得到的 $n-1$ 阶子式．试证：

（1）$(M_1,-M_2,\cdots,(-1)^{n-1}M_n)^{\mathrm{T}}$ 为方程组的一组解．

（2）若 $\boldsymbol{A}$ 的秩为 $n-1$，则方程组的解全是 $(M_1,-M_2,\cdots,(-1)^{n-1}M_n)^{\mathrm{T}}$ 的倍数．

例 4.7 （西安电子科技大学、华南理工大学等考研真题）已知线性方程组（1）$\begin{cases} x_1+2x_2+3x_3=0 \\ 2x_1+3x_2+5x_3=0 \\ x_1+x_2+ax_3=0 \end{cases}$ 与（2）$\begin{cases} x_1+bx_2+cx_3=0 \\ 2x_1+b^2x_2+(c+1)x_3=0 \end{cases}$ 同解，求 a,b,c 的值．

解 解法一：由于方程组（2）中方程个数<未知个数，则方程组（2）有无穷多解，所以方程组（1）也有无穷多解，从而

$$0=\begin{vmatrix} 1 & 2 & 3 \\ 2 & 3 & 5 \\ 1 & 1 & a \end{vmatrix}=a-2\text{，即 } a=2$$

可求得方程组（1）的通解为 $k(-1,-1,1)^{\mathrm{T}}$．

由 $(-1,-1,1)^{\mathrm{T}}$ 也是方程组（2）的解，可得

$$\begin{cases} -1-b+c=0 \\ -2-b^2+(c+1)=0 \end{cases}$$

解得 $b=0,c=1$ 或 $b=1,c=2$．

若 $b=0,c=1$，则方程组（2）的通解为 $k(0,1,0)^{\mathrm{T}}+l(-1,0,1)^{\mathrm{T}}$，此时两个方程组不同解，不合题意．

若 $b=1,c=2$，则方程组（2）的通解为 $k(-1,-1,1)^{\mathrm{T}}$，此时两个方程组同解．

解法二：由

$$\begin{pmatrix} \boldsymbol{A} \\ \boldsymbol{B} \end{pmatrix}=\begin{pmatrix} 1 & 2 & 3 \\ 2 & 3 & 5 \\ 1 & 1 & a \\ 1 & b & c \\ 2 & b^2 & 1+c \end{pmatrix}\to\begin{pmatrix} 1 & 0 & 1 \\ 0 & 1 & 1 \\ 0 & 0 & a-2 \\ 0 & 0 & c-b-1 \\ 0 & 0 & c-b^2-1 \end{pmatrix}$$

$R\begin{pmatrix} \boldsymbol{A} \\ \boldsymbol{B} \end{pmatrix}=R(\boldsymbol{A})=R(\boldsymbol{B})$，可知 $R\begin{pmatrix} \boldsymbol{A} \\ \boldsymbol{B} \end{pmatrix}=R(\boldsymbol{A})=R(\boldsymbol{B})=2$，从而 $a-2=0, c-b-1=0, c-b^2-1=0$，故

$a=2,b=0,c=1$ 或 $a=2,b=1,c=2$，当 $a=2,b=0,c=1$ 时 $R(\boldsymbol{B})=1\neq R(\boldsymbol{A})=2$，不合题意，舍去.

【变式练习】

（西北大学、北京邮电大学等考研真题）已知线性方程组（1）$\begin{cases}2x_1+x_2-x_3=1\\ x_1-x_2+x_3=2\\ 4x_1-5x_2-5x_3=-1\end{cases}$ 与（2）$\begin{cases}ax_1+bx_2=x_3=0\\ 2x_1-x_2+ax_3=3\end{cases}$ 同解，求 a,b 的值.

例 4.8　（西北大学、河南大学等考研真题）已知 m 个向量 $\boldsymbol{\alpha}_1,\boldsymbol{\alpha}_2,\cdots,\boldsymbol{\alpha}_m$ 线性相关，但其中任意 $m-1$ 个都线性无关，证明：

（1）如果等式 $k_1\boldsymbol{\alpha}_1+k_2\boldsymbol{\alpha}_2+\cdots+k_m\boldsymbol{\alpha}_m=\boldsymbol{0}$，则这些 $k_1,k_2,\cdots,k_m$ 或者全为 0，或者全不为 0；

（2）如果存在两个等式

$$k_1\boldsymbol{\alpha}_1+k_2\boldsymbol{\alpha}_2+\cdots+k_m\boldsymbol{\alpha}_m=\boldsymbol{0}, \tag{*}$$

$$l_1\boldsymbol{\alpha}_1+l_2\boldsymbol{\alpha}_2+\cdots+l_m\boldsymbol{\alpha}_m=\boldsymbol{0}, \tag{**}$$

其中 $l_1\neq 0$，则 $\dfrac{k_1}{l_1}=\dfrac{k_2}{l_2}=\cdots=\dfrac{k_m}{l_m}$.

证明　（1）如果 $k_1=k_2=\cdots=k_m=0$，结论显然. 若总有一个 k 不等于 0，不失一般性，设 $k_1\neq 0$，那么其余的 k_j 都不能等于 0，否则若某个 $k_i=0$，则有 $\sum\limits_{j\neq i}k_j\boldsymbol{\alpha}_j=\boldsymbol{0}$，其中 $k_1\neq 0$，这与任意 $m-1$ 个都线性无关矛盾，从而证得 $k_1,k_2,\cdots,k_m$ 全不为 0.

（2）由于 $l_1\neq 0$，由上面（1）知 $l_1,l_2,\cdots,l_m$ 全不为 0. 如果 $k_1=k_2=\cdots=k_m=0$，则 $\dfrac{k_1}{l_1}=\dfrac{k_2}{l_2}=\cdots=\dfrac{k_m}{l_m}$ 成立. 若 $k_1,k_2,\cdots,k_m$ 全不为 0，则由 $l_1\times(*)-k_1\times(**)$ 得

$$(l_1k_2-k_1l_2)\boldsymbol{\alpha}_2+(l_1k_3-k_1l_3)\boldsymbol{\alpha}_3+\cdots+(l_1k_m-k_1l_m)\boldsymbol{\alpha}_m=\boldsymbol{0}$$

由 $\boldsymbol{\alpha}_2,\boldsymbol{\alpha}_3,\cdots,\boldsymbol{\alpha}_m$ 线性无关得

$$l_1k_2-k_1l_2=l_1k_3-k_1l_3=\cdots=l_1k_m-k_1l_m=0,$$

故

$$\frac{k_1}{l_1}=\frac{k_2}{l_2}=\cdots=\frac{k_m}{l_m}.$$

例 4.9　设 $\boldsymbol{A}$ 是 $n\times m$ 矩阵，$\boldsymbol{B}$ 是 $m\times n$ 矩阵，其中 $n<m$，$\boldsymbol{E}$ 是 n 阶单位矩阵，若 $\boldsymbol{AB}=\boldsymbol{E}$，证明 $\boldsymbol{B}$ 的列向量线性无关.

证明　解法一：设 $\boldsymbol{B}=(\boldsymbol{\beta}_1,\boldsymbol{\beta}_2,\cdots,\boldsymbol{\beta}_n)$，其中 $\boldsymbol{\beta}_i\ (i=1,2,\cdots,n)$ 是 $\boldsymbol{B}$ 的列向量. 若 $x_1\boldsymbol{\beta}_1+x_2\boldsymbol{\beta}_2+\cdots+x_n\boldsymbol{\beta}_n=\boldsymbol{0}$，即

$$(\boldsymbol{\beta}_1,\boldsymbol{\beta}_2,\cdots,\boldsymbol{\beta}_n)\begin{pmatrix}x_1\\x_2\\\vdots\\x_n\end{pmatrix}=\boldsymbol{BX}=\boldsymbol{0}.$$

两边左乘 $\boldsymbol{A}$，得 $\boldsymbol{ABX}=\boldsymbol{0}$，即 $\boldsymbol{EX}=\boldsymbol{0}$，也即 $\boldsymbol{X}=\boldsymbol{0}$，所以 $\boldsymbol{\beta}_1,\boldsymbol{\beta}_2,\cdots,\boldsymbol{\beta}_n$ 线性无关.

解法二：因为 $R(\boldsymbol{B}) \leqslant n$，又 $R(\boldsymbol{B}) \geqslant R(\boldsymbol{AB}) = R(\boldsymbol{E}) = n$，故 $R(\boldsymbol{B}) = n$，从而 B 的列向量线性无关.

例 4.10 （郑州大学考研真题）已知非齐次线性方程组 $\boldsymbol{AX} = \boldsymbol{\beta}$ 的通解为

$$k_1\begin{pmatrix}2\\1\\-2\end{pmatrix}+k_2\begin{pmatrix}-2\\-1\\2\end{pmatrix}+\begin{pmatrix}2\\-2\\1\end{pmatrix}，其中 \boldsymbol{\beta}=\begin{pmatrix}9\\0\\0\end{pmatrix}$$

求矩阵 $\boldsymbol{A}$.

解 注意到 $\begin{pmatrix}2\\1\\-2\end{pmatrix}$ 与 $\begin{pmatrix}-2\\-1\\2\end{pmatrix}$ 线性相关，故 $\boldsymbol{AX} = \boldsymbol{\beta}$ 的导出组 $\boldsymbol{AX} = \boldsymbol{0}$ 的基础解系只有一个向量，于是 $R(\boldsymbol{A}) = 2$. 又由题意知 $\boldsymbol{A}$ 的列数为 3，故可设

$$\boldsymbol{A}=\begin{pmatrix}a_{11} & a_{12} & a_{13}\\ a_{21} & a_{22} & a_{23}\end{pmatrix}$$

（说明：假设 $\boldsymbol{A}$ 的行数大于 2 也是可以的，但是计算量会大一些.）

由
$$\boldsymbol{A}\begin{pmatrix}2\\1\\-2\end{pmatrix}=0,\boldsymbol{A}\begin{pmatrix}2\\-2\\1\end{pmatrix}=\boldsymbol{\beta}$$

可得
$$\begin{cases}2a_{11}+a_{12}-2a_{13}=0\\ 2a_{11}-2a_{12}+a_{13}=9\\ 2a_{21}+a_{22}-2a_{23}=0\\ 2a_{21}-2a_{22}+a_{23}=0\end{cases}$$

求解可得矩阵 $\boldsymbol{A}$：

$$\boldsymbol{A}=\begin{pmatrix}2 & -2 & 1\\ 1 & 2 & 2\end{pmatrix}$$

例 4.11 （武汉大学、大连理工大学等考研真题）设矩阵 $\boldsymbol{A},\boldsymbol{B}$ 均为 n 阶方阵，证明：

（1）矩阵 $\boldsymbol{AB}$ 的秩等于矩阵 $\boldsymbol{A}$ 的秩的充要条件方程组 $\boldsymbol{ABX} = \boldsymbol{0}$ 和 $\boldsymbol{BX} = \boldsymbol{0}$ 同解；

（2）$R(\boldsymbol{A}^n) = R(\boldsymbol{A}^{n+1})$.

证明 （1）（必要性）设 $R(\boldsymbol{B}) = R(\boldsymbol{AB}) = r$，则 $\boldsymbol{BX} = \boldsymbol{0} \Rightarrow \boldsymbol{ABX} = \boldsymbol{0}$，从而 $\boldsymbol{BX} = \boldsymbol{0}$ 的解是 $ABX = \boldsymbol{0}$ 的解.

又由于 $\boldsymbol{ABX} = \boldsymbol{0}$ 的基础解系的秩为 $n-r$，$\boldsymbol{BX} = \boldsymbol{0}$ 的基础解系的秩也为 $n-r$，这说明 $\boldsymbol{BX} = \boldsymbol{0}$ 的 $n-r$ 个线性无关的解构成 $\boldsymbol{ABX} = \boldsymbol{0}$ 的基础解系，即 $\boldsymbol{BX} = \boldsymbol{0}$ 与 $\boldsymbol{ABX} = \boldsymbol{0}$ 同解.

（充分性）$\boldsymbol{ABX} = \boldsymbol{0}$ 和 $\boldsymbol{BX} = \boldsymbol{0}$ 同解，即 $\boldsymbol{ABX} = \boldsymbol{0}$ 与 $\boldsymbol{BX} = \boldsymbol{0}$ 有相同的基础解系，而系数矩阵的秩$=n-$基础解系的维数，故 $R(\boldsymbol{B}) = R(\boldsymbol{AB})$.

（2）由（1）知，只需证 $\boldsymbol{A}^n\boldsymbol{X} = \boldsymbol{0}$ 与 $\boldsymbol{A}^{n+1}\boldsymbol{X} = \boldsymbol{0}$ 同解. 显然 $\boldsymbol{A}^n\boldsymbol{X} = \boldsymbol{0}$ 的解是 $\boldsymbol{A}^{n+1}\boldsymbol{X} = \boldsymbol{0}$ 的解，下证 $\boldsymbol{A}^{n+1}\boldsymbol{X} = \boldsymbol{0}$ 的解也是 $\boldsymbol{A}^n\boldsymbol{X} = \boldsymbol{0}$ 的解. 否则，若 $\boldsymbol{\alpha} \neq \boldsymbol{0}$ 使得 $\boldsymbol{A}^{n+1}\boldsymbol{\alpha} = \boldsymbol{0}$ 但 $\boldsymbol{A}^n\boldsymbol{\alpha} \neq \boldsymbol{0}$. 则 $\boldsymbol{\alpha},\boldsymbol{A\alpha},\cdots,\boldsymbol{A}^{n-1}\boldsymbol{\alpha}$ 均不为 $\boldsymbol{0}$，容易证明 $\boldsymbol{\alpha},\boldsymbol{A\alpha},\cdots,\boldsymbol{A}^{n-1}\boldsymbol{\alpha},\boldsymbol{A}^n\boldsymbol{\alpha}$ 线性无关. 事实上，设

$$k_0\boldsymbol{\alpha}+k_1\boldsymbol{A\alpha}+\cdots+k_{n-1}\boldsymbol{A}^{n-1}\boldsymbol{\alpha}+k_n\boldsymbol{A}^n\boldsymbol{\alpha}=\boldsymbol{0}$$

用 $\boldsymbol{A}^n$ 左乘上式可得 $k_0\boldsymbol{A}^n\boldsymbol{\alpha}=\boldsymbol{0}$，从而由 $\boldsymbol{A}^n\boldsymbol{\alpha}\neq\boldsymbol{0}$ 可得 $k_0=0$，上式变为

$$k_1\boldsymbol{A\alpha}+\cdots+k_{n-1}\boldsymbol{A}^{n-1}\boldsymbol{\alpha}+k_n\boldsymbol{A}^n\boldsymbol{\alpha}=\boldsymbol{0}$$

再用 $\boldsymbol{A}^{n-1}$ 左乘上式可得 $k_1\boldsymbol{A}^n\boldsymbol{\alpha}=\boldsymbol{0}$，从而由 $\boldsymbol{A}^n\boldsymbol{\alpha}\neq\boldsymbol{0}$ 可得 $k_1=0$，依次类推可得

$$k_0=k_1=\cdots=k_n=0$$

即 $\boldsymbol{\alpha},\boldsymbol{A\alpha},\cdots,\boldsymbol{A}^{n-1}\boldsymbol{\alpha},\boldsymbol{A}^n\boldsymbol{\alpha}$ 线性无关.

但这是 $n+1$ 个 n 维向量，从而线性相关，矛盾. 故 $\boldsymbol{A}^n\boldsymbol{X}=\boldsymbol{0}$ 与 $\boldsymbol{A}^{n+1}\boldsymbol{X}=\boldsymbol{0}$ 同解. 故 $R(\boldsymbol{A}^n)=R(\boldsymbol{A}^{n+1})$.

例 4.12 （华东师范大学等考研真题）设 $f(x),g(x)\in F[x],(f(x),g(x))=1,\boldsymbol{C}\in \boldsymbol{M}_n(F)$，$\boldsymbol{A}=f(\boldsymbol{C}),\boldsymbol{B}=g(\boldsymbol{C})$，证明：方程 $\boldsymbol{ABX}=\boldsymbol{0}$ 的任一解 $\boldsymbol{X}$ 都可唯一的表示为 $\boldsymbol{X}=\boldsymbol{Y}+\boldsymbol{Z}$，其中 $\boldsymbol{Y},\boldsymbol{Z}$ 分别为方程 $\boldsymbol{BY}=\boldsymbol{0}$ 与 $\boldsymbol{CZ}=\boldsymbol{0}$ 的解.

证明 因为 $(f(x),g(x))=1$，则存在 $u(x),v(x)\in F[x]$，使

$$u(x)f(x)+v(x)g(x)=1$$

于是有

$$u(\boldsymbol{C})f(\boldsymbol{C})+v(\boldsymbol{C})g(\boldsymbol{C})=\boldsymbol{E}$$

对于方程 $\boldsymbol{ABX}=\boldsymbol{0}$ 的任一 $\boldsymbol{X}_0$，将上式两边同时右乘 $\boldsymbol{X}_0$ 可得

$$\boldsymbol{X}_0=u(\boldsymbol{C})f(\boldsymbol{C})\boldsymbol{X}_0+v(\boldsymbol{C})g(\boldsymbol{C})\boldsymbol{X}_0=\boldsymbol{Y}_0+\boldsymbol{Z}_0$$

这里

$$\boldsymbol{Y}_0=u(\boldsymbol{C})f(\boldsymbol{C})\boldsymbol{X}_0=u(\boldsymbol{C})\boldsymbol{AX}_0,\boldsymbol{Z}_0=v(\boldsymbol{C})g(\boldsymbol{C})\boldsymbol{X}_0=v(\boldsymbol{C})\boldsymbol{BX}_0$$

注意到 $f(x),g(x),u(x),v(x)\in F[x]$，则

$$u(\boldsymbol{C})f(\boldsymbol{C})=f(\boldsymbol{C})u(\boldsymbol{C}),v(\boldsymbol{C})g(\boldsymbol{C})=g(\boldsymbol{C})v(\boldsymbol{C})$$

所以

$$\boldsymbol{BY}_0=\boldsymbol{B}u(\boldsymbol{C})\boldsymbol{AX}_0=u(\boldsymbol{C})g(\boldsymbol{C})f(\boldsymbol{C})\boldsymbol{X}_0=u(\boldsymbol{C})f(\boldsymbol{C})g(\boldsymbol{C})\boldsymbol{X}_0=u(\boldsymbol{C})\boldsymbol{ABX}_0=\boldsymbol{0},$$

$$\boldsymbol{AY}_0=\boldsymbol{A}v(\boldsymbol{C})\boldsymbol{BX}_0=f(\boldsymbol{C})v(\boldsymbol{C})\boldsymbol{BX}_0=v(\boldsymbol{C})f(\boldsymbol{C})\boldsymbol{BX}_0=v(\boldsymbol{C})\boldsymbol{ABX}_0=\boldsymbol{0}$$

即 $\boldsymbol{Y}_0,\boldsymbol{Z}_0$ 分别为方程 $\boldsymbol{BY}=\boldsymbol{0}$ 与 $\boldsymbol{CZ}=\boldsymbol{0}$ 的解.

下证分解的唯一性.

假设 $\boldsymbol{X}_0=\boldsymbol{Y}_1+\boldsymbol{Z}_1$，其中 $\boldsymbol{Y}_1,\boldsymbol{Z}_1$ 分别为方程 $\boldsymbol{BY}=\boldsymbol{0}$ 与 $\boldsymbol{CZ}=\boldsymbol{0}$ 的解，则有 $\boldsymbol{Y}_0-\boldsymbol{Y}_1=\boldsymbol{Z}_1-\boldsymbol{Z}_0$，且 $\boldsymbol{Y}_0-\boldsymbol{Y}_1,\boldsymbol{Z}_1-\boldsymbol{Z}_0$ 分别为方程 $\boldsymbol{BY}=\boldsymbol{0}$ 与 $\boldsymbol{CZ}=\boldsymbol{0}$ 的解. 令 $\boldsymbol{S}=\boldsymbol{Y}_0-\boldsymbol{Y}_1=\boldsymbol{Z}_1-\boldsymbol{Z}_0$，则有 $\boldsymbol{AS}=\boldsymbol{0},\boldsymbol{BS}=\boldsymbol{0}$. 把 $\boldsymbol{S}$ 右乘 $u(\boldsymbol{C})f(\boldsymbol{C})+v(\boldsymbol{C})g(\boldsymbol{C})=\boldsymbol{E}$ 可得

$$\boldsymbol{S}=u(\boldsymbol{C})f(\boldsymbol{C})\boldsymbol{S}+v(\boldsymbol{C})g(\boldsymbol{C})\boldsymbol{S}=u(\boldsymbol{C})\boldsymbol{AS}+v(\boldsymbol{C})\boldsymbol{BS}=\boldsymbol{0}$$

所以 $\boldsymbol{Y}_0=\boldsymbol{Y}_1,\boldsymbol{Z}_1=\boldsymbol{Z}_0$，分解的唯一性得证.

第5章

线性空间

5.1　知识点综述

5.1.1　线性空间

1）用定义证明线性空间

线性空间的定义：令$\boldsymbol{V}$是一个非空集合，$\boldsymbol{F}$是一个数域. 在集合$\boldsymbol{V}$的元素之间定义了一种代数运算，叫作加法，这就是说给出了一个法则，对于$\boldsymbol{V}$中任意两个向量$\boldsymbol{\alpha}$与$\boldsymbol{\beta}$，在$\boldsymbol{V}$中都有唯一的一个元素γ与它们对应，称为$\boldsymbol{\alpha}$与$\boldsymbol{\beta}$的和，记为$\gamma=\boldsymbol{\alpha}+\boldsymbol{\beta}$. 在数域$\boldsymbol{F}$与集合$\boldsymbol{V}$的元素之间还定义了一种运算，叫作数量乘法，这就是说，对于数域$\boldsymbol{F}$中任一个数k与$\boldsymbol{V}$中任一个元素$\boldsymbol{\alpha}$，在$\boldsymbol{V}$中都有唯一的一个元素$\boldsymbol{\delta}$与它们对应，称为k与$\boldsymbol{\alpha}$的数量乘积，记为$\delta=k\boldsymbol{\alpha}$. 如果加法与数量乘法满足下述规则，那么$\boldsymbol{V}$称为数域$\boldsymbol{F}$上的线性空间（向量空间）.

如果对$\forall\alpha,\beta,\gamma\in\boldsymbol{V}$和$\forall k,l\in\boldsymbol{F}$，满足如下八条法则：

（1）$\boldsymbol{\alpha}+\boldsymbol{\beta}=\boldsymbol{\beta}+\boldsymbol{\alpha}$；

（2）$(\boldsymbol{\alpha}+\boldsymbol{\beta})+\boldsymbol{\gamma}=\boldsymbol{\alpha}+(\boldsymbol{\beta}+\boldsymbol{\gamma})$；

（3）在$\boldsymbol{V}$中存在元素$\mathbf{0}$，使得$\forall\boldsymbol{\alpha}\in\boldsymbol{V}$，有$\boldsymbol{\alpha}+\mathbf{0}=\boldsymbol{\alpha}$（$\mathbf{0}$称为$\boldsymbol{V}$的零元素）；

（4）对$\boldsymbol{\alpha}\in\boldsymbol{V}$，在$\boldsymbol{V}$中存在元素$\boldsymbol{\beta}$，使得 $\boldsymbol{\alpha}+\boldsymbol{\beta}=\mathbf{0}$（$\boldsymbol{\beta}$称为$\boldsymbol{\alpha}$的负元素，记为$-\boldsymbol{\alpha}$）；

（5）$1\boldsymbol{\alpha}=\boldsymbol{\alpha}$；

（6）$(kl)\boldsymbol{\alpha}=k(l\boldsymbol{\alpha})=l(k\boldsymbol{\alpha})=(lk\boldsymbol{\alpha})$；

（7）$(k+l)\boldsymbol{\alpha}=k\boldsymbol{\alpha}+l\boldsymbol{\alpha}$；

（8）$k(\boldsymbol{\alpha}+\boldsymbol{\beta})=k\boldsymbol{\alpha}+k\boldsymbol{\beta}$.

说明：线性空间中的向量不一定是通常意义下的向量，它可以是数、矩阵、函数、多项式等，这些元素都统称为向量. 线性空间中的加法和数乘两种运算不一定是我们熟悉的数、矩阵、函数、多项式的加法和数乘，可以有多种定义. 在相同的非空集合$\boldsymbol{V}$和数域$\boldsymbol{F}$上定义不同的加法和数乘运算，所构成线性空间一般是不同的.

要验证一个非空集合是线性空间，除了要检验其元素对所规定的加法与数乘运算封闭以外，还需逐一验证这两种运算应满足的八条运算律成立；而要否定一个非空集合是线性空间，只要说明两个封闭性及八条运算律中有一条不成立即可.

2）一些常见的线性空间

（1）数域$\boldsymbol{F}$上的n维向量的全体，按通常向量的加法和数乘运算，构成数域$\boldsymbol{F}$上的线性空间，记为 $\boldsymbol{F}^n$；

（2）数域 $\boldsymbol{F}$ 上的 $m\times n$ 矩阵的全体，按通常矩阵的加法和数乘运算，构成数域 $\boldsymbol{F}$ 上的线性空间，记为 $\boldsymbol{F}^{m\times n}$ 或 $M_{m\times n}(\boldsymbol{F})$；

（3）数域 $\boldsymbol{F}$ 上一元多项式的全体，按多项式的加法和数与多项式的乘法运算，构成数域 $\boldsymbol{F}$ 上的线性空间，记为 $\boldsymbol{F}[x]$；

（4）数域 $\boldsymbol{F}$ 上次数小于 n 的一元多项式的全体，再添上零的多项式，按多项式的乘法运算，构成数域 $\boldsymbol{F}$ 上的线性空间，记为 $\boldsymbol{F}[x]_n$；

（5）数域 $\boldsymbol{F}$ 按数的加法与乘法运算构成数域 $\boldsymbol{F}$ 上的线性空间，特别复数域 $\mathbf{C}$ 按数的加法与乘法运算构成实数域 $\mathbf{R}$ 上的线性空间，也构成复数域 $\mathbf{C}$ 上的线性空间；

（6）设 $\boldsymbol{V}$ 是数域 $\boldsymbol{F}$ 上的线性空间，$\boldsymbol{\alpha}_1,\boldsymbol{\alpha}_2,\cdots,\boldsymbol{\alpha}_s\in\boldsymbol{V}$，则

$$L[\boldsymbol{\alpha}_1,\boldsymbol{\alpha}_2,\cdots,\boldsymbol{\alpha}_s]=\{k_1\boldsymbol{\alpha}_1+k_2\boldsymbol{\alpha}_2+\cdots+k_s\boldsymbol{\alpha}_s\mid k_i\in\boldsymbol{F}\}$$

是数域 $\boldsymbol{F}$ 上的线性空间.

3）向量组的线性相关性

线性空间中向量组的线性相关、线性无关的概念和有关结论与 n 维向量空间中的有关概念和结论可平移，其证明方法也类似.

5.1.2 基与维数、变换公式

1）基与维数的定义

设 $\boldsymbol{V}$ 是数域 $\boldsymbol{F}$ 上的线性空间，若存在一组线性无关的向量 $\alpha_1,\alpha_2,\cdots,\alpha_n\in\boldsymbol{V}$，$\forall\boldsymbol{\beta}\in\boldsymbol{V}$，$\boldsymbol{\beta}$ 都可由 $\alpha_1,\alpha_2,\cdots,\alpha_n$ 线性表示，则 $\alpha_1,\alpha_2,\cdots,\alpha_n$ 为 $\boldsymbol{V}$ 的一组基，n 称作 $\boldsymbol{V}$ 的维数，记作 $\dim\boldsymbol{V}=n$.

说明：基与极大线性无关组在定义的方式上很类似，不同点在于二者对象不同，一个是考虑线性空间的线性无关组，另一个是考虑一组向量中的线性无关组.

2）一些常见的线性空间的基与维数

（1）$\boldsymbol{F}^n=\{(a_1,a_2,\cdots,a_n)^{\mathrm{T}}\mid a_i\in\boldsymbol{F},i=1,2,\cdots,n\}$ 是 n 维线性空间，则 $\dim\boldsymbol{F}^n=n$，且 $\boldsymbol{\varepsilon}_1=(1,0,\cdots,0)^{\mathrm{T}}$，$\boldsymbol{\varepsilon}_1=(0,1,\cdots,0)^{\mathrm{T}},\cdots,\boldsymbol{\varepsilon}_n=(0,0,\cdots,1)^{\mathrm{T}}$ 是其一组基；

（2）$\boldsymbol{F}^{m\times n}=\{\boldsymbol{A}=(a_{ij})_{m\times n}\mid a_{ij}\in\boldsymbol{F},i=1,2,\cdots,m;j=1,2,\cdots,n\}$ 是 mn 维线性空间，则 $\dim\boldsymbol{F}^{m\times n}=mn$，且 $\boldsymbol{E}_{11},\boldsymbol{E}_{12},\cdots,\boldsymbol{E}_{1n},\boldsymbol{E}_{21},\boldsymbol{E}_{22},\cdots,\boldsymbol{E}_{2n},\cdots,\boldsymbol{E}_{m1},\boldsymbol{E}_{m2},\cdots,\boldsymbol{E}_{mn}$ 是其一组基；

（3）$\boldsymbol{F}[x]_n=\{a_0+a_1x+\cdots+a_{n-1}x^{n-1}\mid a_i\in\boldsymbol{F},i=1,2,\cdots,n-1\}$ 是 n 维线性空间，则 $\dim\boldsymbol{F}[x]_n=n$，且 $1,x,\cdots,x^{n-1}$ 是其一组基.

3）变换公式

（1）过渡矩阵.

设 $\boldsymbol{\varepsilon}_1,\boldsymbol{\varepsilon}_2,\cdots,\boldsymbol{\varepsilon}_n$ 与 $\boldsymbol{\varepsilon}_1',\boldsymbol{\varepsilon}_2',\cdots,\boldsymbol{\varepsilon}_n'$ 是 n 维线性空间 $\boldsymbol{V}$ 中两组基，它们的关系是

$$\begin{cases}\boldsymbol{\varepsilon}_1'=a_{11}\boldsymbol{\varepsilon}_1+a_{21}\boldsymbol{\varepsilon}_2+\cdots+a_{n1}\boldsymbol{\varepsilon}_n,\\ \boldsymbol{\varepsilon}_2'=a_{12}\boldsymbol{\varepsilon}_1+a_{22}\boldsymbol{\varepsilon}_2+\cdots+a_{n2}\boldsymbol{\varepsilon}_n,\\ \qquad\vdots\\ \boldsymbol{\varepsilon}_n'=a_{1n}\boldsymbol{\varepsilon}_1+a_{2n}\boldsymbol{\varepsilon}_2+\cdots+a_{nn}\boldsymbol{\varepsilon}_n\end{cases}$$

可以写成

$$(\varepsilon_1',\varepsilon_2',\cdots,\varepsilon_n')=(\varepsilon_1,\varepsilon_2,\cdots,\varepsilon_n)\begin{pmatrix} a_{11} & a_{12} & \cdots & a_{1n} \\ a_{21} & a_{22} & \cdots & a_{2n} \\ \vdots & \vdots & & \vdots \\ a_{n1} & a_{n2} & \cdots & a_{nn} \end{pmatrix}$$

矩阵

$$\boldsymbol{A}=\begin{pmatrix} a_{11} & a_{12} & \cdots & a_{1n} \\ a_{21} & a_{22} & \cdots & a_{2n} \\ \vdots & \vdots & & \vdots \\ a_{n1} & a_{n2} & \cdots & a_{nn} \end{pmatrix}$$

称为由基 $\varepsilon_1,\varepsilon_2,\cdots,\varepsilon_n$ 到 $\varepsilon_1',\varepsilon_2',\cdots,\varepsilon_n'$ 的**过渡矩阵**，它是可逆的.

（2）基变换公式.

设 $\boldsymbol{\alpha}_1,\boldsymbol{\alpha}_2,\cdots,\boldsymbol{\alpha}_n$ 和 $\boldsymbol{\beta}_1,\boldsymbol{\beta}_2,\cdots,\boldsymbol{\beta}_n$ 是线性空间 $\boldsymbol{V}$ 的两组基，且

$$(\boldsymbol{\beta}_1,\boldsymbol{\beta}_2,\cdots,\boldsymbol{\beta}_n)=(\boldsymbol{\alpha}_1,\boldsymbol{\alpha}_2,\cdots,\boldsymbol{\alpha}_n)\boldsymbol{T} \tag{5.1}$$

则称 $\boldsymbol{T}$ 为由基 $\boldsymbol{\alpha}_1,\boldsymbol{\alpha}_2,\cdots,\boldsymbol{\alpha}_n$ 到基 $\boldsymbol{\beta}_1,\boldsymbol{\beta}_2,\cdots,\boldsymbol{\beta}_n$ 的**过渡矩阵**，它是可逆的，式（5.1）为基变换公式.

（3）坐标变换公式.

设 $\boldsymbol{\alpha}_1,\boldsymbol{\alpha}_2,\cdots,\boldsymbol{\alpha}_n$ 和 $\boldsymbol{\beta}_1,\boldsymbol{\beta}_2,\cdots,\boldsymbol{\beta}_n$ 是线性空间 $\boldsymbol{V}$ 的两组基，$\boldsymbol{\alpha}\in\boldsymbol{V}$，若

$$\boldsymbol{\alpha}=(\boldsymbol{\alpha}_1,\boldsymbol{\alpha}_2,\cdots,\boldsymbol{\alpha}_n)\boldsymbol{X},\ \boldsymbol{\alpha}=(\boldsymbol{\beta}_1,\boldsymbol{\beta}_2,\cdots,\boldsymbol{\beta}_n)\boldsymbol{Y},$$

且式（5.1）满足，则 $\boldsymbol{X}=\boldsymbol{TY}$.

坐标的求法一般常用的有两种：一种是利用定义，另一种是利用坐标变换公式.

5.1.3 线性子空间及其运算

1）子空间的定义

设 $\boldsymbol{V}$ 是数域 $\boldsymbol{F}$ 上的线性空间，$\boldsymbol{W}$ 是 $\boldsymbol{V}$ 的一个非空子集，如果 $\boldsymbol{W}$ 关于 $\boldsymbol{V}$ 的加法和数乘运算也构成数域 $\boldsymbol{F}$ 上的线性空间，则称 $\boldsymbol{W}$ 是 $\boldsymbol{V}$ 的一个子空间. 子空间的判定一般采用如下结论：

$\boldsymbol{W}$ 是 $\boldsymbol{V}$ 的一个子空间，当且仅当 $\forall\boldsymbol{\alpha},\boldsymbol{\beta}\in\boldsymbol{W},\forall k\in\boldsymbol{F}$，有 $\boldsymbol{\alpha}+\boldsymbol{\beta}\in\boldsymbol{W},k\boldsymbol{\alpha}\in\boldsymbol{W}$.

2）子空间的有关结论

（1）生成子空间.

设 $\boldsymbol{V}$ 是数域 $\boldsymbol{F}$ 上的线性空间，$\boldsymbol{\alpha}_1,\boldsymbol{\alpha}_2,\cdots,\boldsymbol{\alpha}_s\in\boldsymbol{V}$，则集合 $\{k_1\boldsymbol{\alpha}_1+k_2\boldsymbol{\alpha}_2+\cdots+k_s\boldsymbol{\alpha}_s \mid k_i\in\boldsymbol{F}\}$ 构成 $\boldsymbol{V}$ 的一个子空间，称为 $\boldsymbol{\alpha}_1,\boldsymbol{\alpha}_2,\cdots,\boldsymbol{\alpha}_s$ 生成的子空间，记为 $L[\boldsymbol{\alpha}_1,\boldsymbol{\alpha}_2,\cdots,\boldsymbol{\alpha}_s]$，向量组 $\boldsymbol{\alpha}_1,\boldsymbol{\alpha}_2,\cdots,\boldsymbol{\alpha}_s$ 的极大线性无关组为 $L[\boldsymbol{\alpha}_1,\boldsymbol{\alpha}_2,\cdots,\boldsymbol{\alpha}_s]$ 的基，且

$$\dim L[\boldsymbol{\alpha}_1,\boldsymbol{\alpha}_2,\cdots,\boldsymbol{\alpha}_s]=R(\boldsymbol{\alpha}_1,\boldsymbol{\alpha}_2,\cdots,\boldsymbol{\alpha}_s).$$

（2）子空间的相等.

$L[\alpha_1,\alpha_2,\cdots,\alpha_s]=L[\beta_1,\beta_2,\cdots,\beta_t]$，当且仅当向量组 $\alpha_1,\alpha_2,\cdots,\alpha_s$ 与向量组 $\beta_1,\beta_2,\cdots,\beta_t$ 等价.

3）子空间的运算

（1）子空间的交.

设 $\boldsymbol{V}_1,\boldsymbol{V}_2$ 是线性空间 $\boldsymbol{V}$ 的两个子空间，则 $\boldsymbol{V}_1\cap\boldsymbol{V}_2$ 也为 $\boldsymbol{V}$ 的子空间. 交空间的基与维数有如下结论：

设 $\boldsymbol{V}_1=L[\alpha_1,\alpha_2,\cdots,\alpha_s], \boldsymbol{V}_2=L[\beta_1,\beta_2,\cdots,\beta_t]$，其中 $\dim\boldsymbol{V}_1=k,\dim\boldsymbol{V}_2=l$，令 $\gamma\in\boldsymbol{V}_1\cap\boldsymbol{V}_2$，则

$$\gamma=\sum_{i=1}^{k}x_i\boldsymbol{\alpha}_i=\sum_{j=1}^{t}y_j\boldsymbol{\beta}_j . \tag{5.2}$$

解方程组（5.2），求它的一个基础解系为

$$(x_{i1},x_{i2},\cdots,x_{ik},y_{i1},y_{i2},\cdots,y_{it})^{\mathrm{T}}\quad(i=1,2,\cdots,d)$$

则 $\{\gamma_i\mid\gamma_i=\sum_{j=1}^{k}x_{ij}\boldsymbol{\alpha}_j=\sum_{j=1}^{t}y_{ij}\boldsymbol{\beta}_j,i=1,2,\cdots,d\}$ 是 $\boldsymbol{V}_1\cap\boldsymbol{V}_2$ 的一组基，$\boldsymbol{V}_1\cap\boldsymbol{V}_2$ 的维数为 $d=k+t-r$，这里 r 为向量组 $\alpha_1,\alpha_2,\cdots,\alpha_s,\beta_1,\beta_2,\cdots,\beta_t$ 的极大线性无关组所含向量的个数.

（2）子空间的和.

设 $\boldsymbol{V}_1,\boldsymbol{V}_2$ 是线性空间 $\boldsymbol{V}$ 的两个子空间，称 $\boldsymbol{W}=\{\boldsymbol{\alpha}_1+\boldsymbol{\alpha}_2\mid\boldsymbol{\alpha}_i\in\boldsymbol{V}_i,i=1,2\}$ 为 $\boldsymbol{V}_1$ 与 $\boldsymbol{V}_2$ 的和空间，记为 $\boldsymbol{W}=\boldsymbol{V}_1+\boldsymbol{V}_2$.

若 $\boldsymbol{V}_1=L[\alpha_1,\alpha_2,\cdots,\alpha_s], \boldsymbol{V}_2=L[\beta_1,\beta_2,\cdots,\beta_t]$，且 $\dim\boldsymbol{V}_1=k,\dim\boldsymbol{V}_2=l$，则

$$\boldsymbol{V}_1+\boldsymbol{V}_2=L[\alpha_1,\alpha_2,\cdots,\alpha_s,\beta_1,\beta_2,\cdots,\beta_t],\dim(\boldsymbol{V}_1+\boldsymbol{V}_2)=R(\{\alpha_1,\alpha_2,\cdots,\alpha_s,\beta_1,\beta_2,\cdots,\beta_t\}).$$

（3）维数公式.

设 $\boldsymbol{W}_1,\boldsymbol{W}_2$ 是线性空间 $\boldsymbol{V}$ 的两个子空间，则

$$\dim(\boldsymbol{W}_1+\boldsymbol{W}_2)=\dim\boldsymbol{W}_1+\dim\boldsymbol{W}_2-\dim(\boldsymbol{W}_1\cap\boldsymbol{W}_2).$$

4）子空间的直和

（1）直和的定义.

设 $\boldsymbol{V}_1,\boldsymbol{V}_2$ 是线性空间 $\boldsymbol{V}$ 的子空间，如果和 $\boldsymbol{V}_1+\boldsymbol{V}_2$ 中每个向量 $\boldsymbol{\alpha}$ 的分解式

$$\boldsymbol{\alpha}=\boldsymbol{\alpha}_1+\boldsymbol{\alpha}_2,\ \boldsymbol{\alpha}_1\in\boldsymbol{V}_1,\boldsymbol{\alpha}_2\in\boldsymbol{V}_2$$

是唯一的，这个和就称为直和，记为 $\boldsymbol{V}_1\oplus\boldsymbol{V}_2$.

（2）两个子空间直和的证明.

设 $\boldsymbol{V}$ 是数域 $\boldsymbol{F}$ 上的线性空间，$\boldsymbol{V}_1,\boldsymbol{V}_2$ 是 $\boldsymbol{V}$ 的子空间，则下列条件等价：

① $\boldsymbol{V}_1+\boldsymbol{V}_2$ 是直和；

②在任意 $\boldsymbol{\alpha}\in\boldsymbol{V}_1+\boldsymbol{V}_2$，$\boldsymbol{\alpha}$ 分解唯一；

③零元素分解唯一；

④ $\boldsymbol{V}_1\cap\boldsymbol{V}_2=\{\boldsymbol{0}\}$；

⑤ $\dim(V_1+V_2)=\dim V_1+\dim V_2$；

⑥ V_1,V_2 的基合并是 V_1+V_2 的基；

（3）多个子空间直和的证明.

设 $V_1,V_2,\cdots,V_m$ 为数域 F 上的线性空间 V 上的有限为子空间，则下述条件等价：

① $V_1+V_2+\cdots+V_m$ 是直和；

②零向量表示法唯一；

③ $V_i\cap\sum_{j\neq i}V_j=\{\mathbf{0}\},\forall i=1,2,\cdots,m$；

④ $\dim(V_1+V_2+\cdots+V_m)=\dim V_1+\dim V_2+\cdots+\dim V_m$；

⑤设 $V=V_1\oplus V_2\oplus\cdots\oplus V_m$，则 $V_1,V_2,\cdots,V_m$ 的基的并集为 V 的一组基.

5）余子空间

设 U 是线性空间 V 的子空间，则必存在 V 的子空间 W，使

$$V=U\oplus W,$$

则称 W 是 U 在 V 中的余子空间，一般余子空间不唯一.

5.1.4 线性空间的同构

1）映射相关概念

设 M 和 M' 是两个集合，所谓集合 M 到集合 M' 的一个映射是指一个法则，它使 M 中每一个元素 a 都有 M' 中一个确定的元素 a' 与之对应. 如果映射 σ 使元素 $a'\in M'$ 与元素 $a\in M$ 对应，那么记为 $\sigma(a)=a'$，a' 称为 a 在映射 σ 下的**像**，而 a 称为 a' 在映射 σ 下的一个**原像**.

如果 $\sigma(M)=M'$，映射 σ 称为**映上的**或**满射**. 于是 σ 是满射当且仅当对 $\forall b\in M'$ 总存在 $a\in M$，使得 $\sigma(a)=b$.

如果在映射 σ 下，M 中不同元素的像也一定不同，即由 $a_1\neq a_2$ 一定有 $\sigma(a_1)\neq\sigma(a_2)$，那么映射 σ 就称为 **1–1 的**或**单射**. 于是 σ 是单射当且仅当由 $\sigma(a_1)=\sigma(a_2)$ 可推出 $a_1=a_2$.

一个映射如果既是单射又是满射就称为 **1–1 对应**或**双射**.

2）线性空间同构的定义

设 V 和 V' 是数域 F 上的两个线性空间，如果存在 V 到 V' 的一个双射 σ，使

$$\sigma(\alpha+\beta)=\sigma(\alpha)+\sigma(\beta),\sigma(k\alpha)=k\sigma(\alpha),$$

其中 $k\in F,\alpha,\beta\in V$，则称 σ 是线性空间 V 到 V' 的同构映射，而称线性空间 V 与 V' 同构.

3）同构线性空间的有关结论

（1）同构的线性空间具有反身性、对称性和传递性，即为等价关系.

（2）线性同构不仅将线性相关的向量组映射为线性相关的向量组，也将线性无关的向量组映射为线性无关的向量组.

（3）同一数域 F 上线性空间同构的充要条件是它们具有相同的维数.

（4）数域 F 上任意一 n 维线性空间 V 都与 F^n 同构. 取定 V 的一组基 $\alpha_1,\alpha_2,\cdots,\alpha_n$，则对任意 $\alpha\in V$ 有 $\alpha=a_1\alpha_1+a_2\alpha_2+\cdots+a_n\alpha_n$，则 $\sigma(\alpha)=(\alpha_1,\alpha_2,\cdots,\alpha_n)^{\mathrm{T}}$ 就是 V 到 F^n 的一个同构映射.

5.2 习题详解

习题 5.1

1. 验证以下集合对于所指的运算是否构成实数域 **R** 上的线性空间：

（1）次数等于 $n(n \geqslant 1)$ 的实系数多项式的全体，对于通常多项式的加法和数乘.

（2）令 $\boldsymbol{V}=\{(a,b)\,|\,a,b\in\mathbf{R}\}$，对于如下定义的加法"$\oplus$"和数量乘法"$\circ$"：

$$(a_1,b_1)\oplus(a_2,b_2)=(a_1+a_2,b_1+b_2+a_1a_2),\quad k\circ(a_1,b_1)=\left(ka_1,kb_1+\frac{k(k-1)}{2}a_1^2\right)$$

（3）全体 n 阶上三角实矩阵（对称阵），对于矩阵的加法和数乘.

（4）设 A 是 n 阶实数矩阵. A 的实系数多项式 $f(A)$ 的全体，对于矩阵的加法和数乘.

解　（1）否. 因两个 n 次多项式相加不一定是 n 次多项式，例如 $(x^n+5)+(-x^n-2)=3$.

（2）不难验证，对于加法，交换律和结合律都满足，$(0,0)$ 是零元，任意 (a,b) 的负元是 $(-a,a^2-b)$. 对于数乘：

$$1\circ(a,b)=\left(a,b+\frac{1(1-1)}{2}a^2\right)=(a,b)$$

$$\begin{aligned}k\circ(l\circ(a,b))&=k\circ\left(la,lb+\frac{l(l-1)}{2}a^2\right)=\left(kla,k\left[lb+\frac{l(l-1)}{2}a^2\right]+\frac{k(k-1)}{2}(la)^2\right)\\&=\left(kla,k\left[lb+\frac{l(l-1)}{2}a^2\right]+\frac{k(k-1)}{2}(la)^2\right)=\left(kla,\frac{kl(kl-1)}{2}a^2+\frac{k(k-1)}{2}(la)^2\right)\\&=\left(kla,\frac{kl(kl-1)}{2}a^2+klb\right)=(kl)\circ(a,b)\end{aligned}$$

$$(k+l)\circ(a,b)=\left[(k+l)a,\frac{(k+l)(k+l-1)}{2}a^2+(k+l)b\right]$$

$$\begin{aligned}k\circ(a,b)\oplus l\circ(a,b)&=\left(ka,kb+\frac{k(k-1)}{2}a^2\right)\oplus\left(la,lb+\frac{l(l-1)}{2}a^2\right)\\&=\left(ka+la,kb+\frac{k(k-1)}{2}a^2+\frac{k(k-1)}{2}a^2+kla^2\right)\\&=\left((k+l)a,\frac{(k+1)(k+l-1)}{2}a^2+(k+l)b\right)\end{aligned}$$

即
$$(k+l)\circ(a,b)=k\circ(a,b)\oplus l\circ(a,b)$$

$$\begin{aligned}k\circ((a_1,b_1)\oplus(a_2,b_2))&=k\circ(a_1+a_2,b_1+b_2+a_1a_2)\\&=\left(k(a_1+a_2),k\left[b_1+b_2+a_1a_2+\frac{k(k-1)}{2}(a_1+a_2)^2\right]\right)\end{aligned}$$

$$k\circ(a_1,b_1)\oplus k\circ(a_2,b_2)=\left(ka_1,kb_1+\frac{k(k-1)}{2}a_1^2\right)\oplus\left(ka_2,kb_2+\frac{k(k-1)}{2}a_2^2\right)$$

$$=\left(ka_1+ka_2,kb_1+\frac{k(k-1)}{2}a_1^2+kb_2+\frac{k(k-1)}{2}a_2^2+k^2a_1a_2\right)$$

$$=\left(k(a_1+a_2),k(b_1+b_2+a_1a_2)+\frac{k(k-1)}{2}a_1^2+\frac{k(k-1)}{2}a_2^2+k^2a_1a_2-ka_1a_2\right)$$

$$=\left(k(a_1+a_2),k(b_1+b_2+a_1a_2)+\frac{k(k-1)}{2}(a_1^2+a_2^2)^2\right)$$

即

$$k\circ(a_1,b_1)\oplus(a_2,b_2)=k\circ(a_1,b_1)\oplus k\circ(a_2,b_2)$$

所以，所给集合构成线性空间.

（3）矩阵的加法和数量乘法满足线性空间定义的八条性质，只需证明上三角矩阵（对称矩阵）对加法与数量乘法是否封闭. 显然构成线性空间.

（4）令 $\boldsymbol{V}=\{f(\boldsymbol{A})\mid f(x)\in R[x],\boldsymbol{A}\in M_n(\mathbf{R})\}$，因为

$$f(x)+g(x)=h(x),kf(x)=p(x)$$

所以

$$f(\boldsymbol{A})+g(\boldsymbol{A})=h(\boldsymbol{A}),kf(\boldsymbol{A})=p(\boldsymbol{A})$$

由于矩阵的加法和数量乘法满足线性空间定义的八条，故 $\boldsymbol{V}$ 构成线性空间.

习题 5.2

1. 判断 $x-1,x+2,(x-1)(x+2)$ 是否为线性空间 $\boldsymbol{F}[x]_3$ 的一组基.

解 设 $k_1(x-1)+k_2(x+2)+k_3(x-1)(x+2)=0$，则有

$$k_3x^2+(k_1+k_2+k_3)x+(-k_1+2k_2-2k_3)=0$$

从而有

$$\begin{cases}k_3=0\\k_1+k_2+k_3=0\\-k_1+2k_2-2k_3=0\end{cases}$$

解得 $k_1=k_2=k_3=0$，故 $x-1,x+2,(x-1)(x+2)$ 线性无关.

又 $\dim\boldsymbol{F}[x]_3=3$，故 $x-1,x+2,(x-1)(x+2)$ 为 $\boldsymbol{F}[x]_3$ 的一组基.

2. 在 $\mathbf{R}^4$ 中给定两组基

$$\xi_1=\begin{pmatrix}1\\0\\0\\0\end{pmatrix},\xi_2=\begin{pmatrix}0\\1\\0\\0\end{pmatrix},\xi_3=\begin{pmatrix}0\\0\\1\\0\end{pmatrix},\xi_4=\begin{pmatrix}0\\0\\0\\1\end{pmatrix}\text{与}\boldsymbol{\eta}_1=\begin{pmatrix}2\\1\\-1\\1\end{pmatrix},\boldsymbol{\eta}_2=\begin{pmatrix}0\\3\\1\\0\end{pmatrix},\boldsymbol{\eta}_3=\begin{pmatrix}5\\3\\2\\1\end{pmatrix},\boldsymbol{\eta}_3=\begin{pmatrix}6\\6\\1\\3\end{pmatrix},$$

求一非零向量，使它在两组基下有相同的坐标.

解 设$\boldsymbol{\alpha}\in \boldsymbol{F}^4$在两组基$\xi_1,\xi_2,\xi_3,\xi_4,\eta_1,\eta_2,\eta_3,\eta_4$下的坐标相同，则有

$$\boldsymbol{\alpha}=x_1\xi_1+x_2\xi_2+x_3\xi_3+x_4\xi_4=x_1\eta_1+x_2\eta_2+x_3\eta_3+x_4\eta_4$$

从而

$$x_1(\eta_1-\xi_1)+x_2(\eta_2-\xi_2)+x_3(\eta_3-\xi_3)+x_4(\eta_4-\xi_4)=\mathbf{0}$$

$$((\eta_1-\xi_1),(\eta_2-\xi_2),(\eta_3-\xi_3),(\eta_4-\xi_4))=\begin{pmatrix}1&0&5&6\\1&2&3&6\\-1&1&1&1\\1&0&1&2\end{pmatrix}\to\begin{pmatrix}1&0&0&1\\0&1&0&1\\0&0&1&1\\0&0&0&0\end{pmatrix}$$

解得$\begin{cases}x_1=-x_4\\x_2=-x_4\\x_3=-x_4\end{cases}$，令$x_4=1$，得向量$\boldsymbol{\beta}=\begin{pmatrix}-1\\-1\\-1\\1\end{pmatrix}$在两组基下的坐标相同.

3. 在多项式空间$\boldsymbol{F}[x]_4=\{a_0+a_1x+a_2x^2+a_3x^3\mid a_i\in\boldsymbol{F},i=0,1,2,3\}$中，

（1）求由基$1,x,x^2,x^3$到基$1,x-1,(x-1)^2,(x-1)^3$的过渡矩阵；

（2）求$f(x)=1+x+x^2+x^3$在基$1,x-1,(x-1)^2,(x-1)^3$下的坐标.

解 （1）容易求得

$$(1,x-1,(x-1)^2,(x-1)^3)=(1,x,x^2,x^3)\begin{pmatrix}1&-1&1&-1\\0&1&-2&3\\0&0&1&-3\\0&0&0&1\end{pmatrix}$$

（2）$f(x)=1+x+x^2+x^3=(1,x,x^2,x^3)\begin{pmatrix}1\\1\\1\\1\end{pmatrix}$

$$=(1,(x-1),(x-1)^2,(x-1)^3)\begin{pmatrix}1&-1&1&-1\\0&1&-2&3\\0&0&1&-3\\0&0&0&1\end{pmatrix}^{-1}\begin{pmatrix}1\\1\\1\\1\end{pmatrix}$$

$$=(1,(x-1),(x-1)^2,(x-1)^3)\begin{pmatrix}4\\6\\4\\1\end{pmatrix},$$

故$f(x)=1+x+x^2+x^3$在基$1,x-1,(x-1)^2,(x-1)^3$下的坐标为$\begin{pmatrix}4\\6\\4\\1\end{pmatrix}$.

4. 设 $\alpha_1,\alpha_2,\cdots,\alpha_n$ 是 n 维线性空间 V 的一组基，$\alpha_1,\alpha_1+\alpha_2,\cdots,\alpha_1+\alpha_2+\cdots+\alpha_n$ 也是 V 的一组基，又若向量 ξ 关于前一组基的坐标为 $(n,n-1,\cdots,2,1)^{\mathrm{T}}$，求 ξ 关于后一组基的坐标.

解 已知

$$\xi=(\alpha_1,\alpha_2,\cdots,\alpha_n)\begin{pmatrix} n \\ n-1 \\ \vdots \\ 1 \end{pmatrix}$$

又
$$(\alpha_1,\alpha_1+\alpha_2,\cdots,\alpha_1+\alpha_2+\cdots+\alpha_n)=(\alpha_1,\alpha_2,\cdots,\alpha_n)\begin{pmatrix} 1 & 1 & \cdots & 1 \\ 0 & 1 & \cdots & 1 \\ \vdots & \vdots & & \vdots \\ 0 & 0 & \cdots & 1 \end{pmatrix}$$

从而有

$$\xi=(\alpha_1,\alpha_1+\alpha_2,\cdots,\alpha_1+\alpha_2+\cdots+\alpha_n)\begin{pmatrix} 1 & 1 & \cdots & 1 \\ 0 & 1 & \cdots & 1 \\ \vdots & \vdots & & \vdots \\ 0 & 0 & \cdots & 1 \end{pmatrix}^{-1}\begin{pmatrix} n \\ n-1 \\ \vdots \\ 1 \end{pmatrix}$$

$$=(\alpha_1,\alpha_1+\alpha_2,\cdots,\alpha_1+\alpha_2+\cdots+\alpha_n)\begin{pmatrix} 1 \\ 1 \\ \vdots \\ 1 \end{pmatrix}$$

故 ξ 关于后一组基的坐标为 $\begin{pmatrix} 1 \\ 1 \\ \vdots \\ 1 \end{pmatrix}$.

习题 5.3

1. $\mathbf{C}[0,1]$ 表示定义在闭区间 $[0,1]$ 上所有连续实函数构成的实域 $\mathbf{R}$ 上的线性空间.下列集合是否构成 $V=\mathbf{C}[0,1]$ 的子空间？

（1）$W_1=\{f(x)\in V \mid f(x)=0\}$；

（2）$W_2=\{f(x)\in V \mid f(x)=f(1-x)\}$；

（3）$W_3=\{f(x)\in V \mid 2f(0)=f(1)\}$；

（4）$W_4=\{f(x)\in V \mid f(x)>0\}$.

解 （1）设 $f(x),g(x)\in W_1$，有 $f(x)=0,g(x)=0$，$\forall a,b\in\mathbf{R}$，则 $af(x)+bg(x)=0$，从而 $af(x)+bg(x)\in W_1$，故 W_1 为 V 的子空间.

（2）设 $f(x),g(x)\in W_2$，有 $f(x)=f(1-x),g(x)=g(1-x)$，$\forall a,b\in\mathbf{R}$，则 $af(x)+bg(x)=af(1-x)+$

$bg(1-x)$，从而 $af(x)+bg(x)\in \boldsymbol{W}_2$，故 $\boldsymbol{W}_2$ 为 $\boldsymbol{V}$ 的子空间.

（3）设 $f(x),g(x)\in \boldsymbol{W}_3$, 有 $2f(0)=f(1),2g(0)=g(1)$，$\forall a,b\in \mathbf{R}$，则 $2(af(0)+bg(0))=af(1)+bg(1)$，从而 $af(x)+bg(x)\in \boldsymbol{W}_3$，故 $\boldsymbol{W}_3$ 为 $\boldsymbol{V}$ 的子空间.

（4）由 $f(x)>0$，$-f(x)<0$ 知 $\boldsymbol{W}_4$ 不是 $\boldsymbol{V}$ 的子空间.

2. 下列集合是否为 $\mathbf{R}^n$ 的子空间？为什么？其中 $\mathbf{R}$ 为实数域.

（1）$\boldsymbol{W}_1=\{\boldsymbol{\alpha}=(x_1,x_2,\cdots,x_n)^{\mathrm{T}} \mid x_1+x_2+\cdots+x_n=0,x_i\in \mathbf{R}\}$；

（2）$\boldsymbol{W}_2=\{\boldsymbol{\alpha}=(x_1,x_2,\cdots,x_n)^{\mathrm{T}} \mid x_1x_2\cdots x_n=0,x_i\in \mathbf{R}\}$；

（3）$\boldsymbol{W}_3=\{\boldsymbol{\alpha}=(x_1,x_2,\cdots,x_n)^{\mathrm{T}} \mid$ 每个分量 x_i 是整数$\}$.

解　（1）设 $\boldsymbol{\alpha}=(x_1,x_2,\cdots,x_n)^{\mathrm{T}},\boldsymbol{\beta}=(y_1,y_2,\cdots,y_n)^{\mathrm{T}}\in \boldsymbol{W}_1$，则 $x_1+x_2+\cdots+x_n=0, y_1+y_2+\cdots+y_n=0$，$\forall a,b\in \mathbf{R}$，则有

$$a\boldsymbol{\alpha}+b\boldsymbol{\beta}=(ax_1+by_1,ax_2+by_2,\cdots,ax_n+by_n)^{\mathrm{T}},$$

$$(ax_1+by_1)+(ax_2+by_2)+\cdots+(ax_n+by_n)=a(x_1+\cdots+x_n)+b(y_1+\cdots+y_n)=0$$

从而 $a\boldsymbol{\alpha}+b\boldsymbol{\beta}\in \boldsymbol{W}_1$，故 $\boldsymbol{W}_1$ 为 $\mathbf{R}^n$ 的子空间.

（2）$\boldsymbol{\alpha}=(1,0,1,\cdots,1)^{\mathrm{T}},\boldsymbol{\beta}=(0,1,\cdots,1)^{\mathrm{T}}\in \boldsymbol{W}_2$，但是 $\boldsymbol{\alpha}+\boldsymbol{\beta}=(1,1,2,\cdots,2)\notin \boldsymbol{W}_2$，故 $\boldsymbol{W}_2$ 不是 $\mathbf{R}^n$ 的子空间.

（3）$\boldsymbol{\alpha}=(1,1,1,\cdots,1)^{\mathrm{T}}\in \boldsymbol{W}_3$，但是 $\dfrac{1}{2}\boldsymbol{\alpha}=\left(\dfrac{1}{2},\dfrac{1}{2},\dfrac{1}{2},\cdots,\dfrac{1}{2}\right)\notin \boldsymbol{W}_3$，故 $\boldsymbol{W}_3$ 不是 $\mathbf{R}^n$ 的子空间.

3. 在线性空间 $\mathbf{R}^4$ 中，求由向量 $\boldsymbol{\alpha}_1=(2,1,3,-1)^{\mathrm{T}},\boldsymbol{\alpha}_2=(4,5,3,-1)^{\mathrm{T}},\boldsymbol{\alpha}_3=(-1,1,-3,1)^{\mathrm{T}},\boldsymbol{\alpha}_4=(1,5,-3,1)^{\mathrm{T}}$ 生成的子空间的一组基和维数.

解　以向量组 $\boldsymbol{\alpha}_1,\boldsymbol{\alpha}_2,\boldsymbol{\alpha}_3,\boldsymbol{\alpha}_4$ 为列构造矩阵，然后对该矩阵施行行初等变换化为行阶梯形：

$$\boldsymbol{A}=(\boldsymbol{\alpha}_1,\boldsymbol{\alpha}_2,\boldsymbol{\alpha}_3,\boldsymbol{\alpha}_4)=\begin{pmatrix}2&4&-1&1\\1&5&1&5\\3&3&-3&-3\\-1&-1&1&1\end{pmatrix}\to\begin{pmatrix}1&1&-1&-1\\0&2&1&3\\0&0&0&0\\0&0&0&0\end{pmatrix},$$

可知 $\boldsymbol{\alpha}_1,\boldsymbol{\alpha}_2$ 为 $\boldsymbol{\alpha}_1,\boldsymbol{\alpha}_2,\boldsymbol{\alpha}_3,\boldsymbol{\alpha}_4$ 的一个极大线性无关组，故 $\boldsymbol{\alpha}_1,\boldsymbol{\alpha}_2$ 是 $L[\boldsymbol{\alpha}_1,\boldsymbol{\alpha}_2,\boldsymbol{\alpha}_3,\boldsymbol{\alpha}_4]$ 的一组基，且 $L[\boldsymbol{\alpha}_1,\boldsymbol{\alpha}_2,\boldsymbol{\alpha}_3,\boldsymbol{\alpha}_4]$ 的维数为 2.

4.（华南理工大学考研真题）求 $\boldsymbol{F}[t]_n$ 的子空间 $\boldsymbol{W}=\{f(t)=a_0+a_1t+\cdots+a_{n-1}t^{n-1} \mid f(1)=0, f(t)\in \boldsymbol{F}[t]_n\}$ 的维数与一组基.

解　设 $f(t)=a_0+a_1t+\cdots+a_{n-1}t^{n-1}\in \boldsymbol{W}$，则 $f(1)=a_0+a_1+\cdots+a_{n-1}=0$，从而 $a_0=-a_1-\cdots-a_{n-1}$，则 $f(t)=a_1(t-1)+\cdots+a_{n-1}(t^{n-1}-1)$，容易证明：$(t-1),(t^2-1),\cdots,(t^{n-1}-1)$ 线性无关，故 $(t-1),(t^2-1),\cdots,(t^{n-1}-1)$ 为 $\boldsymbol{W}$ 的一组基，从而 $\dim\boldsymbol{W}=n-2$.

5. 求 $M_2(\mathbf{R})$ 中由矩阵 $\boldsymbol{A}_1=\begin{pmatrix}2&1\\-1&3\end{pmatrix}$，$\boldsymbol{A}_2=\begin{pmatrix}1&0\\2&0\end{pmatrix}$，$\boldsymbol{A}_3=\begin{pmatrix}3&1\\1&3\end{pmatrix}$，$\boldsymbol{A}_4=\begin{pmatrix}1&1\\-3&3\end{pmatrix}$ 生成的子空间的基与维数.

解　取 $M_2(\mathbf{R})$ 的一组基 $\boldsymbol{E}_{11}=\begin{pmatrix}1&0\\0&0\end{pmatrix},\boldsymbol{E}_{12}=\begin{pmatrix}0&1\\0&0\end{pmatrix},\boldsymbol{E}_{21}=\begin{pmatrix}0&0\\1&0\end{pmatrix},\boldsymbol{E}_{22}=\begin{pmatrix}0&0\\0&1\end{pmatrix}$，则 $\boldsymbol{A}_1,\boldsymbol{A}_2,\boldsymbol{A}_3,\boldsymbol{A}_4$ 关于基 $\boldsymbol{E}_{11},\boldsymbol{E}_{12},\boldsymbol{E}_{21},\boldsymbol{E}_{22}$ 的矩阵为

$$\boldsymbol{A}=\begin{pmatrix}2&1&3&1\\1&0&1&1\\-1&2&1&-3\\3&0&3&3\end{pmatrix}$$

对矩阵 $\boldsymbol{A}$ 施行行初等变换求列向量组的极大无关组：

$$\boldsymbol{A}=\begin{pmatrix}2&1&3&1\\1&0&1&1\\-1&2&1&-3\\3&0&3&3\end{pmatrix}\to\begin{pmatrix}1&0&1&1\\0&1&1&-1\\0&0&0&0\\0&0&0&0\end{pmatrix}$$

可知 $\boldsymbol{A}_1,\boldsymbol{A}_2$ 为 $\boldsymbol{A}_1,\boldsymbol{A}_2,\boldsymbol{A}_3,\boldsymbol{A}_4$ 的一个极大无关组，故 $\boldsymbol{A}_1,\boldsymbol{A}_2$ 为 $L[\boldsymbol{A}_1,\boldsymbol{A}_2,\boldsymbol{A}_3,\boldsymbol{A}_4]$ 的一组基，且 $L[\boldsymbol{A}_1,\boldsymbol{A}_2,\boldsymbol{A}_3,\boldsymbol{A}_4]$ 的维数为 2.

6. 设 $\boldsymbol{A}\in M_n(\boldsymbol{F}),C(\boldsymbol{A})=\{\boldsymbol{B}\,|\,\boldsymbol{B}\in M_n(\boldsymbol{F}),\boldsymbol{AB}=\boldsymbol{BA}\}$.

（1）证明 $C(\boldsymbol{A})$ 是 $M_n(\boldsymbol{F})$ 子空间；

（2）当 $\boldsymbol{A}=\boldsymbol{E}$ 时，求 $C(\boldsymbol{A})$；

（3）当 $\boldsymbol{A}=\begin{pmatrix}1&&&\\&2&&\\&&\vdots&\\&&&n\end{pmatrix}$ 时，求 $C(\boldsymbol{A})$ 的维数和一组基.

证明　（1）若 $\boldsymbol{B},\boldsymbol{D}\in C(\boldsymbol{A})$，则有

$$\boldsymbol{A}(\boldsymbol{B}+\boldsymbol{D})=\boldsymbol{AB}+\boldsymbol{AD}=\boldsymbol{BA}+\boldsymbol{DA}=(\boldsymbol{B}+\boldsymbol{D})\boldsymbol{A}$$

所以 $\boldsymbol{B},\boldsymbol{D}\in C(\boldsymbol{A})$.

$\forall k\in\boldsymbol{F},\boldsymbol{B}\in C(\boldsymbol{A})$，则有

$$\boldsymbol{A}(k\boldsymbol{B})=k\boldsymbol{AB}=k\boldsymbol{BA}=(k\boldsymbol{B})\boldsymbol{A}$$

所以 $k\boldsymbol{B}\in C(\boldsymbol{A})$. 故 $C(\boldsymbol{A})$ 构成 $M_n(\boldsymbol{F})$ 子空间.

（2）当 $\boldsymbol{A}=\boldsymbol{E}$ 时，$C(\boldsymbol{A})=M_n(\boldsymbol{F})$.

（3）设与 $\boldsymbol{A}$ 可交换的矩阵为 $\boldsymbol{B}=(b_{ij})$，则 $\boldsymbol{B}=(b_{ij})$ 只能是对角矩阵，故维数为 n，$\boldsymbol{E}_{11},\boldsymbol{E}_{22},\cdots,\boldsymbol{E}_{nn}$ 即它的一组基.

7. 求实数域上关于矩阵 $\boldsymbol{A}$ 的全体实系数多项式构成的线性空间 $\boldsymbol{V}$ 的一组基与维数. 其中

$$A=\begin{pmatrix}1&0&0\\0&\omega&0\\0&0&\omega^2\end{pmatrix},\omega=\frac{-1+\sqrt{3}\mathrm{i}}{2}.$$

解 因为 $\omega=\dfrac{-1+\sqrt{3}\mathrm{i}}{2},\omega^3=1$，所以

$$\omega^n=\begin{cases}1, & n=3q\\ \omega, & n=3q+1\\ \omega^2, & n=3q+2\end{cases}$$

于是
$$\boldsymbol{A}^2=\begin{pmatrix}1&&\\&\omega^2&\\&&\omega\end{pmatrix},\boldsymbol{A}^3=\begin{pmatrix}1&&\\&1&\\&&1\end{pmatrix}=\boldsymbol{E}$$

而
$$\boldsymbol{A}^n=\begin{cases}\boldsymbol{E}, & n=3q\\ \boldsymbol{A}, & n=3q+1\\ \boldsymbol{A}^2, & n=3q+2\end{cases}$$

对任意 $f(x)=a_0+a_1x+\cdots+a_nx^n\in R[x]$，则有

$$f(\boldsymbol{A})=a_0\boldsymbol{E}+a_1\boldsymbol{A}+a_2\boldsymbol{A}^2+a_3\boldsymbol{E}+\cdots=b_0\boldsymbol{E}+b_1\boldsymbol{A}+b_2\boldsymbol{A}^2$$

即 $\boldsymbol{V}$ 中任意元都可表示为 $\boldsymbol{E},\boldsymbol{A},\boldsymbol{A}^2$ 的线性组合. 下证 $\boldsymbol{E},\boldsymbol{A},\boldsymbol{A}^2$ 线性无关.

设 $k_1\boldsymbol{E}+k_2\boldsymbol{A}+k_3\boldsymbol{A}^2=\boldsymbol{O}$，有

$$\begin{cases}k_1+k_2+k_3=0\\ k_1+\omega k_2+\omega^2k_3=0\\ k_1+\omega^2k_2+\omega k_3=0\end{cases}$$

其系数矩阵行列式为范德蒙行列式

$$\begin{vmatrix}1&1&1\\1&\omega&\omega^2\\1&\omega^2&\omega^4\end{vmatrix}=(1-\omega)(1-\omega^2)(\omega-\omega^2)\neq 0$$

故上述方程组只有零解，即 $k_1=k_2=k_3=0$，从而 $\boldsymbol{E},\boldsymbol{A},\boldsymbol{A}^2$ 线性无关，于是 $\boldsymbol{E},\boldsymbol{A},\boldsymbol{A}^2$ 为 $\boldsymbol{V}$ 的一组基，且 $\dim\boldsymbol{V}=3$.

习题 5.4

1. 设 $\boldsymbol{W}_1,\boldsymbol{W}_2$ 为数域 $\boldsymbol{F}$ 上 n 维线性空间 $\boldsymbol{V}$ 的两个子空间. 证明：$\boldsymbol{W}_1+\boldsymbol{W}_2$ 是 $\boldsymbol{V}$ 的既含 $\boldsymbol{W}_1$ 又含 $\boldsymbol{W}_2$ 的最小子空间.

证明 $\forall\boldsymbol{\alpha}\in\boldsymbol{W}_1+\boldsymbol{W}_2$，一定存在 $\boldsymbol{\alpha}_1\in\boldsymbol{W}_1,\boldsymbol{\alpha}_2\in\boldsymbol{W}_2$ 使 $\boldsymbol{\alpha}=\boldsymbol{\alpha}_1+\boldsymbol{\alpha}_2$，若 $\boldsymbol{W}$ 是 $\boldsymbol{V}$ 的一个子空间，

且 $\boldsymbol{W}_1\subset\boldsymbol{W},\boldsymbol{W}_2\subset\boldsymbol{W}$，则 $\boldsymbol{\alpha}=\boldsymbol{\alpha}_1+\boldsymbol{\alpha}_2\in\boldsymbol{W}$，所以 $\boldsymbol{W}_1+\boldsymbol{W}_2\subset\boldsymbol{W}$，显然 $\boldsymbol{W}_1\subset\boldsymbol{W},\boldsymbol{W}_2\subset\boldsymbol{W}$，即 $\boldsymbol{W}_1+\boldsymbol{W}_2$ 是 $\boldsymbol{V}$ 的即含 $\boldsymbol{W}_1$ 又含 $\boldsymbol{W}_2$ 的最小子空间.

2. 设 $\boldsymbol{W}_1,\boldsymbol{W}_2$ 为数域 $\boldsymbol{F}$ 上 n 维线性空间 $\boldsymbol{V}$ 的两个子空间. $\boldsymbol{\alpha},\boldsymbol{\beta}$ 是 $\boldsymbol{V}$ 的两个向量，其中 $\boldsymbol{\alpha}\in\boldsymbol{W}_2$，但 $\boldsymbol{\alpha}\notin\boldsymbol{W}_1$，又 $\boldsymbol{\beta}\notin\boldsymbol{W}_2$. 证明:

（1）对任意 $k\in\boldsymbol{F},\boldsymbol{\beta}+k\boldsymbol{\alpha}\notin\boldsymbol{W}_2$；

（2）至多有一个 $k\in\boldsymbol{F}$，使得 $\boldsymbol{\beta}+k\boldsymbol{\alpha}\in\boldsymbol{W}_1$.

证明 （1）(反证法)假设存在 k 使得 $\boldsymbol{\beta}+k\boldsymbol{\alpha}\in\boldsymbol{W}_2$，那么由 $\boldsymbol{\alpha}\in\boldsymbol{W}_2$ 知 $\boldsymbol{\beta}=\boldsymbol{\beta}+k\boldsymbol{\alpha}-k\boldsymbol{\alpha}\in\boldsymbol{W}_2$，但是 $\boldsymbol{\beta}\notin\boldsymbol{W}_2$，矛盾，因此对任意 k 都有 $\boldsymbol{\beta}+k\boldsymbol{\alpha}\notin\boldsymbol{W}_2$.

（2）（反证法）假设至少存在两个 $k_1,k_2\in\boldsymbol{F}$ 使得 $\boldsymbol{\beta}+k_1\boldsymbol{\alpha}\in\boldsymbol{W}_1,\boldsymbol{\beta}+k_2\boldsymbol{\alpha}\in\boldsymbol{W}_1$ 成立，那么 $(k_1-k_2)\boldsymbol{\alpha}\in\boldsymbol{W}_1$，即 $\boldsymbol{\alpha}\in\boldsymbol{W}_1$，矛盾，因此至多有一个 $k\in\boldsymbol{F}$ 使得 $\boldsymbol{\beta}+k\boldsymbol{\alpha}\in\boldsymbol{W}_1$.

3. 设 $\boldsymbol{W}_1,\boldsymbol{W}_2$ 为数域 $\boldsymbol{F}$ 上 n 维线性空间 $\boldsymbol{V}$ 的两个子空间. 证明：若 $\boldsymbol{W}_1+\boldsymbol{W}_2=\boldsymbol{W}_1\cup\boldsymbol{W}_2$，则 $\boldsymbol{W}_1\subseteq\boldsymbol{W}_2$ 或 $\boldsymbol{W}_2\subseteq\boldsymbol{W}_1$.

证明 已知 $\boldsymbol{W}_1+\boldsymbol{W}_2=\boldsymbol{W}_1\cup\boldsymbol{W}_2$，若 $\boldsymbol{W}_1\not\subset\boldsymbol{W}_2$，则 $\exists\boldsymbol{\alpha}_1\in\boldsymbol{W}_1$ 但 $\boldsymbol{\alpha}_1\notin\boldsymbol{W}_2$. 下证 $\boldsymbol{W}_2\subseteq\boldsymbol{W}_1$. $\forall\boldsymbol{\alpha}_2\in\boldsymbol{W}_2$，$\boldsymbol{\alpha}=\boldsymbol{\alpha}_1+\boldsymbol{\alpha}_2\in\boldsymbol{W}_1+\boldsymbol{W}_2=\boldsymbol{W}_1\cup\boldsymbol{W}_2$，则有 $\boldsymbol{\alpha}\in\boldsymbol{W}_1$ 或 $\boldsymbol{\alpha}\in\boldsymbol{W}_2$，若 $\boldsymbol{\alpha}\in\boldsymbol{W}_2$，则 $\boldsymbol{\alpha}_1=\boldsymbol{\alpha}-\boldsymbol{\alpha}_2\in\boldsymbol{W}_2$，矛盾，故 $\boldsymbol{\alpha}\in\boldsymbol{W}_1$，从而 $\boldsymbol{\alpha}_2=\boldsymbol{\alpha}-\boldsymbol{\alpha}_1\in\boldsymbol{W}_1$，即 $\boldsymbol{W}_2\subseteq\boldsymbol{W}_1$.

4. 设 $\boldsymbol{V}_1,\boldsymbol{V}_2,\cdots,\boldsymbol{V}_s$ 是数域 $\boldsymbol{F}$ 上 n 维线性空间 $\boldsymbol{V}$ 的 s 个非平凡的子空间，证明 $\boldsymbol{V}$ 中至少有一向量 $\boldsymbol{\alpha}$ 不属于 $\boldsymbol{V}_1,\boldsymbol{V}_2,\cdots,\boldsymbol{V}_s$ 中的任何一个.

证明 采用数学归纳法.

当 $n=2$ 时，由 $\boldsymbol{V}_1,\boldsymbol{V}_2$ 为 $\boldsymbol{V}$ 的非平凡子空间，则 $\exists\boldsymbol{\alpha}_1\notin\boldsymbol{V}_1,\boldsymbol{\alpha}_2\notin\boldsymbol{V}_2$，

若有 $\boldsymbol{\alpha}_1\notin\boldsymbol{V}_2$ 或 $\boldsymbol{\alpha}_2\notin\boldsymbol{V}_1$，则已完成证明.

若 $\boldsymbol{\alpha}_1\in\boldsymbol{V}_2$ 且 $\boldsymbol{\alpha}_2\in\boldsymbol{V}_1$，考察 $\boldsymbol{\gamma}=\boldsymbol{\alpha}_1+\boldsymbol{\alpha}_2$，若有 $\boldsymbol{\gamma}\in\boldsymbol{V}_1$，则 $\boldsymbol{\alpha}_1=\boldsymbol{\gamma}-\boldsymbol{\alpha}_2\in\boldsymbol{V}_1$，矛盾. 若有 $\boldsymbol{\gamma}\in\boldsymbol{V}_2$，则 $\boldsymbol{\alpha}_2=\boldsymbol{\gamma}-\boldsymbol{\alpha}_1\in\boldsymbol{V}_2$，矛盾. 故 $\boldsymbol{\gamma}\notin\boldsymbol{V}_1$ 且 $\boldsymbol{\gamma}\notin\boldsymbol{V}_2$，结论成立.

现归纳假设命题对 $s-1$ 个非平凡的子空间也成立，即在 $\boldsymbol{V}$ 中至少存在一个向量 $\boldsymbol{\alpha}$ 不属于 $\boldsymbol{V}_1,\boldsymbol{V}_2,\cdots,\boldsymbol{V}_{s-1}$ 中任意一个，如果 $\boldsymbol{\alpha}\notin\boldsymbol{V}_s$，则命题已证.

若 $\boldsymbol{\alpha}\in\boldsymbol{V}_s$，则存在向量 $\boldsymbol{\beta}\notin\boldsymbol{V}_s$，对 $\forall k\in F$，向量 $k\boldsymbol{\alpha}+\boldsymbol{\beta}\notin\boldsymbol{V}_s$，且对 $\boldsymbol{F}$ 中 s 个不同的数 $k_1,k_2,\cdots,k_s$，对应的 s 个向量 $k\boldsymbol{\alpha}+\boldsymbol{\beta}(i=1.2,\cdots,s)$ 中不可能有两个向量同时属于某个非平凡的子空间 $\boldsymbol{V}_i(i=1.2,\cdots,s-1)$. 换句话说，上述 s 个向量 $k_i\boldsymbol{\alpha}+\boldsymbol{\beta}(i=1.2,\cdots,s)$ 中至少有一个向量不属于任意一个非平凡子空间 $\boldsymbol{V}_i(i=1.2,\cdots,s-1)$. 记之为 $\boldsymbol{\gamma}_0=k_{i0}\boldsymbol{\alpha}+\boldsymbol{\beta}$. 易见 $\boldsymbol{\gamma}_0$ 也不属于 $\boldsymbol{V}_s$. 即证命题对 s 个非平凡的子空间也成立. 即证.

5. 在 $\mathbf{R}^4$ 中，设 $\boldsymbol{W}_1=L[\boldsymbol{\alpha}_1,\boldsymbol{\alpha}_2,\boldsymbol{\alpha}_3],\boldsymbol{W}_2=L[\boldsymbol{\beta}_1,\boldsymbol{\beta}_2]$，其中

$$\boldsymbol{\alpha}_1=\begin{pmatrix}1\\2\\-1\\-2\end{pmatrix},\boldsymbol{\alpha}_2=\begin{pmatrix}3\\1\\1\\1\end{pmatrix},\boldsymbol{\alpha}_3=\begin{pmatrix}-1\\0\\1\\-1\end{pmatrix},\boldsymbol{\beta}_1=\begin{pmatrix}2\\5\\-6\\-5\end{pmatrix},\boldsymbol{\beta}_2=\begin{pmatrix}-1\\2\\-7\\3\end{pmatrix},$$

求$\boldsymbol{W}_1$与$\boldsymbol{W}_1$的交$\boldsymbol{W}_1\cap\boldsymbol{W}_2$、和$\boldsymbol{W}_1+\boldsymbol{W}_2$的维数和基.

解 （1）因为$\boldsymbol{W}_1+\boldsymbol{W}_2=L[\alpha_1,\alpha_2]+L[\beta_1,\beta_2]=L[\alpha_1,\alpha_2,\beta_1,\beta_2]$，考虑向量组$\alpha_1,\alpha_2,\alpha_3,\beta_1,\beta_2$的秩和极大线性无关组，对矩阵$(\alpha_1,\alpha_2,\alpha_3,\beta_1,\beta_2)$作初等行变换：

$$(\alpha_1,\alpha_2,\alpha_3,\beta_1,\beta_2)=\begin{pmatrix}1&3&-1&2&-1\\2&1&0&5&2\\-1&1&1&-6&-7\\-2&1&-1&-5&3\end{pmatrix}\to\begin{pmatrix}1&0&0&3&0\\0&1&0&-1&0\\0&0&1&-2&0\\0&0&0&0&1\end{pmatrix}$$

则$\alpha_1,\alpha_2,\alpha_3,\beta_2$为向量组$\alpha_1,\alpha_2,\alpha_3,\beta_1,\beta_2$的极大线性无关组，且$\dim(\boldsymbol{W}_1+\boldsymbol{W}_2)=4$，则$\alpha_1,\alpha_2,\alpha_3,\beta_2$是$\boldsymbol{W}_1+\boldsymbol{W}_2$的一组基.

（2）由

$$(\alpha_1,\alpha_2,\alpha_3,\beta_1,\beta_2)=\begin{pmatrix}1&3&-1&2&-1\\2&1&0&5&2\\-1&1&1&-6&-7\\-2&1&-1&-5&3\end{pmatrix}\to\begin{pmatrix}1&0&0&3&0\\0&1&0&-1&0\\0&0&1&-2&0\\0&0&0&0&1\end{pmatrix}$$

可得$\dim\boldsymbol{W}_1=3,\dim\boldsymbol{W}_2=2$，由维数定理知

$$\dim(\boldsymbol{W}_1\cap\boldsymbol{W}_2)=\dim\boldsymbol{W}_1+\dim\boldsymbol{W}_2-\dim(\boldsymbol{W}_1+\boldsymbol{W}_2)=1$$

可得$\beta_1=3\alpha_1-\alpha_2-2\alpha_3$，故$\gamma=3\alpha_1-\alpha_2-2\alpha_3=\beta_1$是$\boldsymbol{W}_1\cap\boldsymbol{W}_2$的一组基.

习题 5.5

1. 设$\boldsymbol{F}$为数域，给出$\boldsymbol{F}^3$的两个子空间$\boldsymbol{V}_1=\{(a,b,c)^{\mathrm{T}}\,|\,a=b=c,a,b,c\in\boldsymbol{F}\}$，$\boldsymbol{V}_2=\{(0,x,y)^{\mathrm{T}}\,|\,x,y\in\boldsymbol{F}\}$.

证明：$\boldsymbol{F}^3=\boldsymbol{V}_1\oplus\boldsymbol{V}_2$.

证明 由于$\boldsymbol{V}_1$是一维的，其基为$\alpha_1=\begin{pmatrix}1\\1\\1\end{pmatrix}$，而$\boldsymbol{V}_2$是二维的，其基为$\alpha_2=\begin{pmatrix}0\\1\\0\end{pmatrix},\alpha_3=\begin{pmatrix}0\\0\\1\end{pmatrix}$，又对任意$\alpha=\begin{pmatrix}x\\y\\z\end{pmatrix}\in\boldsymbol{F}^3$，有$\alpha=\begin{pmatrix}x\\x\\x\end{pmatrix}+\begin{pmatrix}0\\y-x\\z-x\end{pmatrix}\in\boldsymbol{V}_1+\boldsymbol{V}_2$，故有$\boldsymbol{F}^3=\boldsymbol{V}_1+\boldsymbol{V}_2$，且$\dim\boldsymbol{V}_1+\dim\boldsymbol{V}_2=3=\dim\boldsymbol{F}^3$，则$\boldsymbol{F}^3=\boldsymbol{V}_1\oplus\boldsymbol{V}_2$.

2. 证明：如果$\boldsymbol{V}=\boldsymbol{V}_1\oplus\boldsymbol{V}_2,\boldsymbol{V}_1=\boldsymbol{V}_{11}\oplus\boldsymbol{V}_{12}$，那么$\boldsymbol{V}=\boldsymbol{V}_{11}\oplus\boldsymbol{V}_{12}\oplus\boldsymbol{V}_2$.

证明 由题设知$\boldsymbol{V}=\boldsymbol{V}_{11}+\boldsymbol{V}_{12}+\boldsymbol{V}_2$.

因为$\boldsymbol{V}=\boldsymbol{V}_1\oplus\boldsymbol{V}_2$，所以$\dim(\boldsymbol{V})=\dim(\boldsymbol{V}_1)+\dim(\boldsymbol{V}_2)$.

又因为 $V_1 = V_{11} \oplus V_{12}$，所以 $\dim(V_1) = \dim(V_{11}) + \dim(V_{12})$.

故 $\dim(V) = \dim(V_{11}) + \dim(V_{12}) + \dim(V_2)$.

即证 $V = V_{11} \oplus V_{12} \oplus V_2$.

3. 证明：每一个 n 维线性空间都可以表示成 n 个一维子空间的直和.

证明 设 $\alpha_1, \alpha_2, \cdots, \alpha_n$ 是 n 维线性空间 V 的一组基. 显然 $L[\alpha_1], L[\alpha_2], \cdots, L[\alpha_n]$ 都是 V 的一维子空间，且 $L[\alpha_1] + L[\alpha_2] + \cdots + L[\alpha_n] = L[\alpha_1, \alpha_2, \cdots, \alpha_n] = V$.

又
$$\dim(L[\alpha_1]) + \dim(L[\alpha_2]) + \cdots + \dim(L[\alpha_n]) = \dim(V)$$

故
$$V = L[\alpha_1] \oplus L[\alpha_2] \oplus \cdots \oplus L[\alpha_n]$$

4. 证明：和 $\sum\limits_{i=1}^{s} V_i$ 是直和的充分必要条件是 $V_i \cap \sum\limits_{j=1}^{i-1} V_j = \{0\} (i = 2, \cdots, s)$.

证明 （必要性）显然成立. 这是因为 $V_i \cap \sum\limits_{j=1}^{i-1} V_j \subset V_i \cap \sum\limits_{j \neq 1} V_j = \{0\}$，所以 $V_i \cap \sum\limits_{j=1}^{i-1} V_j = \{0\}$.

（充分性）设 $\sum\limits_{i=1}^{s} V_i$ 不是直和，那么 $\mathbf{0}$ 还有一个分解 $\mathbf{0} = \alpha_1 + \alpha_2 + \cdots + \alpha_s$，其中 $\alpha_j \in V_j (j = 1, 2, \cdots, s)$. 在零分解式中，设最后一个不为 $\mathbf{0}$ 的向量是 $\alpha_k (k \leqslant s)$，则 $\mathbf{0} = \alpha_1 + \alpha_2 + \cdots + \alpha_{k-1} + \alpha_k$，即 $\alpha_1 + \alpha_2 + \cdots + \alpha_{k-1} = -\alpha_k$，因此 $\alpha_k \in \sum\limits_{j=1}^{k-1} V_j, \alpha_k \in V_k$，这与 $V_k \cap \sum\limits_{j=1}^{k-1} V_j = \{\mathbf{0}\}$ 矛盾，充分性得证.

5. 设 A 是数域 F 上的 n 阶矩阵，且 $A^2 = E$. 记 V_1, V_2 分别是方程组 $(A+E)X = \mathbf{0}$ 与 $(A-E)X = \mathbf{0}$ 的解空间，证明：$F^n = V_1 \oplus V_2$.

证明 对任意 $\alpha \in F^n$，有

$$\alpha = \left(\frac{\alpha}{2} - \frac{A\alpha}{2}\right) + \left(\frac{\alpha}{2} + \frac{A\alpha}{2}\right) = \alpha_1 + \alpha_2, \alpha_1 = \frac{\alpha}{2} - \frac{A\alpha}{2}, \alpha_2 = \frac{\alpha}{2} + \frac{A\alpha}{2}$$

且
$$(A+E)\alpha_1 = (A+E)\left(\frac{\alpha}{2} - \frac{A\alpha}{2}\right) = \frac{A\alpha}{2} - \frac{A^2\alpha}{2} + \frac{\alpha}{2} + \frac{A\alpha}{2} = \mathbf{0}, \alpha_1 \in V_1,$$

$$(A-E)\alpha_2 = (A-E)\left(\frac{\alpha}{2} + \frac{A\alpha}{2}\right) = \frac{A\alpha}{2} + \frac{A^2\alpha}{2} - \frac{\alpha}{2} - \frac{A\alpha}{2} = \mathbf{0}, \alpha_2 \in V_2$$

即 $F^n \subseteq V_1 + V_2$，而 $V_1 + V_2 \subseteq F^n$ 显然，故 $F^n = V_1 + V_2$.

又 $A^2 = E$，有 $(A-E)(A+E) = O$，则有 $(A-E)(A+E) = O$，从而 $R(A-E) + (A+E) = n$.

又 $\dim V_1 = n - R(A+E), \dim V_2 = n - R(A-E)$，则有 $\dim V_1 + \dim V_2 = n$，从而 $F^n = V_1 \oplus V_2$.

习题 5.6

1. 证明：复数域 $\mathbf{C}$ 作为实数域 $\mathbf{R}$ 上线性空间，与 $\mathbf{R}^2$ 同构.

证明 复数域 $\mathbf{C}$ 作为实数域 $\mathbf{R}$ 上线性空间是二维的，故与 $\mathbf{R}^2$ 同构.

2. 设 $f:\boldsymbol{V}\to\boldsymbol{W}$ 是线性空间 $\boldsymbol{V}$ 到 $\boldsymbol{W}$ 的一个同构映射，$\boldsymbol{V}_1$ 是 $\boldsymbol{V}$ 的一个子空间，证明 $f(\boldsymbol{V}_1)$ 是 $\boldsymbol{W}$ 的一个子空间.

证明 因 $\boldsymbol{V}_1$ 是 $\boldsymbol{V}$ 的一个子空间，故 $f(\boldsymbol{V}_1)$ 是 $\boldsymbol{W}$ 的一个子集合，由 f 是 $\boldsymbol{V}\to\boldsymbol{W}$ 的一个同构映射，对任意 $\alpha_1,\alpha_2\in f(\boldsymbol{V}_1)$，则存在 $\beta_1,\beta_2\in\boldsymbol{V}_1$ 使 $\alpha_1=f(\beta_1),\alpha_2=f(\beta_2)$，对任意 $a,b\in\boldsymbol{F}$，有 $a\alpha_1+b\alpha_2=af(\beta_1)+bf(\beta_2)=f(a\beta_1+b\beta_2)$. 由 $\boldsymbol{V}_1$ 是 $\boldsymbol{V}$ 的一个子空间，则 $a\beta_1+b\beta_2\in\boldsymbol{V}_1$，从而 $a\alpha_1+b\alpha_2=af(\beta_1)+bf(\beta_2)=f(a\beta_1+b\beta_2)\in f(\boldsymbol{V}_1)$，即 $f(\boldsymbol{V}_1)$ 是 W 的一个子空间.

3. 证明：线性空间 $\boldsymbol{F}[x]$ 可以与它的一个真子空间同构.

证明 设 $G[x]$ 是 $\boldsymbol{F}[x]$ 中常数为零的多项式组成的集合，则 $G[x]$ 是 $\boldsymbol{F}[x]$ 的一个真子空间，令 $f:\boldsymbol{F}[x]\to G[x], f(h(x))=xh(x)$，显然 f 是 $\boldsymbol{F}[x]$ 到 $G[x]$ 的一个双射，又因为中 $f[ah(x)+bl(x)]=x(ah(x)+bl(x))=axh(x)+bxl(x)=af(h(x))+bf(l(x))$，所以 f 是 $\boldsymbol{F}[x]$ 到 $G[x]$ 的一个同构映射，从而 $\boldsymbol{F}[x]$ 与 $G[x]$ 同构.

5.3 线性空间自测题

一、判断题

1. 平面上全体向量对于通常的向量加法和数量乘法：$k\circ\alpha=\alpha,k\in\mathbf{R}$，作成实数域 $\mathbf{R}$ 上的线性空间. (×)

2. 所有 n 阶非可逆矩阵的集合为全矩阵空间 $M_n(\mathbf{R})$ 的子空间. (×)

3. 若 $\alpha_1,\alpha_2,\alpha_3,\alpha_4$ 是数域 $\boldsymbol{F}$ 上的 4 维线性空间 $\boldsymbol{V}$ 的一组基，那么 $\alpha_1,\alpha_2,\alpha_2+\alpha_3,\alpha_3+\alpha_4$ 是 $\boldsymbol{V}$ 的一组基. (√)

4. 设 $\alpha_1,\alpha_2,\cdots,\alpha_n$ 是 n 维线性空间 $\boldsymbol{V}$ 中 n 个向量，且 $\boldsymbol{V}$ 中每一个向量都可由 $\alpha_1,\alpha_2,\cdots,\alpha_n$ 线性表示，则 $\alpha_1,\alpha_2,\cdots,\alpha_n$ 是 $\boldsymbol{V}$ 的一组基. (√)

5. $x-1,x+2,(x-1)(x+2)$ 是线性空间 $\boldsymbol{F}[x]_2$ 的一组基. (×)

6. 在线性空间 $\boldsymbol{F}[x]_4$ 中，x^3 关于基 $x^3,x^3+x,x^2+1,x+1$ 的坐标为 $(1,1,0,0)^{\mathrm{T}}$. (×)

7. 设 $\boldsymbol{V}_1,\boldsymbol{V}_2,\cdots,\boldsymbol{V}_s$ 为 n 维线性空间 $\boldsymbol{V}$ 的子空间，且 $\boldsymbol{V}=\boldsymbol{V}_1+\boldsymbol{V}_2+\cdots+\boldsymbol{V}_s$. 若 $\dim\boldsymbol{V}_1+\dim\boldsymbol{V}_2+\cdots+\dim\boldsymbol{V}_s=n$，则 $\boldsymbol{V}_1+\boldsymbol{V}_2+\cdots+\boldsymbol{V}_s$ 为直和. (√)

8. 设 $\boldsymbol{V}_1,\boldsymbol{V}_2,\cdots,\boldsymbol{V}_s$ 为 n 维空间 $\boldsymbol{V}$ 的子空间，且 $\boldsymbol{V}=\boldsymbol{V}_1+\boldsymbol{V}_2+\cdots+\boldsymbol{V}_s$. 零向量表法是唯一的，则 $\boldsymbol{V}_1+\boldsymbol{V}_2+\cdots+\boldsymbol{V}_s$ 为直和. (√)

9. 设 $\alpha_1,\alpha_2,\cdots,\alpha_n$ 是线性空间 $\boldsymbol{V}$ 的一组基，f 是 $\boldsymbol{V}$ 到 W 的一个同构映射，则 W 的一组基是 $f(\alpha_1),f(\alpha_2),\cdots,f(\alpha_n)$. (√)

10. 数域 $\boldsymbol{F}$ 上任一 n 维线性空间 $\boldsymbol{V}$ 都与线性空间 $\boldsymbol{F}^n$ 同构. (√)

二、填空题

1. 全体正实数的集合 $\mathbf{R}^+$，对加法和纯量乘法 $a\oplus b=ab,k\circ a=a^k$，构成 $\mathbf{R}$ 上的线性空间. 则此空间的零向量为____1____.

2. 数域 $\boldsymbol{F}$ 上一切次数 <5 的多项式添加零多项式构成的线性空间 $\boldsymbol{F}[x]_5$ 维数等于<u>　5　</u>.

3. 维数大于零的有限维的线性空间的基有很多，但任两个基所含向量个数是<u>　相等　</u>的.

4. 复数域 $\mathbf{C}$ 作为实数域 $\mathbf{R}$ 上的线性空间，维数等于<u>　2　</u>.

5. 复数域 $\mathbf{C}$ 看成它本身上的线性空间，维数等于<u>　1　</u>.

6. 实数域 $\mathbf{R}$ 上的全体 3 阶上三角形矩阵，对矩阵的加法和纯量乘法作成线性空间，它的维数等于<u>　6　</u>.

7. x^2+2x+3 关于 $\boldsymbol{F}[x]_4$ 的一组基 $x^3, x^3+x, x^2+1, x+1$ 的坐标为 $\underline{(0,0,1,2)^{\mathrm{T}}}$.

8. 把同构的子空间算作一类，5 维线性空间的子空间能分成<u>　6　</u>类.

9. 设 n 维线性空间 $\boldsymbol{V}$ 的子空间 $\boldsymbol{W}_1,\boldsymbol{W}_2,\boldsymbol{W}_3$ 满足 $\boldsymbol{W}_1 \leqslant \boldsymbol{W}_2, \boldsymbol{W}_1 \cap \boldsymbol{W}_3 = \boldsymbol{W}_2 \cap \boldsymbol{W}_3$，$\boldsymbol{W}_1+\boldsymbol{W}_3=\boldsymbol{W}_2+\boldsymbol{W}_3$，则 $\boldsymbol{W}_1$<u>　=　</u>$\boldsymbol{W}_2$.（填=，≠）

10. $\boldsymbol{\alpha}_1=\begin{pmatrix}1\\2\\3\end{pmatrix},\boldsymbol{\alpha}_2=\begin{pmatrix}3\\-1\\2\end{pmatrix},\boldsymbol{\alpha}_3=\begin{pmatrix}2\\3\\x\end{pmatrix}$，则 $x=$<u>　5　</u>时，$\boldsymbol{\alpha}_1,\boldsymbol{\alpha}_2,\boldsymbol{\alpha}_3$ 线性相关.

三、选择题

1. $\mathbf{R}^3$ 中下列子集（　A　）不是 $\mathbf{R}^3$ 的子空间.

A. $\boldsymbol{W}_1=\{(x_1,x_2,x_3)\in\mathbf{R}^3 \mid x_2=1\}$　　B. $\boldsymbol{W}_2=\{(x_1,x_2,x_3)\in\mathbf{R}^3 \mid x_3=0\}$

C. $\boldsymbol{W}_3=\{(x_1,x_2,x_3)\in\mathbf{R}^3 \mid x_1=x_2=x_3\}$　　D. $\boldsymbol{W}_4=\{(x_1,x_2,x_3)\in\mathbf{R}^3 \mid x_1=x_2-x_3\}$

2. 若 $\boldsymbol{W}_1,\boldsymbol{W}_2$ 均为线性空间 $\boldsymbol{V}$ 的子空间，则下列等式成立的是（　C　）.

A. $\boldsymbol{W}_1+(\boldsymbol{W}_1\cap\boldsymbol{W}_2)=\boldsymbol{W}_1\cap\boldsymbol{W}_2$　　B. $\boldsymbol{W}_1+(\boldsymbol{W}_1\cap\boldsymbol{W}_2)=\boldsymbol{W}_1+\boldsymbol{W}_2$

C. $\boldsymbol{W}_1+(\boldsymbol{W}_1\cap\boldsymbol{W}_2)=\boldsymbol{W}_1$　　D. $\boldsymbol{W}_1+(\boldsymbol{W}_1\cap\boldsymbol{W}_2)=\boldsymbol{W}_2$

3. 设 $\boldsymbol{\alpha}_1,\boldsymbol{\alpha}_2,\boldsymbol{\alpha}_3,\boldsymbol{\alpha}_4$ 为线性空间 $\boldsymbol{V}$ 的一组基，则 $\boldsymbol{V}$ 的维数是（　A　）.

A. 4　　B. 3　　C. 2　　D. 不确定

4. 线性空间 $L[(2,-3,1)^{\mathrm{T}},(1,4,2)^{\mathrm{T}},(5,-2,4)^{\mathrm{T}}]\subseteq\mathbf{R}^3$ 的维数是（　B　）.

A. 1　　B. 2　　C. 3　　D. 不确定

5. 实数域 $\mathbf{R}$ 上，全体 n 阶对称矩阵构成的线性空间的维数是（　A　）.

A. $\dfrac{n(n+1)}{2}$　　B. n　　C. n^2　　D. $\dfrac{n(n-1)}{2}$

6. 实数域 $\mathbf{R}$ 上，全体 n 阶反对称矩阵构成的线性空间的维数是（　D　）.

A. $\dfrac{n(n+1)}{2}$　　B. n　　C. n^2　　D. $\dfrac{n(n-1)}{2}$

7. 已知 $\mathbf{R}^2$ 的两组基：$\boldsymbol{\varepsilon}_1=\begin{pmatrix}a_1\\a_2\end{pmatrix},\boldsymbol{\varepsilon}_2=\begin{pmatrix}b_1\\b_2\end{pmatrix}$ 与 $\boldsymbol{\eta}_1=\begin{pmatrix}c_1\\c_2\end{pmatrix},\boldsymbol{\eta}_2=\begin{pmatrix}d_1\\d_2\end{pmatrix}$，则由基 $\boldsymbol{\varepsilon}_1,\boldsymbol{\varepsilon}_2$ 到基 $\boldsymbol{\eta}_1,\boldsymbol{\eta}_2$ 的过渡矩阵为（　D　）.

A. $\begin{pmatrix} a_1 & b_1 \\ a_2 & b_2 \end{pmatrix}^{-1}\begin{pmatrix} c_1 & d_1 \\ c_2 & d_2 \end{pmatrix}$　　B. $\begin{pmatrix} c_1 & d_1 \\ c_2 & d_2 \end{pmatrix}^{-1}\begin{pmatrix} a_1 & b_1 \\ a_2 & b_2 \end{pmatrix}$

C. $\begin{pmatrix} a_1 & a_2 \\ b_1 & b_2 \end{pmatrix}^{-1}\begin{pmatrix} c_1 & c_2 \\ d_1 & d_2 \end{pmatrix}$　　D. $\begin{pmatrix} c_1 & c_2 \\ d_1 & d_2 \end{pmatrix}^{-1}\begin{pmatrix} a_1 & a_2 \\ b_1 & b_2 \end{pmatrix}$

8. 数域 $\boldsymbol{F}$ 上线性空间 $\boldsymbol{V}$ 的维数为 r，$\alpha_1,\alpha_2,\cdots,\alpha_n \in \boldsymbol{V}$，且 $\boldsymbol{V}$ 中任意向量可由 $\alpha_1,\alpha_2,\cdots,\alpha_n$ 线性表出，则下列结论成立的是（　B　）.

A. $r=n$　　B. $r\leqslant n$　　C. $r<n$　　D. $r>n$

9. 已知 $W=\left\{\begin{pmatrix} a \\ 2a \\ 3a \end{pmatrix}\middle| a\in\mathbf{R}\right\}$ 为 $\mathbf{R}^3$ 的子空间，则 $\boldsymbol{W}$ 的基为（　A　）.

A. $\begin{pmatrix} 1 \\ 2 \\ 3 \end{pmatrix}$　　B. $\begin{pmatrix} a \\ a \\ a \end{pmatrix}$　　C. $\begin{pmatrix} a \\ 2a \\ 3a \end{pmatrix}$　　D. $\begin{pmatrix} 1 \\ 0 \\ 0 \end{pmatrix},\begin{pmatrix} 0 \\ 2 \\ 0 \end{pmatrix},\begin{pmatrix} 0 \\ 0 \\ 3 \end{pmatrix}$

10. 设 $\boldsymbol{\alpha}_1,\boldsymbol{\alpha}_2,\boldsymbol{\alpha}_3$ 是三维线性空间 $\boldsymbol{V}$ 的基，且 $\boldsymbol{\beta}_1=\boldsymbol{\alpha}_1,\boldsymbol{\beta}_2=\boldsymbol{\alpha}_1+\boldsymbol{\alpha}_2,\boldsymbol{\beta}_3=\boldsymbol{\alpha}_1+\boldsymbol{\alpha}_2+\boldsymbol{\alpha}_3$，则矩阵 $\boldsymbol{P}=\begin{pmatrix} 1 & 1 & 1 \\ 1 & 0 & 1 \\ 0 & 0 & 1 \end{pmatrix}$ 是由基 $\boldsymbol{\alpha}_1,\boldsymbol{\alpha}_2,\boldsymbol{\alpha}_3$ 到（　A　）的过渡矩阵.

A. $\boldsymbol{\beta}_2,\boldsymbol{\beta}_1,\boldsymbol{\beta}_3$　　B. $\boldsymbol{\beta}_1,\boldsymbol{\beta}_2,\boldsymbol{\beta}_3$　　C. $\boldsymbol{\beta}_2,\boldsymbol{\beta}_3,\boldsymbol{\beta}_1$　　D. $\boldsymbol{\beta}_3,\boldsymbol{\beta}_2,\boldsymbol{\beta}_1$

四、计算题

1. 在线性空间 $\mathbf{R}^4$ 中，求由向量组 $\boldsymbol{\alpha}_1=(2,1,3,1)^{\mathrm{T}}$，$\boldsymbol{\alpha}_2=(1,2,0,1)^{\mathrm{T}}$，$\boldsymbol{\alpha}_3=(-1,1,-3,0)^{\mathrm{T}}$，$\boldsymbol{\alpha}_4=(1,1,1,1)^{\mathrm{T}}$ 生成的子空间的一组基和维数.

解　以向量组 $\boldsymbol{\alpha}_1,\boldsymbol{\alpha}_2,\boldsymbol{\alpha}_3,\boldsymbol{\alpha}_4$ 为列构造矩阵，然后对该矩阵施行行初等变换化为行阶梯形：

$$\boldsymbol{A}=(\boldsymbol{\alpha}_1,\boldsymbol{\alpha}_2,\boldsymbol{\alpha}_3,\boldsymbol{\alpha}_4)=\begin{pmatrix} 2 & 1 & -1 & 1 \\ 1 & 2 & 1 & 1 \\ 3 & 0 & -3 & 1 \\ 1 & 1 & 0 & 1 \end{pmatrix}\to\begin{pmatrix} 1 & 1 & 1 & 1 \\ 0 & -3 & -3 & -1 \\ 0 & 0 & 0 & 0 \\ 0 & 0 & 0 & \frac{1}{3} \end{pmatrix},$$

可知 $\boldsymbol{\alpha}_1,\boldsymbol{\alpha}_2,\boldsymbol{\alpha}_4$ 为 $\boldsymbol{\alpha}_1,\boldsymbol{\alpha}_2,\boldsymbol{\alpha}_3,\boldsymbol{\alpha}_4$ 的一个极大线性无关组，故 $\boldsymbol{\alpha}_1,\boldsymbol{\alpha}_2,\boldsymbol{\alpha}_4$ 是 $L[\boldsymbol{\alpha}_1,\boldsymbol{\alpha}_2,\boldsymbol{\alpha}_3,\boldsymbol{\alpha}_4]$ 的一组基，且 $L[\boldsymbol{\alpha}_1,\boldsymbol{\alpha}_2,\boldsymbol{\alpha}_3,\boldsymbol{\alpha}_4]$ 的维数为 3.

2. 在 $\mathbf{R}^4$ 中求出向量组 $\boldsymbol{\alpha}_1,\boldsymbol{\alpha}_2,\boldsymbol{\alpha}_3,\boldsymbol{\alpha}_4,\boldsymbol{\alpha}_5$ 的一个极大无关组，然后用它表出剩余的向量. 这里

$$\boldsymbol{\alpha}_1=\begin{pmatrix} 2 \\ 1 \\ 3 \\ 1 \end{pmatrix},\boldsymbol{\alpha}_2=\begin{pmatrix} 1 \\ 2 \\ 0 \\ 1 \end{pmatrix},\boldsymbol{\alpha}_3=\begin{pmatrix} -1 \\ 1 \\ -3 \\ 0 \end{pmatrix},\boldsymbol{\alpha}_4=\begin{pmatrix} 1 \\ 1 \\ 1 \\ 1 \end{pmatrix},\boldsymbol{\alpha}_5=\begin{pmatrix} 0 \\ 12 \\ -12 \\ 5 \end{pmatrix}.$$

解 以向量组 $\alpha_1,\alpha_2,\alpha_3,\alpha_4,\alpha_5$ 为列构造矩阵，然后对该矩阵施行行初等变换化为行最简形：

$$A=(\alpha_1,\alpha_2,\alpha_3,\alpha_4,\alpha_5)=\begin{pmatrix}2&1&-1&1&0\\1&2&1&1&12\\3&0&-3&1&-12\\1&1&0&1&5\end{pmatrix}\to\begin{pmatrix}1&0&-1&0&-5\\0&1&1&0&7\\0&0&0&1&3\\0&0&0&0&0\end{pmatrix},$$

可知 $\alpha_1,\alpha_2,\alpha_4$ 为 $\alpha_1,\alpha_2,\alpha_3,\alpha_4,\alpha_5$ 的一个极大线性无关组，故 $\alpha_1,\alpha_2,\alpha_4$ 是 $L[\alpha_1,\alpha_2,\alpha_3,\alpha_4,\alpha_5]$ 的一组基，且 $\alpha_3=-\alpha_1+\alpha_2,\alpha_5=-5\alpha_1+7\alpha_2+3\alpha_4$.

3. 在 $\mathbf{R}^4$ 中，求由齐次方程组

$$\begin{cases}3x_1+2x_2-5x_3+4x_4=0\\3x_1-x_2+3x_3-3x_4=0\\3x_1+5x_2-13x_3+11x_4=0\end{cases}$$

确定的解空间的基与维数.

解 对系数矩阵作行初等变换：

$$\begin{pmatrix}3&2&-5&4\\3&-1&3&-3\\3&5&-13&11\end{pmatrix}\to\begin{pmatrix}3&2&-5&4\\0&-3&8&-7\\0&3&-8&7\end{pmatrix}\to\begin{pmatrix}1&0&\frac{1}{9}&-\frac{2}{9}\\0&1&-\frac{8}{3}&\frac{7}{3}\\0&0&0&0\end{pmatrix}$$

得一般解为

$$\begin{cases}x_1=-\dfrac{1}{9}x_3+\dfrac{2}{9}x_4\\x_2=\dfrac{8}{3}x_3-\dfrac{7}{3}x_4\end{cases}$$

解空间的一组基为 $\xi_1=\left(-\frac{1}{9},\frac{8}{3},1,0\right)^{\mathrm{T}}$，$\xi_2=\left(\frac{2}{9},\frac{7}{3},0,1\right)^{\mathrm{T}}$，所以解空间的维数是 2.

4. 在 $\mathbf{R}^3$ 中求基 $\alpha_1=\begin{pmatrix}1\\0\\1\end{pmatrix},\alpha_2=\begin{pmatrix}1\\1\\-1\end{pmatrix},\alpha_3=\begin{pmatrix}1\\-1\\1\end{pmatrix}$ 到基 $\beta_1=\begin{pmatrix}3\\0\\1\end{pmatrix},\beta_2=\begin{pmatrix}2\\0\\0\end{pmatrix},\beta_3=\begin{pmatrix}0\\2\\-2\end{pmatrix}$ 的过渡矩阵.

解 设 $(\beta_1,\beta_2,\beta_3)=(\alpha_1,\alpha_2,\alpha_3)T$，则

$$\begin{pmatrix}3&2&0\\0&0&2\\1&0&-2\end{pmatrix}=\begin{pmatrix}1&1&1\\0&1&-1\\1&-1&1\end{pmatrix}T$$

从而

$$T=\begin{pmatrix}1&1&1\\0&1&-1\\1&-1&1\end{pmatrix}^{-1}\begin{pmatrix}3&2&0\\0&0&2\\1&0&-2\end{pmatrix}=\begin{pmatrix}1&0&0\\1&1&1\\1&1&-1\end{pmatrix}$$

5. 已知 $\alpha_1=\begin{pmatrix}1\\2\\2\\-2\end{pmatrix},\alpha_2=\begin{pmatrix}-1\\3\\0\\-1\end{pmatrix},\alpha_3=\begin{pmatrix}2\\-1\\-2\\5\end{pmatrix}$，$\beta_1=\begin{pmatrix}3\\1\\0\\3\end{pmatrix},\beta_2=\begin{pmatrix}2\\-1\\0\\3\end{pmatrix},\beta_3=\begin{pmatrix}3\\-4\\-2\\16\end{pmatrix},\beta_4=\begin{pmatrix}1\\7\\4\\-15\end{pmatrix}$，设由 $\alpha_1,\alpha_2,\alpha_3$ 生成 $\mathbf{R}^4$ 的子空间 $\boldsymbol{W}$．设由 $\beta_1,\beta_2,\beta_3,\beta_4$ 生成 $\mathbf{R}^4$ 的子空间 $\boldsymbol{V}$．分别求子空间 $\boldsymbol{W}\cap\boldsymbol{V}$ 与 $\boldsymbol{W}+\boldsymbol{V}$ 的一组基和维数.

解　因为 $\boldsymbol{W}_1+\boldsymbol{W}_2=L[\alpha_1,\alpha_2,\alpha_3]+L[\beta_1,\beta_2,\beta_3,\beta_4]=L[\alpha_1,\alpha_2,\alpha_3,\beta_1,\beta_2,\beta_3,\beta_4]$，考虑向量组 $\alpha_1,\alpha_2,\alpha_3,\beta_1,\beta_2,\beta_3,\beta_4$ 的秩和极大线性无关组，对矩阵 $(\alpha_1,\alpha_2,\alpha_3,\beta_1,\beta_2,\beta_3,\beta_4)$ 作初等行变换：

$$(\alpha_1,\alpha_2,\alpha_3,\beta_1,\beta_2,\beta_3,\beta_4)=\begin{pmatrix}1&-1&2&3&2&3&1\\2&3&-1&1&-1&-4&7\\2&0&-2&0&0&-2&4\\-2&-1&5&3&3&16&-5\end{pmatrix}$$

$$\to\begin{pmatrix}1&0&0&1&0&-5&7\\0&1&0&0&0&4&-4\\0&0&1&1&0&-4&0\\0&0&0&0&1&10&-10\end{pmatrix}$$

则 $\alpha_1,\alpha_2,\alpha_3,\beta_2$ 为向量组 $\alpha_1,\alpha_2,\alpha_3,\beta_1,\beta_2,\beta_3,\beta_4$ 的极大线性无关组，故 $\dim(\boldsymbol{W}_1+\boldsymbol{W}_2)=4$，$\alpha_1,\alpha_2,\alpha_3,\beta_2$ 是 $\boldsymbol{W}_1+\boldsymbol{W}_2$ 的一组基.

由

$$(\alpha_1,\alpha_2,\alpha_3,\beta_1,\beta_2,\beta_3,\beta_4)\to\begin{pmatrix}1&0&0&1&0&-5&7\\0&1&0&0&0&4&-4\\0&0&1&1&0&-4&0\\0&0&0&0&1&10&-10\end{pmatrix}$$

可得 $\dim\boldsymbol{W}_1=3,\dim\boldsymbol{W}_2=4$，由维数定理知

$$\dim(\boldsymbol{W}_1\cap\boldsymbol{W}_2)=\dim\boldsymbol{W}_1+\dim\boldsymbol{W}_2-\dim(\boldsymbol{W}_1+\boldsymbol{W}_2)=3$$

可得

$$\beta_1=\alpha_1+\alpha_3,\beta_3=-5\alpha_1+4\alpha_2-4\alpha_3+10\beta_2,\beta_4=7\alpha_1-4\alpha_2+5\alpha_3-10\beta_2$$

则 β_1,β_3,β_4 是 $\boldsymbol{W}_1\cap\boldsymbol{W}_2$ 的一组基.

五、证明题

1. 设数域 $\boldsymbol{F}$ 上 n 维线性空间 $\boldsymbol{V}$ 的向量组 $\alpha_1,\alpha_2,\cdots,\alpha_n$ 的秩为 r，令

$$\boldsymbol{W}=\left\{\begin{pmatrix}k_1\\k_2\\\vdots\\k_n\end{pmatrix}\middle|\,k_1\alpha_1+k_2\alpha_2+\cdots+k_n\alpha_n=\mathbf{0},k_i\in F,i=1,\cdots,n\right\}.$$

证明：$\boldsymbol{W}$ 是 $\boldsymbol{F}^n$ 的 $n-r$ 维子空间.

证明 令 $\boldsymbol{A}=(\boldsymbol{\alpha}_1,\boldsymbol{\alpha}_2,\cdots,\boldsymbol{\alpha}_n)$，则 $\boldsymbol{W}$ 即齐次线性方程组 $\boldsymbol{AX}=\boldsymbol{0}$ 的解空间，由 $R(\boldsymbol{A})=r$，则 $\dim\boldsymbol{W}=n-r$.

2. 设 $a_1,a_2,\cdots,a_n$ 是数域 $\boldsymbol{F}$ 上 n 个不同的数，且 $f(x)=(x-a_1)(x-a_2)\cdots(x-a_n)$. 证明：多项式组 $f_i(x)=\dfrac{f(x)}{(x-a_i)}(i=1,2,\cdots,n)$ 是线性空间 $\boldsymbol{F}[x]_n$ 的一组基.

证明 因 $\dim\boldsymbol{F}[x]_n=n$，只需证 $f_1(x),f_2(x),\cdots,f_n(x)$ 线性无关. 设有 $k_1,k_2,\cdots,k_n\in\boldsymbol{F}$，使

$$k_1f_1(x)+k_2f_2(x)+\cdots+k_nf_n(x)=0 \qquad (*)$$

由于 $f_j(a_i)=0,i\neq j,f_i(a_i)\neq 0$，则将 a_i 代入（*），得 $k_if_i(a_i)=0$，从而 $k_i=0\,(i=1,2,\cdots,n)$，故 $f_1(x),f_2(x),\cdots,f_n(x)$ 线性无关，且为线性空间 $\boldsymbol{F}[x]_n$ 的一组基.

3. 设 n 维线性空间 $\boldsymbol{V}$ 的两个子空间 $\boldsymbol{W}_1,\boldsymbol{W}_2$，若对于 $\boldsymbol{V}$ 的两个子空间 $\boldsymbol{W}_1,\boldsymbol{W}_2$ 的和空间 $\boldsymbol{W}_1+\boldsymbol{W}_2$ 的维数减去 1 等于他们交空间 $\boldsymbol{W}_1\cap\boldsymbol{W}_2$ 的维数，证明：它们的和空间 $\boldsymbol{W}_1+\boldsymbol{W}_2$ 与其中一个子空间相等，交空间 $\boldsymbol{W}_1\cap\boldsymbol{W}_2$ 与其中另一个子空间相等.

证明 由 $\boldsymbol{W}_1\cap\boldsymbol{W}_2\subseteq\boldsymbol{W}_1\subseteq\boldsymbol{W}_1+\boldsymbol{W}_2$，显然有 $\dim(\boldsymbol{W}_1\cap\boldsymbol{W}_2)\leqslant\dim(\boldsymbol{W}_1)\leqslant\dim(\boldsymbol{W}_1+\boldsymbol{W}_2)$.

由已知 $\dim(\boldsymbol{W}_1+\boldsymbol{W}_2)=\dim(\boldsymbol{W}_1\cap\boldsymbol{W}_2)+1$ 及 $\dim(\boldsymbol{W}_1)$ 为非负整数，则有

$$\dim(\boldsymbol{W}_1)=\dim(\boldsymbol{W}_1\cap\boldsymbol{W}_2) \qquad (1)$$

$$\dim(\boldsymbol{W}_1)=\dim(\boldsymbol{W}_1+\boldsymbol{W}_2) \qquad (2)$$

若（1）成立，即 $\dim(\boldsymbol{W}_1)=\dim(\boldsymbol{W}_1\cap\boldsymbol{W}_2)$，由 $\boldsymbol{W}_1\supseteq\boldsymbol{W}_1\cap\boldsymbol{W}_2$，则有 $\boldsymbol{W}_1=\boldsymbol{W}_1\cap\boldsymbol{W}_2$，此时由公式 $\dim(\boldsymbol{W}_1+\boldsymbol{W}_2)=\dim(\boldsymbol{W}_1)+\dim(\boldsymbol{W}_2)-\dim(\boldsymbol{W}_1\cap\boldsymbol{W}_2)$ 可得 $\dim(\boldsymbol{W}_1+\boldsymbol{W}_2)=\dim(\boldsymbol{W}_2)$，由 $\boldsymbol{W}_1+\boldsymbol{W}_2\supseteq\boldsymbol{W}_2$ 可得 $\boldsymbol{W}_2=\boldsymbol{W}_1+\boldsymbol{W}_2$.

若（2）成立，即 $\dim(\boldsymbol{W}_1)=\dim(\boldsymbol{W}_1+\boldsymbol{W}_2)$，由 $\boldsymbol{W}_1\subseteq\boldsymbol{W}_1+\boldsymbol{W}_2$，则有 $\boldsymbol{W}_1=\boldsymbol{W}_1+\boldsymbol{W}_2$，此时由公式 $\dim(\boldsymbol{W}_1+\boldsymbol{W}_2)=\dim(\boldsymbol{W}_1)+\dim(\boldsymbol{W}_2)-\dim(\boldsymbol{W}_1\cap\boldsymbol{W}_2)$ 可得 $\dim(\boldsymbol{W}_1\cap\boldsymbol{W}_2)=\dim(\boldsymbol{W}_2)$，由 $\boldsymbol{W}_1\cap\boldsymbol{W}_2\subseteq\boldsymbol{W}_2$ 可得 $\boldsymbol{W}_2=\boldsymbol{W}_1\cap\boldsymbol{W}_2$.

4. 设 α,β 是复数，$\boldsymbol{V}=\{f(x)\in\mathbf{R}[x]\mid f(\alpha)=0\},\boldsymbol{W}=\{g(x)\in\mathbf{R}[x]\mid g(\beta)=0\}$，证明：$\boldsymbol{V},\boldsymbol{W}$ 是 $\mathbf{R}$ 上的线性空间，并且 $\boldsymbol{V}\cong\boldsymbol{W}$.

证明 设 $f_1(x),f_2(x)\in\boldsymbol{V}$，则有 $f_1(\alpha)=0,f_2(\alpha)=0$，$\forall a,b\in\mathbf{R}$，$af_1(\alpha)+bf_2(\alpha)=0$，即 $af_1(x)+bf_2(x)\in\boldsymbol{V}$. 故 $\boldsymbol{V}$ 是 $\mathbf{R}[x]$ 的子空间，从而 $\boldsymbol{V}$ 是 $\mathbf{R}$ 上的线性空间.

设 $g_1(x),g_2(x)\in\boldsymbol{W}$，则有 $g_1(\beta)=0,g_2(\beta)=0$，$\forall c,d\in\mathbf{R}$，$cg_1(\beta)+dg_2(\beta)=0$，即 $cg_1(x)+dg_2(x)\in\boldsymbol{W}$. 故 $\boldsymbol{W}$ 是 $\mathbf{R}[x]$ 的子空间，从而 $\boldsymbol{W}$ 是 $\mathbf{R}$ 上的线性空间.

5. 设 $\boldsymbol{A}\in M_n(\boldsymbol{F})$，且 $\boldsymbol{A}^2=\boldsymbol{A}$，令 $\boldsymbol{W}_1=\{\boldsymbol{\alpha}\in\boldsymbol{F}^n\mid A\boldsymbol{\alpha}=\boldsymbol{\alpha}\},\boldsymbol{W}_2=\{\boldsymbol{\alpha}\in\boldsymbol{F}^n\mid A\boldsymbol{\alpha}=0\}$. 证明：（1）$\boldsymbol{W}_1,\boldsymbol{W}_2$ 为 $\boldsymbol{F}^n$ 的子空间；（2）$\boldsymbol{F}^n=\boldsymbol{W}_1\oplus\boldsymbol{W}_2$.

证明 （1）设 $\boldsymbol{\alpha}_1,\boldsymbol{\alpha}_2\in\boldsymbol{W}_1$，则有 $\boldsymbol{A\alpha}_1=\boldsymbol{\alpha}_1,\boldsymbol{A\alpha}_2=\boldsymbol{\alpha}_2$，$\forall a,b\in\boldsymbol{F}$，$\boldsymbol{A}(a\boldsymbol{\alpha}_1+b\boldsymbol{\alpha}_2)=a\boldsymbol{\alpha}_1+b\boldsymbol{\alpha}_2$，即 $a\boldsymbol{\alpha}_1+b\boldsymbol{\alpha}_2\in\boldsymbol{W}_1$. 故 $\boldsymbol{W}_1$ 是 $\boldsymbol{F}$ 上的子空间.

设 $\boldsymbol{\beta}_1,\boldsymbol{\beta}_2\in\boldsymbol{W}_2$，则有 $\boldsymbol{A\beta}_1=\boldsymbol{0},\boldsymbol{A\beta}_2=\boldsymbol{0}$，$\forall c,d\in\boldsymbol{F}$，$\boldsymbol{A}(c\boldsymbol{\beta}_1+d\boldsymbol{\beta}_2)=\boldsymbol{0}$，即 $c\boldsymbol{\beta}_1+d\boldsymbol{\beta}_2\in\boldsymbol{W}_2$. 故 $\boldsymbol{W}_2$ 是 $\boldsymbol{F}$ 上的子空间.

（2）对任意$\alpha\in \boldsymbol{F}^n$，有

$$\alpha = A\alpha + \alpha - A\alpha = \alpha_1 + \alpha_2, \alpha_1 = A\alpha, \alpha_2 = \alpha - A\alpha$$

由 $A\alpha_1 = A(A\alpha) = A^2\alpha = A\alpha = \alpha_1$，知 $\alpha_1 \in W_1$，

由 $A\alpha_2 = A(\alpha - A\alpha) = A\alpha - A^2\alpha = A\alpha - A\alpha = \boldsymbol{0}$，知 $\alpha_2 \in W_2$

即 $\boldsymbol{F}^n \subseteq W_1 + W_2$，而 $W_1 + W_2 \subseteq \boldsymbol{F}^n$ 显然，故有 $\boldsymbol{F}^n = W_1 + W_2$，

设 $\alpha \in W_1 \cap W_2$，则 $\alpha = A\alpha, A\alpha = \boldsymbol{0}$, 有 $\alpha = \boldsymbol{0}$，即 $W_1 \cap W_2 = \{\boldsymbol{0}\}$，

故 $\boldsymbol{F}^n = W_1 \oplus W_2$.

5.4 例题补充

例 5.1 设 $\boldsymbol{M}$ 是数域 $\boldsymbol{F}$ 上形如 $\boldsymbol{A}=\begin{pmatrix} a_1 & a_2 & \cdots & a_n \\ a_n & a_1 & \cdots & a_{n-1} \\ \vdots & \vdots & & \vdots \\ a_2 & a_3 & \cdots & a_1 \end{pmatrix}$ 的循环矩阵的集合，

（1）证明：$\boldsymbol{M}$ 是线性空间 $\boldsymbol{F}^{n\times n}$ 的子空间.

（2）求 $\boldsymbol{M}$ 的维数和一组基.

证明 （1）$\forall \boldsymbol{A},\boldsymbol{B}\in \boldsymbol{M}$. 验证 $\boldsymbol{A}+\boldsymbol{B}, k\boldsymbol{A}\in \boldsymbol{M}$ 即可.

（2）令

$$\boldsymbol{D}=\begin{pmatrix} 0 & 1 & & & \\ & 0 & 1 & & \\ & & \ddots & \ddots & \\ & & & \ddots & 1 \\ 1 & & & & 0 \end{pmatrix} = \begin{pmatrix} 0 & \boldsymbol{E}_{n-1} \\ \boldsymbol{E}_1 & 0 \end{pmatrix},$$

则 $\boldsymbol{D}$ 为循环阵，且

$$\boldsymbol{D}^k = \begin{pmatrix} 0 & \boldsymbol{E}_{n-k} \\ \boldsymbol{E}_k & 0 \end{pmatrix}\text{（}\boldsymbol{E}_k\text{ 为 }k\text{ 阶单位阵）}$$

易证 $\boldsymbol{D},\boldsymbol{D}^2,\cdots,\boldsymbol{D}^{n-1},\boldsymbol{D}^n=\boldsymbol{E}$ 在 $\boldsymbol{F}$ 上线性无关，且 $\boldsymbol{A}=a_1\boldsymbol{E}+a_2\boldsymbol{D}+\cdots+a_{n-1}\boldsymbol{D}^{n-2}+a_n\boldsymbol{D}^{n-1}$，令 $f(x)=a_1+a_2x+\cdots a_nx^{n-1}$，有 $\boldsymbol{A}=f(\boldsymbol{D})$.

$\forall \boldsymbol{B}\in M$，必存在 $\boldsymbol{F}$ 上 $n-1$ 次多项式 $g(x)$，使 $\boldsymbol{B}=g(\boldsymbol{D})$，反之亦真.

故 $\boldsymbol{E},\boldsymbol{D},\boldsymbol{D}^2,\cdots,\boldsymbol{D}^{n-1}$ 是 M 的一组基，且 $\dim M = n$.

例 5.2 设 3 阶方阵 $\boldsymbol{A}$ 满足 $\boldsymbol{A}^2=\boldsymbol{O}$，$\alpha_1,\alpha_2,\alpha_3$ 是线性空间 $\boldsymbol{V}$ 的一个基，如果 $(\beta_1,\beta_2,\beta_3)=(\alpha_1,\alpha_2,\alpha_3)\boldsymbol{A}$，证明：$L[\beta_1,\beta_2,\beta_3]$ 的维数 $\leqslant 1$.

证明 由 $\boldsymbol{A}^2=\boldsymbol{O}$ 有 $|\boldsymbol{A}|=0, r(\boldsymbol{A})<3$.

又 $\alpha_1,\alpha_2,\alpha_3$ 是线性空间 $\boldsymbol{V}$ 的一个基，则 $R(\beta_1,\beta_2,\beta_3)=R(\boldsymbol{A})$. 假设 $R(\boldsymbol{A})=2$，则 $\boldsymbol{AX}=\boldsymbol{0}$ 解空间的维数为 1. 设 $\boldsymbol{A}=(\gamma_1,\gamma_2,\gamma_3)$，由 $\boldsymbol{A}^2=\boldsymbol{O}$ 知 $\gamma_1,\gamma_2,\gamma_3$ 是 $\boldsymbol{AX}=\boldsymbol{0}$ 的解，而 $R(\gamma_1,\gamma_2,\gamma_3)=2$ 与

$AX=\mathbf{0}$ 解空间的维数为 1 矛盾，故 $R(A)=2$ 不成立，从而 $R(A)\leqslant 1$，即 $L[\beta_1,\beta_2,\beta_3]$ 的维数 $\leqslant 1$.

例 5.3 （厦门大学考研真题）在线性空间 $F[x]_n$ 中，设多项式

$$f_i(x)=(x-a_1)(x-a_2)\cdots(x-a_{i-1})(x-a_{i+1})\cdots(x-a_n),\quad i=1,2,\cdots,n.$$

其中 $a_1,a_2,\cdots,a_n$ 是互不相同的数.

（1）证明：$f_1(x),f_2(x),\cdots,f_n(x)$ 是 $F[x]_n$ 的一组基.

（2）在（1）中，取 $a_1,a_2,\cdots,a_n$ 是全体 n 次单位根，求由基 $1,x,\cdots,x^{n-1}$ 到基 $f_1,f_2,\cdots,f_n$ 的过渡矩阵.

证明 （1）令 $k_1f_1(x)+k_2f_2(x)+\cdots+k_nf_n(x)=0,k_i\in F,i=1,2,\cdots,n$，则

$$k_1f_1(a_i)+k_2f_2(a_i)+\cdots+k_nf_n(a_i)=k_if_i(a_i)=0$$

因为 $f_i(a_i)\neq 0$，则 $k_i=0,i=1,2,\cdots,n$，故 $f_1(x),f_2(x),\cdots,f_n(x)$ 线性无关，构成 n 维空间 $F[x]_n$ 的一组基.

（2）取 $a_1,a_2,\cdots,a_n$ 为全体单位根 $1,\varepsilon,\varepsilon^2,\cdots,\varepsilon^{n-1}$，则

$$f_1=\frac{x^n-1}{x-1}=1+x+x^2+\cdots+x^{n-1}$$

$$f_2=\frac{x^n-1}{x-\varepsilon}=\varepsilon^{n-1}+\varepsilon^{n-2}x+\varepsilon^{n-3}x^2+\cdots+\varepsilon x^{n-2}+x^{n-1}$$

$$\vdots$$

$$f_n=\frac{x^n-1}{x-\varepsilon^{n-1}}=\varepsilon+\varepsilon^2x+\cdots+\varepsilon^{n-1}x^{n-2}+x^{n-1}$$

故所求过渡矩阵为

$$\begin{pmatrix} 1 & \varepsilon^{n-1} & \varepsilon^{n-2} & \dots & \varepsilon \\ 1 & \varepsilon^{n-2} & \varepsilon^{n-4} & \dots & \varepsilon^2 \\ \vdots & \vdots & \vdots & & \vdots \\ 1 & \varepsilon & \varepsilon^{n-2} & \dots & \varepsilon^{n-1} \\ 1 & 1 & 1 & \dots & 1 \end{pmatrix}$$

例 5.4 （北京理工大学、北京工业大学等考研真题）设 A,B 分别为数域 F 上的 $p\times n,n\times m$ 矩阵，令

$$V=\{X\mid X\in\mathbf{R}^m,ABX=\mathbf{0}\},W=\{Y\mid Y=BX,X\in V\}$$

证明：W 为线性空间 $\mathbf{R}^n$ 的子空间，且 $\dim W=R(B)-R(AB)$.

证明 （W 为线性空间 $\mathbf{R}^n$ 的子空间作为练习，读者自己完成.）

设 $\dim V=m-R(AB)=t$，令 $V_0=\{X\mid BX=\mathbf{0}\}$，则 $V_0\subseteq V$，且 $\dim V_0=m-R(B)=s$. 设 V_0 的

基为 $\boldsymbol{\alpha}_1,\boldsymbol{\alpha}_2,\cdots,\boldsymbol{\alpha}_s$，将其扩充为 $\boldsymbol{V}$ 的基 $\boldsymbol{\alpha}_1,\boldsymbol{\alpha}_2,\cdots,\boldsymbol{\alpha}_s,\boldsymbol{\alpha}_{s+1},\cdots,\boldsymbol{\alpha}_t$，则任取 $\boldsymbol{X}\in\boldsymbol{V}$，有 $\boldsymbol{X}=\sum\limits_{i=1}^{t}\boldsymbol{\alpha}_i$．于是任取 $\boldsymbol{Y}\in\boldsymbol{W}$，有

$$\boldsymbol{Y}=\boldsymbol{BX}=\boldsymbol{B}\left(\sum_{i=1}^{t}k_i\boldsymbol{\alpha}_i\right)=k_{s+1}\boldsymbol{B\alpha}_{s+1}+\cdots+k_t\boldsymbol{B\alpha}_t$$

故 $\boldsymbol{W}=L[\boldsymbol{B\alpha}_{s+1},\cdots,\boldsymbol{B\alpha}_t]$．

下证 $\dim\boldsymbol{V}_0=m-R(\boldsymbol{B})=s$ 线性无关.

设 $l_{s+1}\boldsymbol{B\alpha}_{s+1}+\cdots+l_t\boldsymbol{B\alpha}_t=\boldsymbol{0}$，则 $\boldsymbol{B}(l_{s+1}\boldsymbol{\alpha}_{s+1}+\cdots+l_t\boldsymbol{\alpha}_t)=\boldsymbol{0}$，故 $l_{s+1}\boldsymbol{\alpha}_{s+1}+\cdots+l_t\boldsymbol{\alpha}_t\in\boldsymbol{V}_0$.

设 $l_{s+1}\boldsymbol{\alpha}_{s+1}+\cdots+l_t\boldsymbol{\alpha}_t=-l_1\boldsymbol{\alpha}_1-\cdots-l_s\boldsymbol{\alpha}_s$，由 $\boldsymbol{\alpha}_1,\boldsymbol{\alpha}_2,\cdots,\boldsymbol{\alpha}_s,\boldsymbol{\alpha}_{s+1},\cdots,\boldsymbol{\alpha}_t$ 为 $\boldsymbol{V}$ 的基，从而 $l_i=0\,(i=1,2,\cdots,t)$，即 $\boldsymbol{B\alpha}_{s+1},\cdots,\boldsymbol{B\alpha}_t$ 为 $\boldsymbol{V}$ 的基.

即证 $\dim\boldsymbol{W}=t-s=(n-R(\boldsymbol{AB}))-(n-R(\boldsymbol{B}))=R(\boldsymbol{B})-R(\boldsymbol{AB})$.

例 5.5 （苏州大学、华中科技大学、南开大学等考研真题）设 $\boldsymbol{M}\in\boldsymbol{F}^{n\times n},f(x),g(x)\in\boldsymbol{F}[x]$，且 $(f(x),g(x))=1$，令 $\boldsymbol{A}=f(\boldsymbol{M}),\boldsymbol{B}=g(\boldsymbol{M}),\boldsymbol{W},\boldsymbol{W}_1,\boldsymbol{W}_2$ 分别为齐次线性方程组 $\boldsymbol{ABX}=\boldsymbol{0}$，$\boldsymbol{AX}=\boldsymbol{0}$，$\boldsymbol{BX}=\boldsymbol{0}$ 的解空间. 证明：$\boldsymbol{W}=\boldsymbol{W}_1\oplus\boldsymbol{W}_2$.

证明 由 $(f(x),g(x))=1$，则存在 $u(x),v(x)\in\boldsymbol{F}[x]$，使 $f(x)u(x)+g(x)v(x)=1$，故

$$\boldsymbol{A}u(\boldsymbol{M})+\boldsymbol{B}v(\boldsymbol{M})=\boldsymbol{E} \tag{**}$$

（1）先证明 $\boldsymbol{W}=\boldsymbol{W}_1+\boldsymbol{W}_2$. 任取 $\boldsymbol{\alpha}\in\boldsymbol{W}$，由（**）得

$$\boldsymbol{\alpha}=\boldsymbol{E\alpha}=\boldsymbol{A}u(\boldsymbol{M})\boldsymbol{\alpha}+\boldsymbol{B}v(\boldsymbol{M})\boldsymbol{\alpha}$$

由 $\boldsymbol{AB\alpha}=\boldsymbol{0}$ 可知

$$\boldsymbol{A}u(\boldsymbol{M})\boldsymbol{\alpha}\in\boldsymbol{W}_2,\boldsymbol{B}v(\boldsymbol{M})\boldsymbol{\alpha}\in\boldsymbol{W}_1$$

于是 $\boldsymbol{W}\subseteq\boldsymbol{W}_1+\boldsymbol{W}_2$.

又 $f(\boldsymbol{M})g(\boldsymbol{M})=g(\boldsymbol{M})f(\boldsymbol{M})$，即 $\boldsymbol{AB}=\boldsymbol{BA}$，则 $\boldsymbol{W}_1\subseteq\boldsymbol{W},\boldsymbol{W}_2\subseteq\boldsymbol{W}$，从而 $\boldsymbol{W}_1+\boldsymbol{W}_2\subseteq\boldsymbol{W}$，故 $\boldsymbol{W}=\boldsymbol{W}_1+\boldsymbol{W}_2$.

（2）再证明 $\boldsymbol{W}_1\cap\boldsymbol{W}_2=\{\boldsymbol{0}\}$. 任取 $\boldsymbol{\beta}\in\boldsymbol{W}_1\cap\boldsymbol{W}_2$，则 $\boldsymbol{A\beta}=\boldsymbol{B\beta}=\boldsymbol{0}$，由（**）有

$$\boldsymbol{\alpha}=\boldsymbol{E\alpha}=\boldsymbol{A}u(\boldsymbol{M})\boldsymbol{\alpha}+\boldsymbol{B}v(\boldsymbol{M})\boldsymbol{\alpha}=0$$

故结论成立.

【变式练习】

（暨南大学考研真题）设 $\boldsymbol{A},\boldsymbol{B},\boldsymbol{C},\boldsymbol{D}\in M_n(\boldsymbol{F})$，且两两可交换，满足 $\boldsymbol{AC}+\boldsymbol{BD}=\boldsymbol{E}$，设 $\boldsymbol{W},\boldsymbol{W}_1,\boldsymbol{W}_2$ 分别为齐次线性方程组 $\boldsymbol{ABX}=\boldsymbol{0},\boldsymbol{AX}=\boldsymbol{0},\boldsymbol{BX}=\boldsymbol{0}$ 的解空间. 证明：$\boldsymbol{W}=\boldsymbol{W}_1\oplus\boldsymbol{W}_2$.

例 5.6 （中国矿业大学考研真题）设 $\boldsymbol{A}$ 是元素全为 1 的 n 阶方阵.

（1）求行列式 $|a\boldsymbol{E}+b\boldsymbol{A}|$ 的值，其中 a,b 为实常数.

（2）已知 $1<R(a\boldsymbol{E}+b\boldsymbol{A})<n$，试确定 a,b 所满足的条件，并求线性空间 $\boldsymbol{W}=\{\boldsymbol{X}\mid(a\boldsymbol{E}+b\boldsymbol{A})\boldsymbol{X}=\boldsymbol{0},\boldsymbol{X}\in\mathbf{R}^n\}$ 的维数.

证明 （1）容易计算 $|a\boldsymbol{E}+b\boldsymbol{A}|=(a+nb)a^{n-1}$.

（2）由 $1<R(a\boldsymbol{E}+b\boldsymbol{A})<n$ 知 $|a\boldsymbol{E}+b\boldsymbol{A}|=0$，且 $a\neq 0$．因为若 $a=0$，$R(a\boldsymbol{E}+b\boldsymbol{A})\leqslant 1$．故由（1）可知 $a+nb=0$，此时 $a\boldsymbol{E}+b\boldsymbol{A}$ 左上角的 $n-1$ 阶子式

$$\begin{vmatrix} a+b & b & \cdots & b \\ b & a+b & \cdots & b \\ \vdots & \vdots & & \vdots \\ a & a & \cdots & a+b \end{vmatrix} = [a+(n-1)b]a^{n-2} = \frac{a^{n-1}}{n} \neq 0$$

则
$$R(a\boldsymbol{E}+b\boldsymbol{A})=n-1$$
故
$$\dim \boldsymbol{W} = n-R(a\boldsymbol{E}+b\boldsymbol{A}) = n-(n-1)=1$$

例 5.7　（南京大学考研真题）设 $\boldsymbol{W}$ 是实 n 维向量空间 $\mathbf{R}^n$ 的一个子空间，且在 $\boldsymbol{W}$ 中每个非零向量 $\boldsymbol{\alpha}=(a_1,a_2,\cdots,a_n)^{\mathrm{T}}$ 中零分量的个数不超过 r，证明 $\dim \boldsymbol{W}\leqslant r+1$.

证明　（反证法）若 $\dim \boldsymbol{W}\leqslant r+1$，则在 $\boldsymbol{W}$ 中存在 $r+2$ 个线性无关的向量，设为

$$\boldsymbol{\alpha}_1=\begin{pmatrix} a_{11} \\ \vdots \\ a_{1,r+1} \\ a_{1,r+2} \\ \vdots \\ a_{1n} \end{pmatrix},\cdots,\boldsymbol{\alpha}_{r+1}=\begin{pmatrix} a_{r+1,1} \\ \vdots \\ a_{r+1,r+1} \\ a_{r+1,r+2} \\ \vdots \\ a_{r+1,n} \end{pmatrix},\boldsymbol{\alpha}_{r+2}=\begin{pmatrix} a_{r+2,1} \\ \vdots \\ a_{r+2,r+1} \\ a_{r+2,r+2} \\ \vdots \\ a_{r+2,n} \end{pmatrix}$$

考虑 $\boldsymbol{\alpha}_1,\cdots,\boldsymbol{\alpha}_{r+1},\boldsymbol{\alpha}_{r+2}$ 的前 $r+1$ 个分量构成的向量组

$$\boldsymbol{\beta}_1=\begin{pmatrix} a_{11} \\ \vdots \\ a_{1,r+1} \end{pmatrix},\cdots,\boldsymbol{\beta}_{r+1}=\begin{pmatrix} a_{r+1,1} \\ \vdots \\ a_{r+1,r+1} \end{pmatrix},\boldsymbol{\beta}_{r+2}=\begin{pmatrix} a_{r+2,1} \\ \vdots \\ a_{r+2,r+1} \end{pmatrix}$$

由于 $\boldsymbol{\beta}_1,\cdots,\boldsymbol{\beta}_{r+1},\boldsymbol{\beta}_{r+2}$ 是 $r+2$ 个 $r+1$ 维的向量组，所以一定线性相关，从而存在不全为零的实数 $k_1,\cdots,k_{r+1},k_{r+2}$ 使 $k_1\boldsymbol{\beta}_1+\cdots+k_{r+1}\boldsymbol{\beta}_{r+1}+k_{r+2}\boldsymbol{\beta}_{r+2}=\mathbf{0}$.

由于 W 是线性空间，故 $k_1\boldsymbol{\alpha}_1+\cdots+k_{r+1}\boldsymbol{\alpha}_{r+1}+k_{r+2}\boldsymbol{\alpha}_{r+2}\in\boldsymbol{W}$，并且由 $\boldsymbol{\alpha}_1,\cdots,\boldsymbol{\alpha}_{r+1},\boldsymbol{\alpha}_{r+2}$ 线性无关知 $k_1\boldsymbol{\alpha}_1+\cdots+k_{r+1}\boldsymbol{\alpha}_{r+1}+k_{r+2}\boldsymbol{\alpha}_{r+2}\neq\mathbf{0}$，但是 $k_1\boldsymbol{\alpha}_1+\cdots+k_{r+1}\boldsymbol{\alpha}_{r+1}+k_{r+2}\boldsymbol{\alpha}_{r+2}$ 的前 $r+1$ 个分量都是 $\mathbf{0}$，这与条件矛盾.

例 5.8　（上海交通大学、重庆大学考研真题）设 $\boldsymbol{V}_1,\boldsymbol{V}_2$ 分别表示以下两个关于未知数 x,y,z 的方程组的解空间：

$$\begin{cases} ax+y+z=0 \\ x-ay-z=0, \\ -y+z=0 \end{cases} \quad \begin{cases} bx+y+z=0 \\ x+by-z=0 \\ x+y+bz=0 \end{cases}$$

试确定 a,b 的值，使得 $\boldsymbol{V}_1+\boldsymbol{V}_2$ 为 $\boldsymbol{V}_1$ 与 $\boldsymbol{V}_2$ 的直和.

解　欲使 $\boldsymbol{V}_1+\boldsymbol{V}_2$ 为 $\boldsymbol{V}_1$ 与 $\boldsymbol{V}_2$ 的直和，当且仅当 $\boldsymbol{V}_1\cap\boldsymbol{V}_2=\{\mathbf{0}\}$.

考虑第一个方程组，利用初等变换易知：

当 $a\neq 2$ 且 $a\neq -1$ 时，$\boldsymbol{V}_1=\{\mathbf{0}\}$，此时无论 b 取何值均有 $\boldsymbol{V}_1\cap\boldsymbol{V}_2=\{\mathbf{0}\}$；

当 $a=2$ 时，$\boldsymbol{V}_1=L[\xi_1],\xi_1=(-1,1,1)^{\mathrm{T}}$；

当 $a=-1$ 时，$V_1=L[\xi_2],\xi_2=(2,1,1)^{\mathrm{T}}$.

再考虑第二个方程组，利用初等变换易知：

当 $b=-2$ 时，$V_2=L[\eta_1],\eta_1=(1,1,1)^{\mathrm{T}}$，此时 $V_1\cap V_2=\{\mathbf{0}\}$；

对于 $b\neq-2$，再分两种情形：当 $b\neq1$ 时，$V_2=\{\mathbf{0}\}$，此时 $V_1\cap V_2=\{\mathbf{0}\}$；

当 $b=1$ 时，$V_2=L[\eta_2,\eta_3],\eta_2=(-1,1,0)^{\mathrm{T}},\eta_3=(-1,0,1)^{\mathrm{T}}$，此时 ξ_1,η_2,η_3 线性无关，ξ_2,η_2,η_3 也线性无关，故 $V_1\cap V_2=\{\mathbf{0}\}$.

综上所述，无论 a,b 取何值均有 $V_1\cap V_2=\{\mathbf{0}\}$，此时 V_1+V_2 为 V_1 与 V_2 的直和.

例 5.9 （南开大学考研真题）设 V 为数域 F 上的 $n(n>1)$ 维线性空间，证明：必存在 V 中一个无穷的向量序列 $\{\alpha_i\}_{i=1}^{\infty}$ 中任何 n 个向量都是 V 的一组基.

证明 考虑无穷数列 $\{\lambda_i\}_{i=1}^{\infty}\subset F,\lambda_i\neq0,\lambda_i\neq\lambda_j(i\neq j)$，取 V 的一组基 $\eta_1,\eta_2,\cdots,\eta_n$，令

$$\alpha_i=\lambda_i\eta_1+\lambda_i^2\eta_2+\cdots+\lambda_i^n\eta_n,\ i=1,2,\cdots,n$$

则 $\{\alpha_i\}_{i=1}^{\infty}$ 是 V 的一个无穷向量序列. 任取其中 n 个向量 $\alpha_{i_1},\alpha_{i_2},\cdots,\alpha_{i_n}$，由于

$$\begin{vmatrix}\lambda_{i_1} & \lambda_{i_1}^2 & \cdots & \lambda_{i_1}^n\\ \lambda_{i_2} & \lambda_{i_2}^2 & \cdots & \lambda_{i_2}^n\\ \vdots & \vdots & & \vdots\\ \lambda_{i_n} & \lambda_{i_n}^2 & \cdots & \lambda_{i_n}^n\end{vmatrix}=\prod_{k=1}^{n}\lambda_{i_k}\prod_{1\leqslant j<k\leqslant n}(\lambda_{i_k}-\lambda_{i_j})\neq0$$

所以 $\alpha_{i_1},\alpha_{i_2},\cdots,\alpha_{i_n}$ 线性无关，又 $\dim V=n$，所以 $\alpha_{i_1},\alpha_{i_2},\cdots,\alpha_{i_n}$ 是 V 的一组基.

作为练习，读者可利用这种方法解习题 5.4 的第 4 题.

例 5.10 设 $A,B\in M_{m\times n}(F)$，U 与 V 分别是齐次线性方程组 $AX=\mathbf{0}$ 和 $BX=\mathbf{0}$ 的解空间，证明：若 $R(A)=R(B)$，则存在数域 F 上的 n 阶可逆矩阵 T，使得 $f(Y)=TY(\forall Y\in U)$ 是 U 到 V 的同构映射.

证明 证法一：因为 $R(A)=R(B)$，所以存在数域 F 上的 m 阶可逆矩阵 P 和 n 阶可逆矩阵 Q 使得 $A=PBQ$，令 $T=Q$，则 $\forall Y\in U$，若 $AX=\mathbf{0}$，则 $BTY=\mathbf{0}$，即 $TY\in V$. 现定义 $f(Y)=TY(\forall Y\in U)$，则 $f(Y)$ 是 U 到 V 的一一映射.

$\forall\alpha,\beta\in U,k\in F$，有 $Y\alpha,T\beta\in V$，由于 $BT(\alpha+\beta)=BT\alpha+BT\beta=\mathbf{0}$，所以 $T(\alpha+\beta)\in V$，容易验证 $f(\alpha+\beta)=f(\alpha)+f(\beta),f(k\alpha)=kf(\alpha)$，故 $f(Y)=TY$ 是 U 到 V 的同构映射.

证法二：设 $R(A)=R(B)=r$，则 $\dim U=\dim V=n-r$，分别取 U 和 V 上的一组基 $\alpha_1,\alpha_2,\cdots,\alpha_{n-r}$ 和 $\beta_1,\beta_2,\cdots,\beta_{n-r}$，并扩充为 F^n 的基 $\alpha_1,\alpha_2,\cdots,\alpha_{n-r},\cdots,\alpha_n$ 和 $\beta_1,\beta_2,\cdots,\beta_{n-r},\cdots,\beta_n$，令 $P=(\alpha_1,\alpha_2,\cdots,\alpha_{n-r},\cdots,\alpha_n)$，$Q=(\beta_1,\beta_2,\cdots,\beta_{n-r},\cdots,\beta_n)$，显然 P,Q 都是数域 F 上的可逆矩阵，记 $T=QP^{-1}$，则 T 是数域 F 上的可逆矩阵，$TP=Q$，即

$$T(\alpha_1,\alpha_2,\cdots,\alpha_n)=(\beta_1,\beta_2,\cdots,\beta_n)$$

易证 $f(Y)=TY$ 是 U 到 V 的同构映射.

第 6 章

线性变换

6.1 知识点综述

6.1.1 线性变换及其运算

1）线性变换的定义

设$\boldsymbol{V}$是数域$\boldsymbol{F}$上的线性空间，σ是$\boldsymbol{V}$上的一个变换，如果对任意的$\alpha,\beta \in \boldsymbol{V}, k \in \boldsymbol{F}$，满足$\sigma(\alpha+\beta)=\sigma(\alpha)+\sigma(\beta), \sigma(k\alpha)=k\sigma(\alpha)$，则称$\sigma$为$\boldsymbol{F}$上的一个线性变换.

说明：

（1）如果对任意的$\alpha \in \boldsymbol{V}, \sigma(\alpha)=\boldsymbol{0}$，则称$\sigma$为零变换，本书用$\boldsymbol{\theta}$表示零变换.

（2）如果对任意的$\alpha \in \boldsymbol{V}, \sigma(\alpha)=\alpha$，则称$\sigma$为$\boldsymbol{V}$的恒等变换，本书用$\boldsymbol{e}$表示恒等变换.

（3）σ是线性变换$\Leftrightarrow \sigma(k\alpha+l\beta)=k\sigma(\alpha)+l\sigma(\beta), \alpha,\beta \in \boldsymbol{V}, k,l \in \boldsymbol{F}$.

2）线性变换的性质

设$\boldsymbol{V}$是数域$\boldsymbol{F}$上的线性空间，σ,τ是$\boldsymbol{V}$的线性变换，则

（1）$\sigma+\tau, \sigma\tau, k\sigma$仍是线性变换；

（2）设$\varepsilon_1,\varepsilon_2,\cdots,\varepsilon_n$是线性空间$\boldsymbol{V}$的一组基，$\alpha_1,\alpha_2,\cdots,\alpha_n$是$\boldsymbol{V}$的任意$n$个向量，存在唯一的线性变换$\sigma$使$\sigma(\varepsilon_i)=\alpha_i \ (i=1,2,\cdots,n)$；

（3）设σ是有限维线性空间上的线性变换，则σ由基向量的像唯一决定；

（4）线性变换把线性相关的向量一定变成线性相关的向量.

3）线性变换的运算

设$\boldsymbol{V}$是数域$\boldsymbol{F}$上的线性空间，σ,τ是$\boldsymbol{V}$上的两个线性变换.

（1）加法运算.

$$(\sigma+\tau)(\alpha)=\sigma(\alpha)+\tau(\alpha), \alpha \in \boldsymbol{V}$$

（2）数乘运算.

$$(k\sigma)(\alpha)=k\sigma(\alpha), \alpha \in \boldsymbol{V}, k \in \boldsymbol{F}$$

（3）逆变换.

设σ是线性空间$\boldsymbol{V}$上的线性变换，如果存在$\boldsymbol{V}$上的线性变换τ，使得$\sigma\tau=\tau\sigma=\boldsymbol{e}$，其中$\boldsymbol{e}$是恒等变换，则称$\sigma$是可逆的，并称$\tau$是$\sigma$的可逆变换，即$\sigma^{-1}=\tau$.

（4）线性变换的多项式.

设$f(x)=a_m x^m+\cdots+a_1 x+a_0$，若$\sigma$是$\boldsymbol{V}$上的线性变换，则

$$f(\sigma)=a_m\sigma^m+\cdots+a_1\sigma+a_0e_V$$

也是线性变换，并称 $f(\sigma)$ 为线性变换 σ 的多项式，线性变换 σ 的两个多项式的和、积仍为 σ 的多项式，数域 F 中的数与 σ 的多项式作数乘运算仍是 σ 的多项式.

（5）线性变换多项式的逆.

设 σ 为线性空间 V 上的线性变换， $f(x),g(x)\in F[x]$ ，且 $f(\sigma)=\theta$ ，则

$g(\sigma)$ 可逆的充分条件为 $(f(x),g(x))=1$ ；

此时有 $u(x),v(x)\in F[x]$ 使得 $u(x)f(x)+v(x)g(x)=1$ ，且 $(g(\sigma))^{-1}=v(\sigma)$.

6.1.2 线性变换与矩阵

1）线性变换的矩阵

设 $\alpha_1,\alpha_2,\cdots,\alpha_n$ 是 n 维线性空间 V 的一组基，是 V 上的线性变换，如果基的像可以被基线性表出，即

$$\begin{cases}\sigma(\alpha_1)=a_{11}\alpha_1+a_{21}\alpha_2+\cdots+a_{n1}\alpha_n,\\ \sigma(\alpha_2)=a_{12}\alpha_1+a_{22}\alpha_2+\cdots+a_{n2}\alpha_n,\\ \qquad\vdots\\ \sigma(\alpha_n)=a_{1n}\alpha_1+a_{2n}\alpha_2+\cdots+a_{nn}\alpha_n,\end{cases}$$

用矩阵表示就是

$$\sigma(\alpha_1,\alpha_2,\cdots,\alpha_n)=(\sigma(\alpha_1),\sigma(\alpha_2),\cdots,\sigma(\alpha_n))=(\alpha_1,\alpha_2,\cdots,\alpha_n)A,$$

其中

$$A=\begin{pmatrix}a_{11}&a_{12}&\cdots&a_{1n}\\ a_{21}&a_{22}&\cdots&a_{2n}\\ \vdots&\vdots&&\vdots\\ a_{n1}&a_{n2}&\cdots&a_{nn}\end{pmatrix},$$

称 A 为 σ 在基 $\alpha_1,\alpha_2,\cdots,\alpha_n$ 下的矩阵，特别地，恒等变换 e 在基 $\alpha_1,\alpha_2,\cdots,\alpha_n$ 下的矩阵是单位矩阵 E .

2）线性变换的运算与矩阵的运算之间的关系

在数域 F 上的线性空间 V 中取定一组基后，V 的线性变换与它在这组基下的矩阵之间是 1-1 对应的，因此线性变换的运算保持矩阵的运算，矩阵的运算保持线性变换的运算. 即设 V 上的线性变换 σ 和 τ 在基 $\alpha_1,\alpha_2,\cdots,\alpha_n$ 下的矩阵分别为 A 和 B ，则

（1） $\sigma+\tau$ 在基 $\alpha_1,\alpha_2,\cdots,\alpha_n$ 下的矩阵为 $A+B$ ；

（2） $k\sigma$ 在基 $\alpha_1,\alpha_2,\cdots,\alpha_n$ 下的矩阵为 $kA\ (k\in F)$ ；

（3） $\sigma\tau$ 在基 $\alpha_1,\alpha_2,\cdots,\alpha_n$ 下的矩阵为 AB ；

（4） σ 可逆 $\Leftrightarrow A$ 可逆，且 σ^{-1} 在基 $\alpha_1,\alpha_2,\cdots,\alpha_n$ 下的矩阵为 A^{-1}.

3） α 与 $\sigma(\alpha)$ 在同一组基下的坐标之间的关系

设 σ 在基 $\alpha_1,\alpha_2,\cdots,\alpha_n$ 下的矩阵为 A ， α 在基 $\alpha_1,\alpha_2,\cdots,\alpha_n$ 下的坐标为 $X=(x_1,x_2,\cdots,x_n)^{\mathrm T}$ ，$\sigma(\alpha)$ 在基 $\alpha_1,\alpha_2,\cdots,\alpha_n$ 下的坐标为 $Y=(y_1,y_2,\cdots,y_n)^{\mathrm T}$ ，则 $Y=AX$.

4）同一线性变换在不同基下矩阵之间的关系

（1）同一线性变换在不同基下的矩阵是相似的.

设 $\boldsymbol{\alpha}_1,\boldsymbol{\alpha}_2,\cdots,\boldsymbol{\alpha}_n$ 和 $\boldsymbol{\beta}_1,\boldsymbol{\beta}_2,\cdots,\boldsymbol{\beta}_n$ 是数域 $\boldsymbol{F}$ 上线性空间 $\boldsymbol{V}$ 的两组基，并且基 $\boldsymbol{\alpha}_1,\boldsymbol{\alpha}_2,\cdots,\boldsymbol{\alpha}_n$ 到基 $\boldsymbol{\beta}_1,\boldsymbol{\beta}_2,\cdots,\boldsymbol{\beta}_n$ 的过渡矩阵为 $\boldsymbol{T}$，即

$$(\boldsymbol{\beta}_1,\boldsymbol{\beta}_2,\cdots,\boldsymbol{\beta}_n)=(\boldsymbol{\alpha}_1,\boldsymbol{\alpha}_2,\cdots,\boldsymbol{\alpha}_n)\boldsymbol{T}.$$

如果 $\boldsymbol{V}$ 的线性变换 $\boldsymbol{\sigma}$ 在这两组基下的矩阵分别为 $\boldsymbol{A},\boldsymbol{B}$，即

$$\boldsymbol{\sigma}(\boldsymbol{\alpha}_1,\boldsymbol{\alpha}_2,\cdots,\boldsymbol{\alpha}_n)=(\boldsymbol{\alpha}_1,\boldsymbol{\alpha}_2,\cdots,\boldsymbol{\alpha}_n)\boldsymbol{A},$$
$$\boldsymbol{\sigma}(\boldsymbol{\beta}_1,\boldsymbol{\beta}_2,\cdots,\boldsymbol{\beta}_n)=(\boldsymbol{\beta}_1,\boldsymbol{\beta}_2,\cdots,\boldsymbol{\beta}_n)\boldsymbol{B},$$

则 $\boldsymbol{B}=\boldsymbol{X}^{-1}\boldsymbol{A}\boldsymbol{X}$.

（2）相似矩阵可看作同一线性变换在两组不同基下的矩阵.

6.1.3 线性变换的值域与核

1）线性变换的值域与核的定义

设 $\boldsymbol{\sigma}$ 是数域 $\boldsymbol{F}$ 上的线性空间 $\boldsymbol{V}$ 的线性变换，则 $\boldsymbol{\sigma}$ 的全体像组成的集合称为 $\boldsymbol{\sigma}$ 的值域，记为 $\boldsymbol{\sigma}(\boldsymbol{V})$，即

$$\boldsymbol{\sigma}(\boldsymbol{V})=\{\boldsymbol{\sigma}(\boldsymbol{\alpha})\,|\,\boldsymbol{\alpha}\in\boldsymbol{V}\}.$$

所有被 $\boldsymbol{\sigma}$ 变成零元素的元素组成的集合称为 $\boldsymbol{\sigma}$ 的核，记为 $\boldsymbol{\sigma}^{-1}(0)$，即

$$\boldsymbol{\sigma}^{-1}(\boldsymbol{0})=\{\boldsymbol{\alpha}\,|\,\boldsymbol{\sigma}(\boldsymbol{\alpha})=\boldsymbol{0},\boldsymbol{\alpha}\in\boldsymbol{V}\}.$$

$\boldsymbol{\sigma}(\boldsymbol{V})$ 与 $\boldsymbol{\sigma}^{-1}(\boldsymbol{0})$ 都是 $\boldsymbol{V}$ 的子空间，称 $\boldsymbol{\sigma}(\boldsymbol{V})$ 的维数为 $\boldsymbol{\sigma}$ 的秩，$\boldsymbol{\sigma}^{-1}(\boldsymbol{0})$ 的维数为 $\boldsymbol{\sigma}$ 的零度.

2）线性变换的值域与核的有关结论

设 $\boldsymbol{\sigma}$ 是数域 $\boldsymbol{F}$ 上 n 维线性空间 $\boldsymbol{V}$ 的一个线性变换，

（1）取定 $\boldsymbol{V}$ 的一组基 $\boldsymbol{\alpha}_1,\boldsymbol{\alpha}_2,\cdots,\boldsymbol{\alpha}_n$，则 $\boldsymbol{\sigma}(\boldsymbol{V})=L[\boldsymbol{\sigma}(\boldsymbol{\alpha}_1),\boldsymbol{\sigma}(\boldsymbol{\alpha}_2),\cdots,\boldsymbol{\sigma}(\boldsymbol{\alpha}_n)]$；

（2）如果 $\boldsymbol{\sigma}$ 在基 $\boldsymbol{\alpha}_1,\boldsymbol{\alpha}_2,\cdots,\boldsymbol{\alpha}_n$ 下的矩阵为 $\boldsymbol{A}$，则 $\dim\boldsymbol{\sigma}(\boldsymbol{V})=R(\boldsymbol{A})$；

（3）$\dim\boldsymbol{\sigma}(\boldsymbol{V})+\dim\boldsymbol{\sigma}^{-1}(\boldsymbol{0})=n$；

（4）$\boldsymbol{\sigma}$ 是单射 $\Leftrightarrow$ $\boldsymbol{\sigma}$ 是满射.

3）线性变换的值域与核的求法

设 $\boldsymbol{\sigma}$ 是数域 $\boldsymbol{F}$ 上 n 维线性空间 $\boldsymbol{V}$ 的一个线性变换，求 $\boldsymbol{\sigma}(\boldsymbol{V})$ 与 $\boldsymbol{\sigma}^{-1}(\boldsymbol{0})$ 通常有如下两种方法.

方法一：取定 $\boldsymbol{V}$ 的一组基 $\boldsymbol{\alpha}_1,\boldsymbol{\alpha}_2,\cdots,\boldsymbol{\alpha}_n$，由于 $\boldsymbol{\sigma}(\boldsymbol{V})=L[\boldsymbol{\sigma}(\boldsymbol{\alpha}_1),\boldsymbol{\sigma}(\boldsymbol{\alpha}_2),\cdots,\boldsymbol{\sigma}(\boldsymbol{\alpha}_n)]$，所以只要求出基像组 $\boldsymbol{\sigma}(\boldsymbol{\alpha}_1),\boldsymbol{\sigma}(\boldsymbol{\alpha}_2),\cdots,\boldsymbol{\sigma}(\boldsymbol{\alpha}_n)$ 的一个极大线性无关组与秩，即得 $\boldsymbol{\sigma}(\boldsymbol{V})$ 的基与维数.

设 $\boldsymbol{\alpha}\in\boldsymbol{\sigma}^{-1}(\boldsymbol{0})$，则 $\boldsymbol{\sigma}(\boldsymbol{\alpha})=\boldsymbol{0}$，设 $\boldsymbol{\alpha}$ 在基 $\boldsymbol{\alpha}_1,\boldsymbol{\alpha}_2,\cdots,\boldsymbol{\alpha}_n$ 下的坐标为 $\boldsymbol{X}=(x_1,x_2,\cdots,x_n)^{\mathrm{T}}$，即

$$\boldsymbol{\alpha}=(\boldsymbol{\alpha}_1,\boldsymbol{\alpha}_2,\cdots,\boldsymbol{\alpha}_n)\boldsymbol{X}=(\boldsymbol{\alpha}_1,\boldsymbol{\alpha}_2,\cdots,\boldsymbol{\alpha}_n)\begin{pmatrix}x_1\\x_2\\\vdots\\x_n\end{pmatrix},$$

从而 $AX=\mathbf{0}$，即 α 在基 $\alpha_1,\alpha_2,\cdots,\alpha_n$ 下的坐标恰为齐次线性方程组 $AX=\mathbf{0}$ 的解向量，从而 $\dim\sigma^{-1}(\mathbf{0})=n-r(A)$，且 $AX=\mathbf{0}$ 的基础解系就是 $\sigma^{-1}(\mathbf{0})$ 的基在 $\alpha_1,\alpha_2,\cdots,\alpha_n$ 下的坐标，即

$$\sigma^{-1}(\mathbf{0})=L[\xi_1,\xi_2,\cdots,\xi_{n-r}],$$

其中 $\xi_i=(\alpha_1,\alpha_2,\cdots,\alpha_n)X_i$，$X_i(i=1,2,\cdots.n-r)$ 是 $AX=\mathbf{0}$ 的基础解系.

方法二：写出 σ 在基 $\alpha_1,\alpha_2,\cdots,\alpha_n$ 下的矩阵，则 $\dim\sigma(V)=R(A)$．由于 $\sigma(\alpha_i)$ 在基 $\alpha_1,\alpha_2,\cdots,\alpha_n$ 下的坐标恰为 A 的第 i 个列向量，所以 A 的列向量的极大线性无关组对应的 $\sigma(\alpha_1),\sigma(\alpha_2),\cdots,\sigma(\alpha_n)$ 的极大线性无关组，从而可确定 $\sigma(V)$ 的基.

6.1.4 线性变换的特征值与特征向量

1）矩阵的特征值与特征向量的定义

设 A 是数域 F 上一个 n 阶矩阵，如果存在 F 中的一个数 λ 和一个 n 维非零向量 α，使得

$$A\alpha=\lambda\alpha,$$

则称 λ 为矩阵 A 的一个特征值，α 为矩阵 A 的属于特征值 λ 的特征向量.

2）线性变换的特征值与特征向量的定义

设 σ 是数域 F 上线性空间 V 的一个线性变换，如果存在 F 中的一个数 λ 和 V 中的非零元素 α，使得

$$\sigma(\alpha)=\lambda\alpha,$$

则称 λ 为 σ 的一个特征值，α 为 σ 的属于特征值 λ 的特征向量、由 σ 的属于特征值 λ 的全部特征向量，再添上零向量构成的集合

$$V_\lambda=(\alpha\,|\,\sigma(\alpha)=\lambda\alpha,\alpha\in V)$$

构成 V 的一个子空间，称为 σ 的一个特征子空间.

3）线性变换和矩阵的特征值与特征向量之间的关系

设 $\alpha_1,\alpha_2,\cdots,\alpha_n$ 是数域 F 上的 n 维线性空间 V 的一组基，线性变换 σ 在该组基下的矩阵为 A，则

（1）A 的特征值与 σ 的特征值相同（包括重数）；

（2）如果 $\alpha=(x_1,x_2,\cdots,x_n)^{\mathrm T}$ 是 A 的属于 λ_0 的特征向量，则 $\xi=(\alpha_1,\alpha_2,\cdots,\alpha_n)\alpha$ 是 σ 的属于 λ_0 的特征向量，反之亦然，即

$$A\alpha=\lambda\alpha\Leftrightarrow\sigma(\xi)=\lambda\xi,$$

其中 $\alpha\neq\mathbf{0},\xi=(\alpha_1,\alpha_2,\cdots,\alpha_n)\alpha\neq\mathbf{0}$.

4）矩阵的特征值与特征向量的求法

（1）利用定义.

设 A 是数域 F 上的 n 级方阵，若存在 $\lambda_0\in F,\alpha\neq\mathbf{0}$ 使 $A\alpha=\lambda_0\alpha$ 或 $(\lambda_0E-A)\alpha=\mathbf{0}$，则称 λ_0 是 A 的特征值，α 称为 A 属于特征值 λ_0 的特征向量，特征值 λ 可通过求解 $|\lambda E-A|=0$ 得到，矩阵 A 的属于特征值 λ_0 的特征向量可通过求解 $(\lambda E-A)X=\mathbf{0}$ 的一般解得到，注意特征向量的非零性.

由定义不难得到以下结论：

① 设λ是$\boldsymbol{A}$的特征值，则当$\boldsymbol{A}$可逆时，$\lambda \neq 0$，且$\frac{1}{\lambda}$是$\boldsymbol{A}^{-1}$的特征值；

② 设λ是$\boldsymbol{A}$的特征值，则当$\boldsymbol{A}$可逆时，$\frac{1}{\lambda}|\boldsymbol{A}|$是$\boldsymbol{A}$的伴随矩阵的特征值，且当$\boldsymbol{A}\boldsymbol{\alpha}=\lambda\boldsymbol{\alpha}$时，有$\boldsymbol{A}^*\boldsymbol{\alpha}=\frac{|\boldsymbol{A}|}{\lambda}\boldsymbol{\alpha}$.

（2）利用特征多项式.

由$\boldsymbol{A}\boldsymbol{\alpha}=\lambda_0\boldsymbol{\alpha}$，$\boldsymbol{\alpha}$为$\boldsymbol{A}$的属于$\lambda_0$的特征向量，且特征向量$\boldsymbol{\alpha}\neq\boldsymbol{0}$，故$\boldsymbol{\alpha}$为齐次线性方程组$(\lambda_0\boldsymbol{E}-\boldsymbol{A})\boldsymbol{X}=\boldsymbol{0}$的非零解，从而$|\lambda_0\boldsymbol{E}-\boldsymbol{A}|=0$，称多项式$f(\lambda)=|\lambda_0\boldsymbol{E}-\boldsymbol{A}|$为$\boldsymbol{A}$的特征多项式. 由此可知$\boldsymbol{A}\in M_n(\boldsymbol{F})$，$\boldsymbol{A}$在数域$\boldsymbol{F}$上最多有$n$个特征值，也可能没有一个特征值，但在复数域$C$中一定有$n$个特征值（重根按重数计算）.

具体步骤：

① 解特征方程$|\lambda_0\boldsymbol{E}-\boldsymbol{A}|=0$，得矩阵$\boldsymbol{A}$的属于数域$\boldsymbol{F}$中的全部特征值$\lambda_i(i=1,2,\cdots,n)$，其中可能有重根；

② 对于每个不同的特征值λ_i，解齐次线性方程组$(\lambda_i\boldsymbol{E}-\boldsymbol{A})\boldsymbol{X}=\boldsymbol{0}$，如果系数矩阵的秩$r(\lambda_i\boldsymbol{E}-\boldsymbol{A})=r_i$，求出齐次线性方程组的基础解系$\xi_{i1},\xi_{i2},\cdots,\xi_{i,n-r_i}$，则矩阵$\boldsymbol{A}$的属于$\lambda_i$的全部特征向量为$\lambda_{i1}\xi_{i1}+\lambda_{i2}\xi_{i2}+\cdots+\lambda_{i,n-r_i}\xi_{i,n-r_i}$.

5）矩阵的特征值与特征向量的性质

（1）设$\boldsymbol{\alpha},\boldsymbol{\beta}$是$\boldsymbol{A}$的属于特征值$\lambda$的特征向量，则当$k\boldsymbol{\alpha}+l\boldsymbol{\beta}\neq\boldsymbol{0}$时（$k,l$是数域$\boldsymbol{F}$中的数），$k\boldsymbol{\alpha}+l\boldsymbol{\beta}$仍然是$\boldsymbol{A}$的属于特征值$\lambda$的特征向量. 这个性质要与下面命题区分开：如果$\lambda,\mu$是$\boldsymbol{A}$的两个不同的特征值，$\boldsymbol{\alpha},\boldsymbol{\beta}$分别是$\boldsymbol{A}$的属于特征值$\lambda,\mu$的特征向量，则$\boldsymbol{\alpha}+\boldsymbol{\beta}$不是$\boldsymbol{A}$的特征向量.

（2）$\boldsymbol{A}$与$\boldsymbol{A}^{\mathrm{T}}$具有相同的特征多项式，从而具有相同的特征值.

（3）0是$\boldsymbol{A}$的特征值$\Leftrightarrow|\boldsymbol{A}|=0\Leftrightarrow\boldsymbol{A}\boldsymbol{X}=\boldsymbol{0}$的非零解是$\boldsymbol{A}$的属于0的特征向量.

（4）设$\boldsymbol{A},\boldsymbol{B}$是$n$阶矩阵，则$\boldsymbol{AB}$与$\boldsymbol{BA}$具有相同的特征多项式，从而具有相同的特征值.

6）矩阵运算的特征值与特征向量

设矩阵$\boldsymbol{A}$的一个特征值为λ，其所对应的特征向量为$\boldsymbol{\alpha}$，设$f(x)=a_nx^n+a_{n-1}x^{n-1}+\cdots+a_1x+a_0$，则$f(\boldsymbol{A})=a_n\boldsymbol{A}^n+a_{n-1}\boldsymbol{A}^{n-1}+\cdots+a_1\boldsymbol{A}+a_0\boldsymbol{E}$的特征值为$f(\lambda)=a_n\lambda^n+a_{n-1}\lambda^{n-1}+\cdots+a_1\lambda+a_0$.

7）线性变换（矩阵）的对角化问题

（1）利用特征向量判定.

设$\boldsymbol{V}$是数域$\boldsymbol{F}$上的n维线性空间，$\boldsymbol{\sigma}\in L(\boldsymbol{V})$，$\boldsymbol{\sigma}$可以对角化的充要条件是$\boldsymbol{\sigma}$在$\boldsymbol{V}$上有$n$个线性无关的特征向量.

（2）利用特征值判定.

设$\boldsymbol{V}$是数域$\boldsymbol{F}$上的n维线性空间，$\boldsymbol{\sigma}\in L(\boldsymbol{V})$，$\boldsymbol{\sigma}$可以对角化的充要条件是：

① $\boldsymbol{\sigma}$的全部特征值$\lambda_1,\lambda_2,\cdots,\lambda_m$在数域$F$中；

② 对每个特征值λ_i，λ_i的代数重数与几何重数相等，$i=1,2,\cdots,m$.

6.1.5 不变子空间

1）不变子空间的定义

设σ是数域$\boldsymbol{F}$上线性空间$\boldsymbol{V}$的一个线性变换，$\boldsymbol{W}$是$\boldsymbol{V}$的子空间. 如果对任意$\boldsymbol{\alpha}\in\boldsymbol{W}$都有$\sigma(\boldsymbol{\alpha})\in\boldsymbol{W}$，则称$\boldsymbol{W}$是$\sigma$的不变子空间，简称$\sigma$-子空间.

2）线性空间关于不变子空间的直和分解

设$\boldsymbol{V}$分解成若干个σ-子空间的直和：

$$\boldsymbol{V}=\boldsymbol{W}_1\oplus\boldsymbol{W}_2\oplus\cdots\oplus\boldsymbol{W}_s$$

在每一个σ-子空间$\boldsymbol{W}_i$中，取基

$$\boldsymbol{\varepsilon}_{i1},\boldsymbol{\varepsilon}_{i2},\cdots,\boldsymbol{\varepsilon}_{in_i}\ (i=1,2,\cdots,s)$$

并把它们合并起来成为$\boldsymbol{V}$的一组基$\boldsymbol{I}$. 则在这组基下，σ的矩阵为如下准对角形：

$$\begin{pmatrix}\boldsymbol{A}_1 & & & \\ & \boldsymbol{A}_2 & & \\ & & \ddots & \\ & & & \boldsymbol{A}_s\end{pmatrix}$$

其中，$\boldsymbol{A}_i\ (i=1,2,\cdots,s)$就是$\sigma\,|\,\boldsymbol{W}$在基$\boldsymbol{\varepsilon}_{i1},\boldsymbol{\varepsilon}_{i2},\cdots,\boldsymbol{\varepsilon}_{in_i}$下的矩阵.

3）线性空间关于根子空间的直和分解

设线性变换σ的特征多项式为$f(\lambda)$，它可分解成一次因式的乘积

$$f(\lambda)=(\lambda-\lambda_1)^{r_1}(\lambda-\lambda_2)^{r_2}\cdots(\lambda-\lambda_s)^{r_s}$$

则$\boldsymbol{V}$可分解成不变子空间的直和

$$\boldsymbol{V}=\boldsymbol{V}_1\oplus\boldsymbol{V}_2\oplus\cdots\oplus\boldsymbol{V}_s$$

其中
$$\boldsymbol{V}_i=\ker(\boldsymbol{A}-\lambda_i)^{r_i}=\{\xi\,|\,(\boldsymbol{A}-\lambda_i\boldsymbol{\varepsilon})^{r_i}\xi=0,\xi\in\boldsymbol{V}\},\ i=1,2,\cdots,s$$

6.1.6 哈密顿-凯莱(Hamilton-Caylay)定理

哈密顿-凯莱(Hamilton-Caylay)定理 设$\boldsymbol{A}$是数域$\boldsymbol{F}$上一个$n\times n$矩阵，$f(\lambda)=|\lambda\boldsymbol{E}-\boldsymbol{A}|$是$\boldsymbol{A}$的特征多项式，则

$$f(\boldsymbol{A})=\boldsymbol{A}^n-(a_{11}+a_{22}+\cdots+a_{nn})\boldsymbol{A}^{n-1}+\cdots+(-1)^n|\boldsymbol{A}|\boldsymbol{E}=\boldsymbol{O}.$$

推论 设σ是有限维空间$\boldsymbol{V}$的线性变换，$f(\lambda)$是σ的特征多项式，那么$f(\sigma)=\boldsymbol{\theta}$.

6.1.7 最小多项式

根据哈密顿-凯莱定理，任给数域$\boldsymbol{F}$上一个n级矩阵$\boldsymbol{A}$，总可以找到数域$\boldsymbol{F}$上一个多项式$f(x)$，使$f(\boldsymbol{A})=\boldsymbol{O}$. 如果多项式$f(x)$使$f(\boldsymbol{A})=\boldsymbol{O}$，就称$f(x)$以$\boldsymbol{A}$为根，或称$f(x)$为$\boldsymbol{A}$的**零化多项式**. 当然，以$\boldsymbol{A}$为根的多项式是很多的，其中次数最低的首项系数为 1 的以$\boldsymbol{A}$为根的多项式称为$\boldsymbol{A}$的**最小多项式**.

结论 1 矩阵 $\boldsymbol{A}$ 的最小多项式是唯一的.

结论 2 设 $g(x)$ 是矩阵 $\boldsymbol{A}$ 的最小多项式，那么 $f(x)$ 以 $\boldsymbol{A}$ 为根的充要条件是 $g(x)$ 整除 $f(x)$.

结论 3 设 $\boldsymbol{A}$ 是一个准对角矩阵

$$\boldsymbol{A}=\begin{pmatrix}\boldsymbol{A}_1 & \\ & \boldsymbol{A}_2\end{pmatrix},$$

并设 $\boldsymbol{A}_1$ 的最小多项式为 $g_1(x)$，$\boldsymbol{A}_2$ 的最小多项式为 $g_2(x)$，那么 $\boldsymbol{A}$ 的最小多项式为 $g_1(x),g_2(x)$ 的最小公倍式 $[g_1(x),g_2(x)]$.

结论 4 矩阵 $\boldsymbol{A}$ 的最小多项式的根是矩阵 $\boldsymbol{A}$ 的特征多项式的根，反之，矩阵 $\boldsymbol{A}$ 的特征多项式的根也是矩阵 $\boldsymbol{A}$ 的最小多项式的根.

结论 4 给出了一种最小多项式求法：

设矩阵 $\boldsymbol{A}$ 的特征多项式为

$$f(\lambda)=(\lambda-\lambda_1)^{r_1}(\lambda-\lambda_2)^{r_2}\cdots(\lambda-\lambda_s)^{r_s}$$

首先尝试 $f(\lambda)=(\lambda-\lambda_1)(\lambda-\lambda_2)\cdots(\lambda-\lambda_s)$ 是不是最小多项式，如果不是，再添加因式逐一尝试.

说明：第 7 章将介绍利用不变因子来求最小多项式方法，会相对简单.

6.2 习题详解

习题 6.1

1. 判断正误，对错误的命题要举出反例：

（1）线性变换把线性相关的向量组变成线性相关的向量组. （ √ ）

（2）线性变换把线性无关的向量组变成线性无关的向量组. （ × ）

（3）在线性空间 $\mathbf{R}^3$ 中，$\sigma(x_1,x_2,x_3)^{\mathrm{T}}=(2x_1,x_2,x_2-x_3)^{\mathrm{T}}$，则 σ 是 $\mathbf{R}^3$ 的一个线性变换. （ √ ）

（4）在线性空间 $\mathbf{R}_n[x]$ 中，$\sigma(f(x))=f^2(x)$，则 σ 是 $\mathbf{R}_n[x]$ 的一个线性变换. （ × ）

（5）取定 $\boldsymbol{A}\in M_n(\boldsymbol{F})$，对任意的 n 阶矩阵 $\boldsymbol{X}\in M_n(\boldsymbol{F})$，定义 $\sigma(\boldsymbol{X})=\boldsymbol{AX}-\boldsymbol{XA}$，则 σ 是 $M_n(\boldsymbol{F})$ 的一个线性变换. （ √ ）

2. 在数域 $\boldsymbol{F}$ 上全体 n 阶对称矩阵所组成的线性空间 $\boldsymbol{V}$ 中定义变换 $\sigma:\sigma(\boldsymbol{X})=\boldsymbol{C}^{\mathrm{T}}\boldsymbol{XC}$，其中 $\boldsymbol{C}$ 为一个固定的 n 阶方阵，$\boldsymbol{X}$ 为 $\boldsymbol{V}$ 中任一对称矩阵. 证明：σ 是 $\boldsymbol{V}$ 的一个线性变换.

证明 任取 $\boldsymbol{X},\boldsymbol{Y}\in\boldsymbol{V}$，则

$$\sigma(\boldsymbol{X}+\boldsymbol{Y})=\boldsymbol{C}^{\mathrm{T}}(\boldsymbol{X}+\boldsymbol{Y})\boldsymbol{C}=\boldsymbol{C}^{\mathrm{T}}\boldsymbol{XC}+\boldsymbol{C}^{\mathrm{T}}\boldsymbol{YC}=\sigma(\boldsymbol{X})+\sigma(\boldsymbol{Y})$$

$\forall k\in\boldsymbol{F}$，则

$$\sigma(k\boldsymbol{X})=\boldsymbol{C}^{\mathrm{T}}(k\boldsymbol{X})\boldsymbol{C}=k\boldsymbol{C}^{\mathrm{T}}\boldsymbol{XC}=k\sigma(\boldsymbol{X})$$

故 σ 是 $\boldsymbol{V}$ 的一个线性变换.

3. 在线性空间 $\boldsymbol{F}^n$ 中，对任意向量 $\boldsymbol{\alpha}$，规定 $\sigma(\boldsymbol{\alpha})=\boldsymbol{A\alpha}$，这里 $\boldsymbol{A}$ 为取定的一个 n 阶方阵. 证明：σ 是 $\boldsymbol{F}^n$ 的一个线性变换.

证明 任取$\alpha,\beta\in\boldsymbol{F}^n$，则

$$\sigma(\alpha+\beta)=\boldsymbol{A}(\alpha+\beta)=\boldsymbol{A}\alpha+\boldsymbol{A}\beta=\sigma(\alpha)+\sigma(\beta)$$

$\forall k\in\boldsymbol{F}$，则

$$\sigma(k\alpha)=\boldsymbol{A}(k\alpha)=k\boldsymbol{A}\alpha=k\sigma(\alpha)$$

故$\boldsymbol{\sigma}$是$\boldsymbol{F}^n$的一个线性变换.

习题 6.2

1. 判断下列命题是否正确.

（1）在线性空间$\mathbf{R}^3$中，已知线性变换$\sigma(x_1,x_2,x_3)^{\mathrm{T}}=(x_1+x_2,x_2+x_3,x_3)^{\mathrm{T}}$，$\tau(x_1,x_2,x_3)^{\mathrm{T}}=(x_1,0,x_3)^{\mathrm{T}}$，则$(\sigma-2\tau)(x_1,x_2,x_3)^{\mathrm{T}}=(x_2-x_1,x_2+x_3,-x_3)^{\mathrm{T}}$.（ √ ）

（2）对线性空间$\boldsymbol{V}$的任意线性变换$\boldsymbol{\sigma}$，有线性变换$\boldsymbol{\tau}$，使$\boldsymbol{\sigma\tau}=\boldsymbol{e}$（$\boldsymbol{e}$是单位变换）.

（ × ）

（3）线性空间$\mathbf{R}^2$的两个线性变换$\boldsymbol{\sigma}$，τ分别为$\sigma(x_1,x_2)^{\mathrm{T}}=(x_1,x_2-x_1)^{\mathrm{T}}$，$\tau(x_1,x_2)^{\mathrm{T}}=(x_1-x_2,x_2)^{\mathrm{T}}$，则$(\sigma\tau-\sigma^2)(x_1,x_2)^{\mathrm{T}}=(-x_2,x_1+x_2)^{\mathrm{T}}$.（ √ ）

2. $\boldsymbol{\sigma},\tau$是线性空间$\boldsymbol{V}$的线性变换. 若$\boldsymbol{\sigma\tau}=\boldsymbol{\theta}$，则$\boldsymbol{\sigma}=\boldsymbol{\theta}$或$\tau=\boldsymbol{\theta}$不成立，试举一反例.

解 例如：$\sigma\begin{pmatrix}x_1\\x_2\end{pmatrix}=\begin{pmatrix}x_1\\0\end{pmatrix},\tau\begin{pmatrix}x_1\\x_2\end{pmatrix}=\begin{pmatrix}0\\x_2\end{pmatrix}$，显然$\sigma\neq\theta,\tau\neq\theta$，但是$(\sigma\tau)\begin{pmatrix}x_1\\x_2\end{pmatrix}=\sigma\left(\begin{pmatrix}0\\x_2\end{pmatrix}\right)=\begin{pmatrix}0\\0\end{pmatrix}$，即$\sigma\tau=\theta$.

3. 对任意$f(x)\in\boldsymbol{F}[x]$，$\boldsymbol{F}[x]$的两个线性变换为$\sigma(f(x))=f'(x),\tau(f(x))=xf(x)$，证明：$\sigma\tau-\tau\sigma=\boldsymbol{e}$（单位变换）.

证明 任取$f(x)\in\boldsymbol{F}[x]$，则

$$\begin{aligned}(\sigma\tau-\tau\sigma)f(x)&=(\sigma\tau)f(x)-(\tau\sigma)f(x)=\sigma(\tau f(x))-\tau(\sigma f(x))\\&=\sigma(xf(x))-\tau(f'(x))=f(x)+xf'(x)-xf'(x)=f(x)=e(f(x))\end{aligned}$$

所以$\sigma\tau-\tau\sigma=\boldsymbol{e}$.

4. 设σ,τ,ρ是$\boldsymbol{V}(\boldsymbol{F})$的线性变换，定义$[\sigma,\tau]=\sigma\tau-\tau\sigma$，证明对任意$\sigma,\tau,\rho$，下等式成立：$[[\sigma,\tau],\rho]+[[\tau,\rho],\sigma]+[[\rho,\sigma],\tau]=\theta$.

证明 $[[\sigma,\tau],\rho]+[[\tau,\rho],\sigma]+[[\rho,\sigma],\tau]=[\sigma\tau-\tau\sigma,\rho]+[\tau\rho-\rho\tau,\sigma]+[\rho\sigma-\sigma\rho,\tau]$

$$=(\sigma\tau-\tau\sigma)\rho-\rho(\sigma\tau-\tau\sigma)+(\tau\rho-\rho\tau)\sigma-\sigma(\tau\rho-\rho\tau)+(\rho\sigma-\sigma\rho)\tau-\tau(\rho\sigma-\sigma\rho)$$

$$=\sigma\tau\rho-\tau\sigma\rho-\rho\sigma\tau+\rho\tau\sigma+\tau\rho\sigma-\rho\tau\sigma-\sigma\tau\rho+\sigma\rho\tau+\rho\sigma\tau-\sigma\rho\tau-\tau\rho\sigma+\tau\sigma\rho=\theta$$

5. 证明：若$f(\sigma)=\theta,g(\sigma)=\theta$，则$d(\sigma)=\theta$，其中$d(x)$是$\boldsymbol{F}[x]$中多项式$f(x)$与$g(x)$的最大公因式.

证明 因为$d(x)$是$f(x)$与$g(x)$的最大公因式，所以存在$u(x),v(x)\in\boldsymbol{F}[x]$，使

$$u(x)f(x)+v(x)g(x)=d(x)$$

故$d(\sigma)=u(\sigma)f(\sigma)+v(\sigma)g(\sigma)=\theta$.

6. 令 $\xi=(x_1,x_2,x_3)^{\mathrm{T}}$ 是 $\mathbf{R}^3$ 中任意向量，σ 是线性变换：$\sigma(\xi)=(x_1+x_2,x_2,x_3-x_2)^{\mathrm{T}}$，试证 σ 可逆.

证明 由已知 $\sigma(\xi)=(x_1+x_2,x_2,x_3-x_2)^{\mathrm{T}}$ 可得

$$\sigma(\xi)=\begin{pmatrix}1&1&0\\0&1&0\\0&-1&1\end{pmatrix}\xi=A\xi$$

其中 $A=\begin{pmatrix}1&1&0\\0&1&0\\0&-1&1\end{pmatrix}$ 可逆.

令 $\tau(\xi)=A^{-1}\xi$，显然有

$$(\sigma\tau)(\xi)=\sigma(\tau(\xi))=\sigma(A^{-1}\xi)=AA^{-1}\xi=\xi=e(\xi),$$

$$(\tau\sigma)(\xi)=\tau(\sigma(\xi))=\tau(A\xi)=A^{-1}A\xi=\xi=e(\xi)$$

故 σ 可逆.

7. 设 $\sigma\in L(V)$，$\xi\in V$，并且 $\xi,\sigma(\xi),\cdots,\sigma^{k-1}(\xi)$ 都不等于零，但 $\sigma^k(\xi)=\mathbf{0}$. 证明：$\xi,\sigma(\xi),\cdots,\sigma^{k-1}(\xi)$ 线性无关.

证明 设

$$l_1\xi+l_2\sigma(\xi)+\cdots+l_k\sigma^{k-1}(\xi)=\mathbf{0}$$

用 σ^{k-1} 作用于上式，得 $l_1\sigma^{k-1}\xi=\mathbf{0}$.（因 $\sigma^n(\xi)=\mathbf{0}$ 对一切 $n\geqslant k$ 均成立）

又因为 $\sigma^{k-1}(\xi)\neq\mathbf{0}$，得 $l_1=0$，所以

$$l_2\sigma(\xi)+l_3\sigma^2(\xi)+\cdots+l_k\sigma^{k-1}(\xi)=\mathbf{0}$$

再用 σ^{k-2} 作用于上式，得 $l_2\sigma^{k-1}(\xi)=\mathbf{0}$.

再由 $\sigma^{k-1}(\xi)\neq\mathbf{0}$，可得 $l_2=0$.

同理，继续作用下去，便可得 $l_1=l_2=\cdots=l_k=0$，即证 $\xi,\sigma(\xi),\cdots,\sigma^{k-1}(\xi)$ 线性无关.

习题 6.3

1. 设三维线性空间 V 上的线性变换 σ 在基 $\varepsilon_1,\varepsilon_2,\varepsilon_3$ 下的矩阵为

$$A=\begin{pmatrix}a_{11}&a_{12}&a_{13}\\a_{21}&a_{22}&a_{23}\\a_{31}&a_{32}&a_{33}\end{pmatrix}$$

（1）求 σ 在基 $\varepsilon_3,\varepsilon_2,\varepsilon_1$ 下的矩阵；

（2）求 σ 在基 $\varepsilon_1,k\varepsilon_2,\varepsilon_3$ 下的矩阵，其中 $k\neq0$；

（3）求 σ 在基 $\varepsilon_1+\varepsilon_2,\varepsilon_2,\varepsilon_3$ 下的矩阵.

解 （1）因为

$$\sigma(\varepsilon_3)=a_{33}\varepsilon_3+a_{23}\varepsilon_2+a_{13}\varepsilon_1$$
$$\sigma(\varepsilon_2)=a_{32}\varepsilon_3+a_{22}\varepsilon_2+a_{12}\varepsilon_1$$
$$\sigma(\varepsilon_1)=a_{31}\varepsilon_3+a_{21}\varepsilon_2+a_{11}\varepsilon_1$$

故σ在基$\varepsilon_3,\varepsilon_2,\varepsilon_1$下的矩阵为

$$B_3=\begin{pmatrix} a_{33} & a_{32} & a_{31} \\ a_{23} & a_{22} & a_{21} \\ a_{13} & a_{12} & a_{11} \end{pmatrix}$$

（2）因为

$$\sigma(\varepsilon_1)=a_{11}\varepsilon_1+\frac{a_{21}}{k}(k\varepsilon_2)+a_{31}\varepsilon_3$$
$$\sigma(k\varepsilon_2)=ka_{12}\varepsilon_1+a_{22}(k\varepsilon_2)+ka_{32}\varepsilon_3$$
$$\sigma(\varepsilon_3)=a_{13}\varepsilon_1+\frac{a_{23}}{k}(k\varepsilon_2)+a_{33}\varepsilon_3$$

故σ在$\varepsilon_1,k\varepsilon_2,\varepsilon_3$下的矩阵为

$$B_2=\begin{pmatrix} a_{11} & ka_{12} & a_{13} \\ \frac{a_{21}}{k} & a_{22} & \frac{a_{23}}{k} \\ a_{31} & ka_{32} & a_{33} \end{pmatrix}$$

（3）因为

$$\sigma(\varepsilon_1+\varepsilon_2)=(a_{11}+a_{12})(\varepsilon_1+\varepsilon_2)+(a_{21}+a_{22}-a_{11}-a_{12})\varepsilon_2+(a_{31}+a_{32})\varepsilon_3$$
$$\sigma(\varepsilon_2)=a_{12}(\varepsilon_1+\varepsilon_2)+(a_{22}-a_{12})\varepsilon_2+a_{32}\varepsilon_3$$
$$\sigma(\varepsilon_3)=a_{13}(\varepsilon_1+\varepsilon_2)+(a_{23}-a_{13})\varepsilon_2+a_{33}\varepsilon_3$$

故σ基$\varepsilon_1+\varepsilon_2,\varepsilon_2,\varepsilon_3$下的矩阵为

$$B_3=\begin{pmatrix} a_{11}-a_{12} & a_{12} & a_{13} \\ a_{21}+a_{22}-a_{11}-a_{12} & a_{22}-a_{12} & a_{23}-a_{13} \\ a_{31}+a_{32} & a_{32} & a_{33} \end{pmatrix}$$

2. 设$\gamma_1,\gamma_2,\cdots,\gamma_n$是$n$维线性空间$V$的一组基，

$$\alpha_j=\sum_{i=1}^{n}a_{ij}\gamma_i,\beta_j=\sum_{i=1}^{n}b_{ij}\gamma_i,\ \ j=1,2,\cdots,n\ ,$$

并且$\alpha_1,\alpha_2,\cdots,\alpha_n$线性无关. 又设$\sigma$是$V$的一个线性变换，使得$\sigma(\alpha_j)=\beta_j\ (j=1,2,\cdots,n)$，求$\sigma$关于基$\gamma_1,\gamma_2,\cdots,\gamma_n$的矩阵.

解 因为

$$(\alpha_1,\alpha_2,\cdots,\alpha_n)=(\gamma_1,\gamma_2,\cdots,\gamma_n)A$$
$$(\beta_1,\beta_2,\cdots,\beta_n)=(\gamma_1,\gamma_2,\cdots,\gamma_n)B$$

其中$A=(a_{ij}),B=(b_{ij})$．由题设$\alpha_1,\alpha_2,\cdots,\alpha_n$线性无关，则矩阵$A$可逆．设线性变换$\sigma$关于基$\gamma_1,\gamma_2,\cdots,\gamma_n$的矩阵为$C$，则

$$\sigma(\alpha_1,\alpha_2,\cdots,\alpha_n)=\sigma(\gamma_1,\gamma_2,\cdots,\gamma_n)A=(\gamma_1,\gamma_2,\cdots,\gamma_n)\boldsymbol{CA},$$

又因为 $\sigma(\alpha_j)=\beta_j\ (j=1,2,\cdots,n)$，所以

$$\sigma(\alpha_1,\alpha_2,\cdots,\alpha_n)=(\beta_1,\beta_2,\cdots,\beta_n)=(\gamma_1,\gamma_2,\cdots,\gamma_n)\boldsymbol{B}$$

于是推出 $\boldsymbol{CA}=\boldsymbol{B}$，即 $\boldsymbol{C}=\boldsymbol{BA}^{-1}$，故 σ 关于基 $\gamma_1,\gamma_2,\cdots,\gamma_n$ 的矩阵为 $\boldsymbol{BA}^{-1}$.

3. 设 $\boldsymbol{A},\boldsymbol{B}$ 是 n 阶矩阵，且 $\boldsymbol{A}$ 可逆，证明，$\boldsymbol{AB}$ 与 $\boldsymbol{BA}$ 相似.

证明 因 $\boldsymbol{A}$ 可逆，则 $\boldsymbol{BA}=\boldsymbol{A}^{-1}\boldsymbol{ABA}=\boldsymbol{A}^{-1}(\boldsymbol{AB})\boldsymbol{A}$，故 $\boldsymbol{AB}$ 与 $\boldsymbol{BA}$ 相似.

（可以考虑没有 $\boldsymbol{A}$ 可逆的条件，能否证明上述结论.）

4. 设 $\boldsymbol{A}$ 是数域 $\boldsymbol{F}$ 上一个 n 阶矩阵，证明：存在 $\boldsymbol{F}$ 上一个非零多项式 $f(x)$ 使得 $f(\boldsymbol{A})=\boldsymbol{O}$.

证明 由于 $\dim(M_n(\boldsymbol{F}))=n^2$，故 $\boldsymbol{E},\boldsymbol{A},\boldsymbol{A}^2,\cdots,\boldsymbol{A}^{n^2}$ 线性相关，则存在 $k_0,k_1,k_2,\cdots,k_{n^2}\in\boldsymbol{F}$ 使 $k_0\boldsymbol{E}+k_1\boldsymbol{A}+k_2\boldsymbol{A}^2+\cdots+k_{n^2}\boldsymbol{A}^{n^2}=\boldsymbol{O}$. $f(x)=k_0+k_1x+k_2x^2+\cdots+k_{n^2}x^{n^2}$ 即为所求.

5. 证明：数域 $\boldsymbol{F}$ 上 n 维线性空间 $\boldsymbol{V}$ 的一个线性变换 σ 是一个位似（即单位变换的一个标量倍）必要且只要 σ 关于 $\boldsymbol{V}$ 的任意基的矩阵都相等.

证明 （充分性）设 σ 在基下 $\varepsilon_1,\varepsilon_2,\cdots,\varepsilon_n$ 的矩阵为 $\boldsymbol{A}=(a_{ij})$，只要证明 $\boldsymbol{A}$ 为数量矩阵即可.

设 $\boldsymbol{X}$ 为任一非退化方阵，且

$$(\eta_1,\eta_2,\cdots,\eta_n)=(\varepsilon_1,\varepsilon_2,\cdots,\varepsilon_n)\boldsymbol{X}$$

则 $\eta_1,\eta_2,\cdots,\eta_n$ 也是 $\boldsymbol{V}$ 的一组基，且 σ 在这组基下的矩阵是 $\boldsymbol{X}^{-1}\boldsymbol{AX}$，从而有 $\boldsymbol{AX}=\boldsymbol{XA}$，这说明 $\boldsymbol{A}$ 与一切非退化矩阵可交换.

若取

$$\boldsymbol{X}_1=\begin{pmatrix}1 & & & \\ & 2 & & \\ & & \ddots & \\ & & & n\end{pmatrix}$$

则由 $\boldsymbol{X}_1\boldsymbol{A}=\boldsymbol{AX}_1$ 知 $a_{ij}=0(i\neq j)$，得

$$\boldsymbol{A}=\begin{pmatrix}a_{11} & & & \\ & a_{22} & & \\ & & \ddots & \\ & & & a_{nn}\end{pmatrix}$$

再取

$$\boldsymbol{X}_2=\begin{pmatrix}0 & 1 & 0 & \cdots & 0\\ 0 & 0 & 1 & \cdots & 0\\ \vdots & \vdots & \vdots & & \vdots\\ 0 & 0 & 0 & \cdots & 1\\ 1 & 0 & 0 & \cdots & 0\end{pmatrix}$$

则 $\boldsymbol{X}_2\boldsymbol{A}=\boldsymbol{AX}_2$，得

$$a_{11}=a_{22}=\cdots=a_{nn}$$

故 $\boldsymbol{A}$ 为数量矩阵，从而 σ 为位似变换（数乘变换）.

（必要性）设 σ 为数域 $\boldsymbol{F}$ 上 n 维线性空间 $\boldsymbol{V}$ 的一个位似变换，不妨设 $\sigma = ke$，设 $\alpha_1,\alpha_2,\cdots,\alpha_n$ 为 $\boldsymbol{V}$ 的任意一组基，则

$$\sigma(\alpha_1,\alpha_2,\cdots,\alpha_n)=(\alpha_1,\alpha_2,\cdots,\alpha_n)\begin{pmatrix} k_1 & & & \\ & k_2 & & \\ & & \ddots & \\ & & & k_n \end{pmatrix}$$

即 σ 关于基 $\alpha_1,\alpha_2,\cdots,\alpha_n$ 的矩阵为数量矩阵 $k\boldsymbol{E}$. 由基 $\alpha_1,\alpha_2,\cdots,\alpha_n$ 的任意性知，σ 关于 $\boldsymbol{V}$ 的任意基的矩阵都相等（都是数量矩阵 $k\boldsymbol{E}$）.

6. 令 $M_n(\boldsymbol{F})$ 是数域 $\boldsymbol{F}$ 上全体 n 阶矩阵所成的线性空间. 取定一个矩阵 $\boldsymbol{A}\in M_n(\boldsymbol{F})$，对任意 $\boldsymbol{X}\in M_n(\boldsymbol{F})$，定义 $\sigma(\boldsymbol{X})=\boldsymbol{AX}-\boldsymbol{XA}$. 证明:

（1）σ 是 $M_n(\boldsymbol{F})$ 的一个线性变换；

（2）若 $\boldsymbol{A}=\begin{pmatrix} a_1 & 0 \\ 0 & a_2 \end{pmatrix}$，则 σ 关于 $M_2(\boldsymbol{F})$ 的标准基 $\{\boldsymbol{E}_{ij}(1\leqslant i,j\leqslant 2)\}$ 的矩阵是对角形矩阵，它的主对角线上的元素是一切 $a_i-a_j(1\leqslant i,j\leqslant 2)$.

证明 （1）任取 $\boldsymbol{X},\boldsymbol{Y}\in M_n(\boldsymbol{F})$，则

$$\sigma(\boldsymbol{X}+\boldsymbol{Y})=\boldsymbol{A}(\boldsymbol{X}+\boldsymbol{Y})-(\boldsymbol{X}+\boldsymbol{Y})\boldsymbol{A}=\boldsymbol{AX}-\boldsymbol{XA}+\boldsymbol{AY}-\boldsymbol{YA}=\sigma(\boldsymbol{X})+\sigma(\boldsymbol{Y})$$

$\forall k\in\boldsymbol{F}$，则

$$\sigma(k\boldsymbol{X})=\boldsymbol{A}(k\boldsymbol{X})-(k\boldsymbol{X})\boldsymbol{A}=k(\boldsymbol{AX}-\boldsymbol{XA})=k\sigma(\boldsymbol{X})$$

故 σ 是 $M_n(\boldsymbol{F})$ 的一个线性变换.

（2）由

$$\sigma(\boldsymbol{E}_{ij})=\boldsymbol{AE}_{ij}-\boldsymbol{E}_{ij}\boldsymbol{A}=a_i\boldsymbol{E}_{ij}-\boldsymbol{E}_{ij}a_j=(a_i-a_j)\boldsymbol{E}_{ij}$$

则

$$\sigma(\boldsymbol{E}_{11},\boldsymbol{E}_{12},\boldsymbol{E}_{21},\boldsymbol{E}_{22})=(\boldsymbol{E}_{11},\boldsymbol{E}_{12},\boldsymbol{E}_{21},\boldsymbol{E}_{22})\begin{pmatrix} 0 & & & \\ & a_1-a_2 & & \\ & & a_2-a_1 & \\ & & & 0 \end{pmatrix}$$

7. 设 σ 是数域 $\boldsymbol{F}$ 上 n 维线性空间 $\boldsymbol{V}$ 的一个线性变换. 证明：总存在 $\boldsymbol{V}$ 的两组基 $\alpha_1,\alpha_2,\cdots,\alpha_n$ 和 $\beta_1,\beta_2,\cdots,\beta_n$，使得对于 $\boldsymbol{V}$ 的任意向量 ξ 来说，如果 $\xi=\sum_{i=1}^{n}x_i\alpha_i$，则 $\sigma(\xi)=\sum_{i=1}^{r}x_i\beta_i$，这里 $0\leqslant r\leqslant n$ 是一个定数.

证明 在6.1节中证明了数域 $\boldsymbol{F}$ 上 n 维线性空间 $\boldsymbol{V}$ 的线性变换 σ 的值域 $\mathrm{Im}\,\sigma$ 和核 $\ker\sigma$ 是线性空间 $\boldsymbol{V}$ 的子空间，假设 $\dim(\ker\sigma)=n-r$，令 $\alpha_{r+1},\cdots,\alpha_n$ 是 $\ker\sigma$ 的一组基，将 $\alpha_{r+1},\cdots,\alpha_n$ 扩充为 $\boldsymbol{V}$ 的一组基，即 $\alpha_1,\cdots,\alpha_r,\alpha_{r+1},\cdots,\alpha_n$，显然 $\sigma(\alpha_{r+1})=\cdots=\sigma(\alpha_n)=0$，下证 $\sigma(\alpha_1),\cdots,\sigma(\alpha_r)$ 为值域 $\mathrm{Im}\,\sigma$ 的一组基.

设 $k_1\sigma(\alpha_1)+\cdots+k_r\sigma(\alpha_r)=\boldsymbol{0}$，则有 $\sigma(k_1\alpha_1+\cdots+k_r\alpha_r)=\boldsymbol{0}$，即 $k_1\alpha_1+\cdots+k_r\alpha_r\in\ker\sigma$. 可设 $k_1\alpha_1+\cdots+k_r\alpha_r=k_{r+1}\alpha_{r+1}+\cdots+k_n\alpha_n$，由 $\alpha_1,\cdots,\alpha_r,\alpha_{r+1},\cdots,\alpha_n$ 为 $\boldsymbol{V}$ 的一组基，则 $k_1=\cdots=k_r=0$，即

$\sigma(\alpha_1),\cdots,\sigma(\alpha_r)$ 线性无关. 又设 β 是值域 $\mathrm{Im}\sigma$ 的一个向量，则 $\exists \alpha \in V, \beta=\sigma(\alpha)$，而 $\alpha \in V$，故可设 $\alpha = l_1\alpha_1+\cdots+l_r\alpha_r+l_{r+1}\alpha_{r+1}+\cdots+l_n\alpha_n$，进而

$$\beta=\sigma(\alpha)=l_1\sigma(\alpha_1)+\cdots+l_r\sigma(\alpha_r)+l_{r+1}\sigma(\alpha_{r+1})+\cdots+l_n\sigma(\alpha_n)=l_1\sigma(\alpha_1)+\cdots+l_r\sigma(\alpha_r)$$

即 $\sigma(\alpha_1),\cdots,\sigma(\alpha_r)$ 为值域 $\mathrm{Im}\sigma$ 的一组基，令 $\beta_1=\sigma(\alpha_1),\cdots,\beta_r=\sigma(\alpha_r)$ 并扩充为 V 的一组基，即 $\beta_1,\cdots,\beta_r,\beta_{r+1},\cdots,\beta_n$，那么对于任意 $\xi \in V$，若存在 $x_1,\cdots,x_r,x_{r+1},\cdots,x_n$ 使 $\xi=\sum_{i=1}^{n}x_i\alpha_i$，那么 $\sigma(\xi)=\sum_{i=1}^{n}x_i\sigma(\alpha_i)=\sum_{i=1}^{r}x_i\sigma(\alpha_i)=\sum_{i=1}^{r}x_i\beta_i$. 其中 r 是一个定数，即 σ 的秩.

习题 6.4

1. 设 σ 是线性空间 V 的一个线性变换，σ 的值域 $\sigma(V)$=$\underline{\{\sigma(\alpha)|\alpha\in V\}}$；$\sigma$ 的核 $\sigma^{-1}(\mathbf{0})=\underline{\{\xi\mid\xi\in V,\sigma(\xi)=\mathbf{0}\}}$.

2. 设 a 是数域 F 中的数，给定线性空间 $V=F^3$ 的变换 σ 如下：

$$\sigma:\begin{pmatrix}x_1\\x_2\\x_3\end{pmatrix}\mapsto\begin{pmatrix}2x_1-x_2\\x_2+x_3\\ax_1+x_3\end{pmatrix},$$

（1）证明：σ 是 V 的线性变换；

（2）求 σ 的值域与核；

（3）确定出 a 为何值时 σ 是可逆的.

解 （1）由已知得 $X\in V,\sigma(X)=AX, A=\begin{pmatrix}2&-1&0\\0&1&1\\a&0&1\end{pmatrix}$，任取 $\alpha,\beta\in V$，则 $\sigma(\alpha+\beta)=A(\alpha+\beta)=A\alpha+A\beta=\sigma(\alpha)+\sigma(\beta)$.

$\forall k\in F$，则

$$\sigma(k\alpha)=A(k\alpha)=kA\alpha=k\sigma(\alpha)$$

故 σ 是 V 的一个线性变换.

（2）取 V 的一组基 $\varepsilon_1=\begin{pmatrix}1\\0\\0\end{pmatrix},\varepsilon_2=\begin{pmatrix}0\\1\\0\end{pmatrix},\varepsilon_3=\begin{pmatrix}0\\0\\1\end{pmatrix}$，则 σ 关于基 $\varepsilon_1,\varepsilon_2,\varepsilon_3$ 的矩阵为

$$A=\begin{pmatrix}2&-1&0\\0&1&1\\a&0&1\end{pmatrix}$$

先求核 $\sigma^{-1}(0)$. 设 $\xi\in\sigma^{-1}(\mathbf{0})$，它在 $\varepsilon_1,\varepsilon_2,\varepsilon_3$ 下的坐标为 $\begin{pmatrix}x_1\\x_2\\x_3\end{pmatrix}$，求解 $AX=\mathbf{0}$ 的基础解系，即

$$A=\begin{pmatrix}2&-1&0\\0&1&1\\a&0&1\end{pmatrix}\to\begin{pmatrix}1&-\frac{1}{2}&0\\0&1&1\\0&\frac{1}{2}a&1\end{pmatrix}\to\begin{pmatrix}1&0&\frac{1}{2}\\0&1&1\\0&0&1-\frac{1}{2}a\end{pmatrix}$$

当$a\neq\frac{1}{2}$时，方程组$\boldsymbol{AX}=\boldsymbol{0}$只有零解，此时$\boldsymbol{\sigma}^{-1}(\boldsymbol{0})=\{\boldsymbol{0}\}$，值域$\boldsymbol{\sigma}(\boldsymbol{V})=\boldsymbol{V}$.

当 $a=\frac{1}{2}$ 时，方程组 $\boldsymbol{AX}=\boldsymbol{0}$ 有基础解系 $\xi=\begin{pmatrix}-2\\-1\\2\end{pmatrix}$，此时 $\boldsymbol{\sigma}^{-1}(\boldsymbol{0})=L[\xi]$，值域 $\sigma(\boldsymbol{V})=L[\sigma(\varepsilon_1),\sigma(\varepsilon_2)]=L\left[2\varepsilon_1+\frac{1}{2}\varepsilon_3,-\varepsilon_1+\varepsilon_2\right]$.

（3）由（2）知当$a\neq\frac{1}{2}$时，矩阵$\boldsymbol{A}$可逆，此时线性变换$\boldsymbol{\sigma}$是可逆.

3. 设$\varepsilon_1,\varepsilon_2,\varepsilon_3,\varepsilon_4$是四维线性空间$\boldsymbol{V}$的一组基，已知线性变换$\boldsymbol{\sigma}$在这组基下的矩阵为

$$\begin{pmatrix}1&0&0&1\\-1&2&1&3\\0&2&5&5\\1&-2&1&-2\end{pmatrix}$$

（1）求$\boldsymbol{\sigma}$在基$\boldsymbol{\eta}_1=\varepsilon_1-2\varepsilon_2+\varepsilon_4,\boldsymbol{\eta}_2=3\varepsilon_2-\varepsilon_3-\varepsilon_4,\boldsymbol{\eta}_3=\varepsilon_3+\varepsilon_4,\boldsymbol{\eta}_4=2\varepsilon_4$下的矩阵；

（2）求$\boldsymbol{\sigma}$的核与值域；

（3）在$\boldsymbol{\sigma}$的核中选一组基，把它扩充为$\boldsymbol{V}$的一组基，并求$\boldsymbol{\sigma}$在这组基下的矩阵；

（4）在$\boldsymbol{\sigma}$的值域中选一组基，把它扩充为$\boldsymbol{V}$的一组基，并求$\boldsymbol{\sigma}$在这组基下的矩阵.

解　（1）由题设，知

$$\boldsymbol{\eta}_1,\boldsymbol{\eta}_2,\boldsymbol{\eta}_3,\boldsymbol{\eta}_4=\varepsilon_1,\varepsilon_2,\varepsilon_3,\varepsilon_4\begin{pmatrix}1&0&0&0\\-2&3&0&0\\0&-1&1&0\\1&-1&1&2\end{pmatrix}$$

故$\boldsymbol{\sigma}$在基$\boldsymbol{\eta}_1,\boldsymbol{\eta}_2,\boldsymbol{\eta}_3,\boldsymbol{\eta}_4$下的矩阵为

$$\boldsymbol{B}=\boldsymbol{X}^{-1}\boldsymbol{AX}=\begin{pmatrix}1&0&0&0\\-2&3&0&0\\0&-1&1&0\\1&-1&1&2\end{pmatrix}^{-1}\begin{pmatrix}1&0&2&1\\-1&2&1&3\\1&2&5&5\\2&-2&1&-2\end{pmatrix}\begin{pmatrix}1&0&0&0\\-2&3&0&0\\0&-1&1&0\\1&-1&1&2\end{pmatrix}$$

$$=\begin{pmatrix}2&-3&3&2\\\frac{2}{3}&\frac{-4}{3}&\frac{10}{3}&\frac{10}{3}\\\frac{8}{3}&\frac{-16}{3}&\frac{40}{3}&\frac{40}{3}\\0&1&-7&-8\end{pmatrix}$$

（2）先求 $\sigma^{-1}(\mathbf{0})$.

设 $\xi \in \sigma^{-1}(\mathbf{0})$ ，它在 $\varepsilon_1,\varepsilon_2,\varepsilon_3,\varepsilon_4$ 下的坐标为 $(x_1,x_2,x_3,x_4)^{\mathrm{T}}$ ，且 $\sigma(\xi)$ 在 $\varepsilon_1,\varepsilon_2,\varepsilon_3,\varepsilon_4$ 下的坐标为 0，则

$$\begin{pmatrix} 1 & 0 & 2 & 1 \\ -1 & 2 & 1 & 3 \\ 1 & 2 & 5 & 5 \\ 2 & -2 & 1 & -2 \end{pmatrix}\begin{pmatrix} x_1 \\ x_2 \\ x_3 \\ x_4 \end{pmatrix}=\begin{pmatrix} 0 \\ 0 \\ 0 \\ 0 \end{pmatrix}$$

因 $\operatorname{rank}(\boldsymbol{A})=2$，又

$$\begin{cases} x_1+2x_3+x_4=0 \\ -x_1+2x_2+x_3+3x_4=0 \end{cases}$$

可求得基础解系为

$$\boldsymbol{X}_1=\left(-2,-\frac{3}{2},1,0\right)^{\mathrm{T}},\ \boldsymbol{X}_2=(-1,-2,0,1)^{\mathrm{T}}$$

令
$$\boldsymbol{\alpha}_1=(\varepsilon_1,\varepsilon_2,\varepsilon_3,\varepsilon_4)\boldsymbol{X}_1,\boldsymbol{\alpha}_2=(\varepsilon_1,\varepsilon_2,\varepsilon_3,\varepsilon_4)\boldsymbol{X}_2$$

则 $\boldsymbol{\alpha}_1,\boldsymbol{\alpha}_2$ 即 $\sigma^{-1}(\mathbf{0})$ 的一组基，所以 $\sigma^{-1}(\mathbf{0})=L[\boldsymbol{\alpha}_1,\boldsymbol{\alpha}_2]$.

再求 σ 的值域 $\sigma(V)$. 因为

$$\sigma(V)=L[\sigma(\varepsilon_1),\sigma(\varepsilon_2),\sigma(\varepsilon_3),\sigma(\varepsilon_4)]$$

由
$$\begin{pmatrix} 1 & 0 & 2 & 1 \\ -1 & 2 & 1 & 3 \\ 1 & 2 & 5 & 5 \\ 2 & -2 & 1 & -2 \end{pmatrix}\to\begin{pmatrix} 1 & 0 & 2 & 1 \\ 0 & 1 & 3/2 & 2 \\ 0 & 0 & 0 & 0 \\ 0 & 0 & 0 & 0 \end{pmatrix}$$

知
$$\sigma(V)=L[\sigma(\varepsilon_1),\sigma(\varepsilon_2)]$$

由（2）知 $\boldsymbol{\alpha}_1,\boldsymbol{\alpha}_2$ 即 $\sigma^{-1}(\mathbf{0})$ 的一组基，且 $\varepsilon_1,\varepsilon_2,\boldsymbol{\alpha}_1,\boldsymbol{\alpha}_2$ 是 $\boldsymbol{V}$ 的一组基，又

$$(\varepsilon_1,\varepsilon_2,\boldsymbol{\alpha}_1,\boldsymbol{\alpha}_2)=(\varepsilon_1,\varepsilon_2,\varepsilon_3,\varepsilon_4)\begin{pmatrix} 1 & 0 & -2 & 1 \\ 0 & 1 & -\frac{3}{2} & -2 \\ 0 & 0 & 1 & 0 \\ 0 & 0 & 0 & 1 \end{pmatrix}$$

故 σ 在基 $\varepsilon_1,\varepsilon_2,\boldsymbol{\alpha}_1,\boldsymbol{\alpha}_2$ 下的矩阵为

$$\boldsymbol{C}=\begin{pmatrix} 1 & 0 & -2 & 1 \\ 0 & 1 & -\frac{3}{2} & -2 \\ 0 & 0 & 1 & 0 \\ 0 & 0 & 0 & 1 \end{pmatrix}^{-1}\begin{pmatrix} 1 & 0 & 2 & 1 \\ -1 & 2 & 1 & 3 \\ 1 & 2 & 5 & 5 \\ 2 & -2 & 1 & -2 \end{pmatrix}\begin{pmatrix} 1 & 0 & -2 & 1 \\ 0 & 1 & -\frac{3}{2} & -2 \\ 0 & 0 & 1 & 0 \\ 0 & 0 & 0 & 1 \end{pmatrix}=\begin{pmatrix} 5 & 2 & 0 & 0 \\ \frac{9}{2} & 1 & 0 & 0 \\ 1 & 2 & 0 & 0 \\ 2 & -2 & 0 & 0 \end{pmatrix}$$

（4）由（2）知

$$\sigma(\varepsilon_1)=\varepsilon_1-\varepsilon_2+\varepsilon_3+2\varepsilon_4,\sigma(\varepsilon_2)=2\varepsilon_2+2\varepsilon_3-2\varepsilon_4$$

易知$\sigma(\varepsilon_1),\sigma(\varepsilon_2),\varepsilon_3,\varepsilon_4$是$V$的一组基，且

$$(\sigma(\varepsilon_1),\sigma(\varepsilon_2),\varepsilon_3,\varepsilon_4)=(\varepsilon_1,\varepsilon_2,\varepsilon_3,\varepsilon_4)\begin{pmatrix}1&0&0&0\\-1&2&0&0\\1&2&1&0\\1&-2&0&1\end{pmatrix}$$

故σ在基$\sigma(\varepsilon_1),\sigma(\varepsilon_2),\varepsilon_3,\varepsilon_4$的矩阵为

$$\boldsymbol{D}=\begin{pmatrix}1&0&0&0\\-1&2&0&0\\1&2&1&0\\1&-2&0&1\end{pmatrix}^{-1}\begin{pmatrix}1&0&2&1\\-1&2&1&3\\1&2&5&5\\2&-2&1&-2\end{pmatrix}\begin{pmatrix}1&0&0&0\\-1&2&0&0\\1&2&1&0\\1&-2&0&1\end{pmatrix}=\begin{pmatrix}5&2&2&1\\\frac{9}{2}&1&\frac{3}{2}&2\\0&0&0&0\\0&0&0&0\end{pmatrix}$$

4. 设σ是数域F上n维线性空间V的线性变换，且$\sigma^2=e$（单位变换），证明：

（1）$(\sigma+e)^{-1}(\mathbf{0})=\left\{\alpha-\frac{1}{2}(\sigma+e)(\alpha)\mid\alpha\in V\right\}$；

（2）$V=(\sigma+e)(V)\oplus(\sigma+e)^{-1}(\mathbf{0})$.

证明 （1）令$W=\left\{\alpha-\frac{1}{2}(\sigma+e)(\alpha)\middle|\alpha\in V\right\}$，则$\forall\gamma\in W,\exists\alpha\in V,\gamma=\alpha-\frac{1}{2}(\sigma+e)(\alpha)$，则

$$(\sigma+e)\gamma=(\sigma+e)\left(\alpha-\frac{1}{2}(\sigma+e)(\alpha)\right)=\sigma(\alpha)-\frac{1}{2}(\sigma^2+\sigma)(\alpha)+\alpha-\frac{1}{2}(\sigma+e)(\alpha)=\mathbf{0},$$

即$\gamma\in(\sigma+e)^{-1}(\mathbf{0})$，故$W\subseteq(\sigma+e)^{-1}(\mathbf{0})$.

$\forall\eta\in(\sigma+e)^{-1}(\mathbf{0})$，则

$$(\sigma+e)(\eta)=\mathbf{0}\text{，即}\eta=\eta-\frac{1}{2}(\sigma+e)(\eta)\in W$$

故$(\sigma+e)^{-1}(\mathbf{0})\subseteq W$，从而$W=(\sigma+e)^{-1}(\mathbf{0})$.

（2）显然$(\sigma+e)(V)+(\sigma+e)^{-1}(\mathbf{0})\subseteq V$，下证$V\subseteq(\sigma+e)(V)+(\sigma+e)^{-1}(\mathbf{0})$.

$\forall\alpha\in V$，有

$$\alpha=\frac{\alpha+\sigma(\alpha)}{2}+\frac{\alpha-\sigma(\alpha)}{2}=\alpha_1+\alpha_2,\alpha_1=\frac{\alpha+\sigma(\alpha)}{2},\alpha_2=\frac{\alpha-\sigma(\alpha)}{2},$$

$$\alpha_1=\frac{\alpha+\sigma(\alpha)}{2}=(\sigma+e)\left(\frac{\alpha}{2}\right)\in(\sigma+e)(V)$$

$$(\sigma+e)\alpha_2=(\sigma+e)\left(\frac{\alpha-\sigma(\alpha)}{2}\right)=\frac{\sigma(\alpha)-\alpha}{2}+\frac{\alpha-\sigma(\alpha)}{2}=0\text{，即}\alpha_2\in(\sigma+e)^{-1}(0)$$

则$\alpha\in(\sigma+e)(V)+(\sigma+e)^{-1}$，从而$V\subseteq(\sigma+e)(V)+(\sigma+e)^{-1}(0)$.

综上可得$V=(\sigma+e)(V)+(\sigma+e)^{-1}(\mathbf{0})$.

$\forall\gamma\in(\sigma+e)(V)\bigcap(\sigma+e)^{-1}(\mathbf{0})$， $\exists\delta\in V,\gamma=(\sigma+e)(\delta),(\sigma+e)(\gamma)=\mathbf{0}$，则

$$\mathbf{0}=(\sigma+e)(\gamma)=(\sigma+e)(\sigma+e)(\delta)=2(\sigma+e)(\delta)=2\gamma\text{，即 }\gamma=\mathbf{0}$$

故 $(\sigma+e)(V)\bigcap(\sigma+e)^{-1}(\mathbf{0})=\{\mathbf{0}\}$，即证得 $V=(\sigma+e)(V)\oplus(\sigma+e)^{-1}(\mathbf{0})$.

5. 设 σ,τ 是线性空间 V 的线性变换且 $\sigma\tau=ke$， k 为非零数， e 为恒等线性变换，证明：

（1） $\sigma^{-1}(\mathbf{0})=\left\{\alpha-\dfrac{1}{k}\tau\sigma(\alpha)\mid\alpha\in V\right\}$；（2） $V=\sigma^{-1}(\mathbf{0})\oplus\tau(V)$.

证明 （1）令 $W=\left\{\alpha-\dfrac{1}{k}\tau\sigma(\alpha)\middle|\alpha\in V\right\}$，则 $\forall\gamma\in W,\exists\alpha\in V,\gamma=\alpha-\dfrac{1}{k}(\tau\sigma)(\alpha)$，则

$$\begin{aligned}\sigma(\gamma)&=\sigma\left(\alpha-\frac{1}{k}\tau\sigma(\alpha)\right)=\sigma(\alpha)-\frac{1}{k}(\sigma\tau\sigma)(\alpha)\\&=\sigma(\alpha)-\frac{1}{k}(\sigma\tau)(\sigma(\alpha))=\sigma(\alpha)-\frac{1}{k}(k\sigma(\alpha))=\mathbf{0}\end{aligned}$$

即 $\gamma\in\sigma^{-1}(0)$，故 $W\subseteq\sigma^{-1}(\mathbf{0})$.

$\forall\eta\in\sigma^{-1}(\mathbf{0})$，则

$$\sigma(\eta)=\mathbf{0}\text{，即 }\eta=\eta-\frac{1}{k}\tau(\sigma(\eta))=\eta-\frac{1}{k}(\tau\sigma)(\eta))\in W$$

故 $\sigma^{-1}(\mathbf{0})\subseteq W$，从而 $W=\sigma^{-1}(\mathbf{0})$.

（2）显然 $\sigma^{-1}(\mathbf{0})+\tau(V)\subseteq V$，下证 $V\subseteq\sigma^{-1}(\mathbf{0})+\tau(V)$.

$\forall\alpha\in V$，有

$$\alpha=\alpha-\frac{1}{k}(\tau\sigma)(\alpha)+\frac{1}{k}(\tau\sigma)(\alpha)=\alpha_1+\alpha_2,\alpha_1=\alpha-\frac{1}{k}(\tau\sigma)(\alpha),\alpha_2=\frac{1}{k}(\tau\sigma)(\alpha)$$

$$\sigma(\alpha_1)=\sigma\left(\alpha-\frac{1}{k}(\tau\sigma)(\alpha)\right)=\sigma(\alpha)-\frac{1}{k}(\sigma\tau\sigma)(\alpha)=\sigma(\alpha)-\frac{1}{k}(k\sigma(\alpha))=\mathbf{0}$$

且

$$\alpha_1\in\sigma^{-1}(\mathbf{0})\text{，}\alpha_2=\frac{1}{k}(\tau\sigma)(\alpha)=\tau\left(\frac{1}{k}\sigma(\alpha)\right)\in\tau(V)$$

$$\alpha=\alpha_1+\alpha_2\in\sigma^{-1}(\mathbf{0})+\tau(V)$$

从而 $V\subseteq\sigma^{-1}(\mathbf{0})+\tau(V)$.

综上可得 $V=\sigma^{-1}(\mathbf{0})+\tau(V)$.

$\forall\gamma\in\sigma^{-1}(\mathbf{0})\bigcap\tau(V)$， $\exists\delta\in V,\gamma=\tau(\delta),\sigma(\gamma)=\mathbf{0}$，则

$$\mathbf{0}=\sigma(\gamma)=\sigma(\tau(\delta))=(\sigma\tau)(\delta)=k\delta$$

由 $k\neq 0$ 得 $\gamma=\mathbf{0}$，故 $\sigma^{-1}(\mathbf{0})\bigcap\tau(V)=\{\mathbf{0}\}$，即证得 $V=\sigma^{-1}(\mathbf{0})\oplus\tau(V)$.

6. 设 σ,τ 是数域 F 上 n 维线性空间 V 的两个线性变换，且 $\sigma^2=\sigma$，证明：

（1） $\forall\alpha\in V$，都有 $(\alpha-\sigma(\alpha)\in\sigma^{-1}(\mathbf{0})$；

（2） $\sigma^{-1}(\mathbf{0})\subseteq\tau^{-1}(\mathbf{0})$ 当且仅当 $\tau=\tau\sigma$.

证明 （1）由 $\boldsymbol{\sigma}^2=\boldsymbol{\sigma}$，可得

$$\sigma(\alpha-\sigma(\alpha))=\sigma(\alpha)-\sigma^2(\alpha)=\mathbf{0}$$

从而 $(\boldsymbol{\alpha}-\boldsymbol{\sigma}(\boldsymbol{\alpha})\in\boldsymbol{\sigma}^{-1}(\mathbf{0})$.

（2）（充分性）若 $\boldsymbol{\tau}=\boldsymbol{\tau}\boldsymbol{\sigma},\forall\boldsymbol{\alpha}\in\boldsymbol{\sigma}^{-1}(\mathbf{0})$，则 $\boldsymbol{\sigma}(\boldsymbol{\alpha})=\mathbf{0}$，从而

$$\tau(\alpha)=(\tau\sigma)(\alpha)=\tau(\sigma(\alpha))=\tau(\mathbf{0})=\mathbf{0}$$

由 $\boldsymbol{\alpha}\in\boldsymbol{\tau}^{-1}(\mathbf{0})$，有 $\boldsymbol{\sigma}^{-1}(\mathbf{0})\subseteq\boldsymbol{\tau}^{-1}(\mathbf{0})$.

（必要性）若 $\boldsymbol{\sigma}^{-1}(\mathbf{0})\subseteq\boldsymbol{\tau}^{-1}(\mathbf{0})$，$\forall\boldsymbol{\alpha}\in\boldsymbol{V}$，由 $\boldsymbol{\sigma}^2=\boldsymbol{\sigma}$ 可知 $\boldsymbol{\sigma}(\boldsymbol{\alpha}-\boldsymbol{\sigma}(\boldsymbol{\alpha}))=\mathbf{0}$，从而 $\boldsymbol{\alpha}-\boldsymbol{\sigma}(\boldsymbol{\alpha})\in\boldsymbol{\sigma}^{-1}(\mathbf{0})$，由 $\boldsymbol{\sigma}^{-1}(0)\subseteq\boldsymbol{\tau}^{-1}(\mathbf{0})$ 可知 $\boldsymbol{\alpha}-\boldsymbol{\sigma}(\boldsymbol{\alpha})\in\boldsymbol{\tau}^{-1}(\mathbf{0})$，从而 $\boldsymbol{\tau}(\boldsymbol{\alpha}-\boldsymbol{\sigma}(\boldsymbol{\alpha}))=\mathbf{0}$.

即 $\boldsymbol{\tau}(\boldsymbol{\alpha})=(\boldsymbol{\tau}\boldsymbol{\sigma})(\boldsymbol{\alpha})$，由 $\boldsymbol{\alpha}$ 的任意性，即证得 $\boldsymbol{\tau}=\boldsymbol{\tau}\boldsymbol{\sigma}$.

习题 6.5

1. 求矩阵 $\boldsymbol{A}=\begin{pmatrix}3&2&7\\0&2&4\\0&0&5\end{pmatrix},\boldsymbol{B}=\begin{pmatrix}3&1&-1\\-2&0&2\\-1&-1&3\end{pmatrix}$ 的特征值与特征向量.

解 $\boldsymbol{A}$ 的特征多项式为

$$|\lambda\boldsymbol{E}-\boldsymbol{A}|=\begin{vmatrix}\lambda-3&-2&-7\\0&\lambda-2&-4\\0&0&\lambda-5\end{vmatrix}=(\lambda-3)(\lambda-2)(\lambda-5)$$

所以 $\boldsymbol{A}$ 的特征值为 $\lambda_1=3,\lambda_2=2,\lambda_3=5$.

当 $\lambda_1=3$ 时，求解齐次线性方程组 $(3\boldsymbol{E}-\boldsymbol{A})\boldsymbol{X}=\mathbf{0}$，由

$$3\boldsymbol{E}-\boldsymbol{A}=\begin{pmatrix}0&-2&-7\\0&1&-4\\0&0&-2\end{pmatrix}\to\begin{pmatrix}0&0&0\\0&1&0\\0&0&1\end{pmatrix}$$

得基础解系

$$\xi_1=\begin{pmatrix}1\\0\\0\end{pmatrix}$$

所以 $k_1\xi_1(k_1\neq 0)$ 是对应于 $\lambda_1=3$ 的全部特征向量.

当 $\lambda_2=2$ 时，求解齐次线性方程组 $(2\boldsymbol{E}-\boldsymbol{A})\boldsymbol{X}=\mathbf{0}$，由

$$2\boldsymbol{E}-\boldsymbol{A}=\begin{pmatrix}-1&-2&-7\\0&0&-4\\0&0&-3\end{pmatrix}\to\begin{pmatrix}1&2&0\\0&0&1\\0&0&0\end{pmatrix}$$

得基础解系

$$\xi_2=\begin{pmatrix}-2\\1\\0\end{pmatrix}$$

所以 $k_2\xi_2(k_2\neq 0)$ 是对应于 $\lambda_1=2$ 的全部特征向量.

当 $\lambda_3=5$ 时，求解齐次线性方程组 $(5\boldsymbol{E}-\boldsymbol{A})\boldsymbol{X}=\boldsymbol{0}$，由

$$5\boldsymbol{E}-\boldsymbol{A}=\begin{pmatrix}2&-2&-7\\0&3&-4\\0&0&0\end{pmatrix}\to\begin{pmatrix}1&0&-\dfrac{29}{6}\\0&1&-\dfrac{4}{3}\\0&0&0\end{pmatrix}$$

得基础解系

$$\xi_3=\begin{pmatrix}29\\8\\6\end{pmatrix}$$

所以 $k_3\xi_3(k_3\neq 0)$ 是对应于 $\lambda_2=\lambda_3=1$ 的全部特征向量.

$\boldsymbol{B}$ 的特征多项式为

$$|\lambda\boldsymbol{E}-\boldsymbol{B}|=\begin{vmatrix}\lambda-3&-1&1\\2&\lambda&-2\\1&1&\lambda-3\end{vmatrix}=(\lambda-2)^3$$

所以 $\boldsymbol{A}$ 的特征值为 $\lambda_1=\lambda_2=\lambda_3=2$.

当 $\lambda_1=\lambda_2=\lambda_3=2$ 时，求解齐次线性方程组 $(2\boldsymbol{E}-\boldsymbol{B})\boldsymbol{X}=\boldsymbol{0}$，由

$$2\boldsymbol{E}-\boldsymbol{A}=\begin{pmatrix}-1&-1&1\\2&2&-2\\1&1&-1\end{pmatrix}\to\begin{pmatrix}1&1&-1\\0&0&0\\0&0&0\end{pmatrix}$$

得基础解系

$$\xi_1=\begin{pmatrix}-1\\1\\0\end{pmatrix},\xi_2=\begin{pmatrix}1\\0\\1\end{pmatrix}$$

所以 $k_1\xi_1+k_2\xi_2$（k_1,k_2 不同时为 0）是对应于 $\lambda_1=\lambda_2=\lambda_3=2$ 的全部特征向量.

2. 设 $\boldsymbol{A}=\begin{pmatrix}3&1&0\\-4&-1&0\\4&-8&-2\end{pmatrix}$，试由 $\boldsymbol{A}$ 的特征多项式和特征值写出 $\boldsymbol{A}^{-1}$ 的伴随阵 $(\boldsymbol{A}^{-1})^*$ 的特征多项式和特征值.

解　$\boldsymbol{A}$ 的特征多项式为

$$f(\lambda)=|\lambda E-A|=\begin{vmatrix}\lambda-3 & -1 & 0\\ 4 & \lambda+1 & 0\\ -4 & 8 & \lambda+2\end{vmatrix}=(\lambda+2)(\lambda-1)^2$$

所以 A 的特征值为 $\lambda_1=-2,\lambda_2=\lambda_3=1$.

由矩阵 A 的特征值都不等于零知矩阵 A 可逆，且 $|A|=-2$.

由 $AA^*=|A|E$，得 $A^{-1}(A^{-1})^*=|A^{-1}|E$，即 $(A^{-1})^*=|A^{-1}|A=\dfrac{1}{|A|}A=-\dfrac{1}{2}A$. 由 A 的特征值为 $\lambda_1=-2,\lambda_2=\lambda_3=1$，可得 $(A^{-1})^*$ 的特征值为 $1,-\dfrac{1}{2},-\dfrac{1}{2}$，从而特征多项式为 $f(\lambda)=(x-1)\left(x+\dfrac{1}{2}\right)^2$.

3. 设 n 阶矩阵 $A=(a_{ij})$ 的特征根是 $\lambda_1,\lambda_2,\cdots,\lambda_n$. 证明：$\sum\limits_{i=1}^{n}\lambda_i^2=\sum\limits_{i=1}^{n}\sum\limits_{j=1}^{n}a_{ij}a_{ji}$.

证明 由 $A=(a_{ij})$ 可得

$$A^2=\begin{pmatrix}a_{11} & a_{12} & \cdots & a_{1n}\\ a_{21} & a_{22} & \cdots & a_{2n}\\ \vdots & \vdots & & \vdots\\ a_{n1} & a_{n2} & \cdots & a_{nn}\end{pmatrix}\begin{pmatrix}a_{11} & a_{12} & \cdots & a_{1n}\\ a_{21} & a_{22} & \cdots & a_{2n}\\ \vdots & \vdots & & \vdots\\ a_{n1} & a_{n2} & \cdots & a_{nn}\end{pmatrix}=\begin{pmatrix}\sum\limits_{j=1}^{n}a_{1j}a_{j1} & * & \cdots & *\\ * & \sum\limits_{j=1}^{n}a_{2j}a_{j2} & \cdots & *\\ \vdots & \vdots & & \vdots\\ * & * & \cdots & \sum\limits_{j=1}^{n}a_{nj}a_{jn}\end{pmatrix}$$

则 $\operatorname{tr}(A^2)=\sum\limits_{i=1}^{n}\sum\limits_{j=1}^{n}a_{ij}a_{ji}$

根据矩阵特征值的性质，由 A 的特征值为 $\lambda_1,\lambda_2,\cdots,\lambda_n$ 可得 A^2 的特征值为 $\lambda_1^2,\lambda_2^2,\cdots,\lambda_n^2$，再由矩阵的特征值与矩阵迹的关系可得 $\sum\limits_{i=1}^{n}\lambda_i^2=\sum\limits_{i=1}^{n}\sum\limits_{j=1}^{n}a_{ij}a_{ji}$.

4. 设 λ_1,λ_2 是方阵 A 的两个不同的特征值，ξ_1,ξ_2 是 A 的分别属于 λ_1,λ_2 的特征向量，证明：$\xi_1+\xi_2$ 不是 A 的特征向量.

证明 由题设知 $A\xi_1=\lambda_1\xi_1$，$A\xi_2=\lambda_2\xi_2$，且 $\lambda_1\neq\lambda_2$.

若 $\xi_1+\xi_2$ 是 A 的特征向量，则存在 $\lambda\neq 0$，使

$$A(\xi_1+\xi_2)=\lambda(\xi_1+\xi_2)=\lambda\xi_1+\lambda\xi_2,$$

$$A(\xi_1+\xi_2)=A\xi_1+A\xi_2=\lambda_1\xi_1+\lambda_2\xi_2$$

即

$$(\lambda_1-\lambda)\xi_1+(\lambda_2-\lambda)\xi_2=0$$

再由 ξ_1,ξ_2 的线性无关性，知 $\lambda_1-\lambda=\lambda_2-\lambda=0$，即 $\lambda_1=\lambda=\lambda_2$，这是不可能的.

故 $\xi_1+\xi_2$ 不是 A 的特征向量.

5. 设 A,B 都是 n 阶矩阵，E 为 n 阶单位阵，若 $E-AB$ 可逆，则 $E-BA$ 可逆.

证明 由

$$\begin{pmatrix} E & O \\ -A & E \end{pmatrix}\begin{pmatrix} E & B \\ A & E \end{pmatrix}=\begin{pmatrix} E & B \\ O & E-AB \end{pmatrix}$$

得
$$\begin{vmatrix} E & B \\ A & E \end{vmatrix}=|E-AB|$$

又由

$$\begin{pmatrix} E & B \\ A & E \end{pmatrix}\begin{pmatrix} E & O \\ -A & E \end{pmatrix}=\begin{pmatrix} E-BA & B \\ O & E \end{pmatrix}$$

得
$$\begin{vmatrix} E & B \\ A & E \end{vmatrix}=|E-BA|$$

从而 $|E-BA|=|B-AB|$，故当 $E-AB$ 可逆时，有 $E-BA$ 可逆.

6. 设 σ 为线性空间 V 的一个线性变换，且 $\sigma^2=\sigma$.

（1）证明：σ 的特征值只能是 1 或 0.

（2）若用 V_1 与 V_0 分别表示对应于特征值 1 与 0 的特征子空间，证明 $V=V_1\oplus V_0$.

证明 （1）设 λ 为线性变换 σ 的特征值，ξ 为 σ 的属于特征值 λ 的特征向量，则由 $\sigma^2=\sigma$ 可得 $(\lambda^2-\lambda)\xi=\mathbf{0}$，由 $\xi\neq\mathbf{0}$ 知 $\lambda^2-\lambda=0$，即 $\lambda=1$ 或 $\lambda=0$.

（2）易见 $V_1=\{\alpha|\sigma(\alpha)=\alpha\},V_0=\{\alpha|\sigma(\alpha)=\mathbf{0}\}$. 显然 $V_1+V_0\subset V$.

又 $\forall\alpha\in V$，有

$$\alpha=\alpha-\sigma(\alpha)+\sigma(\alpha)=\alpha_1+\alpha_2,\alpha_1=\alpha-\sigma(\alpha),\alpha_2=\sigma(\alpha)$$

则
$$\sigma(\alpha_1)=\sigma(\alpha-\sigma(\alpha))=\sigma(\alpha)-\sigma^2(\alpha)=0,\alpha_1\in V_0,$$
$$\sigma(\alpha_2)=\sigma(\sigma(\alpha))=\sigma^2(\alpha)=\sigma(\alpha)=\alpha_2,\alpha_2\in V_1$$

即
$$\alpha=\alpha_1+\alpha_2\in V_0+V_1$$

所以 $V\subset V_1+V_0$，从而 $V_1+V_0=V$.

又 $\forall\alpha\in V_1\cap V_0$，即 $\sigma(\alpha)=\alpha,\sigma(\alpha)=0$，则 $\alpha=\mathbf{0}$，所以 $V_1\cap V_0=\{\mathbf{0}\}$.
故有 $V=V_1\oplus V_0$.

7. 设 σ 是复数域 $\mathbf{C}$ 上线性空间上 V 的线性变换，若 σ 关于线性空间 V 的一个基 $\varepsilon_1,\varepsilon_2$ 的矩阵为 $A=\begin{pmatrix} 0 & a \\ -a & 0 \end{pmatrix},a\neq 0$，求 σ 的特征根与特征向量.

解 A 的特征多项式为

$$|\lambda E-A|=\begin{vmatrix} \lambda & -a \\ a & \lambda \end{vmatrix}=\lambda^2+a^2=(\lambda+a\mathrm{i})(\lambda-a\mathrm{i})$$

所以 A 的特征值为 $\lambda_1=a\mathrm{i},\lambda_2=-a\mathrm{i}$.

当 $\lambda_1=a\mathrm{i}$ 时，求解齐次线性方程组 $(a\mathrm{i}E-A)X=\mathbf{0}$，由

$$a\mathrm{i}E-A=\begin{pmatrix} a\mathrm{i} & -a \\ a & a\mathrm{i} \end{pmatrix}\to\begin{pmatrix} 1 & \mathrm{i} \\ 0 & 0 \end{pmatrix}$$

得基础解系

$$\xi_1=\begin{pmatrix}-\mathrm{i}\\1\end{pmatrix}.$$

令 $\boldsymbol{\alpha}_1=-\mathrm{i}\boldsymbol{\varepsilon}_1+\boldsymbol{\varepsilon}_2$，则 $k_1\boldsymbol{\alpha}_1(k_1\neq 0)$ 是线性变换 $\boldsymbol{\sigma}$ 对应于 $\lambda_1=a\mathrm{i}$ 的全部特征向量.

当 $\lambda_1=-a\mathrm{i}$ 时，求解齐次线性方程组 $(-a\mathrm{i}\boldsymbol{E}-\boldsymbol{A})\boldsymbol{X}=\boldsymbol{0}$，由

$$-a\mathrm{i}\boldsymbol{E}-\boldsymbol{A}=\begin{pmatrix}-a\mathrm{i} & -a\\ a & -a\mathrm{i}\end{pmatrix}\to\begin{pmatrix}1 & -\mathrm{i}\\0 & 0\end{pmatrix}$$

得基础解系

$$\xi_2=\begin{pmatrix}\mathrm{i}\\1\end{pmatrix}.$$

令 $\boldsymbol{\alpha}_2=\mathrm{i}\boldsymbol{\varepsilon}_1+\boldsymbol{\varepsilon}_2$，则 $k_1\boldsymbol{\alpha}_1(k_1\neq 0)$ 是线性变换 $\boldsymbol{\sigma}$ 对应于 $\lambda_2=-a\mathrm{i}$ 的全部特征向量.

8. 设 $\boldsymbol{\alpha}_1,\boldsymbol{\alpha}_2,\boldsymbol{\alpha}_3$ 是三维线性空间 $\boldsymbol{V}$ 的一组基，线性变换 $\boldsymbol{\sigma}$ 在这组基下的矩阵是

$$\boldsymbol{A}=\begin{pmatrix}3 & 2 & -1\\-2 & -2 & 2\\3 & 6 & -1\end{pmatrix},\boldsymbol{B}=\begin{pmatrix}2 & 2 & -2\\2 & 5 & -4\\-2 & -4 & 5\end{pmatrix}$$

求 $\boldsymbol{\sigma}$ 的特征值与特征向量.

解　A 的特征多项式为

$$|\lambda\boldsymbol{E}-\boldsymbol{A}|=\begin{vmatrix}\lambda-3 & -2 & 1\\2 & \lambda+2 & -2\\-3 & -6 & \lambda+1\end{vmatrix}=(\lambda+4)(\lambda-2)^2$$

所以 $\boldsymbol{A}$ 的特征值为 $\lambda_1=-4,\lambda_2=\lambda_3=2$.

当 $\lambda_1=-4$ 时，求解齐次线性方程组 $(-4\boldsymbol{E}-\boldsymbol{A})\boldsymbol{X}=\boldsymbol{0}$，由

$$-4\boldsymbol{E}-\boldsymbol{A}=\begin{pmatrix}-7 & -2 & 1\\2 & -2 & -2\\-3 & -6 & -3\end{pmatrix}\to\begin{pmatrix}1 & 0 & -\frac{1}{3}\\0 & 1 & \frac{2}{3}\\0 & 0 & 0\end{pmatrix}$$

得基础解系

$$\xi_1=\begin{pmatrix}1\\-2\\3\end{pmatrix}$$

令 $\boldsymbol{\beta}_1=\boldsymbol{\alpha}_1-2\boldsymbol{\alpha}_2+3\boldsymbol{\alpha}_3$，则 $k_1\boldsymbol{\beta}_1(k_1\neq 0)$ 是线性变换 $\boldsymbol{\sigma}$ 对应于 $\lambda_1=-4$ 的全部特征向量.

当 $\lambda_2=2$ 时，求解齐次线性方程组 $(2\boldsymbol{E}-\boldsymbol{A})\boldsymbol{X}=\boldsymbol{0}$，由

$$2\boldsymbol{E}-\boldsymbol{A}=\begin{pmatrix}-1 & -2 & 1\\2 & 4 & -2\\-3 & -6 & 3\end{pmatrix}\to\begin{pmatrix}1 & 2 & -1\\0 & 0 & 0\\0 & 0 & 0\end{pmatrix}$$

得基础解系

$$\xi_2=\begin{pmatrix}-2\\1\\0\end{pmatrix},\xi_3=\begin{pmatrix}1\\0\\1\end{pmatrix}.$$

令 $\boldsymbol{\beta}_2=-2\boldsymbol{\alpha}_1+\boldsymbol{\alpha}_2,\boldsymbol{\beta}_3=\boldsymbol{\alpha}_1+\boldsymbol{\alpha}_3$，则 $k_2\boldsymbol{\beta}_2+k_3\boldsymbol{\beta}_3$（$k_2,k_3$ 不同时为 0）是线性变换 $\boldsymbol{\sigma}$ 对应于 $\lambda_1=2$ 的全部特征向量.

$\boldsymbol{B}$ 的特征多项式为

$$|\lambda\boldsymbol{E}-\boldsymbol{B}|=\begin{vmatrix}\lambda-2&-2&2\\-2&\lambda-5&4\\2&4&\lambda-5\end{vmatrix}=(\lambda-10)(\lambda-1)^2$$

所以 $\boldsymbol{B}$ 的特征值为 $\lambda_1=10,\lambda_2=\lambda_3=1$.

当 $\lambda_1=10$ 时，求解齐次线性方程组 $(10\boldsymbol{E}-\boldsymbol{B})\boldsymbol{X}=\boldsymbol{0}$，由

$$10\boldsymbol{E}-\boldsymbol{B}=\begin{pmatrix}8&-2&2\\-2&5&4\\2&4&5\end{pmatrix}\to\begin{pmatrix}1&0&\frac{1}{2}\\0&1&1\\0&0&0\end{pmatrix}$$

得基础解系

$$\xi_1=\begin{pmatrix}1\\2\\-2\end{pmatrix}.$$

令 $\boldsymbol{\beta}_1=\boldsymbol{\alpha}_1+2\boldsymbol{\alpha}_2-2\boldsymbol{\alpha}_3$，则 $k_1\boldsymbol{\beta}_1(k_1\neq0)$ 是线性变换 $\boldsymbol{\sigma}$ 对应于 $\lambda_1=10$ 的全部特征向量.

当 $\lambda_2=1$ 时，求解齐次线性方程组 $(\boldsymbol{E}-\boldsymbol{B})\boldsymbol{X}=\boldsymbol{0}$，由

$$2\boldsymbol{E}-\boldsymbol{B}=\begin{pmatrix}-1&-2&2\\-2&-4&4\\2&4&-4\end{pmatrix}\to\begin{pmatrix}1&2&-2\\0&0&0\\0&0&0\end{pmatrix}$$

得基础解系

$$\xi_2=\begin{pmatrix}-2\\1\\0\end{pmatrix},\xi_3=\begin{pmatrix}2\\0\\1\end{pmatrix}.$$

令 $\boldsymbol{\beta}_2=-2\boldsymbol{\alpha}_1+\boldsymbol{\alpha}_2,\boldsymbol{\beta}_3=2\boldsymbol{\alpha}_1+\boldsymbol{\alpha}_3$，则 $k_2\boldsymbol{\beta}_2+k_3\boldsymbol{\beta}_3$（$k_2,k_3$ 不同时为 0）是线性变换 $\boldsymbol{\sigma}$ 对应于 $\lambda_1=1$ 的全部特征向量.

习题 6.6

1. n 阶方阵 A 称为可对角化，若存在可逆阵 $\boldsymbol{X}$，使 $\boldsymbol{X}^{-1}\boldsymbol{A}\boldsymbol{X}$ 为__对角矩阵__.

2. 判断题：如果数域 $\boldsymbol{F}$ 上 n 维线性空间 $\boldsymbol{V}$ 上的线性变换 $\boldsymbol{\sigma}$ 可对角化，那么 $\boldsymbol{\sigma}$ 的特征值必

互不相同.　　(×)

3. 已知矩阵

$$（1）\boldsymbol{A}=\begin{pmatrix}1&-1&1\\2&-2&2\\-1&1&-1\end{pmatrix},（2）\boldsymbol{A}=\begin{pmatrix}3&2&-1\\-2&-2&2\\3&6&-1\end{pmatrix},（3）\boldsymbol{A}=\begin{pmatrix}5&6&-3\\-1&0&1\\1&2&-1\end{pmatrix}$$

判断矩阵 $\boldsymbol{A}$ 是否可以对角化，若可以对角化，求可逆阵 $\boldsymbol{T}$，使 $\boldsymbol{T}^{-1}\boldsymbol{AT}$ 为对角矩阵.

解　（1）

$$|\lambda\boldsymbol{E}-\boldsymbol{A}|=\begin{vmatrix}\lambda-1&1&-1\\-2&\lambda+2&-2\\1&-1&\lambda+1\end{vmatrix}=\lambda^2(\lambda+2)$$

解得特征值为 $\lambda_1=\lambda_2=0,\lambda_3=-2$.

当 $\lambda_1=\lambda_2=0$ 时，求解齐次线性方程组 $(-\boldsymbol{A})\boldsymbol{X}=\boldsymbol{0}$，由

$$-\boldsymbol{A}=\begin{pmatrix}-1&1&-1\\-2&2&-2\\1&-1&1\end{pmatrix}\to\begin{pmatrix}1&-1&1\\0&0&0\\0&0&0\end{pmatrix}$$

得基础解系

$$\boldsymbol{\xi}_1=\begin{pmatrix}1\\1\\0\end{pmatrix},\boldsymbol{\xi}_2=\begin{pmatrix}-1\\0\\1\end{pmatrix}$$

当 $\lambda_3=-2$ 时，求解齐次线性方程组 $(-2\boldsymbol{E}-\boldsymbol{A})\boldsymbol{X}=\boldsymbol{0}$，由

$$-2\boldsymbol{E}-\boldsymbol{A}=\begin{pmatrix}-3&1&-1\\-2&0&-2\\1&-1&-1\end{pmatrix}\to\begin{pmatrix}1&0&1\\0&1&2\\0&0&0\end{pmatrix}$$

得基础解系

$$\boldsymbol{\xi}_3=\begin{pmatrix}-1\\-2\\1\end{pmatrix}$$

可知矩阵 $\boldsymbol{A}=\begin{pmatrix}1&-1&1\\2&-2&2\\-1&1&-1\end{pmatrix}$ 可对角化，令 $\boldsymbol{T}=\begin{pmatrix}1&-1&-1\\1&0&-2\\0&1&1\end{pmatrix}$，有 $\boldsymbol{T}^{-1}\boldsymbol{AT}=\begin{pmatrix}0&0&0\\0&0&0\\0&0&-2\end{pmatrix}$.

（2）

$$|\lambda\boldsymbol{E}-\boldsymbol{A}|=\begin{vmatrix}\lambda-3&-2&1\\2&\lambda+2&-2\\-3&-6&\lambda+1\end{vmatrix}=(\lambda+4)(\lambda-2)^2$$

解得特征值为 $\lambda_1=\lambda_2=2,\lambda_3=-4$.

当 $\lambda_1=\lambda_2=2$ 时，求解齐次线性方程组 $(2\boldsymbol{E}-\boldsymbol{A})\boldsymbol{X}=\boldsymbol{0}$，由

$$2\boldsymbol{E}-\boldsymbol{A}=\begin{pmatrix}-1&-2&1\\2&4&-2\\-3&-6&3\end{pmatrix}\to\begin{pmatrix}1&2&-1\\0&0&0\\0&0&0\end{pmatrix}$$

得基础解系

$$\xi_1=\begin{pmatrix}-2\\1\\0\end{pmatrix},\xi_2=\begin{pmatrix}1\\0\\1\end{pmatrix}.$$

当 $\lambda_3=-4$ 时，求解齐次线性方程组 $(-4\boldsymbol{E}-\boldsymbol{A})\boldsymbol{X}=\boldsymbol{0}$，由

$$-4\boldsymbol{E}-\boldsymbol{A}=\begin{pmatrix}-7&-2&1\\2&-2&-2\\-3&-6&-3\end{pmatrix}\to\begin{pmatrix}1&0&-\frac{1}{3}\\0&1&\frac{2}{3}\\0&0&0\end{pmatrix}$$

得基础解系

$$\xi_3=\begin{pmatrix}1\\-2\\3\end{pmatrix}$$

可知矩阵 $\boldsymbol{A}=\begin{pmatrix}3&2&-1\\-2&-2&2\\3&6&-1\end{pmatrix}$ 可对角化，令 $\boldsymbol{T}=\begin{pmatrix}-2&1&1\\1&0&-2\\0&1&3\end{pmatrix}$，有 $\boldsymbol{T}^{-1}\boldsymbol{A}\boldsymbol{T}=\begin{pmatrix}2&0&0\\0&2&0\\0&0&-4\end{pmatrix}$.

（3） $$|\lambda\boldsymbol{E}-\boldsymbol{A}|=\begin{vmatrix}\lambda-5&-6&3\\1&\lambda&-1\\-1&-2&\lambda+1\end{vmatrix}=(\lambda-2)(\lambda-1-\sqrt{3})(\lambda-1+\sqrt{3})$$

解得有 3 个不同的特征值 $\lambda_1=2,\lambda_2=1-\sqrt{3},\lambda_3=1+\sqrt{3}$，故矩阵 $\boldsymbol{A}$ 可对角化.

当 $\lambda_1=2$ 时，求解齐次线性方程组 $(2\boldsymbol{E}-\boldsymbol{A})\boldsymbol{X}=\boldsymbol{0}$，由

$$2\boldsymbol{E}-\boldsymbol{A}=\begin{pmatrix}-1&-2&1\\2&4&-2\\-3&-6&3\end{pmatrix}\to\begin{pmatrix}1&2&0\\0&0&1\\0&0&0\end{pmatrix}$$

得基础解系

$$\xi_1=\begin{pmatrix}-2\\1\\0\end{pmatrix}$$

当 $\lambda_2=1-\sqrt{3}$ 时，求解齐次线性方程组 $[(1-\sqrt{3})\boldsymbol{E}-\boldsymbol{A}]\boldsymbol{X}=\boldsymbol{0}$，由

$$(1-\sqrt{3})\boldsymbol{E}-\boldsymbol{A}=\begin{pmatrix}-4-\sqrt{3}&-6&3\\1&1-\sqrt{3}&-1\\-1&-2&2-\sqrt{3}\end{pmatrix}\to\begin{pmatrix}1&0&3\sqrt{3}-6\\0&1&2-\sqrt{3}\\0&0&0\end{pmatrix}$$

得基础解系

$$\xi_2=\begin{pmatrix}-3\\-1\\2+\sqrt{3}\end{pmatrix}$$

当 $\lambda_2=1+\sqrt{3}$ 时，求解齐次线性方程组 $[(1+\sqrt{3})\boldsymbol{E}-\boldsymbol{A}]\boldsymbol{X}=\boldsymbol{0}$，由

$$(1+\sqrt{3})\boldsymbol{E}-\boldsymbol{A}=\begin{pmatrix}-4+\sqrt{3} & -6 & 3\\1 & 1+\sqrt{3} & -1\\-1 & -2 & 2+\sqrt{3}\end{pmatrix}\to\begin{pmatrix}1 & 0 & -(3\sqrt{3}+6)\\0 & 1 & 2+\sqrt{3}\\0 & 0 & 0\end{pmatrix}$$

得基础解系

$$\xi_3=\begin{pmatrix}3\\-1\\2-\sqrt{3}\end{pmatrix}$$

可知矩阵 $\boldsymbol{A}=\begin{pmatrix}5 & 6 & -3\\-1 & 0 & 1\\1 & 2 & -1\end{pmatrix}$ 可对角化，令 $\boldsymbol{T}=\begin{pmatrix}-2 & -3 & 3\\1 & -1 & -1\\0 & 2+\sqrt{3} & 2-\sqrt{3}\end{pmatrix}$，有 $\boldsymbol{T}^{-1}\boldsymbol{A}\boldsymbol{T}=\begin{pmatrix}2 & 0 & 0\\0 & 1-\sqrt{3} & 0\\0 & 0 & 1+\sqrt{3}\end{pmatrix}$.

4. 设矩阵 $\boldsymbol{A}=\begin{pmatrix}1 & -1 & 1\\x & 4 & y\\-3 & -3 & 5\end{pmatrix}$ 有 3 个线性无关的特征向量，$\lambda=2$ 是 $\boldsymbol{A}$ 的二重特征值.

（1）试求 x,y 的值；

（2）将矩阵 $\boldsymbol{A}$ 对角化；

（3）求 $\boldsymbol{A}^n(n\in\mathbf{Z}^+)$.

解 （1）$|\lambda\boldsymbol{E}-\boldsymbol{A}|=\begin{vmatrix}\lambda-1 & 1 & -1\\-x & \lambda-4 & -y\\3 & 3 & \lambda-5\end{vmatrix}=(\lambda-2)(\lambda^2-8\lambda+16+3y+x)$

由 $\lambda=2$ 是二重特征值，矩阵 $\boldsymbol{A}$ 有三个线性无关的特征值，故 $R(2\boldsymbol{E}-\boldsymbol{A})=1$，而

$$(2\boldsymbol{E}-\boldsymbol{A})=\begin{pmatrix}1 & 1 & -1\\-x & -2 & -y\\3 & 3 & -3\end{pmatrix}\to\begin{pmatrix}1 & 1 & -1\\0 & x-2 & -y-1\\0 & 0 & 0\end{pmatrix}$$

故有 $x-2=0,-y-x=0$，即 $x=2,y=-2$.

（2）由（1）得特征多项式 $f(\lambda)=(\lambda-2)^2(\lambda-6)$，可得矩阵 $\boldsymbol{A}$ 的特征值为 $\lambda_1=\lambda_2=2,\lambda_2=6$.

当 $\lambda_1=\lambda_2=2$ 时，求解齐次线性方程组 $(2\boldsymbol{E}-\boldsymbol{A})\boldsymbol{X}=\boldsymbol{0}$，由

$$2\boldsymbol{E}-\boldsymbol{A}=\begin{pmatrix}1&1&-1\\-2&-2&2\\3&3&-3\end{pmatrix}\to\begin{pmatrix}1&1&-1\\0&0&0\\0&0&0\end{pmatrix}$$

得基础解系

$$\xi_1=\begin{pmatrix}-1\\1\\0\end{pmatrix},\xi_2=\begin{pmatrix}1\\0\\1\end{pmatrix}$$

当 $\lambda_3=6$ 时，求解齐次线性方程组 $(6\boldsymbol{E}-\boldsymbol{A})\boldsymbol{X}=\boldsymbol{0}$，由

$$6\boldsymbol{E}-\boldsymbol{A}=\begin{pmatrix}5&1&-1\\-2&2&2\\3&3&1\end{pmatrix}\to\begin{pmatrix}1&0&-\frac{1}{3}\\0&1&\frac{2}{3}\\0&0&0\end{pmatrix}$$

得基础解系

$$\xi_3=\begin{pmatrix}1\\-2\\3\end{pmatrix}$$

令 $\boldsymbol{T}=\begin{pmatrix}-1&1&1\\1&0&-2\\0&1&3\end{pmatrix}$，有 $\boldsymbol{T}^{-1}\boldsymbol{A}\boldsymbol{T}=\begin{pmatrix}2&0&0\\0&2&0\\0&0&6\end{pmatrix}$.

（3）由（2）知

$$\boldsymbol{A}=\boldsymbol{T}\begin{pmatrix}2&0&0\\0&2&0\\0&0&6\end{pmatrix}\boldsymbol{T}^{-1}$$

从而

$$\boldsymbol{A}^n=\boldsymbol{T}\begin{pmatrix}2&0&0\\0&2&0\\0&0&6\end{pmatrix}^n\boldsymbol{T}^{-1}=\boldsymbol{T}\begin{pmatrix}2^n&0&0\\0&2^n&0\\0&0&6^n\end{pmatrix}\boldsymbol{T}^{-1}$$

$$=\frac{1}{4}\begin{pmatrix}5\cdot 2^n-6^n&2^n-6^n&-2^n+6^n\\-2\cdot 2^n+2\cdot 6^n&2\cdot 2^n+2\cdot 6^n&2\cdot 2^n-2\cdot 6^n\\3\cdot 2^n-3\cdot 6^n&3\cdot 2^n-3\cdot 6^n&2^n+3\cdot 6^n\end{pmatrix}$$

5. 设 $\boldsymbol{\alpha}_1,\boldsymbol{\alpha}_2,\boldsymbol{\alpha}_3$ 是数域 $\boldsymbol{F}$ 上三维线性空间 $\boldsymbol{V}$ 的一组基，线性变换 $\boldsymbol{\sigma}$ 在这组基下的矩阵为

$$\boldsymbol{A}=\begin{pmatrix}1&0&-3\\0&1&2\\-1&0&3\end{pmatrix}.$$

（1）证明：$\boldsymbol{A}$ 可对角化；

（2）求矩阵 $\boldsymbol{P}$，使 $\boldsymbol{P}^{-1}\boldsymbol{AP}=\Lambda$ 为对角矩阵；

（3）求的一组基 β_1,β_2,β_3，使 σ 在这组基下的矩阵为 Λ.

解　（1）$|\lambda\boldsymbol{E}-\boldsymbol{A}|=\begin{vmatrix}\lambda-1 & 0 & 3\\ 0 & \lambda-1 & -2\\ 1 & 0 & \lambda-3\end{vmatrix}=\lambda(\lambda-1)(\lambda-4)$，

解得矩阵 $\boldsymbol{A}$ 有 3 个不同的特征值 $\lambda_1=0,\lambda_2=1,\lambda_3=4$，故矩阵 $\boldsymbol{A}$ 可对角化.

（2）当 $\lambda_1=0$ 时，求解齐次线性方程组 $(-\boldsymbol{A})\boldsymbol{X}=\boldsymbol{0}$，由

$$-A=\begin{pmatrix}-1 & 0 & 3\\ 0 & -1 & -2\\ 1 & 0 & -3\end{pmatrix}\to\begin{pmatrix}1 & 0 & -3\\ 0 & 1 & 2\\ 0 & 0 & 0\end{pmatrix}$$

得基础解系

$$\xi_1=\begin{pmatrix}3\\ -2\\ 1\end{pmatrix}$$

当 $\lambda_2=1$ 时，求解齐次线性方程组 $(\boldsymbol{E}-\boldsymbol{A})\boldsymbol{X}=\boldsymbol{0}$，由

$$\boldsymbol{E}-\boldsymbol{A}=\begin{pmatrix}0 & 0 & 3\\ 0 & 0 & -2\\ 1 & 0 & -2\end{pmatrix}\to\begin{pmatrix}1 & 0 & 0\\ 0 & 0 & 1\\ 0 & 0 & 0\end{pmatrix}$$

得基础解系

$$\xi_2=\begin{pmatrix}0\\ 1\\ 0\end{pmatrix}$$

当 $\lambda_3=4$ 时，求解齐次线性方程组 $(4\boldsymbol{E}-\boldsymbol{A})\boldsymbol{X}=\boldsymbol{0}$，由

$$4\boldsymbol{E}-\boldsymbol{A}=\begin{pmatrix}3 & 0 & 3\\ 0 & 3 & -2\\ 1 & 0 & 1\end{pmatrix}\to\begin{pmatrix}1 & 0 & 1\\ 0 & 1 & -\frac{2}{3}\\ 0 & 0 & 0\end{pmatrix}$$

得基础解系

$$\xi_3=\begin{pmatrix}-2\\ 2\\ 3\end{pmatrix}$$

令 $\boldsymbol{P}=\begin{pmatrix}3 & 0 & -3\\ -2 & 1 & 2\\ 1 & 0 & 3\end{pmatrix}$，有 $\boldsymbol{P}^{-1}\boldsymbol{AP}=\begin{pmatrix}0 & & \\ & 1 & \\ & & 4\end{pmatrix}=\Lambda$.

（3）令 $(\beta_1,\beta_2,\beta_3)=(\alpha_1,\alpha_2,\alpha_3)\boldsymbol{P}$，则 σ 在这组基下的矩阵为 Λ.

习题 6.7

1. 证明：如果W_1,W_2都是σ-子空间，那么W_1+W_2与$W_1\cap W_2$也是σ-子空间.

证明 设$\alpha\in W_1+W_2$，则$\exists\alpha_1\in W_1,\alpha_2\in W_2$，使$\alpha=\alpha_1+\alpha_2$，由于$W_1,W_2$都是$\sigma$-子空间，从而$\sigma(\alpha_1)\in W_1,\sigma(\alpha_2)\in W_2$，因而$\sigma(\alpha)=\sigma(\alpha_1)+\sigma(\alpha_2)\in W_1+W_2$，即$W_1+W_2$是$\sigma$-子空间.

又设$\alpha\in W_1\cap W_2$，则$\alpha\in W_1,\alpha\in W_2$，由于$W_1,W_2$都是$\sigma$-子空间，从而$\sigma(\alpha)\in W_1,\sigma(\alpha)\in W_2$，因而$\sigma(\alpha)\in W_1\cap W_2$，即$W_1\cap W_2$是$\sigma$-子空间.

2. 设V的两个线性变换σ与τ是可交换的，试证：τ的值域和核都是σ的不变子空间.

证明 τ的值域和核分别为

$$\tau(V)=\{\tau(\alpha)\mid\alpha\in V\},\tau^{-1}(\mathbf{0})=\{\xi\mid\tau(\xi)=\mathbf{0},\xi\in V\}$$

设$\beta\in\tau(V)$，则$\exists\alpha\in V$，使$\beta=\tau(\alpha)$，由于$\sigma\tau=\tau\sigma$，从而$\sigma(\beta)=\sigma(\tau(\alpha))=\tau(\sigma(\alpha))\in\tau(V)$，因而$\tau(V)$是$\sigma$-子空间.

设$\xi\in\tau^{-1}(\mathbf{0})$，则$\tau(\xi)=\mathbf{0}$，由于$\sigma\tau=\tau\sigma$，从而$\tau(\sigma(\xi))=\sigma(\tau(\xi))=\sigma(\mathbf{0})=\mathbf{0}$，即$\sigma(\xi)\in\tau^{-1}(\mathbf{0})$，因而$\tau^{-1}(\mathbf{0})$是$\sigma$-子空间.

3. 设V是复数域上的n维线性空间，σ与τ是V上的线性变换，且$\sigma\tau=\tau\sigma$.

证明：（1）如果λ_0是σ的一个特征值，那么V_{λ_0}是τ的不变子空间；

（2）σ与τ至少有一个公共的特征向量.

证明 （1）设$\alpha\in V_{\lambda_0}$，则$\sigma(\alpha)=\lambda_0\alpha$，于是由题设知

$$\sigma\tau(\alpha)=\tau\sigma(\alpha)=\tau(\lambda_0\alpha)=\lambda_0\tau(\alpha)$$

故$\tau(\alpha)\in V_{\lambda_0}$，即$V_{\lambda_0}$是$\tau$的不变子空间.

（2）由（1）知V_{λ_0}是τ的不变子空间，若记$\tau\mid V_{\lambda_0}=\tau_0$，则$\tau_0$也是复数域上线性空间$V_{\lambda_0}$的一个线性变换，它必有特征值$\mu_0$，使$\tau_0(\beta)=\mu_0\beta(\beta\in V_{\lambda_0},\beta\neq 0)$.

显然也有$\sigma(\beta)=\lambda_0\beta$，故$\beta$即$\sigma$与$\tau$的公共特征向量.

习题 6.8

1. $A=\begin{pmatrix} & & 1\\ & 1 & \\ 1 & & \end{pmatrix}$的最小多项式为$\underline{m(x)=(x-1)(x+1)}$.

2. n阶矩阵$J=\begin{pmatrix} a & & & \\ 1 & a & & \\ & \ddots & \ddots & \\ & & 1 & a\end{pmatrix}$的最小多项式为$\underline{m(x)=(x-a)^n}$.

3. 求下列矩阵的最小多项式：

$$A=\begin{pmatrix}0&0&2\\0&1&0\\1&0&0\end{pmatrix}, B=\begin{pmatrix}3&-1&-3&1\\-1&3&1&-3\\3&-1&-3&1\\-1&3&1&-3\end{pmatrix}, C=\begin{pmatrix}1&0&0&0\\0&1&0&0\\0&0&2&0\\0&0&0&2\end{pmatrix}$$

解 由

$$f_A(\lambda)=|\lambda E-A|=\begin{vmatrix}\lambda&0&-2\\0&\lambda-1&0\\-1&0&\lambda-1\end{vmatrix}=(\lambda-1)(\lambda-2)(\lambda+1)$$

显然 $(A-E)\neq O,(A-2E)\neq O,(A+E)\neq O,(A-E)(A-2E)\neq O,(A-E)(A+E)\neq O$，$(A-2E)(A+E)\neq O$，故最小多项式为 $m(x)=(x-1)(x-2)(x+1)$．

由

$$f_B(\lambda)=|\lambda E-B|=\begin{vmatrix}\lambda-3&1&3&-1\\1&\lambda-3&-1&3\\-3&1&\lambda+3&-1\\1&-3&-1&\lambda+3\end{vmatrix}=\lambda^4$$

显然 $B\neq O,B^2=O$，故最小多项式为 $m(x)=x^2$．

由

$$f_C(\lambda)=|\lambda E-C|=\begin{vmatrix}\lambda-1&0&0&0\\0&\lambda-1&0&0\\0&0&\lambda-2&0\\0&0&0&\lambda-2\end{vmatrix}=(\lambda-1)^2(\lambda-2)^2$$

显然 $C-E\neq O,C-2E\neq O,(C-E)(C-2E)=O$，故最小多项式为 $m(x)=(x-1)(x-2)$．

4. 设 $A=\begin{pmatrix}1&0&0\\0&-1&1\\0&2&0\end{pmatrix}$，计算：

（1） $2A^8-3A^5+A^4+A^2+54A-104E$；

（2） A^{2022}．

解 $f_A(\lambda)=|\lambda E-A|=\begin{vmatrix}\lambda-1&0&0\\0&\lambda+1&-1\\0&-2&\lambda\end{vmatrix}=(\lambda-1)^2(\lambda+2)$

显然 $(A-E)\neq O,(A+2E)\neq O,(A-E)(A+2E)=O$，故最小多项式为 $m(x)=(x-1)(x+2)$．

（1）令 $f(x)=2x^8-3x^5+x^4+x^2+54x-104$，则

$$f(A)=2A^8-3A^5+A^4+A^2+54A-104E$$

设 $f(x)=q(x)m(x)+ax+b$，则有

$$\begin{cases}a+b=f(1)=-49\\-2a+b=f(2)=416\end{cases}$$

解得 $a=-155,b=106$.

故 $$f(\boldsymbol{A})=q(\boldsymbol{A})m(\boldsymbol{A})-155\boldsymbol{A}+106\boldsymbol{E}=-155\boldsymbol{A}+106\boldsymbol{E}=\begin{pmatrix}-49&0&0\\0&261&-155\\0&310&106\end{pmatrix}$$

（2）令 $g(x)=\boldsymbol{A}^{2022}$，则 $g(\boldsymbol{A})=\boldsymbol{A}^{2022}$.

设 $g(x)=p(x)m(x)+ax+b$ ，则有

$$\begin{cases}a+b=g(1)=1\\-2a+b=g(2)=2^{2022}\end{cases}$$

解得 $a=\frac{1}{3}-\frac{2^{2022}}{3},b=\frac{2}{3}+\frac{2^{2022}}{3}$.

故 $$g(\boldsymbol{A})=p(\boldsymbol{A})m(\boldsymbol{A})-\left(\frac{1}{3}-\frac{2^{2022}}{3}\right)\boldsymbol{A}+\left(\frac{2}{3}+\frac{2^{2022}}{3}\right)\boldsymbol{E}$$

$$=\left(\frac{1}{3}-\frac{2^{2022}}{3}\right)\boldsymbol{A}+\left(\frac{2}{3}+\frac{2^{2022}}{3}\right)\boldsymbol{E}=\begin{pmatrix}1&0&0\\0&\frac{1}{3}+\frac{2^{2022}}{3}&\frac{1}{3}-\frac{2^{2022}}{3}\\0&\frac{2}{3}-\frac{2^{2022}}{3}&\frac{2}{3}+\frac{2^{2022}}{3}\end{pmatrix}$$

6.3 线性变换自测题

一、填空题

1. 设 $\boldsymbol{V}$ 是数域 $\boldsymbol{F}$ 上的线性空间，而 $\boldsymbol{\sigma}$ 是 $\boldsymbol{V}$ 上的一个线性变换，那么 $\boldsymbol{\sigma}$ 是单射的充要条件是 $\underline{\boldsymbol{\sigma}^{-1}(\boldsymbol{0})=\{\boldsymbol{0}\}}$. 那么 $\boldsymbol{\sigma}$ 是满射的充要条件是 $\underline{\boldsymbol{\sigma}(\boldsymbol{V})=\boldsymbol{V}}$.

2. 设线性变换 $\boldsymbol{\sigma}$ 在 $\boldsymbol{V}_3$ 的基 $\{\boldsymbol{\varepsilon}_1,\boldsymbol{\varepsilon}_2,\boldsymbol{\varepsilon}_3\}$ 下的矩阵是

$$\boldsymbol{A}\begin{pmatrix}a_{11}&a_{12}&a_{13}\\a_{21}&a_{22}&a_{23}\\a_{31}&a_{32}&a_{3.3}\end{pmatrix}$$

那么 $\boldsymbol{\sigma}$ 关于基 $\{\boldsymbol{\varepsilon}_3,\boldsymbol{\varepsilon}_1+\boldsymbol{\varepsilon}_2,2\boldsymbol{\varepsilon}_1\}$ 的矩阵是 $\underline{\begin{pmatrix}-2a_{23}+a_{33}&-2a_{21}-2a_{22}+a_{31}+a_{32}&-4a_{21}+2a_{31}\\a_{23}&a_{21}+a_{22}&2a_{21}\\\frac{a_{13}-a_{23}}{2}&\frac{a_{11}+a_{12}-a_{21}-a_{22}}{2}&a_{11}-a_{21}\end{pmatrix}}$.

3. 在 $\boldsymbol{F}^3$ 中的线性变换 $\boldsymbol{\sigma}\begin{pmatrix}x_1\\x_2\\x_3\end{pmatrix}=\begin{pmatrix}2x_1-x_2\\x_2+x_3\\x_1\end{pmatrix}$，那么 $\boldsymbol{\sigma}$ 关于基 $\boldsymbol{\varepsilon}_1=\begin{pmatrix}1\\0\\0\end{pmatrix},\boldsymbol{\varepsilon}_2=\begin{pmatrix}0\\1\\0\end{pmatrix},\boldsymbol{\varepsilon}_3=\begin{pmatrix}0\\0\\1\end{pmatrix}$ 的矩阵

是 $\underline{\begin{pmatrix} 2 & -1 & 0 \\ 0 & 1 & 1 \\ 1 & 0 & 0 \end{pmatrix}}$.

4. $(\lambda_0 \boldsymbol{E}-\boldsymbol{A})\boldsymbol{X}=\boldsymbol{0}$ 的__非零解__都是矩阵 $\boldsymbol{A}$ 的属于 λ_0 的特征向量.

5. 设 $\boldsymbol{V}$ 是数域 $\boldsymbol{F}$ 上的 n 维线性空间，$\sigma \in L(\boldsymbol{V}),\sigma$ 的不同的特征根是 $\lambda_1,\cdots,\lambda_t$，则 σ 可对角化的充要条件是 $\underline{\sum_{i=1}^{t}\dim V_{\lambda_i}=n}$.

6. 设 σ 是数域 $\boldsymbol{F}$ 上的 n 维线性空间 $\boldsymbol{V}$ 的线性变换，λ 是 σ 的一个特征根，则 $\dim V_\lambda \underline{\leqslant} \lambda$ 的重数.

7. 设 $\boldsymbol{A}$ 为数域 $\boldsymbol{F}$ 上秩为 r 的 n 阶矩阵，定义 n 维列线性空间 $\boldsymbol{F}^n$ 的线性变换 σ：$\sigma(\xi)=\boldsymbol{A}\xi,\xi\in\boldsymbol{F}^n$，则 $\sigma^{-1}(\boldsymbol{0})=\underline{\{\boldsymbol{X}\mid \boldsymbol{AX}=\boldsymbol{0},\boldsymbol{X}\in\boldsymbol{F}^n\}}$，$\dim\sigma^{-1}(\boldsymbol{0})=\underline{n-r}$，$\dim\sigma(\boldsymbol{F}^n)=\underline{r}$.

8. 复矩阵 $\boldsymbol{A}=(a_{ij})_{n\times n}$ 的全体特征值的和等于 $\underline{\mathrm{tr}(\boldsymbol{A})=\sum_{i=1}^{n}a_{ii}}$，而全体特征值的积等于 $\underline{|\boldsymbol{A}|}$.

9. 数域 $\boldsymbol{F}$ 上 n 维线性空间 $\boldsymbol{V}$ 的全体线性变换所成的线性空间 $L(\boldsymbol{V})$ 为 $\underline{n^2}$ 维线性空间，它与 $\underline{M_n(\boldsymbol{F})}$ 同构.

10. 设 n 阶矩阵 A 的全体特征值为 $\lambda_1,\cdots,\lambda_n$，$f(x)$ 为任一多项式，则 $f(\boldsymbol{A})$ 的全体特征值为 $\underline{f(\lambda_1),\cdots,f(\lambda_n)}$.

二、选择题

1. 对于数域 $\boldsymbol{F}$ 上线性空间 $\boldsymbol{V}$ 的零变换 θ 的象及核的维数分别是（　A　）.

A. $0,n$　　B. $n,0$　　C. $0,0$　　D. n,n

2. “有相同的特征多项式”是两个矩阵相似的（　B　）条件.

A. 充分　　B. 必要　　C. 充分必要　　D. 以上都不对

3. 对于数域 $\boldsymbol{F}$ 上线性空间 $\boldsymbol{V}$ 的数乘变换来说，（　B　）不变子空间.

A. 只有一个　　B. 每个子空间都是　　C. 不存在　　D. 存在且有限个

4. 若线性变换 σ 与 τ 是（　B　），则 τ 的象与核都是 σ 的不变子空间.

A. 互逆的　　B. 可交换的　　C. 不等的　　D. 不可换的

5. 设 σ 是数域 $\boldsymbol{F}$ 上 n 维线性空间 $\boldsymbol{V}$ 的一线性变换，已知 σ 不是可逆变换，下面条件能保证 $\mathrm{Im}\,\sigma\cap\mathrm{Ker}\,\sigma=\{\boldsymbol{0}\}$ 的是（　B　）.

A. σ 在某组基下的矩阵 $\boldsymbol{A}$ 满足 $\boldsymbol{A}^n=\boldsymbol{O}$　　B. σ 在某组基下的矩阵 $\boldsymbol{A}$ 满足 $\boldsymbol{A}^2=\boldsymbol{A}$

C. $\dim\mathrm{Im}\,\sigma=\dim\mathrm{Ker}\,\sigma$　　D. $\dim\mathrm{Im}\,\sigma+\dim\mathrm{Ker}\,\sigma=n$

6. 设 σ 是数域 $\boldsymbol{F}$ 上 n 维线性空间 $\boldsymbol{V}$ 一线性变换，若 $Ker(\sigma)=\{\boldsymbol{0}\}$，则下面说法正确的是（　A　）.

A. 无特征根零　　B. 有特征根零

C. 有无特征根零不能确定　　D. 以上都不对

7. 设 σ 是 n 维线性空间 $\boldsymbol{V}$ 的线性变换，那么下列说法错误的是（　D　）.

A. σ是单射当且仅当$\mathrm{Ker}\sigma=\{\mathbf{0}\}$　　B. σ是满射当且仅当$\mathrm{Im}\sigma=V$

C. σ是双射当且仅当$\mathrm{Ker}\sigma=\{\mathbf{0}\}$　　D. σ是双射σ当且仅当是单位映射

8. 设三阶方阵A有特征值为$\lambda_1=1,\lambda_2=-1,\lambda_3=2$，其对应的特征向量分别是$\alpha_1,\alpha_2,\alpha_3$，设$P=(\alpha_3,\alpha_2,\alpha_1)$，则$P^{-1}AP=$（　C　）.

A. $\begin{pmatrix}1&0&0\\0&-1&0\\0&0&2\end{pmatrix}$　B. $\begin{pmatrix}-1&0&0\\0&1&0\\0&0&2\end{pmatrix}$　C. $\begin{pmatrix}2&0&0\\0&-1&0\\0&0&1\end{pmatrix}$　D. $\begin{pmatrix}2&0&0\\0&1&0\\0&0&-1\end{pmatrix}$

9. 设A为可逆方阵，则A的特征值（　C　）

A. 全部为零　　B. 不全部为零　　C. 全部非零　　D. 全为正数

10. 设A为n阶可逆矩阵，λ是A的一个特征值，A^*为A的伴随矩阵，则A^*的特征值之一（　B　）.

A. $\lambda^{-1}|A|^n$　　B. $\lambda^{-1}|A|$　　C. $\lambda|A|$　　D. $\lambda|A|^n$

三、判断题

1. 设σ是线性空间V的一个线性变换，$\alpha_1,\alpha_2,\cdots,\alpha_s\in V$线性无关，则向量组$\sigma(\alpha_1),\sigma(\alpha_2),\cdots,\sigma(\alpha_s)$也线性无关.（　×　）

2. 取定$A\in M_n(F)$，对任意的n阶矩阵$X\in M_n(F)$，定义$\sigma(X)=AX-XA$，则σ是$M_n(F)$的一个线性变换.（　√　）

3. 对线性空间V的任意线性变换σ，有线性变换τ，使$\sigma\tau=e$（e是单位变换）.（　×　）

4. 数域F上的线性空间V及其零子空间，对V的每个线性变换来说，都是不变子空间.（　√　）

5. 在数域F上的n维线性空间V中取定一组基后，V的全体线性变换和F上全体n阶矩阵之间就建立了一个一一对应.（　√　）

6. 线性变换在不同基下对应的矩阵是相似的.（　√　）

7. 线性变换σ的特征向量之和，仍为σ的特征向量.（　×　）

8. 设σ为n维线性空间V的一个线性变换，则由σ的秩 + σ的零度 = n，有$V=\sigma(V)\oplus\sigma^{-1}(0)$.（　×　）

9. n阶方阵A至少有一特征值为零的充分必要条件是$|A|=0$.（　√　）

10. 最小多项式是特征多项式的因式.（　√　）

四、计算题

1. 判断矩阵A是否可对角化？若可对角化，求一个可逆矩阵P，使$P^{-1}AP$为对角矩阵.

$$A=\begin{pmatrix}1&3&3\\3&1&3\\3&3&1\end{pmatrix}$$

解 由

$$|\lambda \boldsymbol{E}-\boldsymbol{A}|=\begin{vmatrix}\lambda-1 & -3 & -3\\ -3 & \lambda-1 & -3\\ -3 & -3 & \lambda-1\end{vmatrix}=(\lambda-7)(\lambda+2)^2$$

得 $\boldsymbol{A}$ 的特征值为 $\lambda_1=7,\lambda_2=\lambda_3=-2$.

当 $\lambda_1=7$ 时，解方程组 $(7\boldsymbol{E}-\boldsymbol{A})\boldsymbol{X}=\boldsymbol{0}$，可得一个线性无关特征向量（基础解系）为 $\xi_1=(1,1,1)^{\mathrm{T}}$；

当 $\lambda_2=\lambda_3=-2$ 时，解方程组 $(2\boldsymbol{E}-\boldsymbol{A})\boldsymbol{X}=\boldsymbol{0}$，由

$$-2\boldsymbol{E}-\boldsymbol{A}=\begin{pmatrix}-3 & -3 & -3\\ -3 & -3 & -3\\ -3 & -3 & -3\end{pmatrix}\to\begin{pmatrix}1 & 1 & 1\\ 0 & 0 & 0\\ 0 & 0 & 0\end{pmatrix}$$

可得两个线性无关特征向量（基础解系）为 $\xi_2=(-1,1,0)^{\mathrm{T}},\xi_3=(-1,0,1)^{\mathrm{T}}$.

由于 ξ_1,ξ_2,ξ_3 线性无关，即 $\boldsymbol{A}$ 有 3 个线性无关的特征向量，所以 $\boldsymbol{A}$ 可对角化.

令 $\boldsymbol{P}=(\xi_1,\xi_2,\xi_3)=\begin{pmatrix}1 & -1 & -1\\ 1 & 1 & 0\\ 1 & 0 & 1\end{pmatrix}$，则 $\boldsymbol{P}^{-1}\boldsymbol{AP}=\mathrm{diag}(7,-2,-2)$.

2. 令 $\boldsymbol{F}^4$ 表示数域 $\boldsymbol{F}$ 上四元列空间. 取

$$\boldsymbol{A}=\begin{pmatrix}1 & -1 & 5 & -1\\ 1 & 1 & -2 & 3\\ 3 & -1 & 8 & 1\\ 1 & 3 & -9 & 7\end{pmatrix}$$

对于任意 $\xi\in\boldsymbol{F}^4$，令 $\sigma(\xi)=\boldsymbol{A}\xi$. 求线性变换 σ 的核和象的维数.

解 首先对矩阵 $\boldsymbol{A}$ 作初等行变换化为行最简形：

$$\boldsymbol{A}=\begin{pmatrix}1 & -1 & 5 & -1\\ 1 & 1 & -2 & 3\\ 3 & -1 & 8 & 1\\ 1 & 3 & -9 & 7\end{pmatrix}\to\begin{pmatrix}1 & 0 & 3/2 & 1\\ 0 & 1 & -7/2 & 2\\ 0 & 0 & 0 & 0\\ 0 & 0 & 0 & 0\end{pmatrix}$$

则 $R(\boldsymbol{A})=2$，$\boldsymbol{AX}=\boldsymbol{0}$ 的基础解系为 $\xi_1=(-3,7,2,0)^{\mathrm{T}},\xi_2=(-1,-2,0,1)^{\mathrm{T}}$，

故 $\dim\sigma(\boldsymbol{V})=2,\dim\sigma^{-1}(\boldsymbol{0})=2$.

3. 在空间 $\boldsymbol{F}[x]_n$ 中，设线性变换 σ 为 $\sigma(f(x))=f(x+1)-f(x)$，试求 σ 在基 $\varepsilon_0=1$，$\varepsilon_i=\dfrac{1}{i!}x(x-1),\cdots,(x-i+1)\ (i=1,2,\cdots,n-1)$ 下的矩阵 $\boldsymbol{A}$.

解 $\sigma(\varepsilon_0)=0$，$\sigma(\varepsilon_i)=\varepsilon_{i-1}\ (i=1,2,\cdots,n-1)$，从而有

$$\sigma(\varepsilon_0,\varepsilon_1,\cdots,\varepsilon_n)=(\varepsilon_0,\varepsilon_1,\cdots,\varepsilon_n)\begin{pmatrix}0 & 1 & & & \\ & & 1 & & \\ & & & \ddots & \\ & & & & 1 \\ 0 & & & & \end{pmatrix}$$

即 σ 在基 $\varepsilon_0=1$，$\varepsilon_i=\dfrac{1}{i!}x(x-1),\cdots,(x-i+1)\ (i=1,2,\cdots,n-1)$ 下的矩阵为

$$A=\begin{pmatrix}0 & 1 & & & \\ & & 1 & & \\ & & & \ddots & \\ & & & & 1 \\ 0 & & & & \end{pmatrix}$$

4. 求复数域上线性空间 V 的线性变换 σ 的特征值与特征向量. 已知 σ 在基 $\varepsilon_1,\varepsilon_2,\varepsilon_3$ 下的矩阵为 $A=\begin{pmatrix}3 & 1 & 0\\ -4 & -1 & 0\\ 4 & -8 & -2\end{pmatrix}$.

解 由

$$|\lambda E-A|=\begin{vmatrix}\lambda-3 & -1 & 0\\ 4 & \lambda+1 & 0\\ -4 & -8 & \lambda+2\end{vmatrix}=(\lambda+2)(\lambda-1)^2$$

得 A 的特征值为 $\lambda_1=-2,\lambda_2=\lambda_3=1$.

当 $\lambda_1=-2$ 时，解方程组 $(-2E-A)X=\mathbf{0}$，可得一个线性无关特征向量（基础解系）为 $\xi_1=(0,0,1)^{\mathrm{T}}$；

当 $\lambda_2=\lambda_3=1$ 时，解方程组 $(E-A)X=\mathbf{0}$，可得两个线性无关特征向量（基础解系）为 $\xi_2=(-1,2,4)^{\mathrm{T}}$.

故 σ 的特征值为 $\lambda_1=-2,\lambda_2=\lambda_3=1$，$\lambda_1=-2$ 对应的特征向量为 $\eta_1=k\varepsilon_3,k\neq 0,k\in\mathbf{C}$，$\lambda_2=\lambda_3=1$ 对应的特征向量为 $\eta_2=k(-\varepsilon_1+2\varepsilon_2+4\varepsilon_3),k\neq 0,k\in\mathbf{C}$.

5. 给定 F^3 的两组基 $\varepsilon_1,\varepsilon_2,\varepsilon_3$ 与 η_1,η_2,η_3，这里

$$\varepsilon_1=\begin{pmatrix}1\\0\\0\end{pmatrix},\varepsilon_2=\begin{pmatrix}2\\1\\0\end{pmatrix},\varepsilon_3=\begin{pmatrix}1\\1\\1\end{pmatrix},\eta_1=\begin{pmatrix}1\\0\\0\end{pmatrix},\eta_2=\begin{pmatrix}2\\2\\-1\end{pmatrix},\eta_3=\begin{pmatrix}2\\-1\\-1\end{pmatrix},$$

定义线性变换 $\sigma:\sigma(\varepsilon_i)=\eta_i(i=1,2,3)$. 求由基 $\varepsilon_1,\varepsilon_2,\varepsilon_3$ 到基 η_1,η_2,η_3 的过渡矩阵，并求所求过渡矩阵的最小多项式.

解 由

$$(\eta_1,\eta_2,\eta_3)=(\varepsilon_1,\varepsilon_2,\varepsilon_3)\begin{pmatrix}1 & -3 & 3\\ 0 & 3 & 0\\ 0 & -1 & -1\end{pmatrix}$$

可知由基 $\varepsilon_1,\varepsilon_2,\varepsilon_3$ 到基 η_1,η_2,η_3 的过渡矩阵为 $A=\begin{pmatrix}1 & -3 & 3\\ 0 & 3 & 0\\ 0 & -1 & -1\end{pmatrix}$.

又
$$f(\lambda)=|\lambda E-A|=\begin{vmatrix}\lambda-1 & 3 & -3\\ 0 & \lambda-3 & 0\\ 0 & 1 & \lambda+1\end{vmatrix}=(\lambda-1)(\lambda-3)(\lambda+1)$$

没有重因式，故最小多项式 $m(x)=(x-1)(x-3)(x+1)$.

五、证明题

1. 设 σ 是线性空间 V 的线性变换，那么 $W=L[\xi]$ 是 σ 的一维不变子空间当且仅当 ξ 是 σ 的属于某特征根 λ_0 的特征向量.

证明 （充分性）若 ξ 是 σ 的属于某特征根 λ_0 的特征向量，则有 $\sigma(\xi)=\lambda_0\xi$，对任意 $\alpha\in W=L[\xi]$，则有 $\alpha=k\xi$，从而 $\sigma(\alpha)=\sigma(k\xi)=k\sigma(\xi)=k\lambda_0\xi\in W$，即 $W=L[\xi]$ 是 σ 的一维不变子空间.

（必要性）若 $W=L[\xi]$ 是 σ 的一维不变子空间，则对任意 $\alpha\in W=L[\xi]$，可设 $\alpha=k\xi$，不妨设 $k\neq 0$，由不变性可知 $\sigma(\alpha)\in W=L[\xi]$，故有 $\sigma(\alpha)=t\xi$，又 $\sigma(\alpha)=k\sigma(\xi)$，从而有 $\sigma(\xi)=\dfrac{t}{k}\xi$，即 ξ 是 σ 的属于某特征根 $\lambda_0=\dfrac{t}{k}$ 的一个特征向量.

2. 设 n 阶矩阵 $A=(a_{ij})$ 的特征根是 $\lambda_1,\lambda_2,\cdots,\lambda_n$. 证明：$\sum\limits_{i=1}^{n}\lambda_i^2=\sum\limits_{i=1}^{n}\sum\limits_{j=1}^{n}a_{ij}a_{ji}$.

解 由 $A=(a_{ij})$ 的特征根是 $\lambda_1,\lambda_2,\cdots,\lambda_n$ 可知 A^2 的特征根是 $\lambda_1^2,\lambda_2^2,\cdots,\lambda_n^2$，又 $\mathrm{tr}(A^2)=\sum\limits_{i=1}^{n}\sum\limits_{j=1}^{n}a_{ij}a_{ji}$，利用结论 $\mathrm{tr}(A^2)=\sum\limits_{i=1}^{n}\lambda_i^2$ 可得结论 $\sum\limits_{i=1}^{n}\lambda_i^2=\sum\limits_{i=1}^{n}\sum\limits_{j=1}^{n}a_{ij}a_{ji}$.

3. 设 V 是复数域 $\mathbf{C}$ 上的线性空间，σ 与 τ 是 V 的线性变换，并且 $\sigma\tau=\tau\sigma$.

证明：如果 λ_0 是 σ 的一个特征根，那么特征子空间 V_{λ_0} 也是 τ 的不变子空间. σ 与 τ 至少有一个公共的特征向量.

证明 设 $\alpha\in V_{\lambda_0}$，则 $\sigma(\alpha)=\lambda_0\alpha$，于是由题设知

$$\sigma\tau(\alpha)=\tau\sigma(\alpha)=\lambda_0\tau(\alpha)$$

故 $\tau(\alpha)\in V_{\lambda_0}$，即证 V_{λ_0} 是 τ 的不变子空间.

令 $\tau_0=\tau|V_{\lambda_0}$，则 τ_0 也是复数域上线性空间 V_{λ_0} 的一个线性变换，且 $\tau_0(\alpha)\in V_{\lambda_0}$，故可设 $\tau_0(\alpha)=\mu_0\alpha$，即 μ_0 为 τ_0 在线性空间 V_{λ_0} 的特征值，相应的特征值也是 α，即 $\tau_0(\alpha)=\mu_0\alpha$，又 $\tau(\alpha)=\tau_0(\alpha)=\mu_0\alpha$，故 α 是 σ 与 τ 的一个公共的特征向量.

4. 设 A 是 n 阶矩阵，且有 $R(A+E)+R(A-E)=n, A\neq E$，证明：-1 是 A 的特征值.

证明 由 $A\neq E$ 知 $A-E\neq O$，从而 $R(A-E)\geqslant 1$，则由 $R(A+E)+R(A-E)=n$ 可知 $R(A+E)<n$，从而 $|A+E|=0$，即有 $|-E-A|=(-1)^n|E+A|=0$，故 -1 是 A 的特征值.

5.（考研真题）设 $M_n(\boldsymbol{F})$ 表示数域 $\boldsymbol{F}$ 上的 n 阶方阵全体，设 $\boldsymbol{A}_1,\boldsymbol{A}_2,\cdots,\boldsymbol{A}_n$ 是 $M_n(\boldsymbol{F})$ 中的 n 个非零矩阵且满足条件 $\boldsymbol{A}_i^2=\boldsymbol{A}_i,\boldsymbol{A}_i\boldsymbol{A}_j=\boldsymbol{O}\,(i\neq j,i,j=1,2,\cdots,n)$，证明：在 $M_n(\boldsymbol{F})$ 中存在可逆矩阵 $\boldsymbol{T}$，使 $\boldsymbol{T}^{-1}\boldsymbol{A}_i\boldsymbol{T}=\boldsymbol{E}_{ii}(i=1,2,\cdots,n)$，其中 $\boldsymbol{E}_{ii}$ 表示第 i 行第 i 列的元素为 1，其他元素全为零的矩阵.

证明　对任意 $i=1,2,\cdots,n$，由 $\boldsymbol{A}_i^2=\boldsymbol{A}_i$ 可知 $\boldsymbol{A}_i$ 的特征值为 1 或 0，又由 $\boldsymbol{A}_i^2=\boldsymbol{A}_i$ 得 $\boldsymbol{A}_i(\boldsymbol{E}-\boldsymbol{A}_i)=\boldsymbol{O}$ 可得 $R(\boldsymbol{A}_i)+R(\boldsymbol{E}-\boldsymbol{A}_i)=n$，又 $\boldsymbol{A}_i\neq\boldsymbol{O}$，可得 $R(\boldsymbol{A}_i)>0$，由 $\boldsymbol{A}_i\boldsymbol{A}_j=\boldsymbol{O}$ 及 $\boldsymbol{A}_j\neq\boldsymbol{O}$ 知 $\boldsymbol{A}_i\boldsymbol{X}=\boldsymbol{O}$ 有非零解，因而可得 $R(\boldsymbol{A}_i)<n$，那么由 $R(\boldsymbol{A}_i)+R(\boldsymbol{E}-\boldsymbol{A}_i)=n$ 可得 $0<R(\boldsymbol{E}-\boldsymbol{A}_i)<n$，即 $|\boldsymbol{E}-\boldsymbol{A}_i|=0$，即 1 为 $\boldsymbol{A}_i$ 的特征值，设 $\boldsymbol{A}_i$ 的属于特征值 1 的特征向量为 ξ_i，得到向量组 $\xi_1,\xi_2,\cdots,\xi_n$，下面证明两个结论：

（1）$\boldsymbol{A}_i\xi_j=\boldsymbol{0}\,(i\neq j)$，事实上 $\boldsymbol{A}_i\xi_j=\boldsymbol{A}_i(\boldsymbol{A}_j\xi_j)=(\boldsymbol{A}_i\boldsymbol{A}_j)\xi_j=\boldsymbol{0}\,(i\neq j)$.

（2）$\xi_1,\xi_2,\cdots,\xi_n$ 线性无关，设

$$k_1\xi_1+k_2\xi_2+\cdots+k_n\xi_n=\boldsymbol{0}$$

用 $\boldsymbol{A}_i$ 左乘上式可得 $k_i\xi_i=\boldsymbol{0}$，由 $\xi_i\neq\boldsymbol{0}$ 得 $k_i=0,i=1,2,\cdots,n$，即 $\xi_1,\xi_2,\cdots,\xi_n$ 线性无关.

令 $\boldsymbol{T}=(\xi_1,\xi_2,\cdots,\xi_n)$，则 $\boldsymbol{T}$ 可逆，且有

$$\boldsymbol{A}_i\boldsymbol{T}=\boldsymbol{A}_i(\xi_1,\xi_2,\cdots,\xi_n)=(0,0,\cdots,0,\xi_i,0,\cdots,0)=(\xi_1,\xi_2,\cdots,\xi_n)\boldsymbol{E}_{ii}=\boldsymbol{T}\boldsymbol{E}_{ii}$$

即
$$\boldsymbol{T}^{-1}\boldsymbol{A}_i\boldsymbol{T}=\boldsymbol{E}_{ii}(i=1,2,\cdots,n)$$

6.4　例题补充

例 6.1　设 σ 为线性空间 $\boldsymbol{V}$ 的线性变换，且 σ^2 的核等于 σ 的核，证明：σ^3 的核等于 σ^2 的核.

证明　$\forall\,\alpha\in(\sigma^3)^{-1}(\boldsymbol{0})$，$\sigma^2(\sigma\alpha)=\sigma^3(\alpha)=\boldsymbol{0}$，所以 $\sigma\alpha\in(\sigma^2)^{-1}(\boldsymbol{0})$. 由 $(\sigma^2)^{-1}(\boldsymbol{0})=\sigma^{-1}(\boldsymbol{0})$ 知 $\sigma(\alpha)\in\sigma^{-1}(\boldsymbol{0})$，即 $\sigma^2(\alpha)=\boldsymbol{0}$，从而 $\alpha\in(\sigma^2)^{-1}(\boldsymbol{0})$，即 $(\sigma^3)^{-1}(\boldsymbol{0})\subseteq(\sigma^2)^{-1}(\boldsymbol{0})$.

由 $\sigma^2(\alpha)=\boldsymbol{0}$ 有 $\sigma^3(\alpha)=\sigma(\sigma^2(\alpha))=\boldsymbol{0}$，即 $(\sigma^3)^{-1}(\boldsymbol{0})\supseteq(\sigma^2)^{-1}(\boldsymbol{0})$. 故 $(\sigma^3)^{-1}(\boldsymbol{0})=(\sigma^2)^{-1}(\boldsymbol{0})$.

例 6.2　设 σ 是 n 维线性空间 $\boldsymbol{V}$ 的可逆线性变换，$\boldsymbol{V}$ 的子空间 $\boldsymbol{W}$ 是 σ 的不变子空间，证明 $\boldsymbol{W}$ 也是 σ^{-1} 的不变子空间.

证明　取 $\boldsymbol{W}$ 的一组基 $\alpha_1,\cdots,\alpha_r$，并扩充成 $\boldsymbol{V}$ 的一组基 $\alpha_1,\cdots,\alpha_r,\alpha_{r+1},\cdots,\alpha_n$，则 σ 在这组基下的矩阵为

$$\boldsymbol{A}=\begin{pmatrix}\boldsymbol{A}_1 & \boldsymbol{B}\\ 0 & \boldsymbol{A}_2\end{pmatrix},$$

其中 $\boldsymbol{A}_1$ 是 r 阶方阵，$\boldsymbol{A}_2$ 是 $n-r$ 阶方阵，$\boldsymbol{B}$ 是 $r\times(n-r)$ 矩阵. 由于 σ^{-1} 在这组基下的矩阵为

$$\boldsymbol{A}^{-1}=\begin{pmatrix}\boldsymbol{A}_1 & \boldsymbol{B}\\ 0 & \boldsymbol{A}_2\end{pmatrix}^{-1}=\begin{pmatrix}\boldsymbol{A}_1^{-1} & -\boldsymbol{A}_1^{-1}\boldsymbol{B}\boldsymbol{A}_2^{-1}\\ 0 & \boldsymbol{A}_2^{-1}\end{pmatrix}.$$

因此 $\boldsymbol{W}$ 也是 σ^{-1} 的不变子空间.

例 6.3　设 $\boldsymbol{A}$ 为 n 阶不可逆方阵，证明：$\boldsymbol{A}$ 的伴随矩阵 $\boldsymbol{A}^*$ 的特征值至少有 $n-1$ 个为 0，另

一个非零特征值（如果存在）等于 $A_{11}+A_{22}+\cdots+A_{nn}$.

证明 设 $\boldsymbol{A}$ 是数域 $\boldsymbol{F}$ 上的 n 阶不可逆方阵，则 $R(\boldsymbol{A})<n, |\boldsymbol{A}|=0$.

若 $R(\boldsymbol{A})<n-1$，则 $\boldsymbol{A}$ 的所有 $n-1$ 阶子式都为 0，从而 $\boldsymbol{A}^*$ 的元素 $A_{ij}=0$，这时 $\boldsymbol{A}^*=\boldsymbol{O}$. 显然，$\boldsymbol{A}^*$ 的 n 个特征值都是 0，结论成立.

若 $R(\boldsymbol{A})=n-1$，则 $\boldsymbol{A}$ 至少有一个 $n-1$ 阶子式不为 0，故 $\boldsymbol{A}^*\neq\boldsymbol{O}$，

$$R(\boldsymbol{A}^*)\geqslant 1 \tag{1}$$

由 $\boldsymbol{A}\boldsymbol{A}^*=|\boldsymbol{A}|\boldsymbol{E}=0\boldsymbol{E}=\boldsymbol{O}$ 知，$\boldsymbol{A}^*$ 的每个列向量都是齐次线性方程组 $\boldsymbol{AX}=\boldsymbol{0}$ 的解向量.

设

$$\boldsymbol{V}=\{\boldsymbol{X}\in\boldsymbol{F}^n \mid \boldsymbol{AX}=\boldsymbol{0}\},\ \boldsymbol{A}^*=(\boldsymbol{\alpha}_1,\boldsymbol{\alpha}_2,\cdots,\boldsymbol{\alpha}_n)$$

由线性空间的理论和线性方程组的理论知

$$R(\boldsymbol{A}^*)=\dim L[\boldsymbol{\alpha}_1,\boldsymbol{\alpha}_2,\cdots,\boldsymbol{\alpha}_n]\leqslant \dim\boldsymbol{V}=n-R(\boldsymbol{A})=n-(n-1)=1 \tag{2}$$

由（1）（2）知 $R(\boldsymbol{A}^*)=1$.

因为 $R(\boldsymbol{A}^*)=1$，故存在可逆矩阵 $\boldsymbol{T}\in\boldsymbol{F}^{n\times n}$，使得

$$\boldsymbol{TA}^*=\begin{pmatrix} c_1 & c_2 & \dots & c_n \\ 0 & 0 & \dots & 0 \\ \vdots & \vdots & & \vdots \\ 0 & 0 & \dots & 0 \end{pmatrix}$$

其中 $c_1,c_2,\cdots,c_n\in\boldsymbol{F}$，且不全为零. 这时

$$\boldsymbol{TA}^*\boldsymbol{T}^{-1}=\begin{pmatrix} d_1 & d_2 & \dots & d_n \\ 0 & 0 & \dots & 0 \\ \vdots & \vdots & & \vdots \\ 0 & 0 & \dots & 0 \end{pmatrix}$$

其中 $(d_1,d_2,\cdots,d_n)=(c_1,c_2,\cdots,c_n)\boldsymbol{T}^{-1}$，而 $d_1,d_2,\cdots,d_n$ 不全为零. 注意 $\boldsymbol{A}^*$ 的特征多项式为

$$|\lambda\boldsymbol{E}-\boldsymbol{A}^*|=|\lambda\boldsymbol{E}-\boldsymbol{TA}^*\boldsymbol{T}^{-1}|=\begin{vmatrix} \lambda-d_1 & -d_2 & \dots & -d_n \\ 0 & \lambda & \dots & 0 \\ \vdots & \vdots & & \vdots \\ 0 & 0 & \dots & \lambda \end{vmatrix}=\lambda^{n-1}(\lambda-d_1)$$

因此，当 $d_1=0$ 时，$\boldsymbol{A}^*$ 的 n 个特征值都为 0；当 $d_1\neq 0$ 时，$\boldsymbol{A}^*$ 的特征值为 0（$n-1$ 重），d_1（一重）.

注意，对于一般的 n 阶矩阵 $\boldsymbol{A}=(a_{ij})_{n\times n}$，若 $\boldsymbol{A}$ 的特征值为 $\lambda_1,\lambda_2,\cdots,\lambda_n$，则

$$\lambda_1+\lambda_2+\cdots+\lambda_n=a_{11}+a_{22}+\cdots+a_{nn}$$

因此，对于本题来说，当 $\boldsymbol{A}^*$ 有 $n-1$ 个特征值为 0，而另一个特征值 $d_1\neq 0$ 时，有

$$d_1=A_{11}+A_{22}+\cdots+A_{nn}$$

例 6.4 （北京科技大学、江苏大学、南京师范大学等考研真题）设 $\boldsymbol{\sigma}$ 为有限维线性空间

V 的线性变换，W 是 V 的子空间，证明：$\dim\sigma(W)+\dim(\sigma^{-1}(\mathbf{0})\cap W)=\dim W$.

证明 设 $\dim\sigma(W)=m,\dim(\sigma^{-1}(\mathbf{0})\cap W)=r$.

（1）若 $r=0$，设 $\alpha_1,\cdots,\alpha_m$ 为 W 的一组基，在 $\sigma(W)=L[\sigma(\alpha_1),\cdots,\sigma(\alpha_m)]$ 下，只需证明 $\sigma(\alpha_1),\cdots,\sigma(\alpha_m)$ 线性无关，设

$$k_1\sigma(\alpha_1)+\cdots+k_m\sigma(\alpha_m)=\mathbf{0}$$

即

$$\sigma(k_1\alpha_1+\cdots+k_m\alpha_m)=\mathbf{0}$$

于是 $k_1\alpha_1+\cdots+k_m\alpha_m\in\sigma^{-1}(\mathbf{0})\cap W=\{\mathbf{0}\}$，从而 $k_1=\cdots=k_m=0$，故结论成立.

（2）若 $r>0$，设 $\alpha_1,\cdots,\alpha_r$ 为 $\sigma^{-1}(\mathbf{0})\cap W$ 的一组基，将其扩充为 W 的一组基 $\alpha_1,\cdots,\alpha_r,\alpha_{r+1},\cdots,\alpha_m$，则

$$\sigma(W)=L[\sigma(\alpha_1),\cdots,\sigma(\alpha_r),\sigma(\alpha_{r+1}),\cdots,\sigma(\alpha_m)]$$

只需证明 $\sigma(\alpha_{r+1}),\cdots,\sigma(\alpha_m)$ 线性无关即可.

设

$$k_{r+1}\sigma(\alpha_{r+1})+\cdots+k_m\sigma(\alpha_m)=\mathbf{0}$$

即

$$\sigma(k_{r+1}\alpha_{r+1}+\cdots+k_m\alpha_m)=\mathbf{0}$$

于是

$$k_{r+1}\alpha_{r+1}+\cdots+k_m\alpha_m\in\sigma^{-1}(\mathbf{0})\cap W$$

设

$$k_{r+1}\alpha_{r+1}+\cdots+k_m\alpha_m=k_1\alpha_1+\cdots+k_r\alpha_r$$

由 $\alpha_1,\cdots,\alpha_r,\alpha_{r+1},\cdots,\alpha_m$ 线性无关易知 $k_1=\cdots=k_m=0$，即 $\sigma(\alpha_{r+1}),\cdots,\sigma(\alpha_m)$ 线性无关，从而 $\dim\sigma(W)=m-r$，故 $\dim\sigma(W)+\dim(\sigma^{-1}(\mathbf{0})\cap W)=\dim W$.

例 6.5 （上海大学考研真题）设 σ 为数域 F 上 n 维线性空间 V 的线性变换，证明

（1）$\dim(\operatorname{Im}\sigma+\ker\sigma)\geqslant\frac{n}{2}$；

（2）$\dim(\operatorname{Im}\sigma+\ker\sigma)=\frac{n}{2}$ 的充分必要条件是 $\operatorname{Im}\sigma=\ker\sigma$.

证明 （1）由于

$$\begin{aligned}\dim(\operatorname{Im}\sigma+\ker\sigma)&=\dim\operatorname{Im}\sigma+\dim\ker\sigma-\dim(\operatorname{Im}\sigma\cap\ker\sigma)\\&=n-\dim(\operatorname{Im}\sigma\cap\ker\sigma)\end{aligned}$$

要证明结论成立，只需要证明 $\dim(\operatorname{Im}\sigma\cap\ker\sigma)\leqslant\frac{n}{2}$.

（反证法）假设 $\dim(\operatorname{Im}\sigma\cap\ker\sigma)>\frac{n}{2}$，则有

$$\dim\operatorname{Im}\sigma\geqslant\dim(\operatorname{Im}\sigma\cap\ker\sigma)>\frac{n}{2},\dim\ker\sigma\geqslant\dim(\operatorname{Im}\sigma\cap\ker\sigma)>\frac{n}{2}$$

这与 $\dim\operatorname{Im}\sigma+\dim\ker\sigma=n$ 矛盾. 故结论 $\dim(\operatorname{Im}\sigma\cap\ker\sigma)\leqslant\frac{n}{2}$ 成立，从而有

$$\dim(\operatorname{Im}\sigma+\ker\sigma)\geqslant\frac{n}{2}$$

（2）（充分性）若 $\operatorname{Im}\sigma=\ker\sigma$，则由

$$\dim\operatorname{Im}\sigma+\dim\ker\sigma=n,$$
$$\dim(\operatorname{Im}\sigma+\ker\sigma)=\dim\operatorname{Im}\sigma+\dim\ker\sigma-\dim(\operatorname{Im}\sigma\cap\ker\sigma)$$

可知
$$\dim(\operatorname{Im}\sigma+\ker\sigma)=\frac{n}{2}$$

（必要性）由

$$\dim(\operatorname{Im}\sigma+\ker\sigma)=\frac{n}{2},$$

$$\dim\operatorname{Im}\sigma+\dim\ker\sigma=n,$$

$$\begin{aligned}\dim(\operatorname{Im}\sigma+\ker\sigma)&=\dim\operatorname{Im}\sigma+\dim\ker\sigma-\dim(\operatorname{Im}\sigma\cap\ker\sigma)\\&=n-\dim(\operatorname{Im}\sigma\cap\ker\sigma)\end{aligned}$$

可知
$$\dim(\operatorname{Im}\sigma\cap\ker\sigma)=\frac{n}{2}$$

从而可得

$$\dim\operatorname{Im}\sigma\geqslant\dim(\operatorname{Im}\sigma\cap\ker\sigma)=\frac{n}{2},\dim\ker\sigma\geqslant\dim(\operatorname{Im}\sigma\cap\ker\sigma)=\frac{n}{2}$$

但是 $\dim\operatorname{Im}\sigma\leqslant\dim(\operatorname{Im}\sigma+\ker\sigma)=\dfrac{n}{2},\dim\ker\sigma\leqslant\dim(\operatorname{Im}\sigma+\ker\sigma)=\dfrac{n}{2}$，因此

$$\dim\operatorname{Im}\sigma=\dim\ker\sigma=\dim(\operatorname{Im}\sigma\cap\ker\sigma)=\frac{n}{2}$$

而 $\operatorname{Im}\sigma\cap\ker\sigma$ 是 $\operatorname{Im}\sigma$ 与 $\ker\sigma$ 的子空间，故

$$\operatorname{Im}\sigma=\ker\sigma=\operatorname{Im}\sigma\cap\ker\sigma$$

例 6.6 （南开大学、中南大学等考研真题）设 $\mathbf{R}^2$ 为实数域 $\mathbf{R}$ 上的 2 维线性空间，

$$\sigma:\mathbf{R}^2\to\mathbf{R}^2,\begin{pmatrix}x_1\\x_2\end{pmatrix}\to\begin{pmatrix}-x_2\\x_1\end{pmatrix}$$

（1）求 σ 在基 $\alpha_1=\begin{pmatrix}1\\2\end{pmatrix},\alpha_2=\begin{pmatrix}1\\-1\end{pmatrix}$ 下的矩阵；

（2）证明对于每个实数 c，线性变换 $\sigma-ce$（e 是恒等变换）是可逆变换；

（3）设 σ 在 $\mathbf{R}^2$ 的某一组基下的矩阵为 $A=\begin{pmatrix}a_{11}&a_{12}\\a_{21}&a_{22}\end{pmatrix}$，证明乘积 $a_{12}\times a_{21}$ 不等于 0.

解 （1）$\sigma(\alpha_1)=\begin{pmatrix}-2\\1\end{pmatrix}=-\dfrac{1}{3}\alpha_1-\dfrac{5}{3}\alpha_2,\sigma(\alpha_2)=\begin{pmatrix}1\\1\end{pmatrix}=\dfrac{2}{3}\alpha_1+\dfrac{1}{3}\alpha_2$，

即
$$\sigma(\alpha_1,\alpha_2)=(\alpha_1,\alpha_2)\begin{pmatrix}-\frac{1}{3}&\frac{2}{3}\\-\frac{5}{3}&\frac{1}{3}\end{pmatrix}$$

故所求矩阵为

$$B=\begin{pmatrix}-\frac{1}{3} & \frac{2}{3}\\ -\frac{5}{3} & \frac{1}{3}\end{pmatrix}$$

（2）$\sigma-ce$ 在基 α_1,α_2 下的矩阵为

$$B-cE=\begin{pmatrix}-\frac{1}{3}-c & \frac{2}{3}\\ -\frac{5}{3} & \frac{1}{3}-c\end{pmatrix}$$

由 $|B-cE|=c^2+1>0$，则 $B-cE$ 可逆，从而 $\sigma-ce$ 可逆.

（3）由于 A 与 B 相似，且 B 的特征值为 $\pm\mathrm{i}$，若 $a_{12}\times a_{21}=0$，则 A 的特征值 $a_{11},a_{22}\in\mathbf{R}$，矛盾，故 $a_{12}\times a_{21}\neq 0$.

例 6.7 （西安电子科技大学考研真题）设矩阵 $A=\begin{pmatrix}2&1&1\\1&2&1\\1&1&a\end{pmatrix}$ 可逆，向量 $\alpha=\begin{pmatrix}1\\b\\1\end{pmatrix}$ 是 A 的伴随矩阵 A^* 的特征向量，λ 是对应的特征值，试求 a,b 及 λ 的值，并讨论 A 是否可以对角化.

解 由条件有

$$A^*\alpha=\lambda\alpha$$

上式两边乘 A 有

$$|A|\alpha=\lambda A\alpha$$

即

$$(3a-2)\begin{pmatrix}1\\b\\1\end{pmatrix}=\lambda\begin{pmatrix}2&1&1\\1&2&1\\1&1&a\end{pmatrix}\begin{pmatrix}1\\b\\1\end{pmatrix}$$

从而有

$$\begin{cases}3a-2=\lambda(3+b)\\(3a-2)b=\lambda(2+2b)\\3a-2=\lambda(1+b+a)\end{cases}$$

解得

$$\begin{cases}a=2\\b=1\\\lambda=1\end{cases}\text{或}\begin{cases}a=2\\b=-2\\\lambda=4\end{cases}$$

则

$$A=\begin{pmatrix}2&1&1\\1&2&1\\1&1&2\end{pmatrix}$$

求解 $|\lambda E-A|=\begin{vmatrix}\lambda-2&-1&-1\\-1&\lambda-2&-1\\-1&-1&\lambda-2\end{vmatrix}=(\lambda-4)(\lambda-1)^2=0$，可得矩阵 A 的特征值为 $\lambda_1=4,\lambda_2=\lambda_3=1$，对应的特征向量为

$$\xi_1=\begin{pmatrix}1\\1\\1\end{pmatrix},\xi_2=\begin{pmatrix}-1\\0\\1\end{pmatrix},\xi_3=\begin{pmatrix}-1\\1\\0\end{pmatrix}$$

即矩阵$\boldsymbol{A}$有3个线性无关的特征向量，故矩阵$\boldsymbol{A}$可对角化.

例 6.8 （河北工业大学考研真题）设$\boldsymbol{A}$是n阶矩阵，a是$\boldsymbol{A}$的单重特征值，$\boldsymbol{X}_0$是$\boldsymbol{A}$的对应特征值a的特征向量，证明：线性方程组$(a\boldsymbol{E}-\boldsymbol{A})\boldsymbol{X}=\boldsymbol{X}_0$无解.

证明 （反证法）若线性方程组$(a\boldsymbol{E}-\boldsymbol{A})\boldsymbol{X}=\boldsymbol{X}_0$有解$\bar{\boldsymbol{X}}$，则有$\boldsymbol{A}\bar{\boldsymbol{X}}=a\bar{\boldsymbol{X}}-\boldsymbol{X}_0$. 注意到$\boldsymbol{A}\boldsymbol{X}_0=a\boldsymbol{X}_0$，从而$\boldsymbol{A}^k\boldsymbol{X}_0=a^k\boldsymbol{X}_0$，故利用数学归纳法可知

$$\boldsymbol{A}^k\bar{\boldsymbol{X}}=a^k\bar{\boldsymbol{X}}-ka^{k-1}\boldsymbol{X}_0$$

设$f_A(\lambda)=|\lambda\boldsymbol{E}-\boldsymbol{A}|=\lambda^n+b_{n-1}\lambda^{n-1}+\cdots+b_1\lambda+b_0$是矩阵$\boldsymbol{A}$的特征多项式，则

$$f_A(\boldsymbol{A})=\boldsymbol{O},f_A(a)=0$$

又$f_A(\boldsymbol{A})=\boldsymbol{A}^n+b_{n-1}\boldsymbol{A}^{n-1}+\cdots+b_1\boldsymbol{A}+b_0\boldsymbol{E}$，则

$$\begin{aligned}f_A(\boldsymbol{A})\bar{\boldsymbol{X}}&=\boldsymbol{A}^n\bar{\boldsymbol{X}}+b_{n-1}\boldsymbol{A}^{n-1}\bar{\boldsymbol{X}}+\cdots+b_1\boldsymbol{A}\bar{\boldsymbol{X}}+b_0\boldsymbol{E}\bar{\boldsymbol{X}}\\&=(a^n\bar{\boldsymbol{X}}-na^{n-1}\boldsymbol{X}_0)+b_{n-1}(a^{n-1}\bar{\boldsymbol{X}}-(n-1)a^{n-2}\boldsymbol{X}_0)+\cdots+b_1(a\bar{\boldsymbol{X}}-\boldsymbol{X}_0)+b_0\boldsymbol{E}\bar{\boldsymbol{X}}\\&=f_A(a)\bar{\boldsymbol{X}}-f_A'(a)\boldsymbol{X}_0\end{aligned}$$

由$f_A(\boldsymbol{A})=\boldsymbol{O},f_A(a)=0$，可得

$$f_A'(a)\boldsymbol{X}_0=\boldsymbol{0}$$

由a是$\boldsymbol{A}$的单重特征值可知$f_A'(a)\neq0$，故$\boldsymbol{X}_0=\boldsymbol{0}$，这与$\boldsymbol{X}_0$是$\boldsymbol{A}$的特征向量矛盾，故线性方程组$(a\boldsymbol{E}-\boldsymbol{A})\boldsymbol{X}=\boldsymbol{X}_0$无解.

例 6.9 （浙江大学、南开大学等考研真题）设n维线性空间$\boldsymbol{V}$的线性变换$\boldsymbol{\sigma}$有n个互异的特征值，证明：线性变换$\boldsymbol{\tau}$与$\boldsymbol{\sigma}$可交换的充要条件为，$\boldsymbol{\tau}$是$\boldsymbol{e},\boldsymbol{\sigma},\boldsymbol{\sigma}^2,\cdots,\boldsymbol{\sigma}^{n-1}$的线性组合.

证明 （充分性）显然.

（必要性）记

$$W=\{\boldsymbol{\tau}\in L(\boldsymbol{V})\mid\boldsymbol{\sigma\tau}=\boldsymbol{\tau\sigma}\}$$

其中$L(\boldsymbol{V})$表示线性空间$\boldsymbol{V}$的所有线性变换的集合.

设$\boldsymbol{\sigma}$在$\boldsymbol{V}$的基$\boldsymbol{\alpha}_1,\boldsymbol{\alpha}_2,\cdots,\boldsymbol{\alpha}_n$下的矩阵为

$$\boldsymbol{A}=\mathrm{diag}(\lambda_1,\lambda_2,\cdots,\lambda_n),\lambda_i\neq\lambda_j,i\neq j$$

$\boldsymbol{\tau}$在$\boldsymbol{V}$的基$\boldsymbol{\alpha}_1,\boldsymbol{\alpha}_2,\cdots,\boldsymbol{\alpha}_n$下的矩阵为$\boldsymbol{B}$，由$\boldsymbol{\sigma\tau}=\boldsymbol{\tau\sigma}$可知$\boldsymbol{AB}=\boldsymbol{BA}$，于是

$$\boldsymbol{B}=\mathrm{diag}(\mu_1,\mu_2,\cdots,\mu_n)$$

从而$\dim\boldsymbol{W}=n$，显然$\boldsymbol{e},\boldsymbol{\sigma},\boldsymbol{\sigma}^2,\cdots,\boldsymbol{\sigma}^{n-1}\in\boldsymbol{W}$，且若$k_0\boldsymbol{e}+k_1\boldsymbol{\sigma}+k_2\boldsymbol{\sigma}^2+\cdots+k_{n-1}\boldsymbol{\sigma}^{n-1}=\boldsymbol{\theta}$（$\boldsymbol{\theta}$为零变换），则上式两边作用于基$\boldsymbol{\alpha}_1,\boldsymbol{\alpha}_2,\cdots,\boldsymbol{\alpha}_n$上得

$$k_0\boldsymbol{E}+k_1\mathrm{diag}(\lambda_1,\lambda_2,\cdots,\lambda_n)+k_2\mathrm{diag}(\lambda_1^2,\lambda_2^2,\cdots,\lambda_n^2)+\cdots+k_{n-1}\mathrm{diag}(\lambda_1^{n-1},\lambda_2^{n-1},\cdots,\lambda_n^{n-1})=\boldsymbol{O}$$

即
$$\begin{cases} k_0+k_1\lambda_1+k_2\lambda_1^2+\cdots+k_{n-1}\lambda_1^{n-1}=0 \\ k_0+k_1\lambda_2+k_2\lambda_2^2+\cdots+k_{n-1}\lambda_2^{n-1}=0 \\ \qquad\vdots \\ k_0+k_1\lambda_n+k_2\lambda_n^2+\cdots+k_{n-1}\lambda_{n-1}^{n-1}=0 \end{cases}$$

其系数行列式 $D=\prod\limits_{n\geqslant i>j\geqslant 1}(\lambda_i-\lambda_j)\neq 0$，故上述方程组只有零解，即 $k_0=k_1=k_2=\cdots=k_{n-1}=0$.

故 $\boldsymbol{e},\boldsymbol{\sigma},\boldsymbol{\sigma}^2,\cdots,\boldsymbol{\sigma}^{n-1}$ 线性无关，且为 $\boldsymbol{W}$ 的基，则 $\boldsymbol{\tau}$ 是 $\boldsymbol{e},\boldsymbol{\sigma},\boldsymbol{\sigma}^2,\cdots,\boldsymbol{\sigma}^{n-1}$ 的线性组合.

例 6.10 （北京交通大学、河南师范大学等考研真题）设 $m(\lambda)\in \boldsymbol{F}[\lambda]$ 是矩阵 $\boldsymbol{A}\in M_n(\boldsymbol{F})$ 的最小多项式，$\varphi(\lambda)\in \boldsymbol{F}[\lambda]$ 是次数大于零的多项式，证明：$|\varphi(\boldsymbol{A})|\neq 0$ 的充分必要条件是 $(m(\lambda),\varphi(\lambda))=1$.

证明 （必要性）反证法：若 $(m(\lambda),\varphi(\lambda))=d(\lambda)\neq 1$，则存在 $u(\lambda),v(\lambda)\in \boldsymbol{F}[\lambda]$，使
$$\varphi(\lambda)=d(\lambda)u(\lambda),m(\lambda)=d(\lambda)v(\lambda)$$

因为 $\deg d(\lambda)\geqslant 1$，所以
$$\deg v(\lambda)<\deg d(\lambda)+\deg v(\lambda)=\deg m(\lambda)$$

又因为 $\varphi(\lambda)v(\lambda)=m(\lambda)u(\lambda)$，所以
$$\varphi(\boldsymbol{A})v(\boldsymbol{A})=m(\boldsymbol{A})u(\boldsymbol{A})=\boldsymbol{O}$$

由 $|\varphi(\boldsymbol{A})|\neq 0$ 可知 $\varphi(\boldsymbol{A})$ 是可逆矩阵，从而 $v(\boldsymbol{A})=\boldsymbol{O}$，即 $v(\lambda)$ 是矩阵 $\boldsymbol{A}$ 的次数小于 $\deg m(\lambda)$ 的零化多项式，矛盾. 故
$$(m(\lambda),\varphi(\lambda))=1$$

（充分性）因为 $(m(\lambda),\varphi(\lambda))=1$，则存在 $u(\lambda),v(\lambda)\in \boldsymbol{F}[\lambda]$，使
$$m(\lambda)u(\lambda)+\varphi(\lambda)v(\lambda)=1$$

注意到 $m(\boldsymbol{A})=\boldsymbol{O}$，则由上式可得 $\boldsymbol{E}=m(\boldsymbol{A})u(\boldsymbol{A})+\varphi(\boldsymbol{A})v(\boldsymbol{A})=\varphi(\boldsymbol{A})v(\boldsymbol{A})$，故 $\varphi(\boldsymbol{A})$ 是可逆矩阵，从而 $|\varphi(\boldsymbol{A})|\neq 0$.

例 6.11 （1）（北京航空航天大学、华南理工大学等考研真题）设 $\boldsymbol{A}\in M_n(\mathbf{C})$，证明：存在 n 阶可逆复矩阵 $\boldsymbol{U}$ 使 $\boldsymbol{U}^{-1}\boldsymbol{A}\boldsymbol{U}$ 为上三角矩阵.

（2）（浙江大学等考研真题）设 $\boldsymbol{A},\boldsymbol{B}\in M_n(\mathbf{C})$，且 $\boldsymbol{AB}=\boldsymbol{BA}$，证明：存在 n 阶可逆复矩阵 $\boldsymbol{U}$ 使 $\boldsymbol{U}^{-1}\boldsymbol{A}\boldsymbol{U}$ 与 $\boldsymbol{U}^{-1}\boldsymbol{B}\boldsymbol{U}$ 为上三角矩阵.

证明 （1）对矩阵阶数 n 用数学归纳法. 当 $n=1$ 时结论显然成立. 现假设结论对于 $n-1$ 阶方阵成立，下证对于 n 阶方阵 $\boldsymbol{A}$ 结论也成立.

设 λ_1 是矩阵 $\boldsymbol{A}$ 的一个特征值，相应的特征向量为 $\boldsymbol{\eta}_1\in \mathbf{C}^n$，把 $\boldsymbol{\eta}_1$ 扩充为 $\mathbf{C}^n$ 的一组基 $\boldsymbol{\eta}_1,\boldsymbol{\eta}_2,\cdots,\boldsymbol{\eta}_n$，令 $\boldsymbol{P}=(\boldsymbol{\eta}_1,\boldsymbol{\eta}_2,\cdots,\boldsymbol{\eta}_n)$，则 $\boldsymbol{P}$ 是可逆矩阵，且
$$\boldsymbol{AP}=\boldsymbol{P}\begin{pmatrix}\lambda_1 & * \\ 0 & \boldsymbol{B}\end{pmatrix}，即\ \boldsymbol{P}^{-1}\boldsymbol{AP}=\begin{pmatrix}\lambda_1 & * \\ 0 & \boldsymbol{P}\end{pmatrix}$$

其中 $\boldsymbol{B}\in M_{n-1}(\mathbf{C})$. 由归纳假设知，存在可逆矩阵 $\boldsymbol{Q}\in M_{n-1}(\mathbf{C})$ 使得

$$Q^{-1}BQ=\begin{pmatrix}\lambda_2 & & *\\ & \ddots & \\ & & \lambda_n\end{pmatrix}$$

令 $U=P\begin{pmatrix}1 & 0\\ 0 & Q\end{pmatrix}$，则 U 是可逆矩阵，且

$$U^{-1}BU=\begin{pmatrix}\lambda_1 & * & & *\\ & \lambda_2 & & \\ & & \ddots & *\\ & & & \lambda_n\end{pmatrix}$$

（2）对矩阵阶数 n 用数学归纳法．当 $n=1$ 时结论显然成立．现假设对于两个可交换 $n-1$ 阶复方阵结论成立，下证对于两个可交换 n 阶方阵 A,B 结论也成立．

对于 n 阶复方阵 A,B，由于 $AB=BA$，所以存在公共的复特征向量 $\xi_1(\neq 0)$，即 $A\xi_1=\lambda_1\xi_1, B\xi_1=\mu_1\xi_1$，把 ξ_1 扩充为 $\mathbf{C}^n$ 的一组基 $\xi_1,\xi_2,\cdots,\xi_n$，令 $P_1=(\xi_1,\xi_2,\cdots,\xi_n)$，则 P_1 是可逆矩阵，且

$$AP_1=P_1\begin{pmatrix}\lambda_1 & \alpha^{\mathrm{T}}\\ 0 & A_1\end{pmatrix}, BP_1=P_1\begin{pmatrix}\mu_1 & \beta^{\mathrm{T}}\\ 0 & B_1\end{pmatrix},$$

其中 $A_1,B_1\in M_{n-1}(\mathbf{C})$．由 $AB=BA$ 易知 $A_1B_1=B_1A_1$，由归纳假设知存在可逆矩阵 $P_2\in M_{n-1}(\mathbf{C})$ 使得

$$P_2^{-1}A_1P_2=\begin{pmatrix}\lambda_2 & & *\\ & \ddots & \\ & & \lambda_n\end{pmatrix}, P_2^{-1}B_1P_2=\begin{pmatrix}\mu_2 & & *\\ & \ddots & \\ & & \mu_n\end{pmatrix}$$

令 $U=P_1\begin{pmatrix}1 & 0\\ 0 & P_2\end{pmatrix}$，则 U 是可逆矩阵，且

$$U^{-1}AU=\begin{pmatrix}\lambda_1 & \alpha^{\mathrm{T}}P_2\\ 0 & P_2^{-1}A_1P_2\end{pmatrix}=\begin{pmatrix}\lambda_1 & * & & *\\ & \lambda_2 & & \\ & & \ddots & *\\ & & & \lambda_n\end{pmatrix}$$

$$U^{-1}BU=\begin{pmatrix}\lambda_1 & \beta^{\mathrm{T}}P_2\\ 0 & P_2^{-1}B_1P_2\end{pmatrix}=\begin{pmatrix}\mu_1 & * & & *\\ & \mu_2 & & \\ & & \ddots & *\\ & & & \mu_n\end{pmatrix}$$

【变式练习】

（厦门大学等考研真题）设 $A,B\in M_n(\mathbf{C})$，且存在正整数 k 使 $B^k=O$ 及 $AB=BA$，证明 $|A+2011B|=|A|$．

（说明：（1）注意到 $B^k=O$，则 B 的特征值为零；（2）题目中的 2011 换成任意常数都成立．）

第 7 章

若尔当标准形

7.1 知识点综述

7.1.1 λ-矩阵的有关概念与计算

1）λ-矩阵的定义

设 F 是数域，λ 是一个文字，作多项式环 $F[\lambda]$，如果一个矩阵的元素是 λ 的多项式，即 $F[\lambda]$ 的元素，就称为 λ-矩阵.

为了与 λ-矩阵相区别，把以数域 F 中的数为元素的矩阵称为数字矩阵.

2）λ-矩阵的初等变换

对 λ-矩阵进行的下列三种变换统称为 λ-矩阵的初等变换：

（1）交换两行（列）；

（2）以非零常数 k 乘以某一行（列），其中 $k\in F$；

（3）某一行（列）的 $\phi(\lambda)$ 倍加到另一行（列），其中 $\phi(\lambda)$ 是 λ 的多项式.

3）初等矩阵

单位矩阵经过一次 λ-矩阵的初等变换得到的矩阵称为初等 λ-矩阵，共三类：

$$\boldsymbol{E}(i,j),\boldsymbol{E}(i(k)),\boldsymbol{E}(i,j(\phi(\lambda))),$$

它们是可逆的，且

$$(\boldsymbol{E}(i,j))^{-1}=\boldsymbol{E}(i,j),(\boldsymbol{E}(i(k)))^{-1}=\boldsymbol{E}\left(i\left(\frac{1}{k}\right)\right),(\boldsymbol{E}(i,j(\phi(\lambda))))^{-1}=\boldsymbol{E}(i,j(\phi(-\lambda))).$$

对一个 $s\times n$ 的 λ-矩阵 $\boldsymbol{A}(\lambda)$ 作一次初等变换就相当于在 $\boldsymbol{A}(\lambda)$ 的左边乘上相应 $s\times s$ 的初等矩阵；对 $\boldsymbol{A}(\lambda)$ 作一次初等列变换就相当于在 $\boldsymbol{A}(\lambda)$ 的右边乘上相应的 $n\times n$ 的初等矩阵.

4）λ-矩阵的等价

（1）λ-矩阵 $\boldsymbol{A}(\lambda)$ 称为与 $\boldsymbol{B}(\lambda)$ 等价，如果可以经过一系列初等变换将 $\boldsymbol{A}(\lambda)$ 化为 $\boldsymbol{B}(\lambda)$.

（2）等价是 λ-矩阵之间的一种关系，这个关系具有反身性、对称性、传递性.

（3）矩阵 $\boldsymbol{A}(\lambda)$ 与 $\boldsymbol{B}(\lambda)$ 等价的充要条件为存在一系列初等矩阵 $\boldsymbol{P}_1,\boldsymbol{P}_2,\cdots,\boldsymbol{P}_l,\boldsymbol{Q}_1,\boldsymbol{Q}_2,\cdots,\boldsymbol{Q}_t$，使 $\boldsymbol{A}(\lambda)=\boldsymbol{P}_1\boldsymbol{P}_2\cdots\boldsymbol{P}_l\boldsymbol{B}(\lambda)\boldsymbol{Q}_1\boldsymbol{Q}_2\cdots\boldsymbol{Q}_t$.

（4）等价的 λ-矩阵有相同的秩，且有相同的不变因子、行列式因子和初等因子.

5）λ-矩阵的标准形

任意一个非零的 $s\times n$ 的 λ-矩阵 $\boldsymbol{A}(\lambda)$ 都等价于下列形式的矩阵：

$$\begin{pmatrix} d_1(\lambda) & & & & & & \\ & d_2(\lambda) & & & & & \\ & & \ddots & & & & \\ & & & d_r(\lambda) & & & \\ & & & & 0 & & \\ & & & & & \ddots & \\ & & & & & & 0 \end{pmatrix},$$

其中 $r \geqslant 1$, $d_i(\lambda)(i=1, 2, \cdots, r)$ 是首项系数为 1 的多项式，且

$$d_i(\lambda) \mid d_{i+1}(\lambda) \quad (i=1,2,\cdots,r-1)$$

这个矩阵称为 $\boldsymbol{A}(\lambda)$ 的标准形.

7.1.2 行列式因子

1）行列式因子的定义

设 λ-矩阵 $\boldsymbol{A}(\lambda)$ 的秩为 r，对于正整数 $k(1 \leqslant k \leqslant r)$，$\boldsymbol{A}(\lambda)$ 中全部 k 级子式的首项系数为 1 的最大公因式 $D_k(\lambda)$ 称为 $\boldsymbol{A}(\lambda)$ 的 k 级行列式因子.

2）求行列式因子的方法

（1）直接利用定义求 k 级行列式因子 $D_k(\lambda)$，即求出 λ-矩阵中所有的 k 级子式，再求它们的最大公因式；

（2）用初等变换先化简 λ-矩阵，对化简后的 λ-矩阵求行列式因子，即得原 λ-矩阵的行列式因子.

在计算过程中如果出现如下三种情形之一：某个 k 级子式为非零常数；某两个 k 级子式互素；某个 k 级子式与 $D_{k+1}(\lambda)$ 互素，则 $D_k(\lambda)=1$（从而 $D_1(\lambda)=\cdots=D_{k-1}(\lambda)=1$）.

（3）如果容易求得 λ-矩阵的不变因子，根据不变因子与初等因子的关系求行列式因子.

7.1.3 不变因子和初等因子

1）不变因子的定义

标准形的主对角线上非零元素 $d_1(\lambda), d_2(\lambda), \cdots, d_r(\lambda)$ 称为 λ-矩阵 $\boldsymbol{A}(\lambda)$ 的不变因子.

2）行列式因子与不变因子的关系

设 $\boldsymbol{A}(\lambda)$ 是秩为 r 的 $s \times n$ 的 λ-矩阵，$d_k(\lambda)$ 与 $D_k(\lambda)$ 分别是 $\boldsymbol{A}(\lambda)$ 的不变因子与行列式因子 $(i=1, 2, \cdots, r)$，则

$$D_k(\lambda)=d_1(\lambda)d_2(\lambda)\cdots d_k(\lambda) \quad (k=1,2,\cdots,r)$$

于是 $d_1(\lambda)=D_1(\lambda),\ d_2(\lambda)=\dfrac{D_2(\lambda)}{D_1(\lambda)},\ \cdots, d_r(\lambda)=\dfrac{D_r(\lambda)}{D_{r-1}(\lambda)}$.

3）初等因子的定义

矩阵 $\boldsymbol{A}$ 的特征矩阵 $\lambda\boldsymbol{E}-\boldsymbol{A}$ 的不变因子、行列式因子分别称为 $\boldsymbol{A}$ 的不变因子、行列式因子.

把复数域上的矩阵 $\boldsymbol{A}$（或线性变换 $\boldsymbol{\sigma}$）的每个次数大于零的不变因子分解成互不相同的

一次因式方幂的乘积，所有这些一次因式方幂（相同的必须按出现的次数计算）称为矩阵 $\boldsymbol{A}$（或线性变换 $\boldsymbol{\sigma}$）的初等因子.

4）初等因子的求法

先将复数域上的矩阵 $\boldsymbol{A}$ 的特征矩阵 $\lambda\boldsymbol{E}-\boldsymbol{A}$ 经过初步变换化为对角矩阵（不一定是标准形），再将主对角线上的元素分解为互不相同的一次因式的方幂的乘积，则所有的这些一次因式的方幂（相同的必须按出现的次数计算）就是 $\boldsymbol{A}$ 的初等因子.

5）矩阵相似的充分必要条件

引入 λ- 矩阵的目的，主要是研究数字矩阵在相似变换下的化简问题. 在直接处理数字矩阵的相似关系困难的情况下，将相似关系转化为等价关系来处理，即将数字矩阵 $\boldsymbol{A}$ 和 $\boldsymbol{B}$ 的相似转化为它们的特征矩阵 $\lambda\boldsymbol{E}-\boldsymbol{A}$ 与 $\lambda\boldsymbol{E}-\boldsymbol{B}$ 等价.

判断或证明两个 $s\times n$ 的 λ- 矩阵 $\boldsymbol{A}(\lambda)$ 与 $B(\lambda)$ 等价除了用定义外，还可以利用下列 5 个充分必要条件：

（1）存在一系列初等 λ- 矩阵 $\boldsymbol{P}_1,\boldsymbol{P}_2,\cdots,\boldsymbol{P}_l,\boldsymbol{Q}_1,\boldsymbol{Q}_2,\cdots,\boldsymbol{Q}_t$，使 $\boldsymbol{B}(\lambda)=\boldsymbol{P}_1\boldsymbol{P}_2\cdots\boldsymbol{P}_l\boldsymbol{A}(\lambda)\boldsymbol{Q}_1\boldsymbol{Q}_2\cdots\boldsymbol{Q}_t$；

（2）存在可逆 λ- 矩阵 $\boldsymbol{P}(\lambda)$ 与 $\boldsymbol{Q}(\lambda)$，使 $\boldsymbol{B}(\lambda)=\boldsymbol{P}(\lambda)\boldsymbol{A}(\lambda)\boldsymbol{Q}(\lambda)$；

（3）$\boldsymbol{A}(\lambda)$ 与 $\boldsymbol{B}(\lambda)$ 有相同的行列式因子；

（4）$\boldsymbol{A}(\lambda)$ 与 $\boldsymbol{B}(\lambda)$ 有相同的不变因子；

（5）$\boldsymbol{A}(\lambda)$ 与 $\boldsymbol{B}(\lambda)$ 有相同的秩与初等因子.

7.1.4 若尔当（Jordan）标准形

1）定义

形如

$$\boldsymbol{J}=\begin{pmatrix}\boldsymbol{J}_1 & & & \\ & \boldsymbol{J}_2 & & \\ & & \ddots & \\ & & & \boldsymbol{J}_s\end{pmatrix}$$

形式的准对角形矩阵，称为若尔当形矩阵，其中

$$\boldsymbol{J}_i=\begin{pmatrix}\lambda_i & 0 & \cdots & 0 & 0\\ 1 & \lambda_i & \cdots & 0 & 0\\ 0 & 1 & \cdots & 0 & 0\\ \vdots & \vdots & & \vdots & \vdots\\ 0 & 0 & \cdots & 1 & \lambda_i\end{pmatrix}_{k_i\times k_i}\qquad (i=1,2,\cdots,s)$$

2）若尔当块

若尔当块 $\boldsymbol{J}_i=\begin{pmatrix}\lambda_i & 0 & \cdots & 0 & 0\\ 1 & \lambda_i & \cdots & 0 & 0\\ 0 & 1 & \cdots & 0 & 0\\ \vdots & \vdots & & \vdots & \vdots\\ 0 & 0 & \cdots & 1 & \lambda_i\end{pmatrix}_{k_i\times k_i}$ 的初等因子为 $(\lambda-\lambda_i)^{k_i}$.

7.1.5 最小多项式

1）定义

设 A 是数域 F 上的一个 n 阶方阵，如果数域 F 上的多项式 $f(x)$，使 $f(A)=O$，则称 $f(x)$ 以 A 为根，特别 A 的特征多项式 $f(\lambda)=|\lambda E-A|$ 以 A 为根. 在以 A 为根的多项式中，次数最低的首项系数为 1 的多项式称为 A 的最小多项式.

2）最小多项式的求法

（1）求出 A 的不变因子，则 A 的最后一个不变因子即 A 的最小多项式；

（2）求出 A 的特征多项式，并将其因式分解，然后验证各因式的矩阵多项式是否为零矩阵，得到 A 的最小多项式.

7.2 习题详解

习题 7.1

1. 求下列 λ-矩阵的标准形.

（1）$\begin{pmatrix} \lambda^3-\lambda & 2\lambda^2 \\ \lambda^2+5\lambda & 3\lambda \end{pmatrix}$；（2）$\begin{pmatrix} 1-\lambda & \lambda^2 & \lambda \\ \lambda & \lambda & -\lambda \\ 1+\lambda^2 & \lambda^2 & -\lambda^2 \end{pmatrix}$；

（3）$\begin{pmatrix} \lambda(\lambda+1) & 0 & 0 \\ 0 & \lambda & 0 \\ 0 & 0 & (\lambda+1)^2 \end{pmatrix}$；（4）$\begin{pmatrix} 0 & \lambda(\lambda+1) & 0 \\ \lambda & 0 & \lambda+1 \\ 0 & 0 & \lambda-2 \end{pmatrix}$.

解（1）对 λ-矩阵作初等变换，有

$$\begin{pmatrix} \lambda^3-\lambda & 2\lambda^2 \\ \lambda^2+5\lambda & 3\lambda \end{pmatrix} \to \begin{pmatrix} 3\lambda & \lambda^2+5\lambda \\ 2\lambda^2 & \lambda^3-\lambda \end{pmatrix} \to \begin{pmatrix} 3\lambda & \lambda^2+5\lambda \\ 0 & \lambda^3\text{-}10\lambda^2\text{-}3\lambda \end{pmatrix} \to \begin{pmatrix} \lambda & 0 \\ 0 & \lambda^3-10\lambda^2-3\lambda \end{pmatrix} = B(\lambda)$$

$B(\lambda)$ 即为所求.

（2）对 λ-矩阵作初等变换，有

$$\begin{pmatrix} 1-\lambda & \lambda^2 & \lambda \\ \lambda & \lambda & -\lambda \\ 1+\lambda^2 & \lambda^2 & -\lambda^2 \end{pmatrix} \to \begin{pmatrix} 1 & \lambda^2 & \lambda \\ 0 & \lambda & -\lambda \\ 1 & \lambda^2 & -\lambda^2 \end{pmatrix} \to \begin{pmatrix} 1 & 0 & 0 \\ 0 & \lambda & -\lambda \\ 0 & 0 & -\lambda(\lambda+1) \end{pmatrix} \to \begin{pmatrix} 1 & 0 & 0 \\ 0 & \lambda & 0 \\ 0 & 0 & \lambda^2+\lambda \end{pmatrix} = B(\lambda)$$

$B(\lambda)$ 即为所求.

（3）对 λ-矩阵作初等变换，有

$$\begin{pmatrix} \lambda^2+\lambda & 0 & 0 \\ 0 & \lambda & 0 \\ 0 & 0 & (\lambda+1)^2 \end{pmatrix} \to \begin{pmatrix} \lambda & 0 & 0 \\ 0 & \lambda^2+\lambda & 0 \\ 0 & 0 & (\lambda+1)^2 \end{pmatrix} \to \begin{pmatrix} \lambda & 0 & 0 \\ 0 & \lambda^2+\lambda & -(\lambda^2+\lambda) \\ 0 & 0 & (\lambda+1)^2 \end{pmatrix}$$

$$
\to\begin{pmatrix}\lambda & 0 & 0\\ 0 & \lambda^2+\lambda & -(\lambda^2+\lambda)\\ 0 & \lambda^2+\lambda & \lambda+1\end{pmatrix}\to\begin{pmatrix}\lambda & 0 & 0\\ 0 & \lambda^3+2\lambda^2+\lambda & -(\lambda^2+\lambda)\\ 0 & 0 & \lambda+1\end{pmatrix}\to\begin{pmatrix}\lambda & 0 & 0\\ 0 & \lambda+1 & 0\\ 0 & 0 & \lambda^3+2\lambda^2+\lambda\end{pmatrix}
$$

$$
\to\begin{pmatrix}\lambda & -\lambda-1 & 0\\ 0 & \lambda+1 & 0\\ 0 & 0 & \lambda(\lambda+1)^2\end{pmatrix}\to\begin{pmatrix}-1 & -\lambda-1 & 0\\ \lambda+1 & \lambda+1 & 0\\ 0 & 0 & \lambda(\lambda+1)^2\end{pmatrix}\to\begin{pmatrix}1 & 0 & 0\\ 0 & \lambda(\lambda+1) & 0\\ 0 & 0 & \lambda(\lambda+1)^2\end{pmatrix}=\boldsymbol{B}(\lambda)
$$

$\boldsymbol{B}(\lambda)$ 即为所求.

（4）对 λ-矩阵作初等变换，有

$$
\begin{pmatrix}0 & \lambda(\lambda+1) & 0\\ \lambda & 0 & \lambda+1\\ 0 & 0 & \lambda-2\end{pmatrix}\to\begin{pmatrix}0 & \lambda(\lambda+1) & 0\\ \lambda & 0 & 1\\ 0 & 0 & \lambda-2\end{pmatrix}\to\begin{pmatrix}0 & \lambda(\lambda+1) & 0\\ \lambda & 0 & 1\\ -\lambda^2+2\lambda & 0 & 0\end{pmatrix}
$$

$$
\to\begin{pmatrix}0 & \lambda(\lambda+1) & 0\\ 0 & 0 & 1\\ -\lambda^2+2\lambda & 0 & 0\end{pmatrix}\to\begin{pmatrix}1 & 0 & 0\\ 0 & \lambda(\lambda+1) & 0\\ 0 & 0 & -\lambda^2+2\lambda\end{pmatrix}
$$

$$
\to\begin{pmatrix}1 & 0 & 0\\ 0 & \lambda(\lambda+1) & \lambda(\lambda+1)\\ 0 & 0 & -\lambda^2+2\lambda\end{pmatrix}\to\begin{pmatrix}1 & 0 & 0\\ 0 & \lambda(\lambda+1) & \lambda(\lambda+1)\\ 0 & \lambda(\lambda+1) & 3\lambda\end{pmatrix}
$$

$$
\to\begin{pmatrix}1 & 0 & 0\\ 0 & -\frac{1}{3}\lambda(\lambda+1)(\lambda-2) & 0\\ 0 & \lambda(\lambda+1) & 3\lambda\end{pmatrix}\to\begin{pmatrix}1 & 0 & 0\\ 0 & -\frac{1}{3}\lambda(\lambda+1)(\lambda-2) & 0\\ 0 & 0 & 3\lambda\end{pmatrix}
$$

$$
\to\begin{pmatrix}1 & 0 & 0\\ 0 & \lambda & 0\\ 0 & 0 & \lambda(\lambda+1)(\lambda-2)\end{pmatrix}=\boldsymbol{B}(\lambda)
$$

$\boldsymbol{B}(\lambda)$ 即为所求.

习题 7.2

1. 求下列 λ-矩阵的不变因子与初等因子.

（1）$\begin{pmatrix}\lambda-2 & 0 & 0\\ -1 & \lambda-2 & 0\\ 0 & -1 & \lambda-2\end{pmatrix}$；（2）$\begin{pmatrix}\lambda+a & b & 1 & 0\\ -b & \lambda+a & 0 & 1\\ 0 & 0 & \lambda+a & b\\ 0 & 0 & -b & \lambda+a\end{pmatrix}$.

解（1）所给矩阵的左下角的二阶子式为 1，所以其二阶行列式因子为 $D_2(\lambda)=1$，从而 $D_1(\lambda)=1$，显然 $D_3(\lambda)=(\lambda-2)^3$，故该 λ-矩阵的不变因子为

$$
d_1(\lambda)=d_2(\lambda)=1, d_3(\lambda)=(\lambda-2)^3
$$

从而初等因子为 $(\lambda-2)^3$.

（2）当 $b\neq 0$ 时，有

$$D_4(\lambda)=\begin{vmatrix}\lambda+a & b\\ -b & \lambda+a\end{vmatrix}\begin{vmatrix}\lambda+a & b\\ -b & \lambda+a\end{vmatrix}=((\lambda+a)^2+b^2)^2$$

且在 λ-矩阵中有一个三阶子式

$$\begin{vmatrix}b & 1 & 0\\ \lambda+a & 0 & 1\\ 0 & \lambda+a & b\end{vmatrix}=-2b(\lambda+a)$$

于是由 $(2b(\lambda+a),D_4(\lambda))=1,D_3(\lambda)\,|\,D_4(\lambda)$ 知 $(2b(\lambda+a),D_3(\lambda))=1$，可得

$$D_1(\lambda)=D_2(\lambda)=D_3(\lambda)=1,D_4(\lambda)=[(\lambda+a)^2+b^2]^2$$

故该 λ-矩阵的不变因子为

$$d_1(\lambda)=d_2(\lambda)=d_3(\lambda)=1,d_4(\lambda)=[(\lambda+a)^2+b^2]^2$$

从而初等因子为 $(\lambda+a+b\mathrm{i})^2,(\lambda+a-b\mathrm{i})^2$.

当 $b=0$ 时，所给矩阵的右上角的二阶子式为 1，所以其二阶行列式因子为 $D_2(\lambda)=1$，从而 $D_1(\lambda)=1$，显然 $D_3(\lambda)=(\lambda+a)^2,D_4(\lambda)=(\lambda+a)^4$，故该 λ-矩阵的不变因子为

$$d_1(\lambda)=d_2(\lambda)=1,d_3(\lambda)=(\lambda+a)^2,d_4(\lambda)=(\lambda+a)^2$$

从而初等因子为 $(\lambda+a)^2,(\lambda+a)^2$

2. 证明

$$\begin{pmatrix}\lambda & -1 & 0 & \cdots & 0 & 0\\ 0 & \lambda & -1 & \cdots & 0 & 0\\ 0 & 0 & \lambda & \cdots & 0 & 0\\ \vdots & \vdots & \vdots & & \vdots & \vdots\\ 0 & 0 & 0 & \cdots & \lambda & -1\\ a_n & a_{n-1} & a_{n-2} & \cdots & a_2 & \lambda+a_1\end{pmatrix}$$

的不变因子为 $d_1(\lambda)=\cdots=d_{n-1}(\lambda)=1$，$d_n(\lambda)=\lambda^n+a_1\lambda^{n-1}+\cdots+a_{n-1}\lambda+a_0$.

证明 因为

$$D_n(\lambda)=\begin{vmatrix}\lambda & -1 & 0 & \cdots & 0 & 0\\ 0 & \lambda & -1 & \cdots & 0 & 0\\ 0 & 0 & \lambda & \cdots & 0 & 0\\ \vdots & \vdots & \vdots & & \vdots & \vdots\\ 0 & 0 & 0 & \cdots & \lambda & -1\\ a_n & a_{n-1} & a_{n-2} & \cdots & a_2 & \lambda+a_1\end{vmatrix}$$

按最后一行展开此行列式，得

$$D_n(\lambda)=(\lambda+a_1)\lambda^{n-1}+a_2\lambda^{n-2}+\cdots+a_{n-1}\lambda+a_n$$

$$f(\lambda)=\lambda^n+a_1\lambda^{n-1}+a_2\lambda_{n-2}+\cdots+a_{n-1}\lambda+a_n$$

因为λ-矩阵右上角的$n-1$阶子式$M_{n-1}=(-1)^{n-1}$，所以$D_{n-1}(\lambda)=1$，从而

$$D_1(\lambda)=D_2(\lambda)=\cdots=D_{n-1}(\lambda)=1$$

故所给矩阵的不变因子为

$$d_1(\lambda)=d_2(\lambda)=\cdots=d_{n-1}(\lambda)=1,d_n(\lambda)=\lambda^n+a_1\lambda^{n-1}+\cdots+a_{n-1}\lambda+a_n$$

证毕.

3. 已知五阶矩阵$\boldsymbol{A}(\lambda)$的不变因子，求初等因子、行列式因子.

（1）$1,1,\lambda,\lambda^2(\lambda-1),\lambda^2(\lambda-1)^3(\lambda+1)^2$；

（2）$1,\lambda+1,\lambda^2(\lambda-1)(\lambda+1),\lambda^2(\lambda-1)^3(\lambda+1)^2,\lambda^3(\lambda-1)^3(\lambda+1)^2$.

解 （1）初等因子为$\lambda,\lambda^2,\lambda^2,(\lambda-1),(\lambda-1)^3,(\lambda+1)^2$；

行列式因子为$D_1(\lambda)=D_2(\lambda)=1,\ \ D_3(\lambda)=\lambda,D_4(\lambda)=\lambda^3(\lambda-1),D_5(\lambda)=\lambda^5(\lambda-1)^4(\lambda+1)^2$.

（2）初等因子为$\lambda+1,\lambda+1,(\lambda+1)^2,(\lambda+1)^2,\lambda^2,\lambda^2,\lambda^3,\lambda-1,(\lambda-1)^3,(\lambda-1)^3$；

行列式因子为$D_1(\lambda)=1,\ D_2(\lambda)=\lambda+1,D_3(\lambda)=\lambda^2(\lambda-1)(\lambda+1)^2,\ D_4(\lambda)=\lambda^4(\lambda-1)^4(\lambda+1)^4$，$D_5(\lambda)=\lambda^7(\lambda-1)^7(\lambda+1)^6$.

4. 已知秩为 5 的七阶矩阵$\boldsymbol{A}(\lambda)$的初等因子，求不变因子、行列式因子、标准形.

（1）$\lambda,\lambda^2,(\lambda-1)^2,\lambda^2,(\lambda-1)^3,(\lambda+1)^2,(\lambda+1)^3$；

（2）$\lambda+1,\lambda,(\lambda-1),(\lambda+1),\lambda^2,(\lambda-1)^3,(\lambda+1)^2,\lambda^3,(\lambda-1)^3,(\lambda+1)^3$.

解 （1）不变因子为

$$d_1(\lambda)=1,d_2(\lambda)=1,d_3(\lambda)=\lambda,d_4(\lambda)=\lambda^2(\lambda-1)^2(\lambda+1)^2,d_5(\lambda)=\lambda^2(\lambda-1)^3(\lambda+1)^3$$

行列式因子为

$$D_1(\lambda)=1,D_2(\lambda)=1,D_3(\lambda)=\lambda,D_4(\lambda)=\lambda^3(\lambda-1)^2(\lambda+1)^2,D_5(\lambda)=\lambda^5(\lambda-1)^5(\lambda+1)^5$$

标准形分别为

$$\begin{pmatrix}1&&&&&&\\&1&&&&&\\&&\lambda&&&&\\&&&\lambda^2(\lambda-1)^2(\lambda+1)^2&&&\\&&&&\lambda^2(\lambda-1)^3(\lambda+1)^3&&\\&&&&&0&\\&&&&&&0\end{pmatrix}$$

（2）不变因子为

$$d_1(\lambda)=1,d_2(\lambda)=\lambda+1,d_3(\lambda)=\lambda(\lambda+1)(\lambda-1),$$

$$d_4(\lambda)=\lambda^2(\lambda-1)^3(\lambda+1)^2,d_5(\lambda)=\lambda^3(\lambda-1)^3(\lambda+1)^3$$

行列式因子为

$$D_1(\lambda)=1,D_2(\lambda)=\lambda+1,D_3(\lambda)=\lambda(\lambda+1)^2(\lambda-1),$$

$$D_4(\lambda)=\lambda^3(\lambda-1)^4(\lambda+1)^5, D_5(\lambda)=\lambda^6(\lambda-1)^7(\lambda+1)^8$$

标准形分别为

$$\begin{pmatrix} 1 & & & & & & \\ & \lambda+1 & & & & & \\ & & \lambda(\lambda+1)(\lambda-1) & & & & \\ & & & \lambda^2(\lambda-1)^3(\lambda+1)^2 & & & \\ & & & & \lambda^3(\lambda-1)^3(\lambda+1)^3 & & \\ & & & & & 0 & \\ & & & & & & 0 \end{pmatrix}$$

5. 求数字矩阵

$$\boldsymbol{A}=\begin{pmatrix} 2 & -1 & 1 \\ 0 & 3 & -1 \\ 2 & 1 & 3 \end{pmatrix}, \boldsymbol{B}=\begin{pmatrix} 2 & 0 & 0 \\ -4 & -1 & 0 \\ 4 & -8 & 2 \end{pmatrix}$$

的行列式因子、不变因子和初等因子.

解 （1）$\lambda\boldsymbol{E}-\boldsymbol{A}=\begin{pmatrix} \lambda-2 & 1 & -1 \\ 0 & \lambda-3 & 1 \\ -2 & -1 & \lambda-3 \end{pmatrix}$,

所给矩阵的二三行一四列的二阶子式为 2, 所以其二阶行列式因子为 $D_2(\lambda)=1$，从而 $D_1(\lambda)=1$，显然 $D_3(\lambda)=(\lambda-2)^2(\lambda-4)$，故矩阵 A 的不变因子为

$$d_1(\lambda)=d_2(\lambda)=1, d_3(\lambda)=(\lambda-2)^2(\lambda-4)$$

从而初等因子为 $(\lambda-2)^2, (\lambda-4)$.

（2）$\lambda\boldsymbol{E}-\boldsymbol{B}=\begin{pmatrix} \lambda-2 & 0 & 0 \\ 4 & \lambda+1 & 0 \\ -4 & 8 & \lambda-2 \end{pmatrix}$,

所给矩阵的二三行一二列的二阶子式为 $4(\lambda+9)$，显然 $D_3(\lambda)=(\lambda-2)^2(\lambda+1)$，由 $(4(\lambda+9), D_3(\lambda))=1$ 知其二阶行列式因子为 $D_2(\lambda)=1$，从而 $D_1(\lambda)=1$，故矩阵 $\boldsymbol{B}$ 的不变因子为

$$d_1(\lambda)=d_2(\lambda)=1, d_3(\lambda)=(\lambda-2)^2(\lambda+1)$$

从而初等因子为 $(\lambda-2)^2, (\lambda+1)$.

习题 7.3

1. 证明 $\begin{pmatrix} \lambda_0 & 0 & 0 \\ 1 & \lambda_0 & 0 \\ 0 & 1 & \lambda_0 \end{pmatrix}$ 与 $\begin{pmatrix} \lambda_0 & 0 & 0 \\ a & \lambda_0 & 0 \\ 0 & a & \lambda_0 \end{pmatrix}$（$a$ 为任一非零实数）相似.

解 由$\begin{vmatrix}\lambda-\lambda_0 & 0 & 0\\ -1 & \lambda-\lambda_0 & 0\\ 0 & -1 & \lambda-\lambda_0\end{vmatrix}$知$\begin{pmatrix}\lambda_0 & 0 & 0\\ 1 & \lambda_0 & 0\\ 0 & 1 & \lambda_0\end{pmatrix}$的行列式因子为$D_2(\lambda)=D_1(\lambda)=1$，从而$D_3(\lambda)=(\lambda-\lambda_0)^3$.

由$\begin{vmatrix}\lambda-\lambda_0 & 0 & 0\\ -a & \lambda-\lambda_0 & 0\\ 0 & -a & \lambda-\lambda_0\end{vmatrix}$知$\begin{pmatrix}\lambda_0 & 0 & 0\\ 1 & \lambda_0 & 0\\ 0 & 1 & \lambda_0\end{pmatrix}$的行列式因子为$D_2(\lambda)=D_1(\lambda)=1$，从而$D_3(\lambda)=(\lambda-\lambda_0)^3$.

即两个矩阵有相同的行列式因子，因而两个矩阵相似.

2. 判断下列两组矩阵是否相似.

（1）$\boldsymbol{A}=\begin{pmatrix}-1 & 1 & 0\\ -4 & 3 & 0\\ 1 & 0 & 2\end{pmatrix}$，$\boldsymbol{B}=\begin{pmatrix}3 & 0 & 8\\ 3 & -1 & 6\\ -2 & 0 & -5\end{pmatrix}$；

（2）$\boldsymbol{A}=\begin{pmatrix}-1 & 1 & 0\\ -4 & 3 & 0\\ 1 & 0 & 2\end{pmatrix}$，$\boldsymbol{C}=\begin{pmatrix}2 & 0 & 0\\ 0 & 1 & 1\\ 1 & 0 & 1\end{pmatrix}$.

解 （1）由$\lambda\boldsymbol{E}-\boldsymbol{A}=\begin{pmatrix}\lambda+1 & -1 & 0\\ 4 & \lambda-3 & 0\\ -1 & 0 & \lambda-2\end{pmatrix}$知矩阵$\boldsymbol{A}$的行列式因子为$D_2(\lambda)=D_1(\lambda)=1$，从而$D_3(\lambda)=(\lambda-1)^2(\lambda-2)$.

由$\lambda\boldsymbol{E}-\boldsymbol{B}=\begin{pmatrix}\lambda-3 & 0 & -8\\ -3 & \lambda+1 & 6\\ 2 & 0 & \lambda+5\end{pmatrix}$知矩阵$\boldsymbol{B}$的行列式因子为$D_1(\lambda)=1, D_2(\lambda)=\lambda+1$，从而$D_3(\lambda)=(\lambda+1)^3$.

故$\boldsymbol{A}$与$\boldsymbol{B}$不相似.

（2）由$\lambda\boldsymbol{E}-\boldsymbol{C}=\begin{pmatrix}\lambda-2 & 0 & 0\\ 0 & \lambda-1 & -1\\ -1 & 0 & \lambda-1\end{pmatrix}$知矩阵$\boldsymbol{C}$的行列式因子为$D_2(\lambda)=D_1(\lambda)=1$，从而$D_3(\lambda)=(\lambda-1)^2(\lambda-2)$.

故$\boldsymbol{A}$与$\boldsymbol{C}$相似.

习题 7.4

1. 求下列复矩阵的若尔当标准形.

（1）$\boldsymbol{A}=\begin{pmatrix}1 & 2 & 0\\ 0 & 2 & 0\\ -2 & -2 & -1\end{pmatrix}$；（2）$\boldsymbol{B}=\begin{pmatrix}13 & 16 & 16\\ -5 & -7 & -6\\ -6 & -8 & -7\end{pmatrix}$.

解　（1）$\lambda \boldsymbol{E}-\boldsymbol{A}=\begin{pmatrix} \lambda-1 & -2 & 0 \\ 0 & \lambda-2 & 0 \\ 2 & 2 & \lambda+1 \end{pmatrix} \to \begin{pmatrix} 1 & 1 & \frac{\lambda+1}{2} \\ 0 & \lambda-2 & 0 \\ \lambda-1 & -2 & 0 \end{pmatrix}$

$$\to \begin{pmatrix} 1 & 0 & 0 \\ 0 & \lambda-2 & 0 \\ 0 & -\lambda-1 & \frac{(\lambda+1)(1-\lambda)}{2} \end{pmatrix} \to \begin{pmatrix} 1 & 0 & 0 \\ 0 & -\lambda-1 & \frac{(\lambda+1)(1-\lambda)}{2} \\ 0 & \lambda-2 & 0 \end{pmatrix}$$

$$\to \begin{pmatrix} 1 & 0 & 0 \\ 0 & 1 & 0 \\ 0 & 0 & (\lambda+1)(\lambda-1)(\lambda-2) \end{pmatrix}$$

于是 $\boldsymbol{A}$ 的初等因子是 $\lambda+1$，$\lambda-1$，$\lambda-2$，故 $\boldsymbol{A}$ 的若尔当标准形为

$$\boldsymbol{J}=\begin{pmatrix} 1 & 0 & 0 \\ 0 & -1 & 0 \\ 0 & 0 & 2 \end{pmatrix}$$

（2）$\lambda \boldsymbol{E}-\boldsymbol{B}=\begin{pmatrix} \lambda-13 & -16 & -16 \\ 5 & \lambda+7 & 6 \\ 6 & 8 & \lambda+7 \end{pmatrix} \to \begin{pmatrix} 1 & \lambda+1 & -10 \\ -\lambda-2 & \lambda+1 & 6 \\ -2 & 1-\lambda & \lambda+7 \end{pmatrix}$

$$\to \begin{pmatrix} 1 & 0 & 0 \\ 0 & (\lambda+1)(\lambda+3) & -10\lambda-14 \\ 0 & \lambda+3 & -(\lambda-1)^2 \end{pmatrix} \to \begin{pmatrix} 1 & 0 & 0 \\ 0 & -16 & \lambda+3 \\ 0 & -(\lambda-1)^2 & 0 \end{pmatrix}$$

$$\to \begin{pmatrix} 1 & 0 & 0 \\ 0 & 1 & 0 \\ 0 & 0 & (\lambda-1)^2(\lambda+3) \end{pmatrix}$$

于是 $\boldsymbol{B}$ 的初等因子是 $(\lambda-1)^2$，$\lambda+3$，故 $\boldsymbol{B}$ 的若尔当标准形为

$$\boldsymbol{J}=\begin{pmatrix} -3 & 0 & 0 \\ 0 & 1 & 0 \\ 0 & 1 & 1 \end{pmatrix}$$

2. 已知矩阵

$$（1）\boldsymbol{A}=\begin{pmatrix} -1 & -2 & 6 \\ -1 & 0 & 3 \\ -1 & -1 & 4 \end{pmatrix}，（2）\boldsymbol{A}=\begin{pmatrix} 3 & -4 & 0 & 2 \\ 4 & -5 & -2 & 4 \\ 0 & 0 & 3 & -2 \\ 0 & 0 & 2 & -1 \end{pmatrix}$$

求可逆矩阵 $\boldsymbol{P}$，使 $\boldsymbol{P}^{-1}\boldsymbol{A}\boldsymbol{P}=\boldsymbol{J}$，这里 $\boldsymbol{J}$ 是矩阵 $\boldsymbol{A}$ 的若尔当标准形.

解　（1）$\lambda E-A=\begin{pmatrix}\lambda+1 & 2 & -6\\ 1 & \lambda & -3\\ 1 & 1 & \lambda-4\end{pmatrix}\to\begin{pmatrix}1 & 0 & 0\\ 0 & \lambda-1 & 0\\ 0 & 0 & (\lambda-1)^2\end{pmatrix}$，

于是 A 的初等因子是 $\lambda-1$，$(\lambda-1)^2$，故 A 的若尔当标准形为

$$J=\begin{pmatrix}1 & 0 & 0\\ 0 & 1 & 0\\ 0 & 1 & 1\end{pmatrix}$$

设 $P=(p_1,p_2,p_3)$，使 $P^{-1}AP=J$，由 $AP=PJ$，即

$$A(p_1,p_2,p_3)=(p_1,p_2,p_3)\begin{pmatrix}1 & 0 & 0\\ 0 & 1 & 0\\ 0 & 1 & 1\end{pmatrix}$$

可得
$$\begin{cases}Ap_1=p_1\\ Ap_2=p_2+p_3\\ Ap_3=p_3\end{cases}$$

求解 $(E-A)X=0$，得基础解系

$$\xi_1=\begin{pmatrix}-1\\ 1\\ 0\end{pmatrix},\xi_2=\begin{pmatrix}3\\ 0\\ 1\end{pmatrix}$$

取
$$p_1=\begin{pmatrix}-1\\ 1\\ 0\end{pmatrix},\quad p_3=k_1\xi_1+k_2\xi_2=\begin{pmatrix}-k_1+3k_2\\ k_1\\ k_2\end{pmatrix}$$

求解 $(E-A)X=-p_3$，当 $k_1=k_2$ 时有解，令 $k_1=k_2=1$，求得一个特解 $p_2=\begin{pmatrix}-1\\ 0\\ 0\end{pmatrix}$，此时 $p_3=\begin{pmatrix}2\\ 1\\ 1\end{pmatrix}$.

则有

$$P=\begin{pmatrix}-1 & -1 & 2\\ 1 & 0 & 1\\ 0 & 0 & 1\end{pmatrix}，使 P^{-1}AP=J=\begin{pmatrix}1 & 0 & 0\\ 0 & 1 & 0\\ 0 & 1 & 1\end{pmatrix}$$

（2）$\lambda E-A=\begin{pmatrix}\lambda-3 & 4 & 0 & -2\\ -4 & \lambda+5 & 2 & -4\\ 0 & 0 & \lambda-3 & 2\\ 0 & 0 & -2 & \lambda+1\end{pmatrix}$，

由右上角的二阶行列式为 1 可知矩阵 A 的行列式因子为 $D_2(\lambda)=D_1(\lambda)=1$，又由子式

$$\begin{vmatrix}4 & 0 & -2\\ \lambda+5 & 2 & -4\\ 0 & \lambda-3 & 2\end{vmatrix}=-2(\lambda^2-6\lambda+1),\quad \begin{vmatrix}\lambda-3 & 4 & 0\\ -4 & \lambda+5 & 2\\ 0 & 0 & \lambda-3\end{vmatrix}=(\lambda-3)(\lambda+1)^2$$

可知 $D_3(\lambda)=1$，容易求得 $D_3(\lambda)=(\lambda-1)^2(\lambda+1)^2$.

于是 $\boldsymbol{A}$ 的初等因子是 $(\lambda+1)^2$，$(\lambda-1)^2$，故 $\boldsymbol{A}$ 的若尔当标准形为

$$\boldsymbol{J}=\begin{pmatrix}-1 & 0 & 0 & 0\\ 1 & -1 & 0 & 0\\ 0 & 0 & 1 & 0\\ 0 & 0 & 1 & 1\end{pmatrix}$$

设 $\boldsymbol{P}=(\boldsymbol{p}_1,\boldsymbol{p}_2,\boldsymbol{p}_3,\boldsymbol{p}_4)$，使 $\boldsymbol{P}^{-1}\boldsymbol{AP}=\boldsymbol{J}$，由 $\boldsymbol{AP}=\boldsymbol{PJ}$，即

$$\boldsymbol{A}(\boldsymbol{p}_1,\boldsymbol{p}_2,\boldsymbol{p}_3,\boldsymbol{p}_4)=(\boldsymbol{p}_1,\boldsymbol{p}_2,\boldsymbol{p}_3,\boldsymbol{p}_4)\begin{pmatrix}-1 & 0 & 0 & 0\\ 1 & -1 & 0 & 0\\ 0 & 0 & 1 & 0\\ 0 & 0 & 1 & 1\end{pmatrix}$$

可得
$$\begin{cases}\boldsymbol{Ap}_1=-\boldsymbol{p}_1+\boldsymbol{p}_2\\ \boldsymbol{Ap}_2=-\boldsymbol{p}_2\\ \boldsymbol{Ap}_3=\boldsymbol{p}_3+\boldsymbol{p}_4\\ \boldsymbol{Ap}_4=\boldsymbol{p}_4\end{cases}$$

求解 $(-\boldsymbol{E}-\boldsymbol{A})\boldsymbol{X}=\boldsymbol{0}$，得基础解系

$$\xi_1=\begin{pmatrix}1\\1\\0\\0\end{pmatrix}$$

取
$$\boldsymbol{p}_2=k\xi_1=\begin{pmatrix}k\\k\\0\\0\end{pmatrix}$$

求解 $(-\boldsymbol{E}-\boldsymbol{A})\boldsymbol{X}=-\boldsymbol{p}_2$，令 $k=4$，求得一个特解 $\boldsymbol{p}_1=\begin{pmatrix}1\\0\\0\\0\end{pmatrix}$，此时 $\boldsymbol{p}_2=\begin{pmatrix}4\\4\\0\\0\end{pmatrix}$.

求解 $(\boldsymbol{E}-\boldsymbol{A})\boldsymbol{X}=\boldsymbol{0}$，得基础解系

$$\xi_1=\begin{pmatrix}1\\1\\1\\1\end{pmatrix}$$

取 $$p_4 = l\xi_1 = \begin{pmatrix} l \\ l \\ l \\ l \end{pmatrix}$$

求解 $(\boldsymbol{E}-\boldsymbol{A})\boldsymbol{X} = -\boldsymbol{p}_4$，令 $l=2$，求得一个特解 $\boldsymbol{p}_3 = \begin{pmatrix} 1 \\ 0 \\ 1 \\ 0 \end{pmatrix}$，此时 $\boldsymbol{p}_4 = \begin{pmatrix} 2 \\ 2 \\ 2 \\ 2 \end{pmatrix}$.

则有

$$\boldsymbol{P} = \begin{pmatrix} 1 & 4 & 1 & 2 \\ 0 & 4 & 0 & 2 \\ 0 & 0 & 1 & 2 \\ 0 & 0 & 0 & 2 \end{pmatrix}，使 \boldsymbol{P}^{-1}\boldsymbol{AP} = \boldsymbol{J} = \begin{pmatrix} -1 & 0 & 0 & 0 \\ 1 & -1 & 0 & 0 \\ 0 & 0 & 1 & 0 \\ 0 & 0 & 1 & 1 \end{pmatrix}$$

3.（2020 年中山大学考研真题）已知 5 阶矩阵

$$\boldsymbol{A} = \begin{pmatrix} 0 & 1 & 0 & 0 & 0 \\ 0 & 0 & 1 & 0 & 0 \\ 0 & 0 & 0 & 1 & 0 \\ 0 & 0 & 0 & 0 & 1 \\ 0 & 0 & 0 & 0 & 0 \end{pmatrix}$$

求 $\boldsymbol{A}^2$ 的若尔当标准形.

解 记

$$\boldsymbol{B} = \boldsymbol{A}^2 = \begin{pmatrix} 0 & 0 & 1 & 0 & 0 \\ 0 & 0 & 0 & 1 & 0 \\ 0 & 0 & 0 & 0 & 1 \\ 0 & 0 & 0 & 0 & 0 \\ 0 & 0 & 0 & 0 & 0 \end{pmatrix}$$

则 $$\boldsymbol{B}^2 = \begin{pmatrix} 0 & 0 & 0 & 0 & 1 \\ 0 & 0 & 0 & 0 & 0 \\ 0 & 0 & 0 & 0 & 0 \\ 0 & 0 & 0 & 0 & 0 \\ 0 & 0 & 0 & 0 & 0 \end{pmatrix}, \boldsymbol{B}^3 = \begin{pmatrix} 0 & 0 & 0 & 0 & 0 \\ 0 & 0 & 0 & 0 & 0 \\ 0 & 0 & 0 & 0 & 0 \\ 0 & 0 & 0 & 0 & 0 \\ 0 & 0 & 0 & 0 & 0 \end{pmatrix}$$

可知 $\boldsymbol{B}$ 的最小多项式为 λ^3，即 $\lambda\boldsymbol{E}-\boldsymbol{B}$ 的最后一个不变因子为 λ^3.

考察

$$\lambda\boldsymbol{E}-\boldsymbol{B} = \begin{pmatrix} \lambda & 0 & -1 & 0 & 0 \\ 0 & \lambda & 0 & -1 & 0 \\ 0 & 0 & \lambda & 0 & -1 \\ 0 & 0 & 0 & \lambda & 0 \\ 0 & 0 & 0 & 0 & \lambda \end{pmatrix},$$

由右上角的三阶行列式为 -1 可知，矩阵 $\boldsymbol{B}$ 的行列式因子为 $D_3(\lambda)=D_2(\lambda)=D_1(\lambda)=1$，显然 $D_5(\lambda)=\lambda^5$，从而不变因子 $d_3(\lambda)=d_2(\lambda)=d_1(\lambda)=1$，又 $d_5(\lambda)d_4(\lambda)d_3(\lambda)d_2(\lambda)d_1(\lambda)=\lambda^5$，及最后一个不变因子等于其最小多项式，可得 $d_5(\lambda)=\lambda^3$，所以 $d_4(\lambda)=\lambda^2$.

于是 $\boldsymbol{A}$ 的初等因子是 λ^2,λ^3，故矩阵 $\boldsymbol{B}$ 的若尔当标准形为

$$\boldsymbol{A}=\begin{pmatrix}0&0&0&0&0\\1&0&0&0&0\\0&0&0&0&0\\0&0&1&0&0\\0&0&0&1&0\end{pmatrix}$$

4. （2020 年中国海洋大学考研真题）已知矩阵

$$\boldsymbol{A}=\begin{pmatrix}1&-1&2\\3&-3&6\\2&-2&4\end{pmatrix}$$

（1）求出 $\boldsymbol{A}$ 的特征矩阵的等价标准形；

（2）写出 $\boldsymbol{A}$ 的不变因子、行列式因子、初等因子；

（3）写出 $\boldsymbol{A}$ 的特征多项式和最小多项式；

（4）写出 $\boldsymbol{A}$ 的若尔当标准形.

解 （1）

$$\lambda\boldsymbol{E}-\boldsymbol{A}=\begin{pmatrix}\lambda-1&1&-2\\-3&\lambda+3&-6\\-2&2&\lambda-4\end{pmatrix}\to\begin{pmatrix}\lambda-1&1&-2\\1&\lambda-1&-2\lambda+2\\-2&2&\lambda-4\end{pmatrix}$$

$$\to\begin{pmatrix}0&-\lambda^2+2\lambda&2\lambda^2-4\lambda\\1&\lambda-1&-2\lambda+2\\0&2\lambda&-3\lambda\end{pmatrix}\to\begin{pmatrix}1&\lambda-1&-2\lambda+2\\0&-\lambda^2+2\lambda&2\lambda^2-4\lambda\\0&2\lambda&-3\lambda\end{pmatrix}$$

$$\to\begin{pmatrix}1&0&0\\0&0&\frac{1}{2}\lambda^2-\lambda\\0&\lambda&-\frac{3}{2}\lambda\end{pmatrix}\to\begin{pmatrix}1&0&0\\0&-\lambda^2+2\lambda&2\lambda^2-4\lambda\\0&\lambda&-\frac{3}{2}\lambda\end{pmatrix}$$

$$\to\begin{pmatrix}1&0&0\\0&0&\frac{1}{2}\lambda^2-\lambda\\0&\lambda&0\end{pmatrix}\to\begin{pmatrix}1&0&0\\0&\lambda&0\\0&0&\lambda(\lambda-2)\end{pmatrix}=\boldsymbol{B}(\lambda)$$

$\boldsymbol{B}(\lambda)$ 即 $\boldsymbol{A}$ 的特征矩阵的等价标准形.

（2）易得 $\boldsymbol{A}$ 的不变因子为 $d_1(\lambda)=1,d_2(\lambda)=\lambda,d_3(\lambda)=\lambda(\lambda-2)$；

行列式因子为 $D_1(\lambda)=1,D_2(\lambda)=\lambda,D_3(\lambda)=\lambda^2(\lambda-2)$；

初等因子为 $\lambda,\lambda,(\lambda-2)$.

（3）$\boldsymbol{A}$的特征多项式为 $f(\lambda)=D_3(\lambda)=\lambda^2(\lambda-2)$；

最小多项式为 $m(\lambda)=d_3(\lambda)=\lambda(\lambda-2)$.

（4）由初等因子易得 $\boldsymbol{A}$ 的若尔当标准形为

$$\boldsymbol{J}=\begin{pmatrix}0&0&0\\0&0&0\\0&0&2\end{pmatrix}$$

5.（2020 年北京科技大学考研真题）设矩阵

$$\boldsymbol{A}=\begin{pmatrix}1&0&0\\x&1&0\\1&0&-2\end{pmatrix}$$

求矩阵 $\boldsymbol{A}$ 可能有怎样的若尔当标准形.

解 （解法一）$\lambda\boldsymbol{E}-\boldsymbol{A}=\begin{pmatrix}\lambda-1&0&0\\-x&\lambda-1&0\\-1&0&\lambda+2\end{pmatrix}\to\begin{pmatrix}0&0&(\lambda+2)(\lambda-1)\\0&\lambda-1&-x(\lambda+2)\\-1&0&\lambda+2\end{pmatrix}$

$$\to\begin{pmatrix}1&0&-(\lambda+2)\\0&\lambda-1&-x(\lambda+2)\\0&0&(\lambda+2)(\lambda-1)\end{pmatrix}\to\begin{pmatrix}1&0&0\\0&\lambda-1&-x(\lambda+2)\\0&0&(\lambda+2)(\lambda-1)\end{pmatrix}$$

若 $x=0$，矩阵 $\lambda\boldsymbol{E}-\boldsymbol{A}$ 的等价标准形为

$$\begin{pmatrix}1&0&0\\0&\lambda-1&0\\0&0&(\lambda+2)(\lambda-1)\end{pmatrix}$$

于是 $\boldsymbol{A}$ 的初等因子是 $\lambda-1,\lambda-1,\lambda+2$，故矩阵 $\boldsymbol{A}$ 的若尔当标准形为

$$\boldsymbol{A}=\begin{pmatrix}1&&\\&1&\\&&-2\end{pmatrix}$$

若 $x\neq0$，则

$$\lambda\boldsymbol{E}-\boldsymbol{A}\to\begin{pmatrix}1&0&0\\0&\lambda-1&-x(\lambda+2)\\0&0&(\lambda+2)(\lambda-1)\end{pmatrix}\to\begin{pmatrix}1&0&0\\0&\lambda-1&-3x\\0&0&(\lambda+2)(\lambda-1)\end{pmatrix}$$

$$\to\begin{pmatrix}1&0&0\\0&0&-3x\\0&\dfrac{1}{3x}(\lambda+2)(\lambda-1)^2&(\lambda+2)(\lambda-1)\end{pmatrix}\to\begin{pmatrix}1&0&0\\0&0&-3x\\0&\dfrac{1}{3x}(\lambda+2)(\lambda-1)^2&0\end{pmatrix}$$

$$\to\begin{pmatrix}1&0&0\\0&1&0\\0&0&(\lambda+2)(\lambda-1)^2\end{pmatrix}$$

于是 $\boldsymbol{A}$ 的初等因子是 $(\lambda-1)^2,\lambda+2$，故矩阵 $\boldsymbol{A}$ 的若尔当标准形为

$$\boldsymbol{A}=\begin{pmatrix}1&&\\1&1&\\&&-2\end{pmatrix}$$

（解法二）$|\lambda\boldsymbol{E}-\boldsymbol{A}|=(\lambda-1)^2(\lambda+2)$，其特征值为 $\lambda_1=1(二重),\lambda_2=-2$，

若 $x=0$，则 $R(\boldsymbol{E}-\boldsymbol{A})=1,(\boldsymbol{E}-\boldsymbol{A})\boldsymbol{X}=\boldsymbol{0}$ 的解空间的维数等于 2，即特征值 $\lambda_1=1$ 的几何重数等于其代数重数，所以矩阵 $\boldsymbol{A}$ 可以对角化，故其若尔当标准形为对角形矩阵

$$\boldsymbol{D}=\begin{pmatrix}1&0&0\\0&1&0\\0&0&-2\end{pmatrix}$$

若 $x\neq 0$，则 $R(\boldsymbol{E}-\boldsymbol{A})=2,(\boldsymbol{E}-\boldsymbol{A})\boldsymbol{X}=\boldsymbol{0}$ 的解空间的维数等于 1，即特征值 $\lambda_1=1$ 对应的若尔当块为一块，故其若尔当标准形为

$$\boldsymbol{D}=\begin{pmatrix}1&0&0\\1&1&0\\0&0&-2\end{pmatrix}$$

6.（2012 年华东师范大学考研真题）求矩阵

$$\boldsymbol{A}=\begin{pmatrix}5&0&-4&-4\\6&8&1&8\\14&7&-6&0\\-6&-7&-1&-7\end{pmatrix}$$

的特征多项式、初等因子组、极（最）小多项式以及若尔当（Jordan）标准形.

解　（解法一）$\boldsymbol{A}$ 的特征多项式为

$$f(\lambda)=|\lambda\boldsymbol{E}-\boldsymbol{A}|=\begin{vmatrix}\lambda-5&0&4&4\\-6&\lambda-8&-1&-8\\-14&-7&\lambda+6&0\\6&7&1&\lambda+7\end{vmatrix}=\begin{vmatrix}\lambda-5&0&4&4\\-6&\lambda-8&-1&-8\\-14&-7&\lambda+6&0\\0&\lambda-1&0&\lambda-1\end{vmatrix}$$

$$=(\lambda-1)\begin{vmatrix}\lambda-5&0&4&4\\-6&\lambda-8&-1&-8\\-14&-7&\lambda+6&0\\0&1&0&1\end{vmatrix}=(\lambda-1)\begin{vmatrix}\lambda-5&-4&4&0\\-6&\lambda&-1&0\\-14&-7&\lambda+6&0\\0&1&0&1\end{vmatrix}$$

$$=(\lambda-1)\begin{vmatrix}\lambda-5&-4&4\\-6&\lambda&-1\\-14&-7&\lambda+6\end{vmatrix}=(\lambda-1)\begin{vmatrix}\lambda-29&4\lambda-4&0\\-6&\lambda&-1\\-6\lambda-50&\lambda^2+6\lambda-7&0\end{vmatrix}$$

$$=(\lambda-1)\begin{vmatrix}\lambda-29 & 4\lambda-4\\ -6\lambda-50 & \lambda^2+6\lambda-7\end{vmatrix}=(\lambda-1)^3(\lambda+3)$$

可知 $(\boldsymbol{A}-\boldsymbol{E})\neq\boldsymbol{O},\boldsymbol{A}+3\boldsymbol{E}\neq\boldsymbol{O},(\boldsymbol{A}-\boldsymbol{E})^2\neq\boldsymbol{O},(\boldsymbol{A}-\boldsymbol{E})(\boldsymbol{A}+3\boldsymbol{E})\neq\boldsymbol{O}$，

而 $(\boldsymbol{A}-\boldsymbol{E})^2(\boldsymbol{A}+3\boldsymbol{E})=\boldsymbol{O}$，所以 $\boldsymbol{A}$ 的最小多项式为 $(\lambda-1)^2(\lambda+3)$.

故 $\boldsymbol{A}$ 的最后一个不变因子为 $d_4(\lambda)=(\lambda-1)^2(\lambda+3)$，显然 $d_1(\lambda)=D_1(\lambda)=1,d_2(\lambda)=D_2(\lambda)=1$，所以 $d_3(\lambda)=D_3(\lambda)=\lambda-1$，从而初等因子为 $\lambda-1,(\lambda-1)^2,\lambda+3$.

若故其尔当标准形为

$$\boldsymbol{J}=\begin{pmatrix}1&0&0&0\\0&1&0&0\\0&1&1&0\\0&0&0&-3\end{pmatrix}$$

（解法二）
$$\lambda\boldsymbol{E}-\boldsymbol{A}=\begin{pmatrix}\lambda-5&0&4&4\\-6&\lambda-8&-1&-8\\-14&-7&\lambda+6&0\\6&7&1&\lambda+7\end{pmatrix}$$

以第二行第三列的元素 1 为主元进行主元消去，得

$$\lambda\boldsymbol{E}-\boldsymbol{A}\to\begin{pmatrix}\lambda-29&4\lambda-32&0&-28\\0&0&-1&0\\-6\lambda-50&\lambda^2-2\lambda-55&0&-8\lambda-48\\0&\lambda-1&0&\lambda-1\end{pmatrix}$$

再以-28 为主元进行主元消去，得

$$\lambda\boldsymbol{E}-\boldsymbol{A}\to\begin{pmatrix}0&0&0&1\\0&0&1&0\\2\lambda^2-4\lambda+2&\lambda^2-2\lambda+1&0&0\\\lambda^2-30\lambda+29&4\lambda^2-8\lambda+4&0&0\end{pmatrix}\to\begin{pmatrix}0&0&0&1\\0&0&1&0\\56(\lambda-1)&-7(\lambda-1)^2&0&0\\(\lambda-1)(\lambda-29)&4(\lambda-1)^2&0&0\end{pmatrix}$$

$$\to\begin{pmatrix}0&0&0&1\\0&0&1&0\\56(\lambda-1)&-7(\lambda-1)^2&0&0\\0&\dfrac{7(\lambda-1)^2(\lambda+3)}{56}&0&0\end{pmatrix}\to\begin{pmatrix}0&0&0&1\\0&0&1&0\\(\lambda-1)&&0&0\\0&(\lambda-1)^2(\lambda+3)&0&0\end{pmatrix}$$

$$\to\begin{pmatrix}1&0&0&0\\0&1&0&0\\0&0&(\lambda-1)&0\\0&0&0&(\lambda-1)^2(\lambda+3)\end{pmatrix}$$

所以，特征多项式为 $(\lambda-1)^3(\lambda+3)$，最小多项式为 $(\lambda-1)^2(\lambda+3)$，初等因子为 $\lambda-1,(\lambda-1)^2,\lambda+3$，若尔当标准形为

$$
\boldsymbol{J}=\begin{pmatrix}1&0&0&0\\0&1&0&0\\0&1&1&0\\0&0&0&-3\end{pmatrix}
$$

7. 设矩阵 $\boldsymbol{A}\in M_n(\mathbf{C})$，且满足 $\boldsymbol{A}^3-6\boldsymbol{A}^2+11\boldsymbol{A}-6\boldsymbol{E}=\boldsymbol{O}$，证明：$\boldsymbol{A}$对角化.

证明 设 $f(x)=x^3-6x^2+11x-6$，则有 $f(x)=(x-1)(x-2)(x-3)$，由 $f(\boldsymbol{A})=\boldsymbol{O}$ 及 $f(x)=(x-1)(x-2)(x-3)$ 没有重因式可知，矩阵 $\boldsymbol{A}$ 的最小多项式为 $f(x)=x^3-6x^2+11x-6$，从而矩阵 $\boldsymbol{A}$ 对角化.

8. 设 $\boldsymbol{A}\in M_6(\mathbf{C})$，若 $\boldsymbol{A}$ 的特征多项式和最小多项式分别为 $f(x)=(x+1)^3(x-1)^2(x-2)$，$m(x)=(x+1)^2(x-1)(x-2)$，求矩阵 $\boldsymbol{A}$ 的行列因子、不变因子、初等因子及若尔当标准形.

解 因矩阵 $\boldsymbol{A}$ 的最小多项式即矩阵 $\boldsymbol{A}$ 的最后一个不变因子，从而 $d_5(\lambda)=(\lambda+1)^2(\lambda-1)(\lambda-2)$，而行列式因子与矩阵 $\boldsymbol{A}$ 特征多项式的关系可知 $D_5(\lambda)=(\lambda+1)^3(\lambda-1)^2(\lambda-2)$，而 $D_4(\lambda)=\dfrac{D_5(\lambda)}{d_5(\lambda)}=\lambda+1$，又 $D_4(\lambda)=d_1(\lambda)d_2(\lambda)d_3(\lambda)d_4(\lambda)$，因此 $d_1(\lambda)=d_2(\lambda)=d_3(\lambda)=1,d_4(\lambda)=\lambda+1$，从而得出不变因子为 $d_1(\lambda)-d_2(\lambda)=d_3(\lambda)=1,d_4(\lambda)=(\lambda+1),d_5(\lambda)=(\lambda+1)^2(\lambda-1)(\lambda-2)$，行列式因子为 $D_1(\lambda)=D_2(\lambda)=D_3(\lambda)=1,D_4(\lambda)=(\lambda+1),D_5(\lambda)=(\lambda+1)^3(\lambda-1)(\lambda-2)$，初等因子为 $(\lambda+1),(\lambda+1)^2,(\lambda-1),(\lambda-2)$，从而若尔当标准形为

$$
\boldsymbol{J}=\begin{pmatrix}-1&&&&\\&-1&&&\\&1&-1&&\\&&&1&\\&&&&2\end{pmatrix}
$$

7.3 若尔当标准形自测题

一、填空题

1. 已知 5 阶 λ-矩阵 $\boldsymbol{A}(\lambda)$ 的各阶行列式因子为 $D_1(\lambda)=D_2(\lambda)=D_3(\lambda)=1,\ D_4(\lambda)=\lambda(\lambda-1)$，$D_5(\lambda)=\lambda^3(\lambda-1)^2$，则 $\boldsymbol{A}(\lambda)$ 的不变因子是为 $d_1(\lambda)=d_2(\lambda)=d_3(\lambda)=1,d_4(\lambda)=\lambda(\lambda-1),d_5(\lambda)=\lambda^2(\lambda-1)$，$\boldsymbol{A}(\lambda)$ 的标准形为 $\begin{pmatrix}1&&&&\\&1&&&\\&&1&&\\&&&\lambda(\lambda-1)&\\&&&&\lambda^2(\lambda-1)\end{pmatrix}$.

2. 设 $\boldsymbol{A}\in M_8(\mathbf{C})$，若 $\boldsymbol{A}$ 的初等因子为 $\lambda-1,\lambda-1,\lambda+\mathrm{i},\lambda-\mathrm{i},(\lambda+\mathrm{i})^2,(\lambda-\mathrm{i})^2$，则 $\boldsymbol{A}$ 的为不变因子为 $d_1(\lambda)=\cdots=d_6(\lambda)=1,d_7(\lambda)=(\lambda-1)(\lambda+\mathrm{i})(\lambda-\mathrm{i}),d_8(\lambda)=(\lambda-1)(\lambda+\mathrm{i})^2(\lambda-\mathrm{i})^2$，$\boldsymbol{A}$ 的若尔当标

准形为$\begin{pmatrix}1&&&&&&&\\&1&&&&&&\\&&\mathrm{i}&&&&&\\&&&-\mathrm{i}&&&&\\&&&&\mathrm{i}&&&\\&&&&1&\mathrm{i}&&\\&&&&&&-\mathrm{i}&\\&&&&&&1&-\mathrm{i}\end{pmatrix}$.

3. 设$\boldsymbol{A}\in\mathbf{C}^{n\times n}$，若$\lambda\boldsymbol{E}-\boldsymbol{A}$的标准形为

$$\begin{pmatrix}d_1(\lambda)&&&\\&d_2(\lambda)&&\\&&\ddots&\\&&&d_n(\lambda)\end{pmatrix}$$

则$\boldsymbol{A}$的特征多项式$|\lambda\boldsymbol{E}-\boldsymbol{A}|=\underline{\prod_{i=1}^{n}d_i(\lambda)}$，$\boldsymbol{A}$的最小多项式为$\underline{d_n(\lambda)}$.

4. 矩阵$\boldsymbol{A}(\lambda)=\begin{pmatrix}\lambda&0&\cdots&0&a_n\\-1&\lambda&\cdots&0&a_{n-1}\\\vdots&\vdots&\vdots&\vdots&\vdots\\0&0&\cdots&\lambda&a_2\\0&0&\cdots&-1&\lambda+a_1\end{pmatrix}$的不变因子为$\underline{d_1(\lambda)=\cdots=d_{n-1}(\lambda)=1,d_n(\lambda)=\lambda^n+a_1\lambda^{n-1}+\cdots+a_{n-1}\lambda+a_n}$.

5. 已知4阶λ-矩阵$\boldsymbol{A}(\lambda)$的行列式因子为$D_1(\lambda)=\lambda$，$D_2(\lambda)=\lambda^2$，$D_3(\lambda)=\lambda^3(\lambda-1)$，则$\boldsymbol{A}(\lambda)$的不变因子为$\underline{d_1(\lambda)=\lambda，d_2(\lambda)=\lambda，d_3(\lambda)=\lambda(\lambda-1)}$，$\boldsymbol{A}(\lambda)$的标准形为$\begin{pmatrix}\lambda&&&\\&\lambda&&\\&&\lambda(\lambda-1)&\\&&&0\end{pmatrix}$.

6. 已知 4 阶λ-矩阵的不变因子为$d_1(\lambda)=d_2(\lambda)=\lambda$，$d_3(\lambda)=\lambda(\lambda+1)$，则$\boldsymbol{B}(\lambda)$的行列式因子为$\underline{D_1(\lambda)=\lambda,D_2(\lambda)=\lambda^2，D_3(\lambda)=\lambda^3(\lambda+1)}$，标准形为$\underline{\begin{pmatrix}\lambda&&&\\&\lambda&&\\&&\lambda(\lambda+1)&\\&&&0\end{pmatrix}}$.

7. 设$\boldsymbol{C}(\lambda)$为n阶λ-矩阵，秩为r，$\boldsymbol{C}(\lambda)$的行列式因子有$\underline{\quad r\quad}$个，不变因子有$\underline{\quad r\quad}$个.

8. 4 阶数字矩阵$\boldsymbol{A}$的最小多项式为$(\lambda^2-1)(\lambda^2-4)$，写出矩阵$\boldsymbol{A}$的若尔当标准形$\underline{\begin{pmatrix}1&&&\\&-1&&\\&&2&\\&&&-2\end{pmatrix}}$.

9. n阶数字矩阵不变因子有$\underline{\quad n\quad}$个.

10. 若 4 阶数字矩阵 $\boldsymbol{A}$ 的初等因子为 $\lambda+1, (\lambda-1)^2, \lambda$，则 $\boldsymbol{A}$ 的不变因子为 $\underline{d_1(\lambda)=d_2(\lambda)=d_3(\lambda)=1, d_4(\lambda)=(\lambda+1)(\lambda-1)^2\lambda}$，行列式因子为 $\underline{D_1(\lambda)=D_2(\lambda)=D_3(\lambda)=1, D_4(\lambda)=(\lambda+1)(\lambda-1)^2\lambda}$.

二、判断题

1. $n\times n$ 的 λ-矩阵 $\boldsymbol{A}(\lambda)$ 可逆当且仅当 $R(\boldsymbol{A}(\lambda))=n$. （ × ）
2. λ-矩阵 $\boldsymbol{A}(\lambda)$ 可逆当且仅当 $|\boldsymbol{A}(\lambda)|\neq 0$. （ × ）
3. $\boldsymbol{A}(\lambda)$ 与 $\boldsymbol{B}(\lambda)$ 等价当且仅当它们有相同的行列式因子. （ √ ）
4. 设 $\boldsymbol{A},\boldsymbol{B}\in\mathbf{C}^{n\times n}$，则 $\boldsymbol{A}$ 与 $\boldsymbol{B}$ 相似的充要条件是它们有相同的不变因子. （ √ ）
5. 复矩阵 $\boldsymbol{A}$ 与对角矩阵相似当且仅当它的不变因子全是一次的. （ × ）
6. $\boldsymbol{A},\boldsymbol{B}$ 等价，则 $\lambda\boldsymbol{E}-\boldsymbol{A}, \lambda\boldsymbol{E}-\boldsymbol{B}$ 等价. （ × ）
7. $\lambda\boldsymbol{E}-\boldsymbol{A}, \lambda\boldsymbol{E}-\boldsymbol{B}$ 等价，则 $\boldsymbol{A},\boldsymbol{B}$ 等价. （ √ ）
8. 若 4 阶数字方阵 $\boldsymbol{A}$ 的行列式因子为 $D_1(\lambda)=D_2(\lambda)=1$，$D_3(\lambda)=\lambda^2$，$D_4(\lambda)=\lambda^4$，则 $\boldsymbol{A}$ 的初等因子为 λ^2，λ^2. （ √ ）
9. 设 4 阶数字矩阵 $\boldsymbol{A}$ 的初等因子为 $\lambda-1, (\lambda+1)^2, \lambda$，$\boldsymbol{A}$ 的若尔当标准形是 $\begin{pmatrix}1&0&0&0\\0&-1&0&0\\0&1&-1&0\\0&0&0&0\end{pmatrix}$. （ √ ）
10. 若 $\boldsymbol{A},\boldsymbol{B}$ 的特征矩阵有相同的各阶行列式因子，则 $\boldsymbol{A},\boldsymbol{B}$ 相似. （ √ ）

三、选择题

1. 下列 λ-矩阵，可逆的矩阵是（ C ）.

A. $\begin{pmatrix}\lambda&\lambda^2\\1&\lambda\end{pmatrix}$　　B. $\begin{pmatrix}\lambda&\lambda^2+\lambda\\1&\lambda\end{pmatrix}$

C. $\begin{pmatrix}\lambda&\lambda^2+2\\1&\lambda\end{pmatrix}$　　D. $\begin{pmatrix}\lambda&\lambda^2-2\\1&\lambda+1\end{pmatrix}$

2. 5阶数字矩阵 $\boldsymbol{A}$ 的初等因子可能为（ B ）.

A. $(\lambda-1)^4,(\lambda-2)^2,(\lambda-3)$　　B. $(\lambda-1)^2,(\lambda-2)^2,(\lambda-3)$

C. $(\lambda-1)^2,(\lambda-2)^4,(\lambda-3)$　　D. $(\lambda-1)^2,(\lambda-2)^2,(\lambda-3)^2$

3. 下列结论中正确的是（ ABCD ）.（多选）

A. 两个 λ-矩阵等价的充要条件是它们有相同的行列式因子

B. 两个 λ-矩阵等价的充要条件是它们有相同的不变因子

C. 两个 $s\times n$ 的 λ-矩阵 $\boldsymbol{A}(\lambda)$ 与 $\boldsymbol{B}(\lambda)$ 等价的充要条件为，有一个 $s\times s$ 可逆矩阵与一个 $n\times n$ 可逆矩阵 $\boldsymbol{Q}(\lambda)$，使 $\boldsymbol{B}(\lambda)=\boldsymbol{P}(\lambda)\boldsymbol{A}(\lambda)\boldsymbol{Q}(\lambda)$

D. 设 $\boldsymbol{A},\boldsymbol{B}$ 是数域 $\boldsymbol{F}$ 上两个 $n\times n$ 矩阵．$\boldsymbol{A}$ 与 $\boldsymbol{B}$ 相似的充要条件是它们的特征矩阵 $\lambda\boldsymbol{E}-\boldsymbol{A}$ 和 $\lambda\boldsymbol{E}-\boldsymbol{B}$ 等价

4. 4 阶数字矩阵 $\boldsymbol{A}$ 的初等因子为 $(\lambda-1),(\lambda-1)^2,(\lambda-3)$，则其不变因子为（ C ）.

A. $1, (\lambda-1), (\lambda-3), (\lambda-1)^2$　　B. $1, 1, (\lambda-1)(\lambda-3), (\lambda-1)^2$

C. $1, 1,(\lambda-1),(\lambda-3)(\lambda-1)^2$　　D. $1, 1, (\lambda-3), (\lambda-1)^3$

5. 3 阶数字矩阵 $\boldsymbol{A}$ 的初等因子为 $(\lambda-1),(\lambda-1)^2$，则其行列式因子为（ C ）.

A. $1, (\lambda-1), (\lambda-1)^2$　　B. $1, 1, (\lambda-1)^2$

C. $1, (\lambda-1), (\lambda-1)^3$　　D. $1, 1, (\lambda-1)^3$

6. 3 阶数字矩阵 $\boldsymbol{A}$ 的初等因子为 $(\lambda-1),(\lambda-1)^2$，则其若尔当标准形为（ B ）.

A. $\boldsymbol{J}=\begin{pmatrix}1&0&0\\0&1&0\\0&0&1\end{pmatrix}$　　B. $\boldsymbol{J}=\begin{pmatrix}1&0&0\\1&1&0\\0&0&1\end{pmatrix}$

C. $\boldsymbol{J}=\begin{pmatrix}1&0&0\\1&1&0\\0&1&1\end{pmatrix}$　　D. $\boldsymbol{J}=\begin{pmatrix}1&0&0\\1&1&0\\1&1&1\end{pmatrix}$

7. 矩阵 $\boldsymbol{A}=\begin{pmatrix}1&0&0\\1&1&0\\0&0&0\end{pmatrix}$ 的不变因子为（ D ）.

A. $1, (\lambda-1), (\lambda-1)^2$　　B. $1, \lambda, (\lambda-1)^2$

C. $1, 1, (\lambda-1)^3$　　D. $1, 1, \lambda(\lambda-1)^2$

8. 矩阵 $\boldsymbol{A}=\begin{pmatrix}1&0&0\\1&1&0\\0&0&0\end{pmatrix}$ 的行列式因子为（ C ）.

A. $1, (\lambda-1), (\lambda-1)^2$　　B. $1, \lambda, (\lambda-1)^2$

C. $1, 1, \lambda(\lambda-1)^2$　　D. $1, \lambda, \lambda(\lambda-1)^2$

9. 下列结论中正确的是（ ABCD ）.（多选）

A. 两个同阶复数矩阵相似的充要条件是它们有相同的初等因子

B. 每个 n 阶的复数矩阵 $\boldsymbol{A}$ 都与一个若尔当形矩阵相似，且这个若尔当形矩阵除去其中若尔当块的排列次序外是被矩阵 $\boldsymbol{A}$ 唯一决定的

C. 复数矩阵 $\boldsymbol{A}$ 与对角矩阵相似的充要条件是 $\boldsymbol{A}$ 的不变因子都没有重根

D. 复数矩阵 $\boldsymbol{A}$ 与对角矩阵相似的充要条件是 $\boldsymbol{A}$ 的初等因子全为一次的

10. 设 3 阶数字矩阵 $\boldsymbol{A}$ 的初等因子为 $(\lambda-1)^2,(\lambda-1)$，则它的最小多项式是（ B ）.

A. $(\lambda-1)$　　B. $(\lambda-1)^2$

C. $(\lambda-1)+(\lambda-1)^2$　　D. $(\lambda-1)^3$

四、计算题

1. 设 $A=\begin{pmatrix}3&0&0\\0&-1&4\\-1&-1&3\end{pmatrix}$，求：

（1）A 的最小多项式；（2）A 的初等因子；（3）A 的若尔当标准形.

解
$$\lambda E-A=\begin{pmatrix}\lambda-3&0&0\\0&\lambda+1&-4\\1&1&\lambda-3\end{pmatrix}\to\begin{pmatrix}1&1&\lambda-3\\0&\lambda+1&-4\\\lambda-3&0&0\end{pmatrix}\to\begin{pmatrix}1&1&\lambda-3\\0&\lambda+1&-4\\0&-(\lambda-3)&-(\lambda-3)^2\end{pmatrix}$$

$$\to\begin{pmatrix}1&0&0\\0&\lambda+1&-4\\0&-(\lambda-3)&-(\lambda-3)^2\end{pmatrix}\to\begin{pmatrix}1&0&0\\0&-4&\lambda+1\\0&-(\lambda-3)^2&-(\lambda-3)\end{pmatrix}$$

$$\to\begin{pmatrix}1&0&0\\0&-4&0\\0&-(\lambda-3)^2&-\dfrac{(\lambda-3)(\lambda-1)^2}{4}\end{pmatrix}\to\begin{pmatrix}1&0&0\\0&1&0\\0&0&(\lambda-3)(\lambda-1)^2\end{pmatrix}$$

从而矩阵 A 的最小多项式为 $m(\lambda)=(\lambda-3)(\lambda-1)^2$，初等因子为 $(\lambda-3),(\lambda-1)^2$，故若尔当标准形为

$$J=\begin{pmatrix}3&&\\&1&\\&1&1\end{pmatrix}$$

2. 化 λ-矩阵 $A(\lambda)$ 为标准形.

$$A(\lambda)=\begin{pmatrix}1-\lambda&\lambda^2&\lambda\\\lambda&\lambda&-\lambda\\1+\lambda^2&\lambda^2&-\lambda^2\end{pmatrix}$$

解
$$A(\lambda)=\begin{pmatrix}1-\lambda&\lambda^2&\lambda\\\lambda&\lambda&-\lambda\\1+\lambda^2&\lambda^2&-\lambda^2\end{pmatrix}\to\begin{pmatrix}1&\lambda^2+\lambda&0\\\lambda&\lambda&-\lambda\\1&0&0\end{pmatrix}\to\begin{pmatrix}1&0&0\\\lambda&\lambda&-\lambda\\1&\lambda^2+\lambda&0\end{pmatrix}$$

$$\to\begin{pmatrix}1&0&0\\0&\lambda&-\lambda\\0&\lambda^2+\lambda&0\end{pmatrix}\to\begin{pmatrix}1&0&0\\0&\lambda&-\lambda\\0&0&\lambda(\lambda+1)\end{pmatrix}\to\begin{pmatrix}1&0&0\\0&\lambda&0\\0&0&\lambda(\lambda+1)\end{pmatrix}$$

3. 设 A 为3阶幂等矩阵，写出 A 的一切可能的若尔当标准形.

解　由题意有 $A^2=A$，可得矩阵 A 的特征值 $\lambda=0,1$，又由 $A^2=A$ 得 $A^2-A=O$，则矩阵 A 的最小多项式为 $m(x)=x^2-x$，没有重根，故矩阵 A 可对角化，从而矩阵 A 的一切可能的若尔当标准形为

$$\begin{pmatrix}0&&\\&0&\\&&0\end{pmatrix},\begin{pmatrix}1&&\\&0&\\&&0\end{pmatrix},\begin{pmatrix}1&&\\&1&\\&&0\end{pmatrix},\begin{pmatrix}1&&\\&1&\\&&1\end{pmatrix}$$

4. 设 $\boldsymbol{A}\in M_5(\mathbf{C})$，若 $\boldsymbol{A}$ 的特征多项式和最小多项式分别为 $f(x)=(x-2)^3(x+7)^2$，$m(x)=(x-2)^2(x+7)$，求矩阵 $\boldsymbol{A}$ 的若尔当标准形.

解 由矩阵 $\boldsymbol{A}$ 的特征多项式和最小多项式分别为 $f(x)=(x-2)^3(x+7)^2, m(x)=(x-2)^2(x+7)$，故矩阵 $\boldsymbol{A}$ 的不变因子为

$$d_1(\lambda)=d_2(\lambda)=d_3(\lambda)=1, d_4(\lambda)=(x-2)(x+7), d_5(\lambda)=(x-2)^2(x+7)$$

从而初等因子为 $(x-2),(x+7),(x-2)^2,(x+7)$，故矩阵 $\boldsymbol{A}$ 的若尔当标准形为

$$\boldsymbol{J}=\begin{pmatrix}-7&&&&\\&-7&&&\\&&2&&\\&&&2&\\&&&1&2\end{pmatrix}$$

5. 求下列矩阵的若尔当标准形及相似变换矩阵.

（1）$\boldsymbol{A}=\begin{pmatrix}5&4&1\\0&1&1\\0&0&1\end{pmatrix}$；（2）$\boldsymbol{A}=\begin{pmatrix}4&5&-2\\-2&-2&1\\-1&-1&1\end{pmatrix}$.

解 （1）$\lambda\boldsymbol{E}-\boldsymbol{A}=\begin{pmatrix}\lambda-5&-4&-1\\0&\lambda-1&-1\\0&0&\lambda-1\end{pmatrix}$，

显然 $D_1(\lambda)=1$. 由

$$\begin{vmatrix}\lambda-5&-4\\0&\lambda-1\end{vmatrix}=(\lambda-1)(\lambda-5),\quad \begin{vmatrix}-4&-1\\\lambda-1&-1\end{vmatrix}=(\lambda-3),\quad ((\lambda-1)(\lambda-5),(\lambda-3))=1$$

可知 $D_2(\lambda)=1$，显然 $D_3(\lambda)=(\lambda-1)^2(\lambda-5)$.

从而不变因子为 $d_1(\lambda)=d_2(\lambda)=1, d_3(\lambda)=(\lambda-1)^2(\lambda-5)$，初等因子为 $(\lambda-1)^2,(\lambda-5)$.

故 $\boldsymbol{A}$ 的若尔当标准形为

$$\boldsymbol{J}=\begin{pmatrix}1&0&0\\1&1&0\\0&0&5\end{pmatrix}$$

设 $\boldsymbol{P}=(\boldsymbol{p}_1,\boldsymbol{p}_2,\boldsymbol{p}_3)$，使 $\boldsymbol{P}^{-1}\boldsymbol{AP}=\boldsymbol{J}$，由 $\boldsymbol{AP}=\boldsymbol{PJ}$，即

$$\boldsymbol{A}(\boldsymbol{p}_1,\boldsymbol{p}_2,\boldsymbol{p}_3)=(\boldsymbol{p}_1,\boldsymbol{p}_2,\boldsymbol{p}_3)\begin{pmatrix}1&0&0\\1&1&0\\0&0&5\end{pmatrix}$$

可得
$$\begin{cases} Ap_1 = p_1 + p_2 \\ Ap_2 = p_2 \\ Ap_3 = 5p_3 \end{cases}$$

求解 $(E-A)X=0$，得基础解系

$$\xi_1 = \begin{pmatrix} -1 \\ 1 \\ 0 \end{pmatrix}$$

取
$$p_2 = k\begin{pmatrix} -1 \\ 1 \\ 0 \end{pmatrix} = \begin{pmatrix} -k \\ k \\ 0 \end{pmatrix}$$

求解 $(E-A)X=-p_2$，令 $k=2$，求得一个特解 $p_1 = \begin{pmatrix} -1 \\ 0 \\ 2 \end{pmatrix}$，此时 $p_2 = \begin{pmatrix} -2 \\ 2 \\ 0 \end{pmatrix}$.

求解 $(5E-A)X=0$，得基础解系

$$\xi_2 = \begin{pmatrix} 1 \\ 0 \\ 0 \end{pmatrix}$$

取
$$p_3 = \begin{pmatrix} 1 \\ 0 \\ 0 \end{pmatrix}$$

则有

$$P = \begin{pmatrix} -1 & -2 & 1 \\ 0 & 2 & 0 \\ 2 & 0 & 0 \end{pmatrix}，使 P^{-1}AP = J = \begin{pmatrix} 1 & & \\ & 1 & \\ & 1 & 1 \end{pmatrix}$$

（2）$\lambda E - A = \begin{pmatrix} \lambda-4 & -5 & 2 \\ 2 & \lambda+2 & -1 \\ 1 & 1 & \lambda-1 \end{pmatrix} \to \begin{pmatrix} \lambda+1 & -5 & 2 \\ -\lambda & \lambda+2 & -1 \\ 0 & 1 & \lambda-1 \end{pmatrix}$

$$\to \begin{pmatrix} 1 & \lambda-3 & 1 \\ -\lambda & \lambda+2 & -1 \\ 0 & 1 & \lambda-1 \end{pmatrix} \to \begin{pmatrix} 1 & 0 & 0 \\ 0 & \lambda^2-2\lambda+2 & \lambda-1 \\ 0 & 1 & \lambda-1 \end{pmatrix}$$

$$\to \begin{pmatrix} 1 & 0 & 0 \\ 0 & 1 & \lambda-1 \\ 0 & (\lambda-1)^2 & 0 \end{pmatrix} \to \begin{pmatrix} 1 & 0 & 0 \\ 0 & 1 & 0 \\ 0 & 0 & (\lambda-1)^3 \end{pmatrix}$$

于是 A 的初等因子是 $(\lambda-1)^3$. 故 A 的若尔当标准形为

$$J=\begin{pmatrix}1&0&0\\1&1&0\\0&1&1\end{pmatrix}$$

设 $P=(p_1,p_2,p_3)$，使 $P^{-1}AP=J$，由 $AP=PJ$，得

$$A(p_1,p_2,p_3)=(p_1,p_2,p_3)\begin{pmatrix}1&0&0\\1&1&0\\0&1&1\end{pmatrix}$$

可得
$$\begin{cases}Ap_1=p_1+p_2\\Ap_2=p_2+p_3\\Ap_3=p_3\end{cases}$$

求解 $(E-A)X=\mathbf{0}$，得基础解系

$$\xi_1=\begin{pmatrix}-1\\1\\1\end{pmatrix}$$

取
$$p_3=\begin{pmatrix}-1\\1\\1\end{pmatrix}$$

求解 $(E-A)X=-p_3$，求得一个特解 $p_2=\begin{pmatrix}-2\\1\\0\end{pmatrix}$；

求解 $(E-A)X=-p_2$，求得一个特解 $p_1=\begin{pmatrix}1\\-1\\0\end{pmatrix}$.

则有

$$P=\begin{pmatrix}1&-2&-1\\-1&1&1\\0&0&1\end{pmatrix}，使 P^{-1}AP=J=\begin{pmatrix}1&&\\1&1&\\&1&1\end{pmatrix}$$

五、证明题

1. 已知矩阵 A 满足 $A^3=3A^2+A-3E$，证明：A 可对角化.

证明 由矩阵 A 满足 $A^3=3A^2+A-3E$，可知矩阵 A 的特征值 λ 满足 $\lambda^3-3\lambda^2-\lambda+3=0$，从而矩阵 A 的特征值为 $\lambda=3,\lambda=1,\lambda=-1$，即有 3 个不同的特征值，故 A 可对角化.

2. 设矩阵 $B=\begin{pmatrix}0&2021&2022\\0&0&2023\\0&0&0\end{pmatrix}$，证明 $X^2=B$ 无解，这里 X 是三阶未知复方阵.

解 设 $X^2=B$ 有解，记为 A，由

$$|\lambda E - B| = \begin{vmatrix} \lambda & -2021 & -2022 \\ 0 & \lambda & -2023 \\ 0 & 0 & \lambda \end{vmatrix} = \lambda^3$$

可知矩阵 $\boldsymbol{B}$ 的特征值全为零，则矩阵 $\boldsymbol{A}$ 的特征值也全为零，从而矩阵 $\boldsymbol{A}$ 的若尔当标准形只能是下列三种情形：

$$\boldsymbol{J}_1 = \begin{pmatrix} 0 & 0 & 0 \\ 0 & 0 & 0 \\ 0 & 0 & 0 \end{pmatrix}, \boldsymbol{J}_2 = \begin{pmatrix} 0 & 0 & 0 \\ 1 & 0 & 0 \\ 0 & 0 & 0 \end{pmatrix}, \boldsymbol{J}_3 = \begin{pmatrix} 0 & 0 & 0 \\ 1 & 0 & 0 \\ 0 & 1 & 0 \end{pmatrix}$$

故矩阵 $\boldsymbol{A}^2$ 的若尔当标准形为

$$\boldsymbol{J}_1^2 = \begin{pmatrix} 0 & 0 & 0 \\ 0 & 0 & 0 \\ 0 & 0 & 0 \end{pmatrix}, \boldsymbol{J}_2^2 = \begin{pmatrix} 0 & 0 & 0 \\ 0 & 0 & 0 \\ 0 & 0 & 0 \end{pmatrix}, \boldsymbol{J}_2^2 = \begin{pmatrix} 0 & 0 & 0 \\ 0 & 0 & 0 \\ 1 & 0 & 0 \end{pmatrix}$$

可得矩阵 $\boldsymbol{A}^2$ 的若尔当标准形的秩小于或等于 1，与矩阵 $\boldsymbol{B} = \boldsymbol{A}^2$ 的秩为 2 矛盾.

故矩阵方程 $\boldsymbol{X}^2 = \boldsymbol{B}$ 无解.

3. 已知 $n(n \geqslant 3)$ 阶 λ- 矩阵 $\boldsymbol{A}(\lambda)$，证明：$D_k^2(\lambda) \mid D_{k-1}(\lambda) D_{k+1}(\lambda)$，其中 $D_k(\lambda)$ 为 $\boldsymbol{A}(\lambda)$ 的 $k(2 \leqslant k \leqslant n)$ 阶行列式因子.

解 设矩阵 $\boldsymbol{A}(\lambda)$ 的标准形为

$$\begin{pmatrix} d_1(\lambda) & & & \\ & d_2(\lambda) & & \\ & & \ddots & \\ & & & d_n(\lambda) \end{pmatrix}$$

这里 $d_i(\lambda) \mid d_{i+1}(\lambda)(i = 1, \cdots, n-1)$. 从而

$$D_k(\lambda) = \prod_{i=1}^{k} d_i(\lambda), D_{k-1}(\lambda) = \prod_{i=1}^{k-1} d_i(\lambda), D_{k+1}(\lambda) = \prod_{i=1}^{k+1} d_i(\lambda)$$

则有

$$D_k^2(\lambda) = \prod_{i=1}^{k} d_i^2(\lambda), D_{k-1}(\lambda) D_{k+1}(\lambda) = \prod_{i=1}^{k-1} d_i^2(\lambda) d_k(\lambda) d_{k+1}(\lambda)$$

由 $d_k(\lambda) \mid d_{k+1}(\lambda)$，可设 $d_{k+1}(\lambda) = d_k(\lambda) g(k)$，从而有

$$D_{k-1}(\lambda) D_{k+1}(\lambda) = D_k^2(\lambda) g(k)\text{，即 } D_k^2(\lambda) \mid D_{k-1}(\lambda) D_{k+1}(\lambda)$$

4. 若 n 阶非零实矩阵 $\boldsymbol{A}$ 的特征值全为零，则存在自然数 k，使 $\boldsymbol{A}^k = \boldsymbol{O}$.

证明 因矩阵 $\boldsymbol{A}$ 的特征值全为零，则矩阵 $\boldsymbol{A}$ 的若尔当标准形

$$\boldsymbol{J} = \begin{pmatrix} \boldsymbol{J}_1 & & & \\ & \boldsymbol{J}_2 & & \\ & & \ddots & \\ & & & \boldsymbol{J}_s \end{pmatrix}$$

其中，每一 n_i 阶若尔当块 $\boldsymbol{J}_i$ 是幂零若尔当块.

$$\boldsymbol{J}_i=\begin{pmatrix} & 1 & & \\ & & \ddots & \\ & & & 1 \\ & & & \end{pmatrix}=\boldsymbol{H}_{n_i}$$

令 $k=\max\{n_1,n_2,\cdots,n_s\}$，于是 $\boldsymbol{J}_i^k=\boldsymbol{O}(i=1,2,\cdots,s)$，从而 $\boldsymbol{J}^k=\boldsymbol{O}$，即 $\boldsymbol{A}^k=\boldsymbol{O}$.

5. 设 $\boldsymbol{A}$ 为 n 阶若尔当形矩阵，则 $\boldsymbol{A}$ 与 $\boldsymbol{A}^{\mathrm{T}}$ 相似.

证明 （证法一）因为 $\boldsymbol{A}$ 与 $\boldsymbol{A}^{\mathrm{T}}$ 相似的充分必要条件是它们有相同的不变因子，所以只需证明 $\lambda\boldsymbol{E}-\boldsymbol{A}$ 与 $\lambda\boldsymbol{E}-\boldsymbol{A}^{\mathrm{T}}$ 有相同的不变因子.

注意到，$\lambda\boldsymbol{E}-\boldsymbol{A}$ 与 $\lambda\boldsymbol{E}-\boldsymbol{A}^{\mathrm{T}}$ 对应的 k 级子式互为转置，因而对应的 k 级子式相等，故 $\lambda\boldsymbol{E}-\boldsymbol{A}$ 与 $\lambda\boldsymbol{E}-\boldsymbol{A}^{\mathrm{T}}$ 有相同的各级行列式因子，从而有相同的不变因子，即证 $\boldsymbol{A}$ 与 $\boldsymbol{A}^{\mathrm{T}}$ 相似.

（证法二）设 $\lambda\boldsymbol{E}-\boldsymbol{A}$ 的不变因子为 $d_1(\lambda),d_2(\lambda),\cdots,d_n(\lambda)$，即存在可逆矩阵 $\boldsymbol{P}(\lambda),\boldsymbol{Q}(\lambda)$，使得

$$\lambda\boldsymbol{E}-\boldsymbol{A}=\boldsymbol{P}(\lambda)\begin{pmatrix} d_1(\lambda) & & \\ & \ddots & \\ & & d_n(\lambda) \end{pmatrix}\boldsymbol{Q}(\lambda)$$

两边取转置，有

$$\lambda\boldsymbol{E}-\boldsymbol{A}^{\mathrm{T}}=\boldsymbol{Q}(\lambda)^{\mathrm{T}}\begin{pmatrix} d_1(\lambda) & & \\ & \ddots & \\ & & d_n(\lambda) \end{pmatrix}\boldsymbol{P}(\lambda)^{\mathrm{T}}$$

从而 $\boldsymbol{A}$ 与 $\boldsymbol{A}^{\mathrm{T}}$ 有相同的不变因子，因而相似.

（证法三）设 $\boldsymbol{A}$ 的若尔当（Jordan）矩阵为

$$\begin{pmatrix} \boldsymbol{J}(\lambda_1) & & & \\ & \boldsymbol{J}(\lambda_2) & & \\ & & \ddots & \\ & & & \boldsymbol{J}(\lambda_s) \end{pmatrix}$$

其中，$\boldsymbol{J}(\lambda_i)$ 为 Jordan 块 $(i=1,2,\cdots,s)$.

即 $\boldsymbol{A}$ 相似于 $\begin{pmatrix} \boldsymbol{J}(\lambda_1) & & & \\ & \boldsymbol{J}(\lambda_2) & & \\ & & \ddots & \\ & & & \boldsymbol{J}(\lambda_s) \end{pmatrix}$.

由相似矩阵的转置也相似，可得

$$\boldsymbol{A}^{\mathrm{T}}\text{相似于}\begin{pmatrix} \boldsymbol{J}(\lambda_1) & & & \\ & \boldsymbol{J}(\lambda_2) & & \\ & & \ddots & \\ & & & \boldsymbol{J}(\lambda_s) \end{pmatrix}^{\mathrm{T}}=\begin{pmatrix} \boldsymbol{J}(\lambda_1)^{\mathrm{T}} & & & \\ & \boldsymbol{J}(\lambda_2)^{\mathrm{T}} & & \\ & & \ddots & \\ & & & \boldsymbol{J}(\lambda_s)^{\mathrm{T}} \end{pmatrix}$$

并且存在可逆矩阵 $\boldsymbol{T}_i$，使得 $\boldsymbol{T}_i^{-1}\boldsymbol{J}(\lambda_i)\boldsymbol{T}_i=\boldsymbol{J}(\lambda_i)^{\mathrm{T}}$（$i=1,2,\cdots,s$），从而

$$\begin{pmatrix}\boldsymbol{T}_1 & & & \\ & \boldsymbol{T}_2 & & \\ & & \ddots & \\ & & & \boldsymbol{T}_s\end{pmatrix}^{-1}\begin{pmatrix}\boldsymbol{J}(\lambda_1) & & & \\ & \boldsymbol{J}(\lambda_2) & & \\ & & \ddots & \\ & & & \boldsymbol{J}(\lambda_s)\end{pmatrix}\begin{pmatrix}\boldsymbol{T}_1 & & & \\ & \boldsymbol{T}_2 & & \\ & & \ddots & \\ & & & \boldsymbol{T}_s\end{pmatrix}$$

$$=\begin{pmatrix}\boldsymbol{J}(\lambda_1)^{\mathrm{T}} & & & \\ & \boldsymbol{J}(\lambda_2)^{\mathrm{T}} & & \\ & & \ddots & \\ & & & \boldsymbol{J}(\lambda_s)^{\mathrm{T}}\end{pmatrix}.$$

故

$$\boldsymbol{A}\sim\begin{pmatrix}\boldsymbol{J}(\lambda_1) & & & \\ & \boldsymbol{J}(\lambda_2) & & \\ & & \ddots & \\ & & & \boldsymbol{J}(\lambda_s)\end{pmatrix}\sim\begin{pmatrix}\boldsymbol{J}(\lambda_1)^{\mathrm{T}} & & & \\ & \boldsymbol{J}(\lambda_2)^{\mathrm{T}} & & \\ & & \ddots & \\ & & & \boldsymbol{J}(\lambda_s)^{\mathrm{T}}\end{pmatrix}\sim\boldsymbol{A}^{\mathrm{T}}$$

7.4 例题补充

例 7.1 求 λ-矩阵的标准形.

（1）$\boldsymbol{A}(\lambda)=\begin{pmatrix}1-\lambda & 2\lambda-1 & \lambda \\ \lambda & \lambda^2 & -\lambda \\ 1+\lambda^2 & \lambda^2+\lambda-1 & -\lambda^2\end{pmatrix}$；

（2）$\boldsymbol{B}(\lambda)=\begin{pmatrix}0 & 0 & 1 & \lambda+2 \\ 0 & 1 & \lambda+2 & 0 \\ 1 & \lambda+2 & 0 & 0 \\ \lambda+2 & 0 & 0 & 0\end{pmatrix}$；

（3）$\boldsymbol{C}(\lambda)=\begin{pmatrix}0 & \lambda^2 & 0 \\ \lambda & 0 & \lambda+1 \\ 0 & 0 & -\lambda+2\end{pmatrix}$.

解 （1）利用初等变换.

$$\boldsymbol{A}(\lambda)\to\begin{pmatrix}1 & \lambda^2+2\lambda-1 & \lambda \\ 0 & 0 & -\lambda \\ 1 & -\lambda^3+\lambda^2+\lambda-1 & -\lambda^2\end{pmatrix}\to\begin{pmatrix}1 & \lambda^2+2\lambda-1 & 0 \\ 0 & 0 & -\lambda \\ 1 & -\lambda^3+\lambda^2+\lambda-1 & -\lambda^2\end{pmatrix}$$

$$\to\begin{pmatrix}1 & \lambda^2+2\lambda-1 & 0 \\ 0 & 0 & -\lambda \\ 0 & -\lambda^3-\lambda & 0\end{pmatrix}\to\begin{pmatrix}1 & 0 & 0 \\ 0 & 0 & \lambda \\ 0 & -\lambda^3-\lambda & 0\end{pmatrix}$$

$$\to\begin{pmatrix}1 & 0 & 0 \\ 0 & \lambda & 0 \\ 0 & 0 & -\lambda^3-\lambda\end{pmatrix}\to\begin{pmatrix}1 & 0 & 0 \\ 0 & \lambda & 0 \\ 0 & 0 & \lambda(\lambda^2+1)\end{pmatrix}.$$

（2）利用行列式因子（不变因子）.

因为 $|\boldsymbol{B}(\lambda)|=(\lambda+2)^4$，所以 $D_4(\lambda)=(\lambda+2)^4$.

又因为 $\boldsymbol{B}(\lambda)$ 有一个三阶子式 $\begin{vmatrix} 0 & 0 & 1 \\ 0 & 1 & \lambda+2 \\ 1 & \lambda+2 & 0 \end{vmatrix}=-1$，故 $D_3(\lambda)=1$，由 $D_i(\lambda)\,|\,D_{i+1}(\lambda)$，则

$$D_1(\lambda)=D_2(\lambda)=D_3(\lambda)=1, D_4(\lambda)=(\lambda+2)^4$$

从而

$$d_1(\lambda)=D_1(\lambda)=1, d_2(\lambda)=\frac{D_2(\lambda)}{D_1(\lambda)}=1, d_3(\lambda)=\frac{D_3(\lambda)}{D_2(\lambda)}=1, d_4(\lambda)=\frac{D_4(\lambda)}{D_3(\lambda)}=(\lambda+2)^4$$

故 $\boldsymbol{B}(\lambda)$ 的标准形为

$$\begin{pmatrix} 1 & & & \\ & 1 & & \\ & & 1 & \\ & & & (\lambda+2)^4 \end{pmatrix}$$

（3）利用初等因子.

$$\begin{aligned} \boldsymbol{C}(\lambda) &\to \begin{pmatrix} \lambda & 0 & \lambda+1 \\ 0 & \lambda^2-\lambda & 0 \\ 0 & 0 & -\lambda+2 \end{pmatrix} \to \begin{pmatrix} \lambda & 0 & 1 \\ 0 & \lambda^2-\lambda & 0 \\ 0 & 0 & -\lambda+2 \end{pmatrix} \\ &\to \begin{pmatrix} 1 & 0 & \lambda \\ 0 & \lambda^2-\lambda & 0 \\ -\lambda+2 & 0 & 0 \end{pmatrix} \to \begin{pmatrix} 1 & 0 & 0 \\ 0 & \lambda(\lambda-1) & 0 \\ -\lambda+2 & 0 & \lambda(2-\lambda) \end{pmatrix} \\ &\to \begin{pmatrix} 1 & 0 & 0 \\ 0 & \lambda(\lambda-1) & 0 \\ 0 & 0 & \lambda(\lambda-2) \end{pmatrix}. \end{aligned}$$

此时虽然 $\boldsymbol{C}(\lambda)$ 已化为对角矩阵，但还不是标准形，其全部初等因子为 $\lambda,\lambda-1,\lambda,\lambda-2$．于是该 λ-矩阵的不变因子为 $1,\lambda,\lambda(\lambda-1)(\lambda-2)$.

故 $\boldsymbol{C}(\lambda)$ 的标准形为

$$\begin{pmatrix} 1 & 0 & 0 \\ 0 & \lambda & 0 \\ 0 & 0 & \lambda(\lambda-1)(\lambda-2) \end{pmatrix}$$

例 7.2　设矩阵 $\boldsymbol{A}=\begin{pmatrix} 1 & -3 & -1 \\ 2 & 1 & 0 \\ 3 & 1 & 1 \end{pmatrix}$. 证明：

（1）$\boldsymbol{A}$ 在有理数域上不可相似对角化；

（2）$\boldsymbol{A}$ 在复数域上可相似对角化.

证明 （1）$f(\lambda)=|\lambda \boldsymbol{E}-\boldsymbol{A}|=\lambda^3-3\lambda^2+12\lambda-8$，

如果 $f(\lambda)$ 在有理数域上有有理根，因为 $f(\lambda)$ 的首项系数为 1，常数项为 -8，所以 $f(\lambda)$ 的有理根可能为 $\pm1,\pm2,\pm4,\pm8$. 易验证，它们都不是 $f(\lambda)$ 的根，因此 $f(\lambda)$ 无有理根，即 $f(\lambda)$ 在有理数域上不可约.

因为 $m(\lambda)\,|\,f(\lambda)$，其中 $m(\lambda)$ 为 $\boldsymbol{A}$ 的最小多项式，所以 $f(\lambda)$ 就是 $\boldsymbol{A}$ 的最小多项式. 而 $f(\lambda)$ 在有理数域上不能分解成互素的一次因式的乘积，因此在有理数域上矩阵 $\boldsymbol{A}$ 不可相似对角化.

（2）在复数域上，因为 $f(\lambda)=|\lambda \boldsymbol{E}-\boldsymbol{A}|=\lambda^3-3\lambda^2+12\lambda-8$ 是 $\boldsymbol{A}$ 的零化多项式，而 $f'(\lambda)=3\lambda^2-6\lambda+12$，由辗转相除法可得 $(f(\lambda),f'(\lambda))=1$，即 $f(\lambda)$ 在复数域上无重因式，从而 $\boldsymbol{A}$ 的最小多项式在复数域上无重因式，故在复数域上矩阵 $\boldsymbol{A}$ 可相似对角化.

例 7.3 设 $\boldsymbol{A},\boldsymbol{B}$ 是 n 阶实矩阵，如果 $\boldsymbol{A}$ 与 $\boldsymbol{B}$ 在复数域上相似，则 $\boldsymbol{A}$ 与 $\boldsymbol{B}$ 在实数域上也相似.

证明 因为 $\lambda \boldsymbol{E}-\boldsymbol{A}$ 与 $\lambda \boldsymbol{E}-\boldsymbol{B}$ 都是实数域上的 n 阶 λ-矩阵，它们的任一 k 阶子式都是实数域上关于 λ 的多项式，而多项式的最大公因式不因数域的扩大而改变，所以 $\lambda \boldsymbol{E}-\boldsymbol{A}$ 与 $\lambda \boldsymbol{E}-\boldsymbol{B}$ 的行列式因子不因数域的扩大而改变. 故 $\lambda \boldsymbol{E}-\boldsymbol{A}$ 与 $\lambda \boldsymbol{E}-\boldsymbol{B}$ 的不变因子在复数域上与在实数域上都相同. 因为在复数域上 $\boldsymbol{A}$ 与 $\boldsymbol{B}$ 相似，则在复数域上 $\lambda \boldsymbol{E}-\boldsymbol{A}$ 与 $\lambda \boldsymbol{E}-\boldsymbol{B}$ 的不变因子相同，从而在实数域上也相同，故在实数域上 $\boldsymbol{A}$ 与 $\boldsymbol{B}$ 也相似.

例 7.4 已知 $\boldsymbol{F}^{2\times2}$ 的线性变换：

$$\sigma(\boldsymbol{X})=\boldsymbol{MXN}\quad \left(\forall \boldsymbol{X}\in \boldsymbol{F}^{2\times2},\ \boldsymbol{M}=\begin{pmatrix}1&0\\1&1\end{pmatrix},\ \boldsymbol{N}=\begin{pmatrix}1&-1\\-1&1\end{pmatrix}\right.$$.

求 $\boldsymbol{F}^{2\times2}$ 的一组基，使 σ 在该基下的矩阵为 Jordan 矩阵.

解 取 $\boldsymbol{F}^{2\times2}$ 的基 $\boldsymbol{E}_{11},\boldsymbol{E}_{12},\boldsymbol{E}_{21},\boldsymbol{E}_{22}$，则 σ 在该基下的矩阵为

$$\boldsymbol{A}=\begin{pmatrix}1&-1&0&0\\-1&1&0&0\\1&-1&1&-1\\-1&1&-1&1\end{pmatrix}$$

可得 $\boldsymbol{A}$ 的特征值为 $\lambda_1=\lambda_2=0,\lambda_3=\lambda_4=2$，对应于 $\lambda_1=\lambda_2=0$ 的特征向量为

$$\boldsymbol{\alpha}_1=(1,1,0,0)^{\mathrm{T}},\ \boldsymbol{\alpha}_2=(0,0,1,1)^{\mathrm{T}}$$

而对应于 $\lambda_3=\lambda_4=2$ 的特征向量为

$$\boldsymbol{\alpha}_3=(0,0,-1,1)^{\mathrm{T}}$$

可见 $\boldsymbol{A}$ 不能相似于对角矩阵，则矩阵 $\boldsymbol{A}$ 的 Jordan 矩阵为

$$\boldsymbol{J}=\begin{pmatrix}0&0&0&0\\0&0&0&0\\0&0&2&0\\0&0&1&2\end{pmatrix}$$

令 $\boldsymbol{P}=(\boldsymbol{p}_1,\boldsymbol{p}_2,\boldsymbol{p}_3,\boldsymbol{p}_4)$，使得 $\boldsymbol{P}^{-1}\boldsymbol{AP}=\boldsymbol{J}$，显然 $\boldsymbol{p}_1=\boldsymbol{\alpha}_1,\boldsymbol{p}_2=\boldsymbol{\alpha}_2,\boldsymbol{p}_4=\boldsymbol{\alpha}_3$.

求解线性方程组 $(2\boldsymbol{E}-\boldsymbol{A})\boldsymbol{X}=-\boldsymbol{\alpha}_4$，解得 $\boldsymbol{p}_3=\left(-\frac{1}{2},\frac{1}{2},0,0\right)^{\mathrm{T}}$，则有

$$\boldsymbol{P}=\begin{pmatrix}1&0&-\frac{1}{2}&0\\1&0&\frac{1}{2}&0\\0&1&0&-1\\0&1&0&1\end{pmatrix}，使得 \boldsymbol{P}^{-1}\boldsymbol{AP}=\boldsymbol{J}=\begin{pmatrix}0&0&0&0\\0&0&0&0\\0&0&2&0\\0&0&1&2\end{pmatrix}$$

由 $(\boldsymbol{X}_1,\boldsymbol{X}_2,\boldsymbol{X}_3,\boldsymbol{X}_4)=(\boldsymbol{E}_{11},\boldsymbol{E}_{12},\boldsymbol{E}_{21},\boldsymbol{E}_{22})\boldsymbol{P}$，得 $\boldsymbol{F}^{2\times2}$ 的一组基

$$\boldsymbol{X}_1=\boldsymbol{E}_{11}+\boldsymbol{E}_{12}=\begin{pmatrix}1&1\\0&0\end{pmatrix},\ \boldsymbol{X}_2=\boldsymbol{E}_{21}+\boldsymbol{E}_{22}=\begin{pmatrix}0&0\\1&1\end{pmatrix},$$

$$\boldsymbol{X}_3=-\frac{1}{2}\boldsymbol{E}_{11}+\frac{1}{2}\boldsymbol{E}_{12}=\begin{pmatrix}-\frac{1}{2}&\frac{1}{2}\\0&0\end{pmatrix},\boldsymbol{X}_4=-\boldsymbol{E}_{21}+\boldsymbol{E}_{22}=\begin{pmatrix}0&0\\-1&1\end{pmatrix}$$

使 σ 在该基下的矩阵为 $\boldsymbol{J}$.

例 7.5 （南京大学考研真题）设 3 阶复方阵 $\boldsymbol{A}=\begin{pmatrix}2&0&0\\a&2&0\\b&c&-1\end{pmatrix}$.

（1）求出矩阵 $\boldsymbol{A}$ 的所有可能的 Jordan 标准形；

（2）给出 $\boldsymbol{A}$ 相似于对角矩阵的充分必要条件.

解 （1）因为 $\boldsymbol{A}$ 的特征多项式 $f(\lambda)=(\lambda-2)^2(\lambda+1)$，所以 $\boldsymbol{A}$ 的初等因子组可能为 $(\lambda-2)^2,(\lambda+1)$ 或 $(\lambda-2),(\lambda-2),(\lambda+1)$.

故 $\boldsymbol{A}$ 的 Jordan 标准形可能有如下两种（不计 Jordan 块顺序）：

$$\boldsymbol{J}_1=\begin{pmatrix}2&0&0\\1&2&0\\0&0&-1\end{pmatrix},\ \boldsymbol{J}_2=\begin{pmatrix}2&0&0\\0&2&0\\0&0&-1\end{pmatrix}$$

（2）易知 $\boldsymbol{J}_2$ 的不变因子组为 $d_1(\lambda)=1,d_2(\lambda)=(\lambda-2),d_3(\lambda)=(\lambda-2)(\lambda+1)$.

若 $\boldsymbol{A}\sim\boldsymbol{J}_2$，则 $\boldsymbol{A}$ 与 $\boldsymbol{J}_2$ 有相同的不变因子组，对于 $\boldsymbol{A}$ 应有 $D_2(\lambda)=d_1(\lambda)d_2(\lambda)=(\lambda-2)$，但

$$|\lambda\boldsymbol{E}-\boldsymbol{A}|=\begin{vmatrix}\lambda-2&0&0\\-a&\lambda-2&0\\-b&-c&\lambda+1\end{vmatrix} 有一个二阶子式 \begin{vmatrix}-a&0\\-b&\lambda+1\end{vmatrix}=-a(\lambda+1)，故 a=0.$$

反之，若 $a=0$，则可求出 $\boldsymbol{A}$ 的不变因子组为 $d_1(\lambda)=1,d_2(\lambda)=(\lambda-2),d_3(\lambda)=(\lambda-2)(\lambda+1)$，所以 $\boldsymbol{A}\sim\boldsymbol{J}_2$.

综上所述，$\boldsymbol{A}$ 相似于对角矩阵当且仅当 $a=0$.

例 7.6 （华东师范大学考研真题）已知 $g(\lambda)=(\lambda^2-2\lambda+2)^2(\lambda-1)$ 是 6 阶方阵 $\boldsymbol{A}$ 的最小多项式，且 $\mathrm{tr}\boldsymbol{A}=6$. 试求：

（1）$\boldsymbol{A}$ 的特征多项式 $f(\lambda)$ 及其 Jordan 标准形；

（2）$\boldsymbol{A}$ 的伴随矩阵 $\boldsymbol{A}^*$ 的 Jordan 标准形.

解　因为 $g(\lambda)=(\lambda^2-2\lambda+2)^2(\lambda-1)=[\lambda-(1+\mathrm{i})]^2[\lambda-(1-\mathrm{i})]^2(\lambda-1)$，$\boldsymbol{A}$ 的特征值之和 $\mathrm{tr}\boldsymbol{A}=6$，则 $\boldsymbol{A}$ 还有一个特征值 1，故 $\boldsymbol{A}$ 的特征多项式 $f(\lambda)=(\lambda^2-2\lambda+2)^2(\lambda-1)^2$.

已知 $\boldsymbol{A}$ 的不变因子为 $d_6(\lambda)=g(\lambda),d_5(\lambda)=(\lambda-1),d_4(\lambda)=d_3(\lambda)=d_2(\lambda)=d_1(\lambda)=1$，初等因子为 $(\lambda-1),(\lambda-1),[\lambda-(1+\mathrm{i})]^2,[\lambda-(1-\mathrm{i})]^2$.

故 $\boldsymbol{A}$ 的 Jordan 标准形为

$$\boldsymbol{J}=\begin{pmatrix}1&&&&&\\&1&&&&\\&&1+\mathrm{i}&&&\\&&1&1+\mathrm{i}&&\\&&&&1-\mathrm{i}&\\&&&&1&1-\mathrm{i}\end{pmatrix}$$

（2）因为 $|\boldsymbol{A}|=\prod_{i=1}^{6}\lambda_i=4$，所以 $\boldsymbol{A}^*=4\boldsymbol{A}^{-1}$. 由 $\boldsymbol{P}^{-1}\boldsymbol{A}\boldsymbol{P}=\boldsymbol{J}$，有 $\boldsymbol{P}^{-1}\boldsymbol{A}^{-1}\boldsymbol{P}=\boldsymbol{J}^{-1}$，于是

$$\boldsymbol{P}^{-1}\boldsymbol{A}^*\boldsymbol{P}=\boldsymbol{P}^{-1}(4\boldsymbol{A}^{-1})\boldsymbol{P}=4\boldsymbol{J}^{-1}=\begin{pmatrix}4&&&&&\\&4&&&&\\&&2(1-\mathrm{i})&0&&\\&&2\mathrm{i}&2(1-\mathrm{i})&&\\&&&&2(1+\mathrm{i})&\\&&&&-2\mathrm{i}&2(1+\mathrm{i})\end{pmatrix}$$

而
$$\begin{pmatrix}2(1-\mathrm{i})&0\\2\mathrm{i}&2(1-\mathrm{i})\end{pmatrix}\sim\begin{pmatrix}2(1-\mathrm{i})&0\\1&2(1-\mathrm{i})\end{pmatrix},\begin{pmatrix}2(1+\mathrm{i})&0\\-2\mathrm{i}&2(1+\mathrm{i})\end{pmatrix}\sim\begin{pmatrix}2(1+\mathrm{i})&0\\1&2(1+\mathrm{i})\end{pmatrix}$$

这里利用了$\begin{pmatrix}2(1-\mathrm{i})&0\\2\mathrm{i}&2(1-\mathrm{i})\end{pmatrix}$的 Jordan 标准形为$\begin{pmatrix}2(1-\mathrm{i})&0\\1&2(1-\mathrm{i})\end{pmatrix}$，$\begin{pmatrix}2(1+\mathrm{i})&0\\2\mathrm{i}&2(1+\mathrm{i})\end{pmatrix}$的 Jordan 标准形为$\begin{pmatrix}2(1+\mathrm{i})&0\\1&2(1+\mathrm{i})\end{pmatrix}$.

故 $\boldsymbol{A}$ 的伴随矩阵 $\boldsymbol{A}^*$ 的 Jordan 标准形为

$$\begin{pmatrix}4&&&&&\\&4&&&&\\&&2(1-\mathrm{i})&0&&\\&&1&2(1-\mathrm{i})&&\\&&&&2(1+\mathrm{i})&\\&&&&1&2(1+\mathrm{i})\end{pmatrix}$$

例 7.7　（浙江大学、重庆大学等考研真题）设 n 阶复方阵 $\boldsymbol{A}$ 的特征值全为 1，证明：对任意正整数 k 有 $\boldsymbol{A}^k$ 相似于 $\boldsymbol{A}$.

证明　设 $\boldsymbol{J}=\mathrm{diag}(\boldsymbol{J}_1,\boldsymbol{J}_2,\cdots,\boldsymbol{J}_s)$ 是矩阵 $\boldsymbol{A}$ 的 Jordan 标准形，其中 $\boldsymbol{J}_i=\boldsymbol{J}_{n_i}(1)$ 是对角元全为 1

的 n_i 阶 Jordan 块，$\sum_{i=1}^{s} n_i = n$．对任意正整数 k，由于 $\boldsymbol{J} \sim \boldsymbol{A}$，可知 $\boldsymbol{J}^k \sim \boldsymbol{A}^k$，所以 $\boldsymbol{A}^k \sim \boldsymbol{A} \Leftrightarrow \boldsymbol{J}^k \sim \boldsymbol{J}$，于是该问题归结为对于每个 Jordan 块 $\boldsymbol{J}_i$，证明 $\boldsymbol{J}_i^k \sim \boldsymbol{J}_i$．为此，设 $\boldsymbol{H} = \boldsymbol{J}_i - \boldsymbol{E}$，则

$$\boldsymbol{J}_i^k = (\boldsymbol{E}+\boldsymbol{H})^k = \boldsymbol{E} + \mathrm{C}_k^1 \boldsymbol{H} + \mathrm{C}_k^2 \boldsymbol{H}^2 + \cdots + \boldsymbol{H}^k$$
$$= \begin{pmatrix} 1 & & & \\ k & 1 & & \\ & \ddots & \ddots & \\ * & & k & 1 \end{pmatrix}$$

其初等因子为 $(\lambda-1)^{n_i}$，所以 $\boldsymbol{J}_i^k$ 和 $\boldsymbol{J}_i$ 有相同的初等因子，因而 $\boldsymbol{J}_i^k \sim \boldsymbol{J}_i$，则有 $\boldsymbol{J}^k \sim \boldsymbol{J}$，进而 $\boldsymbol{A}^k \sim \boldsymbol{A}$．

例 7.8 （武汉大学、华中师范大学等考研真题）设 σ 是数域 $\boldsymbol{F}$ 上线性空间 $\boldsymbol{V}$ 的线性变换，已知 σ 的特征值多项式和最小多项式分别为

$$f(\lambda) = (\lambda+1)^3(\lambda-2)^2(\lambda+3),\ m(\lambda) = (\lambda+1)^2(\lambda-2)(\lambda+3)$$

（1）求 σ 的所有不变因子；（2）写出 σ 的 Jordan 标准形．

解 （1）因为 $D_6(\lambda) = f(\lambda), d_6(\lambda) = m(\lambda)$，所以 $D_5(\lambda) = \dfrac{D_6(\lambda)}{d_6(\lambda)} = (\lambda+1)(\lambda-2)$．

因为 $d_5(\lambda) \mid D_5(\lambda)$，所以 $d_5(\lambda) = (\lambda+1)$ 或 $d_5(\lambda) = (\lambda-2)$ 或 $d_5(\lambda) = (\lambda+1)(\lambda-2)$．

若 $d_5(\lambda) = (\lambda+1)$，得 $D_4(\lambda) = \dfrac{D_4(\lambda)}{d_5(\lambda)} = (\lambda-2)$，则有 $d_4(\lambda) = (\lambda-2), d_3(\lambda) = d_2(\lambda) = d_1(\lambda) = 1$，但 $d_4(\lambda) \nmid d_5(\lambda)$，矛盾．

若 $d_5(\lambda) = (\lambda-2)$，得 $D_4(\lambda) = \dfrac{D_4(\lambda)}{d_5(\lambda)} = (\lambda+1)$，则有 $d_4(\lambda) = (\lambda+1), d_3(\lambda) = d_2(\lambda) = d_1(\lambda) = 1$，但 $d_4(\lambda) \nmid d_5(\lambda)$，矛盾．

故 $d_5(\lambda) = (\lambda+1)(\lambda-2)$，从而 $d_4(\lambda) = d_3(\lambda) = d_2(\lambda) = d_1(\lambda) = 1$．

（2）根据（1）的结果，知 σ 的所有初等因子为 $(\lambda+1), (\lambda+1)^2, (\lambda-2), (\lambda-2), (\lambda+3)$，所以 σ 的 Jordan 标准形为

$$\boldsymbol{J} = \begin{pmatrix} -1 & & & & & \\ & -1 & & & & \\ & 1 & -1 & & & \\ & & & 2 & & \\ & & & & 2 & \\ & & & & & -3 \end{pmatrix}$$

【变式练习】

（浙江大学考研真题）设矩阵 $\boldsymbol{A}$ 特征值多项式为 $f(\lambda) = (\lambda-2)^3(\lambda+3)^2$，写出 $\boldsymbol{A}$ 的所有可能的 Jordan 标准形（不计较其中 Jordan 块的排列次序）．

例 7.9 （武汉大学等考研真题）证明：对任意 n 阶复方阵 $\boldsymbol{A}$ 都存在可逆矩阵 $\boldsymbol{P}$ 使得 $\boldsymbol{P}^{-1}\boldsymbol{A}\boldsymbol{P}=\boldsymbol{G}\boldsymbol{S}$，其中 $\boldsymbol{G},\boldsymbol{S}$ 都是对称方阵且 $\boldsymbol{G}$ 可逆.

证明 设 n 阶复方阵 $\boldsymbol{A}$ 的 Jordan 标准形为

$$\boldsymbol{J}=\begin{pmatrix}\boldsymbol{J}_1 & & \\ & \ddots & \\ & & \boldsymbol{J}_s\end{pmatrix}$$

其中

$$\boldsymbol{J}_i=\begin{pmatrix}\lambda_i & & & \\ 1 & \lambda_i & & \\ & \ddots & \ddots & \\ & & 1 & \lambda_i\end{pmatrix}_{n_i\times n_i}$$

这里 $i=1,\cdots,s, n_1+\cdots+n_s=n$，则存在可逆矩阵 $\boldsymbol{P}$ 使得 $\boldsymbol{P}^{-1}\boldsymbol{A}\boldsymbol{P}=\boldsymbol{J}$.

考虑到

$$\boldsymbol{J}_i=\begin{pmatrix}\lambda_i & & & \\ 1 & \lambda_i & & \\ & \ddots & \ddots & \\ & & 1 & \lambda_i\end{pmatrix}=\begin{pmatrix} & & & 1\\ & & \iddots & \\ & 1 & & \\ 1 & & & \end{pmatrix}\begin{pmatrix} & & 1 & \lambda_i\\ & \iddots & \iddots & \\ 1 & \lambda_i & & \\ \lambda_i & & & \end{pmatrix}$$

令

$$\boldsymbol{G}_i=\begin{pmatrix} & & & 1\\ & & \iddots & \\ & 1 & & \\ 1 & & & \end{pmatrix},\boldsymbol{S}_i=\begin{pmatrix} & & 1 & \lambda_i\\ & \iddots & \iddots & \\ 1 & \lambda_i & & \\ \lambda_i & & & \end{pmatrix}$$

则 $\boldsymbol{J}_i=\boldsymbol{G}_i\boldsymbol{S}_i$，且有 $\boldsymbol{G}_i^{\mathrm{T}}=\boldsymbol{G}_i,\boldsymbol{S}_i^{\mathrm{T}}=\boldsymbol{S}_i$.

令

$$\boldsymbol{G}=\begin{pmatrix}\boldsymbol{G}_1 & & \\ & \ddots & \\ & & \boldsymbol{G}_s\end{pmatrix},\boldsymbol{S}=\begin{pmatrix}\boldsymbol{S}_1 & & \\ & \ddots & \\ & & \boldsymbol{S}_s\end{pmatrix}$$

满足 $\boldsymbol{P}^{-1}\boldsymbol{A}\boldsymbol{P}=\boldsymbol{J}=\boldsymbol{G}\boldsymbol{S}$，其中 $\boldsymbol{G},\boldsymbol{S}$ 都是对称方阵且 $\boldsymbol{G}$ 可逆.

（说明：这里 $\boldsymbol{J}_i=\boldsymbol{G}_i\boldsymbol{S}_i$ 是本题的一个难点，有构造之意.）

例 7.10 （苏州大学等考研真题）设 $\boldsymbol{A}=\boldsymbol{J}_n(a)$ 是一 n 阶 Jordan 块，求 $\boldsymbol{A}^2$ 的 Jordan 标准形.

解 （1）$a\neq 0$ 的情形.

$$\boldsymbol{A}^2=(a\boldsymbol{E}+\boldsymbol{J}_n(0))^2=a^2\boldsymbol{E}+2a\boldsymbol{J}_n(0)+\boldsymbol{J}_n(0)^2$$

这是一个主对角元全为 a^2、次对角元全为 $2a$、再次对角元全为 1 的下三角矩阵，易知 $D_n(\lambda)=(\lambda-a^2)^n$.

由于特征多项式 $\left|\lambda\boldsymbol{E}-\boldsymbol{A}^2\right|$ 的左上角的 $n-1$ 阶子式为

$$\begin{vmatrix}\lambda-a^2 & & & \\ & \lambda-a^2 & & \\ & & \ddots & \\ * & & & \lambda-a^2\end{vmatrix}=(\lambda-a^2)^{n-1}$$

左下角的 $n-1$ 阶子式为（利用例题补充中例 2.6 的结论）

$$\begin{vmatrix} -2a & \lambda-a^2 & & \\ -1 & -2a & \ddots & \\ & \ddots & \ddots & \lambda-a^2 \\ & & -1 & -2a \end{vmatrix} = \frac{(-a+\sqrt{\lambda})^n-(-a-\sqrt{\lambda})^n}{2\sqrt{\lambda}} = g(\lambda)$$

由 $g(a^2)=(-1)^n 2^{n-1} a^{n-1} \neq 0$，显然 $((\lambda-a^2)^{n-1}, g(\lambda))=1$，所以 $D_{n-1}(\lambda)=1$，故

$$d_n(\lambda)=(\lambda-a^2)^n, d_{n-1}(\lambda)=\cdots=d_1(\lambda)=1$$

从而 $\boldsymbol{A}^2$ 的初等因子为 $(\lambda-a^2)^n$，故 $\boldsymbol{A}^2$ 的 Jordan 标准形是一个 Jordan 块 $\boldsymbol{J}_n(a^2)$.

（2）$a=0$ 的情形.

此时 $\boldsymbol{A}$ 是幂零矩阵，幂零指数为 n，易知 0 是 $\boldsymbol{A}^2$ 的唯一特征值. 由于 $R(\boldsymbol{A}^2)=n-2$，则特征值 0 的几何重数为 $n-(n-2)=2$，故 $\boldsymbol{A}^2$ 的 Jordan 标准形含 2 个 Jordan 块，即 $\boldsymbol{J}=\mathrm{diag}(\boldsymbol{J}_{n_1}(0), \boldsymbol{J}_{n_2}(0))$. 下面确定 n_1, n_2：

当 $n=2k$ 时，$(\boldsymbol{A}^2)^k=\boldsymbol{A}^n=\boldsymbol{O}$，从而 $(\boldsymbol{A}^2)^{k-1}=\boldsymbol{A}^{n-2}\neq\boldsymbol{O}$，因此 $\boldsymbol{A}^2$ 的幂零指数为 k，故 $n_1=n_2=k$，这表明 $\boldsymbol{J}=\mathrm{diag}(\boldsymbol{J}_k(0), \boldsymbol{J}_k(0))$.

当 $n=2k+1$ 时，$(\boldsymbol{A}^2)^{k+1}=\boldsymbol{A}^{n+1}=\boldsymbol{O}$，从而 $(\boldsymbol{A}^2)^{k-1}=\boldsymbol{A}^{n-1}\neq\boldsymbol{O}$，因此 $\boldsymbol{A}^2$ 的幂零指数为 $k+1$，故可令 $n_1=k+1, n_2=k$，这表明 $\boldsymbol{J}=\mathrm{diag}(\boldsymbol{J}_{k+1}(0), \boldsymbol{J}_k(0))$.

第 8 章

欧几里得空间

8.1 知识点综述

8.1.1 欧氏空间的概念与基本性质

1）内积

设 $\boldsymbol{V}$ 是实数域 $\mathbf{R}$ 上一线性空间，如果对 $\boldsymbol{V}$ 中任意两个元素 $\boldsymbol{\alpha}$，$\boldsymbol{\beta}$，有一个确定的实数 $(\boldsymbol{\alpha},\boldsymbol{\beta})$ 与它们对应，且满足：

（1）$(\boldsymbol{\alpha},\boldsymbol{\beta})=(\boldsymbol{\beta},\boldsymbol{\alpha})$；

（2）$(k\boldsymbol{\alpha},\boldsymbol{\beta})=k(\boldsymbol{\alpha},\boldsymbol{\beta})$，$k\in\mathbf{R}$；

（3）$(\boldsymbol{\alpha}+\boldsymbol{\beta},\boldsymbol{\gamma})=(\boldsymbol{\alpha},\boldsymbol{\gamma})+(\boldsymbol{\beta},\boldsymbol{\gamma})$，$\boldsymbol{\gamma}\in\boldsymbol{V}$；

（4）$(\boldsymbol{\alpha},\boldsymbol{\alpha})\geqslant 0$，当且仅当 $\boldsymbol{\alpha}=\mathbf{0}$ 时 $(\boldsymbol{\alpha},\boldsymbol{\alpha})=0$，

则称 $(\boldsymbol{\alpha},\boldsymbol{\beta})$ 为 $\boldsymbol{\alpha}$ 与 $\boldsymbol{\beta}$ 的内积.

2）欧氏空间

定义了内积的线性空间 $\boldsymbol{V}$ 称为欧氏空间.

常见的欧氏空间有：

（1）$\mathbf{R}^n$ 对于实向量 $\boldsymbol{\alpha}=(a_1,a_2,\cdots,a_n)$，$\boldsymbol{\beta}=(b_1,b_2,\cdots,b_n)$，内积为

$$(\boldsymbol{\alpha},\boldsymbol{\beta})=a_1b_1+a_2b_2+\cdots+a_nb_n=\boldsymbol{\alpha}\boldsymbol{\beta}^{\mathrm{T}}.$$

（2）$\boldsymbol{F}[x]$ 对于数域 $\boldsymbol{F}$ 上的多项式 $f(x),g(x)$，内积为

$$(f(x),g(x))=\int_0^1 f(x)g(x)\mathrm{d}x \quad 或 \quad (f(x),g(x))=\int_{-1}^1 f(x)g(x)\mathrm{d}x\,.$$

（3）$\boldsymbol{C}[a,b]$ 对于 $[a,b]$ 区间上的连续函数 $f(x),g(x)$，内积为

$$(f(x),g(x))=\int_b^a f(x)g(x)\mathrm{d}x\,.$$

3）长度

非负实数 $\sqrt{(\boldsymbol{\alpha},\boldsymbol{\alpha})}$ 称为向量 $\boldsymbol{\alpha}$ 的长度，记为 $|\boldsymbol{\alpha}|$. $|k\boldsymbol{\alpha}|=|k||\boldsymbol{\alpha}|$，$\dfrac{\boldsymbol{\alpha}}{|\boldsymbol{\alpha}|}$ 的长度为 1，称为单位向量.

4）夹角

欧氏空间 $\boldsymbol{V}$ 中非零向量 $\boldsymbol{\alpha}$，$\boldsymbol{\beta}$ 的夹角 $\langle\boldsymbol{\alpha},\boldsymbol{\beta}\rangle$ 规定为

$$\langle\alpha,\beta\rangle=\arccos\frac{(\alpha,\beta)}{|\alpha||\beta|},\ 0\leqslant\langle\alpha,\beta\rangle\leqslant\pi .$$

5）柯西-布涅斯基不等式

对于任意的向量 α,β 有 $|(\alpha,\beta)|\leqslant|\alpha||\beta|$，当且仅当 α,β 线性相关时，等号才成立.

6）正交

如果向量 α,β 的内积为零，即 $(\alpha,\beta)=0$，那么 α,β 称为正交或互为垂直，记为 $\alpha\perp\beta$.

7）度量矩阵

设 $\boldsymbol{V}$ 是一个 n 维欧氏空间，在 $\boldsymbol{V}$ 中取一组基 $\varepsilon_1,\varepsilon_2,\cdots,\varepsilon_n$，对 $\boldsymbol{V}$ 中任意两个向量

$$\alpha=x_1\varepsilon_1+x_2\varepsilon_2+\cdots+x_n\varepsilon_n,$$

$$\beta=y_1\varepsilon_1+y_2\varepsilon_2+\cdots+y_n\varepsilon_n$$

则内积

$$\begin{aligned}(\alpha,\beta)&=(x_1\varepsilon_1+x_2\varepsilon_2+\cdots+x_n\varepsilon_n,y_1\varepsilon_1+y_2\varepsilon_2+\cdots+y_n\varepsilon_n)\\&=\sum_{i=1}^{n}\sum_{j=1}^{n}(\varepsilon_i,\varepsilon_j)x_iy_j.\end{aligned}$$

令

$$a_{ij}=(\varepsilon_i,\varepsilon_j)\ (i,j=1,2,\cdots,n)$$

则矩阵 $\boldsymbol{A}=(a_{ij})_{n\times n}$ 称为基 $\varepsilon_1,\varepsilon_2,\cdots,\varepsilon_n$ 的**度量矩阵**.

8）欧氏空间同构的定义

实数域 $\mathbf{R}$ 上欧氏空间 $\boldsymbol{V}$ 与 $\boldsymbol{V}'$ 称为同构的，如果由 $\boldsymbol{V}$ 到 $\boldsymbol{V}'$ 有一个双射 σ，满足

（1）$\sigma(\alpha+\beta)=\sigma(\alpha)+\sigma(\beta)$；

（2）$\sigma(k\alpha)=k\sigma(\alpha)$；

（3）$(\sigma(\alpha),\sigma(\beta))=(\alpha,\beta)$，

其中 $\alpha,\beta\in\boldsymbol{V},k\in\mathbf{R}$，这样的映射 σ 称为 $\boldsymbol{V}$ 到 $\boldsymbol{V}'$ 的同构映射.

9）同构映射的性质

（1）同构的欧氏空间具有反身性、对称性、传递性；

（2）同构的欧氏空间具有相同的维数；

（3）任意两个 n 维欧氏空间都是同构的；

（4）两个有限维的欧氏空间同构的充分必要条件是它们的维数相同.

8.1.2　标准正交基

1）标准正交基定义

欧氏空间 $\boldsymbol{V}$ 中一组非零向量，如果他们两两正交，就称为一正交向量组；而在 n 维欧氏空间中，由 n 各向量组成的正交向量称为正交基；由单位向量组成的正交基称为标准正交基.

2）标准正交基的性质

（1）n 维欧氏空间中任一个正交向量组都能扩充成一组正交基.

（2）对于 n 维欧氏空间中任意一组基 $\varepsilon_1,\varepsilon_2,\cdots,\varepsilon_n$，都可以找到一组标准正交基 $\eta_1,\eta_2,\cdots,\eta_n$，使得 $L[\varepsilon_1,\varepsilon_2,\cdots,\varepsilon_n]=L[\eta_1,\eta_2,\cdots,\eta_n]\ (i=1,2,\cdots,n)$.

（3）由标准正交基到标准正交基的过渡矩阵是正交矩阵，即 $A^{T}A=E$.

3）标准正交基的求法

利用施密特正交化方法.

8.1.3 正交变换

1）正交变换的定义

设 σ 是欧氏空间 V 的线性变换，如果它保持向量的内积不变，即对任意 $\alpha,\beta\in V$，都有

$$(\sigma(\alpha),\sigma(\beta))=(\alpha,\beta)$$

则称 σ 为正交变换.

2）关于正交变换的几个等价命题

设 σ 是欧氏空间 V 的一个线性变换，则下面四个命题相互等价：

（1）σ 是正交变换；

（2）σ 保持向量的长度不变，即对于任意 $\alpha\in V$，$|\sigma(\alpha)|=|\alpha|$；

（3）如果 $\varepsilon_1,\varepsilon_2,\cdots,\varepsilon_n$ 是标准正交基，则 $\sigma(\varepsilon_1),\sigma(\varepsilon_2),\cdots,\sigma(\varepsilon_n)$ 也是标准正交基；

（4）σ 在任何一组标准正交基下的矩阵是正交矩阵.

说明：行列式等于 1 的正交变换为**第一类**正交变换，行列式等于-1 的正交变换称为**第二类**正交变换.

8.1.4 对称变换与实对称矩阵

1）对称变换的定义

设 σ 是欧氏空间 V 的线性变换，如果对任意 $\alpha,\beta\in V$，都有

$$(\sigma(\alpha),\beta)=(\alpha,\sigma(\beta)),$$

则称 σ 是 V 的对称变换；如果对任意 $\alpha,\beta\in V$，都有

$$(\sigma(\alpha),\beta)=-(\alpha,\sigma(\beta)),$$

则称 σ 是 V 的反对称变换.

2）对称变换的有关结论

（1）对称变换的特征值都是实数，反对称变换的特征值都是零或纯虚数.

（2）对称变换的属于不同特征值的特征向量是正交的.

（3）如果欧氏空间 V 的子空间 V_1 是对称变换 σ 的不变子空间，则 $V_1^{\perp}$ 也是 σ 的不变子空间；如果欧氏空间 V 的子空间 V_1 是反对称变换 σ 的不变子空间，则 $V_1^{\perp}$ 也是 σ 的不变子空间.

（4）欧氏空间 V 的线性变换 σ 是对称变换 $\Leftrightarrow$ σ 在 V 的任一标准正交基下的矩阵为实对称矩阵.

（5）设 σ 是 n 维欧氏空间 V 的对称变换，则在 V 中可找到一组标准正交基，使 σ 在该组基下的矩阵为对角矩阵.

3）实对称矩阵的有关结论

（1）设 $\boldsymbol{A}$ 是实对称矩阵，则 $\boldsymbol{A}$ 的特征值皆为实数.

（2）设 $\boldsymbol{A}$ 是实对称矩阵，则 $\mathbf{R}^n$ 中属于 $\boldsymbol{A}$ 的不同特征值的特征向量必正交.

（3）对于任意一个 n 级实对称矩阵 $\boldsymbol{A}$，都存在一个 n 级正交矩阵 $\boldsymbol{U}$，使 $\boldsymbol{U}^{\mathrm{T}}\boldsymbol{A}\boldsymbol{U}=\boldsymbol{U}^{-1}\boldsymbol{A}\boldsymbol{U}$ 为对角形.

8.1.5　欧氏空间的子空间

1）子空间正交及其性质

（1）设 $\boldsymbol{V}_1$，$\boldsymbol{V}_2$ 是欧氏空间 $\boldsymbol{V}$ 中两个子空间，如果对于任意的 $\boldsymbol{\alpha}\in\boldsymbol{V}_1$，$\boldsymbol{\beta}\in\boldsymbol{V}_2$，恒有 $(\boldsymbol{\alpha},\boldsymbol{\beta})=0$，则称 $\boldsymbol{V}_1$，$\boldsymbol{V}_2$ 为正交的，记为 $\boldsymbol{V}_1\perp\boldsymbol{V}_2$；一个向量 $\boldsymbol{\alpha}$，如果对于任意的 $\boldsymbol{\beta}\in\boldsymbol{V}_1$，恒有 $(\boldsymbol{\alpha},\boldsymbol{\beta})=0$，则称 $\boldsymbol{\alpha}$ 与子空间 $\boldsymbol{V}_1$ 正交. 记为 $\boldsymbol{\alpha}\perp\boldsymbol{V}_1$.

（2）如果子空间 $\boldsymbol{V}_1$，$\boldsymbol{V}_2$，…，$\boldsymbol{V}_s$ 两两正交，那么和 $\boldsymbol{V}_1+\boldsymbol{V}_2+\cdots+\boldsymbol{V}_s$ 是直和.

（3）设 $\boldsymbol{V}$ 是欧氏空间，$\boldsymbol{\alpha},\boldsymbol{\alpha}_i,\boldsymbol{\beta}_j\in\boldsymbol{V}\,(i=1,2,\cdots,s;j=1,2,\cdots,t)$，则

$$L[\boldsymbol{\alpha}_1,\boldsymbol{\alpha}_2,\cdots,\boldsymbol{\alpha}_s]\perp L[\boldsymbol{\beta}_1,\boldsymbol{\beta}_2,\cdots,\boldsymbol{\beta}_t]\Leftrightarrow\boldsymbol{\alpha}_i\perp\boldsymbol{\beta}_j\Leftrightarrow(\boldsymbol{\alpha}_i,\boldsymbol{\beta}_j)=0\,(i=1,2,\cdots,s\,;j=1,2,\cdots,t)$$

$$\boldsymbol{\alpha}\perp L[\boldsymbol{\alpha}_1,\boldsymbol{\alpha}_2,\cdots,\boldsymbol{\alpha}_s]\Leftrightarrow\boldsymbol{\alpha}\perp\boldsymbol{\alpha}_i\Leftrightarrow(\boldsymbol{\alpha},\boldsymbol{\alpha}_i)=0\,(i=1,2,\cdots,s)$$

2）子空间的正交补及其性质

（1）设 $\boldsymbol{V}_1$，$\boldsymbol{V}_2$ 是欧氏空间 $\boldsymbol{V}$ 的两个子空间，如果 $\boldsymbol{V}_1+\boldsymbol{V}_2=\boldsymbol{V}$，且 $\boldsymbol{V}_1\perp\boldsymbol{V}_2$，则称 $\boldsymbol{V}_2$ 为 $\boldsymbol{V}_1$ 的正交补，记为 $\boldsymbol{V}_1^{\perp}=\boldsymbol{V}_2$，同时 $\boldsymbol{V}_1$ 也是 $\boldsymbol{V}_2$ 的正交补.

（2）n 维欧氏空间 $\boldsymbol{V}$ 的每一个子空间 $\boldsymbol{V}_1$ 都有唯一的正交补，且 $\boldsymbol{V}_1^{\perp}$ 恰由所有与 $\boldsymbol{V}_1$ 正交的向量组成，即 $\boldsymbol{V}_1^{\perp}=\{\boldsymbol{\alpha}|\boldsymbol{\alpha}\perp\boldsymbol{V}_1,\boldsymbol{\alpha}\in\boldsymbol{V}\}$.

（3）维 $(\boldsymbol{V}_1)+$ 维 $(\boldsymbol{V}_1^{\perp})=n$.

（4）设 $\boldsymbol{V}_1$ 是 n 维欧氏空间 $\boldsymbol{V}$ 的子空间，由 $\boldsymbol{V}=\boldsymbol{V}_1\oplus\boldsymbol{V}_1^{\perp}$，$\boldsymbol{V}$ 中任一向量 $\boldsymbol{\alpha}$ 都可以唯一地分解成 $\boldsymbol{\alpha}=\boldsymbol{\alpha}_1+\boldsymbol{\alpha}_2$，其中 $\boldsymbol{\alpha}_1\in\boldsymbol{V}_1$，$\boldsymbol{\alpha}_2\in\boldsymbol{V}_1^{\perp}$，$\boldsymbol{\alpha}_1$ 称为向量 $\boldsymbol{\alpha}$ 在子空间 $\boldsymbol{V}_1$ 上的内射影.

3）向量到子空间的距离

（1）设 $\boldsymbol{V}$ 为欧氏空间，$\boldsymbol{W}$ 为 $\boldsymbol{V}$ 的有限维子空间，给定 $\boldsymbol{\beta}\in\boldsymbol{V}$，则

① 存在唯一向量 $\boldsymbol{\eta}_0\in\boldsymbol{W}$，使 $\boldsymbol{\beta}-\boldsymbol{\eta}_0\perp\boldsymbol{W}$；

② 如果 $\boldsymbol{\eta}_0\in\boldsymbol{W}$，$\boldsymbol{\beta}-\boldsymbol{\eta}_0\perp\boldsymbol{W}$，那么 $|\boldsymbol{\beta}-\boldsymbol{\eta}_0|\leqslant|\boldsymbol{\beta}-\boldsymbol{\eta}|,\forall\boldsymbol{\eta}\in\boldsymbol{W}$.

（2）正规方程 $\boldsymbol{A}^{\mathrm{T}}\boldsymbol{A}\boldsymbol{X}=\boldsymbol{A}^{\mathrm{T}}\boldsymbol{\beta}$ 必有解.

（3）正规方程 $\boldsymbol{A}^{\mathrm{T}}\boldsymbol{A}\boldsymbol{X}=\boldsymbol{A}^{\mathrm{T}}\boldsymbol{\beta}$ 的任意解 $\boldsymbol{X}^0$ 必是方程组 $\boldsymbol{A}\boldsymbol{X}=\boldsymbol{\beta}$ 的最小二乘解.

8.1.6　酉空间*

1）酉空间（复内积空间）的定义

定义 1　设 $\boldsymbol{V}$ 是复线性空间，若对于 $\boldsymbol{V}$ 中任意两个元素（向量）$\boldsymbol{\alpha},\boldsymbol{\beta}$，

（1）（对称性）$(\boldsymbol{\alpha},\boldsymbol{\beta})=\overline{(\boldsymbol{\beta},\boldsymbol{\alpha})}$；

（2）（可加性）$(\boldsymbol{\alpha}+\boldsymbol{\beta},\boldsymbol{\gamma})=(\boldsymbol{\alpha},\boldsymbol{\gamma})+(\boldsymbol{\beta},\boldsymbol{\gamma}),\forall\boldsymbol{\gamma}\in\boldsymbol{V}$；

（3）（齐次性）$(k\boldsymbol{\alpha},\boldsymbol{\beta})=k(\boldsymbol{\alpha},\boldsymbol{\beta}),\forall k\in C$；

（4）（非负性）$(\boldsymbol{\alpha},\boldsymbol{\alpha})\geqslant 0$，当且仅当 $\boldsymbol{\alpha}=0$ 时 $(\boldsymbol{\alpha},\boldsymbol{\alpha})=0$，

则称该复数是 $\boldsymbol{V}$ 中元素（向量）$\boldsymbol{\alpha}$ 和 $\boldsymbol{\beta}$ 的内积. 称定义了内积的复线性空间 $\boldsymbol{V}$ 为酉空间（或称 U 空间或复内积空间）.

例 1 在 n 维向量空间 $\mathbf{C}^n$ 中，任意两个向量 $\boldsymbol{\alpha}=(\alpha_1,\alpha_2,\cdots,\alpha_n)^{\mathrm{T}}$，$\boldsymbol{\beta}=(\beta_1,\beta_2,\cdots,\beta_n)^{\mathrm{T}}$，若规定 $(\boldsymbol{\alpha},\boldsymbol{\beta})=\alpha_1\overline{\beta}_1+\alpha_2\overline{\beta}_2+\cdots+\alpha_n\overline{\beta}_n=\sum\limits_{k=1}^{n}\alpha_k\overline{\beta}_k$，则容易验证，它是 $\mathbf{C}^n$ 中向量 $\boldsymbol{\alpha}$ 和 $\boldsymbol{\beta}$ 的内积.

2）酉空间的性质

（1）$(0,\boldsymbol{\alpha})=(\boldsymbol{\alpha},0)=0,\forall\boldsymbol{\alpha}\in\boldsymbol{V}$；

（2）$(\boldsymbol{\alpha},k\boldsymbol{\beta})=\overline{k}(\boldsymbol{\alpha},\boldsymbol{\beta}),\forall\boldsymbol{\alpha},\boldsymbol{\beta}\in\boldsymbol{V},\forall k\in\mathbf{C}$；

（3）$(\boldsymbol{\alpha},\boldsymbol{\beta}+\boldsymbol{\gamma})=(\boldsymbol{\alpha},\boldsymbol{\beta})+(\boldsymbol{\alpha},\boldsymbol{\gamma}),\forall\boldsymbol{\alpha},\boldsymbol{\beta},\boldsymbol{\gamma}\in\boldsymbol{V}$；

（4）$\left(\sum\limits_{i=1}^{n}k_i\alpha_i,\sum\limits_{j=1}^{n}l_j\beta_j\right)=\sum\limits_{j=1}^{n}\sum\limits_{i=1}^{n}k_i\,\overline{l}_j(\alpha_i,\beta_j)$.

3）酉空间的一些结论

（1）向量的长度 $|\boldsymbol{\alpha}|=\sqrt{(\boldsymbol{\alpha},\boldsymbol{\alpha})}$.

（2）Cauchy-Schwarz 不等式：$|(\boldsymbol{\alpha},\boldsymbol{\beta})|\leqslant|\boldsymbol{\alpha}||\boldsymbol{\beta}|$.

（3）两个非零向量的夹角：

$$<\boldsymbol{\alpha},\boldsymbol{\beta}>=\arccos\frac{|(\boldsymbol{\alpha},\boldsymbol{\beta})|}{|\boldsymbol{\alpha}||\boldsymbol{\beta}|}\left(0\leqslant\langle\boldsymbol{\alpha},\boldsymbol{\beta}\rangle\leqslant\frac{\pi}{2}\right)$$

（4）当 $(\boldsymbol{\alpha},\boldsymbol{\beta})=0$ 时，称 $\boldsymbol{\alpha}$ 与 $\boldsymbol{\beta}$ 正交，记作 $\boldsymbol{\alpha}\perp\boldsymbol{\beta}$.

与欧氏空间一样，在酉空间中也可类似定义正交基、标准正交基，而且 $\boldsymbol{V}$ 中的任一组基均可通过 Schmidt 方法化为一组标准正交基.

4）酉变换和复对称变换

当矩阵 $\boldsymbol{A}$ 有复数的元素时，把 $\boldsymbol{A}$ 矩阵的元素变换为共轭，即称为 $\boldsymbol{A}$ 的共轭矩阵，写成 $\overline{\boldsymbol{A}}$（$\boldsymbol{A}$ 共轭）. 共轭矩阵 $\boldsymbol{A}$ 的转置写为 $\boldsymbol{A}^{\mathrm{H}}=(\overline{\boldsymbol{A}})^{\mathrm{T}}$（$\boldsymbol{A}$ 共轭转置）. 我们可得共轭矩阵 $\boldsymbol{A}$ 的转置等于其转置矩阵的共轭，即为 $(\overline{\boldsymbol{A}^{\mathrm{T}}})=(\overline{\boldsymbol{A}})^{\mathrm{T}}$.

定义 2 设 $\boldsymbol{\sigma}$ 是 $\boldsymbol{U}$ 空间中的一个线性变换，若对 $\forall\boldsymbol{\alpha},\boldsymbol{\beta}\in\boldsymbol{U}$，均有 $(\sigma(\alpha),\sigma(\beta))=(\alpha,\beta)$ 成立，则称 $\boldsymbol{\sigma}$ 为 $\boldsymbol{U}$ 空间上的酉变换，而满足 $\boldsymbol{A}^{\mathrm{H}}=\boldsymbol{A}^{-1}$ 的矩阵 $\boldsymbol{A}$ 称为酉矩阵.

定理 1 设 $\boldsymbol{\sigma}$ 是酉空间 $\boldsymbol{V}$ 上的一个线性变换，则下列命题是等价的：

（1）$\boldsymbol{\sigma}$ 是一个酉变换；

（2）保持元素的长度不变，即对任意的 $\boldsymbol{\alpha}\in\boldsymbol{V}$，有 $|\sigma(\alpha)|=|\alpha|$；

（3）$\boldsymbol{V}$ 中任意一个标准正交基其象仍是一个标准正交基；

（4）在任一个标准正交基下的矩阵是酉矩阵，即 $\boldsymbol{A}\boldsymbol{A}^{\mathrm{H}}=\boldsymbol{A}^{\mathrm{H}}\boldsymbol{A}=\boldsymbol{E}$.

定义 3 设 $\boldsymbol{\sigma}$ 是酉空间 $\boldsymbol{U}$ 中的一个线性变换，若对 $\forall\boldsymbol{\alpha},\boldsymbol{\beta}\in\boldsymbol{U}$，均有 $(\sigma(\alpha),\beta)=(\alpha,\sigma(\beta))$ 成立，则称 $\boldsymbol{\sigma}$ 为酉空间 $\boldsymbol{U}$ 上的复对称变换，满足 $\boldsymbol{A}^{\mathrm{H}}=\boldsymbol{A},\boldsymbol{A}^{\mathrm{H}}=-\boldsymbol{A}$ 的矩阵分别称为埃尔米特（Hermite）矩阵与反埃尔米特（Hermite）矩阵.

5）正规矩阵

定义 4 设 $A \in \mathbf{C}^{n\times n}$，若满足 $AA^{\mathrm{H}} = A^{\mathrm{H}}A$，则称 A 为正规矩阵. 特别地，当 $A \in \mathbf{R}^{n\times n}$ 时，若满足 $AA^{\mathrm{T}} = A^{\mathrm{T}}A$，称 A 为实正规矩阵.

显然，对角矩阵、埃尔米特（Hermite）矩阵、反埃尔米特（Hermite）矩阵和酉矩阵都是正规矩阵，而正交矩阵、实对称矩阵和实反对称矩阵都是实正规矩阵.

定义 5 设 $A,B \in \mathbf{R}^{n\times n}\ (\mathbf{C}^{n\times n})$，如果存在 n 阶正交（酉）矩阵 U，使得 $U^{\mathrm{T}}AU = U^{-1}AU = B$，（$U^{\mathrm{H}}AU = U^{-1}AU = B$），则称 A 正交（酉）相似于 B.

定理 2 设 A 为正规阵，则与 A 酉相似的矩阵都是正规阵；A 必有 n 个线性无关的特征向量；A 的属于不同特征值的特征子空间是互相正交的.

定理 3 矩阵 A 是正规阵的充要条件是存在酉矩阵 U，使得 $U^{\mathrm{H}}AU = U^{-1}AU = \mathrm{diag}(\lambda_1,\lambda_2,\cdots,\lambda_n)$，其中 $\lambda_1,\lambda_2,\cdots,\lambda_n$ 是 A 的特征值.

例 2 已知 A 是酉矩阵，且 $A-E$ 可逆，试证明 $B=(A-E)^{-1}(A+E)$ 是反埃尔米特（Hermite）矩阵.

证明 因为

$$B^{\mathrm{H}} = (A+E)^{\mathrm{H}}[(A-E)^{-1}]^{\mathrm{H}} = (A^{\mathrm{H}}+E)(A^{\mathrm{H}}-E)^{-1}$$

则

$$(A-E)(A^{\mathrm{H}}+E) = A - A^{\mathrm{H}} = -(A+E)(A^{\mathrm{H}}-E)$$

从而

$$(A^{\mathrm{H}}+E)(A^{\mathrm{H}}-E)^{-1} = -(A-E)^{-1}(A+E)$$

即 $B^{\mathrm{H}} = -B$，故 B 是反埃尔米特（Hermite）矩阵.

8.2 习题详解

习题 8.1

1. 证明：在一个欧氏空间里，对于任意向量 ξ,η，以下等式成立：

（1）$|\xi+\eta|^2+|\xi-\eta|^2=2|\xi|^2+2|\eta|^2$；（2）$(\xi,\eta)=\dfrac{1}{4}|\xi+\eta|^2-\dfrac{1}{4}|\xi-\eta|^2$.

在解析几何里，等式（1）的几何意义是什么?

证明 （1）

$$\begin{aligned}|\xi+\eta|^2+|\xi-\eta|^2 &= (\xi+\eta,\ \xi+\eta)+(\xi-\eta,\ \xi-\eta)\\ &= (\xi,\ \xi)+2(\xi,\ \eta)++(\eta,\ \eta)+(\xi,\ \xi)-2(\xi,\ \eta)+(\eta,\ \eta)\\ &= 2(\xi,\ \xi)+2(\eta,\ \eta)=2|\xi|^2+2|\eta|^2\end{aligned}$$

其几何意义为平行四边形的对角线的平方分等于四条边的平方和.

（2）

$$\begin{aligned}\frac{1}{4}|\xi+\eta|^2-\frac{1}{4}|\xi-\eta|^2 &= \frac{1}{4}(\xi+\eta,\xi+\eta)-\frac{1}{4}(\xi-\eta,\xi-\eta)\\ &= \frac{1}{4}(((\xi,\xi)+2(\xi,\eta)+(\eta,\eta))-((\xi,\xi)-2(\xi,\eta)+(\eta,\eta)))=(\xi,\eta)\end{aligned}$$

2. 在欧氏空间 $\mathbf{R}^4$ 里，已知一组基

$$\boldsymbol{\alpha}_1=\begin{pmatrix}1\\1\\1\\1\end{pmatrix},\boldsymbol{\alpha}_2=\begin{pmatrix}1\\1\\1\\0\end{pmatrix},\boldsymbol{\alpha}_3=\begin{pmatrix}1\\1\\0\\0\end{pmatrix},\boldsymbol{\alpha}_4=\begin{pmatrix}1\\0\\0\\0\end{pmatrix},$$

求基 $\boldsymbol{\alpha}_1,\boldsymbol{\alpha}_2,\boldsymbol{\alpha}_3,\boldsymbol{\alpha}_4$ 的度量矩阵，并求 $\boldsymbol{\alpha}_1$ 与 $\boldsymbol{\alpha}_2$ 的夹角.

解 基 $\boldsymbol{\alpha}_1,\boldsymbol{\alpha}_2,\boldsymbol{\alpha}_3,\boldsymbol{\alpha}_4$ 的度量矩阵为

$$\begin{pmatrix}(\boldsymbol{\alpha}_1,\boldsymbol{\alpha}_1) & (\boldsymbol{\alpha}_1,\boldsymbol{\alpha}_2) & (\boldsymbol{\alpha}_1,\boldsymbol{\alpha}_3) & (\boldsymbol{\alpha}_1,\boldsymbol{\alpha}_4)\\(\boldsymbol{\alpha}_2,\boldsymbol{\alpha}_1) & (\boldsymbol{\alpha}_2,\boldsymbol{\alpha}_2) & (\boldsymbol{\alpha}_2,\boldsymbol{\alpha}_3) & (\boldsymbol{\alpha}_2,\boldsymbol{\alpha}_4)\\(\boldsymbol{\alpha}_3,\boldsymbol{\alpha}_1) & (\boldsymbol{\alpha}_3,\boldsymbol{\alpha}_2) & (\boldsymbol{\alpha}_3,\boldsymbol{\alpha}_3) & (\boldsymbol{\alpha}_3,\boldsymbol{\alpha}_4)\\(\boldsymbol{\alpha}_4,\boldsymbol{\alpha}_1) & (\boldsymbol{\alpha}_4,\boldsymbol{\alpha}_2) & (\boldsymbol{\alpha}_4,\boldsymbol{\alpha}_3) & (\boldsymbol{\alpha}_4,\boldsymbol{\alpha}_4)\end{pmatrix}=\begin{pmatrix}4&3&2&1\\3&3&2&1\\2&2&2&1\\1&1&1&1\end{pmatrix}$$

由题意有 $(\boldsymbol{\alpha}_1,\boldsymbol{\alpha}_2)=3$，$|\boldsymbol{\alpha}_1|=\sqrt{(\boldsymbol{\alpha}_1,\boldsymbol{\alpha}_1)}=2,|\boldsymbol{\alpha}_2|=\sqrt{3}$，所以 $\cos\theta=\dfrac{\sqrt{3}}{2}$，从而 $\boldsymbol{\alpha}_1$ 与 $\boldsymbol{\alpha}_2$ 的夹角为 30 度.

3. 在欧氏空间 $\mathbf{R}^4$ 里找出两个单位向量，使它们同时与向量

$$\boldsymbol{\alpha}=\begin{pmatrix}2\\1\\-4\\0\end{pmatrix},\ \boldsymbol{\beta}=\begin{pmatrix}-1\\-1\\2\\2\end{pmatrix},\ \boldsymbol{\gamma}=\begin{pmatrix}3\\2\\-6\\-2\end{pmatrix}$$

中每一个正交.

解 设与以上三个向量都正交的向量为 $\boldsymbol{X}=(a,b,c,d)^{\mathrm{T}}$，则 $(\boldsymbol{\alpha},\boldsymbol{\beta},\boldsymbol{\gamma})\boldsymbol{X}=\mathbf{0}$，即

$$\begin{cases}2a+b-4c=0\\-a-b+2c+2d=0\\3a+2b-6c-2d=0\end{cases}\Rightarrow\begin{cases}a=2c-2d\\b=4d\end{cases}$$

令 $c=1,d=0$，解得其一个向量为 $\boldsymbol{X}=(2,0,1,0)^{\mathrm{T}}$.

取
$$\boldsymbol{\eta}=\pm\frac{\boldsymbol{X}}{\|\boldsymbol{X}\|}=\pm\frac{(2,0,1,0)^{\mathrm{T}}}{\sqrt{5}}$$

则这两个单位向量，与向量 $\boldsymbol{\alpha},\boldsymbol{\beta},\boldsymbol{\gamma}$ 每一个都正交.

4. 设 $\boldsymbol{\alpha}_1,\boldsymbol{\alpha}_2,\cdots,\boldsymbol{\alpha}_n,\boldsymbol{\beta}$ 都是欧氏空间 $\boldsymbol{V}$ 的向量，且 $\boldsymbol{\beta}$ 是 $\boldsymbol{\alpha}_1,\boldsymbol{\alpha}_2,\cdots,\boldsymbol{\alpha}_n$ 的线性组合. 证明：如果 $\boldsymbol{\beta}$ 与 $\boldsymbol{\alpha}_i$ 正交 $(i=1,2,\cdots,n)$，那么 $\boldsymbol{\beta}=\mathbf{0}$.

证明 设 $\boldsymbol{\beta}=k_1\boldsymbol{\alpha}_1+k_2\boldsymbol{\alpha}_2+\cdots+k_n\boldsymbol{\alpha}_n$，由 $\boldsymbol{\beta}$ 与 $\boldsymbol{\alpha}_i$ 正交 $(i=1,2,\cdots,n)$，则 $(\boldsymbol{\beta},\boldsymbol{\beta})=\left(\boldsymbol{\beta},\sum\limits_{i=1}^{n}k_i\boldsymbol{\alpha}_i\right)=\sum\limits_{i=1}^{n}k_i(\boldsymbol{\beta},\boldsymbol{\alpha}_i)=0$，从而 $\boldsymbol{\beta}=\mathbf{0}$.

5. 设 $\boldsymbol{\alpha}_1,\boldsymbol{\alpha}_2,\cdots,\boldsymbol{\alpha}_n$ 是欧氏空间 $\boldsymbol{V}$ 的 n 个向量. 行列式

$$G(\boldsymbol{\alpha}_1,\boldsymbol{\alpha}_2,\cdots,\boldsymbol{\alpha}_n)=\begin{vmatrix}(\boldsymbol{\alpha}_1,\boldsymbol{\alpha}_1) & (\boldsymbol{\alpha}_1,\boldsymbol{\alpha}_2) & \cdots & (\boldsymbol{\alpha}_1,\boldsymbol{\alpha}_n)\\(\boldsymbol{\alpha}_2,\boldsymbol{\alpha}_1) & (\boldsymbol{\alpha}_2,\boldsymbol{\alpha}_2) & \cdots & (\boldsymbol{\alpha}_2,\boldsymbol{\alpha}_n)\\\vdots & \vdots & & \vdots\\(\boldsymbol{\alpha}_n,\boldsymbol{\alpha}_1) & (\boldsymbol{\alpha}_n,\boldsymbol{\alpha}_2) & \cdots & (\boldsymbol{\alpha}_n,\boldsymbol{\alpha}_n)\end{vmatrix}$$

叫作 $\alpha_1,\alpha_2,\cdots,\alpha_n$ 的**格拉姆（Gram）行列式**. 证明：$G(\alpha_1,\alpha_2,\cdots,\alpha_n)=0$ 当且仅当 $\alpha_1,\alpha_2,\cdots,\alpha_n$ 线性相关.

证明 设有线性关系

$$k_1\boldsymbol{\alpha}_1+k_2\boldsymbol{\alpha}_2+\cdots+k_m\boldsymbol{\alpha}_m=\mathbf{0}$$

将其分别与 α_i 取内积，可得方程组

$$k_1(\alpha_i,\alpha_1)+k_2(\alpha_i,\alpha_2)+\cdots+k_m(\alpha_i,\alpha_m)=\mathbf{0}(i=1,2,\cdots,m)$$

上述方程组仅有零解的充要条件是系数行列式不等于 0，即证.

6. 设 $\boldsymbol{\alpha},\boldsymbol{\beta}$ 是欧氏空间两个线性无关的向量，满足以下条件：$\dfrac{2(\boldsymbol{\alpha},\boldsymbol{\beta})}{(\boldsymbol{\alpha},\boldsymbol{\alpha})}$ 和 $\dfrac{2(\boldsymbol{\alpha},\boldsymbol{\beta})}{(\boldsymbol{\beta},\boldsymbol{\beta})}$ 都是小于或等于零的整数. 则 $\boldsymbol{\alpha},\boldsymbol{\beta}$ 的夹角只可能是 $\dfrac{\pi}{2},\dfrac{2\pi}{3},\dfrac{3\pi}{4}$ 或 $\dfrac{5\pi}{6}$.

解 设 $\boldsymbol{\alpha},\boldsymbol{\beta}$ 的夹角为 θ，则

$$0\leqslant\frac{4(\boldsymbol{\alpha},\boldsymbol{\beta})^2}{(\boldsymbol{\alpha},\boldsymbol{\alpha})(\boldsymbol{\beta},\boldsymbol{\beta})}=4\cos^2\theta\leqslant4$$

由题意知 $\dfrac{4(\boldsymbol{\alpha},\boldsymbol{\beta})^2}{(\boldsymbol{\alpha},\boldsymbol{\alpha})(\boldsymbol{\beta},\boldsymbol{\beta})}$ 是整数，因而只能是 0, 1, 2, 3, 4.

若 $\dfrac{4(\boldsymbol{\alpha},\boldsymbol{\beta})^2}{(\boldsymbol{\alpha},\boldsymbol{\alpha})(\boldsymbol{\beta},\boldsymbol{\beta})}=4$，则 $\cos^2\theta=1,\theta=0$ 或 π，这与 $\boldsymbol{\alpha},\boldsymbol{\beta}$ 线性无关矛盾.

所以 $\dfrac{4(\boldsymbol{\alpha},\boldsymbol{\beta})^2}{(\boldsymbol{\alpha},\boldsymbol{\alpha})(\boldsymbol{\beta},\boldsymbol{\beta})}$ 只能取 0, 1, 2, 3. 即 $\cos^2\theta=\dfrac{(\boldsymbol{\alpha},\boldsymbol{\beta})^2}{(\boldsymbol{\alpha},\boldsymbol{\alpha})(\boldsymbol{\beta},\boldsymbol{\beta})}$ 只能取 $0,\dfrac{1}{4},\dfrac{2}{4},\dfrac{3}{4}$.

又由于 $\dfrac{2(\boldsymbol{\alpha},\boldsymbol{\beta})}{(\boldsymbol{\alpha},\boldsymbol{\alpha})}\leqslant0$，从而 $\cos\theta=\dfrac{(\boldsymbol{\alpha},\boldsymbol{\beta})}{|\boldsymbol{\alpha}||\boldsymbol{\beta}|}\leqslant0$，其值只能取 $0,-\dfrac{1}{2},-\dfrac{\sqrt{2}}{2},-\dfrac{\sqrt{3}}{2}$.

因而 $\boldsymbol{\alpha},\boldsymbol{\beta}$ 的夹角只能是 $\dfrac{\pi}{2},\dfrac{2\pi}{3},\dfrac{3\pi}{4},\dfrac{5\pi}{6}$.

7. 证明：对于任意实数 $a_1,a_2,\cdots,a_n$，$\sum\limits_{i=1}^{n}|a_i|\leqslant\sqrt{n(a_1^2+a_2^2+a_3^3+\cdots+a_n^2}$ ）.

证明 设 $\boldsymbol{\alpha}=(|a_1|,|a_2|,\cdots,|a_n|)^{\mathrm{T}},\boldsymbol{\beta}=(1,1,\cdots,1)^{\mathrm{T}}$，则由柯西-施瓦兹不等式可得

$$|(\boldsymbol{\alpha},\boldsymbol{\beta})|\leqslant|\boldsymbol{\alpha}|\cdot|\boldsymbol{\beta}|$$

从而

$$\sum_{i=1}^{n}|a_i|\leqslant\sqrt{a_1^2+a_2^2+\cdots+a_n^2}\cdot\sqrt{1^2+1^2+\cdots+1^2}$$

即

$$\sum_{i=1}^{n}|a_i|\leqslant\sqrt{n(a_1^2+a_2^2+a_3^3+\cdots+a_n^2)}$$

8. 设 $\boldsymbol{\alpha}_1,\boldsymbol{\alpha}_2,\cdots,\boldsymbol{\alpha}_m$，$\boldsymbol{\beta}_1,\boldsymbol{\beta}_2,\cdots,\boldsymbol{\beta}_m$ 是欧氏空间中的两组向量，如果 $(\boldsymbol{\alpha}_i,\boldsymbol{\alpha}_j)=(\boldsymbol{\beta}_i,\boldsymbol{\beta}_j)$ $(i,j=1,2,\cdots,m)$，则 $\boldsymbol{V}_1=L[\boldsymbol{\alpha}_1,\boldsymbol{\alpha}_2,\cdots,\boldsymbol{\alpha}_m]$ 与 $\boldsymbol{V}_2=L[\boldsymbol{\beta}_1,\boldsymbol{\beta}_2,\cdots,\boldsymbol{\beta}_m]$ 同构.

证明 先证 $\dim\boldsymbol{V}_1\leqslant\dim\boldsymbol{V}_2$. 设 $\dim\boldsymbol{V}_1=r$ 且 $\boldsymbol{\alpha}_1,\boldsymbol{\alpha}_2,\cdots,\boldsymbol{\alpha}_r$ 为 $\boldsymbol{V}_1$ 的基，设 $k_1\boldsymbol{\beta}_1+k_2\boldsymbol{\beta}_2+\cdots+k_r\boldsymbol{\beta}_r=\mathbf{0}$.

因为$(\boldsymbol{\alpha}_i,\boldsymbol{\alpha}_j)=(\boldsymbol{\beta}_i,\boldsymbol{\beta}_j)$（$i,j=1,2,\cdots,m$），所以

$$\left(\sum_{i=1}^{r}k_i\boldsymbol{\beta}_i,\sum_{i=1}^{r}k_i\boldsymbol{\beta}_i\right)=(k_1,\cdots k_r)\begin{pmatrix}(\boldsymbol{\beta}_1,\boldsymbol{\beta}_r) & \cdots & (\boldsymbol{\beta}_1,\boldsymbol{\beta}_r)\\ \vdots & & \vdots\\ (\boldsymbol{\beta}_r,\boldsymbol{\beta}_1) & \cdots & (\boldsymbol{\beta}_r,\boldsymbol{\beta}_r)\end{pmatrix}\begin{pmatrix}k_1\\ \vdots\\ k_r\end{pmatrix}$$

$$=(k_1,\cdots k_r)\begin{pmatrix}(\boldsymbol{\alpha}_1,\boldsymbol{\alpha}_r) & \cdots & (\boldsymbol{\alpha}_1,\boldsymbol{\alpha}_r)\\ \vdots & & \vdots\\ (\boldsymbol{\alpha}_r,\boldsymbol{\alpha}_1) & \cdots & (\boldsymbol{\alpha}_r,\boldsymbol{\alpha}_r)\end{pmatrix}\begin{pmatrix}k_1\\ \vdots\\ k_r\end{pmatrix}=\left(\sum_{i=1}^{r}k_i\boldsymbol{\alpha}_i,\sum_{i=1}^{r}k_i\boldsymbol{\alpha}_i\right)$$

从而$\sum_{i=1}^{r}k_i\boldsymbol{\alpha}_i=\mathbf{0}$，由$\boldsymbol{\alpha}_1,\boldsymbol{\alpha}_2,\cdots,\boldsymbol{\alpha}_r$线性无关，得$k_i=0(i=1,\cdots,r)$，即$\boldsymbol{\beta}_1,\boldsymbol{\beta}_2,\cdots,\boldsymbol{\beta}_r$线性无关，则$\dim\boldsymbol{V}_2\geqslant r$，即$\dim\boldsymbol{V}_1\leqslant\dim\boldsymbol{V}_2$．同理可证$\dim\boldsymbol{V}_2\leqslant\dim\boldsymbol{V}_1$，所以$\dim\boldsymbol{V}_1=\dim\boldsymbol{V}_2$，即$\boldsymbol{V}_1$与$\boldsymbol{V}_2$同构．

习题 8.2

1．试用施密特法把下列向量组正交化单位化：

$$\boldsymbol{\alpha}_1=\begin{pmatrix}1\\1\\1\end{pmatrix},\boldsymbol{\alpha}_2=\begin{pmatrix}1\\2\\3\end{pmatrix},\boldsymbol{\alpha}_3=\begin{pmatrix}1\\8\\9\end{pmatrix}$$

解 正交化得

$$\boldsymbol{\beta}_1=\boldsymbol{\alpha}_1=\begin{pmatrix}1\\1\\1\end{pmatrix},$$

$$\boldsymbol{\beta}_2=\boldsymbol{\alpha}_2-\frac{(\boldsymbol{\alpha}_2,\ \boldsymbol{\beta}_1)}{(\boldsymbol{\beta}_1,\ \boldsymbol{\beta}_1)}\boldsymbol{\beta}_1=\begin{pmatrix}-1\\0\\1\end{pmatrix},$$

$$\boldsymbol{\beta}_3=\boldsymbol{\alpha}_3-\frac{(\boldsymbol{\alpha}_3,\boldsymbol{\beta}_1)}{(\boldsymbol{\beta}_1,\boldsymbol{\beta}_1)}\boldsymbol{\beta}_1-\frac{(\boldsymbol{\alpha}_3,\boldsymbol{\beta}_2)}{(\boldsymbol{\beta}_2,\boldsymbol{\beta}_2)}\boldsymbol{\beta}_2=\begin{pmatrix}-1\\2\\-1\end{pmatrix}$$

单位化得

$$\gamma_1=\frac{\boldsymbol{\beta}_1}{|\boldsymbol{\beta}_1|}=\frac{1}{\sqrt{3}}\begin{pmatrix}1\\1\\1\end{pmatrix},$$

$$\gamma_2=\frac{\boldsymbol{\beta}_2}{|\boldsymbol{\beta}_2|}=\frac{1}{\sqrt{2}}\begin{pmatrix}-1\\0\\1\end{pmatrix},$$

$$\gamma_3=\frac{\boldsymbol{\beta}_3}{|\boldsymbol{\beta}_3|}=\frac{1}{\sqrt{6}}\begin{pmatrix}-1\\0\\1\end{pmatrix}$$

2. 在欧氏空间 $\mathbf{C}[-1,1]$ 里，对于线性无关的向量组 $1,x,x^2,x^3$ 施行施密特正交化方法，求出一个标准正交组.

解 取 $\mathbf{R}[x]_4$ 的一组基为 $\alpha_1=1,\alpha_2=x,\alpha_3=x^2,\alpha_4=x^3$, 将其正交化得

$$\beta_1=\alpha_1=1\,,\ \beta_2=\alpha_2-\frac{(\alpha_2,\beta_1)}{(\beta_1,\beta_1)}\beta_1=x$$

其中 $(\alpha_2,\beta_1)=\int_{-1}^{1}x\cdot 1\mathrm{d}x=0$.

又因为

$$(\alpha_3,\beta_1)=(\beta_2,\beta_2)=\int_{-1}^{1}x^2\mathrm{d}x=\frac{2}{3}$$

$$(\beta_1,\beta_1)=\int_{-1}^{1}1\cdot 1\mathrm{d}x=2$$

$$(\alpha_3,\beta_2)=\int_{-1}^{1}x^2\cdot x\mathrm{d}x=0$$

所以

$$\beta_3=\alpha_3-\frac{(\alpha_3,\beta_1)}{(\beta_1,\beta_1)}\beta_1-\frac{(\alpha_3,\beta_2)}{(\beta_2,\beta_2)}\beta_2=x^2-\frac{1}{3}$$

同理可得

$$\beta_4=\alpha_4-\frac{(\alpha_4,\beta_1)}{(\beta_1,\beta_1)}\beta_1-\frac{(\alpha_4,\beta_2)}{(\beta_2,\beta_2)}\beta_2-\frac{(\alpha_4,\beta_3)}{(\beta_3,\beta_3)}\beta_3=x^3-\frac{3}{5}x$$

将 $\beta_1,\beta_2,\beta_3,\beta_4$ 单位化，得

$$\eta_1=\frac{1}{|\beta_1|}\beta_1=\frac{\sqrt{2}}{2}\text{，}\ \eta_2=\frac{1}{|\beta_2|}\beta_2=\frac{\sqrt{6}}{2x}$$

$$\eta_3=\frac{\sqrt{10}}{4}(3x^2-1)\text{，}\ \eta_4=\frac{\sqrt{14}}{4}(5x^3-3x)$$

且 $\eta_1,\eta_2,\eta_3,\eta_4$ 即为所求的一组标准正交基.

3. 求齐次线性方程组

$$\begin{cases}x_1+x_2-x_3+x_4-3x_5=0\\x_1+x_2-3x_3+x_5=0\end{cases}$$

的解空间的一组标准正交基.

解 由

$$\begin{cases}x_4-3x_5=-2x_1-x_2+x_3\\x_5=-x_1-x_2+x_3\end{cases}$$

可得基础解系为

$$\boldsymbol{\alpha}_1=\begin{pmatrix}1\\0\\0\\-5\\-1\end{pmatrix},\boldsymbol{\alpha}_2=\begin{pmatrix}0\\1\\0\\-4\\-1\end{pmatrix},\boldsymbol{\alpha}_3=\begin{pmatrix}0\\0\\1\\4\\1\end{pmatrix}$$

它就是所求解空间的一组基. 正交化，得

$$\boldsymbol{\beta}_1=\boldsymbol{\alpha}_1=\begin{pmatrix}1\\0\\0\\-5\\-1\end{pmatrix},$$

$$\boldsymbol{\beta}_2=\boldsymbol{\alpha}_2-\frac{(\boldsymbol{\alpha}_2,\boldsymbol{\beta}_1)}{(\boldsymbol{\beta}_1,\boldsymbol{\beta}_1)}\boldsymbol{\beta}_1=\frac{1}{9}\begin{pmatrix}-7\\9\\0\\-1\\-2\end{pmatrix},$$

$$\boldsymbol{\beta}_3=\boldsymbol{\alpha}_3-\frac{(\boldsymbol{\alpha}_3,\boldsymbol{\beta}_1)}{(\boldsymbol{\beta}_1,\boldsymbol{\beta}_1)}\boldsymbol{\beta}_1-\frac{(\boldsymbol{\alpha}_3,\boldsymbol{\beta}_2)}{(\boldsymbol{\beta}_2,\boldsymbol{\beta}_2)}\boldsymbol{\beta}_2=\frac{1}{15}\begin{pmatrix}7\\6\\15\\1\\2\end{pmatrix}$$

将 $\boldsymbol{\beta}_1,\boldsymbol{\beta}_2,\boldsymbol{\beta}_3$ 单位化，得

$$\boldsymbol{\eta}_1=\frac{1}{3\sqrt{3}}\begin{pmatrix}1\\0\\0\\-5\\-1\end{pmatrix},\ \boldsymbol{\eta}_2=\frac{1}{3\sqrt{15}}\begin{pmatrix}-7\\9\\0\\-1\\-2\end{pmatrix},\ \boldsymbol{\eta}_3=\frac{1}{3\sqrt{35}}\begin{pmatrix}7\\6\\15\\1\\2\end{pmatrix}$$

且 $\boldsymbol{\eta}_1,\boldsymbol{\eta}_2,\boldsymbol{\eta}_3$ 就是所求解空间的一组标准正交基.

4. 设 $\boldsymbol{\alpha}_1,\boldsymbol{\alpha}_2,\cdots,\boldsymbol{\alpha}_m$ 是 n 维欧氏空间 $\boldsymbol{V}$ 的一个标准正交组. 证明：对于任意 $\boldsymbol{\xi}\in\boldsymbol{V}$，以下不等式成立：

$$\sum_{i=1}^{m}(\boldsymbol{\xi},\boldsymbol{\alpha}_i)^2\leqslant|\boldsymbol{\xi}|^2 .$$

证明 将 $\boldsymbol{\alpha}_1,\boldsymbol{\alpha}_2,\cdots,\boldsymbol{\alpha}_m$ 扩充为 n 维欧氏空间 $\boldsymbol{V}$ 的一个标准正交基 $\boldsymbol{\alpha}_1,\boldsymbol{\alpha}_2,\cdots,\boldsymbol{\alpha}_m,\cdots,\boldsymbol{\alpha}_n$，令

$$\boldsymbol{\xi}=x_1\boldsymbol{\alpha}_1+x_2\boldsymbol{\alpha}_2+\cdots+x_m\boldsymbol{\alpha}_m+x_{m+1}\boldsymbol{\alpha}_{m+1}+\cdots+x_n\boldsymbol{\alpha}_n$$

则

$$\sum_{i=1}^{m}(\boldsymbol{\xi},\boldsymbol{\alpha}_i)^2=x_1^2+x_2^2+\cdots+x_m^2$$

$$|\boldsymbol{\xi}|^2=x_1^2+x_2^2+\cdots+x_m^2+\cdots+x_n^2$$

故 $\sum_{i=1}^{m}(\xi,\alpha_i)^2 \leqslant |\xi|^2$.

5. 设 U 是一个三阶正交矩阵，且 $\det U = 1$．证明：

（1）U 有一个特征根等于 1;

（2）U 的特征多项式有形状 $f(x) = x^3 - tx^2 + tx - 1$，这里 $-1 \leqslant t \leqslant 3$.

证明　（1）因为 U 是一个三阶正交矩阵，则 $U^{\mathrm{T}}U = E$，从而

$$|E - U| = |U^{\mathrm{T}}U - U| = |U^{\mathrm{T}} - E||U| = |U - E| = (-1)^3|E - U| = -|E - U|$$

所以 $|E - U| = 0$，故 $\lambda = 1$ 是 U 的一个特征值.

（2）依照多项式根与系数的关系，设 U 的特征多项式为

$$f_U(x) = x^3 + c_1x^2 + c_2x + (-1)^3|U| = x^3 + c_1x^2 + c_2x - 1$$

记 U 的另外两个特征值为 $\alpha = r + s\mathrm{i}, \overline{\alpha} = r - s\mathrm{i}\ (r, s \in \mathbf{R})$，因为 U 为正交矩阵，那么 $|\alpha| = |\overline{\alpha}| = 1$，且 $\alpha\overline{\alpha} = 1$，所以

$$c_1 = -(\alpha + \overline{\alpha} + 1) = -2r - 1, c_2 = \alpha\overline{\alpha} + \alpha \cdot 1 + \overline{\alpha} \cdot 1 = r^2 + s^2 + 2r = 1 + 2r$$

记 $t = 1 + 2r$，则 U 的特征多项式有

$$f(x) = x^3 - tx^2 + tx - 1$$

又注意到 $|r| \leqslant |\alpha| = 1$，即得 $-1 \leqslant t \leqslant 3$.

6. 设 A 是正交矩阵，证明

（1）如果 $|A| = 1$，那么 A 的每个元素等于它自己的代数余子式.

（2）如果 $|A| = -1$，那么 A 的每个元素等于它自己的代数余子式乘以 -1.

证明　由于 A 是正交矩阵，则 $A^{\mathrm{T}} = A^{-1} = \dfrac{A^*}{|A|}$. 于是当 $1 \leqslant i, j \leqslant n$ 时，有

$$a_{ij} = A(i,j) = A^{\mathrm{T}}(j,i) = A^{-1}(i,j) = \frac{1}{|A|}A^*(j,i) = \frac{1}{|A|}A_{ij}$$

（1）如果 $|A| = 1$，那么由上式得 $a_{ij} = A_{ij}$；

（2）如果 $|A| = -1$，那么由上式得，$a_{ij} = -A_{ij}$.

7. 设 A, B 为奇数阶正交矩阵且 $|A| = |B|$，证明：$A - B$ 不可逆.

证明　因为 A, B 都是正交矩阵，设阶数为 n，故 $|A| = |B| \neq 0$，且 $A^{\mathrm{T}}A = E, B^{\mathrm{T}}B = E$，于是

$$\begin{aligned}|A||A - B| &= |A^{\mathrm{T}}||A - B| = |A^{\mathrm{T}}A - A^{\mathrm{T}}B| = |E - A^{\mathrm{T}}B| \\ &= |B^{\mathrm{T}}B - A^{\mathrm{T}}B| = |B^{\mathrm{T}} - A^{\mathrm{T}}||B| = |B^{\mathrm{T}} - A^{\mathrm{T}}||A| \\ &= (-1)^n|A||A^{\mathrm{T}} - B^{\mathrm{T}}| = -|A||A - B|\end{aligned}$$

所以 $|A - B| = 0$，即 $A - B$ 不可逆.

习题 8.3

1. 设 σ 是欧氏空间 V 的一个变换，且对 ξ,η 有 $(\sigma(\xi),\sigma(\eta))=(\xi,\eta)$. 证明：$\sigma$ 是 V 的一个线性变换，因而是一个正交变换.

证明 因为

$$
\begin{aligned}
&(\sigma(\xi+\eta)-\sigma(\xi)-\sigma(\eta),\sigma(\xi+\eta)-\sigma(\xi)-\sigma(\eta))\\
&=(\sigma(\xi+\eta),\sigma(\xi+\eta))-2(\sigma(\xi+\eta),\sigma(\xi))-2(\sigma(\xi+\eta),\sigma(\eta))+(\sigma(\xi),\sigma(\xi))+(\sigma(\eta),\sigma(\eta))+\\
&\quad 2(\sigma(\xi),\sigma(\eta))\\
&=(\xi+\eta,\xi+\eta)-2(\xi+\eta,\xi)-2(\xi+\eta,\eta)+(\xi,\xi)+(\eta,\eta)+2(\xi,\eta)\\
&=(\xi,\xi)+2(\xi,\eta)+(\eta,\eta)-2(\xi,\xi)-2(\xi,\eta)-2(\xi,\eta)-2(\eta,\eta)+(\xi,\xi)+(\eta,\eta)+2(\xi,\eta)=0
\end{aligned}
$$

所以
$$\sigma(\xi+\eta)-\sigma\xi-\sigma\eta=0$$
故
$$\sigma(\xi+\eta)=\sigma\xi+\sigma\eta$$

类似可证 $\sigma(k\xi)=k\sigma(\xi)$.

即证 σ 是线性变换，由题设知保持内积不变，故 σ 为正交变换.

2. 设 $\alpha_1,\alpha_2,\cdots,\alpha_n$ 和 $\beta_1,\beta_2,\cdots,\beta_n$ 是 n 维欧氏空间 V 的两个标准正交基. 证明：

（1）存在 V 的一个正交变换 σ，使 $\sigma(\alpha_i)=\beta_i\ (i=1,2,\cdots,n)$.

（2）如果 V 的一个正交变换 τ 使得 $\tau(\alpha_1)=\beta_1$，那么 $\tau(\alpha_2),\cdots,\tau(\alpha_n)$ 所生成的子空间与由 $\beta_2,\cdots,\beta_n$ 所生成的子空间重合.

证明 （1）设 $\sigma(\alpha_i)=\beta_i\ (i=1,2,\cdots,n)$，易证 σ 为 V 上的线性变换. 又因为 $\alpha_1,\cdots,\alpha_n$ 和 $\beta_1,\cdots,\beta_n$ 为标准正交基，故 σ 为正交变换.

（2）要证 $L[\tau(\alpha_2),\cdots,\tau(\alpha_n)]=L[\beta_2,\cdots,\beta_n]$，先设 $\xi\in L[\tau(\alpha_2),\cdots,\tau(\alpha_n)]$，则 $\xi=\sum\limits_{i=2}^{n}a_i\tau(\alpha_i)=\tau\left(\sum\limits_{i=2}^{n}a_i\alpha_i\right)$，由 $\xi\in V$ 可知 ξ 可由 $\beta_1,\beta_2,\cdots,\beta_n$ 线性表出，令 $\xi=\sum\limits_{i=1}^{n}b_i\beta$，且 $b_i=(\xi,\beta_i)$ $(i=1,2,\cdots,n)$. 又 τ 是正交变换，而 $\tau(\alpha_1)=\beta_1$，故 $b_1=(\xi,\beta_1)=\left(\tau\left(\sum\limits_{i=2}^{n}a_i\alpha_i\right),\tau(\alpha_1)\right)=\left(\sum\limits_{i=2}^{n}a_i\alpha_i,\alpha_i\right)=0$，所以 $\xi=\sum\limits_{i=2}^{n}b_i\beta\in L[\beta_2,\beta_3,\cdots,\beta_n]$，故 $L[\tau(\alpha_2),\cdots,\tau(\alpha_n)]\subseteq L[\beta_2,\cdots,\beta_n]$.

另一方面，若 $\eta\in L[\beta_2,\beta_3,\cdots,\beta_n]$，则 $\eta=\sum\limits_{i=2}^{n}c_i\beta_i$，因为 τ 是正交变换，故 $\tau(\alpha_1),\tau(\alpha_2),\cdots,\tau(\alpha_n)$ 是 V 的一个标准正交基，不妨令

$$\eta=d_1\tau(\alpha_1)+d_2\tau(\alpha_2)+\cdots+d_n\tau(\alpha_n),\ d_i=(\eta,\tau(\alpha_i))$$

由于 $\tau(\alpha_1)=\beta_1$，故 $d_1=(\eta,\tau(\alpha_1))=\left(\sum\limits_{i=2}^{n}c_i\beta_i,\beta_1\right)=0$，则

$$\eta=d_2\tau(\alpha_2)+\cdots+d_n\tau(\alpha_n)\in L[\tau(\alpha_2),\cdots,\tau(\alpha_n)]$$

因而
$$L[\beta_2,\beta_3,\cdots,\beta_n]\subseteq L[\tau(\alpha_2),\tau(\alpha_3),\cdots,\tau(\alpha_n)]$$

综合可得 $L[\tau(\alpha_2),\cdots,\tau(\alpha_n)]=L[\beta_2,\cdots,\beta_n]$.

3. 设 V 是一个 n 维欧氏空间，$\alpha\in V$ 是一个非零向量. 对于 $\xi\in V$，规定 $\tau(\xi)=\xi-\dfrac{2(\xi,\alpha)}{(\alpha,\alpha)}\alpha$.

证明:（1）τ 是 V 的一个正交变换，且 $\tau^2=e$，e 是单位变换. 这样的正交变换叫作由向量 α 所决定的一个**镜面反射**.

（2）存在 V 的一个标准正交基，使得 τ 关于这个基的矩阵有形状：

$$\begin{pmatrix}-1&0&0&\cdots&0\\0&1&0&\cdots&0\\0&0&1&\cdots&0\\\vdots&\vdots&\vdots&&\vdots\\0&0&0&\cdots&1\end{pmatrix}$$

在三维欧氏空间里说明线性变换 τ 的几何意义.

证明　（1）令 $\eta=\dfrac{\alpha}{|\alpha|}$，则有

$$\tau(\xi)=\xi-2(\xi,\eta)\eta$$

$\forall\alpha,\beta$，有

$$\begin{aligned}\tau(k_1\alpha+k_2\beta)&=k_1\alpha+k_2\beta-2(\eta,k_1\alpha+k_2\beta)\eta\\&=k_1\alpha+k_2\beta-2k_1(\eta,\alpha)\eta-2k_2(\eta,\beta)\eta\\&=k_1\tau(\alpha)+k_2\tau(\beta)\end{aligned}$$

所以 τ 是线性变换.

$$\begin{aligned}(\sigma(\alpha),\sigma(\beta))&=(\alpha-2(\eta,\alpha)\eta,\beta-2(\eta,\beta)\eta)\\&=(\alpha,\beta)-2(\eta,\alpha)(\eta,\beta)-2(\eta,\alpha)(\eta,\beta)+4(\eta,\alpha)(\eta,\beta)(\eta,\eta)\end{aligned}$$

注意到 $(\eta,\eta)=1$，故 $(\sigma(\alpha),\sigma(\beta))=(\alpha,\beta)$，即 τ 是正交变换.

（2）由（1）知，η 是单位向量，将 η 扩充成欧氏空间的一组标准正交基 $\eta,\varepsilon_2,\cdots,\varepsilon_n$，则

$$\begin{cases}\tau(\eta)=\eta-2(\eta,\eta)\eta=-\eta\\\tau(\varepsilon_i)=\varepsilon_i-2(\eta,\varepsilon_i)\eta=\varepsilon_i\ (i=2,3,\cdots,n)\end{cases}$$

即

$$\tau(\eta,\varepsilon_2,\cdots,\varepsilon_n)=(\eta,\varepsilon_2,\cdots,\varepsilon_n)\begin{pmatrix}-1&&&\\&1&&\\&&\ddots&\\&&&1\end{pmatrix}$$

由 $\begin{vmatrix}-1&&&\\&1&&\\&&\ddots&\\&&&1\end{vmatrix}=-1$ 知 τ 是第二类的. 在三维空间的几何意义是关于 YOZ 平面的镜面反射.

4. 令V是一个n维欧氏空间. 证明：

（1）对V中任意两不同单位向量α,β，存在一个镜面反射τ，使得$\tau(\alpha)=\beta$.

（2）V中每一正交变换σ都可以表成若干个镜面反射的乘积.

证明 （1）已知V中任意两不同单位向量α,β，所以$|\alpha|=|\beta|=1,|\alpha-\beta|\neq 0$,

取$\eta=\dfrac{\alpha-\beta}{|\alpha-\beta|}$，$\eta$是单位向量，令$\tau(\xi)=\xi-2(\xi,\eta)\eta$，仿上题可证$\tau(\xi)=\xi-2(\xi,\eta)\eta$是一个镜面反射，且

$$\begin{aligned}\tau(\alpha)&=\alpha-2(\alpha,\eta)\eta=\alpha-2\left(\alpha,\frac{\alpha-\beta}{|\alpha-\beta|}\right)\frac{\alpha-\beta}{|\alpha-\beta|}\\&=\alpha-\frac{2}{|\alpha-\beta|^2}(\alpha,\alpha-\beta)(\alpha-\beta)\\&=\alpha-\frac{2}{(\alpha,\alpha)-2(\alpha,\beta)+(\beta,\beta)}((\alpha,\alpha)-(\alpha,\beta))(\alpha-\beta)\\&=\alpha-\frac{2}{2-2(\alpha,\beta)}(1-(\alpha,\beta))(\alpha-\beta)=\beta\end{aligned}$$

（2）设τ是V中任一正交变换，$\alpha_1,\alpha_2,\cdots,\alpha_n$是$V$的一组标准正交基，则$\beta_i=\tau(\alpha_i)$ $(i=1,2,\cdots,n)$也构成V的一组标准正交基.

若$\beta_i=\alpha_i$ $(i=1,2,\cdots,n)$，则τ是单位变换，由（1）知，对任意镜面反射τ_1，有

$$\tau_1(\xi)=\xi-2(\xi,\alpha_1)\alpha_1,\xi\in V$$

$$\tau_1(\alpha_1)=-\alpha_1,\tau_1(\alpha_j)=\alpha_j\ \ (j=2,3,\cdots,n)$$

显然有$\tau=\tau_1\tau_1$.

若$\alpha_1,\alpha_2,\cdots,\alpha_n$与$\beta_1,\beta_2,\cdots,\beta_n$不全相同，设$\alpha_1\neq\beta_1$，由于$\alpha_1,\beta_1$是两个不同的单位向量，根据(1),存在镜面反射$\tau_1$,使得$\tau_1(\alpha_1)=\beta_1$,令$\tau_1(\alpha_j)=\gamma_j(j=2,3,\cdots,n)$,如果$\beta_j=\gamma_j(j=2,3,\cdots,n)$，则$\tau=\tau_1$.

否则，可设$\beta_2=\gamma_2$，对镜面反射τ_2，则有

$$\tau_2(\xi)=\xi-2(\xi,\beta)\beta,\beta=\frac{\gamma_2-\beta_2}{|\gamma_2-\beta_2|}$$

于是由（1）知$\tau_2(\gamma_2)=\beta_2$.

同时，因为τ,τ_2都是正交变换，且$\alpha_1,\alpha_2,\cdots,\alpha_n$是标准正交基，则

$$\begin{aligned}\tau_2(\beta_1)&=\beta_1-2(\beta_1,\beta)\beta=\beta_1-2\left(\beta_1,\frac{\gamma_2-\beta_2}{|\gamma_2-\beta_2|}\right)\frac{\gamma_2-\beta_2}{|\gamma_2-\beta_2|}\\&=\beta_1-2((\beta_1,\gamma_2)-(\beta_1,\beta_2))\frac{\gamma_2-\beta_2}{|\gamma_2-\beta_2|^2}=\beta_1-2((\tau(\alpha_1),\tau(\alpha_2))-0)\frac{\gamma_2-\beta_2}{|\gamma_2-\beta_2|^2}\\&=\beta_1-2(\alpha_1,\alpha_2)\frac{\gamma_2-\beta_2}{|\gamma_2-\beta_2|^2}=\beta_1-0\cdot\frac{\gamma_2-\beta_2}{|\gamma_2-\beta_2|^2}=\beta_1\end{aligned}$$

如此继续下去，设

$$\alpha_1,\alpha_2,\cdots,\alpha_n \xrightarrow{\tau_1} \beta_1,\gamma_2,\cdots,\gamma_n \xrightarrow{\tau_2} \beta_1,\beta_2,\delta_3\cdots,\delta_n \to \cdots \xrightarrow{\tau_r} \beta_1,\beta_2,\cdots,\beta_n$$

于是有 $\tau=\tau_r\tau_{r-1}\cdots\tau_2\tau_1$，其中 τ_i 都是镜面反射，故正交变换可以表示为镜面反射的乘积.

习题 8.4

1. 设 $\boldsymbol{A},\boldsymbol{B}$ 均为 n 阶实对称矩阵，证明：存在正交矩阵 $\boldsymbol{P}$ 使 $\boldsymbol{P}^{\mathrm{T}}\boldsymbol{A}\boldsymbol{P}=\boldsymbol{B}$ 的充要条件是的 $\boldsymbol{A},\boldsymbol{B}$ 特征多项式的根全部相同.

证明 必要性显然，因为相似矩阵有相同的特征值.

（充分性）设 $\lambda_1,\lambda_2,\cdots,\lambda_n$ 是 $\boldsymbol{A}$ 的特征根，则它们也是 $\boldsymbol{B}$ 的特征根. 于是存在正交矩阵 $\boldsymbol{X}$ 和 $\boldsymbol{Y}$，使

$$\boldsymbol{X}^{-1}\boldsymbol{A}\boldsymbol{X}=\begin{pmatrix}\lambda_1 & & & \\ & \lambda & & \\ & & \ddots & \\ & & & \lambda_n\end{pmatrix}=\boldsymbol{Y}^{-1}\boldsymbol{B}\boldsymbol{Y}$$

所以

$$\boldsymbol{Y}\boldsymbol{X}^{-1}\boldsymbol{A}\boldsymbol{X}\boldsymbol{Y}^{-1}=\boldsymbol{B}$$

令 $\boldsymbol{P}=\boldsymbol{X}\boldsymbol{T}^{-1}$，则 $\boldsymbol{P}$ 也是正交矩阵，从而 $\boldsymbol{P}^{-1}\boldsymbol{A}\boldsymbol{P}=\boldsymbol{B}$，即证.

2. 设 $\boldsymbol{A}=\begin{pmatrix}2 & 2 & -2\\ 2 & 5 & -4\\ -2 & -4 & 5\end{pmatrix}$，求正交矩阵 $\boldsymbol{T}$ 使得 $\boldsymbol{T}^{-1}\boldsymbol{A}\boldsymbol{T}=\mathrm{diag}(\lambda_1,\lambda_2,\lambda_3)$，其中 $\lambda_1,\lambda_2,\lambda_3$ 是 $\boldsymbol{A}$ 的特征值.

解 由

$$|\lambda\boldsymbol{E}-\boldsymbol{A}|=\begin{pmatrix}\lambda-2 & -2 & 2\\ 2 & \lambda-5 & 4\\ 2 & 4 & \lambda-5\end{pmatrix}=(\lambda-1)^2(\lambda-10)$$

可得 $\boldsymbol{A}$ 的特征值为 $\lambda_1=\lambda_2=1,\lambda_3=10$.

可求得 $\lambda_3=10$ 的一个特征向量为

$$\boldsymbol{\alpha}_1=\begin{pmatrix}-1\\ -2\\ 1\end{pmatrix}$$

可求得 $\lambda_1=\lambda_2=1$ 的两个线性无关的特征向量为

$$\boldsymbol{\alpha}_2=\begin{pmatrix}-2\\ 1\\ 0\end{pmatrix},\boldsymbol{\alpha}_3=\begin{pmatrix}2\\ 1\\ 1\end{pmatrix}$$

将 $\boldsymbol{\alpha}_1,\boldsymbol{\alpha}_2,\boldsymbol{\alpha}_3$ 正交化，得

$$\beta_1=\begin{pmatrix}-1\\-2\\2\end{pmatrix},\beta_2=\begin{pmatrix}-2\\1\\0\end{pmatrix},\beta_3=\begin{pmatrix}\frac{2}{5}\\\frac{4}{5}\\1\end{pmatrix}$$

再将β_1,β_2,β_3单位化，得

$$\eta_1=\frac{1}{3}\begin{pmatrix}-1\\-2\\2\end{pmatrix},\eta_2=\frac{1}{\sqrt{5}}\begin{pmatrix}-2\\1\\0\end{pmatrix},\eta_3=\frac{1}{3\sqrt{5}}\begin{pmatrix}2\\4\\5\end{pmatrix}$$

于是所求正交矩阵为

$$T=\begin{pmatrix}-\frac{1}{3}&-\frac{2}{\sqrt{5}}&\frac{2}{3\sqrt{5}}\\-\frac{2}{3}&\frac{1}{\sqrt{5}}&\frac{4}{3\sqrt{5}}\\\frac{2}{3}&0&\frac{5}{3\sqrt{5}}\end{pmatrix}，且T^{\mathrm{T}}AT=\begin{pmatrix}10&&\\&1&\\&&1\end{pmatrix}$$

3. 设$A=\begin{pmatrix}2&1&1\\1&2&1\\1&1&2\end{pmatrix}$，求正交矩阵$T$使得$T^{-1}AT=\mathrm{diag}(\lambda_1,\lambda_2,\lambda_3)$，其中$\lambda_1$，$\lambda_2$，$\lambda_3$是$A$的特征值.

解 由

$$|\lambda E-A|=\begin{vmatrix}\lambda-2&-1&-1\\-1&\lambda-2&-1\\-1&-1&\lambda-2\end{vmatrix}=(\lambda-1)^2(\lambda-4)$$

可得A的特征值为$\lambda_1=\lambda_2=1,\lambda_3=4$.

可求得$\lambda_3=4$的一个特征向量为

$$\alpha_1=\begin{pmatrix}1\\1\\1\end{pmatrix}$$

可求得$\lambda_1=\lambda_2=1$的两个线性无关的特征向量为

$$\alpha_2=\begin{pmatrix}-1\\1\\0\end{pmatrix},\alpha_3=\begin{pmatrix}-1\\0\\1\end{pmatrix}$$

将$\alpha_1,\alpha_2,\alpha_3$正交化，得

$$\beta_1=\begin{pmatrix}1\\1\\1\end{pmatrix},\beta_2=\begin{pmatrix}-1\\1\\0\end{pmatrix},\beta_3=\begin{pmatrix}-\frac{1}{2}\\-\frac{1}{2}\\1\end{pmatrix}$$

再将 β_1,β_2,β_3 单位化，得

$$\eta_1=\frac{1}{\sqrt{3}}\begin{pmatrix}1\\1\\1\end{pmatrix},\eta_2=\frac{1}{\sqrt{2}}\begin{pmatrix}-1\\1\\0\end{pmatrix},\eta_3=\begin{pmatrix}-1\\-1\\2\end{pmatrix}$$

于是所求正交矩阵为

$$T=\begin{pmatrix}\frac{\sqrt{3}}{3} & -\frac{\sqrt{2}}{2} & -\frac{\sqrt{6}}{6}\\ \frac{\sqrt{3}}{3} & \frac{\sqrt{2}}{2} & -\frac{\sqrt{6}}{6}\\ \frac{\sqrt{3}}{3} & 0 & \frac{\sqrt{6}}{3}\end{pmatrix}，且 T^{\mathrm{T}}AT=\begin{pmatrix}4&0&0\\0&1&0\\0&0&1\end{pmatrix}$$

4. 欧氏空间 V 中的线性变换 σ 称为反对称的，如果对任意 $\alpha,\beta\in V$ 有 $(\sigma(\alpha),\beta)=-(\alpha,\sigma(\beta))$. 证明：$\sigma$ 为反对称的充分必要条件是 σ 在一组标准正交基下的矩阵 A 为反对称的.

证明 （必要性）设 σ 是反对称的，$\xi_1,\xi_2,\cdots,\xi_n$ 是一组标准正交基，则

$$\sigma(\xi_i)=k_{i1}\xi_1+k_{i2}\xi_2+\cdots+k_{in}\xi_n,\ i=1,\cdots,n$$

$$(\sigma(\xi_i),\xi_j)=k_{ij},\quad (\sigma(\xi_j),\xi_i)=k_{ji}$$

由 σ 反对称知 $(\sigma(\xi_i),\xi_j)=-(\sigma(\xi_j),\xi_i)$，故 $k_{ij}=-k_{ji}$.

从而

$$k_{ij}=\begin{cases}0, & i=j\\ -k_{ji}, & i\neq j\end{cases}\ (i,j=1,2,\cdots,n)$$

故 $$\sigma(\xi_1,\xi_2,\cdots,\xi_n)=(\xi_1,\xi_2,\cdots,\xi_n)\begin{pmatrix}0 & k_{12} & \cdots & k_{1n}\\ -k_{12} & 0 & \cdots & k_{2n}\\ \vdots & \vdots & & \vdots\\ -k_{1n} & -k_{2n} & \cdots & 0\end{pmatrix}=(\xi_1,\xi_2,\cdots,\xi_n)A$$

即 $A=\begin{pmatrix}0 & k_{12} & \cdots & k_{1n}\\ -k_{12} & 0 & \cdots & k_{2n}\\ \vdots & \vdots & & \vdots\\ -k_{1n} & -k_{2n} & \cdots & 0\end{pmatrix}$ 为反对称矩阵.

（充分性）设 σ 在标准正交基 $\xi_1,\xi_2,\cdots,\xi_n$ 下的矩阵为 A，由已知有 $(\sigma(\xi_i),\xi_j)=-(\sigma(\xi_j),\xi_i)$，对任意 $\alpha,\beta\in V$，设 $\alpha=a_1\xi_1+\cdots+a_n\xi_n$，$\beta=b_1\xi_1+\cdots+b_n\xi_n$，则

$$(\sigma(\alpha),\beta)=(a_1\sigma(\xi_1)+\cdots+a_n\sigma(\xi_n),b_1\xi_1+\cdots+b_n\xi_n)=\sum_{i,j}a_ib_j(\sigma(\xi_i),\xi_j)$$

同理
$$(\alpha,\sigma(\beta))=\sum_{i,j}a_ib_j(\xi_i,\sigma(\xi_j))$$

故 $(\sigma(\alpha),\beta)=-(\alpha,\sigma(\beta))$，所以 σ 是反对称的.

5. 设 A 为 n 阶实对称矩阵，且 $A^2=2A$，又 $R(A)<n$，求：

（1）A 的全部特征值；（2）行列式 $|E-A|$ 的值.

解 （1）设 A 的特征值为 λ，对应的特征向量为 α，则 $A\alpha=\lambda\alpha$，所以

$$A^2\alpha=A\alpha\Rightarrow\lambda^2\alpha=\lambda\alpha,\alpha\neq\mathbf{0}$$

故 $\lambda^2=\lambda$，解得 $\lambda=0$，或 $\lambda=1$.

（2）因为 A 的特征值为 0 或 1，所以 $E-A$ 的特征值为 1-0 = 1 或 1-1 = 0，从而行列式 $|E-A|$ 的值为 0 或 1.

习题 8.5

1. 设 W 为欧氏空间 $\mathbf{R}^3$ 的一个子空间，$\alpha_1=\begin{pmatrix}1\\1\\2\end{pmatrix},\alpha_2=\begin{pmatrix}2\\2\\3\end{pmatrix}$ 为 W 的一组基，求 $W^{\perp}$.

解 设 $\alpha\in W^{\perp}$，设 $\alpha=\begin{pmatrix}x_1\\x_2\\x_3\end{pmatrix}$，则有

$$\begin{cases}x_1+x_2+2x_3=0\\2x_1+2x_2+3x_3=0\end{cases}$$

可求得它的一个基础解系为 $\xi=\begin{pmatrix}1\\-1\\0\end{pmatrix}$，因而 $W^{\perp}=L[\xi]$.

2. 设 V_1 是 n 维欧氏空间 V 上的一个子空间，$V_1^{\perp}$ 是 V_1 的正交补. 设 σ 是 V 到 V_1 的投影变换，即 $\forall\alpha=\alpha_1+\alpha_2\in V,\alpha_1\in V_1,\sigma(\alpha)=\alpha_1$，证明：$\sigma$ 是 V 上的对称变换且 $\sigma^2=\sigma$.

证明 据题意有 $V=V_1\oplus V_1^{\perp}$，则 $\forall\alpha,\beta\in V$，可设

$$\alpha=\alpha_1+\alpha_2,\beta=\beta_1+\beta_2,\alpha_1,\beta_1\in V_1,\alpha_2,\beta_1,\beta_2\in V_1^{\perp}$$

则
$$(\sigma(\alpha),\beta)=(\alpha_1,\beta_1+\beta_2)=(\alpha_1,\beta_1)+(\alpha_1,\beta_2)=(\alpha_1,\beta_1),$$
$$(\alpha,\sigma(\beta))=(\alpha_1+\alpha_2,\beta_1)=(\alpha_1,\beta_1)+(\alpha_2,\beta_1)=(\alpha_1,\beta_1)$$

所以 $(\sigma(\alpha),\beta)=(\alpha,\sigma(\beta))$，即 σ 为对称变换.

又 $\sigma^2(\alpha)=\sigma(\sigma(\alpha))=\sigma(\alpha_1)=\alpha_1=\sigma(\alpha)$，所以 $\sigma^2=\sigma$.

3. 设 V 是一个 n 维欧氏空间. 证明：

（1）如果 W 是 V 的一个子空间，那么 $(W^{\perp})^{\perp}=W$.

（2）如果W_1,W_2都是V的子空间，且$W_1\subseteq W_2$，那么$W_2^{\perp}\subseteq W_1^{\perp}$.

（3）如果W_1,W_2都是V的子空间，那么$(W_1+W_2)^{\perp}=W_1^{\perp}\cap W_2^{\perp}$.

证明　（1）$\forall\alpha\in W$，有$(\alpha,W^{\perp})=0$，故$\alpha\in(W^{\perp})^{\perp}$，所以$W\subseteq(W^{\perp})^{\perp}$.

同理可证$(W^{\perp})^{\perp}\subseteq W$，所以$(W^{\perp})^{\perp}=W$.

（2）因为$W_1\subseteq V,W_2\subseteq V$，且$W_1\subseteq W_2$，所以可以取$W_1=L[\alpha_1,\alpha_2,\cdots,\alpha_r]$，这里$\alpha_1,\alpha_2,\cdots,\alpha_r$是$W_1$的一组标准正交基. 将其扩充为$W_2$的一组标准正交基$\alpha_1,\alpha_2,\cdots,\alpha_r,\alpha_{r+1},\cdots,\alpha_s$，则

$$W_2=L[\alpha_1,\alpha_2,\cdots,\alpha_r,\alpha_{r+1},\cdots,\alpha_s]$$

对任意$\beta\in W_2^{\perp}$，有$(\beta,W_2)=0$，故$(\beta,\alpha_i)=0\ (i=1,2,\cdots,r,\cdots,s)$，从而$(\beta,W_1)=0$，即$\beta\in W_1^{\perp}$，所以$W_2^{\perp}\subseteq W_1^{\perp}$.

（3）设$\alpha\in(W_1+W_2)^{\perp}$，即$\alpha\perp W_1+W_2$，对任意$\beta\in W_1$，有$\beta=\beta+\mathbf{0}\in W_1+W_2$，于是$\alpha\perp\beta$，所以$\alpha\perp W_1,\alpha\in W_1^{\perp}$.

同理可证$\alpha\in W_2^{\perp}$，从而$\alpha\in W_1^{\perp}\cap W_2^{\perp}$，故$(W_1+W_2)^{\perp}\subset W_1^{\perp}\cap W_2^{\perp}$.

任取$\alpha\in W_1^{\perp}\cap W_2^{\perp}$，则$\alpha\in W_1^{\perp}$且$\alpha\in W_2^{\perp}$，即$\alpha\perp W_1,\alpha\perp W_2$. 任取$\beta\in W_1+W_2$，则$\beta=\beta_1+\beta_2\ (\beta\in W_1,\beta\in W_2)$.

所以$\alpha\perp\beta$，由β的任意性有$\alpha\perp(W_1+W_2),\alpha\in(W_1+W_2)^{\perp}$.

从而$W_1^{\perp}\cap W_2^{\perp}\subset(W_1+W_2)^{\perp}$，即证$(W_1+W_2)^{\perp}=W_1^{\perp}\cap W_2^{\perp}$.

4. 设$W=L[\alpha_1,\alpha_2,\cdots,\alpha_s]$，若$\alpha\perp\alpha_i\ (i=1,2,\cdots,s)$，则$\alpha\perp W$.

证明　若$\alpha\perp\alpha_i\ (i=1,2,\cdots,s)$，则$\forall\beta\in W,\beta=x_1\alpha_1+x_2\alpha_2+\cdots+x_s\alpha_s$，有

$$\begin{aligned}(\alpha,\beta)&=(\alpha,x_1\alpha_1+x_2\alpha_2+\cdots+x_s\alpha_s)\\&=x_1(\alpha,\alpha_1)+x_2(\alpha,\alpha)_2+\cdots+x_s(\alpha,\alpha_s)=0\end{aligned}$$

所以$\alpha\perp W$.

5. 设σ是n维欧氏空间V的一个正交变换. 证明：如果V的一个子空间W在σ下不变，那么W的正交补$W^{\perp}$也在σ下不变.

证明　设W是σ的任意一个不变子空间，现证$W^{\perp}$也是σ的不变子空间.

任取$\alpha\in W^{\perp}$，下证$\sigma(\alpha)\in W^{\perp}$. 取$\xi_1,\xi_2,\cdots,\xi_m$是$W$的一组标准正交基，再扩充成$V$的一组标准正交基为$\xi_1,\xi_2,\cdots,\xi_m,\cdots,\xi_n$，则

$$W=L[\xi_1,\xi_2,\cdots,\xi_m],\quad W^{\perp}=L[\xi_{m+1},\cdots,\xi_n]$$

因为σ是正交变换，所以$\sigma(\xi_1),\sigma(\xi_2),\cdots,\sigma(\xi_n)$也是一组标准正交基，由于$W$是$\sigma$-子空间，$\sigma(\xi_1),\sigma(\xi_2),\cdots,\sigma(\xi_m)\in W$，且为$W$的一组标准正交基，于是$\sigma(\xi_{m+1}),\cdots,\sigma(\xi_n)\in W^{\perp}$.

可设$\alpha=k_{m+1}\xi_{m+1}+k_{m+2}\xi_{m+2}+\cdots+k_n\xi_n$，从而$\sigma(\alpha)=k_{m+1}\sigma(\xi_{m+1})+k_{m+2}\sigma(\xi_{m+2})+\cdots+k_n\sigma(\xi_n)\in W^{\perp}$.

6. 求齐次线性方程组

$$\begin{cases}x_1+x_2-x_3+x_4-3x_5=0\\x_1+x_2-3x_3+x_5=0\end{cases}$$

的解空间的正交补的一组基和维数.

解 由

$$\begin{cases} x_4 - 3x_5 = -2x_1 - x_2 + x_3 \\ x_5 = -x_1 - x_2 + x_3 \end{cases}$$

可得基础解系为

$$\boldsymbol{\alpha}_1 = \begin{pmatrix} 1 \\ 0 \\ 0 \\ -5 \\ -1 \end{pmatrix}, \boldsymbol{\alpha}_2 = \begin{pmatrix} 0 \\ 1 \\ 0 \\ -4 \\ -1 \end{pmatrix}, \boldsymbol{\alpha}_3 = \begin{pmatrix} 0 \\ 0 \\ 1 \\ 4 \\ 1 \end{pmatrix}$$

则解空间 $\boldsymbol{V} = L[\boldsymbol{\alpha}_1, \boldsymbol{\alpha}_2, \boldsymbol{\alpha}_3]$.

设 $\boldsymbol{\beta} = \begin{pmatrix} y_1 \\ y_2 \\ y_3 \\ y_4 \\ y_5 \end{pmatrix} \in \boldsymbol{V}^{\perp}$，则 $\boldsymbol{\beta}$ 与 $\boldsymbol{\alpha}_1, \boldsymbol{\alpha}_2, \boldsymbol{\alpha}_3$ 正交，即

$$\begin{cases} y_1 - 5y_4 - y_5 = 0 \\ y_2 - 4y_4 - y_5 = 0 \\ y_3 + 4y_4 + y_5 = 0 \end{cases}$$

解得

$$\boldsymbol{\beta}_1 = \begin{pmatrix} 5 \\ 4 \\ -4 \\ 1 \\ 0 \end{pmatrix}, \boldsymbol{\beta}_2 = \begin{pmatrix} 1 \\ 1 \\ -1 \\ 0 \\ 1 \end{pmatrix}$$

则解空间的正交补为 $L[\boldsymbol{\beta}_1, \boldsymbol{\beta}_2]$，$\boldsymbol{\beta}_1, \boldsymbol{\beta}_2$ 为一组基，且 $\dim L[\boldsymbol{\beta}_1, \boldsymbol{\beta}_2] = 2$.

7. 证明：$\mathbf{R}^3$ 中向量 (x_0, y_0, z_0) 到平面 $\boldsymbol{W} = \{(x, y, z) \in \mathbf{R}^3 \mid ax + by + cz = 0\}$ 的最短距离等于 $\dfrac{|ax_0 + by_0 + cz_0|}{\sqrt{a^2 + b^2 + c^2}}$.

证明 设 $\boldsymbol{\beta}_1 = (x_1, y_1, z_1)$ 是向量 $\boldsymbol{\beta}_0 = (x_0, y_0, z_0)$ 在 $\boldsymbol{W}$ 上的正射影，则 $|\boldsymbol{\beta}_0 - \boldsymbol{\beta}_1|$ 就是 $\boldsymbol{\beta}_0$ 到 $\boldsymbol{W}$ 的最短距离. 由 $\boldsymbol{\beta}_0, \boldsymbol{\beta}_1$ 的定义知 $\boldsymbol{\beta}_0 - \boldsymbol{\beta}_1 \in \boldsymbol{W}^{\perp}$，令 $\boldsymbol{n} = (a, b, c)$，则由 $\boldsymbol{W}$ 的定义知 $\boldsymbol{n} \in \boldsymbol{W}^{\perp}$，由于 $\boldsymbol{W}$ 是一个平面，则 a, b, c 不全为 0，且 $\dim \boldsymbol{W} = 2, \boldsymbol{W} \oplus \boldsymbol{W}^{\perp} = \mathbf{R}^3$，所以 $\dim \boldsymbol{W} + \dim \boldsymbol{W}^{\perp} = 3, \dim \boldsymbol{W}^{\perp} = 1$. 而 $(a, b, c) \neq 0$，故 $\boldsymbol{n} = (a, b, c)$ 是 $\boldsymbol{W}^{\perp}$ 的一个基. 因此存在数 k，使得 $\boldsymbol{\beta}_0 - \boldsymbol{\beta}_1 = k\boldsymbol{n}$.

又因为

$$(\boldsymbol{\beta}_0 - \boldsymbol{\beta}_1, \boldsymbol{n}) = (k\boldsymbol{n}, \boldsymbol{n}) = k|\boldsymbol{n}|^2,$$

$$(\boldsymbol{\beta}_0 - \boldsymbol{\beta}_1, \boldsymbol{n}) = (\boldsymbol{\beta}_0, \boldsymbol{n}) - (\boldsymbol{\beta}_1, \boldsymbol{n}) = (\boldsymbol{\beta}_0, \boldsymbol{n}) = ax_0 + by_0 + cz_0$$

从而有

$$k=\frac{ax_0+by_0+cz_0}{|n|^2}$$

于是 $$|\boldsymbol{\beta}_0-\boldsymbol{\beta}_1|=|k\boldsymbol{n}|=|k||\boldsymbol{n}|=\frac{|ax_0+by_0+cz_0|}{|\boldsymbol{n}|^2}|\boldsymbol{n}|=\frac{|ax_0+by_0+cz_0|}{\sqrt{a^2+b^2+c^2}}$$

所以 $\boldsymbol{\beta}_0=(x_0,y_0,z_0)$ 到平面 $\boldsymbol{W}$ 的最短距离为

$$d=\frac{|ax_0+by_0+cz_0|}{\sqrt{a^2+b^2+c^2}}$$

8. 证明：实系数线性方程组 $\sum_{j=1}^{n}a_{ij}x_j=b_i\ (i=1,2,\cdots,n)$ 有解的充分且必要条件是向量 $\boldsymbol{\beta}=(b_1,b_2,\cdots,b_n)^{\mathrm{T}}\in\mathbf{R}^n$ 与齐次线性方程组 $\sum_{j=1}^{n}a_{ji}x_j=0\ (i=1,2,\cdots,n)$ 的解空间正交.

证明 设线性方程组 $\sum_{j=1}^{n}a_{ij}x_j=b_i\ (i=1,2,\cdots,n)$ 的系数矩阵的第 j 个列向量为 $\boldsymbol{\alpha}_j=(a_{1j},a_{2j},\cdots,a_{nj})^{\mathrm{T}}\ (j=1,2,\cdots,n)$，则 $\{\boldsymbol{\alpha}_1^{\mathrm{T}},\boldsymbol{\alpha}_2^{\mathrm{T}},\cdots,\boldsymbol{\alpha}_n^{\mathrm{T}}\}$ 是齐次线性方程组 $\sum_{j=1}^{n}a_{ji}x_j=0\ (i=1,2,\cdots,n)$ 的系数矩阵的行向量组.

令 $\boldsymbol{W}=L[\boldsymbol{\alpha}_1,\boldsymbol{\alpha}_2,\cdots,\boldsymbol{\alpha}_n]$，设 $\xi_1,\xi_2,\cdots,\xi_{n-r}$ 是方程组 $\sum_{j=1}^{n}a_{ji}x_j=0\ (i=1,2,\cdots,n)$ 的一个基础解系，则其解空间为 $\boldsymbol{W}_1=L[\xi_1,\xi_2,\cdots,\xi_{n-r}]$，其中 $\dim\boldsymbol{W}=r,\dim\boldsymbol{W}_1=n-r$.

下证 $\boldsymbol{W}_1=\boldsymbol{W}^{\perp}$.

事实上，由齐次线性方程组可知，$\forall\xi_l\ (l=1,2,\cdots,n-r)$，有 $(\boldsymbol{\alpha}_i,\xi_l)=\boldsymbol{\alpha}_i^{\mathrm{T}}\xi_l=0\ (i=1,2,\cdots,n)$，从而 $(\xi_l,\boldsymbol{W})=0\ (i=1,2,\cdots,l)$ 得 $\xi_l\perp\boldsymbol{W}^{\perp}$，故 $\boldsymbol{W}_1\subseteq\boldsymbol{W}^{\perp}$.

任取 $\xi\in\boldsymbol{W}^{\perp}$，则对于所有 $\boldsymbol{\alpha}_i\ (i=1,2,\cdots,n)$，有 $(\boldsymbol{\alpha}_i,\xi)=0$，可知 ξ 是方程组 $\sum_{j=1}^{n}a_{ji}x_j=0\ (i=1,2,\cdots,n)$ 的解，所以 $\xi\in\boldsymbol{W}_1$，于是，由 ξ 的任意性有 $\boldsymbol{W}^{\perp}\subseteq\boldsymbol{W}_1$.

综上可得，$\boldsymbol{W}_1=\boldsymbol{W}^{\perp}$.

下证必要性和充分性.

（必要性）若方程组 $\sum_{j=1}^{n}a_{ij}x_j=b_i\ (i=1,2,\cdots,n)$ 有解 $\boldsymbol{X}=(x_1,x_2,\cdots,x_n)^{\mathrm{T}}$，用向量表示即 $\boldsymbol{\beta}=x_1\boldsymbol{\alpha}_1+x_2\boldsymbol{\alpha}_2+\cdots+x_n\boldsymbol{\alpha}_n$，从而

$$(\boldsymbol{\beta},\xi_l)=(x_1\boldsymbol{\alpha}_1+x_2\boldsymbol{\alpha}_2+\cdots+x_n\boldsymbol{\alpha}_n,\xi_l)=x_1(\boldsymbol{\alpha}_1,\xi_l)+x_2(\boldsymbol{\alpha}_2,\xi_l)+\cdots+x_n(\boldsymbol{\alpha}_n,\xi_l)=0$$
$$(l=1,2,\cdots,n-r),$$

可知 $\boldsymbol{\beta}$ 与方程组 $\sum_{j=1}^{n}a_{ji}x_j=0\ (i=1,2,\cdots,n)$ 的解空间正交.

（充分性）若 $\boldsymbol{\beta}$ 与方程组 $\sum_{j=1}^{n}a_{ji}x_j=0\ (i=1,2,\cdots,n)$ 的解空间 $\boldsymbol{W}_1$ 正交，因为 $\boldsymbol{W}=(\boldsymbol{W}^{\perp})^{\perp}=\boldsymbol{W}_1^{\perp}$，所以 $\boldsymbol{\beta}\in\boldsymbol{W}$，则 $\boldsymbol{\beta}$ 是 $\boldsymbol{\alpha}_1,\boldsymbol{\alpha}_2,\cdots,\boldsymbol{\alpha}_n$ 的线性组合，即

$$\beta = x_1\alpha_1 + x_2\alpha_2 + \cdots + x_n\alpha_n$$

故方程组 $\sum_{j=1}^{n} a_{ij}x_j = b_i (i = 1,2,\cdots,n)$ 有解.

9. 求线性方程组 $\begin{cases} x_1 - x_2 = 0 \\ x_1 - x_2 = 1 \end{cases}$ 的最小二乘解.

解 令

$$\boldsymbol{A} = \begin{pmatrix} 1 & -1 \\ 1 & -1 \end{pmatrix} = (\boldsymbol{\alpha}_1, \boldsymbol{\alpha}_2),\quad \boldsymbol{X} = \begin{pmatrix} x \\ y \end{pmatrix},\quad \boldsymbol{B} = \begin{pmatrix} 0 \\ 1 \end{pmatrix}$$

$$\boldsymbol{A}^{\mathrm{T}}\boldsymbol{A} = \begin{pmatrix} 1 & 1 \\ -1 & -1 \end{pmatrix}\begin{pmatrix} 1 & -1 \\ 1 & -1 \end{pmatrix} = \begin{pmatrix} 2 & -2 \\ -2 & 2 \end{pmatrix}$$

$$\boldsymbol{A}^{\mathrm{T}}\boldsymbol{B} = \begin{pmatrix} 1 & 1 \\ -1 & -1 \end{pmatrix}\begin{pmatrix} 0 \\ 1 \end{pmatrix} = \begin{pmatrix} 1 \\ -1 \end{pmatrix}$$

即

$$\begin{pmatrix} 2 & -2 \\ -2 & 2 \end{pmatrix}\begin{pmatrix} x \\ y \end{pmatrix} = \begin{pmatrix} 1 \\ -1 \end{pmatrix}$$

解得一组解为 $\begin{cases} x = 1.5 \\ y = 1 \end{cases}$.

注：此题解不唯一.

8.3 欧几里得空间自测题

一、填空题

1. 设 $\boldsymbol{V}$ 是一个欧氏空间，$\xi \in \boldsymbol{V}$，若对任意 $\boldsymbol{\eta} \in \boldsymbol{V}$ 都有 $(\xi,\eta) = 0$，则 ξ = $\underline{\quad \mathbf{0} \quad}$.

2. 在欧氏空间 $\mathbf{R}^3$ 中，向量 $\boldsymbol{\alpha} = (1,0,-1)^{\mathrm{T}}$，$\boldsymbol{\beta} = (0,1,0)^{\mathrm{T}}$，那么 $(\boldsymbol{\alpha},\boldsymbol{\beta})$ = $\underline{\quad 0 \quad}$，$|\boldsymbol{\alpha}|$ = $\underline{\sqrt{2}}$.

3. 在 n 维欧氏空间 $\boldsymbol{V}$ 中，向量 ξ 在标准正交基 $\boldsymbol{\eta}_1,\boldsymbol{\eta}_2,\cdots,\boldsymbol{\eta}_n$ 下的坐标是 $(x_1,x_2,\cdots,x_n)^{\mathrm{T}}$，那么 $(\xi,\boldsymbol{\eta}_i)$ = $\underline{x_i}$，$|\xi|$ = $\underline{\sqrt{x_1^2 + x_2^2 + \cdots + x_n^2}}$.

4. 两个有限维欧氏空间同构的充要条件是$\underline{\quad 维数相等 \quad}$.

5. 已知 $\boldsymbol{A}$ 是一个正交矩阵，那么 $\boldsymbol{A}^{-1}$ = $\underline{\boldsymbol{A}^{\mathrm{T}}}$，$|\boldsymbol{A}|^2$ = $\underline{\quad 1 \quad}$.

6. 欧氏空间 $\mathbf{R}^4$ 中，$\boldsymbol{\alpha} = (2,1,3,2)^{\mathrm{T}}, \boldsymbol{\beta} = (1,2,-2,1)^{\mathrm{T}}$，则 $|\boldsymbol{\alpha}| = \underline{3\sqrt{2}}$，$|\boldsymbol{\beta}| = \underline{\sqrt{10}}$，$\langle \alpha,\beta \rangle = \underline{\dfrac{\pi}{2}}$.

7. σ 为欧氏空间 $\boldsymbol{V}$ 的线性变换，则 σ 为正交变换当且仅当 $\underline{\forall \boldsymbol{\alpha},\boldsymbol{\beta} \in \boldsymbol{V}, (\sigma(\boldsymbol{\alpha}),\sigma(\boldsymbol{\beta})) = (\boldsymbol{\alpha},\boldsymbol{\beta})}$；$\sigma$ 为对称变换当且仅当 $\underline{\forall \boldsymbol{\alpha},\boldsymbol{\beta} \in \boldsymbol{V}, (\sigma(\boldsymbol{\alpha}),\boldsymbol{\beta}) = (\boldsymbol{\alpha},\sigma(\boldsymbol{\beta}))}$.

8. 设 $\boldsymbol{\alpha}_1 = (0,-1,1)^{\mathrm{T}}, \boldsymbol{\alpha}_2 = (2,1,-2)^{\mathrm{T}}, \boldsymbol{\beta} = k\boldsymbol{\alpha}_1 + \boldsymbol{\alpha}_2$，若 $\boldsymbol{\beta}$ 与 $\boldsymbol{\alpha}_2$ 正交，则 $k = \underline{3}$.

9. $\boldsymbol{A},\boldsymbol{B}$ 为 n 阶正交矩阵，且 $|\boldsymbol{A}| > 0, |\boldsymbol{B}| < 0$，则 $|\boldsymbol{AB}| = \underline{-1}$.

10. $\boldsymbol{\alpha},\boldsymbol{\beta},\gamma$ 是三维欧氏空间 $\mathbf{R}^3$ 的向量，则式子 $(\boldsymbol{\alpha},\boldsymbol{\beta})\gamma$，$\left(\dfrac{\boldsymbol{\alpha}}{|\boldsymbol{\alpha}|},\dfrac{\boldsymbol{\beta}}{|\boldsymbol{\beta}|}\right)$，$(\gamma,(\boldsymbol{\alpha}-\boldsymbol{\beta}))$ 中表示

向量的是 $\underline{(\alpha,\beta)\gamma}$.

二、判断题

1. 在实线性空间 $\mathbf{R}^2$ 中，对于向量 $\alpha=(x_1,x_2)^{\mathrm{T}},\beta=(y_1,y_2)^{\mathrm{T}}$ ，定义 $(\alpha,\beta)=(x_1y_1+x_2y_2+1)^{\mathrm{T}}$ ，那么 R^2 构成欧氏空间. （ × ）

2. 在 n 维实线性空间 $\mathbf{R}^n$ 中，对于向量 $\alpha=(a_1,a_2,\cdots,a_n)^{\mathrm{T}},\beta=(b_1,b_2,\cdots,b_n)^{\mathrm{T}}$ ，定义 $(\alpha,\beta)=a_1b_1$ ，则 $\mathbf{R}^n$ 构成欧氏空间. （ × ）

3. $\varepsilon_1,\varepsilon_2,\cdots,\varepsilon_n$ 是 n 维欧氏空间 V 的一组基，$(x_1,x_2,\cdots,x_n)^{\mathrm{T}}$ 与 $(y_1,y_2,\cdots,y_n)^{\mathrm{T}}$ 分别是 V 中的向量 α,β 在这组基下的坐标，则 $(\alpha,\beta)=x_1y_1+x_2y_2+\cdots+x_ny_n$. （ × ）

4. 对于欧氏空间 V 中任意非零向量 η ，$\dfrac{1}{|\eta|}$ 是 V 中一个单位向量. （ × ）

5. 两个同阶实对称矩阵的最小多项式相同，则它们相似. （ × ）

6. 设 V 是一个欧氏空间，$\alpha,\beta\in V$ ，并且 $|\alpha|=|\beta|$，则 $\alpha+\beta$ 与 $\alpha-\beta$ 正交. （ √ ）

7. 设 V 是一个欧氏空间，$\alpha,\beta\in V$ ，并且 $(\alpha,\beta)=0$ ，则 α,β 线性无关. （ × ）

8. 欧氏空间 V 中保持任两个非零向量的夹角不变的线性变换必为正交变换. （ × ）

9. 设 A 与 B 都是 n 阶正交矩阵，则 AB 也是正交矩阵. （ √ ）

10. 欧氏空间 $\mathbf{R}^2$ 中，$\sigma\left(\begin{pmatrix}x\\y\end{pmatrix}\right)=\begin{pmatrix}2x+y\\x-2y\end{pmatrix}$ 为对称变换. （ √ ）

三、选择题

1. 设 α,β 是相互正交的 n 维实向量，则下列各式中错误的是（ D ）.

A. $|\alpha+\beta|^2=|\alpha|^2+|\beta|^2$　　B. $|\alpha+\beta|=|\alpha-\beta|$

C. $|\alpha-\beta|^2=|\alpha|^2+|\beta|^2$　　D. $|\alpha+\beta|=|\alpha|+|\beta|$

2. A 是 n 阶实方阵，则 A 是正交矩阵的充要条件是（ C ）.

A. $AA^{-1}=E$　　B. $A=A^{\mathrm{T}}$　　C. $A^{-1}=A^{\mathrm{T}}$　　D. $A^2=E$

3. 对于 n 阶实对称矩阵 A，以下结论正确的是（ C ）.

A. 一定有 n 个不同的特征根

B. 属于不同特征根的特征向量必线性无关，但不一定正交

C. 存在正交矩阵 P，使 $P^{\mathrm{T}}AP$ 成对角形

D. 它的特征根一定是整数.

4. 设 σ 是 n 维欧氏空间 V 的对称变换，则（ C ）.

A. σ 只有一组 n 个两两正交的特征向量

B. σ 的特征向量彼此正交

C. σ 有 n 个两两正交的特征向量

D. σ 有 n 个两两正交的特征向量 $\Leftrightarrow$ σ 有 n 个不同的特征根

5. 已知 $\alpha=(a_1,a_2,\cdots,a_n)^{\mathrm{T}},\beta=(b_1,b_2,\cdots,b_n)^{\mathrm{T}}$ ，定义：$(\alpha,\beta)=k_1a_1b_1+k_2a_2b_2+\cdots+k_na_nb_n$ ，则

满足下列何种情况可使 $\mathbf{R}^n$ 作成欧氏空间（　C　）.

A. $k_1=k_2=\cdots=k_n=0$　　B. $k_1,k_2,\cdots,k_n$ 是全不为零的实数

C. $k_1,k_2,\cdots,k_n$ 都是大于零的实数　　D. $k_1,k_2,\cdots,k_n$ 全是不小于零的实数

6. 下列命题正确的是（　B　）.

A. 两个正交变换的线性组合仍是正交变换

B. 两个对称变换的线性组合仍是对称变换

C. 对称变换将正交向量组变为正交向量组

D. 对称变换必是可逆线性变换

7. 若欧氏空间 $\mathbf{R}^3$ 的线性变换 σ 关于 $\mathbf{R}^3$ 的一个标准正交基矩阵为 $\boldsymbol{A}=\begin{pmatrix}1&0&0\\0&0&0\\0&0&-1\end{pmatrix}$，则下列正确的是（　A　）.

A. σ 是对称变换　　B. σ 是对称变换且是正交变换

C. σ 不是对称变换　　D. σ 是正交变换

8. 若 σ 是 n 维欧氏空间 $\boldsymbol{V}$ 的一个对称变换，则下列成立的选项是（　C　）.

A. σ 关于 $\boldsymbol{V}$ 的仅一个标准正交基的矩阵是对称矩阵

B. σ 关于 $\boldsymbol{V}$ 的任意基的矩阵都是对称矩阵

C. σ 关于 $\boldsymbol{V}$ 的任意标准正交基的矩阵都是对称矩阵

D. σ 关于 $\boldsymbol{V}$ 的非标准正交基的矩阵一定不是对称矩阵

9. 若 σ 是 n 维欧氏空间 $\boldsymbol{V}$ 的对称变换，则有（　B　）.

A. σ 一定有 n 个两两不等的特征根

B. σ 一定有 n 个特征根重根按重数算

C. σ 的特征根的个数 $<n$

D. σ 无特征根

10. $\forall\boldsymbol{\alpha}=\begin{pmatrix}a_1&a_2\\a_3&a_4\end{pmatrix},\boldsymbol{\beta}=\begin{pmatrix}b_1&b_2\\b_3&b_4\end{pmatrix}\in\mathbf{R}^{2\times2}$，如下定义实数 $(\boldsymbol{\alpha},\boldsymbol{\beta})$ 中作成 $\mathbf{R}^{2\times2}$ 内积的是(　D　).

A. $(\boldsymbol{\alpha},\boldsymbol{\beta})=a_1b_1$　　B. $(\boldsymbol{\alpha},\boldsymbol{\beta})=a_1b_1+a_2b_2+a_3b_3$

C. $(\boldsymbol{\alpha},\boldsymbol{\beta})=a_1b_1+a_4b_4$　　D. $(\boldsymbol{\alpha},\boldsymbol{\beta})=a_1b_1+2a_2b_2+3a_3b_3+4a_4b_4$

四、计算与证明题

1. 把向量组 $\boldsymbol{\alpha}_1=(2,-1,0)^{\mathrm{T}}$，$\boldsymbol{\alpha}_2=(2,0,1)^{\mathrm{T}}$ 正交化，然后扩充成 $\mathbf{R}^3$ 中的一组正交基.

解　令

$$\boldsymbol{\beta}_1=\boldsymbol{\alpha}_1=\begin{pmatrix}2\\-1\\0\end{pmatrix},\boldsymbol{\beta}_2=\boldsymbol{\alpha}_2-\frac{(\boldsymbol{\alpha}_2,\boldsymbol{\beta}_1)}{(\boldsymbol{\beta}_1,\boldsymbol{\beta}_1)}\boldsymbol{\beta}_1=\begin{pmatrix}2\\0\\1\end{pmatrix}-\frac{4}{5}\begin{pmatrix}2\\-1\\0\end{pmatrix}=\begin{pmatrix}\frac{2}{5}\\\frac{4}{5}\\1\end{pmatrix}$$

再令

$$\beta_3=\begin{pmatrix}x\\y\\z\end{pmatrix},(\beta_1,\beta_3)=(\beta_2,\beta_3)=0$$

则 $\begin{cases}2x-y=0\\ \dfrac{2}{5}x+\dfrac{4}{5}y+z=0\end{cases}$，求得一个基础解系 $\beta_3=\begin{pmatrix}1\\2\\-2\end{pmatrix}$，则 β_1,β_2,β_3 即为所求.

2. 若在 $\mathbf{R}^3$ 中规定任意两个向量 $\boldsymbol{\xi}=(x_1,x_2,x_3)^{\mathrm{T}},\boldsymbol{\eta}=(y_1,y_2,y_3)^{\mathrm{T}}$ 的内积为 $(\xi,\eta)=x_1y_1+2x_2y_2+3x_3y_3$，求 $\boldsymbol{\alpha}=(1,0,1)^{\mathrm{T}}$ 与 $\boldsymbol{\beta}=(1,2,0)^{\mathrm{T}}$ 的夹角.

解 由

$$|\alpha|=\sqrt{(\alpha,\alpha)}=2,|\beta|=\sqrt{(\beta,\beta)}=3,(\alpha,\beta)=1,\cos\langle\alpha,\beta\rangle=\frac{(\alpha,\beta)}{|\alpha||\beta|}=\frac{1}{6}$$

得 $\langle\alpha,\beta\rangle=\arccos\dfrac{1}{6}$.

3. 设 $\alpha_1,\alpha_2,\alpha_3$ 是 3 维欧氏空间 $\boldsymbol{V}$ 的一组基，其度量矩阵为 $\begin{pmatrix}1&-1&2\\-1&2&-1\\2&-1&6\end{pmatrix}$，

（1）令 $\gamma=\alpha_1+\alpha_2$，证明 γ 是一个单位向量；

（2）若 $\beta=\alpha_1+\alpha_2+k\alpha_3$ 与 γ 正交，求 k 的值.

解 （1）$|\gamma|=\sqrt{(\gamma,\gamma)}=\sqrt{(\alpha_1+\alpha_2,\alpha_1+\alpha_2)}=\sqrt{(\alpha_1,\alpha_1)+2(\alpha_1,\alpha_2)+(\alpha_2,\alpha_2)}=\sqrt{1-2+2}=1$，所以 γ 是一个单位向量.

（2）$(\gamma,\beta)=(\alpha_1+\alpha_2,\alpha_1+\alpha_2+k\alpha_3)=(\alpha_1,\alpha_1)+2(\alpha_1,\alpha_2)+(\alpha_2,\alpha_2)+k(\alpha_1,\alpha_3)+k(\alpha_2,\alpha_3)$

$$=1-2+2+2k-k=1+k$$

由 $(\gamma,\beta)=0$，可得 $k=-1$.

4. 设

$$\boldsymbol{A}=\begin{pmatrix}2&-2&0\\-2&1&-2\\0&-2&0\end{pmatrix}$$

求正交矩阵 $\boldsymbol{P}$，使 $\boldsymbol{P}^{\mathrm{T}}\boldsymbol{AP}$ 为对角形.

解 由

$$|\lambda\boldsymbol{E}-\boldsymbol{V}|=\begin{vmatrix}\lambda-2&2&0\\2&\lambda-1&2\\0&2&\lambda\end{vmatrix}=(\lambda-1)(\lambda-4)(\lambda+2)$$

可得 $\boldsymbol{A}$ 的特征值为 $\lambda_1=1,\lambda_2=4,\lambda_3=-2$.

对应的特征向量分别为

$$\boldsymbol{\alpha}_1=\begin{pmatrix}-2\\-1\\2\end{pmatrix},\boldsymbol{\alpha}_2=\begin{pmatrix}2\\-2\\1\end{pmatrix},\boldsymbol{\alpha}_3=\begin{pmatrix}1\\2\\2\end{pmatrix}$$

将其正交单位化，可得标准正交基为

$$\boldsymbol{\eta}_1=\frac{1}{3}\begin{pmatrix}-2\\-1\\2\end{pmatrix},\boldsymbol{\eta}_2=\frac{1}{3}\begin{pmatrix}2\\-2\\1\end{pmatrix},\boldsymbol{\eta}_3=\frac{1}{3}\begin{pmatrix}1\\2\\2\end{pmatrix}$$

故所求正交矩阵为

$$\boldsymbol{T}=\frac{1}{3}\begin{pmatrix}-2&2&1\\-1&-2&2\\2&1&2\end{pmatrix}，且\ \boldsymbol{T}^{\mathrm{T}}\boldsymbol{A}\boldsymbol{T}=\begin{pmatrix}1&&\\&4&\\&&-2\end{pmatrix}$$

5. 设 $\boldsymbol{A}$ 为三阶实对称矩阵，其特征值 $\lambda_1=-1,\lambda_2=\lambda_3=1$，已知属于 λ_1 的特征向量 $\boldsymbol{\alpha}_1=\begin{pmatrix}0\\1\\1\end{pmatrix}$，求 $\boldsymbol{A}$.

解　考虑到实对称矩阵不同特征值的特征向量彼此正交，先求与 α_1 正交的向量，设所求向量为 $\boldsymbol{\beta}=\begin{pmatrix}x\\y\\z\end{pmatrix}$，则有 $y+z=0$，即 $y=-z$，其基础解系为

$$\xi_1=\begin{pmatrix}1\\0\\0\end{pmatrix},\xi_2=\begin{pmatrix}0\\-1\\1\end{pmatrix}$$

从而有

$$\boldsymbol{A}(\alpha_1,\xi_1,\xi_2)=(\alpha_1,\xi_1,\xi_2)\begin{pmatrix}-1&&\\&1&\\&&1\end{pmatrix}$$

求得 $\boldsymbol{A}=\begin{pmatrix}1&0&0\\0&0&-1\\0&-1&0\end{pmatrix}$.

五、证明题

1. 设 $\boldsymbol{\sigma}$ 是 n 维欧氏空间 $\boldsymbol{V}$ 的一个对称变换，$\boldsymbol{\alpha}$ 是 $\boldsymbol{V}$ 中的一个单位向量. 证明：

（1）$|\boldsymbol{\sigma}(\boldsymbol{\alpha})|^2\leqslant|\boldsymbol{\sigma}^2(\boldsymbol{\alpha})|$；（2）$|\boldsymbol{\sigma}(\boldsymbol{\alpha})|^2=|\boldsymbol{\sigma}^2(\boldsymbol{\alpha})|$ 仅当 $\boldsymbol{\alpha}$ 是 $\boldsymbol{\sigma}^2$ 的属于特征向量 $|\boldsymbol{\sigma}(\boldsymbol{\alpha})|^2$ 的特征向量.

证明（1）$\boldsymbol{\sigma}$ 是 n 维欧氏空间 $\boldsymbol{V}$ 的一个对称变换，则有

$$|\sigma(\alpha)|^2=(\sigma(\alpha),\sigma(\alpha))=(\alpha,\sigma^2(\alpha))$$

利用柯西-施瓦兹不等式，得

$$|\sigma(\alpha)|^2=(\sigma(\alpha),\sigma(\alpha))=(\alpha,\sigma^2(\alpha))\leqslant|\alpha||\sigma^2(\alpha)|$$

由 α 是 V 中的一个单位向量知 $|\alpha|=1$，即得 $|\sigma(\alpha)|^2\leqslant|\sigma^2(\alpha)|$.

（2）由柯西-施瓦兹不等式可知，$(\alpha,\sigma^2(\alpha))\leqslant|\alpha||\sigma^2(\alpha)|$ 的等号成立仅 $\sigma^2(\alpha)$ 与 α 有线性关系，可设 $\sigma^2(\alpha)=k\alpha$，从而可得 α 是 σ^2 的属于特征向量 k 的特征向量. 由 $|\sigma(\alpha)|^2=|(\sigma(\alpha),\sigma(\alpha))=(\alpha,\sigma^2(\alpha))$ 可得 $|\sigma(\alpha)|^2=(\alpha,\sigma^2(\alpha))=(\alpha,k\alpha)=k(\alpha,\alpha)=k$，即 α 是 σ^2 的属于特征向量 $|\sigma(\alpha)|^2$ 的特征向量.

2. 设 $\alpha_1,\alpha_2,\cdots,\alpha_n$ 为 n 维欧氏空间 V 的一组基. 证明：这组基是标准正交基的充分必要条件是，对 V 中任意向量 α 都有 $\alpha=(\alpha,\alpha_1)\alpha_1+(\alpha,\alpha_2)\alpha_2+\cdots+(\alpha,\alpha_n)\alpha_n$.

证明 （必要性）若 $\alpha_1,\alpha_2,\cdots,\alpha_n$ 为 n 维欧氏空间 V 的一组标准正交基，对任意 $\alpha\in V$，设 $\alpha=k_1\alpha_1+k_2\alpha_2+\cdots+k_n\alpha_n$，则有 $(\alpha,\alpha_i)=k_i$，即

$$\alpha=(\alpha,\alpha_1)\alpha_1+(\alpha,\alpha_2)\alpha_2+\cdots+(\alpha,\alpha_n)\alpha_n$$

（充分性）由已知，对 V 中任意向量 α 都有 $\alpha=(\alpha,\alpha_1)\alpha_1+(\alpha,\alpha_2)\alpha_2+\cdots+(\alpha,\alpha_n)\alpha_n$，从而 $\alpha_1=(\alpha_1,\alpha_1)\alpha_1+(\alpha_1,\alpha_2)\alpha_2+\cdots+(\alpha_1,\alpha_n)\alpha_n$，进而

$$(1-(\alpha_1,\alpha_1))\alpha_1=(\alpha_1,\alpha_2)\alpha_2+\cdots+(\alpha_1,\alpha_n)\alpha_n \qquad (**)$$

（1）若 $(\alpha_1,\alpha_1)\neq1$，则由式（**）可知 α_1 可由 $\alpha_2,\cdots,\alpha_n$ 线性表出，继而 $\alpha_1,\alpha_2,\cdots,\alpha_n$ 线性相关，与 $\alpha_1,\alpha_2,\cdots,\alpha_n$ 为 n 维欧氏空间 V 的一组基矛盾. 故假设不成立，所以 $(\alpha_1,\alpha_1)=1$.

（2）若存在 $(\alpha_1,\alpha_j)\neq0\,(j=2,\cdots,n)$，则由式（**）可知 $\alpha_1,\alpha_2,\cdots,\alpha_n$ 线性相关，与 $\alpha_1,\alpha_2,\cdots,\alpha_n$ 为 n 维欧氏空间 V 的一组基矛盾. 故假设不成立，所以 $(\alpha_1,\alpha_j)=0\,(j=2,\cdots,n)$. 依次可得

$$(\alpha_i,\alpha_j)=\begin{cases}0, i\neq j\\1, i=j\end{cases}$$

即 $\alpha_1,\alpha_2,\cdots,\alpha_n$ 为欧氏空间 V 的一组标准正交基.

3. 设 $\boldsymbol{A}$ 为实 n 阶实对称矩阵，且 $\boldsymbol{A}^2=\boldsymbol{A}$，证明：存在正交矩阵 $\boldsymbol{P}$ 使得

$$\boldsymbol{P}^{-1}\boldsymbol{AP}=\begin{pmatrix}1&&&&&\\&\ddots&&&&\\&&1&&&\\&&&0&&\\&&&&\ddots&\\&&&&&0\end{pmatrix}$$

证明 设 λ 是 $\boldsymbol{A}$ 的任一特征值，ξ 是属于 λ 的特征向量，则

$$\boldsymbol{A}\xi=\lambda\xi,\boldsymbol{A}^2\xi=\boldsymbol{A}(\lambda\xi)=\boldsymbol{A}(\lambda\xi)=\lambda\boldsymbol{A}\xi=\lambda^2\xi$$

由于 $\boldsymbol{A}^2=\boldsymbol{A}$，则有 $\lambda^2\xi=\lambda\xi$，继而 $(\lambda^2-\lambda)\xi=\boldsymbol{0}$，由 $\xi\neq\boldsymbol{0}$ 可得 $\lambda^2-\lambda=0$，即 $\lambda=1$ 或 $\lambda=0$.

换句话说，A的特征值不是 1 就是 0. 又因实对称矩阵可对角化，故存在正交矩阵T，使得

$$T^{-1}AT=\begin{pmatrix}1 & & & & & & \\ & 1 & & & & & \\ & & \ddots & & & & \\ & & & 1 & & & \\ & & & & 0 & & \\ & & & & & \ddots & \\ & & & & & & 0\end{pmatrix}$$

上式中，对角线元素中 1 的个数为A的特征值 1 的个数，0 的个数是A的特征值 0 的个数.

4. 设A,B为n（n为奇数）阶正交矩阵，且$|A|=|B|$，证明：存在n维列向量$\xi\neq 0$使得$A\xi=B\xi$.

证明 因为A,B都是n(n为奇数）阶正交矩阵，故$|A|=|B|\neq 0$，且$A^{\mathrm{T}}A=E,B^{\mathrm{T}}B=E$，于是

$$\begin{aligned}|A||A-B|&=|A^{\mathrm{T}}||A-B|=|A^{\mathrm{T}}A-A^{\mathrm{T}}B|=|E-A^{\mathrm{T}}B|\\&=|B^{\mathrm{T}}B-A^{\mathrm{T}}B|=|B^{\mathrm{T}}-A^{\mathrm{T}}||B|=|B^{\mathrm{T}}-A^{\mathrm{T}}||A|\\&=(-1)^n|A||A^{\mathrm{T}}-B^{\mathrm{T}}|=-|A||A-B|\end{aligned}$$

所以$|A-B|=0$，从而齐次线性方程组$(A-B)X=0$存在非零解. 设$\xi\neq 0$为$(A-B)X=0$的一个非零解，从而$(A-B)\xi=0$，即$A\xi=B\xi$.

5. 在欧氏空间$W=\mathbf{R}[x]_4$中，内积为$(f(x),g(x))=\int_{-1}^{1}f(x)g(x)\mathrm{d}x$，设$W_1=L[1,x]$，$W_2=L\left[x^2-\frac{1}{3},x^3-\frac{3}{5}x\right]$是$W$的子空间，证明：$W_1$与$W_2$互为正交补.

证明 设$k_1+k_2x+k_3\left(x^2-\frac{1}{3}\right)+k_4\left(x^3-\frac{3}{5}x\right)=0$，则有

$$k_1-\frac{1}{3}k_3+\left(k_2-\frac{3}{5}k_4\right)x+k_3x^2+k_4x^3=0$$

由$1,x,x^2,x^3$线性无关，从而

$$k_1-\frac{1}{3}k_3=0,k_2-\frac{3}{5}k_4=0,k_3=0,k_4=0$$

解得$k_1=k_2=k_3=k_4=0$.

故$1,x,\left(x^2-\frac{1}{3}\right),\left(x^3-\frac{3}{5}x\right)$线性无关，从而为$W$的一组基，则

$$W=L\left[1,x,\left(x^2-\frac{1}{3}\right),\left(x^3-\frac{3}{5}x\right)\right]=L[1,x]+L\left[\left(x^2-\frac{1}{3}\right),\left(x^3-\frac{3}{5}x\right)\right]=W_1+W_2$$

令
$$\xi_1=1,\xi_2=x,\xi_3=x^2-\frac{1}{3},\xi_4=x^3-\frac{3}{5}x$$
显然有
$$(\xi_1,\xi_3)=\int_{-1}^{1}\left(x^2-\frac{1}{3}\right)\mathrm{d}x=0,(\xi_1,\xi_4)=\int_{-1}^{1}\left(x^3-\frac{3}{5}x\right)\mathrm{d}x=0$$
$$(\xi_2,\xi_3)=\int_{-1}^{1}\left(x^3-\frac{1}{3}x\right)\mathrm{d}x=0,(\xi_2,\xi_4)=\int_{-1}^{1}\left(x^4-\frac{3}{5}x^2\right)\mathrm{d}x=0$$
对任意$\alpha\in\boldsymbol{W}_1,\beta\in\boldsymbol{W}_2$，可设$\alpha=k\xi_1+l\xi_2,\beta=p\xi_3+q\xi_4$，则
$$(\alpha,\beta)=(k\xi_1+l\xi_2,p\xi_3+q\xi_4)=kp(\xi_1,\xi_3)+kq(\xi_1,\xi_4)+lp(\xi_2,\xi_3)+lq(\xi_2,\xi_4)=0$$
即$\boldsymbol{W}_1\perp\boldsymbol{W}_2$.

即证得$\boldsymbol{W}_1$与$\boldsymbol{W}_2$互为正交补.

8.4 例题补充

例 8.1 设$\boldsymbol{V}$是n维欧氏空间，$\boldsymbol{S}$是$\boldsymbol{V}$的一个真子空间，证明：

(1)存在$\boldsymbol{V}$上的一个线性变换$\boldsymbol{\sigma}$，满足：$\mathrm{Im}\boldsymbol{\sigma}=\boldsymbol{S},\mathrm{Ker}\boldsymbol{\sigma}=\boldsymbol{S}^{\perp},\forall\alpha\in\boldsymbol{S},(\sigma(\alpha),\sigma(\alpha))=(\alpha,\alpha)$；

(2)存在$\boldsymbol{V}$上的唯一的一个线性变换$\boldsymbol{\sigma}$，满足：$\boldsymbol{\sigma}^2=\boldsymbol{\sigma},\mathrm{Im}\boldsymbol{\sigma}=\boldsymbol{S},\mathrm{Ker}\boldsymbol{\sigma}=\boldsymbol{S}^{\perp}$.

证明 (1)$\forall\beta\in\boldsymbol{V}$，则$\beta=\beta_1+\beta_2,\beta_1\in\boldsymbol{S},\beta_2\in\boldsymbol{S}^{\perp}$. 令$\sigma(\beta)=\beta_1$，则$\mathrm{Im}\boldsymbol{\sigma}\subseteq\boldsymbol{S}$；反之，$\forall\alpha\in\boldsymbol{S}$，$\sigma(\alpha)=\sigma(\alpha+0)=\alpha$，知$\mathrm{Im}\boldsymbol{\sigma}\supseteq\boldsymbol{S}$，从而$\mathrm{Im}\boldsymbol{\sigma}=\boldsymbol{S}$.

若$\sigma(\beta)=\boldsymbol{0}$，知$\beta\in\boldsymbol{S}^{\perp},\mathrm{Ker}\boldsymbol{\sigma}\subseteq\boldsymbol{S}^{\perp}$；反之，若$\beta\in\boldsymbol{S}^{\perp}$，则$\sigma(\beta)=\sigma(0+\beta)=\boldsymbol{0}$，知$\beta\in\mathrm{Ker}\boldsymbol{\sigma}$，$\mathrm{Ker}\boldsymbol{\sigma}\supseteq\boldsymbol{S}^{\perp}$，从而$\mathrm{Ker}\boldsymbol{\sigma}=\boldsymbol{S}^{\perp}$.

$\forall\alpha\in\boldsymbol{S}$，有$\sigma(\alpha)=\alpha$，则$(\sigma(\alpha),\sigma(\alpha))=(\alpha,\alpha)$.

(2)由(1)知，$\forall\beta\in\boldsymbol{V}$，$\sigma^2(\beta)=\sigma(\sigma(\beta_1+\beta_2))=\sigma(\beta_1)=\beta_1=\sigma(\beta)$，从而$\boldsymbol{\sigma}^2=\boldsymbol{\sigma}$，即存在满足条件的线性变换. 设$\tau$为另一个满足条件的线性变换，则由$\tau(\beta)=\tau^2(\beta)=\tau(\beta_1)=\beta_1=\sigma(\beta_1)=\sigma^2(\beta)=\sigma(\beta)$知$\tau=\sigma$，从而满足条件的线性变换是唯一的.

例 8.2 (华中科技大学、福州大学等考研真题)证明：不存在n阶正交阵$\boldsymbol{A},\boldsymbol{B}$，使得$\boldsymbol{A}^2=\boldsymbol{A}\boldsymbol{B}+\boldsymbol{B}^2$.

证明 (证法一：反证法)假设存在正交矩阵$\boldsymbol{A},\boldsymbol{B}$，使$\boldsymbol{A}^2=\boldsymbol{A}\boldsymbol{B}+\boldsymbol{B}^2$，则$\boldsymbol{A}^{\mathrm{T}}\boldsymbol{A}^2=\boldsymbol{A}^{\mathrm{T}}\boldsymbol{A}\boldsymbol{B}+\boldsymbol{A}^{\mathrm{T}}\boldsymbol{B}^2$.

由于正交矩阵$\boldsymbol{A}$满足$\boldsymbol{A}^{\mathrm{T}}=\boldsymbol{A}^{-1}$，故$\boldsymbol{A}=\boldsymbol{B}+\boldsymbol{A}^{\mathrm{T}}\boldsymbol{B}^2$.

注意$\boldsymbol{A}^{\mathrm{T}}\boldsymbol{B}^2$是正交矩阵，且$\boldsymbol{A}^{\mathrm{T}}\boldsymbol{B}^2=\boldsymbol{A}-\boldsymbol{B}$，故$\boldsymbol{A}-\boldsymbol{B}$是正交矩阵. 于是
$$\boldsymbol{E}=(\boldsymbol{A}-\boldsymbol{B})(\boldsymbol{A}-\boldsymbol{B})^{\mathrm{T}}=(\boldsymbol{A}-\boldsymbol{B})(\boldsymbol{A}^{\mathrm{T}}-\boldsymbol{B}^{\mathrm{T}})=\boldsymbol{A}\boldsymbol{A}^{\mathrm{T}}+\boldsymbol{B}\boldsymbol{B}^{\mathrm{T}}-\boldsymbol{A}\boldsymbol{B}^{\mathrm{T}}-\boldsymbol{B}\boldsymbol{A}^{\mathrm{T}}=2\boldsymbol{E}-\boldsymbol{A}\boldsymbol{B}^{\mathrm{T}}-\boldsymbol{B}\boldsymbol{A}^{\mathrm{T}}$$
即
$$\boldsymbol{E}=\boldsymbol{A}\boldsymbol{B}^{\mathrm{T}}+\boldsymbol{B}\boldsymbol{A}^{\mathrm{T}}\tag{1}$$

从$\boldsymbol{A}^2=\boldsymbol{A}\boldsymbol{B}+\boldsymbol{B}^2$可得$\boldsymbol{A}^2\boldsymbol{B}^{\mathrm{T}}=\boldsymbol{A}\boldsymbol{B}\boldsymbol{B}^{\mathrm{T}}+\boldsymbol{B}^2\boldsymbol{B}^{\mathrm{T}}=\boldsymbol{A}+\boldsymbol{B}$. 由于$\boldsymbol{A}^2\boldsymbol{B}^{\mathrm{T}}$也是正交矩阵，故$\boldsymbol{A}+\boldsymbol{B}$是正交矩阵，且
$$\boldsymbol{E}=(\boldsymbol{A}+\boldsymbol{B})(\boldsymbol{A}+\boldsymbol{B})^{\mathrm{T}}=(\boldsymbol{A}+\boldsymbol{B})(\boldsymbol{A}^{\mathrm{T}}+\boldsymbol{B}^{\mathrm{T}})=\boldsymbol{A}\boldsymbol{A}^{\mathrm{T}}+\boldsymbol{B}\boldsymbol{B}^{\mathrm{T}}+\boldsymbol{A}\boldsymbol{B}^{\mathrm{T}}+\boldsymbol{B}\boldsymbol{A}^{\mathrm{T}}=2\boldsymbol{E}+\boldsymbol{A}\boldsymbol{B}^{\mathrm{T}}+\boldsymbol{B}\boldsymbol{A}^{\mathrm{T}}$$

即 $$E=-AB^{\mathrm{T}}-BA^{\mathrm{T}} \tag{2}$$

将（1）（2）左右两端分别相加，得 $2E=0$，这显然是不可能的，故所证结论成立.

（证法二）假设存在正交矩阵 A,B，使 $A^2=AB+B^2$，则

$$A+B=A^2B^{-1},A-B=A^{-1}B^2$$

都是正交矩阵，从而注意到 A,B 均为正交矩阵，于是 A^2,A^{-1},B^2,B^{-1} 都是正交矩阵，故

$$\begin{aligned}2E&=(A+B)^{\mathrm{T}}(A+B)+(A-B)^{\mathrm{T}}(A-B)\\&=A^{\mathrm{T}}A+A^{\mathrm{T}}B+B^{\mathrm{T}}A+B^{\mathrm{T}}B+A^{\mathrm{T}}A-A^{\mathrm{T}}B-B^{\mathrm{T}}A+B^{\mathrm{T}}B=4E\end{aligned}$$

可得 $2E=0$，这显然是不可能的，故所证结论成立.

例 8.3 设 A 是 n 阶实对称矩阵，且满足 $A^2-4A+3E=O$，证明 $A-2E$ 为正交矩阵.

证明 由 A 满足 $A^{\mathrm{T}}=A$，则有

$$\begin{aligned}(A-2E)^{\mathrm{T}}(A-2E)&=(A^{\mathrm{T}}-(2E)^{\mathrm{T}})(A-2E)=(A-2E)(A-2E)\\&=A^2-4A+4E=(A^2-4A+3E)+E\\&=E.\end{aligned}$$

故 $A-2E$ 为正交矩阵.

例 8.4 （苏州大学、广东工业大学等考研真题）若 $\lambda=a+b\mathrm{i}\,(a,b\in\mathbf{R},b\neq0)$ 是 n 阶正交矩阵 A 的特征值，$\xi=\alpha+\beta\mathrm{i}\,(\alpha,\beta\in\mathbf{R}^n)$ 是 A 的属于特征值 λ 的特征向量，则 $\beta\neq0,\alpha,\beta$ 长度相等且正交. .

证明 由 $A\xi=\lambda\xi$，即 $A(\alpha+\beta\mathrm{i})=(a+b\mathrm{i})(\alpha+\beta\mathrm{i})$，可得

$$A\alpha=a\alpha-b\beta,A\beta=a\beta+b\alpha$$

若 $\beta=0$，由 $A\beta=a\beta+b\alpha$ 可得 $b\alpha=\mathbf{0}$，而 $b\neq0$，故 $\alpha=\mathbf{0}$，这样 $\xi=\mathbf{0}$，与 ξ 是特征向量矛盾，从而 $\beta\neq\mathbf{0}$.

下证 α,β 长度相等且正交.

由 $A\alpha=a\alpha-b\beta,A\beta=a\beta+b\alpha$ 左乘 A^{T}，得

$$\alpha=aA^{\mathrm{T}}\alpha-bA^{\mathrm{T}}\beta,\beta=aA^{\mathrm{T}}\beta+bA^{\mathrm{T}}\alpha$$

于是 $$a\alpha=a^2A^{\mathrm{T}}\alpha-abA^{\mathrm{T}}\beta,b\beta=abA^{\mathrm{T}}\beta+b^2A^{\mathrm{T}}\alpha$$

将上面的两式相加，注意到 $a^2+b^2=1$（正交矩阵的特征值的模为 1），得

$$a\alpha+b\beta=A^{\mathrm{T}}\alpha$$

两边取转置，得

$$a\alpha^{\mathrm{T}}+b\beta^{\mathrm{T}}=\alpha^{\mathrm{T}}A$$

于是 $$a\alpha^{\mathrm{T}}\alpha+b\beta^{\mathrm{T}}\alpha=\alpha^{\mathrm{T}}A\alpha=\alpha^{\mathrm{T}}(a\alpha-b\beta)=a\alpha^{\mathrm{T}}\alpha-b\alpha^{\mathrm{T}}\beta$$

又 $\beta^{\mathrm{T}}\alpha=\alpha^{\mathrm{T}}\beta$，故由上式可得 $\beta^{\mathrm{T}}\alpha=\mathbf{0}$，即 $(\beta,\alpha)=0$.

对 $a\alpha^{\mathrm{T}}+b\beta^{\mathrm{T}}=\alpha^{\mathrm{T}}A$ 两边右乘 β，得

$$a\alpha^{\mathrm{T}}\beta+b\beta^{\mathrm{T}}\beta=\alpha^{\mathrm{T}}A\beta=\alpha^{\mathrm{T}}(a\beta+b\alpha)=a\alpha^{\mathrm{T}}\beta+b\alpha^{\mathrm{T}}\alpha$$

由 $\boldsymbol{\beta}^{\mathrm{T}}\boldsymbol{\alpha}=\mathbf{0}, b\neq 0$，得

$$\boldsymbol{\beta}^{\mathrm{T}}\boldsymbol{\beta}=\boldsymbol{\alpha}^{\mathrm{T}}\boldsymbol{\alpha}$$

例 8.5 （南开大学、厦门大学、浙江大学考研真题）设 $\boldsymbol{V}$ 是一个 n 维欧氏空间，$\boldsymbol{V}_1,\boldsymbol{V}_2$ 都是 $\boldsymbol{V}$ 的子空间，且 $\dim\boldsymbol{V}_1<\dim\boldsymbol{V}_2$，证明：$\boldsymbol{V}_2$ 中存在非零向量 $\boldsymbol{\eta}$，使得 $\forall\boldsymbol{\alpha}\in\boldsymbol{V}_1$ 有 $(\alpha,\eta)=0$.

解 （证法一）令 $\alpha_1,\alpha_2,\cdots,\alpha_r$ 是 $\boldsymbol{V}_1\cap\boldsymbol{V}_2$ 的一组正交基，将其扩充为 $\boldsymbol{V}_1$ 的一组正交基 $\alpha_1,\cdots,\alpha_r,\alpha_{r+1},\cdots,\alpha_s$，再将其扩充为 $\boldsymbol{V}$ 的一组正交基 $\alpha_1,\cdots,\alpha_s,\alpha_{s+1},\cdots,\alpha_n$. 令 $\boldsymbol{\beta}\in\boldsymbol{V}_2$，但 $\boldsymbol{\beta}\notin\boldsymbol{V}_1\cap\boldsymbol{V}_2$，则

$$\boldsymbol{\beta}=k_1\boldsymbol{\alpha}_1+\cdots+k_r\boldsymbol{\alpha}_r+k_{s+1}\boldsymbol{\alpha}_{s+1},+\cdots+k_n\boldsymbol{\alpha}_n$$

令

$$\boldsymbol{\eta}=\boldsymbol{\beta}-(k_1\boldsymbol{\alpha}_1+\cdots+k_r\boldsymbol{\alpha}_r)=k_{s+1}\boldsymbol{\alpha}_{s+1},+\cdots+k_n\boldsymbol{\alpha}_n$$

则 $\boldsymbol{\eta}\neq\mathbf{0}$，且 $\forall\boldsymbol{\alpha}\in\boldsymbol{V}_1$ 有 $(\alpha,\eta)=0$，$\boldsymbol{\eta}$ 即为所求.

（证法二）因为 $\boldsymbol{V}=\boldsymbol{V}_1\oplus\boldsymbol{V}_1^{\perp}$，所以 $\dim\boldsymbol{V}_1^{\perp}=n-\dim\boldsymbol{V}_1$，利用维数公式，得

$$\begin{aligned}\dim(\boldsymbol{V}_2\cap\boldsymbol{V}_1^{\perp})&=\dim\boldsymbol{V}_2+\dim\boldsymbol{V}_1^{\perp}-\dim(\boldsymbol{V}_2+\boldsymbol{V}_1^{\perp})\\&=\dim\boldsymbol{V}_2-\dim\boldsymbol{V}_1+n-\dim(\boldsymbol{V}_2+\boldsymbol{V}_1^{\perp})\geqslant 1\end{aligned}$$

所以 $\boldsymbol{V}_2\cap\boldsymbol{V}_1^{\perp}\neq\{\mathbf{0}\}$，存在非零向量 $\boldsymbol{\alpha}\in\boldsymbol{V}_2\cap\boldsymbol{V}_1^{\perp}$，即 $\boldsymbol{\alpha}\in\boldsymbol{V}_2,\boldsymbol{\alpha}\in\boldsymbol{V}_1^{\perp}$，因此 $(\alpha,\beta)=0,\boldsymbol{\beta}\in\boldsymbol{V}_1$.

例 8.6 设 $\boldsymbol{A}$ 是 n 阶实矩阵，证明：存在正交矩阵 $\boldsymbol{P}$ 使 $\boldsymbol{P}^{\mathrm{T}}\boldsymbol{A}\boldsymbol{P}$ 为三角矩阵的充分必要条件是 $\boldsymbol{A}$ 的特征多项式的根是实的.

证明 这里三角矩阵不妨设为上三角矩阵.

先证必要性. 设

$$\boldsymbol{P}^{\mathrm{T}}\boldsymbol{A}\boldsymbol{P}=\begin{pmatrix}c_{11}&c_{12}&\cdots&c_{1n}\\&c_{22}&\cdots&c_{2n}\\&&\ddots&\vdots\\&&&\lambda-c_{nn}\end{pmatrix}$$

其中 $\boldsymbol{P},\boldsymbol{A}$ 均为实矩阵，从而 c_{ij} 都是实数. 又因为相似矩阵有相同的特征多项式，所以

$$\begin{aligned}|\lambda\boldsymbol{E}-\boldsymbol{A}|=|\lambda\boldsymbol{E}-\boldsymbol{P}^{-1}\boldsymbol{A}\boldsymbol{P}|&=\begin{pmatrix}\lambda-c_{11}&-c_{12}&\cdots&-c_{1n}\\&\lambda-c_{22}&\cdots&-c_{2n}\\&&\ddots&\vdots\\&&&\lambda-c_{nn}\end{pmatrix}\\&=(\lambda-c_{11})(\lambda-c_{22})\cdots(\lambda-c_{nn})\end{aligned}$$

从而 $\boldsymbol{A}$ 的 n 个特征根 $c_{11},c_{12},\cdots,c_{nn}$ 均为实数.

再证充分性. 设 $\lambda_1,\lambda_2,\cdots,\lambda_s$ 为 $\boldsymbol{A}$ 的所有不同的实特征根，则 $\boldsymbol{A}$ 与某一若尔当形矩阵 $\boldsymbol{J}$ 相似，即存在可逆实矩阵 $\boldsymbol{P}_0$，使

$$\boldsymbol{P}_0^{-1}\boldsymbol{A}\boldsymbol{P}_0=\boldsymbol{J}$$

其中

$$\boldsymbol{J}=\begin{pmatrix}\boldsymbol{J}_1&&\\&\ddots&\\&&\boldsymbol{J}_S\end{pmatrix}$$

为了达成上三角矩阵，设

$$\boldsymbol{J}_i=\begin{pmatrix}\lambda_i & 1 & & & \\ & \lambda_i & 1 & & \\ & & \ddots & \ddots & \\ & & & \lambda_i & 1 \\ & & & & \lambda_i\end{pmatrix}(i=1,2,\cdots,s)$$

由于 λ_i 都是实数，所以 $\boldsymbol{J}$ 为上三角实矩阵.

另外，矩阵 $\boldsymbol{P}_0$ 可以分解为 $\boldsymbol{P}_0=\boldsymbol{U}_0\boldsymbol{S}_0$，其中 $\boldsymbol{U}_0$ 是正交矩阵，$\boldsymbol{S}_0$ 为上三角矩阵（见定理 8. 2. 4）. 于是

$$\boldsymbol{P}_0^{-1}\boldsymbol{A}\boldsymbol{P}_0=\boldsymbol{S}_0^{-1}\boldsymbol{U}_0^{-1}\boldsymbol{A}\boldsymbol{U}_0\boldsymbol{S}_0=\boldsymbol{J}$$

即

$$\boldsymbol{U}_0^{-1}\boldsymbol{A}\boldsymbol{U}_0=\boldsymbol{S}_0\boldsymbol{J}\boldsymbol{S}_0^{-1}$$

由于 $\boldsymbol{S}_0,\boldsymbol{J},\boldsymbol{S}_0^{-1}$ 都是上三角矩阵，所以它们的积分也为上三角矩阵，充分性得证.

说明：如果是正下三角矩阵的情况，若尔当块要作相应改变.

例 8.7 （上海交通大学、大连理工大学考研真题）$\alpha_1,\alpha_2,\cdots,\alpha_m$ 和 $\beta_1,\beta_2,\cdots,\beta_m$ 是 n 维欧氏空间中的两个向量组，证明：存在一个正交变换 σ，使 $\sigma(\alpha_i)=\beta_i\ (i=1,\cdots,m)$ 的充分必要条件为 $(\alpha_i,\alpha_j)=(\beta_i,\beta_j)\,(i,j=1,2,\cdots,m)$.

证明 先证必要性.

如果正交变换 σ，使得 $\sigma(\alpha_i)=\beta_i\ (i=1,\cdots,m)$ 均成立，那么

$$(\alpha_i,\alpha_j)=(\sigma(\alpha_i),\sigma(\alpha_j))=(\beta_i,\beta_j)\,(i,j=1,2,\cdots,m)$$

下证充分性.

（证法一）设 $\alpha_1,\alpha_2,\cdots,\alpha_m$ 的一个极大无关组为 $\alpha_1,\alpha_2,\cdots,\alpha_r$，若记

$$\varDelta=\begin{pmatrix}(\alpha_1,\ \alpha_1) & \cdots & (\alpha_1,\ \alpha_r)\\ \vdots & & \vdots\\ (\alpha_r,\alpha_1) & \cdots & (\alpha_r,\alpha_r)\end{pmatrix}$$

则有 $|\varDelta|\neq 0$. 再由充分性假设 $(\alpha_i\alpha_j)=(\beta_i,\beta_j)$，知

$$|\varDelta|=\begin{vmatrix}(\beta_1,\beta_1) & \cdots & (\beta_1,\beta_r)\\ \vdots & & \vdots\\ (\beta_r,\beta_1) & \cdots & (\beta_r\beta_r)\end{vmatrix}\neq 0$$

于是 $\beta_1,\beta_2,\cdots,\beta_r$ 线性无关.

另外，因 $\alpha_1,\alpha_2,\cdots,\alpha_m$ 中的任一向量 $\alpha_i(i=1,2,\cdots,m)$ 都可由它的极大无关组 $\alpha_1,\alpha_2,\cdots,\alpha_r$ 线性表出，即

$$\alpha_i=k_1\alpha_1+k_2\alpha_2+\cdots+k_r\alpha_r\,(i=1,2,\cdots,m)$$

于是，在 $\beta_1,\beta_2,\cdots\beta_m$ 中任取 $\beta_i(i=1,2,\cdots,m)$，由 $(\alpha_i,\alpha_j)=(\beta_i,\beta_j)$ 可知

$$\begin{aligned}&(\beta_i-(k_1\beta_1+k_2\beta_2+\cdots+k_r\beta_r),\beta_i-(k_1\beta_1+k_2\beta_2+\cdots+k_r\beta_r))\\&-(\beta_i,\beta_i)-2\left(\beta_i,\sum_{j=1}^{r}k_j\beta_j\right)+\left(\sum_{j=1}^{r}k_j\beta_j,\sum_{j=1}^{r}k_j\beta_j\right)\\&=(\alpha_i-(k_1\alpha_1+k_2\alpha_2+\cdots+k_r\alpha_r),\alpha_i-(k_1\alpha_1+k_2\alpha_2+\cdots+k_r\alpha_r))=0\end{aligned}$$

从而 $\beta_i=\sum_{t=1}^{r}k_t\beta_t$，即证 $\beta_1,\beta_2,\cdots,\beta_r$ 是 $\beta_1,\beta_2,\cdots,\beta_m$ 的一个极大无关组.

再将 $\alpha_1,\alpha_2,\cdots,\alpha_r$ 正交单位化，可得单位正交的向量组 $\varepsilon_1,\varepsilon_2,\cdots,\varepsilon_r$，且

$$(\varepsilon_1,\varepsilon_2,\cdots,\varepsilon_r)=(\alpha_1,\alpha_2,\cdots,\alpha_r)\boldsymbol{T}$$

其中 $\boldsymbol{T}$ 为上三角矩阵，且对角线元素都是正实数，于是只要令

$$(\eta_1,\eta_2,\cdots,\eta_r)=(\beta_1,\beta_2,\cdots,\beta_r)\boldsymbol{T}$$

则由充分性假设 $(\alpha_i,\alpha_j)=(\beta_i,\beta_j)$ 可知 $\eta_1,\eta_2,\cdots,\eta_r$ 也是一个单位正交向量组.

分别将单位正交向量组 $\varepsilon_1,\varepsilon_2,\cdots,\varepsilon_r$ 和 $\eta_1,\eta_2,\cdots,\eta_r$ 扩充为 n 维欧氏空间 $\boldsymbol{V}$ 的两组标准正交基 $\varepsilon_1,\varepsilon_2,\cdots,\varepsilon_n$ 和 $\eta_1,\eta_2,\cdots,\eta_n$ 则存在可逆线性变换 σ，使

$$\sigma(\varepsilon_i)=\eta_i(i=1,2,\cdots,n)$$

且

$$\begin{aligned}(\beta_1,\beta_2,\cdots,\beta_r)\boldsymbol{T}&=(\eta_1,\eta_2,\cdots\eta_n)=(\sigma(\varepsilon_1),\sigma(\varepsilon_2),\cdots,\sigma(\varepsilon_r))\\&=\sigma(\varepsilon_1,\varepsilon_2,\cdots,\varepsilon_r)=\sigma(\alpha_1,\alpha_2,\cdots,\alpha_n)\boldsymbol{T}\\&=(\sigma(\alpha_1),\sigma(\alpha_2),\cdots,\sigma(\alpha_n))T\end{aligned}$$

即
$$\sigma(\alpha_i)=\beta_i\ (i=1,2,\cdots,r)$$

于是 $\forall\beta_i(i=1,2,\cdots m)$，由 $\alpha_i=\sum_{i=1}^{r}k_t\alpha_t$，得 $\beta_i=\sum_{i=1}^{r}k_t\beta_t$，故

$$\sigma(\alpha_i)=k_1\sigma(\alpha_1)+k_2\sigma(\alpha_2)+\cdots+k_r\sigma(\alpha_r)=k_1\beta_1+k_2\beta_2+\cdots+k_n\beta_r=\beta_i\ (i=1,2,\cdots,m)$$

（证法二）记 $\boldsymbol{V}_1=L[\alpha_1,\alpha_2,\cdots,\alpha_m],\boldsymbol{V}_2=L[\beta_1,\beta_2,\cdots,\beta_m]$，对 $\boldsymbol{V}$ 作直和分解

$$\boldsymbol{V}=\boldsymbol{V}_1\oplus\boldsymbol{V}_1^{\perp},\boldsymbol{V}=\boldsymbol{V}_2\oplus\boldsymbol{V}_2^{\perp}$$

构造 $\boldsymbol{V}_1$ 到 $\boldsymbol{V}_2$ 的映射 τ 如下：$\forall\alpha\in\boldsymbol{V}_1$，记 $\alpha=\sum_{i=1}^{m}k_i\alpha_i$，令 $\tau(\alpha)=\sum_{i=1}^{m}k_i\beta_i$，则利用充分性可知 $(\alpha_i,\alpha_j)=(\sigma(\alpha_i),\sigma(\alpha_j))=(\beta_i,\beta_j)\,(i,j=1,2,\cdots,m)$，可证 τ 是 $\boldsymbol{V}_1$ 到 $\boldsymbol{V}_2$ 的同构映射.

事实上，对任意 $\alpha=\sum_{i=1}^{m}k_i\alpha_i\in\boldsymbol{V}_1,\xi=\sum_{i=1}^{m}l_i\alpha_i\in\boldsymbol{V}_1,t\in\mathbf{R}$ 有

$$\tau(\alpha+\xi)=\sum_{i=1}^{m}(k_i+l_i)\beta_i=\tau(\alpha)+\tau(\xi)$$

$$\tau(t\alpha)=\sum_{i=1}^{m}tk_i\beta_i=t\tau(\alpha)$$

所以 $\dim\boldsymbol{V}_1=\dim\boldsymbol{V}_2$，从而 $\dim\boldsymbol{V}_1^{\perp}=\dim\boldsymbol{V}_2^{\perp}$.

于是可建立$V_1^{\perp}$到$V_2^{\perp}$的保持内积的同构映射γ（实际上只要把标准正交基映射到标准正交基就行）.

构造V上的线性变换σ如下：任取$\xi\in V$，设$\xi\in\xi_1+\xi'$，其中$\xi_1\in V_1,\xi_1'\in V_1^{\perp}$，令

$$\sigma(\xi)=\tau(\xi_1)+\gamma(\xi_1')$$

下证σ是V上的线性变换，并且保持向量的内积不变，所以σ是V上的正交变换.

任取$\xi,\eta\in V,k\in\mathbf{R}$，设$\xi\in\xi_1+\xi',\eta\in\eta_1+\eta_1'$，其中$\xi_1,\eta_1\in V_1,\xi',\eta_1'\in V_1^{\perp}$，则

$$\sigma(\xi+\eta)=\tau(\xi_1+\eta_1)+\gamma(\xi_1'+\eta_1')=\tau(\xi_1)+\tau(\eta_1)+\gamma(\xi')+\gamma(\eta_1')=\sigma(\xi)+\sigma(\eta)$$

$$\sigma(k\xi)=\tau(k\xi_1)+\gamma(k\xi_1')=k\tau(\xi_1)+k\gamma(\xi_1')=k\sigma(\xi)$$

即σ是V上的线性变换.

由

$$(\sigma(\xi),\sigma(\eta))=(\tau(\xi_1)+\gamma(\xi_1'),\tau(\eta_1)+\gamma(\eta_1'))=(\tau(\xi_1),\tau(\eta_1))+(\gamma(\xi_1'),\gamma(\eta_1'))$$

利用τ的定义可得$(\tau(\xi_1),\tau(\eta_1))=(\xi_1,\eta_1)$，$\gamma$是保持内积的同构映射，则有

$$(\gamma(\xi_1'),\gamma(\eta_1'))=(\xi_1',\eta_1')$$

$$(\xi,\eta)=(\xi_1+\xi_1',\eta_1+\eta_1')=(\xi_1,\eta_1)+(\xi_1',\eta_1')$$

因而$(\sigma(\xi),\sigma(\eta))=(\xi,\eta)$，即$\sigma$是$V$上保持内积不变的线性变换，即正交变换.

又$\alpha_i=\alpha_i+\mathbf{0}$，所以有$\sigma(\alpha_i)=\tau(\alpha_i)+\gamma(\mathbf{0})=\beta_i\ (i=1,\cdots,m)$.

例 8.8 A是n阶实对称矩阵，且$A^2=E$，证明：存在正交矩阵T使得

$$T^{-1}AT=\begin{pmatrix}E_r & O\\ O & -E_r\end{pmatrix}$$

证明 （证法一）因为A是n阶实对称矩阵，所以存在n阶矩阵Q，使

$$Q^{-1}AQ=\mathrm{diag}\{\lambda_1,\lambda_2,\cdots,\lambda_n\}$$

其中$\lambda_1,\lambda_2,\cdots,\lambda_n$为$A$的$n$个特征值（重根按重数列出）. 于是

$$Q^{-1}A^2Q=Q^{-1}AQQ^{-1}AQ=\mathrm{diag}\{\lambda_1,\lambda_2,\cdots,\lambda_n\}\mathrm{diag}\{\lambda_1,\lambda_2,\cdots,\lambda_n\}=\mathrm{diag}\{\lambda_1^2,\lambda_2^2,\cdots,\lambda_n^2\}$$

又因为$A^2=E$，所以

$$E=Q^{-1}EQ=Q^{-1}A^2Q=\mathrm{diag}\{\lambda_1^2,\lambda_2^2,\cdots,\lambda_n^2\}$$

故有$\lambda_i=\pm1\,(i=1,2,\cdots,n)$. 不妨设$\lambda_i=1$的重数为$r$,则$\lambda_i=-1$的重数为$n-r$. 只要将$\lambda_i=1$集中排列在前面，则有正交矩阵$T$，使

$$T^{-1}AT=\begin{pmatrix}E_r & O\\ O & -E_r\end{pmatrix}$$

（证法二）因为A是n阶实对称矩阵，且$A^2=E$，若令$g(x)=x^2-1$，则$g(x)=x^2-1$为A的零多项式，且它无重根，故A相似于对角矩阵，设λ为A的任一特征值，则$\lambda=\pm1$. 不妨设

$\lambda_i=-1$的重数为$n-r$. 只要将$\lambda_i=1$集中排列在前面，则有正交矩阵T，使

$$T^{-1}AT=\begin{pmatrix}E_r & O\\ O & -E_r\end{pmatrix}$$

例 8.9 设σ是n维欧氏空间V的一个线性变换，满足$(\sigma(\alpha),\beta)=-(\alpha,\sigma(\beta))$，证明：$V$中存在一组标准正交基，使$\sigma^2$在这组基下的矩阵为对角矩阵.

证明 由于σ是反对称变换，所以σ在标准正交基$\varepsilon_1,\varepsilon_2,\cdots,\varepsilon_n$下的矩阵$A$为反对称矩阵（见教材习题 8.4 的第四题），即满足$A^{\mathrm{T}}=-A$，于是σ^2在标准正交基$\varepsilon_1,\varepsilon_2,\cdots,\varepsilon_n$下的矩阵为$A^2=-AA^{\mathrm{T}}$，其中$AA^{\mathrm{T}}$为实对称矩阵，从而存在正交矩阵$P$使

$$AA^{\mathrm{T}}=P\begin{pmatrix}\lambda_1 & & \\ & \ddots & \\ & & \lambda_n\end{pmatrix}P^{-1}$$

故
$$A^2=-AA^{\mathrm{T}}=P\begin{pmatrix}-\lambda_1 & & \\ & \ddots & \\ & & -\lambda_n\end{pmatrix}P^{-1}$$

令$(\gamma_1,\gamma_2,\cdots,\gamma_n)=(\varepsilon_1,\varepsilon_2,\cdots,\varepsilon_n)P$，由于$P$为正交矩阵，所以$\gamma_1,\gamma_2,\cdots,\gamma_n$也是一组标准正交基，且

$$\sigma^2(\gamma_1,\gamma_2,\cdots,\gamma_n)=(\gamma_1,\gamma_2,\cdots,\gamma_n)P^{-1}A^2P=(\gamma_1,\gamma_2,\cdots,\gamma_n)\begin{pmatrix}-\lambda_1 & & \\ & \ddots & \\ & & -\lambda_n\end{pmatrix}$$

例 8.10 （东南大学等考研真题）设ε是n维欧氏空间V中一单位向量，定义$\sigma(\alpha)=\alpha-k(\alpha,\varepsilon)\varepsilon,\forall\alpha\in V$. 证明：

（1）σ是V的线性变换. 若$k\neq 0$，那么以 1 作为特征值，且属于特征值 1 的特征子空间的维数为$n-1$；

（2）σ是对称变换；

（3）当$k=2$时，σ是正交变换，且σ的行列式等于-1.

证明 （1）对任意的$\alpha,\beta\in V$及$l\in R$，根据定义，有

$$\sigma(l\alpha+\beta)=l\alpha+\beta-k(l\alpha+\beta,\varepsilon)\varepsilon=l(\alpha-k(\alpha,\varepsilon))+(\beta-k(\beta,\varepsilon)\varepsilon)=l(\sigma(\alpha)+\beta)$$

所以σ是V上的线性变换，并且将ε扩充为V的一组标准正交基$\varepsilon,\varepsilon_2,\cdots,\varepsilon_n$，有

$$\sigma(\varepsilon)=\varepsilon-k(\varepsilon,\varepsilon)\varepsilon=(1-k)\varepsilon$$

$$\sigma(\varepsilon_i)=\varepsilon_i-k(\varepsilon_i,\varepsilon)\varepsilon=\varepsilon_i,i=2,\cdots,n$$

于是σ在标准正交基$\varepsilon,\varepsilon_2,\cdots,\varepsilon_n$下的矩阵为

$$A=\begin{pmatrix}1-k & 0\\ 0 & E_{n-1}\end{pmatrix}$$

当$k\neq 0$时，有$R(A-E)=R\begin{pmatrix}-k & 0\\ 0 & O\end{pmatrix}=1$，从而$n-R(A-E)=n-1$，即$\sigma$以 1 作为特征值，

且属于特征值 1 的特征子空间的维数为 $n-1$.

（2）由于 σ 在标准正交基 $\varepsilon,\varepsilon_2,\cdots,\varepsilon_n$ 下的矩阵 $\boldsymbol{A}$ 为实对称矩阵，所以是对称变换.

（3）当 $k=2$ 时，有 $\boldsymbol{A}=\begin{pmatrix}-1 & 0\\ 0 & \boldsymbol{E}_{n-1}\end{pmatrix}$. 显然 $\boldsymbol{A}^{\mathrm{T}}\boldsymbol{A}=\boldsymbol{E}$，所以 $\boldsymbol{A}$ 是正交矩阵，且 $|\boldsymbol{A}|=-1$，即 σ 是正交变换，且 σ 的行列式等于 -1.

例 8.11　（南开大学、厦门大学考研真题）设 $\boldsymbol{V}$ 是 n 维欧氏空间，$\boldsymbol{V}_1,\boldsymbol{V}_2$ 是 $\boldsymbol{V}$ 的子空间，且 $\dim\boldsymbol{V}_1<\dim\boldsymbol{V}_2$，证明：$\boldsymbol{V}_2$ 中存在一个非零向量，它与 $\boldsymbol{V}_1$ 中每个向量都正交.

证明　（证法一）因为 $\boldsymbol{V}=\boldsymbol{V}_1\oplus\boldsymbol{V}_1^{\perp}$，所以 $\dim\boldsymbol{V}_1^{\perp}=n-\dim\boldsymbol{V}_1$，利用维数公式，得

$$\begin{aligned}\dim(\boldsymbol{V}_2\cap\boldsymbol{V}_1^{\perp})&=\dim\boldsymbol{V}_2+\dim\boldsymbol{V}_1^{\perp}-\dim(\boldsymbol{V}_2+\boldsymbol{V}_1^{\perp})\\&=\dim\boldsymbol{V}_2+n-\dim\boldsymbol{V}_1-\dim(\boldsymbol{V}_2+\boldsymbol{V}_1^{\perp})\geqslant 1\end{aligned}$$

所以 $\boldsymbol{V}_2\cap\boldsymbol{V}_1^{\perp}\neq\{\boldsymbol{0}\}$，存在非零向量 $\boldsymbol{\alpha}\in\boldsymbol{V}_2\cap\boldsymbol{V}_1^{\perp}$，即 $\boldsymbol{\alpha}\in\boldsymbol{V}_2,\boldsymbol{\alpha}\perp\boldsymbol{V}_1$，因此 $(\boldsymbol{\alpha},\boldsymbol{\beta})=0,\forall\boldsymbol{\beta}\in\boldsymbol{V}_1$.

（证法二）若 $\dim\boldsymbol{V}_1=0$，结论显然成立，下设 $\dim\boldsymbol{V}_1=r>0,\dim\boldsymbol{V}_2=s>r$，取 $\boldsymbol{V}_1$ 的一组基 $\alpha_1,\cdots,\alpha_r$，取 $\boldsymbol{V}_2$ 的一组基 $\boldsymbol{\beta}_1,\cdots,\boldsymbol{\beta}_s$，对于 $\xi\in\boldsymbol{V}_2$，令

$$\xi=x_1\boldsymbol{\beta}_1+\cdots+x_s\boldsymbol{\beta}_s$$

欲使 ξ 与 $\boldsymbol{V}_1$ 中每个向量都正交，只需 ξ 与 $\boldsymbol{\alpha}_i(i=1,\cdots,s)$ 都正交，这等价于

$$\begin{cases}x_1(\boldsymbol{\alpha}_1,\boldsymbol{\beta}_1)+\cdots+x_s(\boldsymbol{\alpha}_1,\boldsymbol{\beta}_s)=0\\x_1(\boldsymbol{\alpha}_2,\boldsymbol{\beta}_1)+\cdots+x_s(\boldsymbol{\alpha}_2,\boldsymbol{\beta}_s)=0\\\qquad\vdots\\x_1(\boldsymbol{\alpha}_r,\boldsymbol{\beta}_1)+\cdots+x_s(\boldsymbol{\alpha}_r,\boldsymbol{\beta}_s)=0\end{cases}$$

上述方程组中方程的个数小于未知量的个数，因而有非零解，故存在 $\xi\in\boldsymbol{V}_2,\xi\neq\boldsymbol{0},\xi\perp\boldsymbol{V}_1$.

第 9 章 二次型

9.1 知识点综述

9.1.1 二次型与矩阵

1）二次型的概念及其表示

（1）二次型的定义.

设 F 是一个数域，系数在数域 F 上的 $x_1,x_2,\cdots,x_n$ 的二次齐次多项式

$$\begin{aligned} f(x_1,x_2,\cdots,x_n)=a_{11}x_1^2+2a_{12}x_1x_2+\cdots+2a_{1n}x_1x_n+ \\ a_{22}x_2^2+\cdots+2a_{2n}x_2x_n+\cdots+a_{nn}x_n^2 \end{aligned} \tag{9.1}$$

叫作数域 F 上的一个 n 元二次型，简称二次型.

（2）两种表示.

在式（9.1）中约定 $2a_{ij}=a_{ij}+a_{ji}$，且 $a_{ij}=a_{ji}$，其中 $1\leqslant i\leqslant j\leqslant n$.

① 和符号表示.

$$f(x_1,x_2,\cdots,x_n)=\sum_{i=1}^{n}\sum_{j=1}^{n}a_{ij}x_ix_j=\sum_{i,j=1}^{n}a_{ij}x_ix_j$$

② 矩阵表示.

$$f(x_1,x_2,\cdots,x_n)=(x_1,x_2,\cdots,x_n)\begin{pmatrix} a_{11} & a_{12} & \cdots & a_{1n} \\ a_{21} & a_{22} & \cdots & a_{2n} \\ \vdots & \vdots & & \vdots \\ a_{n1} & a_{n2} & \cdots & a_{nn} \end{pmatrix}\begin{pmatrix} x_1 \\ x_2 \\ \vdots \\ x_n \end{pmatrix}=\boldsymbol{X}^{\mathrm{T}}\boldsymbol{A}\boldsymbol{X}$$

即 $f(x_1,x_2,\cdots,x_n)=\boldsymbol{X}^{\mathrm{T}}\boldsymbol{A}\boldsymbol{X}$，其中 $\boldsymbol{X}=(x_1,x_2,\cdots,x_n)^{\mathrm{T}}, \boldsymbol{A}=(a_{ij})_{n\times n}$. 显然，$\boldsymbol{A}=\boldsymbol{A}^{\mathrm{T}}$ 为对称矩阵，并称 $\boldsymbol{A}$ 为二次型 f 的矩阵，$\boldsymbol{A}$ 的秩称为二次型 f 的秩.

2）线性替换

设 $\boldsymbol{X}=(x_1,x_2,\cdots x_n)^{\mathrm{T}}$，$\boldsymbol{Y}=(y_1,y_2,\cdots y_n)^{\mathrm{T}}$，$\boldsymbol{C}=(c_{ij})_{n\times n}$，则称 $\boldsymbol{X}=\boldsymbol{C}\boldsymbol{Y}$ 为由 $x_1,x_2,\cdots,x_n$ 到 $y_1,y_2,\cdots,y_n$ 的一个线性替换. 当 $|\boldsymbol{C}|\neq 0$ 时，称线性替换是非退化的，亦称可逆线性替换；当 $\boldsymbol{C}$ 是正交矩阵时，称其为正交线性替换.

令 $\boldsymbol{X}=\boldsymbol{C}\boldsymbol{Y}$，则 $f=\boldsymbol{X}^{\mathrm{T}}\boldsymbol{A}\boldsymbol{X}=\boldsymbol{Y}^{\mathrm{T}}(\boldsymbol{C}^{\mathrm{T}}\boldsymbol{A}\boldsymbol{C})\boldsymbol{Y}=\boldsymbol{Y}^{\mathrm{T}}\boldsymbol{B}\boldsymbol{Y}$，其中 $\boldsymbol{B}=\boldsymbol{C}^{\mathrm{T}}\boldsymbol{A}\boldsymbol{C}$，就是说线性替换将二次型变成二次型.

3）合同矩阵

设 $\boldsymbol{A},\boldsymbol{B}$ 是数域 $\boldsymbol{F}$ 上的两个 n 阶矩阵，如果存在数域 $\boldsymbol{F}$ 上的可逆矩阵 $\boldsymbol{C}$，使得 $\boldsymbol{B}=\boldsymbol{C}^{\mathrm{T}}\boldsymbol{A}\boldsymbol{C}$，则称 $\boldsymbol{A}$ 与 $\boldsymbol{B}$ 合同.

二次型经过非退化的线性替换得到的新的二次型的矩阵与原二次型的矩阵是合同的.

如果 $\boldsymbol{A}$ 与 $\boldsymbol{B}$ 合同，则 $R(\boldsymbol{A})=R(\boldsymbol{B})$.

9.1.2 二次型的标准形与规范形

（1）只含平方项的二次型

$$d_1x_1^2+d_2x_2^2+\cdots+d_nx_n^2$$

称为标准形，其中 $d_i(i=1,2,\cdots,n)$ 不等于零的个数等于二次型的秩.

（2）数域 $\boldsymbol{F}$ 上的任意一个二次型都可以经过非退化的线性替换化为标准形.

（3）数域 $\boldsymbol{F}$ 上的任意一个对称矩阵都合同于一个对角矩阵.也就是说，对于任意一个对称矩阵 $\boldsymbol{A}$，都可以找到一个可逆矩阵 $\boldsymbol{C}$，使 $\boldsymbol{C}^{\mathrm{T}}\boldsymbol{A}\boldsymbol{C}$ 成对角矩阵.

（4）二次型的标准形的实现.

① 利用配方法.

用配方法化二次型为标准形的关键是消去交叉项，分如下两种情形处理：

情形 1：如果二次型 $f(x_1,x_2,\cdots,x_n)=\boldsymbol{X}^{\mathrm{T}}\boldsymbol{A}\boldsymbol{X}$ 含平方项，例如 x_1 的平方项，而 $a_{11}\neq 0$，则集中二次型中含 x_1 的所有交叉项，然后与 x_1^2 配方，并作非退化线性替换：

$$\begin{cases} y_1=c_{11}x_1+c_{12}x_2+\cdots+c_{1n}x_n \\ y_2=x_2 \\ \quad\vdots \\ y_n=x_n \end{cases} \qquad (c_{ij}\in \boldsymbol{F})$$

得 $f=d_1y_1^2+g(y_2,\cdots,y_n)$，其中 $g(y_2,\cdots,y_n)$ 是 $y_2,\cdots,y_n$ 的二次型. 对 $g(y_2,y_3,\cdots,y_n)$ 重复上述方法，直到将二次型 f 化为标准形为止.

情形 2：如果二次型 $f(x_1,x_2,\cdots,x_n)=\boldsymbol{X}^{\mathrm{T}}\boldsymbol{A}\boldsymbol{X}$ 不含平方项，即 $a_{ii}=0(i=1,2,\cdots,n)$，但含某一个 $a_{ij}\neq 0(i\neq j)$，则可先作非退化线性替换

$$\begin{cases} x_i=y_i+y_j \\ x_j=y_i-y_j \\ x_k=y_k \end{cases} \qquad (k=1,2,\cdots,n;k\neq i,j)$$

把 f 化为一个含平方项 y_i^2 的二次型，再利用情形 1 的方法化为标准形.

② 利用初等变换法（合同变换法）.

这种方法是先写出二次型的矩阵 $\boldsymbol{A}$，然后在 $\boldsymbol{A}$ 的下方拼写一个同级的单位矩阵 $\boldsymbol{E}$，即写出 $\begin{pmatrix}\boldsymbol{A}\\ \boldsymbol{E}\end{pmatrix}$；再对 $\boldsymbol{A}$ 作先列后行的“同步”初等变换，将 $\boldsymbol{A}$ 化为对角阵. 这时 $\boldsymbol{A}$ 下面的 $\boldsymbol{E}$ 记录了 $\boldsymbol{A}$ 的列初等变换的情况，设 $\boldsymbol{E}$ 变为 $\boldsymbol{C}$，则 $\boldsymbol{C}$ 即可逆初等变换的系数矩阵，而 $\boldsymbol{A}$ 变成的对角矩阵即新二次型（即标准形）的矩阵.

③ 利用正交线性替换化二次型为标准形.

求出实二次型 f 的矩阵 $\boldsymbol{A}$ 的特征值 $\lambda_1,\lambda_2,\cdots,\lambda_n$ 与特征向量 $\boldsymbol{\alpha}_1,\boldsymbol{\alpha}_2,\cdots,\boldsymbol{\alpha}_n$，将 $\boldsymbol{\alpha}_1,\boldsymbol{\alpha}_2,\cdots,\boldsymbol{\alpha}_n$ 正交单位化，可得 $\boldsymbol{\eta}_1,\boldsymbol{\eta}_2,\cdots,\boldsymbol{\eta}_n$，令

$$\boldsymbol{C}=(\boldsymbol{\eta}_1,\boldsymbol{\eta}_2,\cdots,\boldsymbol{\eta}_n),\boldsymbol{X}=\boldsymbol{CY}$$

则
$$f=\boldsymbol{X}^{\mathrm{T}}\boldsymbol{AX}=\boldsymbol{Y}^{\mathrm{T}}(\boldsymbol{C}^{\mathrm{T}}\boldsymbol{AC})\boldsymbol{Y}=\boldsymbol{Y}^{\mathrm{T}}\Lambda\boldsymbol{Y}=\lambda_1x_1^2+\lambda_2x_2^2+\cdots+\lambda_nx_n^2$$

其中 $\Lambda=\begin{pmatrix}\lambda_1 & & & \\ & \lambda_2 & & \\ & & \ddots & \\ & & & \lambda_n\end{pmatrix}$.

说明：（i）二次型的标准形一般不是唯一的，与对称矩阵合同的对角阵一般不是唯一的.

（ii）任意一个 n 阶实对称矩阵 $\boldsymbol{A}$ 都正交合同于对角矩阵 $\begin{pmatrix}\lambda_1 & & & \\ & \lambda_2 & & \\ & & \ddots & \\ & & & \lambda_n\end{pmatrix}$，其中 $\lambda_1,\lambda_2,\cdots,\lambda_n$ 是 $\boldsymbol{A}$ 的特征值.

（5）复数域上的任意一个 n 阶对称矩阵 $\boldsymbol{A}$ 都合同于唯一的 n 阶对角矩阵

$$\begin{pmatrix}\boldsymbol{E}_r & \boldsymbol{O}\\ \boldsymbol{O} & \boldsymbol{O}\end{pmatrix},$$

其中 $r=r(\boldsymbol{A})$.

（6）实数域上的任意一个对称矩阵 $\boldsymbol{A}$ 都合同于唯一的 n 阶对角矩阵

$$\begin{pmatrix}\boldsymbol{E}_p & & \\ & -\boldsymbol{E}_{r-p} & \\ & & \boldsymbol{O}\end{pmatrix}$$

（7）复数域上的任意一个二次型 $f(x_1,x_2,\cdots,x_n)=\boldsymbol{X}^{\mathrm{T}}\boldsymbol{AX}$，都可以经过非退化的线性替换化为规范形 $f(x_1,x_2,\cdots x_n)=y_1^2+y_2^2+\cdots+y_r^2$，其中 $r=R(\boldsymbol{A})$. 并且规范形是唯一的.

9.1.3　正定二次型

1）惯性定理

实数域上的任意一个二次型 $f(x_1,x_2,\cdots,x_n)=\boldsymbol{X}^{\mathrm{T}}\boldsymbol{AX}$ 都可以经过非退化的线性替换化为规范形

$$f(x_1,x_2,\cdots,x_n)=y_1^2+\cdots+y_p^2-y_{p+1}^2-\cdots-y_r^2$$

其中 $r=R(\boldsymbol{A})$，正平方项的个数 p 称为二次型 f 的**正惯性指数**，负平方项的个数 $q=r-p$ 称为二次型 f 的**负惯性指数**，$p-q$ 称为**符号差**，且 $R(\boldsymbol{A})=p+q$，p,q 由二次型唯一确定.

2）正定二次型（正定矩阵）的判定

设 n 元实二次型 $f(x_1,x_2,\cdots,x_n)=\boldsymbol{X}^{\mathrm{T}}\boldsymbol{AX}$，其中 $\boldsymbol{A}=\boldsymbol{A}^{\mathrm{T}}$，则下列条件等价：

（1）f 是正定二次型（$\boldsymbol{A}$ 是正定矩阵）；

（2）对任意一组不全为零的实数 $c_1, c_2, \cdots, c_n, f(c_1, c_2, \cdots, c_n) > 0$；

（3）f 的正惯性指数等于 n；

（4）$\boldsymbol{A}$ 合同于单位矩阵 $\boldsymbol{E}$；

（5）$\boldsymbol{A}$ 的所有顺序主子式都大于零；

（6）$\boldsymbol{A}$ 的所有主子式大于零；

（7）$\boldsymbol{A}$ 的特征值都大于零；

（8）存在可逆矩阵 $\boldsymbol{C}$，使 $\boldsymbol{A} = \boldsymbol{C}^{\mathrm{T}}\boldsymbol{C}$.

3）半正定二次型（半正定矩阵）的判定

设 n 元实二次型 $f(x_1, x_2, \cdots, x_n) = \boldsymbol{X}^{\mathrm{T}}\boldsymbol{A}\boldsymbol{X}$，其中 $\boldsymbol{A} = \boldsymbol{A}^{\mathrm{T}}$，则下列条件等价

（1）f 是半正定二次型（$\boldsymbol{A}$ 是半正定矩阵）；

（2）对任意一组不全为零的实数 $c_1, c_2, \cdots, c_n, f(c_1, c_2, \cdots, c_n) \geqslant 0$；

（3）f 的正惯性指数等于 $\boldsymbol{A}$ 的秩；

（4）$\boldsymbol{A}$ 合同于 $\begin{pmatrix} \boldsymbol{E}_r & \boldsymbol{O} \\ \boldsymbol{O} & \boldsymbol{O} \end{pmatrix}$，其中 $r = R(A)$；

（5）$\boldsymbol{A}$ 的所有主子式都不小于零；

（6）$\boldsymbol{A}$ 的特征值都不小于零；

（7）存在实矩阵 $\boldsymbol{P}$，使 $\boldsymbol{A} = \boldsymbol{P}^{\mathrm{T}}\boldsymbol{P}$.

说明：类似地，可以给出负定二次型（负定矩阵）、半负定二次型（半负定矩阵）的等价判定条件.

9.2 习题详解

习题 9.1

1. 写出下列二次型的矩阵，并求其秩.

（1）$f(x_1, x_2, x_3) = 2x_1x_2 + 2x_1x_3 - 6x_2x_3$；

（2）$f(x_1, x_2, x_3, x_4) = x_1^2 - x_2^2 - 3x_3^2 + 4x_1x_2 - 6x_4x_3$；

（3）$f = (x_1, x_2, x_3)\begin{pmatrix} 3 & 6 & -4 \\ 4 & -2 & 7 \\ 6 & -1 & 0 \end{pmatrix}\begin{pmatrix} x_1 \\ x_2 \\ x_3 \end{pmatrix}$.

解 （1）$\boldsymbol{A} = \begin{pmatrix} 0 & 1 & 1 \\ 1 & 0 & -3 \\ 1 & -3 & 0 \end{pmatrix}, R(f) = 3$.

（2）$\boldsymbol{A} = \begin{pmatrix} 1 & 2 & 0 & 0 \\ 2 & -1 & 0 & 0 \\ 0 & 0 & -3 & -3 \\ 0 & 0 & -3 & 0 \end{pmatrix}, R(f) = 4$.

（3）$A=\begin{pmatrix}3 & 5 & 1\\ 5 & -2 & 3\\ 1 & 3 & 0\end{pmatrix}, R(f)=3$.

2. 设 A,B 均为 n 阶矩阵，且 A,B 合同，则（　　）.

A. A,B 相似　　B. $|A|=|B|$

C. $R(A)=R(B)$　　D. A,B 有相同的特征值

解　选 C，合同是一种特殊的等价，从而有相等的秩.

3. 设 $A\in M_n(F)$，若 $A=A^{\mathrm{T}}$ 且 A 可逆，则 A 与 A^{-1} 合同.

证明　因为 $A=A^{\mathrm{T}}$ 且 A 可逆，所以 $A^{\mathrm{T}}A^{-1}A=AA^{-1}A=A$.

取可逆矩阵 $C=A$，则有 $C^{\mathrm{T}}A^{-1}C=A$，

即 A 与 A^{-1} 合同.

4. 设 $A,B\in M_n(F)$，若 $A=A^{\mathrm{T}}$ 且 A 与 B 合同，则 $B=B^{\mathrm{T}}$.

证明　因为 A 与 B 合同，故存在可逆矩阵 C，使得 $B=C^{\mathrm{T}}AC$.

又 $A=A^{\mathrm{T}}$，所以 $B^{\mathrm{T}}=(C^{\mathrm{T}}AC)^{\mathrm{T}}=C^{\mathrm{T}}A^{\mathrm{T}}(C^{\mathrm{T}})^{\mathrm{T}}=C^{\mathrm{T}}AC=B$.

习题 9.2

1. 将下列二次型化为标准形，并求所用的可逆线性替换矩阵.

（1）$f=x_1^2+2x_2^2+5x_3^2+2x_1x_2+2x_1x_3+6x_2x_3$；（2）$f=2x_1x_2+2x_2x_3$.

解　（1）

$$\begin{aligned}f&=x_1^2+2x_2^2+5x_3^2+2x_1x_2+2x_1x_3+6x_2x_3\\&=x_1^2+2x_1x_2+2x_1x_3+(x_2+x_3)^2+x_2^2+4x_3^2+4x_2x_3\\&=(x_1+x_2+x_3)^2+(x_2+2x_3)^2.\end{aligned}$$

令

$$\begin{cases}y_1=x_1+x_2+x\\ y_2=x_2+2x_3\\ y_3=x_3\end{cases}\Rightarrow\begin{cases}x_1=y_1-y_2+y_3\\ x_2=y_2-2y_3\\ x_3=y_3\end{cases}$$

即经过可逆线性变换

$$\begin{cases}x_1=y_1-y_2+y_3\\ x_2=y_2-2y_3\\ x_3=y_3\end{cases}$$

二次型化为标准形

$$f=y_1^2+y_2^2$$

（2）$f=2x_1x_2+2x_2x_3$.

令

$$\begin{cases}x_1=y_1+y_2\\ x_2=y_1-y_2\\ x_3=y_3\end{cases}$$

得 $$f=2(y_1+y_2)(y_1-y_2)+2(y_1-y_2)y_3$$
$$=2y_1^2-2y_2^2+2y_1y_3-2y_2y_3=2\left(y_1^2+y_1y_3+\frac{1}{4}y_3^2\right)-\frac{1}{2}y_3^2-2y_2^2-2y_2y_3$$
$$=2\left(y_1+\frac{1}{2}y_3\right)^2-2\left(y_2^2+y_2y_3+\frac{1}{4}y_3^2\right)=2\left(y_1+\frac{1}{2}y_3\right)^2-2\left(y_2+\frac{1}{2}y_3\right)^2$$

再令
$$\begin{cases}z_1=y_1+\dfrac{1}{2}y_3\\ z_2=y_2+\dfrac{1}{2}y_3\\ z_3=y_3\end{cases}\Rightarrow\begin{cases}y_1=z_1-\dfrac{1}{2}z_3\\ y_2=z_2-\dfrac{1}{2}z_3\\ y_3=z_3\end{cases}$$

即经过可逆线性变换

$$\begin{pmatrix}x_1\\x_2\\x_3\end{pmatrix}=\begin{pmatrix}1&1&0\\1&-1&0\\0&0&1\end{pmatrix}\begin{pmatrix}1&0&-\dfrac{1}{2}\\0&1&-\dfrac{1}{2}\\0&0&1\end{pmatrix}\begin{pmatrix}z_1\\z_2\\z_3\end{pmatrix}=\begin{pmatrix}1&1&-1\\1&-1&0\\0&0&1\end{pmatrix}\begin{pmatrix}z_1\\z_2\\z_3\end{pmatrix}$$

二次型化为标准形

$$f=2z_1^2-2z_2^2$$

2. 求二次型 $f(x_1,x_2)=2x_1^2-2x_1x_2+2x_2^2$ 的标准形，并求得到标准形和所用的可逆线性替换.（要求用三种不同的方法求其标准形以及所用的可逆线性替换）

解 （解法一：配方法）

$$f=2\left(x_1^2-x_1x_2+\frac{1}{4}x_2^2\right)+\frac{3}{2}x_2^2=2\left(x_1-\frac{1}{2}x_2\right)^2+\frac{3}{2}x_2^2$$

令
$$\begin{cases}y_1=x_1-\dfrac{1}{2}x_2\\ y_2=x_2\end{cases}\Rightarrow\begin{cases}x_1=y_1+\dfrac{1}{2}y_2\\ x_2=y_2\end{cases}$$

二次型化为标准形

$$f=2y_1^2+\frac{3}{2}y_2^2$$

（解法二：合同变换法）

二次型的矩阵为

$$\boldsymbol{A}=\begin{pmatrix}2&-1\\-1&2\end{pmatrix}$$

对 $\boldsymbol{A}$ 作合同变换

$$\begin{pmatrix}\boldsymbol{A}\\\boldsymbol{E}\end{pmatrix}=\begin{pmatrix}2&-1\\-1&2\\1&0\\0&1\end{pmatrix}\to\begin{pmatrix}2&0\\-1&\dfrac{3}{2}\\1&\dfrac{1}{2}\\0&1\end{pmatrix}\to\begin{pmatrix}2&0\\0&\dfrac{3}{2}\\1&\dfrac{1}{2}\\0&1\end{pmatrix}$$

二次型化为标准形

$$f = 2y_1^2 + \frac{3}{2}y_2^2$$

故所作线性变换为

$$\begin{pmatrix} x_1 \\ x_2 \end{pmatrix} = \begin{pmatrix} 1 & \frac{1}{2} \\ 0 & 1 \end{pmatrix}\begin{pmatrix} y_1 \\ y_2 \end{pmatrix}$$

（解法三：正交变换法）

由 $|\lambda \boldsymbol{E} - \boldsymbol{A}| = (\lambda-1)(\lambda-3)$，可得特征值为 $\lambda_1 = 1, \lambda_2 = 3$.

对于 $\lambda_1 = 1$，解线性方程组 $\begin{pmatrix} -1 & 1 \\ 1 & -1 \end{pmatrix}\begin{pmatrix} x_1 \\ x_2 \end{pmatrix} = 0$，得特征向量 $\xi_1 = \begin{pmatrix} 1 \\ 1 \end{pmatrix}$，单位化得 $\boldsymbol{\alpha}_1 = \begin{pmatrix} \frac{\sqrt{2}}{2} \\ \frac{\sqrt{2}}{2} \end{pmatrix}$.

对于 $\lambda_2 = 3$, 解线性方程组 $\begin{pmatrix} 1 & 1 \\ 1 & 1 \end{pmatrix}\begin{pmatrix} x_1 \\ x_2 \end{pmatrix} = 0$，得特征向量 $\xi_2 = \begin{pmatrix} 1 \\ -1 \end{pmatrix}$，单位化得 $\boldsymbol{\alpha}_2 = \begin{pmatrix} \frac{\sqrt{2}}{2} \\ -\frac{\sqrt{2}}{2} \end{pmatrix}$.

令

$$\begin{pmatrix} x_1 \\ x_2 \end{pmatrix} = \begin{pmatrix} \frac{\sqrt{2}}{2} & \frac{\sqrt{2}}{2} \\ \frac{\sqrt{2}}{2} & -\frac{\sqrt{2}}{2} \end{pmatrix}\begin{pmatrix} y_1 \\ y_2 \end{pmatrix}$$

则该变换为正交变换，二次型化为标准形

$$f = y_1^2 + 3y_2^2$$

3. 求一个正交变换 $\boldsymbol{X} = \boldsymbol{PY}$，将二次型 $f = 2x_1x_2 + 2x_1x_3 - 2x_1x_4 - 2x_2x_3 + 2x_2x_4 + 2x_3x_4$ 化为标准形.

解　二次型的矩阵为

$$\boldsymbol{A} = \begin{pmatrix} 0 & 1 & 1 & -1 \\ 1 & 0 & -1 & 1 \\ 1 & -1 & 0 & 1 \\ -1 & 1 & 1 & 0 \end{pmatrix}$$

由 $|\lambda \boldsymbol{E} - \boldsymbol{A}| = (\lambda-1)^3(\lambda+3)$，得特征值为 $\lambda_1 = 1$（三重），$\lambda_2 = -3$.

对于 $\lambda_1 = 1$，解线性方程组 $(\boldsymbol{E} - \boldsymbol{A})\boldsymbol{X} = \boldsymbol{0}$，得特征向量

$$\boldsymbol{\alpha}_1 = \begin{pmatrix} 1 \\ 1 \\ 0 \\ 0 \end{pmatrix},\ \boldsymbol{\alpha}_2 = \begin{pmatrix} 1 \\ 0 \\ 1 \\ 0 \end{pmatrix},\ \boldsymbol{\alpha}_3 = \begin{pmatrix} 1 \\ 0 \\ 0 \\ -1 \end{pmatrix}$$

对于 $\lambda_2 = -3$，解线性方程组 $(-3\boldsymbol{E} - \boldsymbol{A})\boldsymbol{X} = \boldsymbol{0}$，得特征向量

$$\boldsymbol{\alpha}_4=\begin{pmatrix}1\\-1\\-1\\1\end{pmatrix}$$

将 $\boldsymbol{\alpha}_1,\boldsymbol{\alpha}_2,\boldsymbol{\alpha}_3$ 正交化，得

$$\boldsymbol{\beta}_1=\boldsymbol{\alpha}_1$$

$$\boldsymbol{\beta}_2=\boldsymbol{\alpha}_2-\frac{(\boldsymbol{\alpha}_2,\boldsymbol{\beta}_1)}{(\boldsymbol{\beta}_1,\boldsymbol{\beta}_1)}=\begin{pmatrix}1\\0\\1\\0\end{pmatrix}-\frac{1}{2}\begin{pmatrix}1\\1\\0\\0\end{pmatrix}=\begin{pmatrix}\frac{1}{2}\\-\frac{1}{2}\\1\\0\end{pmatrix}$$

$$\boldsymbol{\beta}_3=\boldsymbol{\alpha}_3-\frac{(\boldsymbol{\alpha}_3,\boldsymbol{\beta}_1)}{(\boldsymbol{\beta}_1,\boldsymbol{\beta}_1)}\boldsymbol{\beta}_1-\frac{(\boldsymbol{\alpha}_3,\boldsymbol{\beta}_2)}{(\boldsymbol{\beta}_2,\boldsymbol{\beta}_2)}\boldsymbol{\beta}_2=\begin{pmatrix}1\\0\\0\\-1\end{pmatrix}-\frac{1}{2}\begin{pmatrix}1\\1\\0\\0\end{pmatrix}-\frac{1}{3}\begin{pmatrix}\frac{1}{2}\\-\frac{1}{2}\\1\\0\end{pmatrix}=\begin{pmatrix}\frac{1}{3}\\-\frac{1}{3}\\-\frac{1}{3}\\-1\end{pmatrix}$$

单位化得

$$\boldsymbol{\beta}_1=\frac{\sqrt{2}}{2}\begin{pmatrix}1\\1\\0\\0\end{pmatrix},\boldsymbol{\beta}_2=\frac{\sqrt{6}}{3}\begin{pmatrix}\frac{1}{2}\\-\frac{1}{2}\\1\\0\end{pmatrix},\boldsymbol{\beta}_3=\frac{\sqrt{3}}{2}\begin{pmatrix}\frac{1}{3}\\-\frac{1}{3}\\-\frac{1}{3}\\-1\end{pmatrix},\boldsymbol{\beta}_4=\frac{1}{2}\begin{pmatrix}1\\-1\\-1\\1\end{pmatrix}$$

令

$$\boldsymbol{P}=\begin{pmatrix}\frac{\sqrt{2}}{2}&\frac{\sqrt{6}}{6}&\frac{\sqrt{3}}{6}&\frac{1}{2}\\\frac{\sqrt{2}}{2}&-\frac{\sqrt{6}}{6}&-\frac{\sqrt{3}}{6}&-\frac{1}{2}\\0&\frac{\sqrt{6}}{3}&-\frac{\sqrt{3}}{6}&-\frac{1}{2}\\0&0&-\frac{\sqrt{3}}{2}&\frac{1}{2}\end{pmatrix}$$

作正交变换 $\boldsymbol{X}=\boldsymbol{PY}$，则二次型化为标准形

$$f=y_1^2+y_2^2+y_3^2-3y_4^2$$

4. 二次曲面 $x^2+ay^2+z^2+2bxy+2xz+2yz=4$ 可经正交线性替换 $\begin{pmatrix}x\\y\\z\end{pmatrix}=\boldsymbol{P}\begin{pmatrix}\xi\\\eta\\\varsigma\end{pmatrix}$ 化为椭圆柱面方程 $\eta^2+4\varsigma^2=4$，求 a,b 的值与正交阵 $\boldsymbol{P}$.

解 经正交变换化二次型为标准形，二次型矩阵与标准形矩阵既合同又相似.

由题设知，二次曲面方程左端二次型对应矩阵为

$$A=\begin{pmatrix}1 & b & 1\\ b & a & 1\\ 1 & 1 & 1\end{pmatrix}$$

则存在正交矩阵 P，使得

$$P^{-1}AP=\begin{pmatrix}0 & 0 & 0\\ 0 & 1 & 0\\ 0 & 0 & 4\end{pmatrix}=B$$

即 A 与 B 相似.

由相似矩阵有相同的特征值，知矩阵 A 有特征值 0,1,4，则

$$\begin{cases}1+a+1=0+1+4\\ |A|=-(b-1)^2=|B|=0\end{cases}\Rightarrow a=3,b=1$$

从而

$$A=\begin{pmatrix}1 & 1 & 1\\ 1 & 3 & 1\\ 1 & 1 & 1\end{pmatrix}$$

当 $\lambda_1=0$时，由

$$(0E-A)=\begin{pmatrix}-1 & -1 & -1\\ -1 & -3 & -1\\ -1 & -1 & -1\end{pmatrix}\to\begin{pmatrix}1 & 0 & 1\\ 0 & 1 & 0\\ 0 & 0 & 0\end{pmatrix}$$

得方程组 $(0E-A)X=0$ 的基础解系为 $\alpha_1=(1,0,-1)^{\mathrm{T}}$.

同理可得，当 $\lambda_2=1,\lambda_3=4$时，对应方程组的基础解系为 $\alpha_2=(1,-1,,1)^{\mathrm{T}},\alpha_3=(1,2,1)^{\mathrm{T}}$.

由实对称矩阵不同特征值对应的特征向量相互正交，可知 $\alpha_1,\alpha_2,\alpha_3$ 相互正交.

将 $\alpha_1,\alpha_2,\alpha_3$ 单位化，得所求正交矩阵为

$$P=\begin{pmatrix}\frac{1}{\sqrt{2}} & \frac{1}{\sqrt{3}} & \frac{1}{\sqrt{6}}\\ 0 & -\frac{1}{\sqrt{3}} & \frac{2}{\sqrt{6}}\\ -\frac{1}{\sqrt{2}} & \frac{1}{\sqrt{3}} & \frac{1}{\sqrt{6}}\end{pmatrix}$$

5. 写出二次型 $\sum\limits_{i=1}^{3}\sum\limits_{j=1}^{3}|i-j|x_ix_j$ 的矩阵，并将这个二次型化为标准形.

解 二次型的矩阵为

$$A=\begin{pmatrix}0 & 1 & 2\\ 1 & 0 & 1\\ 2 & 1 & 0\end{pmatrix}$$

对 A 作合同变换

$$\begin{pmatrix}A\\E\end{pmatrix}=\begin{pmatrix}0&1&2\\1&0&1\\2&1&0\\1&0&0\\0&1&0\\0&0&1\end{pmatrix}\to\begin{pmatrix}1&1&2\\1&0&1\\3&1&0\\1&0&0\\1&1&0\\0&0&1\end{pmatrix}\to\begin{pmatrix}2&1&3\\1&0&1\\3&1&0\\1&0&0\\1&1&0\\0&0&1\end{pmatrix}\to\begin{pmatrix}2&0&0\\0&-\frac{1}{2}&-\frac{1}{2}\\0&-\frac{1}{2}&-\frac{3}{2}\\1&-\frac{1}{2}&-\frac{3}{2}\\1&\frac{1}{2}&-\frac{3}{2}\\0&0&1\end{pmatrix}\to\begin{pmatrix}2&0&0\\0&-\frac{1}{2}&0\\0&0&-1\\1&-\frac{1}{2}&-1\\1&\frac{1}{2}&-2\\0&0&1\end{pmatrix}$$

作可逆线性变换

$$\begin{pmatrix}x_1\\x_2\\x_3\end{pmatrix}=\begin{pmatrix}1&-\frac{1}{2}&-1\\1&\frac{1}{2}&-2\\0&0&1\end{pmatrix}\begin{pmatrix}y_1\\y_2\\y_3\end{pmatrix}$$

则二次型化为标准形

$$f=2y_1^2-\frac{1}{2}y_2^2-y_3^2$$

6. 证明：一个非奇异的对称矩阵必与它的逆矩阵合同.

证明 设 $\boldsymbol{A}$ 为一个非奇异的对称矩阵.

因为 $\boldsymbol{A}=\boldsymbol{A}^{\mathrm{T}}$ 且 $\boldsymbol{A}$ 可逆，所以 $\boldsymbol{A}^{\mathrm{T}}\boldsymbol{A}^{-1}\boldsymbol{A}=\boldsymbol{A}\boldsymbol{A}^{-1}\boldsymbol{A}=\boldsymbol{A}$.

取可逆矩阵 $\boldsymbol{C}=\boldsymbol{A}$，则有 $\boldsymbol{C}^{\mathrm{T}}\boldsymbol{A}^{-1}\boldsymbol{C}=\boldsymbol{A}$，即 $\boldsymbol{A}$ 与 $\boldsymbol{A}^{-1}$ 合同.

7. 令 $\boldsymbol{A}$ 是数域 $\boldsymbol{F}$ 上一个 n 阶反（斜）对称矩阵，即满足条件 $\boldsymbol{A}^{\mathrm{T}}=-\boldsymbol{A}$.

（1）$\boldsymbol{A}$ 必与如下形式的一个矩阵合同：

$$\begin{pmatrix}0&1&&&&&&0\\-1&0&&&&&&\\&&\ddots&&&&&\\&&&0&1&&&\\&&&-1&0&&&\\&&&&&0&&\\&&&&&&\ddots&\\0&&&&&&&0\end{pmatrix}\qquad(*)$$

（2）反（斜）对称矩阵的秩一定是偶数.

（3）数域 $\boldsymbol{F}$ 上两个 n 阶反（斜）对称矩阵合同的充要条件是它们有相同的秩.

证明 （1）（数字归纳法）当 $n=1$ 时，$\boldsymbol{A}=(0)$ 合同于 (0)，结论成立. 下设 $\boldsymbol{A}$ 为非零反对称矩阵.

当 $n=2$ 时，

$$A=\begin{pmatrix}0 & a_{12}\\ -a_{12} & 0\end{pmatrix}\xrightarrow[\text{第2列乘}a_{12}^{-1}]{\text{第2行乘}a_{12}^{-1}}\begin{pmatrix}0 & 1\\ -1 & 0\end{pmatrix}$$

故 $\boldsymbol{A}$ 与 $\begin{pmatrix}0 & 1\\ -1 & 0\end{pmatrix}$ 合同，结论成立.

假设 $n\leqslant k$ 时结论成立，现考察 $n=k+1$ 的情形. 这时

$$A=\begin{pmatrix}0 & \cdots & a_{1k} & a_{1,k+1}\\ \vdots & & \vdots & \vdots\\ -a_{1k} & \cdots & 0 & a_{k,k+1}\\ -a_{1,k+1} & \cdots & -a_{k,k+1} & 0\end{pmatrix}$$

如果最后一行（列）元素全为零，则由归纳假设，结论已证. 若不然，经过行列的同时对换，不妨设 $a_{k,k+1}\neq 0$，并将最后一行和最后一列都乘以 $\dfrac{1}{a_{k,k+1}}$，则 $\boldsymbol{A}$ 可化成

$$\begin{pmatrix}0 & \cdots & a_{1k} & b_1\\ \vdots & & \vdots & \vdots\\ -a_{1k} & \cdots & 0 & 1\\ -b_1 & \cdots & -1 & 0\end{pmatrix}$$

再将最后两行两列的其他非零元 $b_i, a_{ik}\ (i=1,2,\cdots,k)$ 化成零，可得

$$\begin{pmatrix}0 & \cdots & b_{1,k-1} & 0 & 0\\ \vdots & & \vdots & \vdots & \vdots\\ -b_{1,k-1} & \cdots & 0 & 0 & 0\\ 0 & \cdots & 0 & 0 & 1\\ 0 & \cdots & 0 & -1 & 0\end{pmatrix}$$

由所作初等变换为合同变换，故 $\begin{pmatrix}0 & \cdots & b_{1,k-1}\\ \vdots & & \vdots\\ -b_{1,k-1} & \cdots & 0\end{pmatrix}$ 为反对称矩阵.

由归纳假设知 $\begin{pmatrix}0 & \cdots & b_{1,k-1}\\ \vdots & & \vdots\\ -b_{1,k-1} & \cdots & 0\end{pmatrix}$ 与 $\begin{pmatrix}0 & -1 & & \\ -1 & 0 & & \\ & & \ddots & \\ & & & \ddots\end{pmatrix}$ 合同，从而 $\boldsymbol{A}$ 合同于矩阵

$$\begin{pmatrix}0 & 1 & & & & & & & \\ -1 & 0 & & & & & & & \\ & & \ddots & & & & & & \\ & & & 0 & 1 & & & & \\ & & & -1 & 0 & & & & \\ & & & & & 0 & & & \\ & & & & & & \ddots & & \\ & & & & & & & 0 & 1\\ & & & & & & & -1 & 0\end{pmatrix}$$

再对上面矩阵作行交换和列交换，便知结论对 $k+1$ 级矩阵也成立，即证.

（2）设 $\boldsymbol{A}$ 是反对称矩阵，则 $\boldsymbol{A}^{\mathrm{T}}=-\boldsymbol{A}$，所以 $|\boldsymbol{A}|=|\boldsymbol{A}^{\mathrm{T}}|=|-\boldsymbol{A}|=(-1)^n|\boldsymbol{A}|$. 但 n 为奇数时，$|\boldsymbol{A}|=0$，所以 $R(\boldsymbol{A})$ 必为偶数.

（3）数域 $\boldsymbol{F}$ 上两个 n 阶反（斜）对称矩阵合同的充要条件是它们有相同的秩.

设 $\boldsymbol{A},\boldsymbol{B}$ 是数域 $\boldsymbol{F}$ 上两个 n 阶反对称矩阵.

（必要性）若 $\boldsymbol{A},\boldsymbol{B}$ 合同，则存在可逆矩阵 $\boldsymbol{C}$，使得 $\boldsymbol{B}=\boldsymbol{C}^{\mathrm{T}}\boldsymbol{A}\boldsymbol{C}$，所以 $R(\boldsymbol{B})=R(\boldsymbol{A})$.

（充分性）若 $R(\boldsymbol{B})=R(\boldsymbol{A})$，则存在可逆矩阵 $\boldsymbol{P},\boldsymbol{Q}$，使得 $\boldsymbol{P}^{\mathrm{T}}\boldsymbol{A}\boldsymbol{P}=\boldsymbol{C},\boldsymbol{Q}^{\mathrm{T}}\boldsymbol{B}\boldsymbol{Q}=\boldsymbol{D}$，这里 $\boldsymbol{C},\boldsymbol{D}$ 都是形如（*）的矩阵.

又因为 $R(\boldsymbol{A})=R(\boldsymbol{B})$，则 $R(\boldsymbol{C})=R(\boldsymbol{D})$，所以 $\boldsymbol{C},\boldsymbol{D}$ 的主对角线上的分块 $\begin{pmatrix}0&1\\-1&0\end{pmatrix}$ 的块数相同，即 $\boldsymbol{C}=\boldsymbol{D}$.

于是 $\boldsymbol{A}$ 与 $\boldsymbol{C}$ 合同，$\boldsymbol{C}$ 与 $\boldsymbol{B}$ 合同，由合同的传递性可知 $\boldsymbol{A}$ 与 $\boldsymbol{B}$ 合同.

习题 9.3

1. 求二次型 $f(x_1,x_2)=2x_1^2-2x_1x_2+2x_2^2$ 的规范形. 并求得到标准形和规范形分别所用的可逆线性替换.（建议用三种不同的方法求其标准形以及所用的可逆线性替换）

解 （解法一：配方法）

$$f=2\left(x_1^2-x_1x_2+\frac{1}{4}x_2^2\right)+\frac{3}{2}x_2^2=2\left(x_1-\frac{1}{2}x_2\right)^2+\frac{3}{2}x_2^2=\left(\sqrt{2}x_1-\frac{\sqrt{2}}{2}x_2\right)^2+\left(\sqrt{\frac{3}{2}}x_2\right)^2$$

令
$$\begin{cases}y_1=\sqrt{2}x_1-\dfrac{\sqrt{2}}{2}x_2\\ y_2=\dfrac{\sqrt{6}}{2}x_2\end{cases}\Rightarrow\begin{cases}x_1=\dfrac{\sqrt{2}}{2}y_1+\dfrac{\sqrt{6}}{6}y_2\\ x_2=\dfrac{\sqrt{6}}{3}y_2\end{cases}$$

规范形为 $f=y_1^2+y_2^2$，所作线性替换为

$$\begin{cases}x_1=\dfrac{\sqrt{2}}{2}y_1+\dfrac{\sqrt{6}}{6}y_2\\ x_2=\dfrac{\sqrt{6}}{3}y_2\end{cases}$$

（解法二：合同变换法）

二次型的矩阵为 $\boldsymbol{A}=\begin{pmatrix}2&-1\\-1&2\end{pmatrix}$，对 $\boldsymbol{A}$ 作合同变换

$$\begin{pmatrix} A \\ E \end{pmatrix} = \begin{pmatrix} 2 & -1 \\ -1 & 2 \\ 1 & 0 \\ 0 & 1 \end{pmatrix} \to \begin{pmatrix} 2 & 0 \\ -1 & \frac{3}{2} \\ 1 & \frac{1}{2} \\ 0 & 1 \end{pmatrix} \to \begin{pmatrix} 2 & 0 \\ 0 & \frac{3}{2} \\ 1 & \frac{1}{2} \\ 0 & 1 \end{pmatrix} \to \begin{pmatrix} 1 & 0 \\ 0 & 1 \\ \frac{\sqrt{2}}{2} & \frac{\sqrt{6}}{6} \\ 0 & \frac{\sqrt{6}}{3} \end{pmatrix}$$

规范形为 $f = y_1^2 + y_2^2$，所作线性替换为

$$\begin{cases} x_1 = \dfrac{\sqrt{2}}{2} y_1 + \dfrac{\sqrt{6}}{6} y_2 \\ x_2 = \dfrac{\sqrt{6}}{3} y_2 \end{cases}$$

（解法三：正交变换法）

矩阵 $\boldsymbol{A}$ 的特征多项式为 $f_A(\lambda) = |\lambda \boldsymbol{E} - \boldsymbol{A}| = (\lambda - 1)(\lambda - 3)$，由 $f_A(\lambda) = 0$ 得特征值为 $\lambda_1 = 1$，$\lambda_2 = 3$.

对于 $\lambda_1 = 1$，解线性方程组 $\begin{pmatrix} -1 & 1 \\ 1 & -1 \end{pmatrix}\begin{pmatrix} x_1 \\ x_2 \end{pmatrix} = 0$，得特征向量 $\xi_1 = \begin{pmatrix} 1 \\ 1 \end{pmatrix}$，单位化得 $\boldsymbol{\alpha}_1 = \begin{pmatrix} \frac{\sqrt{2}}{2} \\ \frac{\sqrt{2}}{2} \end{pmatrix}$.

对于 $\lambda_2 = 3$，解线性方程组 $\begin{pmatrix} 1 & 1 \\ 1 & 1 \end{pmatrix}\begin{pmatrix} x_1 \\ x_2 \end{pmatrix} = 0$，得特征向量 $\xi_2 = \begin{pmatrix} 1 \\ -1 \end{pmatrix}$，单位化得 $\boldsymbol{\alpha}_2 = \begin{pmatrix} \frac{\sqrt{2}}{2} \\ -\frac{\sqrt{2}}{2} \end{pmatrix}$.

令

$$\begin{pmatrix} x_1 \\ x_2 \end{pmatrix} = \begin{pmatrix} \frac{\sqrt{2}}{2} & \frac{\sqrt{2}}{2} \\ \frac{\sqrt{2}}{2} & -\frac{\sqrt{2}}{2} \end{pmatrix}\begin{pmatrix} y_1 \\ y_2 \end{pmatrix}$$

则该变换为正交变换.

再令

$$\begin{cases} y_1 = z_1 \\ y_2 = \sqrt{3} z_2 \end{cases} \Rightarrow \begin{cases} x_1 = \dfrac{\sqrt{2}}{2} z_1 + \dfrac{\sqrt{6}}{2} z_2 \\ x_2 = \dfrac{\sqrt{2}}{2} y_2 - \dfrac{\sqrt{6}}{2} z_2 \end{cases}$$

二次型化为标准形

$$f = z_1^2 + z_2^2$$

2. 将下列二次型化为规范形，并求所用的可逆线性替换矩阵.

（1）$f = x_1^2 + 2x_2^2 + 5x_3^2 + 2x_1x_2 + 2x_1x_3 + 6x_2x_3$；（2）$f = 2x_1x_2 + 2x_2x_3$.

解　（1）$f = x_1^2 + 2x_2^2 + 5x_3^2 + 2x_1x_2 + 2x_1x_3 + 6x_2x_3$

$$= x_1^2 + 2x_1x_2 + 2x_1x_3 + (x_2 + x_3)^2 + x_2^2 + 4x_3^2 + 4x_2x_3$$

$$= (x_1 + x_2 + x_3)^2 + (x_2 + 2x_3)^2$$

令
$$\begin{cases} y_1 = x_1 + x_2 + x \\ y_2 = x_2 + 2x_3 \\ y_3 = x_3 \end{cases} \Rightarrow \begin{cases} x_1 = y_1 - y_2 + y_3 \\ x_2 = y_2 - 2y_3 \\ x_3 = y_3 \end{cases}$$

即经过可逆线性替换

$$\boldsymbol{X} = \begin{pmatrix} 1 & -1 & 1 \\ 0 & 1 & -2 \\ 0 & 0 & 1 \end{pmatrix} \boldsymbol{Y}$$

二次型化为规范形

$$f = y_1^2 + y_2^2$$

（2）$f = 2x_1x_2 + 2x_2x_3$.

令
$$\begin{cases} x_1 = y_1 + y_2 \\ x_2 = y_1 - y_2 \\ x_3 = y_3 \end{cases}$$

得 $f = 2(y_1 + y_2)(y_1 - y_2) + 2(y_1 - y_2)y_3$

$$= 2y_1^2 - 2y_2^2 + 2y_1y_3 - 2y_2y_3 = 2\left(y_1^2 + y_1y_3 + \frac{1}{4}y_3^2\right) - \frac{1}{2}y_3^2 - 2y_2^2 - 2y_2y_3$$

$$= 2\left(y_1 + \frac{1}{2}y_3\right)^2 - 2\left(y_2^2 + y_2y_3 + \frac{1}{4}y_3^2\right) = 2\left(y_1 + \frac{1}{2}y_3\right)^2 - 2\left(y_2 + \frac{1}{2}y_3\right)^2$$

再令
$$\begin{cases} z_1 = y_1 + \frac{1}{2}y_3 \\ z_2 = y_2 + \frac{1}{2}y_3 \\ z_3 = y_3 \end{cases} \Rightarrow \begin{cases} y_1 = z_1 - \frac{1}{2}z_3 \\ y_2 = z_2 - \frac{1}{2}z_3 \\ y_3 = z_3 \end{cases}$$

即经过可逆线性变换

$$\begin{pmatrix} x_1 \\ x_2 \\ x_3 \end{pmatrix} = \begin{pmatrix} 1 & 1 & 0 \\ 1 & -1 & 0 \\ 0 & 0 & 1 \end{pmatrix} \begin{pmatrix} 1 & 0 & -\frac{1}{2} \\ 0 & 1 & -\frac{1}{2} \\ 0 & 0 & 1 \end{pmatrix} \begin{pmatrix} z_1 \\ z_2 \\ z_3 \end{pmatrix} = \begin{pmatrix} 1 & 1 & -1 \\ 1 & -1 & 0 \\ 0 & 0 & 1 \end{pmatrix} \begin{pmatrix} z_1 \\ z_2 \\ z_3 \end{pmatrix}$$

二次型化为标准形

$$f = 2z_1^2 - 2z_2^2$$

再令
$$\begin{cases} z_1 = \frac{\sqrt{2}}{2}w_1 \\ z_2 = \frac{\sqrt{2}}{2}w_2 \\ z_3 = w_3 \end{cases}$$

得

$$X=\begin{pmatrix}\frac{\sqrt{2}}{2} & \frac{\sqrt{2}}{2} & -1\\ \frac{\sqrt{2}}{2} & -\frac{\sqrt{2}}{2} & 0\\ 0 & 0 & 1\end{pmatrix}Z$$

则二次型化为规范形

$$f=w_1^2-w_2^2$$

3. 设二次型 $f(x_1,x_2,x_3)=ax_1^2+ax_2^2+(a-1)x_3^2+2x_1x_3-2x_2x_3$．若二次型 $f(x_1,x_2,x_3)$ 的规范形为 $y_1^2+y_2^2$，求 a 的值.

解　二次型 f 的矩阵为

$$A=\begin{pmatrix}a & 0 & 1\\ 0 & a & -1\\ 1 & -1 & a-1\end{pmatrix}$$

则 A 的特征多项式为

$$|\lambda E-A|=\begin{vmatrix}\lambda-a & 0 & -1\\ 0 & \lambda-a & 1\\ -1 & 1 & \lambda-a+1\end{vmatrix}=(\lambda-a)(\lambda-a+2)(\lambda-a-1)$$

解得特征值为 $\lambda_1=a,\lambda_2=a-2,\lambda_3=a+1$.

由二次型 $f(x_1,x_2,x_3)$ 的规范形为 $y_1^2+y_2^2$，则特征值两个为正，一个为 0，有

（1）若 $\lambda_1=a=0$，则 $\lambda_2=-2<0$，不符题意；

（2）若 $\lambda_2=a-2=0$，则 $a=2,\lambda_1=2,\lambda_3=1$，符合题意；

（3）$\lambda_3=a+1=0$，则 $a=-1,\lambda_1=-1$，不符题意.

综上所述，故 $a=2$.

4. 确定实二次型 $x_1x_2+x_3x_4+\cdots+x_{2n-1}x_{2n}$ 的秩和符号差.

解　作非退化的线性变换

$$\begin{cases}x_1=y_1+y_2\\ x_2=y_1-y_2\\ x_3=y_3+y_4\\ x_4=y_3-y_4\\ \quad\vdots\\ x_{2n-1}=y_{2n-1}+y_{2n}\\ x_{2n}=y_{2n-1}-y_{2n}\end{cases}$$

则二次型化为标准形

$$f=y_1^2-y_2^2+y_3^2-y_4^2+\cdots+y_{2n-1}^2-y_{2n}^2$$

故二次型的秩为 $2n$，符号差为 0.

5. 证明，实二次型 $\sum_{i=1}^{n}\sum_{j=1}^{n}(\lambda_{ij}+i+j)x_ix_j\,(n>1)$ 的秩和符号差与 λ 无关.

证明 二次型的矩阵为

$$A=\begin{pmatrix}\lambda+2 & 2\lambda+3 & 3\lambda+4 & \cdots & n\lambda+(n+1)\\ 2\lambda+3 & 4\lambda+4 & 6\lambda+5 & \cdots & 2n\lambda+(n+2)\\ 3\lambda+4 & 6\lambda+5 & 9\lambda+6 & \cdots & 3n\lambda+(n+3)\\ \vdots & \vdots & \vdots & & \vdots\\ n\lambda+(n+1) & 2n\lambda+(n+2) & 3n\lambda+(n+3) & \cdots & n^2\lambda+2n\end{pmatrix}$$

依次把 A 的第 1 行的 $-2,-3,\cdots,-n$ 倍分别加到第 $2,3,\cdots,n$ 行，得

$$B=\begin{pmatrix}\lambda+2 & 2\lambda+3 & 3\lambda+4 & \cdots & n\lambda+(n+1)\\ -1 & -2 & -3 & \cdots & -n\\ -2 & -4 & -6 & \cdots & -2n\\ \vdots & \vdots & \vdots & & \vdots\\ -(n-1) & -2(n-1) & -3(n-1) & \cdots & -n(n-1)\end{pmatrix}$$

再对矩阵 B 作相应的列变换，即依次把 B 的第 1 列的 $-2,-3,\cdots,-n$ 倍分别加到第 $2,3,\cdots,n$ 列，得到与矩阵 A 合同的矩阵

$$C=\begin{pmatrix}\lambda+2 & 2\lambda+3 & 3\lambda+4 & \cdots & n\lambda+(n+1)\\ -1 & 0 & 0 & \cdots & 0\\ -2 & 0 & 0 & \cdots & 0\\ \vdots & \vdots & \vdots & & \vdots\\ -(n-1) & 0 & 0 & \cdots & 0\end{pmatrix}$$

最后把矩阵 C 的第二行的 $-\dfrac{(\lambda+2)}{2},-2,-3,\cdots,-(n-1)$ 倍分别加到第 $1,3,\cdots,n$ 行，同时作相应的列变换，得到合同于 C 的矩阵

$$D=\begin{pmatrix}0 & -1 & 0 & \cdots & 0\\ -1 & 0 & 0 & \cdots & 0\\ 0 & 0 & 0 & \cdots & 0\\ \vdots & \vdots & \vdots & & \vdots\\ 0 & 0 & 0 & \cdots & 0\end{pmatrix}$$

因为矩阵 A 与 D 合同，所以 $R(A)=R(D)=2$，与 λ 无关.

二次型经可逆线性变换可化为 $f=-2y_1y_2$，秩为 2，符号差为 0，与 λ 无关.

6. 设 S 是复数域上一个 n 阶对称矩阵. 证明：存在复数域上一个矩阵 A，使得 $S=A^{\mathrm T}A$.

证明 设 $R(S)=r$，将 S 经过可逆线性变换化为规范形

$$C^{\mathrm T}SC=\mathrm{diag}(\overbrace{1,\cdots,1}^{r个1},0,\cdots,0)$$

则
$$S=(C^{-1})^{\mathrm T}\mathrm{diag}(\overbrace{1,\cdots,1}^{r个1},0,\cdots,0)C^{-1}$$

$$=(C^{-1})^{\mathrm{T}}\mathrm{diag}(\overbrace{1,\cdots,1}^{r个1},0,\cdots,0)^{\mathrm{T}}\mathrm{diag}(\overbrace{1,\cdots,1}^{r个1},0,\cdots,0)^{\mathrm{T}}C^{-1}$$

$$=(\mathrm{diag}(\overbrace{1,\cdots,1}^{r个1},0,\cdots,0)C^{-1})^{\mathrm{T}}(\mathrm{diag}(\overbrace{1,\cdots,1}^{r个1},0,\cdots,0)^{\mathrm{T}}C^{-1})$$

$$=A^{\mathrm{T}}A$$

其中，$A=\mathrm{diag}(\overbrace{1,\cdots,1}^{r个1},0,\cdots,0)^{\mathrm{T}}C^{-1}$.

7. 证明：一个实二次型 $f(x_1,x_2,\cdots,x_n)$ 可以分解成两个实系数 n 元一次齐次多项式的乘积的充分且必要条件是 f 的秩等于 1，或者 f 的秩等于 2 并且符号差等于 0.

证明 （必要性）设

$$f(x_1,x_2,\cdots,x_n)=(a_1x_1+a_2x_2+\cdots+a_nx_n)(b_1x_1+b_2x_2+\cdots+b_nx_n)$$

其中 $a_i,b_i(i=1,2,\cdots,n)$ 均为实数.

（1）若上式右边的两个一次式系数成比例，即

$$b_i=ka_i\ (i=1,2,\cdots,n)$$

不失一般性，可设 $a_1\neq 0$，则可作非退化线性替换

$$\begin{cases}y_1=a_1x_1+a_2x_2+\cdots+a_nx_n\\ y_i=x_i\,(i=2,\cdots,n)\end{cases}$$

则二次型化为

$$f(x_1,x_2,\cdots,x_n)=ky_1^2$$

故二次型 $f(x_1,x_2,\cdots,x_n)$ 的秩为 1.

（2）若两个一次式系数不成比例，不妨设 $\dfrac{a_1}{b_1}\neq\dfrac{a_2}{b_2}$，则可作非退化线性替换

$$\begin{cases}y_1=a_1x_1+a_2x_2+\cdots+a_nx_n\\ y_2=b_1x_1+b_2x_2+\cdots+b_nx_n\\ y_i=x_i\,(i=3,\cdots,n)\end{cases}$$

使

$$f(x_1,x_2,\cdots,x_n)=y_1y_2$$

再令

$$\begin{cases}y_1=z_1+z_2\\ y_2=z_1-z_2\\ y_i=z_i\,(i=3,\cdots,n)\end{cases}$$

则二次型化为

$$f(x_1,x_2,\cdots,x_n)=y_1y_2=z_1^2-z_2^2$$

故二次型 $f(x_1,x_2,\cdots,x_n)$ 的秩为 2，且符号差为 0.

（充分性）（1）若 $f(x_1,x_2,\cdots,x_n)$ 的秩为 1，则可经非退化线性替换 $Z=CY$ 使二次型化为

$$f(x_1,x_2,\cdots,x_n)=ky_1^2$$

其中 y_1 为 $x_1,x_2,\cdots,x_n$ 的一次齐次式，即

$$y_1=a_1x_1+a_2x_2+\cdots+a_nx_n$$

且

$$\begin{aligned}f(x_1,x_2,\cdots,x_n)&=k(a_1x_1+a_2x_2+\cdots+a_nx_n)^2\\&=(ka_1x_1+ka_2x_2+\cdots+ka_nx_n)(a_1x_1+a_2x_2+\cdots+a_nx_n)\end{aligned}$$

（2）若 $f(x_1,x_2,\cdots,x_n)$ 的秩为 2，且符号差为 0，则可经非退化线性替换 $\boldsymbol{Z}=\boldsymbol{CY}$ 使二次型化为

$$f(x_1,x_2,\cdots,x_n)=y_1^2-y_2^2=(y_1+y_2)(y_1-y_2)$$
$$=(a_1x_1+a_2x_2+\cdots+a_nx_n)(b_1x_1+b_2x_2+\cdots+b_nx_n)$$

故 $f(x_1,x_2,\cdots,x_n)$ 可表成两个一次齐次式的乘积.

8. 令

$$\boldsymbol{A}=\begin{pmatrix}5&4&3\\4&5&3\\3&3&2\end{pmatrix},\boldsymbol{B}=\begin{pmatrix}4&0&-6\\0&1&0\\-6&0&9\end{pmatrix}.$$

证明：$\boldsymbol{A}$ 与 $\boldsymbol{B}$ 在实数域上合同，并且求一可逆实矩阵 $\boldsymbol{P}$，使得 $\boldsymbol{P}^{\mathrm{T}}\boldsymbol{AP}=\boldsymbol{B}$.

证明　因为 $|\lambda\boldsymbol{E}-\boldsymbol{A}|=\lambda(\lambda-1)(\lambda-11)$，

所以 $\boldsymbol{A}$ 有 3 个不同的特征值 $\lambda_1=0,\lambda_2=1,\lambda_3=11$，

故 $\boldsymbol{A}$ 的秩和符号差都为 2.

又因为 $|\lambda\boldsymbol{E}-\boldsymbol{B}|=\lambda(\lambda-1)(\lambda-13)$，

所以 $\boldsymbol{B}$ 有 3 个不同的特征值 $\lambda_1=0,\lambda_2=1,\lambda_3=13$，

故 $\boldsymbol{B}$ 的秩和符号差也都为 2.

由于 $\boldsymbol{A}$ 与 $\boldsymbol{B}$ 的秩和符号差都相等，故 $\boldsymbol{A}$ 与 $\boldsymbol{B}$ 合同.

对于矩阵 $\boldsymbol{A}$，存在可逆矩阵

$$\boldsymbol{T}_1=\frac{1}{\sqrt{22}}\begin{pmatrix}\sqrt{11}&3&\sqrt{2}\\-\sqrt{11}&3&-\sqrt{2}\\0&2&-3\sqrt{2}\end{pmatrix}$$

使得
$$\boldsymbol{T}_1^{\mathrm{T}}\boldsymbol{AT}_1=\begin{pmatrix}1&0&0\\0&11&0\\0&0&0\end{pmatrix}$$

对于矩阵 $\boldsymbol{B}$，存在正交矩阵

$$\boldsymbol{T}_2=\frac{1}{\sqrt{13}}\begin{pmatrix}0&2&3\\\sqrt{13}&0&0\\0&-3&2\end{pmatrix}$$

使得
$$\boldsymbol{T}_2^{\mathrm{T}}\boldsymbol{AT}_2=\begin{pmatrix}1&0&0\\0&13&0\\0&0&0\end{pmatrix}$$

令
$$\boldsymbol{P}=\boldsymbol{T}_1\begin{pmatrix}1&0&0\\0&11&0\\0&0&0\end{pmatrix}\begin{pmatrix}1&0&0\\0&13&0\\0&0&0\end{pmatrix}\boldsymbol{T}_2$$

则 $\boldsymbol{P}^{\mathrm{T}}\boldsymbol{AP}=\boldsymbol{B}$.

习题 9.4

1. 判断下列二次型的正定性.

（1）$f(x_1,x_2,x_3)=2x_1^2+4x_2^2+5x_3^2-4x_1x_3$；

（2）$x_1^2+3x_2^2+5x_3^2+2x_1x_2-4x_1x_3$；

（3）$f=5x_1^2+x_2^2+5x_3^2+4x_1x_2-8x_1x_3-4x_2x_3$.

解 （1）二次型的矩阵为

$$\boldsymbol{A}=\begin{pmatrix}2&0&-2\\0&4&0\\-2&0&5\end{pmatrix}$$

因为 $\varDelta_1=2>0,\varDelta_2=8>0,\varDelta_3=24>0$，

故原二次型为正定二次型.

（2）二次型的矩阵为

$$\boldsymbol{A}=\begin{pmatrix}1&1&-2\\1&3&0\\-2&0&5\end{pmatrix}$$

因为 $\varDelta_1=1>0,\varDelta_2=2>0,\varDelta_3=-2$，

故原二次型不是正定二次型.

（3）二次型的矩阵为

$$\boldsymbol{A}=\begin{pmatrix}5&2&-4\\2&1&-2\\-4&-2&5\end{pmatrix}$$

因为 $\varDelta_1=5>0,\varDelta_2=1>0,\varDelta_3=1>0$，

故原二次型是正定二次型.

2. 已知二次型 $f(x_1,x_2,x_3)=(x_1^2+2x_2^2+(1-k)x_3^2+2kx_1x_2+2x_1x_3$ 正定，求 k 的取值范围.

解 二次型的矩阵为

$$\boldsymbol{A}=\begin{pmatrix}1&k&1\\k&2&0\\1&0&1-k\end{pmatrix}$$

若二次型正定，则

$$\begin{cases}\varDelta_1=1>0\\ \varDelta_2=2-k^2>0\\ \varDelta_3=k(k+1)(k-2)>0\end{cases}\Rightarrow\begin{cases}-\sqrt{2}<k<\sqrt{2}\\ -1<k<0\ \text{或}\ k>2\end{cases}\Rightarrow -1<k<0$$

故当 $-1<k<0$ 时，原二次型是正定二次型.

3. 设 $\boldsymbol{A}$ 为 n 阶实对称矩阵，且满足 $\boldsymbol{A}^3-6\boldsymbol{A}^2+11\boldsymbol{A}-6\boldsymbol{E}=\boldsymbol{O}$，证明 $\boldsymbol{A}$ 是正定矩阵.

证明 设 λ 是 $\boldsymbol{A}$ 的任意特征值，$\boldsymbol{\alpha}$ 为对应的特征向量，则 $\boldsymbol{A\alpha}=\lambda\boldsymbol{\alpha}$，由

$$\boldsymbol{A}^3\boldsymbol{\alpha}-6\boldsymbol{A}^2\boldsymbol{\alpha}+11\boldsymbol{A\alpha}-6\boldsymbol{E\alpha}=\boldsymbol{0}$$

得

$$\lambda^3\boldsymbol{\alpha}-6\lambda^2\boldsymbol{\alpha}+11\lambda\boldsymbol{\alpha}-6\boldsymbol{\alpha}=\boldsymbol{0}$$

因为 $\boldsymbol{\alpha}\neq\boldsymbol{0}$，所以 $\lambda^3-6\lambda^2+11\lambda-6=0$.

从而 $\boldsymbol{A}$ 的特征值为 $\lambda=1,2,3$，且均大于 0，故 $\boldsymbol{A}$ 是正定矩阵.

4. 证明：对于任意实对称矩阵 $\boldsymbol{A}$，总存在足够大的实数 t，使得 $t\boldsymbol{E}+\boldsymbol{A}$ 是正定的.

证明 设

$$t\boldsymbol{E}+\boldsymbol{A}=\begin{pmatrix} t+a_{11} & a_{12} & \cdots & a_{1n} \\ a_{21} & t+a_{22} & \cdots & a_{2n} \\ \vdots & \vdots & & \vdots \\ a_{n1} & a_{n2} & \cdots & t+a_{nn} \end{pmatrix}$$

其 k 级顺序主子式为

$$\Delta_k(t)=\begin{vmatrix} t+a_{11} & a_{12} & \cdots & a_{1k} \\ a_{21} & t+a_{22} & \cdots & a_{2k} \\ \vdots & \vdots & & \vdots \\ a_{k1} & a_{k2} & \cdots & t+a_{kk} \end{vmatrix}$$

当 t 充分大时，$\Delta_k(t)$ 为严格主对角占优矩阵的行列式，且 $t+a_{ii}>\sum\limits_{j\neq i}\left|a_{ij}\right|\ (i=1,2,\cdots,n)$，故 $\Delta_k(t)>0\ (k=1,2,\cdots,n)$，从而 $t\boldsymbol{E}+\boldsymbol{A}$ 是正定的.

5. 证明：n 阶实对称矩阵 $\boldsymbol{A}=(a_{ij})$ 是正定的，当且仅当对于任意 $1\leqslant i_1<i_2<\cdots<i_k\leqslant n$，$k$ 阶子式

$$\begin{vmatrix} a_{i_1i_1} & a_{i_1i_2} & \cdots & a_{i_1i_k} \\ a_{i_2i_1} & a_{i_2i_2} & \cdots & a_{i_2i_k} \\ \vdots & \vdots & & \vdots \\ a_{i_ki_1} & a_{i_ki_2} & \cdots & a_{i_ki_k} \end{vmatrix}>0 \quad (k=1,2,\cdots,n)$$

证明 设正定矩阵 $\boldsymbol{A}=(a_{ij})_{n\times n}$，作正定二次型 $\sum\limits_{i=1}^{n}\sum\limits_{j=1}^{n}a_{ij}x_ix_j$，令

$$x_j=0\,(j\neq k_1,k_2,\cdots,k_i,k_1<k_2<\cdots<k_i)$$

则可得新二次型

$$\sum_{i=k_1}^{k_i}\sum_{j=k_1}^{k_i}a_{ij}x_ix_j$$

由正定二次型的定义知该二次型是正定的，故 $\boldsymbol{A}$ 的一切 i 级主子式 $\left|\boldsymbol{A}_i\right|>0\ (i=1,2,\cdots,n)$.

6. 设 $\boldsymbol{A},\boldsymbol{B}$ 分别为 m 阶、n 阶正定矩阵，试判定分块矩阵 $\boldsymbol{C}=\begin{pmatrix}\boldsymbol{A} & \boldsymbol{O}\\ \boldsymbol{O} & \boldsymbol{B}\end{pmatrix}$ 是否为正定矩阵.

证明 因为 $\boldsymbol{A},\boldsymbol{B}$ 均为正定矩阵，由正定矩阵的性质知 $\boldsymbol{A}^{\mathrm{T}}=\boldsymbol{A},\boldsymbol{B}^{\mathrm{T}}=\boldsymbol{B}$，则

$$\boldsymbol{C}^{\mathrm{T}}=\begin{pmatrix}\boldsymbol{A} & \boldsymbol{O}\\ \boldsymbol{O} & \boldsymbol{B}\end{pmatrix}^{\mathrm{T}}=\begin{pmatrix}\boldsymbol{A}^{\mathrm{T}} & \boldsymbol{O}\\ \boldsymbol{O} & \boldsymbol{B}^{\mathrm{T}}\end{pmatrix}=\begin{pmatrix}\boldsymbol{A} & \boldsymbol{O}\\ \boldsymbol{O} & \boldsymbol{B}\end{pmatrix}=\boldsymbol{C}$$

即 $\boldsymbol{C}$ 是对称矩阵.

设 $m+n$ 维列向量 $\boldsymbol{Z}=\begin{pmatrix}\boldsymbol{X}\\ \boldsymbol{Y}\end{pmatrix}$，其中 $\boldsymbol{X}=\begin{pmatrix}x_1\\ x_2\\ \vdots\\ x_m\end{pmatrix},\boldsymbol{Y}=\begin{pmatrix}y_1\\ y_2\\ \vdots\\ y_n\end{pmatrix}$.

若 $\boldsymbol{Z}\neq\boldsymbol{0}$，则 $\boldsymbol{X},\boldsymbol{Y}$ 不同时为 $\boldsymbol{0}$，不妨设 $\boldsymbol{X}\neq\boldsymbol{0}$，因为 $\boldsymbol{A}$ 是正定矩阵，所以 $\boldsymbol{X}^{\mathrm{T}}\boldsymbol{A}\boldsymbol{X}>0$.

又因为 $\boldsymbol{B}$ 是正定矩阵，故对任意的 n 维向量 $\boldsymbol{Y}$，恒有 $\boldsymbol{Y}^{\mathrm{T}}\boldsymbol{A}\boldsymbol{Y}\geqslant 0$. 于是

$$\boldsymbol{Z}^{\mathrm{T}}\boldsymbol{C}\boldsymbol{Z}=(\boldsymbol{X}^{\mathrm{T}},\boldsymbol{Y}^{\mathrm{T}})\begin{pmatrix}\boldsymbol{A} & \boldsymbol{O}\\ \boldsymbol{O} & \boldsymbol{B}\end{pmatrix}\begin{pmatrix}\boldsymbol{X}\\ \boldsymbol{Y}\end{pmatrix}=\boldsymbol{X}^{\mathrm{T}}\boldsymbol{A}\boldsymbol{X}+\boldsymbol{Y}^{\mathrm{T}}\boldsymbol{B}\boldsymbol{Y}>0$$

即 $\boldsymbol{Z}^{\mathrm{T}}\boldsymbol{C}\boldsymbol{Z}$ 是正定二次型，因此 $\boldsymbol{C}$ 是正定矩阵.

7. 设 $\boldsymbol{A}$ 是一个正定对称矩阵. 证明：存在一个正定对称矩阵 $\boldsymbol{S}$ 使得 $\boldsymbol{A}=\boldsymbol{S}^2$.

证明 因为 $\boldsymbol{A}$ 正定，所以存在正交矩阵 $\boldsymbol{Q}$，使得

$$\boldsymbol{A}=\boldsymbol{Q}^{-1}\begin{pmatrix}\lambda_1 & & & \\ & \lambda_2 & & \\ & & \ddots & \\ & & & \lambda_n\end{pmatrix}\boldsymbol{Q}\quad(\lambda_i>0,i=1,2,\cdots,n)$$

令

$$\boldsymbol{S}=\boldsymbol{Q}^{-1}\begin{pmatrix}\sqrt{\lambda_1} & & & \\ & \sqrt{\lambda_2} & & \\ & & \ddots & \\ & & & \sqrt{\lambda_n}\end{pmatrix}\boldsymbol{Q}$$

显然 $\boldsymbol{S}$ 正定，且有 $\boldsymbol{A}=\boldsymbol{S}^2$.

8. 设 $\boldsymbol{A}$ 是一个 n 阶可逆实矩阵. 证明，存在一个正定对称矩阵 $\boldsymbol{S}$ 和一个正交矩阵 $\boldsymbol{U}$，使得 $\boldsymbol{A}=\boldsymbol{U}\boldsymbol{S}$.

证明 因为 $\boldsymbol{A}$ 是 n 阶可逆矩阵，所以 $\boldsymbol{A}^{\mathrm{T}}\boldsymbol{A}$ 是正定对称矩阵.

由上题，存在正定对称矩阵 $\boldsymbol{S}$ 使得 $\boldsymbol{A}^{\mathrm{T}}\boldsymbol{A}=\boldsymbol{S}^2$，所以 $\boldsymbol{A}=(\boldsymbol{A}^{\mathrm{T}})^{-1}\boldsymbol{S}^2=[(\boldsymbol{A}^{\mathrm{T}})^{-1}\boldsymbol{S}]\boldsymbol{S}$.

令 $\boldsymbol{U}=(\boldsymbol{A}^{\mathrm{T}})^{-1}\boldsymbol{S}$，则

$$\boldsymbol{U}\boldsymbol{U}^{\mathrm{T}}=(\boldsymbol{A}^{\mathrm{T}})^{-1}\boldsymbol{S}\boldsymbol{S}^{\mathrm{T}}\boldsymbol{A}^{-1}=(\boldsymbol{A}^{\mathrm{T}})^{-1}\boldsymbol{S}^2\boldsymbol{A}^{-1}=(\boldsymbol{A}^{\mathrm{T}})^{-1}\boldsymbol{A}^{\mathrm{T}}\boldsymbol{A}\boldsymbol{A}^{-1}=\boldsymbol{E}$$

故 $\boldsymbol{U}$ 是正交矩阵，且 $\boldsymbol{A}=\boldsymbol{U}\boldsymbol{S}$.

9.3 二次型自测题

一、选择题

1. 二次型 $f(x_1,x_2,x_3)=5x_1^2+5x_2^2+cx_3^2-2x_1x_2+6x_1x_3-6x_2x_3$ 的秩为 2，则 $c=$（ B ）.

A. 4　　B. 3　　C. 2　　D. 1

2. 设 $\boldsymbol{A},\boldsymbol{B}$ 均为 n 阶矩阵，且 $\boldsymbol{A},\boldsymbol{B}$ 合同，则（ C ）.

A. $\boldsymbol{A},\boldsymbol{B}$ 相似　　B. $|\boldsymbol{A}|=|\boldsymbol{B}|$

C. $R(\boldsymbol{A})=R(\boldsymbol{B})$　　D. $\boldsymbol{A},\boldsymbol{B}$ 有相同的特征值

3. 下列矩阵（ D ）与 $\boldsymbol{A}=\mathrm{diag}(-2,3,5)$ 矩阵合同.

A. $\boldsymbol{A}=\mathrm{diag}(-2,-3,4)$　　B. $\boldsymbol{A}=\mathrm{diag}(3,3,1)$

C. $\boldsymbol{A}=\mathrm{diag}(-2,0,1)$　　D. $\boldsymbol{A}=\mathrm{diag}(-1,2,3)$

4. 设矩阵 $\boldsymbol{A}=\begin{pmatrix}2&-1&-1\\-1&2&-1\\-1&-1&2\end{pmatrix},\boldsymbol{B}=\begin{pmatrix}1&0&0\\0&1&0\\0&0&0\end{pmatrix}$，则 $\boldsymbol{A}$ 与 $\boldsymbol{B}$（ B ）.

A. 合同，且相似　　B. 合同，但不相似

C. 不合同，但相似　　D. 既不合同，也不相似

5. 实对称矩阵 $\boldsymbol{A}$ 与 $\boldsymbol{B}=\begin{pmatrix}0&0&3\\0&1&0\\3&0&0\end{pmatrix}$ 合同，则二次型 $\boldsymbol{X}^{\mathrm{T}}\boldsymbol{A}\boldsymbol{X}$ 的规范形为（ C ）.

A. $y_1^2+y_2^2+y_3^2$　　B. $y_1^2-y_2^2-y_3^2$

C. $y_1^2-y_2^2+y_3^2$　　D. $-y_2^2+y_3^2$

6. n 阶实对称矩阵 $\boldsymbol{A}$ 正定的充要条件是（ D ）.

A. 二次型 $\boldsymbol{X}^{\mathrm{T}}\boldsymbol{A}\boldsymbol{X}$ 的负惯性指数为零　　B. $\boldsymbol{A}$ 没有负特征值

C. 存在 n 阶矩阵使得 $\boldsymbol{A}=\boldsymbol{C}^{\mathrm{T}}\boldsymbol{C}$　　D. $\boldsymbol{A}$ 与 n 阶单位矩阵合同

7. 若二次型 $f(x_1,x_2,x_3)=\lambda(x_1^2+x_2^2+x_3^2)+2x_1x_2+2x_1x_3-2x_2x_3$ 正定，则 λ 的取值范围是（ C ）.

A. $(-\infty,2)$　　B. $(-\sqrt{2},\sqrt{2})$　　C. $(2,+\infty)$　　D. $(-1,1)$

8. 设有实二次型 $\boldsymbol{X}^{\mathrm{T}}\boldsymbol{A}\boldsymbol{X}$，其中 $\boldsymbol{A}$ 为 n 阶实对称矩阵，且 $\boldsymbol{A}$ 的秩为 m，则 f 的标准形中含有平方项的个数为（ B ）.

A. n 个　　B. m 个　　C. $n-m$ 个　　D. $m-n$ 个

9. 下列矩阵合同于单位矩阵的是（ C ）.

A. $\begin{pmatrix}1&1&1\\1&1&1\\1&1&1\end{pmatrix}$　　B. $\begin{pmatrix}1&0&1\\0&1&0\\1&0&1\end{pmatrix}$　　C. $\begin{pmatrix}1&2&1\\2&7&1\\1&1&8\end{pmatrix}$　　D. $\begin{pmatrix}2&-1&2\\-1&0&-3\\2&-3&4\end{pmatrix}$

10. 设 $f(x_1,x_2,\cdots,x_n)$ 为 n 元实二次型，则 $f(x_1,x_2,\cdots,x_n)$ 负定的充要条件为（ C ）.

A. 负惯性指数= f 的秩　　B. 正惯性指数=0

C. 符号差= $-n$　　D. f 的秩= n

二、判断题

1. 设 $\boldsymbol{A},\boldsymbol{B}$ 为 n 阶方阵，若存在 n 阶方阵 $\boldsymbol{C}$，使 $\boldsymbol{C}^{\mathrm{T}}\boldsymbol{A}\boldsymbol{C}=\boldsymbol{B}$，则 $\boldsymbol{A}$ 与 $\boldsymbol{B}$ 合同. （ × ）
2. 若 $\boldsymbol{A}$ 为正定矩阵，则 $\boldsymbol{A}$ 的主对角线上的元素皆大于零. （ √ ）
3. 若 $\boldsymbol{A}$ 为 n 阶可逆矩阵，则 $\boldsymbol{A}^{\mathrm{T}}\boldsymbol{A}$ 为正定矩阵. （ √ ）
4. 实对称矩阵 $\boldsymbol{A}$ 半正定当且仅当 $\boldsymbol{A}$ 的所有顺序主子式全大于或等于零. （ √ ）
5. 任意两个同阶正定矩阵合同. （ √ ）
6. 非退化线性替换把不定二次型变为不定二次型. （ √ ）
7. 若实二次型 $f(x_1,x_2,\cdots,x_n)=\sum_{i=1}^{n}\sum_{j=1}^{n}a_{ij}x_ix_j$ 的符号差为 s，令 $b_{ij}=-a_{ij}$，则二次型 $g(x_1,x_2,\cdots,x_n)=\sum_{i=1}^{n}\sum_{j=1}^{n}b_{ij}x_ix_j$ 的符号差为 $-s$. （ √ ）
8. 实二次型 $f(x_1,x_2\cdots x_n)$ 负定，则它的矩阵 $\boldsymbol{A}$ 的偶数阶顺序主子式全小于零. （ × ）
9. 令 $\boldsymbol{A}=\begin{pmatrix}\boldsymbol{A}_1 & \boldsymbol{O}\\ \boldsymbol{O} & \boldsymbol{A}_2\end{pmatrix},\boldsymbol{B}=\begin{pmatrix}\boldsymbol{B}_1 & \boldsymbol{O}\\ \boldsymbol{O} & \boldsymbol{B}_2\end{pmatrix}$，如果 $\boldsymbol{A}_1$ 与 $\boldsymbol{B}_1$ 合同，$\boldsymbol{A}_2$ 与 $\boldsymbol{B}_2$ 合同，则 $\boldsymbol{A}$ 与 $\boldsymbol{B}$ 合同. （ √ ）
10. 若实对称矩阵 $\boldsymbol{A}$ 的最小多项式为 $m(x)=x^3-4x$，则 $\boldsymbol{A}$ 为正定矩阵. （ × ）

三、填空题

1. 二次型 $f(x_1,x_2,x_3)=(x_1+x_2)^2+(x_2-x_3)^2+(x_3+x_1)^2$ 的秩为 $\underline{\ 2\ }$.

2. $f(x_1,x_2,x_3,x_4)=3x_1^2-2x_1x_3+4x_1x_4-5x_2^2-6x_2x_3+x_3^2+8x_3x_4-7x_4^2$ 的矩阵 $\underline{\begin{pmatrix}3 & 0 & -1 & 2\\ 0 & -5 & -3 & 0\\ -1 & -3 & 1 & 4\\ 2 & 0 & 4 & -7\end{pmatrix}}$.

3. n 阶复对称矩阵的集合按合同分类，可分为 $\underline{n+1}$ 类.
4. 实二次型 $f(x_1,x_2,\cdots,x_{2n})=x_1x_2+x_3x_4+\cdots+x_{2n-1}x_{2n}$ 的正惯性指数等于 $\underline{n}$.
5. 秩为 n 的 n 元实二次型 f 和 $-f$ 合同，则 f 的正惯性指数等于 $\underline{\dfrac{n}{2}}$.
6. n 阶实对称矩阵的集合按合同分类，可分为 $\underline{\dfrac{(n+1)(n+2)}{2}}$ 类.
7. 二次型 $f=3x_1^2+3x_2^2+5x_3^2+4x_1x_3+2tx_2x_3$ 正定，则 t 的取值范围 $\underline{-\sqrt{11}<t<\sqrt{11}}$.
8. 设 $\boldsymbol{\alpha}$ 为 n 维实列向量，且 $\boldsymbol{\alpha}^{\mathrm{T}}\boldsymbol{\alpha}=1,\boldsymbol{A}=\boldsymbol{E}-\boldsymbol{\alpha}\boldsymbol{\alpha}^{\mathrm{T}}$，则 $f=\boldsymbol{X}^{\mathrm{T}}\boldsymbol{A}\boldsymbol{X}$ 的符号差为 $\underline{n-1}$.
9. 设实对称矩阵 $\boldsymbol{A}$ 的秩为 r，符号差为 s，则 $|s|$ 与 r 的大小关系是 $\underline{|s|\leqslant r}$.
10. 设 n 阶实对称矩阵 $\boldsymbol{A}$ 的特征值分别为 $1,2,\cdots,n$，则当 $t\ \underline{>n}$ 时，$t\boldsymbol{E}-\boldsymbol{A}$ 是正定的.

四、计算题

1. 在实数域中化二次型 $f(x_1,x_2,x_3)=4x_1^2+x_2^2+x_3^2-4x_1x_2+4x_1x_3-3x_2x_3$ 为规范形并写出相

应线性替换.

解 $f(x_1,x_2,x_3)=4x_1^2+x_2^2+x_3^2-4x_1x_2+4x_1x_3-3x_2x_3$

$$=4\left(x_1-\frac{1}{2}x_2+\frac{1}{2}x_3\right)^2-x_2x_3=4y_1^2-y_2y_3=z_1^2+z_2^2-z_3^2$$

其中

$$\begin{pmatrix}x_1\\x_2\\x_3\end{pmatrix}=\begin{pmatrix}1&\frac{1}{2}&-\frac{1}{2}\\0&1&0\\0&0&1\end{pmatrix}\begin{pmatrix}y_1\\y_2\\y_3\end{pmatrix},\begin{pmatrix}y_1\\y_2\\y_3\end{pmatrix}=\begin{pmatrix}\frac{1}{2}&0&0\\0&-\frac{1}{2}&\frac{1}{2}\\0&\frac{1}{2}&\frac{1}{2}\end{pmatrix}\begin{pmatrix}z_1\\z_2\\z_3\end{pmatrix}$$

从而

$$\begin{pmatrix}x_1\\x_2\\x_3\end{pmatrix}=\begin{pmatrix}1&\frac{1}{2}&-\frac{1}{2}\\0&1&0\\0&0&1\end{pmatrix}\begin{pmatrix}\frac{1}{2}&0&0\\0&-\frac{1}{2}&\frac{1}{2}\\0&\frac{1}{2}&\frac{1}{2}\end{pmatrix}\begin{pmatrix}z_1\\z_2\\z_3\end{pmatrix}=\begin{pmatrix}\frac{1}{2}&-\frac{1}{2}&0\\0&-\frac{1}{2}&\frac{1}{2}\\0&\frac{1}{2}&\frac{1}{2}\end{pmatrix}\begin{pmatrix}z_1\\z_2\\z_3\end{pmatrix}$$

即为所求线性替换.

2. t 取什么值时，二次型 $x_1^2+x_2^2+5x_3^2+2tx_1x_2-2x_1x_3+4x_2x_3$ 为正定二次型.

解 二次型的矩阵为

$$\boldsymbol{A}=\begin{pmatrix}1&t&-1\\t&1&2\\-1&2&5\end{pmatrix}$$

一阶顺数主子式为$1>0$；

二阶顺数主子式为$\begin{vmatrix}1&t\\t&1\end{vmatrix}=1-t^2>0$，得$-1<t<1$；

二阶顺数主子式为$\begin{vmatrix}1&t&-1\\t&1&2\\-1&2&5\end{vmatrix}=-5t^2-4t>0$，得$-\frac{4}{5}<t<0$，

综上可得，$-\frac{4}{5}<t<0$时，二次型为正定二次型.

3. 设 $\boldsymbol{A}$ 为三阶实对称矩阵，且满足条件 $\boldsymbol{A}^2+2\boldsymbol{A}=\boldsymbol{O}$，已知 $\boldsymbol{A}$ 的秩 $R(\boldsymbol{A})=2$.

（1）求 $\boldsymbol{A}$ 的全部特征值.

（2）当 k 为何值时，矩阵 $\boldsymbol{A}+k\boldsymbol{E}$ 为正定矩阵，其中 $\boldsymbol{E}$ 为三阶单位矩阵.

解 （1）由 $\boldsymbol{A}^2+2\boldsymbol{A}=\boldsymbol{O}$ 可知，矩阵 $\boldsymbol{A}$ 的特征值 λ 满足 $\lambda^2+2\lambda=0$，解得 $\lambda=0,\lambda=-2$，又由 $R(\boldsymbol{A})=2$ 可得，矩阵 $\boldsymbol{A}$ 的特征值为 $\lambda_1=\lambda_2=-2,\lambda_3=0$.

（2）显然 $\boldsymbol{A}+k\boldsymbol{E}$ 为对称矩阵，由 $\boldsymbol{A}+k\boldsymbol{E}$ 的特征值为 $\lambda_1=\lambda_2=k-2,\lambda_3=k$，而对称矩阵为正

定矩阵的充分必要条件是特征全大于零，可得当 $k>2$ 时矩阵 $\boldsymbol{A}+k\boldsymbol{E}$ 正定.

4. 用正交线性替换将二次型 $f(x_1,x_2,x_3)=x_1x_2+x_1x_3+x_2x_3$ 化为标准形，写出所用的线性替换及线性替换的矩阵，并求出 f 的正惯性指数与符号差.

解 二次型的矩阵为

$$\boldsymbol{A}=\begin{pmatrix} 0 & \frac{1}{2} & \frac{1}{2} \\ \frac{1}{2} & 0 & \frac{1}{2} \\ \frac{1}{2} & \frac{1}{2} & 0 \end{pmatrix}$$

其特征多项式为

$$f(\lambda)=|\lambda\boldsymbol{E}-\boldsymbol{A}|=\begin{vmatrix} \lambda & -\frac{1}{2} & -\frac{1}{2} \\ -\frac{1}{2} & \lambda & -\frac{1}{2} \\ -\frac{1}{2} & -\frac{1}{2} & \lambda \end{vmatrix}=(\lambda-1)\left(\lambda+\frac{1}{2}\right)^2$$

由

$$f(\lambda)=(\lambda-1)\left(\lambda+\frac{1}{2}\right)^2=0$$

可得特征值为 $\lambda_1=1,\lambda_2=\lambda_3=-\frac{1}{2}$.

对于 $\lambda_1=1$，解线性方程组 $(\boldsymbol{E}-\boldsymbol{A})\boldsymbol{X}=\boldsymbol{0}$，得基础解系 $\xi_1=\begin{pmatrix}1\\1\\1\end{pmatrix}$，单位化得 $\gamma_1=\frac{1}{\sqrt{3}}\begin{pmatrix}1\\1\\1\end{pmatrix}$.

对于 $\lambda_2=\lambda_3=-\frac{1}{2}$，解线性方程组 $\left(-\frac{1}{2}\boldsymbol{E}-\boldsymbol{A}\right)\boldsymbol{X}=\boldsymbol{0}$，得基础解系 $\xi_2=\begin{pmatrix}-1\\1\\0\end{pmatrix},\xi_3=\begin{pmatrix}1\\1\\-2\end{pmatrix}$，

单位化得 $\xi_2=\frac{1}{\sqrt{2}}\begin{pmatrix}-1\\1\\0\end{pmatrix},\xi_3=\frac{1}{\sqrt{6}}\begin{pmatrix}1\\1\\-2\end{pmatrix}$.

（说明：为了避免再一次正交化，在取基础解析时得到了两个正交的基础解系，读者可仔细体会这种方法）

令

$$\begin{pmatrix}x_1\\x_2\\x_3\end{pmatrix}=\begin{pmatrix} \frac{1}{\sqrt{3}} & -\frac{1}{\sqrt{2}} & \frac{1}{\sqrt{6}} \\ \frac{1}{\sqrt{3}} & \frac{1}{\sqrt{2}} & \frac{1}{\sqrt{6}} \\ \frac{1}{\sqrt{3}} & 0 & \frac{-2}{\sqrt{6}} \end{pmatrix}\begin{pmatrix}y_1\\y_2\\y_3\end{pmatrix}$$

则该变换为正交变换，且二次型化为标准形

$$f = y_1^2 - \frac{1}{2}y_2^2 - \frac{1}{2}y_3^2$$

从而可得 f 的正惯性指数为 1 与符号差 -1.

5. 设 $\boldsymbol{A} = \begin{pmatrix} 1 & 0 & 1 \\ 0 & 2 & 0 \\ 1 & 0 & 1 \end{pmatrix}$，矩阵 $\boldsymbol{B} = (k\boldsymbol{E} + \boldsymbol{A})^2$，其中 k 为实数，$\boldsymbol{E}$ 为单位矩阵. 求对角矩阵 Λ，使 $\boldsymbol{B}$ 与 Λ 相似，并求 k 为何值时，$\boldsymbol{B}$ 为正定矩阵.

解 由 $|\lambda \boldsymbol{E} - \boldsymbol{A}| = 0$，矩阵 $\boldsymbol{A}$ 的特征值为 $\lambda_1 = \lambda_2 = 2, \lambda_3 = 0$.

对于 $\lambda_1 = \lambda_2 = 2$，解线性方程组 $(2\boldsymbol{E} - \boldsymbol{A})\boldsymbol{X} = \boldsymbol{0}$，得基础解系 $\xi_1 = \begin{pmatrix} 1 \\ 0 \\ 1 \end{pmatrix}, \xi_2 = \begin{pmatrix} 0 \\ 1 \\ 0 \end{pmatrix}$.

对于 $\lambda_3 = 0$，解线性方程组 $(-\boldsymbol{A})\boldsymbol{X} = \boldsymbol{0}$，得基础解系 $\xi_3 = \begin{pmatrix} -1 \\ 1 \\ 1 \end{pmatrix}$.

令
$$\boldsymbol{P} = \begin{pmatrix} 1 & 0 & -1 \\ 0 & 1 & 1 \\ 1 & 0 & 1 \end{pmatrix}$$

则有
$$\boldsymbol{P}^{-1}\boldsymbol{A}\boldsymbol{P} = \begin{pmatrix} 2 & & \\ & 2 & \\ & & 0 \end{pmatrix}$$

由矩阵 $\boldsymbol{B} = (k\boldsymbol{E} + \boldsymbol{A})^2$，可得矩阵 $\boldsymbol{B}$ 的特征值为 $\lambda_1 = \lambda_2 = (k+2)^2, \lambda_3 = k^2$. 从而

$$\boldsymbol{P}^{-1}\boldsymbol{B}\boldsymbol{P} = \begin{pmatrix} (2+k)^2 & & \\ & (2+k)^2 & \\ & & k^2 \end{pmatrix} = \Lambda$$

当 $k \neq 0$ 且 $k \neq 2$ 时矩阵 $\boldsymbol{B}$ 正定.

五、证明题

1. 证明：$n\sum\limits_{i=1}^{n} x_i^2 - \left(\sum\limits_{i=1}^{n} x_i\right)^2$ 是半正定的.

证明
$$\begin{aligned}
& n\sum_{i=1}^{n} x_i^2 - \left(\sum_{i=1}^{n} x_i\right)^2 \\
&= n(x_1^2 + x_2^2 + \cdots + x_n^2) - (x_1^2 + x_2^2 + \cdots + x_n^2 + 2x_1x_2 + \cdots + 2x_1x_n + \\
&\quad 2x_2x_3 + \cdots + 2x_2x_n + \cdots + 2x_{n-1}x_n) \\
&= (n-1)(x_1^2 + x_2^2 + \cdots + x_n^2) - (2x_1x_2 + \cdots + 2x_1x_n + 2x_2x_3 + \cdots + 2x_2x_n + \cdots + 2x_{n-1}x_n) \\
&= (x_1^2 - 2x_1x_2 + x_2^2) + (x_1^2 - 2x_1x_3 + x_3^2) + \cdots + (x_{n-1}^2 - 2x_{n-1}x_n + x_n^2) \\
&= \sum_{1 \leqslant i < j \leqslant n} (x_i - x_j)^2
\end{aligned}$$

（1）当 $x_1,x_2,\cdots,x_n$ 不全相等时，

$$f(x_1,x_2,\cdots,x_n)=\sum_{1\leqslant i<j\leqslant n}(x_i-x_j)^2>0$$

（2）当 $x_1=x_2=\cdots=x_n$ 时，

$$f(x_1,x_2,\cdots,x_n)=\sum_{1\leqslant i<j\leqslant n}(x_i-x_j)^2=0$$

故原二次型 $f(x_1,x_2,\cdots,x_n)$ 是半正定的.

2. 设 $\boldsymbol{A}$ 是 n 阶正定矩阵，证明：$|\boldsymbol{A}+2\boldsymbol{E}|>2^n$.

证明 由矩阵 $\boldsymbol{A}$ 为正定矩阵，可设矩阵 $\boldsymbol{A}$ 的特征值为 $\lambda_1,\cdots,\lambda_n$，且 $\lambda_i>0\,(i=1,\cdots,n)$，从而矩阵 $\boldsymbol{A}+2\boldsymbol{E}$ 的特征值为 $\lambda_1+2,\cdots,\lambda_n+2$，则 $|\boldsymbol{A}+2\boldsymbol{E}|=\prod_{i=1}^{n}(2+\lambda_i)>2^n$.

3. 设 $\boldsymbol{A}$ 为 n 阶实对称矩阵，且 $\boldsymbol{A}^3-5\boldsymbol{A}^2+7\boldsymbol{A}=3\boldsymbol{E}$，证明：$\boldsymbol{A}$ 为正定矩阵.

证明 设 λ 为矩阵 $\boldsymbol{A}$ 的特征值，则 λ 满足 $\lambda^3-5\lambda^2+7\lambda-3=0$，解得 $\lambda_1=\lambda_2=1,\lambda_3=3$，从而实对称矩阵 $\boldsymbol{A}$ 的特征值全大于零，故 $\boldsymbol{A}$ 正定.

4. 设 $\boldsymbol{A},\boldsymbol{B}$ 为 n 阶正定矩阵，证明：$\boldsymbol{AB}$ 正定的充要条件是 $\boldsymbol{A}$ 与 $\boldsymbol{B}$ 为可交换矩阵.

证明 （必要性）若 $\boldsymbol{AB}$ 正定，则有 $(\boldsymbol{AB})^{\mathrm{T}}=\boldsymbol{AB}$，而 $(\boldsymbol{AB})^{\mathrm{T}}=\boldsymbol{B}^{\mathrm{T}}\boldsymbol{A}^{\mathrm{T}}=\boldsymbol{BA}$，故有 $\boldsymbol{AB}=\boldsymbol{BA}$.

（充分性）方法一：首先 $\boldsymbol{A},\boldsymbol{B}$ 为 n 阶正定矩阵，且 $\boldsymbol{AB}=\boldsymbol{BA}$，故 $(\boldsymbol{AB})^{\mathrm{T}}=\boldsymbol{B}^{\mathrm{T}}\boldsymbol{A}^{\mathrm{T}}=\boldsymbol{BA}=\boldsymbol{AB}$，即 $\boldsymbol{AB}$ 为对称矩阵.

因为 $\boldsymbol{A}$ 是正定矩阵，则 $\boldsymbol{A}$ 与单位矩阵合同，所以存在可逆矩阵 $\boldsymbol{P}$ 使 $\boldsymbol{A}=\boldsymbol{PP}^{\mathrm{T}}$，故

$$\boldsymbol{AB}=\boldsymbol{PP}^{\mathrm{T}}\boldsymbol{B}=\boldsymbol{PP}^{\mathrm{T}}\boldsymbol{BPP}^{-1}=\boldsymbol{P}(\boldsymbol{P}^{\mathrm{T}}\boldsymbol{BP})\boldsymbol{P}^{-1}$$

记 $\boldsymbol{C}=\boldsymbol{P}^{\mathrm{T}}\boldsymbol{BP}$，则有 $\boldsymbol{AB}=\boldsymbol{PCP}^{-1}$，即 $\boldsymbol{AB}$ 与矩阵 $\boldsymbol{C}$ 相似.

又由 $\boldsymbol{C}=\boldsymbol{P}^{\mathrm{T}}\boldsymbol{BP}$ 可知矩阵 $\boldsymbol{C}$ 与正定矩阵 $\boldsymbol{B}$ 合同，所以 $\boldsymbol{C}$ 也是正定矩阵，从而 $\boldsymbol{C}$ 的特征值全大于零，再由相似矩阵有相同的特征值及 $\boldsymbol{AB}$ 与矩阵 $\boldsymbol{C}$ 相似，则矩阵 $\boldsymbol{AB}$ 的特征值全大于零，从而 AB 正定.

方法二：首先 $\boldsymbol{A},\boldsymbol{B}$ 为 n 阶正定矩阵，且 $\boldsymbol{AB}=\boldsymbol{BA}$，故 $(\boldsymbol{AB})^{\mathrm{T}}=\boldsymbol{B}^{\mathrm{T}}\boldsymbol{A}^{\mathrm{T}}=\boldsymbol{AB}=\boldsymbol{AB}$，即 $\boldsymbol{AB}$ 为对称矩阵.

因为 $\boldsymbol{A},\boldsymbol{B}$ 是正定矩阵，则 $\boldsymbol{A},\boldsymbol{B}$ 与单位矩阵合同，所以存在可逆矩阵 $\boldsymbol{P},\boldsymbol{Q}$ 使

$$\boldsymbol{A}=\boldsymbol{P}^{\mathrm{T}}\boldsymbol{P},\ \boldsymbol{B}=\boldsymbol{Q}^{\mathrm{T}}\boldsymbol{Q}$$

于是

$$\boldsymbol{AB}=\boldsymbol{P}^{\mathrm{T}}\boldsymbol{PQ}^{\mathrm{T}}\boldsymbol{Q}$$

考虑

$$\boldsymbol{QABQ}^{-1}=\boldsymbol{Q}(\boldsymbol{P}^{\mathrm{T}}\boldsymbol{PQ}^{\mathrm{T}}\boldsymbol{Q})\boldsymbol{Q}^{-1}=\boldsymbol{QP}^{\mathrm{T}}\boldsymbol{PQ}^{\mathrm{T}}=(\boldsymbol{PQ}^{\mathrm{T}})^{\mathrm{T}}(\boldsymbol{PQ}^{\mathrm{T}})$$

即 $\boldsymbol{AB}$ 与矩阵 $(\boldsymbol{PQ}^{\mathrm{T}})^{\mathrm{T}}(\boldsymbol{PQ}^{\mathrm{T}})$ 相似.

由 $\boldsymbol{P},\boldsymbol{Q}$ 为可逆矩阵可知 $(\boldsymbol{PQ}^{\mathrm{T}})^{\mathrm{T}}(\boldsymbol{PQ}^{\mathrm{T}})$ 为正定矩阵，而正定矩阵的特征值全大于零，再由相似矩阵有相同的特征值可知矩阵 $\boldsymbol{AB}$ 的特征值全大于零，从而 $\boldsymbol{AB}$ 正定.

方法三：首先 $\boldsymbol{A},\boldsymbol{B}$ 为 n 阶正定矩阵，且 $\boldsymbol{AB}=\boldsymbol{BA}$，故 $(\boldsymbol{AB})^{\mathrm{T}}=\boldsymbol{B}^{\mathrm{T}}\boldsymbol{A}^{\mathrm{T}}=\boldsymbol{BA}=\boldsymbol{AB}$，即 $\boldsymbol{AB}$ 为对称矩阵.

因为 $\boldsymbol{A}$ 是正定矩阵，则存在正交矩阵 $\boldsymbol{S}$ 使得

$$\boldsymbol{S}^{\mathrm{T}}\boldsymbol{A}\boldsymbol{S}=\mathrm{diag}(\lambda_1,\lambda_2,\cdots,\lambda_n)$$

其中 $\lambda_i(\lambda_i>0)$ 是 $\boldsymbol{A}$ 的全部特征值. 又因为 $\boldsymbol{B}$ 正定，则 $\boldsymbol{S}^{\mathrm{T}}\boldsymbol{B}\boldsymbol{S}$ 也正定，故存在正交矩阵 $\boldsymbol{Q}$ 使得

$$\boldsymbol{Q}^{\mathrm{T}}(\boldsymbol{S}^{\mathrm{T}}\boldsymbol{B}\boldsymbol{S})\boldsymbol{Q}=\mathrm{diag}(\mu_1,\mu_2,\cdots,\mu_n)$$

其中 $\mu_i(\mu_i>0)$ 是 $\boldsymbol{S}^{\mathrm{T}}\boldsymbol{B}\boldsymbol{S}$ 的全部特征值（因为 $\boldsymbol{B}$ 与 $\boldsymbol{S}^{\mathrm{T}}\boldsymbol{B}\boldsymbol{S}$ 相似. 所以，实际上 $\mu_i>0$ 是矩阵 $\boldsymbol{B}$ 的全部特征值）. 注意 $\boldsymbol{SQ}$ 是正交矩阵的乘积，所以也是正交矩阵，故有

$$\boldsymbol{G}=(\boldsymbol{SQ})^{\mathrm{T}}\boldsymbol{AB}(\boldsymbol{SQ})=(\boldsymbol{SQ})^{\mathrm{T}}\boldsymbol{BA}(\boldsymbol{SQ})=(\boldsymbol{SQ})^{\mathrm{T}}\boldsymbol{B}(\boldsymbol{SQ})(\boldsymbol{SQ})^{\mathrm{T}}\boldsymbol{A}(\boldsymbol{SQ})=\boldsymbol{CD}$$

其中
$$\boldsymbol{C}=(\boldsymbol{SQ})^{\mathrm{T}}\boldsymbol{B}(\boldsymbol{SQ})=\mathrm{diag}(\mu_1,\mu_2,\cdots,\mu_n),$$

$$\boldsymbol{D}=(\boldsymbol{SQ})^{\mathrm{T}}\boldsymbol{A}(\boldsymbol{SQ})=\boldsymbol{Q}^{\mathrm{T}}\mathrm{diag}(\lambda_1,\lambda_2,\cdots,\lambda_n)\boldsymbol{Q}$$

由此可知，$\boldsymbol{G}$ 的 k 阶顺序主子式

$$|G_k|=\mu_1\cdot\cdots\cdot\mu_k|D_k|$$

其中 $\boldsymbol{D}$ 的 k 阶顺序主子式 $|D_k|>0$（因为 $\boldsymbol{D}$ 正定），则 $|G_k|>0$，可得 $\boldsymbol{G}$ 正定，从而与它合同的矩阵 $\boldsymbol{AB}$ 正定.

5. 设 $\lambda_1\leqslant\lambda_2\leqslant\cdots\leqslant\lambda_n$ 是 n 阶实对称矩阵 $\boldsymbol{A}$ 的全部特征值，证明：对任意 n 维向量 $\boldsymbol{X}$ 都有 $\lambda_1\boldsymbol{X}^{\mathrm{T}}\boldsymbol{X}\leqslant\boldsymbol{X}^{\mathrm{T}}\boldsymbol{A}\boldsymbol{X}\leqslant\lambda_n\boldsymbol{X}^{\mathrm{T}}\boldsymbol{X}$.

证明 存在正交矩阵 $\boldsymbol{Q}$，使

$$\boldsymbol{Q}^{\mathrm{T}}\boldsymbol{A}\boldsymbol{Q}=\mathrm{diag}\{\lambda_1,\lambda_2,\cdots,\lambda_n\}$$

其中 $\lambda_1\leqslant\lambda_2\leqslant\cdots\leqslant\lambda_n$ 为矩阵 $\boldsymbol{A}$ 的 n 个特征值. 作正交变换 $\boldsymbol{X}=\boldsymbol{QY}$，则实二次型可化为

$$f(x_1,x_2,\cdots x_n)=\boldsymbol{X}^{\mathrm{T}}\boldsymbol{A}\boldsymbol{X}=\boldsymbol{Y}^{\mathrm{T}}\boldsymbol{Q}^{\mathrm{T}}\boldsymbol{A}\boldsymbol{Q}\boldsymbol{Y}=\lambda_1y_1^2+\lambda_2y_2^2+\cdots+\lambda_ny_n^2$$

由题设有 $\lambda\leqslant\lambda_2\leqslant\cdots\leqslant\lambda_n$，于是

$$\lambda_1\boldsymbol{Y}^{\mathrm{T}}\boldsymbol{Y}=\lambda_1(y_1^2+y_2^2+\cdots+y_n^2)\leqslant\boldsymbol{X}^{\mathrm{T}}\boldsymbol{A}\boldsymbol{X}\leqslant\lambda_n(y_1^2+y_2^2+\cdots+y_n^2)=\lambda_n\boldsymbol{Y}^{\mathrm{T}}\boldsymbol{Y}$$

且
$$\boldsymbol{X}^{\mathrm{T}}\boldsymbol{X}=(\boldsymbol{QY})^{\mathrm{T}}(\boldsymbol{QY})=\boldsymbol{Y}^{\mathrm{T}}(\boldsymbol{Q}^{\mathrm{T}}\boldsymbol{Q})\boldsymbol{Y}=\boldsymbol{Y}^{\mathrm{T}}\boldsymbol{Y}$$

故
$$\lambda_1\boldsymbol{X}^{\mathrm{T}}\boldsymbol{X}\leqslant\boldsymbol{X}^{\mathrm{T}}\boldsymbol{A}\boldsymbol{X}\leqslant\lambda_n\boldsymbol{X}^{\mathrm{T}}\boldsymbol{X}$$

9.4 例题补充

例 9.1 设实二次型 $f(x_1,x_2,\cdots,x_n)=\sum\limits_{i=1}^{s}(a_{i1}x_1+a_{i2}x_2+\cdots+a_{in}x_n)^2$，证明：$f(x_1,x_2,\cdots,x_n)$ 的秩等于矩阵 $\boldsymbol{A}=\begin{pmatrix}a_{11}&a_{12}&\cdots&a_{1n}\\a_{21}&a_{22}&\cdots&a_{2n}\\\vdots&\vdots&&\vdots\\a_{s1}&a_{s2}&\cdots&a_{sn}\end{pmatrix}$ 的秩.

证明 设 $R(\boldsymbol{A})=r$，因

$$f(x_1,x_2,\cdots,x_n)=\boldsymbol{X}^{\mathrm{T}}(\boldsymbol{A}^{\mathrm{T}}\boldsymbol{A})\boldsymbol{X}$$

下面只需证明 $R(A^{\mathrm{T}}A)=r$. 由于 $R(A^{\mathrm{T}})=R(A)$，故存在非退化矩阵 P,Q 使

$$PA^{\mathrm{T}}Q=\begin{pmatrix}E_r & O\\ O & O\end{pmatrix} \quad 或 \quad PA^{\mathrm{T}}=\begin{pmatrix}E_r & O\\ O & O\end{pmatrix}Q^{-1}$$

从而

$$PA^{\mathrm{T}}AP^{\mathrm{T}}=\begin{pmatrix}E_r & O\\ O & O\end{pmatrix}Q^{-1}(Q^{-1})^{\mathrm{T}}\begin{pmatrix}E_r & O\\ O & O\end{pmatrix}$$

令

$$Q^{-1}(Q^{-1})^{\mathrm{T}}=\begin{pmatrix}B_r & C\\ D & M\end{pmatrix}$$

则

$$PA^{\mathrm{T}}AP^{\mathrm{T}}=\begin{pmatrix}E_r & O\\ O & O\end{pmatrix}\begin{pmatrix}B_r & C\\ D & M\end{pmatrix}\begin{pmatrix}E_r & O\\ O & O\end{pmatrix}=\begin{pmatrix}B_r & O\\ O & O\end{pmatrix}$$

由于 $Q^{-1}(Q^{-1})^{\mathrm{T}}$ 是正定的，因此它的 r 级顺序主子式 $|B_r|>0$，从而 $A^{\mathrm{T}}A$ 的秩为 r.

即证 $R(A)=R(A^{\mathrm{T}}A)$.

例 9.2 （湘潭大学、华中科技大学、西南交通大学、暨南大学考研真题）设 A 是 $n\times n$ 实对称矩阵,证明: A 的秩等于 n 的充分必要条件是存在一个 $n\times n$ 实对称矩阵 B ,使 $AB+B^{\mathrm{T}}A$ 是正定矩阵.

证明 （充分性）已知矩阵 A 为 $n\times n$ 实对称矩阵，存在可逆矩阵 B，使得 $AB+B^{\mathrm{T}}A$ 是正定矩阵，要证明 $R(A)=n$.

由于 $AB+B^{\mathrm{T}}A$ 是正定矩阵，由正定二次型及正定矩阵的定义可知，对 $\forall X\in\mathbf{R}^n, X\neq 0$ 有

$$X^{\mathrm{T}}(AB+B^{\mathrm{T}}A)C=(AX)^{\mathrm{T}}BX+(BX)^{\mathrm{T}}AX>0 \tag{1}$$

由式（1）可知， $AX\neq\mathbf{0}$ ，又 $X\neq\mathbf{0}$ ，故 $|A|\neq 0$ ，所以 $R(A)=n$.

（必要性）已知 $R(A)=n$，要证明存在 $n\times n$ 实对称矩阵 B ，使得 $AB+B^{\mathrm{T}}A$ 是正定矩阵.

由 $R(A)=n$ ，可知 A^{-1} 存在，可令 $B=A^{-1}$ ，将 A^{-1} 代入 $AB+B^{\mathrm{T}}A$ 有

$$AB+B^{\mathrm{T}}A=AA^{-1}+(A^{-1})^{\mathrm{T}}A^{\mathrm{T}}=E+(AA^{-1})^{\mathrm{T}}=2E \tag{2}$$

又单位矩阵为正定矩阵，则由式（2）可得 $AB+B^{\mathrm{T}}A$ 正定.

例 9.3 （厦门大学、上海交通大学、湘潭大学、北京交通大学考研真题）证明：n 阶可逆对称矩阵 A 是正定矩阵的充要条件是，对任意 n 阶正定矩阵 B， AB 的迹 $\mathrm{tr}(AB)$ 均大于 0.

证明 （充分性）已知 A 为 n 阶可逆对称矩阵， B 为任意 n 阶正定矩阵，且 $\mathrm{tr}(AB)>0$，要证 A 是正定的.

由于 A 是对称矩阵，故存在正交矩阵 P，使得

$$P^{\mathrm{T}}AP=\begin{pmatrix}\lambda_1 & & & \\ & \lambda_2 & & \\ & & \ddots & \\ & & & \lambda_n\end{pmatrix}$$

其中 $\lambda_1,\lambda_2,\cdots,\lambda_n$ 为矩阵 A 的全部特征值.

由 B 为正定矩阵，令

$$B = P\begin{pmatrix} 1 & & & \\ & t & & \\ & & \ddots & \\ & & & t \end{pmatrix}P^{\mathrm{T}}$$

其中 $0 < t \in \mathbf{R}$，则有

$$0 < \mathrm{tr}(\boldsymbol{AB}) = \mathrm{tr}(\boldsymbol{P}^{\mathrm{T}}\boldsymbol{ABP}) = \mathrm{tr}((\boldsymbol{P}^{\mathrm{T}}\boldsymbol{AP})(\boldsymbol{P}^{\mathrm{T}}\boldsymbol{BP})) = \lambda_1 + t(\lambda_2 + \lambda_3 + \cdots + \lambda_n)$$

由于 t 可以任意小，故 $\lambda_1 > 0$，同理可证 $\lambda_i > 0\ (i = 2,3,\cdots,n)$，即 $\boldsymbol{A}$ 的全部特征值都为正实数，从而 $\boldsymbol{A}$ 正定.

（必要性）已知 $\boldsymbol{A}$ 为 n 阶可逆对称矩阵是正定的，要证对任意 n 阶正定矩阵 $\boldsymbol{B}$，有 $\mathrm{tr}(\boldsymbol{AB}) > 0$.

因为 $\boldsymbol{A}$ 为正定矩阵，则存在正交矩阵 $\boldsymbol{D}$，使得

$$\boldsymbol{D}^{\mathrm{T}}\boldsymbol{AD} = \boldsymbol{H} = \begin{pmatrix} \mu_1 & & & \\ & \mu_2 & & \\ & & \ddots & \\ & & & \mu_n \end{pmatrix}$$

其中 $\mu_1, \mu_2, \cdots, \mu_n$ 为 $\boldsymbol{A}$ 的特征值.

令

$$\boldsymbol{M} = \begin{pmatrix} \sqrt{\mu_1} & & & \\ & \sqrt{\mu_2} & & \\ & & \ddots & \\ & & & \sqrt{\mu_n} \end{pmatrix}$$

则有

$$\boldsymbol{A} = \boldsymbol{DHD}^{\mathrm{T}} = \boldsymbol{DM}^2\boldsymbol{D}^{\mathrm{T}} = (\boldsymbol{DMD}^{\mathrm{T}})(\boldsymbol{DMD}^{\mathrm{T}}) \tag{1}$$

令 $\boldsymbol{C} = \boldsymbol{DMD}^{\mathrm{T}}$，由式（1）有 $\boldsymbol{A} = \boldsymbol{C}^2$，则有

$$\boldsymbol{C}^{-1}\boldsymbol{ABC} = \boldsymbol{C}^{-1}\boldsymbol{C}^2\boldsymbol{BC} = \boldsymbol{CBC} = \boldsymbol{C}^{\mathrm{T}}\boldsymbol{BC}$$

则 $\boldsymbol{AB}$ 与 $\boldsymbol{C}^{\mathrm{T}}\boldsymbol{BC}$ 相似，又 $\boldsymbol{B}$ 为正定矩阵，则 $\boldsymbol{C}^{\mathrm{T}}\boldsymbol{BC}$ 正定，且正定矩阵的特征值大于零，则有 $\mathrm{tr}(\boldsymbol{AB}) > 0$.

例 9.4 设 $\boldsymbol{A}$ 是 n 阶实对称矩阵，证明：存在一正实数 c，使对任一个实 n 维向量 $\boldsymbol{X}$ 都有 $\left|\boldsymbol{X}^{\mathrm{T}}\boldsymbol{AX}\right| \leqslant c\boldsymbol{X}^{\mathrm{T}}\boldsymbol{X}$.

证明 因为

$$\left|\boldsymbol{X}^{\mathrm{T}}\boldsymbol{AX}\right| = \left|\sum_{i,j} a_{ij}x_i x_j\right| \leqslant \sum_{i,j}\left|a_{ij}\right|\left|x_i\right|\left|x_j\right|$$

令 $a = \max\limits_{i,j}\left|a_{ij}\right|$，则

$$\left|\boldsymbol{X}^{\mathrm{T}}\boldsymbol{AX}\right| \leqslant a\sum_{i,j}\left|x_i\right|\left|x_j\right|$$

利用 $\left|x_i\right|\left|x_j\right| \leqslant \dfrac{x_i^2 + x_j^2}{2}$，可得

$$\left|X^{\mathrm{T}}AX\right| \leqslant a\sum_{i,j}\frac{x_i^2+x_j^2}{2} = an\sum_i x_i^2 = cX^{\mathrm{T}}X$$

其中 $c = an$.

例 9.5 （武汉大学考研真题）设 $\boldsymbol{A},\boldsymbol{C}$ 为实对称正定矩阵，已知矩阵方程 $\boldsymbol{AX}+\boldsymbol{XA}=\boldsymbol{C}$（ $\boldsymbol{X}$ 为 n 阶实方阵）有唯一解 $\boldsymbol{B}$ ，证明： $\boldsymbol{B}$ 为正定矩阵.

证明 因为矩阵方程 $\boldsymbol{AX}+\boldsymbol{XA}=\boldsymbol{C}$ 有解 $\boldsymbol{B}$ ，所以

$$\boldsymbol{AB}+\boldsymbol{BA}=\boldsymbol{C}$$

因为 $\boldsymbol{A},\boldsymbol{C}$ 是实对称矩阵，所以 $\boldsymbol{B}$ 是实矩阵，且 $\boldsymbol{A}^{\mathrm{T}}=\boldsymbol{A},\boldsymbol{C}^{\mathrm{T}}=\boldsymbol{C}$.

将 $\boldsymbol{AB}+\boldsymbol{BA}=\boldsymbol{C}$ 左右两边同时取转置，得

$$\boldsymbol{B}^{\mathrm{T}}\boldsymbol{A}+\boldsymbol{AB}^{\mathrm{T}}=\boldsymbol{C}$$

这说明 $\boldsymbol{B}^{\mathrm{T}}$ 也是矩阵方程 $\boldsymbol{AX}+\boldsymbol{XA}=\boldsymbol{C}$ 的解. 但因为 $\boldsymbol{B}$ 为该矩阵方程的唯一解，故 $\boldsymbol{B}^{\mathrm{T}}=\boldsymbol{B}$. 这就证明了矩阵 $\boldsymbol{B}$ 为实对称矩阵，进而 $\boldsymbol{B}$ 的特征值均为实数.

设 λ 为 $\boldsymbol{B}$ 的任意的一个特征值， ξ 为 λ 对应的特征向量（ $\xi\neq\boldsymbol{0}$ ），则有

$$\boldsymbol{B}\xi=\lambda\xi$$

因为 $\boldsymbol{B}$ 为实对称矩阵，所以 $\boldsymbol{B}$ 的特征值均为实数，即 λ 为实数.

将 $\boldsymbol{B}\xi=\lambda\xi$ 左右两边取转置，得

$$\xi^{\mathrm{T}}\boldsymbol{B}=\xi^{\mathrm{T}}\lambda$$

由于 $\boldsymbol{B}^{\mathrm{T}}\boldsymbol{A}+\boldsymbol{AB}^{\mathrm{T}}=\boldsymbol{C}$ ，所以

$$\xi^{\mathrm{T}}\boldsymbol{C}\xi=\xi^{\mathrm{T}}(\boldsymbol{AB}+\boldsymbol{BA})\xi=\xi^{\mathrm{T}}\boldsymbol{AB}\xi+\xi^{\mathrm{T}}\boldsymbol{BA}\xi=2\lambda\xi^{\mathrm{T}}\boldsymbol{A}\xi$$

又因为 $\boldsymbol{A},\boldsymbol{C}$ 都为正定矩阵，且 $\xi\neq\boldsymbol{0}$ ，故 $\xi^{\mathrm{T}}\boldsymbol{A}\xi>0$ ， $\xi^{\mathrm{T}}\boldsymbol{C}\xi>0$ ，由上式 $\xi^{\mathrm{T}}\boldsymbol{C}\xi=2\lambda\xi^{\mathrm{T}}\boldsymbol{A}\xi$ ，有 $\lambda>0$. 由 λ 的任意性知 $\boldsymbol{B}$ 的实特征值都大于 0，从而 $\boldsymbol{B}$ 为正定矩阵.

例 9.6 （1）设二次型 $f(x_1,x_2)=ax_1^2+2bx_1x_2+cx_2^2$ ，求二次型 $g(x_1,x_2)=\begin{vmatrix}0 & x_1 & x_2\\ -x_1 & a & b\\ -x_2 & b & c\end{vmatrix}$ 的矩阵，并证明 $f(x_1,x_2)$ 是正定的当且仅当 $g(x_1,x_2)$ 是正定的.

（2）设 $\boldsymbol{A}=(a_{ij})_{n\times n}$ 是实对称矩阵，证明：二次型 $f(x_1,x_2,\cdots,x_n)=\begin{vmatrix}0 & x_1 & x_2 & \cdots & x_n\\ -x_1 & a_{11} & a_{12} & \cdots & a_{1n}\\ -x_2 & a_{21} & a_{22} & \cdots & a_{2n}\\ \vdots & \vdots & \vdots & & \vdots\\ -x_n & a_{n1} & a_{n2} & \cdots & a_{nn}\end{vmatrix}$ 的矩阵是 $\boldsymbol{A}$ 的伴随矩阵 $\boldsymbol{A}^*$.

证明 （1） $g(x_1,x_2)=cx_1^2+ax_2^2-2bx_1x_2$ ，
其二次型下的矩阵为

$$\boldsymbol{B}=\begin{pmatrix}c & -b\\ -b & a\end{pmatrix}$$

$f(x_1,x_2)$ 正定 $\Leftrightarrow \boldsymbol{A}=\begin{pmatrix} a & b \\ b & c \end{pmatrix}$ 正定 $\Leftrightarrow a>0$ 且 $ac-b^2>0 \Rightarrow c>0$，故 $\boldsymbol{B}$ 正定.

反之亦然.

（2）$f(x_1,x_2,\cdots,x_n)=\sum\limits_{i=1}^{n}\sum\limits_{j=1}^{n}(-1)^{i+3}x_i(-1)^{j+1}x_j\boldsymbol{M}_{ij}=\sum\limits_{i=1}^{n}\sum\limits_{j=1}^{n}\boldsymbol{A}_{ij}x_ix_j=\boldsymbol{X}'(\boldsymbol{A}^*)^{\mathrm{T}}\boldsymbol{X}$.

由 $\boldsymbol{A}$ 是对称矩阵，从而 $\boldsymbol{A}^*$ 也是对称矩阵，即 $(\boldsymbol{A}^*)^{\mathrm{T}}=\boldsymbol{A}^*$.

故 $f(x_1,x_2,\cdots,x_n)=\boldsymbol{X}^{\mathrm{T}}\boldsymbol{A}^*\boldsymbol{X}$，即 $f(x_1,x_2,\cdots,x_n)$ 的矩阵是 $\boldsymbol{A}^*$.

例 9.7 设 $f(\boldsymbol{X})=\boldsymbol{X}^{\mathrm{T}}\boldsymbol{A}\boldsymbol{X}$ 是一实二次型，若有实 n 维向量 $\boldsymbol{X}_1$，$\boldsymbol{X}_2$ 使得 $f(\boldsymbol{X}_1)>0$，$f(\boldsymbol{X}_2)<0$，证明：必存在实 n 维向量 $\boldsymbol{X}_0\neq\boldsymbol{0}$ 使 $f(\boldsymbol{X}_0)=0$.

证明 $f(\boldsymbol{X})=\boldsymbol{X}^{\mathrm{T}}\boldsymbol{A}\boldsymbol{X}$ 为实二次型，存在非退化的线性替换 $\boldsymbol{X}=\boldsymbol{C}\boldsymbol{Y}$ 使得

$$f(\boldsymbol{X})=y_1^2+\cdots+y_p^2-y_{p+1}^2-\cdots-y_r^2=\boldsymbol{Y}^{\mathrm{T}}\Lambda\boldsymbol{Y}$$

其中

$$R=R(A),\Lambda=\begin{pmatrix} 1 & & & & & & & & \\ & \ddots & & & & & & & \\ & & 1 & & & & & & \\ & & & -1 & & & & & \\ & & & & \ddots & & & & \\ & & & & & -1 & & & \\ & & & & & & 0 & & \\ & & & & & & & \ddots & \\ & & & & & & & & 0 \end{pmatrix}$$

由 $f(\boldsymbol{X}_1)>0$，知 $p\geqslant 0$；又由 $f(\boldsymbol{X}_2)<0$，知 $r>p$. 设 $r-p=q$，则 p,q 存在以下两种情况：

（1）$p>q$，取 $Y_0=(\overbrace{1,\cdots,1}^{q},\overbrace{0,\cdots,0}^{p-q},\overbrace{1,\cdots,1}^{q},0,\cdots,0)^{\mathrm{T}}$，令 $\boldsymbol{X}_0=\boldsymbol{C}\boldsymbol{Y}_0\neq\boldsymbol{0}$，则

$$f(\boldsymbol{X}_0)=\boldsymbol{X}_0^{\mathrm{T}}\boldsymbol{A}\boldsymbol{X}_0=\boldsymbol{Y}_0^{\mathrm{T}}\Lambda\boldsymbol{Y}_0=0$$

$\boldsymbol{X}_0$ 为所求.

（2）$p\leqslant q$，取 $\boldsymbol{Y}_0=(\overbrace{1,\cdots,1}^{p},\overbrace{1,\cdots,1}^{p},0,\cdots,0)^{\mathrm{T}}$，令 $\boldsymbol{X}_0=\boldsymbol{C}\boldsymbol{Y}_0\neq\boldsymbol{0}$，则

$$f(\boldsymbol{X}_0)=\boldsymbol{X}_0^{\mathrm{T}}\boldsymbol{A}\boldsymbol{X}_0=\boldsymbol{Y}_0^{\mathrm{T}}\Lambda\boldsymbol{Y}_0=0,$$

$\boldsymbol{X}_0$ 为所求.

例 9.8 设数域 $\boldsymbol{F}$ 上二次型 $f(x_1,x_2,x_3,x_4)=x_1^2+6x_1x_2+5x_2^2+4x_3x_4$，求 $\boldsymbol{F}^4$ 的一个 2 维子空间 $\boldsymbol{W}$，使得 $\forall(c_1,c_2,c_3,c_4)\in\boldsymbol{W}$，恒有 $f(c_1,c_2,c_3,c_4)=0$.

解 由

$$f(x_1,x_2,x_3,x_4)=(x_1+3x_2)^2-4x_2^2+(x_3+x_4)^2-(x_3-x_4)^2=0$$

令 $x_1+3x_2=x_3-x_4,\ 2x_2=x_3+x_4$，可求得基础解系

$$\boldsymbol{\alpha}_1=\left(-\frac{1}{2},\frac{1}{2},1,0\right)^{\mathrm{T}},\boldsymbol{\alpha}_2=\left(-\frac{5}{2},\frac{1}{2},0,1\right)^{\mathrm{T}}$$

则 $\boldsymbol{W}=L[\boldsymbol{\alpha}_1,\boldsymbol{\alpha}_2]$ 为所求.

例 9.9 已知三元二次型 $\boldsymbol{X}^{\mathrm{T}}\boldsymbol{A}\boldsymbol{X}$ 经正交变换化为 $2y_1^2-y_2^2-y_3^2$，又知 $\boldsymbol{A}^*\boldsymbol{\alpha}=\boldsymbol{\alpha}$，其中 $\boldsymbol{\alpha}=(1,1,-1)^{\mathrm{T}}$，$\boldsymbol{A}^*$ 为 $\boldsymbol{A}$ 的伴随矩阵，求此二次型的表达式.

解 由条件知 $\boldsymbol{A}$ 的特征值为 $2,-1,-1$，则 $|\boldsymbol{A}|=2$．$\boldsymbol{A}^*$ 的特征值为 $\dfrac{|\boldsymbol{A}|}{\lambda}$，即 $1,-2,-2$．

由已知 $\boldsymbol{\alpha}$ 是 $\boldsymbol{A}^*$ 的特征值为 1 的特征向量，即 $\boldsymbol{A}$ 的特征值为 2 的特征向量. 设 $\boldsymbol{A}$ 关于特征值 -1 的特征向量为 $\boldsymbol{\beta}=(x_1,x_2,x_3)^{\mathrm{T}}$，则 $\boldsymbol{\beta}$ 与 $\boldsymbol{\alpha}$ 正交，有 $x_1+x_2-x_3=0$，解得

$$\boldsymbol{\beta}_1=(1,-1,0)^{\mathrm{T}},\boldsymbol{\beta}_1=(1,0,1)^{\mathrm{T}}$$

令 $\boldsymbol{P}=(\boldsymbol{\alpha},\boldsymbol{\beta}_1,\boldsymbol{\beta}_2)$，则

$$\boldsymbol{P}^{-1}\boldsymbol{A}\boldsymbol{P}=\begin{pmatrix}2&&\\&-1&\\&&-1\end{pmatrix}=\Lambda$$

故 $\boldsymbol{A}=\boldsymbol{P}\Lambda\boldsymbol{P}^{-1}=\begin{pmatrix}0&1&-1\\1&0&-1\\-1&-1&0\end{pmatrix}$，即 $\boldsymbol{X}^{\mathrm{T}}\boldsymbol{A}\boldsymbol{X}=2x_1x_2-2x_1x_3-2x_2x_3$.

例 9.10 设 $f(x)=\boldsymbol{X}^{\mathrm{T}}\boldsymbol{A}\boldsymbol{X}$ 是正定二次型，证明：对任意的 n 维列向量 $\boldsymbol{X},\boldsymbol{Y}$，有 $(\boldsymbol{X}^{\mathrm{T}}\boldsymbol{Y})^2\leqslant(\boldsymbol{X}^{\mathrm{T}}\boldsymbol{A}\boldsymbol{X})(\boldsymbol{Y}^{\mathrm{T}}\boldsymbol{A}^{-1}\boldsymbol{Y})$.

证明 由 $\boldsymbol{A}$ 对称正定可知存在正交矩阵 $\boldsymbol{T}$，使

$$\boldsymbol{T}^{-1}\boldsymbol{A}\boldsymbol{T}=\begin{pmatrix}\lambda_1&&&\\&\lambda_2&&\\&&\ddots&\\&&&\lambda_n\end{pmatrix}=\Lambda_1,\quad \lambda_i>0$$

且
$$\boldsymbol{T}^{-1}\boldsymbol{A}^{-1}\boldsymbol{T}=(\boldsymbol{T}^{-1}\boldsymbol{A}\boldsymbol{T})^{-1}=\begin{pmatrix}\frac{1}{\lambda_1}&&&\\&\frac{1}{\lambda_2}&&\\&&\ddots&\\&&&\frac{1}{\lambda_n}\end{pmatrix}=\Lambda_2$$

令 $\boldsymbol{X}=\boldsymbol{A}\boldsymbol{X}_1,\boldsymbol{Y}=\boldsymbol{T}\boldsymbol{Y}_1$，则

$$(\boldsymbol{X}^{\mathrm{T}}\boldsymbol{A}\boldsymbol{X})(\boldsymbol{Y}^{\mathrm{T}}\boldsymbol{A}^{-1}\boldsymbol{Y})=(\boldsymbol{X}_1^{\mathrm{T}}\Lambda_1\boldsymbol{X}_1)(\boldsymbol{Y}_1^{\mathrm{T}}\Lambda_2\boldsymbol{Y}_1)=(\lambda_1x_1^2+\cdots+\lambda_nx_n^2)\left(\frac{1}{\lambda_1}y_1^2+\cdots+\frac{1}{\lambda_n}y_n^2\right)$$

$$(\boldsymbol{X}^{\mathrm{T}}\boldsymbol{Y})^2=(\boldsymbol{X}_1^{\mathrm{T}}\boldsymbol{Y}_1)^2=(x_1y_1+\cdots+x_ny_n)^2$$

由柯西不等式知

$$(x_1y_1+\cdots+x_ny_n)^2 \leqslant (\lambda_1x_1^2+\cdots+\lambda_nx_n^2)\left(\frac{1}{\lambda_1}y_1^2+\cdots+\frac{1}{\lambda_n}y_n^2\right)$$

故
$$(\boldsymbol{X}^{\mathrm{T}}\boldsymbol{Y})^2 \leqslant (\boldsymbol{X}^{\mathrm{T}}\boldsymbol{A}\boldsymbol{X})(\boldsymbol{Y}^{\mathrm{T}}\boldsymbol{A}^{-1}\boldsymbol{Y})$$

例 9.11 设

$$f(x_1,x_2,\cdots,x_n)=l_1^2+l_2^2+\cdots+l_p^2-l_{p+1}^2-\cdots-l_{p+q}^2$$

其中 $l_i(i=1,2,\cdots,p+q)$ 是 $x_1,x_2,\cdots,x_n$ 的一次齐次式. 证明：$f(x_1,x_2,\cdots,x_n)$ 的正惯性指数 $\leqslant p$，负惯性指数 $\leqslant q$.

证明 设

$$l_i=b_{i1}x_1+b_{i2}x_2+\cdots+b_{in}x_n\ (i=1,2,\cdots,p+q)$$

$f(x_1,x_2,\cdots,x_n)$ 的正惯性指数为 s，秩为 r，则存在非退化线性替换

$$y_i=c_{i1}x_1+c_{i2}x_2+\cdots+c_{in}x_n\ (i=1,2,\cdots,n)$$

使得

$$\begin{aligned}f(x_1,x_2,\cdots,x_n)&=l_1^2+l_2^2+\cdots+l_p^2-l_{p+1}^2-\cdots-l_{p+q}^2\\&=y_1^2+\cdots+y_s^2-y_{s+1}^2-\cdots-y_r^2\end{aligned}$$

下面证明 $s\leqslant p$. 采用反证法. 设 $s>p$，考虑线性方程组

$$\begin{cases}b_{11}x_1+\cdots+b_{1n}x_n=0\\ \qquad\vdots\\ b_{p1}x_1+\cdots+b_{pn}x_n=0\\ c_{s+1,1}x_1+\cdots+c_{s+1,n}x_n=0\\ \qquad\vdots\\ c_{n1}x_1+\cdots+c_{nn}x_n=0\end{cases}$$

该方程组含 $p+n-s$ 个方程，小于未知量的个数 n，故它必有非零解 $(a_1,a_2,\cdots,a_n)$，于是

$$f(a_1,a_2,\cdots,a_n)=-l_{p+1}^2-\cdots-l_{p+q}^2=y_1^2+\cdots+y_s^2$$

上式要成立，必有

$$l_{p+1}=\cdots=l_{p+q}=0\ ,\ y_1=\cdots=y_s=0$$

这就是说，对于 $x_1=a_1,x_2=a_2,\cdots,x_n=a_n$ 这组非零数，有

$$y_1=0\ ,\ y_2=0,\cdots,y_n=0$$

这与线性替换 $\boldsymbol{Y}=\boldsymbol{C}\boldsymbol{X}$ 的系数矩阵非退化的条件矛盾，所以 $s\leqslant p$.

同理可证负惯性指数 $r-s\leqslant p$，即证.

例 9.12 （曲阜师范大学、武汉大学等考研真题）设 $\boldsymbol{A},\boldsymbol{B}$ 是 n 阶实对称矩阵. $\boldsymbol{A}$ 为正定矩阵，则存在可逆矩阵 $\boldsymbol{C}$ 使得

$$C^{\mathrm{T}}AC=E, C^{\mathrm{T}}BC=\mathrm{diag}(\lambda_1,\cdots,\lambda_n)$$

其中 $\lambda_1,\cdots,\lambda_n$ 为 $|\lambda A-B|=0$ 的 n 个实根，并且若 B 正定，则 $\lambda_i>0\ (i=1,\cdots,n)$.

证明 由 A 正定，则存在可逆矩阵 P，使得

$$P^{\mathrm{T}}AP=E$$

又由 B 为实对称矩阵，则 $P^{\mathrm{T}}BP$ 为实对称矩阵，从而存在正交矩阵 Q 使得

$$Q^{\mathrm{T}}(P^{\mathrm{T}}BP)Q=\mathrm{diag}(\lambda_1,\cdots,\lambda_n),$$

令 $C=PQ$，则

$$C^{\mathrm{T}}AC=E, C^{\mathrm{T}}BC=\mathrm{diag}(\lambda_1,\cdots,\lambda_n)$$

从而

$$|C|^2\cdot|\lambda A-B|=|C^{\mathrm{T}}||\lambda A-B||C|=|\lambda C^{\mathrm{T}}AC-C^{\mathrm{T}}BC|=|\lambda E-\mathrm{diag}(\lambda_1,\cdots,\lambda_n)|=\prod_{i=1}^{n}(\lambda-\lambda_i)$$

而 $|C|^2\neq 0$，故 $\lambda_1,\cdots,\lambda_n$ 为 $|\lambda A-B|=0$ 的 n 个实根，易知 B 正定时，$P^{\mathrm{T}}BP$ 也正定，从而 $\lambda_i>0\ (i=1,\cdots,n)$.

【变式练习】

（湖南大学考研真题）设 A,B 是 n 阶实对称矩阵. A 为正定矩阵，证明存在可逆矩阵 C 使得

$$C^{\mathrm{T}}AC=E, C^{\mathrm{T}}BC=\mathrm{diag}(\lambda_1,\cdots,\lambda_n)$$

其中 $\lambda_1,\cdots,\lambda_n$ 为 $A^{-1}B$ 的特征值.

（华南理工大学考研真题）设 A,B 是 n 阶实对称矩阵. A 为非零半正定矩阵，B 为正定矩阵，证明 $|A+B|>|B|$.

参考文献

[1] 陈国华，廖小莲，刘成志. 高等代数[M]. 成都：西南交通大学出版社，2022.

[2] 樊启斌. 高等代数典型问题与方法[M]. 北京：高等教育出版社，2021.

[3] 陈现平，张彬. 高等代数考研——高频真题分类精解 300 例[M]. 北京：机械工业出版社，2022.

[4] 姚慕生，谢启鸿. 高等代数学[M]. 3 版. 上海：复旦大学出版社，2015.

[5] 徐帅，陆全，张凯院，等. 高等代数考研教案[M]. 西安：西北工业大学出版社，2009.

[6] 丁南庆，刘公祥，纪庆忠，等. 高等代数[M]. 北京：科学出版社，2021.

[7] 安军. 高等代数[M]. 北京：北京大学出版社，2022.

[8] 朱尧辰. 高等代数范例选讲[M]. 2 版. 合肥：中国科学技术大学出版社，2021.

[9] 王萼芳，石生明. 高等代数[M]. 5 版. 北京：高等教育出版社，2019.

[10] 王萼芳，石生明. 高等代数辅导与习题解答[M]. 北京：高等教育出版社，2019.

[11] 张禾瑞，郝鈵新. 高等代数[M]. 5 版. 北京：高等教育出版社，2007.

[12] 李德才. 高等代数（第五版）同步辅导及习题全解[M]. 北京：中国水利水电出版社，2018.

[13] 席南华. 基础代数（第一卷）[M]. 北京：科学出版社，2016.

[14] 席南华. 基础代数（第二卷）[M]. 北京：科学出版社，2018.

[15] 李尚志. 线性代数[M]. 北京：高等教育出版社，2008.

[16] 姚慕生，吴泉水，谢启鸿. 高等代数学[M]. 3 版. 上海：复旦大学出版社，2014.

[17] 刘玉森，苏仲阳. 高等代数应试训练[M]. 北京：地质出版社，1995.

[18] 杨子胥. 高等代数题选精解[M]. 北京：高等教育出版社，2008.

[19] 钱吉林. 高等代数解题精粹[M]. 2 版. 北京：中央民族大学出版社，2010.